煤矿水害隐患咨询及事故案例剖析

李振拴　宋志刚　罗　斌　王甲斐　编著

应急管理出版社
·北　京·

图书在版编目（CIP）数据

煤矿水害隐患咨询及事故案例剖析／李振拴等编著．--北京：应急管理出版社，2023

ISBN 978-7-5020-9832-2

Ⅰ．①煤…　Ⅱ．①李…　Ⅲ．①煤矿—矿山水灾—案例　Ⅳ．①TD745

中国国家版本馆CIP数据核字（2023）第152243号

煤矿水害隐患咨询及事故案例剖析

编　　著　李振拴　宋志刚　罗　斌　王甲斐
责任编辑　尹燕华
责任校对　孔青青
封面设计　解雅欣

出版发行　应急管理出版社（北京市朝阳区芍药居35号　100029）
电　　话　010-84657898（总编室）　010-84657880（读者服务部）
网　　址　www.cciph.com.cn
印　　刷　北京盛通印刷股份有限公司
经　　销　全国新华书店

开　　本　787mm×1092mm 1/16　**印张**　28 1/4　**字数**　665千字
版　　次　2023年8月第1版　2023年8月第1次印刷
社内编号　20230391　**定价**　189.00元

感天动地的生命记忆

（代序）

李振拴

2010年3月28日，山西焦煤王家岭煤矿发生特别重大透水事故，153名矿工被困井下，经过八天八夜的救援，115名矿工安全升井。我有幸参加了本次垂直救援工作，并设计了被誉为“通风通道、信息通道、生命通道”的2号钻孔，我在救援现场经历了9天8夜。在本书出版之际，将此次救援中的经验和感受总结如下。

一、基本情况介绍

（一）王家岭煤矿概况

1. 地理位置及资源量

王家岭煤矿属于河东煤田乡宁矿区,位于山西省乡宁县西南部,与河津市相邻,西邻黄河与陕西省韩城矿区隔河相望,北距乡宁县城30 km,南距河津市15 km。该矿是国家核准特大型重点建设项目。2004年12月9日国土资源部为王家岭煤矿颁发了采矿许可证,批准井田面积176.7415 km^2,批采2～9号煤层。地质资源量22.87亿t,可采储量10.99亿t,批准设计年生产能力600万t。

2. 地层与煤层

井田内含煤地层为石炭系太原组和二叠系山西组，共含煤11层，其中可采煤层共5层，自上而下分别为2号、3号、7号、10号、12号煤层；煤层平均总厚度11.54 m，发生事故的2号煤层平均厚度6.2 m，为全区稳定可采的主采煤层。

3. 地质构造

王家岭井田位于河东煤田的南部，构造体系处于祁吕贺山字型前弧的东翼，其外侧东南为临汾—侯马挽近断陷盆地。总体上为向西和西北倾斜的单斜构造并伴有小型褶曲，地层走向近北东向，倾角平缓，一般小于10°，区内构造较简单，落差大于20 m的断层共5条。

4. 水文地质条件

井田内主要含水层自下而上为：中奥陶统石灰岩岩溶裂隙含水层，太原组岩溶裂隙含水层，下石盒子组、上石盒子组底部砂岩裂隙含水层，第四系砂砾孔隙含水层。

根据矿井地质及水文地质资料分析，大气降水、老空水、煤系砂岩水、石炭系太原组灰岩水、奥陶系灰岩水是矿井主要充水水源，老空（巷）、断层、煤层开采形成的导水冒落裂隙带是主要导水通道。

5. 井田内采空区及周边煤矿分布情况

本区小煤矿以开采2号煤层为主，主要分布于埋藏较浅的井田南部，是20世纪80—90年代建矿生产。事故发生前，矿井田内及周边共有小煤矿18个，其中井田内（或部分在井田内）6个，这些煤矿大多无开采历史资料或很少有资料留存，个别留存资料的真实性无法验证，给王家岭煤矿开采带来了安全隐患。

6. 矿井建设进度

王家岭煤矿井田开拓方式平面图如图1所示。王家岭矿采用平硐开拓方式，主、副平硐长12.7 km。在平硐底部布置碟子沟进、回风斜井。

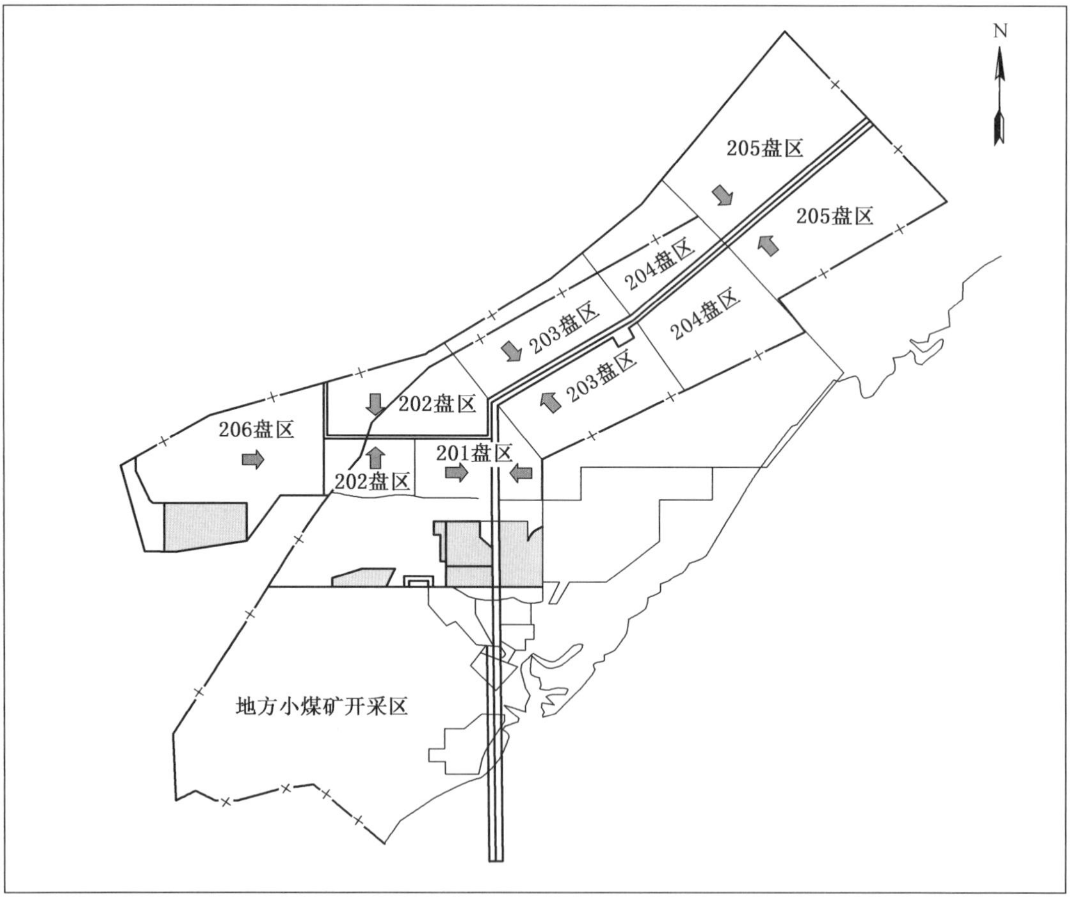

图1 王家岭煤矿井田开拓方式平面图

事故发生地点在碟子沟项目工程段，该项目工程段包括进风斜井、回风斜井、中央回风大巷、中央运输大巷、中央辅助运输大巷及采煤工作面巷道。事故发生时，一期工程进风、回风斜井已施工完毕；二期工程中央运输大巷、中央辅助运输大巷和中央回风大巷已完成55%；三期工程工作面顺槽等巷道已完成23.1%。各主要巷道沿2号煤层布置，随煤层起伏变化，实际完成的煤层巷道中最低标高563.94 m，最高标高594.972 m，最大高差31 m。事故发生前，该项工程与主平硐还有315 m、与副平硐还有103 m尚未贯通。王家岭煤矿建设进度如图2所示。

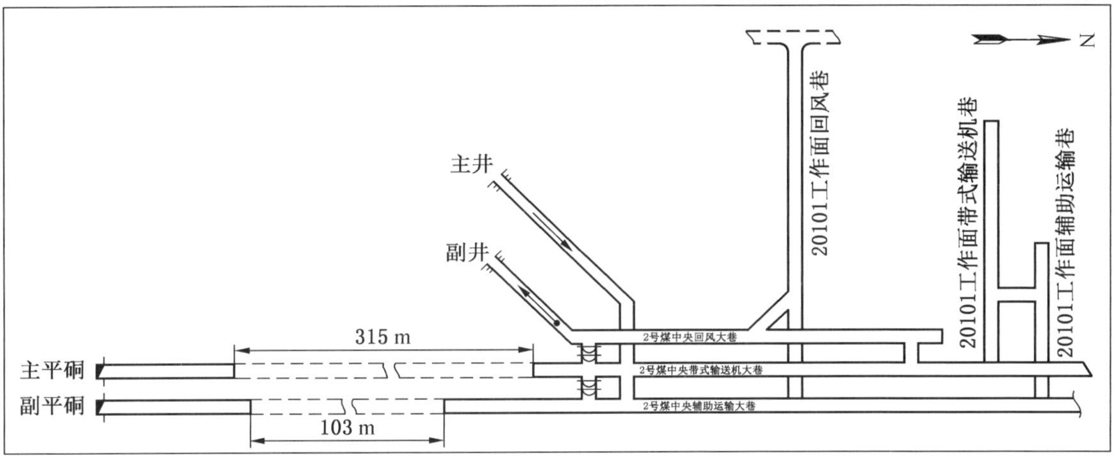

图2　王家岭煤矿建设进度示意图

7. 事故工作面基本情况

王家岭煤矿设计首采20101工作面，走向长度2383 m，倾向长度250 m。开采系统施工图如图3所示。

这起透水事故的透水口在20101回风巷掘进工作面迎头上方，该工作面由中煤建一公司六十三处27队负责施工，设计巷道高3.7 m，宽5.6 m，断面面积20.7 m^2，采用锚杆、网、锚索支护，综掘机沿煤层底板掘进，带式输送机运煤，矿车辅助运输。事故发生时该巷道已掘进797.8 m。

（二）事故经过

1. 事故征兆

3月28日11时55分，当班技术员发现20101回风顺槽巷帮渗水，向碟子沟项目部经理汇报了渗水情况。

12时10分，项目部经理向电法超前探测的现场技术负责人咨询情况，但

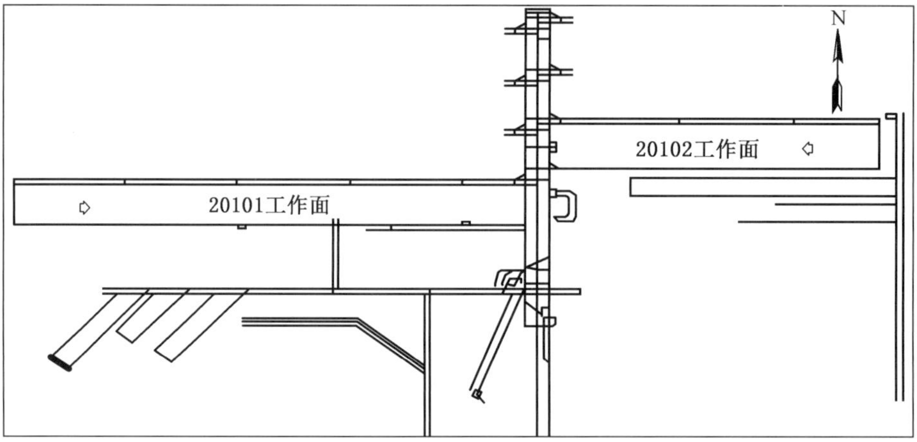

图3 王家岭煤矿开采系统施工图

对渗水情况都没有做出正确判断，未采取立即撤人等果断措施。

13 时 12 分，20101 回风顺槽的工人正在作业时，导通了位于掘进工作面迎头距顶板 0.8 m 上方的老空积水。积水顷刻间灌向巷道内，将掘进机掩埋，并将掘进面工作人员淹没在水中。

2. 突水经过

14 时，20101 工作面回风顺槽与总回风大巷的联络巷上口被淹没，水面已经上涨到该联络巷上口巷顶 2 m 以上，涌出的水向北流去。

14 时 30 分，辅助运输大巷与 20101 工作面回风顺槽连接处，辅助运输大巷内的水由北向南上涨。

16 时 40 分，辅助运输大巷目测估算水位标高 +579 m，并继续上升，但速度已有所减缓。

经测算，这次透水事故最大透水强度为 4.25 万 m^3/h。井下被淹巷道 4900 余米，积水达 13.4 万 m^3。在后来的抢险排水工作中，废弃小煤矿的积水仍向巷道涌入，透水量总共达 31.5 万 m^3。透水位置图如图 4、图 5 所示。透水点现场照片如图 6 所示。

（三）事故直接原因

201 盘区小煤矿越界私挖乱采情况不清，20101 回风顺槽附近小煤矿老空位置及积水情况未探明，发现出水征兆没有采取撤出井下作业人员等果断措施，继续作业造成煤壁厚度和强度不足，在老空积水压力作用下，煤壁突然溃破形成集中过水通道，大量积水迅速溃入 20101 回风顺槽及其他巷道，导致井巷被淹，造成 153 人被困，38 人死亡。

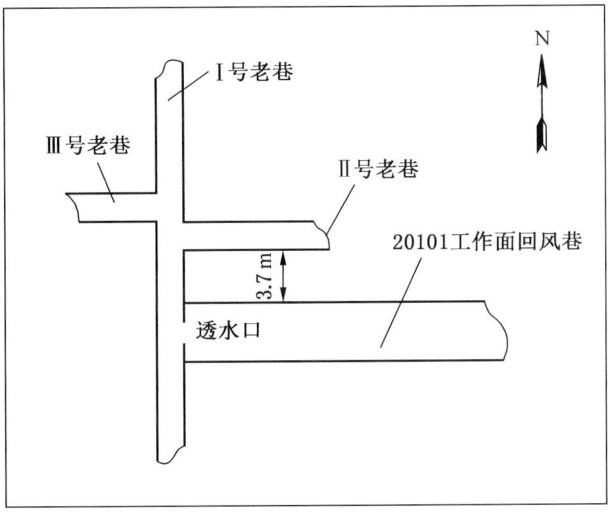

图4　透水位置平面图

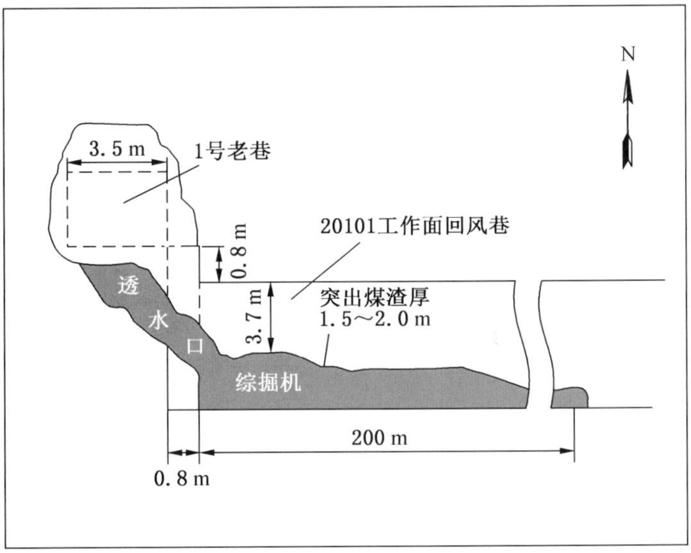

图5　透水位置剖面图

（四）事故教训

（1）发现透水征兆后，没有引起高度重视，未能及时撤出井下作业人员，造成大量人员被困井下。2010年3月以来20101工作面回风巷多次发现巷道积水、顶板淋水，未采取有效防范措施消除隐患。特别是自3月28日10时30

图6　透水点现场照片

分发现出水征兆，到13时12分发生透水，历时2 h 42 min，其间虽有现场勘察，但未能准确判断透水征兆及时撤人，没有采取相应的防范措施，继续作业，导致大量作业人员被困井下。

(2) 探放水措施不落实，探查手段单一。经调查，矿方没有严格执行《煤矿防治水规定》的有关要求，掘进巷道没有按要求配备探水钻机，缺少专业探水队伍和人员。工作中对“有掘必探”理解和执行存在偏差，井下实际超前探查只采用物探探测方法。在事故发生前，煤科总院西安研究院对20101回风巷做了超前探测，3月24日电法超前探（有效探测距离为740～820 m）和3月25日瑞雷波超前探（有效探测距离为780～830 m）都查出了异常，但没有认真分析和高度重视，给出“在探测段可以正常掘进”的结论，也没有提出钻探验证的要求。建设方和施工方据此下发了水害预报，未对探测结果进一步实施钻探验证，没有达到查清水情的效果，给事故发生埋下了隐患。

(3) 矿井充水水文地质条件认识不清，没有充分认识到老空水害防治的重要性。首采区，开展三维地震工作滞后。在巷道施工过程中，曾经两次揭露小煤矿老空巷道和采空区，此后虽然做了部分老空区调查访问工作和三维地震勘探工作，但没有完成整个首采区范围的三维地震勘探工作，更没有进行全面的老空区情况调查。即使在主水仓施工过程中，打通的小煤矿巷道出现涌水，也没有引起足够重视，采取有效措施消除隐患。

(4) 赶工期、赶进度，劳动组织管理混乱。矿井建设中，在一、二期工程没有全面完成的情况下，就施工三期工程，施工组织不合理。设计和监理按业主意志行事，监督不力。设计 2010 年 10 月投产，工期已经很紧张，但建设单位仍要求提前 1 个月投产。井下作业工作面多（当班安排 15 个作业点同时作业），人员过于集中，且领导干部带班制度不落实，现场管理不到位，埋下事故隐患。

二、事故救援

（一）事故震惊世界

时间定格在 2010 年 3 月 28 日 13 时 40 分，全世界的眼光投向了吕梁山南麓的王家岭，中煤集团王家岭项目部井下 20101 工作面回风顺槽发生了透水事故，153 名矿工被困井下，生死不明。胡锦涛总书记、温家宝总理立即作出重要指示，要求采取有力措施，调动一切力量和设备，千方百计抢救井下被困人员。张德江副总理亲到现场指导抢险，国家安全生产监督管理总局局长骆琳等第一时间赶到现场组织研究制定救援方案；山西省委书记张宝顺、省长王君火速赶往现场指挥抢险。上百名专家星夜奔向事故现场。经过八天八夜的全力救援，4 月 5 日这一天，115 名被困人员奇迹般地生还。这是一幅催人泪下、举世震惊的画卷，令人震撼、使人刻骨铭心。

美国《时代》周刊网站列出世界十大救援奇迹，中国山西王家岭矿工获救被排在首位。文中这样写到："在井下被困八天后，他们终于获救了。3 月 28 日，这些矿工在挖掘新矿道时不慎将一条充满水的旧矿道掘穿，汹涌而至的积水一下子将这 153 名工人困在地下。在救援人员接连奋战了几个昼夜无果后，人们对这些矿工能生存下来绝望时，4 月 2 日，矿工们通过敲击钻杆从地底深处向外界发出求救信号，这些微弱的声音证明他们还活着！救援人员迅速向矿井内投入了牛奶、葡萄糖，并对其进行言语鼓励；三天以后，救援人员乘坐皮筏进入矿井将 115 名幸存者救出，这些获救工人大多状态稳定。消息传出，神州大地一片欢腾，这种奇迹发生在中国殊为不易"。

（二）参加救援

29 日上午 10 时 30 分，我接到了中国矿业大学武强教授（事故调查专家组组长，现为中国工程院院士）打来的电话，要我做好出发的准备，赶赴事故现场，加入专家组对事故进行调查。11 时 30 分，武强教授再次打来电话说：经请示国家安监局，山西的事故调查山西本地专家应回避。

晚上6时，我的手机再次响起，打来电话的是太原煤炭设计院副院长兼总工程师耿建平（本次现场救援专家组成员），通知我说抢险救援指挥部根据张德江副总理提出的“通风救人、排水救人、科学救人”的指示，成立了“救援专家组”，由贺天才（现任山西省人大常委会副主任）担任组长，急需一名了解全省水文地质条件的专家，决定让我尽快赶往救援现场，制定救援方案。6时40分我不顾重病的母亲，也来不及吃饭，带着几片无糖饼干（患糖尿病13年），搭车从太原出发，连夜赶往救援指挥部。

一路上我多次接到救援指挥部打来的电话，催我尽快赶到现场。由于排水水位下降速度非常慢，3月28—29日两天水位基本不动，一直保持在579 m标高位置，救援进度非常缓慢，急需制定新的方案，加快救援进度。

晚上11时30分，我到达了王家岭风井场地碟子沟事发现场。现场人山人海，灯火通明，车水马龙，密集的车灯刺破夜空，形成一条移动的“光龙”，各路救援队伍正在以最快的速度从四面八方赶赴事发现场，我们几位专家立刻投入了新救援方案的讨论中。

（三）救援方案的制定

由于风井场地电功率有限，若井下安装大功率水泵，负荷大带不动，就会发生断电；水泵功率小了，排水量小，救援进度缓慢。根据排水困难的实际问题，专家组当时把制定方案的重点放在不用水泵排水，让巷道内积水自动流入下一层含水层中，使积水水位快速降低。于是决定在积水巷道最低处对应的地面施工1号、2号两个400 m左右深的钻孔，通过钻孔漏水，将巷道内的积水自动流入到距巷道以下200 m的奥陶系含水层内，期望加快水位下降速度，为救援争取时间。

该方案向指挥部汇报后，总指挥对该方案非常感兴趣，问我有多大把握？我回答：“根据我省情况，有80%把握”；又问我谁家有施工能力？我推荐了我所在的单位——山西省煤炭地质局。山西省煤炭地质局非常期待参与此次救援，事故刚发生，局领导就主动请缨，要求参加救援，但是救援指挥部一直未答应。当场总指挥就让省政府秘书长给山西省煤炭地质局白秀平书记打电话，要求立刻组织队伍赶赴现场参加救援，此时已是次日0时30分。

方案虽然批准了，施工队伍也很快就要进场了，但我整整一宿未合眼，在思索方案的每一个细节。因为要想让该方案达到理想效果，必须同时满足：①下一含水层水位必须比积水巷道底板低；②井下与地面定位必须准确一致；③巷道自流下去的水必须快速流走，也就是底部奥陶系含水层岩溶必须很发育，才有水流通的条件；④钻孔必须垂直，从地面到400 m深的巷道内，左右不能偏2 m（巷道宽4 m，地面将钻孔定在巷道中间）；⑤施工进度必须快并且保证不出孔内事故。只有上述5个条件同时具备，新方案才能起到作用。

对于水位标高我是有信心的，因为根据我在山西工作28年积累的资料和现场提供的资料，可以肯定设计钻孔附近奥陶系水位标高在526 m左右，而积水巷道底板的最低标高为552 m，二者相差26 m，所以，巷道内的积水肯定能够自动流入到奥陶系含水层中。但因为事故所在地处于龙子祠泉域以南，不在山西省18处大泉岩溶水系统范围，指挥部成员王守贞（时任煤炭厅厅长）担心如果下一含水层水位比积水巷道底板高，含水层水会涌入巷道造成二次灾害，便打电话问煤炭厅评审中心主任王保平水位的可靠性，王保平又将电话打给我，问王家岭附近奥陶系含水层水位多高，这样水位的问题才算落实。

钻孔定位问题至关重要。要想让钻机从地面钻到地下400 m处，不偏不移打到仅4 m宽的巷道内，地面和井下的位置必须完全对应，任何一方有误，方案无效。为此，我在介绍方案时面对指挥部的各位领导作了慎重的说明，并明确了责任，井下定位由中煤建井公司负责，在3月30日早晨计算出坐标点；地面定点由山西省煤炭地质局承担，使用当时最先进的GPS卫星定位系统进行定位，误差不超过2 cm。结果证明，两个单位的资料都可靠。

让我担心的另一个问题是底部含水层是否有水流通的条件。尽管山西在灰岩地区的成井率高达70% ~80%，但本次必须是100%。根据矿方提供的工业场地供水井资料，单井出水量仅20 m^3/h，按照这样的富水程度，要想依靠两个钻孔将巷道内31.5万m^3积水自流完，需要近两年的时间，这样的方案行吗？153名井下被困的矿工会有救吗？责任重大，必须慎之又慎，不得有半点失误。

让我担心的第三个问题是钻探过程中的排渣和施工中是否会发生埋钻事故。因为本次使用的钻机是美国生产的雪姆（schramm）全液压多功能车载潜孔锤钻机，在以前的多次救援中使用效果很好，对钻进速度和孔斜我不担心。该设备的特点是：用潜孔锤将岩石撞碎，碎粉(块)通过压风机吹出地面，在无水情况下，效果很好，钻进速度快。但本次要在巷道积水区以下钻进200 m，钻孔进入水位以下，撞碎的岩石吹不出地面，将会有7 m^3碎粉（块）聚集在钻孔周围的巷道内，在钻孔发生全漏水时，这些碎粉（块）会随水进入钻孔内，发生埋钻事故，导致救援延时或失败。

这些问题一遍又一遍地在我脑海里反复思考，越想越睡不着，天快亮了，手机又响了，山西省煤炭地质局白秀平书记、潘增武副局长等带着两台钻机已到了现场，要求我尽快确定井位。

（四）救援方案变更

按照原方案，1 号孔位按设计确定后，交由山西省煤炭地质局 114 勘察院施工（该孔经过 59 h 施工，孔深 406.8 m 时打到巷道顶板处终孔，未起到任何作用）。现场人员在采掘平面图上详细查找 2 号孔的位置时，发现辅助运输巷北部巷道底板标高越来越高，大部分高于 579 m 的积水标高；并且作业点较多，初估有 80 多名矿工在此附近；距出水点较远，人员有时间逃生并向此方向聚集的可能。据此，我当即建议将原来设计的 2 号漏水孔移动到辅助运输巷北部合适位置，钻孔功能变为通风及输送食物。

经过几十个人带着 4 台 GPS 满山遍野跑近一天的实地测量，最终将 2 号孔确定在辅助运输巷内距巷道北头 1400 m 处的地方。变更后的方案，钻孔不再有漏水作用，所以水位差问题，下部含水层富水性问题，施工过程中排渣、埋钻问题，以及前面未提到的对奥陶系含水层污染问题都不在考虑范围，而且使钻孔深度减少了 200 m。变更后的 2 号孔，将可以直接为井下被困人员输送支撑生命必须的氧气及食物。

方案的变更必须经指挥部批准，由于专家组参加现场定孔位的只有我和耿明超（时任焦煤资源地测部部长），指挥部要求向其他专家汇报后并形成专家组意见再上报。我受专家组的委托，对方案的变更原因、2 号孔变更后重新选取的位置、设计深度、预估作用等起草了建议稿，草稿成后交由贺天才的秘书徐德峰打印，当时已是晚上 9 时，由于我的住地较远，交通不便，我没有参加向指挥部的汇报，搭车返回了住地。

（五）2 号钻孔成功了

3 月 30 日晚 11 时 30 分，指挥部批准了变更后的方案。主动请缨、整装待发的山西省煤炭地质局立即连夜展开了一系列工作，将该孔交由山西省煤炭地质局 148 勘察院负责施工。他们首先在布满荆条与树林的山沟中开通了一条 1500 m 长的路，相继进行了场地整修、设备进场、安装等一系列工作，于 31 日 18 时开钻。经过 15 h 的连续奋战，2 号钻孔进尺 251.8 m，于 4 月 1 日早 9 时 18 分打通。王家岭煤矿透水事故搜救地点如图 7 所示。

在施工过程中，有两个时刻令我终生难忘。第一时刻是当钻孔深度到 250 m 时，开始返黑水，因为设计见巷道顶板深度应该是 250.9 m，而且巷道是沿煤层顶板掘进的，在此深度不应该有煤粉返出，返出的应该是煤层顶板岩层，是打偏了？还是数据不准？当时心情非常紧张，两眼凝视着转动的钻杆不敢偏移。到 4 月 1 日 9 时 18 分，孔深到 251.8 m 时，钻杆快速下降，我紧张的心情一下放松了，钻孔打到了巷道上，方案的第一步成功了。第二个时刻是在钻孔打通后，经过一系列的喷气、堵塞、再通孔、下套管、送气等

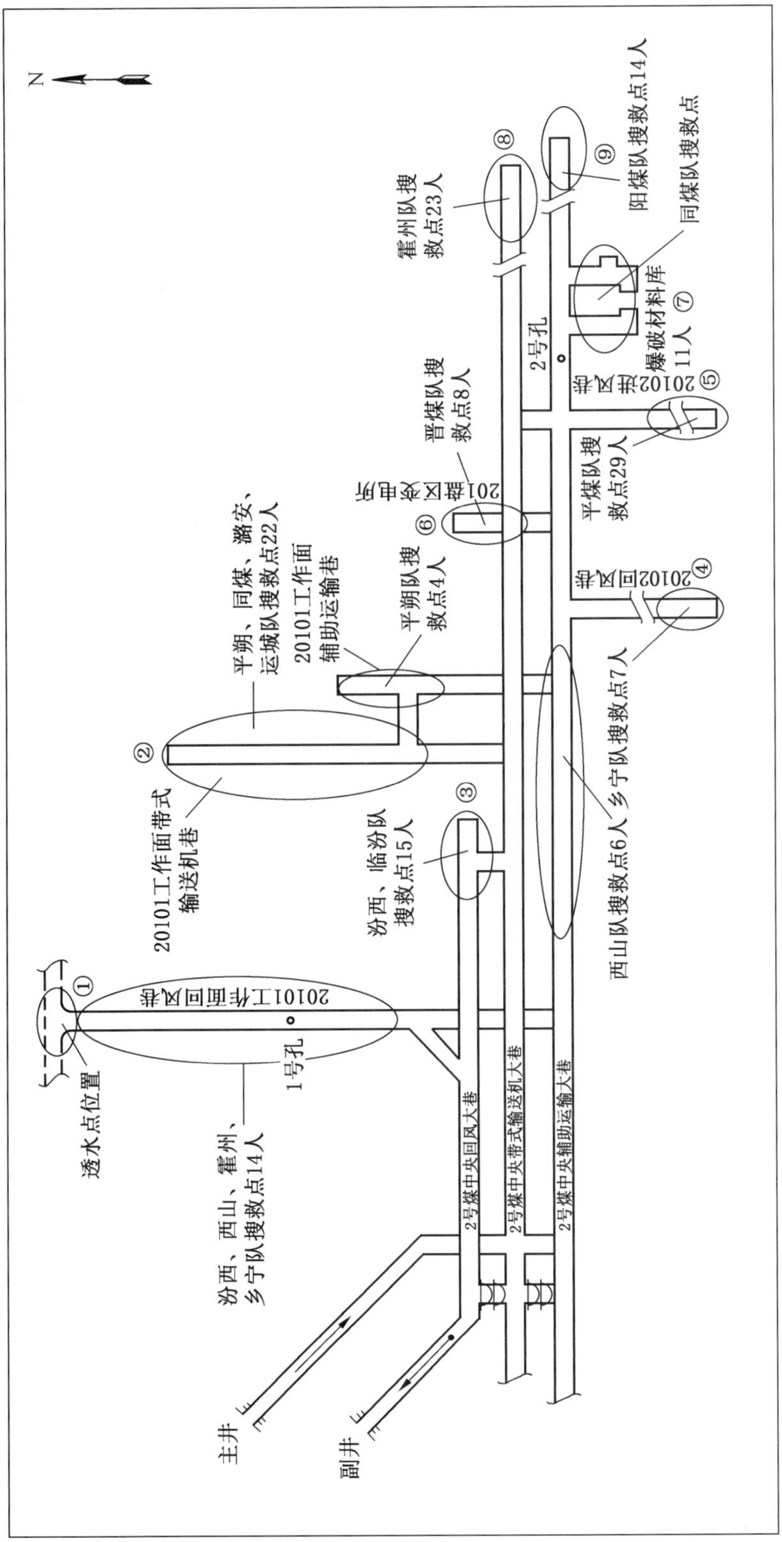

图7 王家岭煤矿透水事故搜救地点

工作，4月2日下午2时12分，当山西省煤炭地质局钻探高级工程师、救援中心主任袁新文在孔口通过敲击钻杆期望与井下人员取得联系时，得到了井下被困人员的信息反馈，他喊："有人了"，这一喊，我们在场的人都哭了；这一喊，震动了整个世界。我当时认定"井下有人活着！2号钻孔成功了"。

王君省长多次前往2号孔现场，并评价该孔为：通风通道、信息通道、生命通道，起到了一孔多用的效果（图8）。

图8 李振拴和王君省长在事故现场

（六）2号钻孔的作用

1. 通风通道的作用

2号钻孔的通风通道作用重要体现在以下两个方面：

（1）水位快速下降。在钻孔未打通前，3月28—31日，4天共排水2.6万m^3，水位仅下降0.18 m；自4月1日9时18分钻孔打通以来至4月3日6时，排气40多个小时，估算总排气量20余万立方米。在排气阶段，水位快速下降，4月1—2日，排水量增加了4.2万m^3，是前4天的1.6倍；水位下降了2.42 m，是前4天的13.5倍。4月2—3日，排水量增加了6.7万m^3，是前4天的2.6倍；水位下降了6.52 m，是前4天的36.2倍。由于水位快速下降，位于回风大巷掘进头处水位距顶板仅30~40 cm的9名吊在顶板的被困者首先被救。

（2）改变了被困人员的呼吸条件。钻孔刚打通时，测得喷出气体中氧气含量仅13%~14%，随着气体的大量涌出，巷道内空气迅速流动，人员聚集区氧气含量回归正常。按照人体对氧气含量的需求可知，当空气中氧含量16%时，脉搏加快，头晕恶心；12%时，浑身无力，体温上升；10%时，意识混乱，发紫；8% 时，昏睡；6% 时，呼吸停止。如果空气不流动，人员将慢慢失去知觉，直到窒息。

总之，由于排气及通风，改善了被困人员的生存条件，延长了他们能够等待救援的时间。

在此读者可能很想知道钻孔打通巷道时为什么会有高压气体喷出？为什么水位会下降如此快？当时我也没有弄明白，以为是指挥部在用压风机给井下送风，造成了钻孔中营养液送不下去。为此，我和袁新文去指挥部找领导让暂停送风，待投下营养液后再送，可是送风停止了，钻孔仍然在喷气。在此期间还有过一段时间不喷气，但经投营养液发现是钻孔坍塌堵塞，随后通了孔，又一次发生了喷气，后来喷气越来越小，直到停止。为了保护好孔壁，孔内下了 250 m 钢管。

根据采掘平面图高程显示，该区地层基本为一轴向近东西的向斜构造，透水点位于向斜南翼，2 号孔位于向斜北翼，北翼皆为独头巷道。透水后，水首先向低处流，当水面超过向斜最低处的顶板时，巷道北部被封堵，积存的气体排不出地面，被南部透出的31.5 万 m^3 水压缩成了高压气包，阻挡了水向北流动。透水后，从风井井筒（向斜南翼）实测的水位标高 579 m，可以推测，向斜北翼水位一定比 579 m 低。在钻孔打通后，高压气体得到释放，南翼的水随着北翼气压的降低向北翼流动，导致南翼水位快速下降，北翼水位上升，气体释放结束后，南、北两翼水位趋于一致。在答记者会上，有一位香港记者问我，井下被困人员发现在 2 号钻孔打通后井下有两次水位上涨，这正好与钻孔刚打通及被堵再次疏通后两次喷气相吻合。

由此可知，依据透水点水位 579 m 标高设计的两套方案都是绝对安全的。第二方案如图 9 所示。

2. 信息通道的作用

4 月 2 日下午 2 时 12 分，发现有井下敲击钻杆的声音，随后又有井下湖南籍工人龚长中在钻杆上绑了的铁丝被带到地面，充分证明井下有生命迹象，而且他们体力很好，钻孔起到了井上下信息沟通的作用。中央电视台将转播站移到了 2 号钻孔旁，中央电视台新闻频道全天候滚动播出。现场人员络绎不绝，有的往井下送电话，试图和被困人员取得联系；有的在空矿泉水瓶中放了安慰信，信中写到：“亲爱的工友们，党中央、国务院和全国人民都在关注你们的安全……你们一定要坚定信心，坚持到底！坚持就是胜利！”对井下被困矿工进行安慰与鼓励。这不仅树立了井下被困矿工活下来的信念，更加坚定了地面抢险救援人员的信心与决心，也让被困矿工家属得到了安慰，看到了希望。

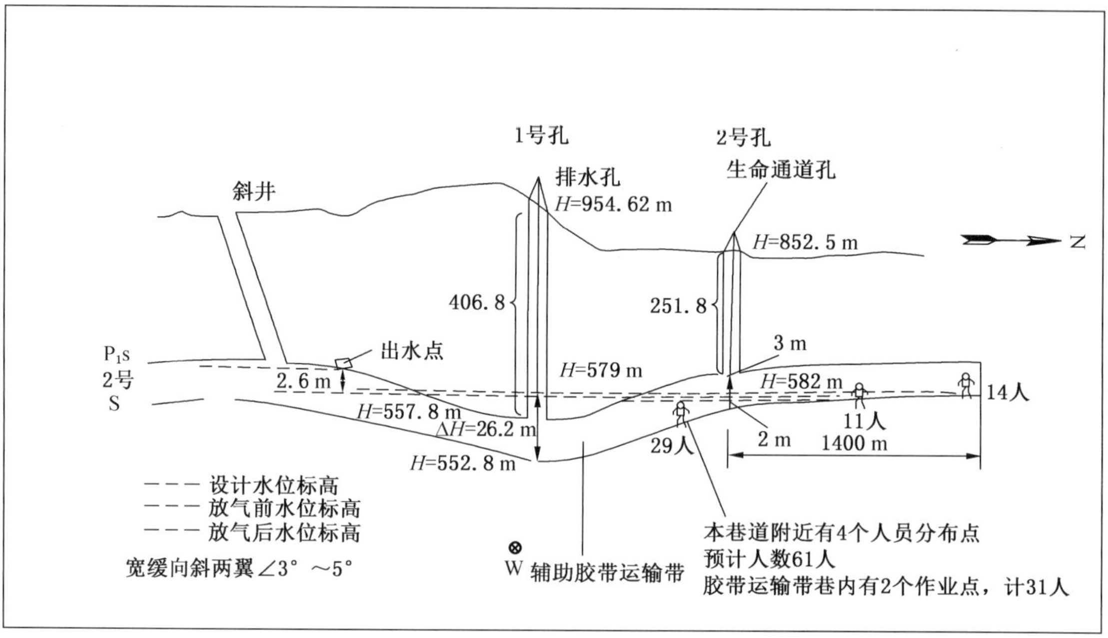

图9　第二方案示意图

3. 生命通道的作用

从4月2日16时50分到4月5日11时，通过采用各种方式分7次向井下输送营养液、牛奶共计560余袋（桶）（图10）。从2号钻孔所在的辅助运输巷内解救出的106名被困矿工，全部吃到了营养液、牛奶，升井后他们生命体征很好。2号钻孔被称为“生命通道”名副其实，在本次救援中起到了重要作用。

当时我也曾想过，如果有排不完的水，可以在2号孔旁边打一个大口径孔，将被困人员一个一个吊上来。后来2010年8月5日，智利北部圣何塞的铜金矿发生塌方事故，32名矿工陷于700 m深的地下，采用该救援方法，69天后被困的矿工全部获救。2015年12月25日，山东平邑石膏矿发生坍塌事故，采用同样的救援方法，36天后4名被困矿工获救就是成功的案例。

三、结束语

从3月29日到4月6日，我在救援现场的时间是9天8夜。这9天8夜给我的人生带来了一段辉煌；这9天8夜让我所学的专业知识用到了抢险救援现场；这9天8夜给井下被困者、地面救援者及被困者家属带来了希望；这9天8夜对我的一生来讲虽然非常短暂，但令我终生难忘。

我将这9天8夜的救援经历介绍给大家，当国家和人民遇到困难需要自己

图10　李振拴向井内投放营养液

的时候，一定要克服困难，不求索取，充分发挥自己的专长。

曾记否？王家岭上夜无眠，月落鸡唱五更残。春寒化芒刺透骨，挥汗如雨沁薄衫。挑灯苦思竭心力，双股战战执笔难。三声回音震天际，始觉眼角泪光寒……

前　言

山西是一个煤炭资源大省，在约15.6万km^2的面积内分布有大同、宁武、河东、西山、霍西、沁水六大煤田及若干煤产地，含煤面积达6.24万km^2，占全省面积的40%。据第三次煤炭资源预测与评价结果，2000m以浅资源量6400亿t，且煤种齐全，开采技术条件好。山西位于我国中部偏北部，煤炭外运方便，煤炭开采及外运量在全国的占比超过四分之一。

山西煤炭开采历史悠久，是我国发现和利用煤炭最早的地区之一。隋唐时期山西对煤炭就有认识，宋元时期成为全国重点产煤地，明清时期煤炭开采、运销、加工利用等都有新的发展。1982年，在“有水快流”政策的激励下，山西煤矿遍地开花，最多时多达万余座，私挖乱采严重，开采不正规。经过多次兼并重组和改造升级后，至2023年有煤矿约900座，开采深度600 m左右。到2022年底，全省累计开采原煤236.7224亿t。

由于煤层与含水层处于同一地质体中，因此地下水成为煤炭开采的制约条件，特别是水害事故的发生，极易造成人员伤亡，导致许多家庭支离破碎。2010年3月28日，山西焦煤王家岭煤矿发生特别重大透水事故，造成153名矿工被困，38人死亡，事故一度震惊全球。煤矿防治水工作在开采过程中尤为重要，但就目前的情况来看还存在很多问题，比如：防治水人才缺乏，对水患认识不到位，大多煤矿“谈水色变”患了“疲劳症”，采用类似于“大病小病都要住院治疗”的防治措施，等等。

2016年我退休后本计划颐养天年，不再伏案工作，所以将积累的一些规程、规范等技术资料都给了同事，并将17年（2003—2020年）来记录的20本“技术笔记”也捐给了山西省地质博物馆和我的母校太原理工大学。当时也有人劝我，既然有这么多技术资料，为什么不将一生的煤矿地质勘探和防治水经验写出来出一本合集，留给后人呢，但当时我总觉得有些事情还是留给后人来做吧。直到2022年3月，罗斌等两名博士及山西地宝能源集团有限公司总工程师宋志刚对我的资料整理工作非常期待，积极性很高。我被他们的热情所感动，感觉自己的使命还没有完成，于是我联系了山西省地勘局王甲斐女士，组成了四人编写组，于2022年4月开始收集资料、分工整理，开始了本书的编写工作。本书原计划于2022年底出版与读者见面，但由于疫情及其他原因，导致延迟。

全书主要包括四章内容。

第一章由我和宋志刚执笔整理，图件由罗斌清绘。本章主要记录我多年来为煤矿做咨询的部分案例，由于篇幅的限制，有些案例（口头咨询及未写咨询意见的）未收入。本章分为地表水、顶板水、底板水、老空水及其他共7节，计32个咨询案例，每节的案例按咨询时间先后排列。在这些咨询案例中我印象深刻的有“长治羊头岭东掌煤矿15103首采工作面涌水”“长治羊头岭集团红旗矿15103工作面K2灰岩水对开采的影响”“山煤国际襄垣大平煤业涌水量大的原因分析”“宁武张家沟钻孔导通底板老空水”“泰山隆安煤业8号煤层采空区积水对下覆$11_{下}$号304工作面安全开采的影响”“湖南娄底冷水江财神坑矿业与湖南华润利民矿业纠纷案件咨询鉴定”等等。我将这些案例分享给读者，希望大家能够借助这些案例，分析解决工作中遇到的类似问题，将事故消灭在萌芽状态。

第二章由罗斌整理，主要记录我多年来参与调查的水害事故案例，包括洪水灌井，采空区积水上层透入下层、下层透入上层、同层透入，邻矿积水透入，顶板突泥及废弃井筒积水透入等共25个事故案例。造成这些事故的共同原因是防治水人员缺乏，对水害分析不到位，在有明显透水征兆的情况下继续开采。我对这些事故发生原因进行了剖析，对每个案例基本进行了点评，给出了防治措施，希望读者在今后工作中有所借鉴。

第三章由我和宋志刚执笔，图件由太原理工大学宋晓夏教授清绘，主要介绍了我从事水文地质及防治水工作40余年来的一些观点和体会。例如，对于带压矿井，大家一直都不敢将峰峰组顶部不含水的岩层作为隔水层对待，导致水文地质勘探成果只采用了水位及富水性两个参数，对于煤层底板到奥陶系顶界面间距小的带压矿井，峰峰组顶部是否可作为隔水层尤为重要，书中列举了不少实例，希望可以与同行共同探讨。另外就是水资源破坏问题，采煤确实对水资源破坏很严重，但如何做到既能采煤又能保护和充分利用被破坏的水资源，协调好二者的关系，书中做了相应研究。还有就是煤矿采空区积水的推判，现在一些煤矿充水性图中的积水完全背离了“水往低处流”的原理，很多报告编制单位对采空区积水乱画，物探成果对积水乱圈，导致探放水工作无的放矢，收效甚微。

第四章由王甲斐女士执笔，主要反映我一生的大致经历。其实在我退休时王甲斐就帮我整理过一篇题为“半世清贫苦学研，半世奔劳探心泉；莫道人间桑榆晚，为霞亦能华满天”的文章。山西省水资源管理委员会总工程师鲁荣安阅后写了一首诗，对这篇文章进行了总结：“文言诗话数千言，忆述人生六十年；纵横煤海几十载，补绘三晋煤水篇；王家岭上献奇技，百余弟兄重见天；若问该君何方士，静乐奇葩李振拴。”此番在上述文章的基础上补充了一些资料，用白话文进行描述。写这一部分的目的在于鼓励青年地质工作者，既然选择了地质这个行业，就要热爱地质行业，就应当干一行爱一行。地质行业虽然辛苦，但苦中有乐，每当你干出一些成绩后，就会体会到那种收获的快乐、奉献的快乐。

本书的执笔人除我之外都是在岗人员，他们利用业余时间及假期进行了认真的整理编写，在此表示真诚的感谢。

本书的编写出版得到了山西美锦集团能源有限公司董事长姚锦江，山西宏盛聚德煤业有限公司总经理刘侯牛、总工程师郭成丰，晋城市梅安矿山技术服务有限公司总经理王海梅，山西泽州天泰锦辰煤业有限公司董事长王路文，山西地科勘察有限公司董事长马丕武等同志的资助，在此表示衷心的感谢。

由于编者水平有限，书中肯定存疏漏或观点和分析理解上的谬误，望读者谅解并批评指正。

2023 年 2 月

目　次

峰值 271 m^3/h，此后逐渐减小至 58 m^3/h，到问题提出前累计排水 14.5 万 m^3。为了查明涌水水源及对下一步开采的影响。

矿方于 2017 年 6 月 27 日邀请有关专家进行了咨询论证。

二、矿井概况

1. 基本情况

盘城岭矿井田位于山西省左权县辽阳镇后窑峪村一带（图 1－1－2），行政区划属左权县辽阳镇管辖，井田面积 8.0341 km^2，批采煤层为 4～15 号煤层，生产能力为 90 万 t/a。

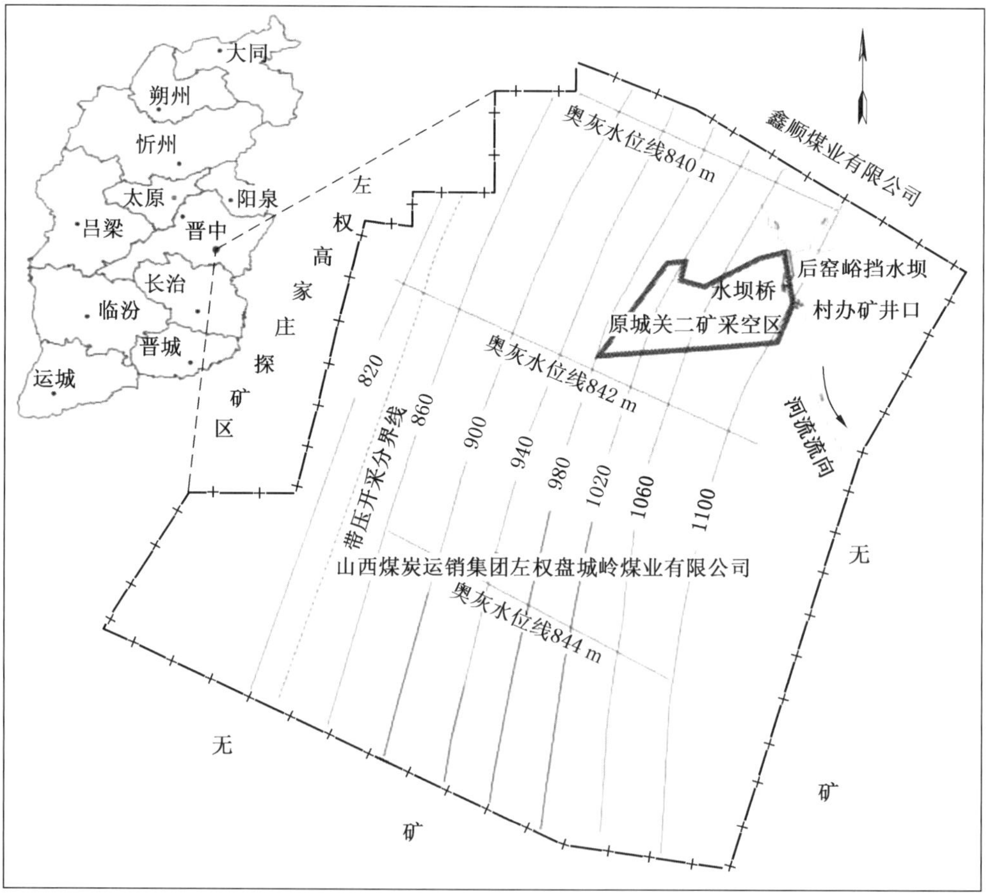

图 1－1－2　基本情况示意图

2. 地面调查情况

2017 年 6 月 8 日，集团公司地质与防治水中心会同晋中公司和矿方有关人员对地面进行了详细的勘查，在原城关二矿采空区上方的地面发现了后峪沟挡水坝及后峪沟溪流。

经走访当地村民得知，后峪沟挡水坝在勘查前一个月前蓄水量达 2.8 万 m^3，勘查时已接近干涸，蓄水去向不明。

经对出水水源水质进行全分析化验，发现该水中钠离子、负硬度、氨离子、氯离子、pH 值、耗氧量较高，因此判断该水源为地表水及采空区近期积水。

3. 4 号煤层采空区情况

该矿 4 号煤层部分已采空，原城关二矿采空区位于挡水坝底部，采空区通过 4 号煤下山与西部的回风立井连通，煤层走向近南北，倾向西（东高西低），采空区积水由东向西流动。

4. 采空区中闭墙设置

该矿 4 号煤层采空区与 4 号煤北回风下山之间的联络巷中设有闭墙；4 号煤北回风下山与回风立井联络巷之间设有闭墙。

5. 排水系统

排水系统主要由中央水泵房、采区水泵房、工作面临时排水点组成。

井底车场设主排水系统，主水仓容量 2200 m^3，副水仓容量 600 m^3。中央水泵房选用 3 台 MD280－43×6 型多级离心泵，额定流量 280 m^3/h，扬程 258 m，效率 75%；一台工作，一台备用，一台检修，配用电动机型号为 YB2－400－4，额定功率 315 kW，额定电压 10 kV，额定电流 22.6 A。主排水管路选用 ϕ273 mm×7 mm 无缝钢管 2 趟，一趟工作，一趟备用，沿进风斜井敷设出井。

在井底车场设置中央水仓（有主、副 2 个水仓），水仓容积为 2800 m^3。矿井测得 15 号煤层的正常涌水量为 68.26 m^3/h，最大涌水量为 85.72 m^3/h。根据《煤矿防治水细则》，中央水仓的有效容量能容纳 8 h 的正常涌水（546.08 m^3）。矿井正常涌水时，工作水泵能在 20 h 排出矿井 24 h 正常涌水（1638.24 m^3）。矿井最大涌水时，工作和备用水泵能在 20 h 排出矿井 24 h 最大涌水（2057.28 m^3）。检验结果表明：矿井现有排水设备符合《煤矿防治水细则》要求。

本井田推测奥灰水位标高在 839～845 m，地下水径流方向由西南向东北径流。4 号煤层底板标高为 700～1160 m，15 号煤层底板标高为 580～960 m，井田内 4 号、15 号煤层西部均存在带压开采问题。

三、原因分析

城关二矿 4 号煤层采空区上方有拦水坝（图 1－1－3）。

水坝底板标高为 1175 m，对应的 4 号煤层顶板标高 1098 m，二者间距 77 m。由于 4 号煤层开采后形成导水裂缝带与水库底部的风化带沟通，使水库积水逐渐下渗到 4 号煤层采空区内，随着采空区积水高度的增加，闭墙承受的压力逐渐增大，使闭墙遭受破坏，导致 4 号煤层采空区积水通过 4 号煤采区下山流入回风立井进入 15 号煤层。据此推断，闭墙是逐渐被破坏，涌水量由小到大，随着 4 号煤层采空区积水被逐渐放空，水头压力也逐渐减小，涌水量由原来最大 271 m^3/h 减小至 58 m^3/h，还将继续减小，最终达到补排平衡。

采区水仓标高 747 m，150103 工作面标高 816 m，二者高差 69 m。在二者间有 4 条 15 号煤层下山，体积 47600 m^3，总回风石门体积 6760 m^3，采区水仓容积 2800 m^3，150103 工作面至采区水仓间巷道总容积 57160 m^3。

矿方已经将挡水坝的放水闸打开，拦水坝不具备蓄水的条件；坝区底部裂缝已用黏土

(a) 拦水坝局部　(b) 拦水坝全貌

(c) 蓄水区　(d) 蓄水区

图1-1-3　拦水坝照片

充填压实，降低了入渗补给功能。

综上所述，该矿充水水源为地表水体，充水通道为导水裂缝带，4号积水已基本放净，专家组认为：15号煤采掘已不受本次出水影响，同意恢复采掘活动。

四、防范建议

矿方应对出水点水量动态持续观测，如涌水量发生异常，及时采取措施。

案例三　山西吕梁中阳付家焉煤业有限公司10101工作面开采受地表鱼池及86号钻孔影响咨询

一、问题提出

山西吕梁中阳付家焉煤业有限公司10101回采工作面，顺槽长度1485 m，工作面长150 m。工作面地表范围内有鱼池及86号钻孔，为了保证安全开采，需对10101工作面开采受地表鱼池及86号钻孔影响进行安全论证。山西大土河煤业集团于2018年5月6日组织有关专家进行了咨询论证。

二、矿井概况

1. 基本情况

山西吕梁中阳付家焉煤业有限公司位于吕梁市中阳县城西北11 km处的付家焉村，行政区划属中阳县张子山乡管辖。井田面积 9.1156 km^2，批准开采 4～10 号煤层，生产规模 120 万 t/a（图 1－1－4）。

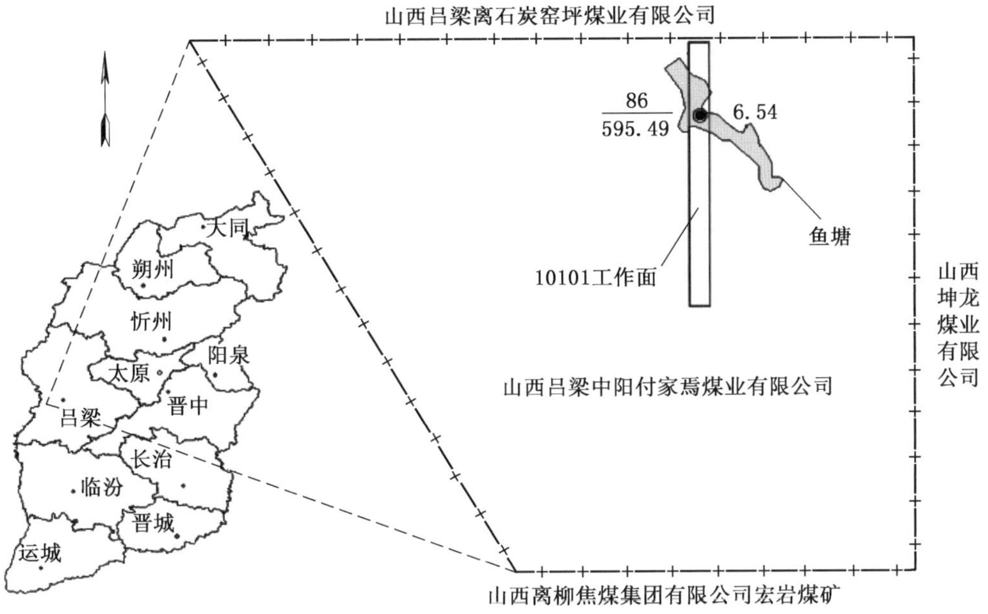

图 1－1－4 矿井及 10101 工作面位置图

2. 10 号煤层及 10101 工作面情况

井田内可采煤层共 3 层，分别为 4 号、9 号、10 号煤层，9 号、10 号煤层在井田东部一采区合并为一层 10 号煤层。10 号煤层位于太原组下部，煤层厚度 2.45～7.12 m，平均 4.77 m。煤层顶板大部为砂质泥岩，局部为中、细粒砂岩。底板大部为泥岩、砂质泥岩，局部为细粒砂岩，属全区稳定可采煤层。

10101 工作面位于一采区西部，对应地表有徐家沟养鱼塘（图 1－1－5），工作面顺槽南北向长 1450 m，切眼东西长 150 m，煤层厚度 5.92 m。4 号、6 号煤在此区域不可采。

依据 10101 工作面内位于鱼塘内的 86 号孔资料，孔深 364 m 见 10 号煤层，10 号煤上部岩层中柔性的粉砂岩、砂质泥岩、泥岩、炭质泥岩、煤线等占 46.5%，脆性的粗砂岩、中砂岩、细砂岩、灰岩等占 53.5%。

3. 10 号煤层上覆水文地质条件

井田主要含水岩组自上而下可划分为第四系、新近系松散岩类孔隙含水岩组、二叠系碎屑岩类砂岩裂隙含水岩组、石炭系上统太原组碎屑岩夹碳酸盐岩类岩溶裂隙含水层组。

（1）第四系、新近系松散岩类孔隙含水岩层：第四系全新统含水层厚度小，富水性随季节变化明显。除鱼池范围外，井田内第四系中、上更新统基本属透水不含水层。新近系上新统含水层主要为砂砾岩，富水性较强。对煤层开采影响不大。

（2）二叠系碎屑岩类砂岩裂隙含水层：含水层裂隙不发育，富水性弱。矿井充水主

图1-1-5 鱼塘

要表现为顶板的渗水或淋水，主要以释放含水层静储量为主，易被疏干，容易控制，对矿井开采不会造成大的威胁。

（3）石炭系上统太原组灰岩岩溶裂隙含水层：该含水层富水性弱~中等，矿井充水主要表现为顶板的渗水或淋水，主要以释放含水层静储量为主，易被疏干，容易控制，对矿井开采不会造成大的威胁。

4. 封闭不良钻孔情况

井田及邻近矿有14个钻孔。其中，7个（13号、14号、58号、59号、66号、67号、86号）于1967年8月—1970年11月山西省煤田地质勘探148队对离石矿区进行详查勘探时施工；4个（501号、502号、503号、504号）于2009年9月—2010年5月山西地宝能源有限公司编制《山西吕梁中阳付家焉煤业有限公司兼并重组整合矿井地质报告》时施工。上述11个钻孔均按照封孔设计要求进行了钻孔封闭，即煤系地层段采用水泥砂浆封闭，非煤系地层段用红土泥球充填，因均未进行启封检查，具体封孔质量无从评述。其中86号孔位于10101工作面，为本次安全论证分析的重点。

三、安全论证

（1）一采区4号、6号煤均不可采，此区域仅采10号煤。根据《建筑物、水体、铁路及主要井巷煤柱留设与压煤开采规程》计算各煤层垮落带及导水裂隙带，9号、10号煤层顶板均为坚硬岩石。9号、10号煤层为近距离煤层，故9号、10号煤层联合计算，选用公式计算各煤层导水裂隙带高度。

9号、10号煤层导水裂缝带公式：

$$H_{li} = 30\sqrt{\sum M} + 10$$

$$H_{li} = \frac{100\sum M}{1.2\sum M + 2.0} \pm 8.9$$

式中　H_{li}——导水裂缝带高度，m；

　　M——累计采厚，m。

10101 工作面 9 号、10 号煤层煤厚 5.92 m，计算的导水裂隙带高度约 83 m，按照井田内 9 + 10 号煤层极端最大厚度 8.67 m，计算的导水裂隙带高度约 98.3 m，本次导水裂隙带取最大高度 100 m。

根据 10101 工作面埋藏深度 364 m 最大导水裂隙带高度以上还有 264 m 软、硬相间的岩层，因此 10101 工作面开采后导水裂隙带不能直接沟通到地表，不会导致鱼塘水溃入井下（图 1-1-6）。

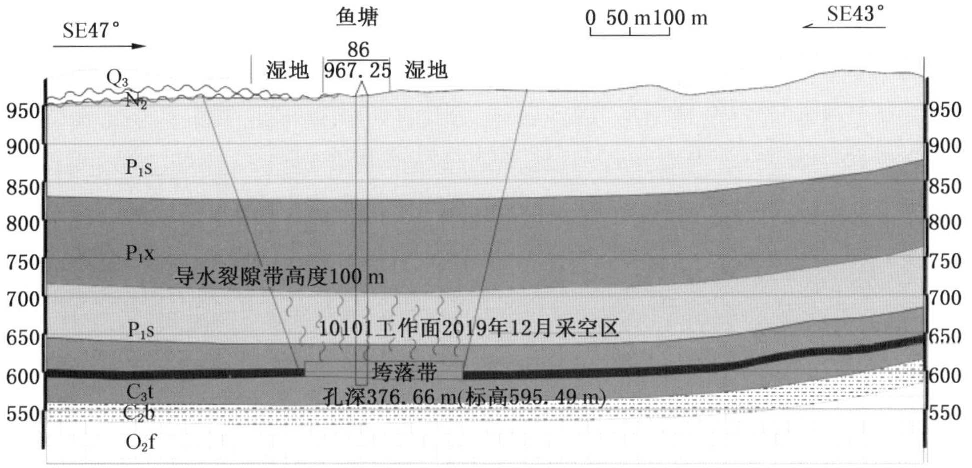

图 1-1-6　鱼塘积水与工作面地质剖面图

（2）10101 工作面开采后鱼池及其周边会形成裂缝，鱼池内的水将会渗漏，在没有充分外来水源补给的情况下，会导致鱼池干枯。

（3）86 号钻孔施工于 1970 年，煤系地层段采用水泥砂浆进行了封闭，非煤系地层段用红土泥球进行了充填，未进行启封检查。假如封闭不好，由于钻孔位于鱼塘底部，长期以来池内淤泥会沉淀，可以对封闭不良的部位进行充填。根据井下已揭露的 2010 年施工的 503 号钻孔实际情况，孔内为黄泥封孔，涌水量不足 0.5 m^3/h，说明黄泥封孔后也具有一定的阻水作用，由此推断，86 号钻孔直接导通鱼池的可能性不大，开采后不会因 86 号钻孔封孔原因造成淹井事故。

四、防范建议

（1）矿方在开采过程中，利用物探手段对 86 号钻孔周边进行赋水性探测，发现异常及时采取措施进行封堵。

（2）保证 10101 工作面排水系统能力不小于 80 m^3/h。

（3）加强地表岩移观测。

经回访，该工作面回采后 10101 工作面涌水量正常，86 号钻孔未导通鱼塘水。

案例四　中煤科工能源投资秦皇岛有限公司秦能一矿水害咨询

一、问题提出

2018 年 7 月，中煤科工能源投资秦皇岛有限公司秦能一矿矿井涌水量集聚增加，老柳江坑口涌水量由 370 m^3/h 增加到 1560 m^3/h，曹山坑口涌水量由 440 m^3/h 增加到 2770 m^3/h。为了查明补给水源、通道及为今后防治水工作提出建议。

中煤科工能源投资公司于 2018 年 7 月 17 日组织了有关专家进行了咨询论证。

二、矿井概况

1. 基本情况

秦能一矿位于河北省秦皇岛市北 25 km，行政区划隶属河北省秦皇岛市海港区管辖，矿区距京秦铁路秦皇岛站 19.5 km，有地方铁路从井田东部外围穿过，经秦皇岛站可与大—秦铁路、京—秦铁路和京—山铁路相连，铁路交通极为便捷（图 1－1－7）。

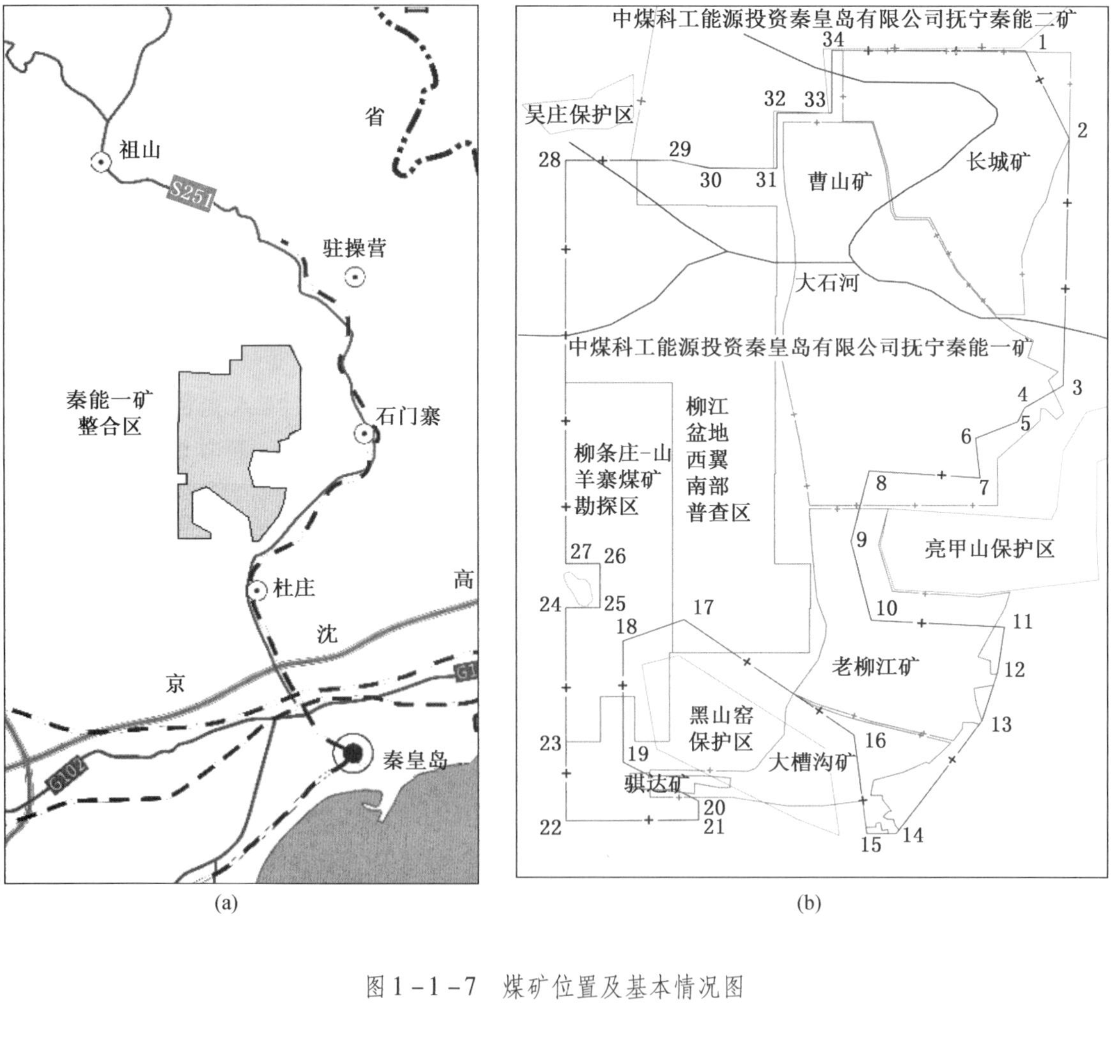

(a)　　(b)

图 1－1－7　煤矿位置及基本情况图

秦能一矿由长城矿、曹山矿、老柳江矿、大槽沟矿、骐达矿、抚宁县柳条庄—山羊寨煤矿勘查区和深部资源整合而成，井田面积28.092 km^2，批准开采煤2、煤3、煤5，设计生产能力为120 万 t/a。目前原骐达矿、原大槽沟矿、原长城矿均已关闭；原曹山矿、原老柳江矿维持正常通风排水。

矿井开拓方式为斜井开拓，沿煤层走向开采。工业广场利用并改造井田东部原老柳江矿的工业场地，刷扩主、副斜井，新施工回风斜井。目前正在进行井筒的刷扩与开拓工作，矿井处于基建中。

2. 水文地质条件

井田西部地表有大石河流过，枯水期(每年10月—次年5月)流量0.73 ~1.81 m^3/s；丰水期（6—9月）流量4750 m^3/s。

井田内主要含水层水由第四系孔隙潜水、基岩风化裂隙水以及碳酸盐岩岩溶裂隙水组成。

第四系孔隙潜水分布在矿区大石河两侧和沟谷中，主要补给来源为大气降水。含水层主要为第四系全新统砂卵石层，结构松散，孔隙大，单位涌水量0.28 ~16.67 L/(s·m)，含水层富水性中等 ~ 极强，水质类型属于 HCO_3-Ca 和 $HCO_3 \cdot SO_4-Ca$ 型。大石河流经长城矿和曹山矿，原对 -180 m 以浅部矿井涌水有影响，当深部开采时，大石河孔隙水对深部开采无直接影响。

基岩风化裂隙水，由于受地形、岩性、构造等因素的影响，其风化裂隙深浅不一，一般风化深度35 ~45 m，个别地段可达100 ~200 m。风化裂隙含水层含水量小，为弱富水含水层，完全受地形和大气降水控制。该含水层对煤矿的深部开采不会造成威胁。

碳酸盐岩类岩溶裂隙水分布在整合区西侧和石炭-二叠纪煤系地层的底部，西部由奥陶系和寒武系碳酸盐岩组成，该含水层厚度大于200 m，水位标高62 ~82 m，单位涌水量0.0013 ~0.5832 L/(s·m)，渗透系数0.0149 ~110.36 m/d，为弱 ~ 中等富水性含水层。水化学类型以 $SO_4 \cdot HCO_3-Ca \cdot Na$ 为主，总硬度141.08 ~1849.31 mg/L，pH 值7.12 ~8.51，矿化度165.40 ~2358.92 mg/L，为矿井间接充水含水层。

3. 排水系统

秦能一矿采用多级排水系统，设计在 -560 m 水平、-760 m 水平设计排水泵房及水仓，采区涌水通过采区水仓排至 -760 m 水平泵房，-760 m 水平涌水排至 -560 水平泵房，-560 水平涌水排至原老柳江矿 -230 水平主泵房，矿井全部涌水从 -230 水平排至地面水沟流到附近大石河。因当时秦能一矿仅利用曹山矿、老柳江矿排水设施，下面仅对老柳江矿、曹山矿矿井排水设施进行描述。

原老柳江矿排水设施能力：原老柳江矿采用多级排水系统，井下有排水泵房3个，其中排至地面的一级泵房2个，分别为 -56 水平泵房和 -230 水平泵房；二级泵房1个，即 -400 水平泵房。-400 水平泵房将水排至 -230 水平泵房水仓，再由 -230 水平泵房排至地面。

（1） -56 水平泵房：该水平水仓实际容量2000 m^3，泵房安装水泵4台，其中8DA-8×5 型水泵2台，MD280-43×5 型水泵2台，安装有2趟 ϕ319 mm 管路经副斜井直接排到地面。该泵房排水能力为1152 m^3/h。

（2） -230 水平泵房：该水平水仓实际容量2830 m^3，泵房安装水泵5台，其中

MD450 -60 ×7 型水泵 4 台，200D65 ×7 型水泵 1 台，2 趟 ϕ377 mm 管路经副斜井直接排到地面。该泵房排水能力为 2080 m^3/h。

（3） -400（十七）水平泵房：该水平水仓实际容量 2956 m^3，泵房安装水泵 4 台，水泵型号皆为 200D65 ×4，安装有 2 趟 ϕ324 mm 管路排到 -230 水平水仓。该泵房排水能力为 1120 m^3/h。

原曹山矿排水设施能力：曹山矿采用多级排水系统，矿井共设有 3 个排水泵房，其中排到地面的主排水泵房有 1 个，转排泵房 2 个。主排水泵房为 -180 水平泵房，转排泵房为 -280 水平泵房和 -350 水平泵房，矿井全部涌水从 -180 水平利用主、副斜井井筒排至地面水沟流到附近大石河。

（1） -180 水平泵房：该水平水仓实际容量 4080 m^3，安装 MD450 -60 ×6 水泵 5 台，3 趟 ϕ377 mm 管路，其中 2 趟经主斜井直接排到地面，一趟经副斜井直接排到地面。该泵房排水能力为 2250 m^3/h。

（2） -280 水平泵房：该水平水仓实际容量 1800 m^3，安装 200D43 ×4 水泵 3 台，1 趟 ϕ219 mm 管路和 1 趟 ϕ325 mm 管路排到 -180 水平泵房。该泵房排水能力为 864 m^3/h。

（3） -350 水平泵房：该水平水仓实际容量 600 m^3，泵房安装 D155 -30 ×9 水泵 2 台，2 趟 ϕ162 mm 管路排到 -180 水平水仓。该泵房排水能力为 310 m^3/h。

三、原因分析

1. 充水水源

秦能一矿矿井目前主要充水水源为大气降水、地表水及老空水，采掘工程进入 -500 m 水平以深后，面临底板奥灰水的威胁。

（1）大气降水：大气降水是本区主要的充水水源，多年统计资料表明矿井涌水量与大气降水关系密切。据统计，10 年来秦皇岛地区平均年降水量为 644.97 mm，集中在每年的 6—9 月，占全年降水量的 70% ~80% 。大气降水通过浅部小煤窑、废弃井筒及采动裂隙进入井下。

（2）地表水：井田内地表水体主要为大石河、汤河、小型水库和池塘等。大石河流经井田露头区，露头范围内历史上私挖乱采严重，小煤矿井口多达 1000 余个，个别地段井口就在河床内，地表破坏严重，洪水来临时，河道变宽，淹没范围广，河流对老空水补给强度很大。

（3）老空水：井田范围内 -530 水平以浅煤 2、煤 3、煤 5 等各煤层均有老空区分布，据不完全统计，浅部及周边存在小煤矿 500 余处，现已全部关停。对目前矿井建设和未来生产有影响的主要为原曹山矿与原老柳江矿采空区积水。原曹山矿积水标高为 -350 m，积水量约 44 万 m^3；原老柳江矿积水标高为 -400 m，积水量约 37 万 m^3；预估井田范围内采空区总积水量达到 176 万 m^3，积水量大小随时在变，雨季来临，地表水快速补给老空区，成为老空水，导致积水量大大增加，枯水季节补给不大时，煤矿抽排后积水量减少。

（4）煤层顶、底板水：煤系地层砂岩水是浅部采空区积水来源之一，也是深部工作面未来开采日常涌水量的主要组成。在正常情况下，煤系地层砂岩富水性不强，在构造发育、岩体破碎区段可能富水性较强。

奥陶系灰岩含水层是煤系的基底含水层，深部开采时，底板承受奥灰水压较高，存在奥灰突水威胁。井田内原大槽沟矿发生过两次底板突水，突水量为 200～230 m^3/h，深部区域开采底板突水的威胁依然存在。

2. 充水通道

主要充水通道包括废弃井筒、采动裂隙、断层、裂隙带及封闭不良钻孔等。

3. 充水强度

矿井维持原曹山矿、原老柳江矿的排水工作。原曹山矿涌水量 440～2770 m^3/h，原老柳江矿涌水量 370～1560 m^3/h。矿井涌水量受大气降水影响明显，降雨及洪水后，涌水量明显增大。

4. 矿井水文地质类型

井田范围及周边老空水难以查清，雨季矿井涌水量很大，矿井水文地质类型为复杂型。

5. 重大隐患

秦能一矿 −530 m 水平以浅存在大量老空水，斜井刷扩与开拓过程中，揭露部分老巷，无专门阻隔水措施，存在老空水进入井巷，导致灾害的可能性，为矿井重大安全隐患。

四、防范措施

（1）大石河河床疏浚及铺底：2015 年完成了对部分非法小煤矿浇筑封堵和河流各漏水区域的放水排查、开挖、浇筑、保养、防水黄土铺筑、回填等工作，并挖掘疏浚、修葺了人工河床及拦水堤坝。该项工程 2015 年效果明显，但经过 3 年汛期后，逐渐失去防水效果。

（2）小煤矿排查及浇筑治理：2017 年上半年，矿井参与了秦皇岛市海港区政府对石门寨镇、驻操营镇的非法小煤矿治理，总计封堵小煤矿 102 处。由于封堵工程未采用防渗材料，对矿井涌水量降低效果甚微。

（3）小河流疏浚治理：每年雨季来临之前，对井田内及周边的小河流进行疏浚，保证洪水来临时能够及时泄洪。该项工作在一定程度上减小了汛期排水压力。

（4）矿井水力联系调查：2017 年 1 月，为查明原长城矿与原曹山矿的水力联系，在原长城矿进行了追水试验，总计排水量达 40.7 万 m^3，基本查清 −35 m 水平以下两矿无水力联系。

（5）做好井筒封堵工作：秦能一矿 −530 m 水平以浅存在大量老空水，斜井刷扩与开拓过程中，揭露部分老巷，无专门阻隔水措施，存在老空水进入井巷，需对井筒过老空区段进行封闭，彻底阻断井筒与浅部易接受地表水补给及采空区分布段的联系。

（6）完善排水系统：如果对井筒不能封闭，就必须完善排水系统，现有的原老柳江矿水排至地面的一级 −56 水平泵房和 −230 水平泵房；二级泵房 −400 水平泵房将水排至 −230 水平泵房水仓，再由 −230 水平泵房排至地面。−230 水平水仓实际容积 2830 m^3，老柳江矿最大涌水量达到 1560 m^3/h，水仓容积不满足汛期排水需求。曹山矿最大涌水量达到 2770 m^3/h，该水平水仓实际容量 4080 m^3，安装 MD450－60×6 水泵 5 台，2 台工作，2 台备用，1 台检修，3 趟 ϕ377 mm 管路，其中 2 趟经主斜井直接排到地面，一趟经副斜井直接排到地面。该泵房排水能力为 2250 m^3/h。排水系统老化，排水能力和水仓容积都不满足汛期排水需求。

五、今后工作建议

（1）为了降低老空水威胁，减小矿井排水压力，提出老空水防治建议方案：

方案 1：维持目前井巷设计，针对遇老巷、受老空区影响及防水煤柱不足的井筒段，加固井筒，构建挡水构筑物，完成升压试验后，放弃原曹山矿及老柳江矿排水，让井筒淹没于老空水范围内。

方案 2：地面选取适当位置施工阻水帷幕，阻断大石河、曹山矿及浅部老窑采空区积水，放弃曹山矿排水，维持老柳江矿排水，确保排出无有效隔水煤柱井筒段内的积水。

（2）初步设计中，－500 m 水平以深留设 135 m 防水煤柱，需进一步查清采空区下边界，并进行煤层抗拉强度原位测试，作为留设防水煤柱的依据。煤柱留设需经有关部门审批，并需对煤柱应力、变形、渗水情况进行长期动态监测。

（3）深部带压开采，进入奥灰带压区后，防治水工作的重点是导水通道、奥灰富水性的探查。需在深部区域施工 1～2 个奥灰水文补充勘探钻孔，进行抽水试验，查明水文地质条件，并留作水文观测孔。

（4）目前矿井有钻机 3 台，专业技术人员 3 人，不能满足河北省钻机不能少于 5 台，能力不小于 150 m，水文专业技术人员不少于 5 人的有关规定，需进一步补充加强；探放水设计中存在目的不明确、关键技术参数计算依据不清等问题，没有涌水量预测，没有明确透水征兆与撤人程序等内容；所有井筒施工至采空区积水线之下时，需按有关规程规定做好探放水工作，并做好探放水过程中涌水量记录等相关管理工作。

（5）加大降雨期间防范力度，加强与气象部门合作，对降水信息、主要河流流量情况及时发布预警信息，暴雨期间进行巡视，一旦发现涌水量突增，存在危险时，及时撤出井下人员。

（6）其他建议。①优化开采顺序，采用上行式开采，先采深部资源，有利于老空水害防治；②建立水情实时监测系统，包括对含水层水、老空水、涌水量的监测；③加强全员防治水业务培训，提高员工安全防范意识；④学习新颁布的《煤矿防治水细则》，完善各项防治水工作。

第二节　顶　板　水

案例一　长治羊头岭集团红旗矿 15103 工作面 K2 灰岩水对开采的影响

一、问题提出

2012 年 4 月 17 日，作者李振拴在长治调查“山西襄垣七一善福 4·13 重大透水事故”期间，红旗矿有关领导找到他，说红旗矿在开采 15101 工作面期间顶板水大。由于井田内无地表水体，15 号煤层顶板是 K_2 石灰岩，李振拴告诉矿方说放一段时间水就好了，

认为该水量为 K_2 石灰岩的静储量。

2014 年 12 月 30 日，太原理工大学张东峰教授又约李振拴去该矿咨询，到矿上一了解，还是 2012 年 4 月咨询的事，井下查看后，水从 15103 工作面煤层与 K_2 灰岩顶板间涌出，涌水量 30 m^3/h，对工作面开采影响很大。经问询矿方了解到井田内没任何河流。于是，本次咨询仅给矿方提出了防治方案，但对涌水水源还是没有查清楚。

2018 年 4 月 19 日，李振拴在长治县组织的对北峙峪煤矿会诊时，了解了区域水文地质情况才弄明白红旗矿涌水量大且稳定的原因。

下面将红旗矿涌水机理及改变开采顺序消除水害的咨询情况介绍给大家。

二、矿井概况

1. 基本情况

山西长治羊头岭红旗煤业有限公司位于长治县荫城镇北漳沟村，行政区划属荫城镇管辖。井田面积 3.0868 km^2，批采 3 ~ 15 号煤层，生产规模为 90 万 t/a。

山西长治羊头岭红旗煤业有限公司北邻山西长治西山煤业有限公司、山西长治羊头岭北峙峪煤业有限公司，西邻山西长治红山煤业有限公司，南邻山西长治三元晋永泰煤业有限公司，东部无生产矿井（图 1 - 2 - 1）。

山西长治西山煤业有限公司：该矿位于本井田之西北，于 1969 年建井，1970 年投产，批准开采 3 号煤层，设计生产能力 9 万 t/a。经过多次改造，生产规模不断扩大。2009 年兼并重组后，批准开采 3 号、15 号煤层，现开采 3 号煤层，设计生产能力 90 万 t/a。矿井正常涌水量 10 m^3/h，最大涌水量 15 m^3/h。该矿井与本井田无越界开采现象。

山西长治羊头岭北峙峪煤业有限公司：该矿位于红旗矿之东北，为兼并重组矿井，由山西长治河南煤业有限公司、山西长治北峙峪煤业有限公司兼并重组整合而成，批采 3 号、15 号煤层，设计生产能力 90 万 t/a。兼并重组前与该矿临近的煤矿为山西长治河南煤业有限公司，该矿批采 3 号、15 号煤层，在前两次咨询期间，该矿开采 3 号煤层，矿井正常涌水量 4.20 m^3/h，最大涌水量 6.50 m^3/h。该矿井与本井田无越界开采现象。

山西长治红山煤业有限公司：该矿位于本井田之西，于 1981 年建井，1982 年投产，批准开采 3 号煤层，设计生产能力 9 万 t/a。经过多次改造，生产规模达 90 万 t/a。2009 年兼并重组后，批准开采 3 号、15 号煤层，现开采 3 号煤层，生产能力提升为 120 万 t/a。矿井正常涌水量 25 m^3/h，最大涌水量 40 m^3/h。该矿井与本井田无越界开采现象。

山西长治三元晋永泰煤业有限公司：该矿位于本井田之南，为 2006 年整合矿井，由原长治县内王煤矿、长治县荫城北头煤矿整合而成，批采 3 号、15 号煤层，咨询期间开采 3 号煤层，兼并重组后生产能力提升为 60 万 t/a。矿井正常涌水量 20 m^3/h，最大涌水量 30 m^3/h。该矿为低瓦斯矿井，与本井田无越界开采现象。

2. 可采煤层

3 号煤层：位于山西组下部，上距 K8 砂岩约 35.00 m，煤层厚度 5.29 ~ 6.15 m，平均 5.65 m，为全区稳定可采煤层，煤层结构简单，含 1 层夹矸，夹矸最大厚度 0.35 m，煤层顶板为泥岩、砂质泥岩，底板为砂质泥岩。

9 号煤层：位于太原组中部，上距 3 号煤层约 57.67 m，煤层厚度 0.80 ~ 1.43 m，平

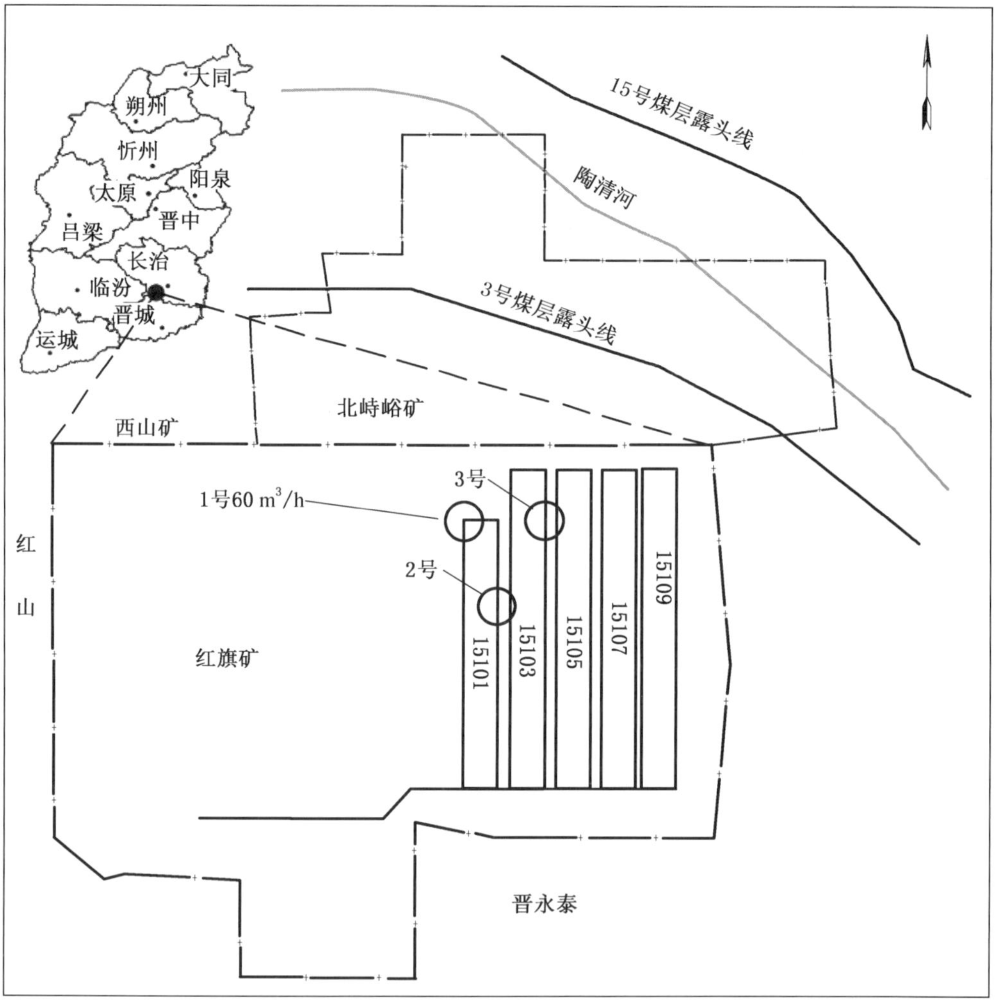

图 1-2-1　矿井及工作面位置示意图

均 1.16 m，纯煤厚度 0.60 m，不可采范围位于井田西北角，煤层结构简单，含 0~1 层夹矸，为稳定的大部可采煤层，煤层顶、底板为泥岩、砂质泥岩。

15 号煤层：赋存于太原组下部，上距 9 号煤层 43.80 m 左右，煤层厚 3.58~5.10 m，平均 4.12 m，煤层结构简单~较简单，含 1~2 层夹矸，为全区稳定可采煤层，顶板为石灰岩（K_2），部分有泥岩伪顶，伪顶厚 0.80 m 左右，底板为泥岩。

3. *矿井水文地质*

（1）地表水。井田内主要河流为荫城河支流漳沟河，由北向南流过。最终汇入陶漳河，漳沟河为季节性河流，平时无水，仅雨季有水流过，大暴雨时有洪流通过。由于受地形的影响，一般补给地下水较少。对煤矿开采影响不大。

在井田内中部有北漳沟水库，面积 5500 m^2 左右，自 1998 年该水库已干涸无水，被泥土填充，变为荒滩。对煤矿开采影响不大。

（2）第四系松散沉积物孔隙含水层。井田内第四系中上更新统广为分布，岩性为亚黏土、亚砂土，孔隙率差，井田地形坡降较大，大气降水排泄较快，下渗量很小，故含水性微弱。局部较大沟谷底部的全新统砂砾石层，含水层厚度因地而异，水位埋深较浅，一般富水性较弱，水质较好，水位及水量季节性变化大。

（3）二叠系山西组、石盒子组砂岩裂隙含水层。该含水层埋深变化较大，据其埋藏条件分析，地下水类型为承压水，据井田邻区长治县王庄煤矿详查勘探资料，该含水层为弱富水性，其钻孔单位涌水量为0.028～0.034 L/(s·m)，渗透系数为0.21～0.24 m/d，矿化度为240～490 mg/L，pH值为7.3～8.2，水质类型为HCO_3－Ca型及HCO_3－Ca·Na型。

（4）石炭系上统太原组灰岩及砂岩岩溶裂隙含水层。该含水层在井田内部分地段埋深较大，含水层层间为厚度不等的泥岩类隔水层，相互间水力联系较弱，地下水具承压性，局部地段为潜水。据区域水文地质资料，一般岩溶及裂隙不够发育，富水性弱。据长治县王庄煤矿详查资料，钻孔单位涌水量为0.021～0.0271 L/(s·m)，渗透系数为0.049～0.072 m/d，矿化度为280～320 mg/L，水质类型为HCO_3－Na·Ca型及HCO_3－Ca·Na·Mg型，属弱富水含水层。据井田开采揭露，K_2灰岩岩溶较发育，呈管道状，富水性不均匀。

（5）奥陶系中统灰岩岩溶含水层。本区奥灰岩溶含水层埋深大，以下马家沟组灰岩岩溶裂隙较为发育，富水性较强。据井田西南侧4 km处长治红兴煤业有限公司水源井资料，井深752.91 m，取水层为奥陶系中统下马家沟组，水位埋深458.20 m，涌水量37.00 m^3/h，水位标高634.80 m，水质类型为HCO_3－Ca·Na型水。由此推测，本井田奥灰水位为628～630 m。

4. 井田构造

井田内总体为由北东向南西倾斜的单斜，在此基础上发育一对背、向斜构造，背、向斜轴向为北东—南西向，两翼倾角一般为4°～9°，井田内断层不发育，发育3个陷落柱，分布无明显规律，均为井下揭露，呈椭圆形，长轴在40～130 m之间，陷壁角80°～85°。

三、矿井涌水情况

该矿井田内3号煤层已采空，现井筒、巷道已延伸到15号煤层，正准备回采。

2011年矿方在掘进15101工作面（15号煤首采工作面）运输顺槽时，在快到切眼时，发生了顶板K_2灰岩涌水（图中1号涌水点），涌水量60 m^3/h（第一次咨询的情况），由于水一直不减少，疏放不完，矿方不再掘进，就此开切眼，回采了15101工作面。

在2014年掘进15103工作面回风顺槽时，煤层顶板见K_2灰岩溶洞涌水（图中2号涌水点），涌水量25 m^3/h，一直涌水，水量不减。

当15103工作面回采一段后，采煤机80架处煤层与K_2灰岩顶板间发生涌水（图中3号涌水点），涌水量30 m^3/h，该处出水后，2号涌水点水量变小。由于对工作面开采影响太大，矿方2014年12月30日组织专家进行了咨询论证（第二次咨询）。

四、涌水机理分析及处理意见

2014年12月30日的咨询由于矿方介绍资料不全面及没有查找区域资料，只是了解了井田内的情况。鉴于3次出水情况，在第三次工作面涌水后，第二次顺槽涌水减少，说明二者有水力联系，涌水通道是K_2灰岩发育不均匀的岩溶小溶洞。

根据涌水机理，提出两点处理意见：

第一，为了尽快取得效果，建议在15103顺槽出水点注浆，将此通道封堵，阻断15103工作面出水，改善采煤工作环境。

第二，由于井田为北东高、南西低的单斜，推断水从东北方向过来，矿方设计回采由低处向高出开采，每个工作面都要受高处来水的影响。因此，建议矿方先开采高处的15109工作面，并先掘最高处的15109回风顺槽，这样可以阻断来水，对低处的15105、15107的回采是很有利的。阻断的涌水通过采区巷道自流到主水仓。

后来了解到，矿方按照以上两点意见进行了治理。首先进行了注浆，但收效甚微，因为注浆加不了压，一加压浆液到处跑，原因是K_2灰岩岩溶较发育，通道很畅，没有奏效。后来矿方实施了第二点建议，先施工了15109工作面回风顺槽，揭露了几处涌水点，顺利的回采了剩余的工作面。

4年后，长治政府组织专家对全县所有煤矿会诊，2018年4月19日，到红旗矿北部相邻矿井北峙峪矿会诊时了解到北峙峪矿正开采15号煤层，涌水量很大（红旗矿涌水大时，北峙峪矿还没有延深开采15号煤层），自从北峙峪矿15号工作面出水后，红旗矿涌水量逐渐减小。

导致红旗及K_2灰岩顶板涌水大的原因是在北峙峪矿东北部有陶清河流过，该河为常年性河流，并且K_2灰岩正好出露在河道部位，河流标高高于两个煤矿15号煤层标高，常年性河流不断补给K_2灰岩，灰岩岩溶较发育，成为涌水通道。所以两矿开采5号煤层时涌水量大。如果北峙峪矿先开采15号煤层，红旗矿的涌水量就很小了。

该案例说明，我们防治水人员在分析问题时一定要从区域入手，全面分析，不能只看局部，否则不能找到真正的原因，甚至做出错误的结论。

案例二　山西晋神沙坪煤业有限公司13号煤层回风大巷掘进工作面出水

一、问题提出

2018年5月19日，该矿在13号煤层回风大巷探放水过程中，1号钻孔（中孔）出水，初测出水量34 m^3/h，孔口标高841.2 m，实测水压0.15 MPa。随后继续施工设计的其余钻孔，并加密布置顶板方向的钻孔，共施工钻孔5个，其中顶板方向和底板方向钻孔无出水，沿煤层施工的3个钻孔（左孔、中孔、右孔）出水，合计涌水量56.7 m^3/h。

5月20日，在原有钻孔基础上，加密施工3个加密钻孔，均有出水，截至15时10分共计4个孔出水，合计涌水量28.9 m^3/h，孔口压力为0。

5月21日，再次加密施工钻孔3个，其中两个孔出水，截至21时20分，共6个孔出水，合计涌水量20.8 m^3/h，孔口压力为0。

截至5月22日，共计施工11个探水钻孔，合计出水量20.8 m^3/h，孔口压力0。该部位煤层带奥陶系岩溶水压力，出水水源是什么地层？对开采有无安全威胁？山西晋神煤业公司于2018年5月22日组织有关专家进行了咨询论证。

二、矿井概况

1. 基本情况

山西晋神沙坪煤业有限公司位于山西省河曲县城东南约 32 km 处之黄河东岸，郭家庄、官地梁村一带，西与陕西省府谷县隔河相望。行政区划隶（分跨）属于河曲县沙坪乡、旧县乡、巡镇镇管辖。井田面积 22.5914 km^2，批准开采 6 ~ 14 号煤层，生产规模 240 万 t/a（图 1 -2 -2）。

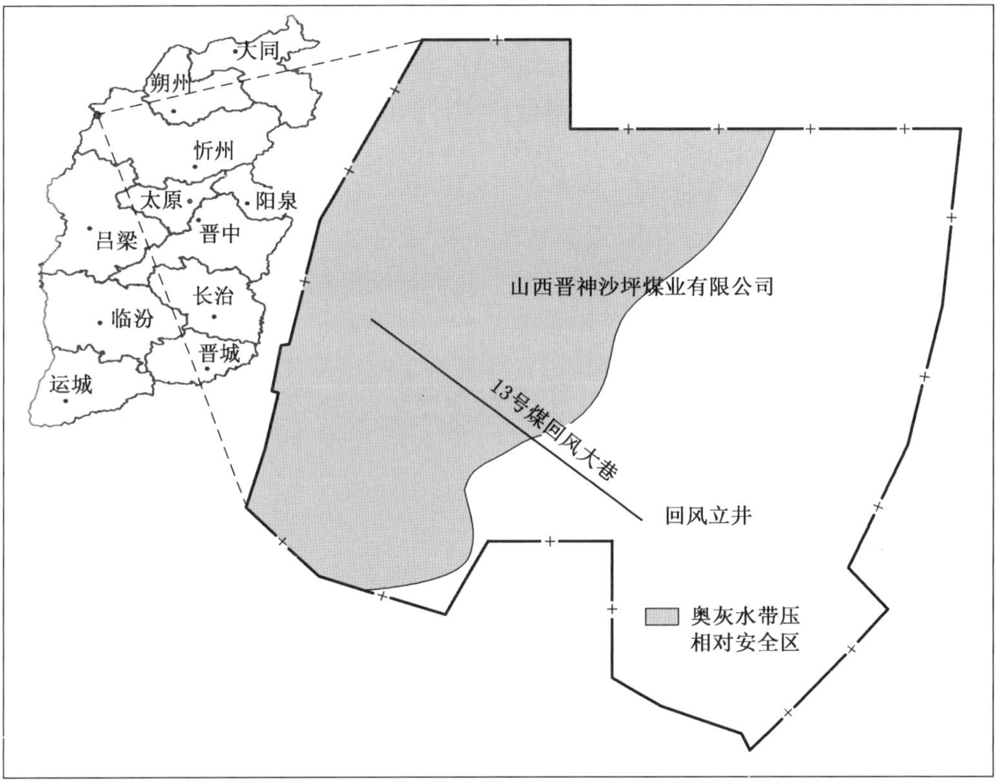

图 1 -2 -2 矿井概况示意图

矿井采用斜井 - 平硐联合开拓方式，矿井划分为 3 个煤组，$8_{上}$ 号、8 号煤层为上组煤，9 号、10 号、11 号、12 号煤层为中组煤，13 号煤层为下组煤。$8_{上}$ 号、8 号煤层利用一水平大巷联合开采，水平标高 +837 m，8 号煤层共划分为 3 个盘区。目前该矿正在回采收尾 1819 工作面。

2018 年 7 月延深设计采用一个水平开采井田内中、下组煤各煤层，分煤组联合布置。其中，9 号、10 号、11 号、12 号煤层均为中厚煤层，采用中煤组大巷联合开采；13 号煤层为厚煤层，采用下煤组大巷进行开采，延深后矿井生产能力为 400 万 t/a。

2. 矿井水文地质条件

奥陶系中统上马家沟组碳酸盐岩类岩溶裂隙含水层组水位标高为 843 ~ 848 m，单位涌水量 0.337 ~ 22.67 L/(s·m)，含水层富水性中等 ~ 极强，水化学类型为 $HCO_3 \cdot SO_4$—Ca·Mg 型。

井田内可采煤层 $8_{上}$ 号、8 号、9 号、10 号、11 号、12 号、13 号煤层最低底板标高分别为 900 m、800 m、770 m、760 m、750 m、740 m、720 m。奥灰水位均高于井田内 8 号、9 号、10 号、11 号、12 号、13 号煤层最低底板标高，除 $8_{上}$ 号煤层以外，其余可采煤层均属部分带压开采煤层，带压开采区主要分布在井田的西北部。

石炭系上统太原组碎屑岩夹碳酸盐岩类岩溶裂隙含水层组主要为砂岩及石灰岩。据 ZKM301、ZKL708、ZKL408 号钻孔在本组抽水试验资料，降深 6.04 ~ 25.28 m，单位涌水量 0.0026 ~ 0.0151 L/(s·m)，富水性弱，水化学类型为 HCO_3—Na·Mg·Ca 型。

根据 13 号煤层首采工作面 13103 在位于辅运顺槽向斜轴部区域揭露的太原组含水层均存在富水，并通过对物探探测的富水异常区进行钻探验证均存在富水区，局部钻孔的探放水量可达到 5 ~ 20 m^3/h。

3. 探（出）水点附近采掘情况

矿井目前开采 8 号煤层，出水点附近为上覆 8 号煤层中央变电所，下距出水点约 57 m。13 号煤层老窑采空区位于井田东南角，距离该处出水点约 2000 m。

4. 构造情况

井田内构造不发育，未发现陷落柱，实际采掘过程中揭露的断层断距一般小于 1 m，无其他大的构造。参考附近钻孔资料，该处 13 号煤层底板隔水层厚度约 50 m。

5. 地形地貌

该处工作面地面位于菅家沟村附近，地面标高 1009 m，盖层厚度约 169 m，地面无水体，附近无钻孔。

6. 水质情况

经委托山西省地质勘查局二一七地质队对出水点进行水质化验，各离子浓度见表 1－2－1。

表 1－2－1 各离子浓度 mg/L

水样名称	pH 值	K^+ 浓度	Na^+ 浓度	Ca^{2+} 浓度	Mg^{2+} 浓度	Cl^- 浓度	SO_4^{2+} 浓度	CO_3^{2-} 浓度	HCO_3^- 浓度	总硬度
出水点水	7.16	26.38	160.75	110.33	70.15	268.44	12.23	0	765	564.33
水源井(O_2)	7.5	2.25	60.95	83.64	37.77	85.29	108.65	0	306	364.37

7. 排水系统

目前沙坪煤业开采 8 号、13 号煤层，8 号煤层采掘过程中矿井充水主要以掘进巷道煤层顶板裂隙的渗水、滴水、淋水为主，矿井正常涌水量为 46 m^3/h，最大涌水量为 69.9 m^3/h；13 号煤层巷道掘进过程中以顶板淋水为主，涌水量 16.7 ~ 59.5 m^3/h。

沙坪煤业中央水泵房设在 8 号煤层副井辅运大巷开采水平最低点，中央水仓设有主、副两个仓，水仓总容量为 1600 m^3，其中，主、副仓容量均为 800 m^3。矿井 8 h 正常涌水量为 456.96 m^3，主、副水仓均能容纳矿井 8 h 正常涌水量。中央水泵房安装 3 台型号 MD155－30×3、功率 75 kW 水泵（一用一备一检修），单台水泵井下最大排水能力为

155 m^3/h，按实际效率75%计，工作水泵与备用水泵排水能均为116 m^3/h，工作水泵能在20 h（20 h排2320 m^3 水）内排出矿井24 h的正常涌水量（1104 m^3/d）。工作水泵和备用水泵能在20 h（20 h排4640 m^3 水）内排出矿井24 h的最大涌水量（1678 m^3/d）。排水管的能力能配合工作水泵在20 h内排出矿井24 h的矿井涌水量。矿井排水设备可满足生产要求。

三、原因分析

（1）根据出水点标高841 m，该部位煤层带压，但奥陶系含水层水位标在843～848 m，初见水压力0.15 MPa及出水减少后水压力降为0均不与奥陶系水位标高相符，奥陶系水位的特征是水压力基本保持不变，不会因水量的减少而下降为零并且不恢复。

（2）从初见出水量56.7 m^3/h，到后来出水量20.8 m^3/h，水量是消耗型的，没有稳定的补给源，如果是奥陶系岩溶水，出水量会越来越大。13号煤层底板下有近50 m的隔水层，在出水点附近没有断层及陷落柱分布，奥陶系含水层水是不会导上来的。

（3）从地表水来看，该处地面位于菅家沟村附近，地面标高1009 m，盖层厚度约169 m，地面无水体，附近无钻孔分布。

（4）出水点附近上覆为8号煤层中央变电所，下距出水点约57 m，13号煤层未开采。13号煤层老窑采空区位于井田东南角，距离该处出水点约2000 m。

（5）从水质来看，该出水点水中 K^+、Na^+、Cl^- 等离子浓度比奥陶系灰岩高，是砂岩裂隙水的特征。

四、论证结果

根据以上的原因分析，出水水源是煤系地层中砂岩含水层裂隙水；根据探水过程中两次见软判断，推断该部位有破碎带存在。

综合上述特征：该出水点水量会越来越小，不会致灾，待出水点水量减少，在不影响掘进的情况下可以继续掘进。

五、防范措施

（1）加强对出水点水量、水质的监测。

（2）掘进过程中继续落实“探放水”措施。

案例三　山西忻州神达南岔煤业有限公司 DF_5 断层探巷顶板淋水与奥灰水关系的论证分析

一、问题提出

2018年6月29日，山西省煤炭厅一行对山西忻州神达南岔煤业有限公司进行检查时，提出 DF_5 断层探巷顶板淋水与底板奥灰水有关，要求停止掘进，对二者关系进行探查确认。山西省宁武县安全生产监督管理局邀请专家于2018年7月3日对 DF_5 断层探巷顶板淋水与奥灰水的关系进行了论证分析。

二、矿井概况

1. 基本情况

山西忻州神达南岔煤业有限公司井田位于宁武县北东20°方位，行政区划隶属宁武县阳方口镇管辖。井田面积5.6532 km^2，批准开采2～5号煤层，生产规模120万t/a（图1－2－3）。

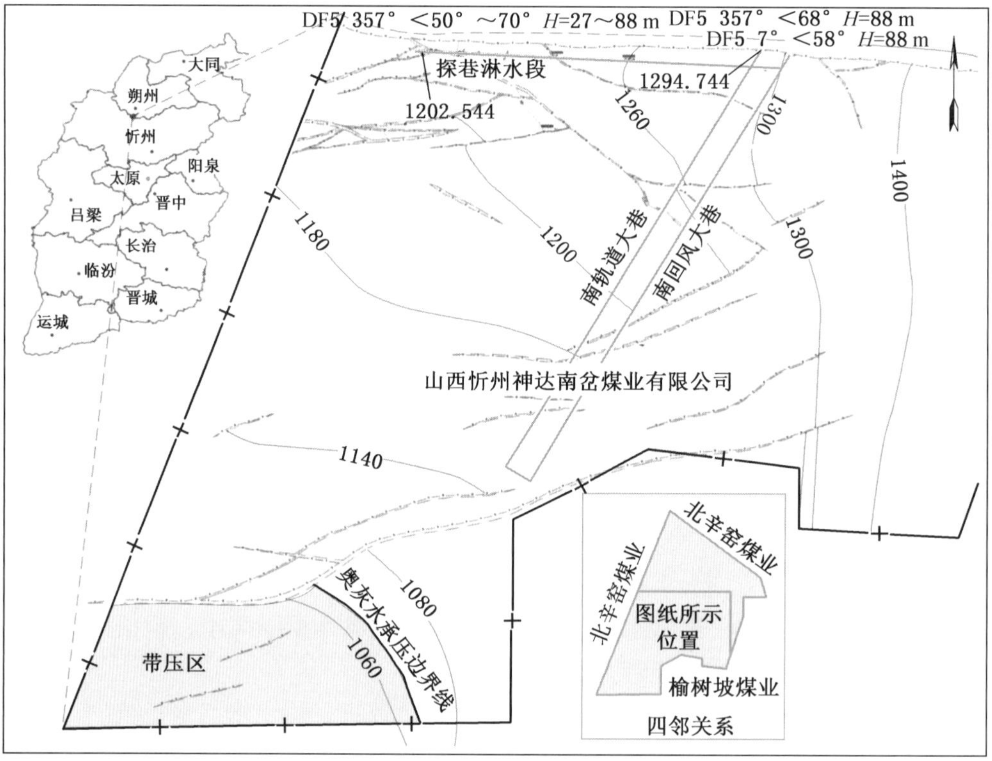

图1－2－3 矿井概况示意图

副斜井5号煤井底车场布置主排水泵房，安装3台MD155－67×5型多级离心泵，排水管选用ϕ219 mm×7 mm型无缝钢管，沿副斜井铺设两趟至地面矿井水处理站，泵房内设排水自动化系统一套，实现水位、流量的实时监测和自动排水。

2. 地质及水文地质

本井田位于宁静向斜的东翼北部，总体形态呈单斜构造，地层走向为NNE，倾向NWW。倾角5°～25°，一般12°，地层产状沿倾向有一定变化，浅部倾角较大，深部变缓。井田内断层发育，共探查断层55条。DF_5断层位于井田中部走向NE、倾向NW、落差27～88 m的正断层。

井田内2号、5号煤层为太原组稳定可采煤层。

2号煤层位于太原组顶部，煤层厚度为4.10～9.60 m，平均6.91 m，基本顶为K2砂岩，采空区位于井田东部。

5 号煤层位于太原组下部，煤层厚度 5.67～16.30 m，平均 10.62 m，顶板为砂质泥岩，底板为泥岩，采空区位于井田东部。

主要含水层有奥陶系中统上马家沟组灰岩岩溶裂隙含水岩组，该井内水位标高 1058～1067 m，单位涌水量 0.1189～0.1478 L/(s·m)，富水性中等，奥灰水流方向为自南西向北东。

石炭系上统太原组含水层由砂岩及薄层灰岩组成，单位涌水量 0.176～0.301 L/(s·m)，富水性中等，水质类型 $HCO_3 \cdot SO_4 \sim Ca \cdot Mg$ 型，pH 值为 6.75。

二叠系含水层由砂岩组成，单位涌水量 0.123～0.266 L/(s·m)，平均 0.1917 L/(s·m)，富水性中等，水质类型 $HCO_3 \cdot SO_4 \sim Ca \cdot Na \cdot Mg$ 型，pH 值为 7.62。

三、论证结论

1. DF_5 断层及探巷概况

根据山西省地质勘查局二一一地质队在 2015 年 8 月编制的《山西忻州神达南岔煤业有限公司煤矿补充勘探地质报告》，DF_5 断层为正断层，走向 NE，倾向 NW，倾角 60°～75°，2 号煤 DF_5 断层落差为 27～88 m，该断层部分延伸区外。掘进中，该矿于北轨道巷和北回风巷位置实际揭露 DF_5 断层落差为 88 m。

DF_5 探巷位于靠近 DF_5 断层的下盘，沿断层延伸方向布置，现掘进面迎头顶板标高范围为 1202～1294 m。在 DF_5 探巷掘进过程中，局部地段出现顶板淋水，表现为顺锚索孔和顶板裂隙流出，淋水无压力表现，顶板淋水区域跟随掘进施工中掘进面的推进向前移动。掘进至 720 m 处时巷道倾角变大，顶板较为破碎，淋水增大。掘进至 877 m 处时，淋水量达到最大值 32.4 m^3/h，5 d 后淋水量减少至 4.3 m^3/h。经检测，DF5 顶板淋水水质为 $HCO_3^- - Ca^{2+} Mg^{2+}$ 型水。掘进至 920 m 处（标高 1202 m），淋水量约 4 m^3/h。

2. 井田内奥灰水情况

根据《山西忻州神达南岔煤业有限公司煤矿补充勘探地质报告》，该井田奥灰水位标高为 1058～1067 m，各煤层井田西南角局部带压。首采区采掘范围均处于非带压区。

3. DF_5 断层探巷顶板淋水与奥灰水关系的论证分析

（1）根据 DF_5 断层探巷和奥灰水位的标高关系分析。DF_5 断层探巷顶板标高范围为 1202～1294 m，井田内奥灰水位标高最高值为 1067 m，DF_5 断层探巷最低点标高较奥灰水位最高标高高出 135 m。由此判断，根据标高关系，DF_5 断层出水段淋水不是奥陶系底板水，与奥灰水无联系。

（2）根据淋水表现分析。淋水段表现为顺锚索孔和顶板裂隙流出，淋水无压力表现，顶板淋水区域跟随掘进面的推进，后方淋水区域逐渐消失并向前移动。淋水过程表现为 2 号煤顶板砂岩含水层的水逐渐释放的过程。由此判断，DF_5 探巷淋为顶板砂岩水。

综上所述，DF_5 断层探巷淋水不受奥灰水影响，二者毫无水力联系。首采区位于非带压区，未来采掘活动不受奥灰水影响。

案例四　长治羊头岭东掌煤矿 15103 首采工作面涌水咨询

一、问题提出

东掌煤矿 2019 年 10 月 24 日，在 15103 工作面回采到顶板第一次垮落时，涌水量突然加大到54 m^3/h，11 月 2 日增加到 169 m^3/h，下一步回采时涌水量是否会进一步加大？是否有发生灾害的危险？矿方于2019 年11 月 2 日邀请专家进行了咨询论证。

二、矿井概况

1. 基本情况

山西长治羊头岭东掌煤业有限公司行政区划隶属于长治市上党区南宋乡，位于南宋乡东侧赵村—东掌村一带。井田面积为 7.7617 km^2，批准开采 3 ~ 15 号煤层，生产规模为 90 万 t/a。该矿由原长治县南宋乡东掌煤矿、长治县南宋鑫通企业经营公司兴隆煤矿、长治县南宋乡北宋煤矿、长治长征煤业有限公司煤矿 4 个煤矿整合而成。

2018 年山西中远设计工程有限公司编制了《山西长治羊头岭东掌煤业有限公司矿井延深开采下组煤初步设计变更》(长羊煤司字〔2019〕7 号批复)。矿井及工作面位置图如图 1 -2 -4 所示。

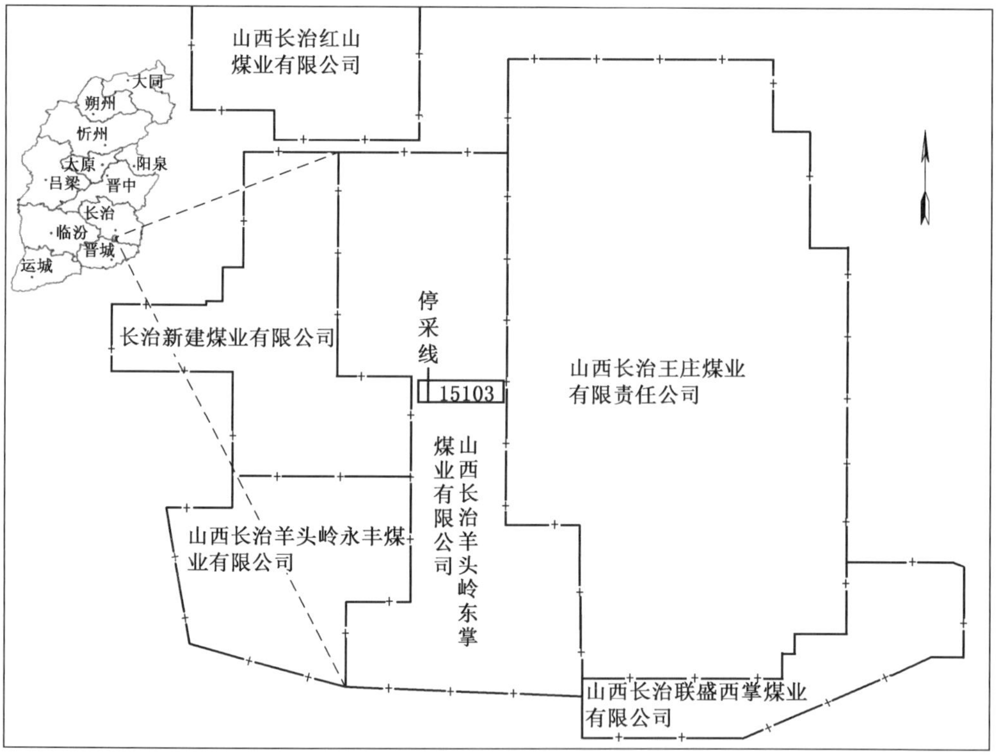

图 1 -2 -4 矿井及工作面位置图

2. 周边矿井

井田北与山西长治红山煤业有限公司相邻，东与山西长治王庄煤业有限责任公司相接，东南与山西长治联盛西掌煤业有限公司相接，西与山西长治新建煤业有限公司、山西长治羊头岭永丰煤业有限公司相接。

山西长治红山煤业有限公司重组整合后为单独保留矿井，井田面积为 7.2853 km^2，准采 3 号、15 号煤，生产能力为 120 万 t/a，现开采 3 号煤层，15 号煤层暂未开采，与该矿无越层越界开采现象。

山西长治王庄煤业有限责任公司由原长治县王庄煤矿、原山西长治曙光煤业有限公司重组整合而成。重组整合后井田面积 16.6902 km^2，批准开采 3 号、15 号煤层，矿井生产规模为 240 万 t/a。主要开采 3 号煤层，15 号煤层开拓延伸工程正在进行中。与该矿无越层越界采煤现象。

山西长治新建煤业有限公司井田 4.4111 km^2，准采 3 号、15 号煤层，生产规模 120 万 t/a，3 号煤层已经接近枯竭状态。根据矿井采掘规划，3 号煤层 301 采区、302 采区、305 采区已开采完毕，进行 305 煤柱面回收、305 东工作面回采 30301 工作面回采，15 号煤层现处于二期井巷建设期，与该矿无越层越界采煤现象。

山西长治羊头岭永丰煤业有限公司由长治县南宋乡永丰村永丰煤矿和长治县南宋乡长掌煤矿整合而成。整合后井田面积为 3.4408 km^2，批采 3 号、15 号煤层，生产能力 90 万 t/a，现开采 3 号煤层，15 号未开采，与该矿无越层越界开采现象。

山西长治联盛西掌煤业有限公司由原长治县西火镇西掌煤矿及部分空白区组成，矿区面积 2.5863 km^2，整合批采 3 号、15 号煤层，生产能力 90 万 t/a。现开采 3 号煤层，基建 15 号煤层，与该矿无越层越界开采现象。

3. 构造及煤层情况

井田构造形态总体为宽缓的褶曲构造，地层倾角平缓，倾角 3° ~ 10°。共有断层 15 条，其中正断层 14 条，逆断层一条，F_1 断层最大落差 77 m，F_4 断层最大落差 40 m，其余 13 条断层落差 2 ~ 9 m，断层主要分布于井田南部。

3 号煤层位于山西组中下部，煤层厚 3.57 ~ 7.63 m，平均 5.05 m，全区稳定可采，井田内大部采空。

15 号煤层位于太原组下部，厚 2.58 ~ 7.00 m，平均 4.10 m，全区稳定可采，第一个工作面开始回采，顶板有 K_2、K_3、K_4、K_5 等灰岩。

4. 排水系统

矿井 3 号煤层已于 2019 年 9 月关闭生产系统，3 号煤层目前不再排水。

15 号煤层排水系统：主排水泵房设于副斜井井底车场附近，于 2018 年 3 月投入使用。主、副水仓有效容积为 1200 m^3，其中主水仓有效容积为 700 m^3，副水仓为 500 m^3。安装 MD200 - 50 × 5(P) 型多级离心水泵 3 台，额定流量为 200 m^3/h，额定扬程为 250 m，配用 YB3 - 355M2 - 2 型防爆电机，电压 1140 V，功率 250 kW，转速 2985 rpm，正常涌水时为 1 台工作，1 台备用，1 台检修，最大涌水时为 2 台工作。排水管选用 ϕ219 mm × 8 mm 无缝钢管，吸水管选用 ϕ245 mm × 6.5 mm 无缝钢管。排水管路沿副斜井敷设 2 趟，正常涌水时为 1 趟工作，1 趟备用，最大涌水时为 2 趟同时工作。

5. 矿井水文地质

井田内有第四系松散岩类孔隙含水层，上石盒子组砂岩裂隙含水层，下石盒子组砂岩裂隙含水层，山西组砂岩裂隙含水层，石炭系上统太原组灰岩、砂岩裂隙含水层，奥陶系中统岩溶裂隙含水层。

第四系松散岩类孔隙含水层主要分布于井田北部，处于山前堆积松散台地，含水层时代为第四系全新统和上中更新统，含水层岩性为冲洪积砂砾石和浅红色粉沙。

村庄民井调查，水位埋深0.75～8.27 m，水质类型HCO_3-Ca型。中上更新统含水层分布于山前斜坡台地，厚3.00～35.21 m，民井（机井）调查水位埋深1.35～8.46 m，单位涌水量0.04～2.1 L/(s·m)，富水性弱～中等。

二叠系上、下石盒子组砂岩裂隙含水层在井田内大面积出露，表层风化裂隙发育，风化层厚度20.0～30.0 m，井田中部沟谷中有季节性小泉出露，泉水流量0.018～0.569 L/s，水质类型为HCO_3-Ca型，矿化度0.18～0.3g/L。

二叠系下统山西组砂岩裂隙含水层分布于本组上、中部地层的多层砂岩中，主要赋存于3号煤层之上，累计砂岩平均厚度15～19 m。局部裂隙发育，地下水位埋深4.92～79.70 m，单位涌水量为0.028～0.034 L/(s·m)，含水层富水性弱。

石炭系上统太原组灰岩、砂岩裂隙含水层主要为砂岩、灰岩。一般以K_2、K_3、K_4、K_5灰岩以及K_4、K_5灰岩层之间夹的厚层状砂岩作为本组的含水层，累计厚度9.67～34.83 m，单位涌水量为0.0046 L/(s·m)，富水性弱。

奥陶系中统岩溶裂隙含水层主要是上马家沟组上部的厚层状灰岩，水位标高为634～640 m，单位涌水量约为0.593 L/(s·m)，15号煤层最低底板标高760 m，井田内3号、15号煤层不带压。

三、15103工作面及涌水情况

15103工作面位于井田中部，呈东西向布置，西为沿井田西边界南北向的三条北翼轨道、胶带及回风大巷，南为设计的15105工作面；东到井田东边界；北为设计的15102工作面。上覆9号煤层由于厚度薄未开采，15号煤层与3号煤间距104 m。

15103工作面东西顺槽长816 m，南北切眼长195 m，煤层厚4.2 m，工作面东部标高861 m，西部890 m，呈西高东低，下山掘进，上山回采。直接顶板为K_2石灰岩，上部有近距离发育的K_3、K_4、K_5石灰岩，掘进过程中涌水量很小，对下山掘进无影响。

2019年10月24日，当工作面回采50 m后，顶板第一次垮落，涌水量突然增到54 m^3/h，随着回采的推进，涌水量不断增加；2019年11月1日，推进到80 m时，涌水量增加到153 m^3/h。此时，回采80 m后的采空区全部水被充满，工作面排水能力达到了极限，有工作面即将被淹，2019年11月2日，对该涌水进行了咨询。日排水量统计表如图1－2－5所示。

四、原因分析

（1）井田内奥陶系岩溶裂隙含水层水位标高为634～640 m，15103工作面最低标高861 m，该处煤层不带压，首先排除底板奥陶系岩溶水。

（2）15号煤层上覆9号煤层由于厚度薄未开采，15号煤层与3号煤间距104 m，该工作面15号煤层厚4.2 m，根据长治地区采裂比1∶18的比例，15号煤层导水裂缝带高度最大80 m，导不通3号采空区积水，并且水中Na^+、pH值均高，不是采空区水质特征，可以排除3号采空区积水。

（3）15103工作面是该矿第一个回采工作面，而且周边煤矿均未开采15号煤层，由于15号煤层顶板主要为太原组石灰岩含水层，含水层在未被破坏的情况下，在岩溶裂隙中集聚了一定的静储量，静储量的多少与含水层的裂隙发育程度有关。当煤层顶板第一次垮落，破坏了含水层的原始状态，集聚在含水层中的静储量涌出，图 1－2－6 为首采工作面涌水量变化曲线，为此，确定本次涌水水源为 15 号煤层顶板太原组含水层裂隙水。

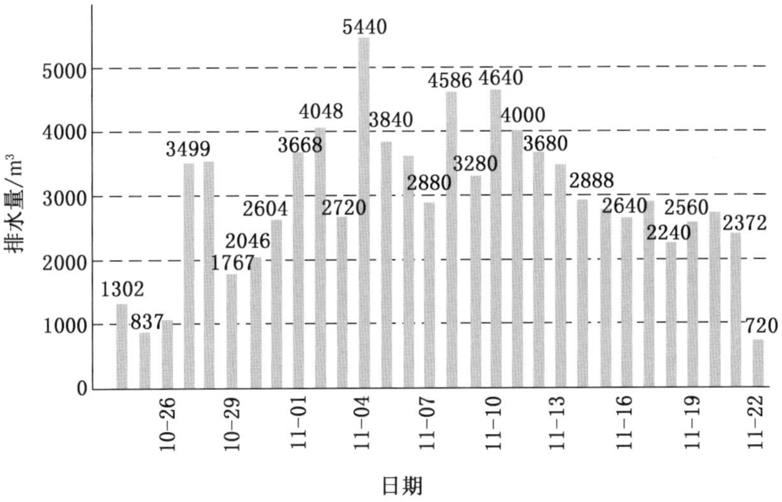

图 1－2－5 日排水量统计表（大致反应涌水量）

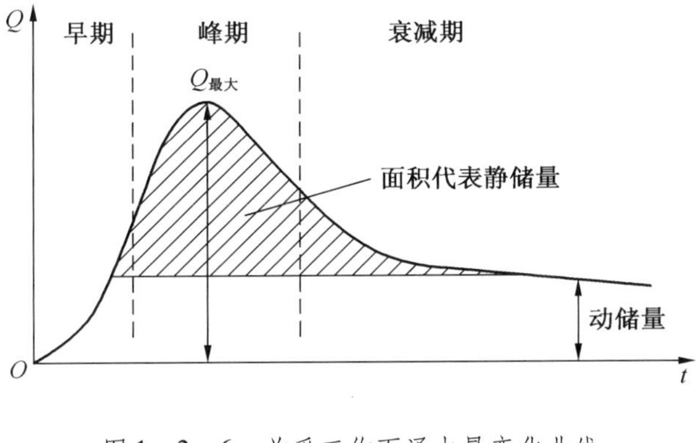

图 1－2－6 首采工作面涌水量变化曲线

五、提出建议

由图 1－2－6 可以看出，在一个新区开采，涌水量曲线呈抛物线型分布，当回采达到对含水层最大破坏时，涌水量最大，达到抛物线顶点后开始衰减。据此，建议矿方不要采取其他治理措施，只要增加排水设备，加大排水即可。并且推断该工作面回采后，周边工作面不会再出现涌水量突然加大的情况。

经回访，2019 年 11 月 10 日涌水量达到最大 193 m^3/h，此后逐渐变小，2019 年 11 月 22 日涌水量减少为 30 m^3/h，15103 工作面安全回采。

案例五 山西吕梁中阳西合煤业有限公司瓦斯孔出水水源咨询

一、问题提出

2021 年 4 月 7 日，矿方在 4204 回风顺槽至切眼约 90 m 处打瓦斯高位孔时，在孔深 63 m 处钻孔异常出水，钻孔单孔出水量 48 m^3/h，水压 0. 81 MPa，截止到 4 月 9 日，该钻孔出水量基本不变，但水压减少至 0. 61 MPa，在 10 日夜班停止放水 8 h 后水压又上升到 0. 71 MPa，水量无明显变化，该钻孔截止到 10 日早班共放水量约 2200 m^3。矿方于 2021 年 4 月 10 日邀请有关专家对出水水源及开采的影响进行了咨询论证。

二、矿井概况

山西吕梁中阳西合煤业有限公司位于中阳县城 327°方向 10 km 处金罗镇西北，行政区划属中阳县金罗镇管辖。批准井田面积 4. 2979 km^2，批采 4 ~ 10 号煤层，批准重组矿井生产规模为 90 万 t/a。矿井概况示意图如图 1 – 2 – 7 所示。

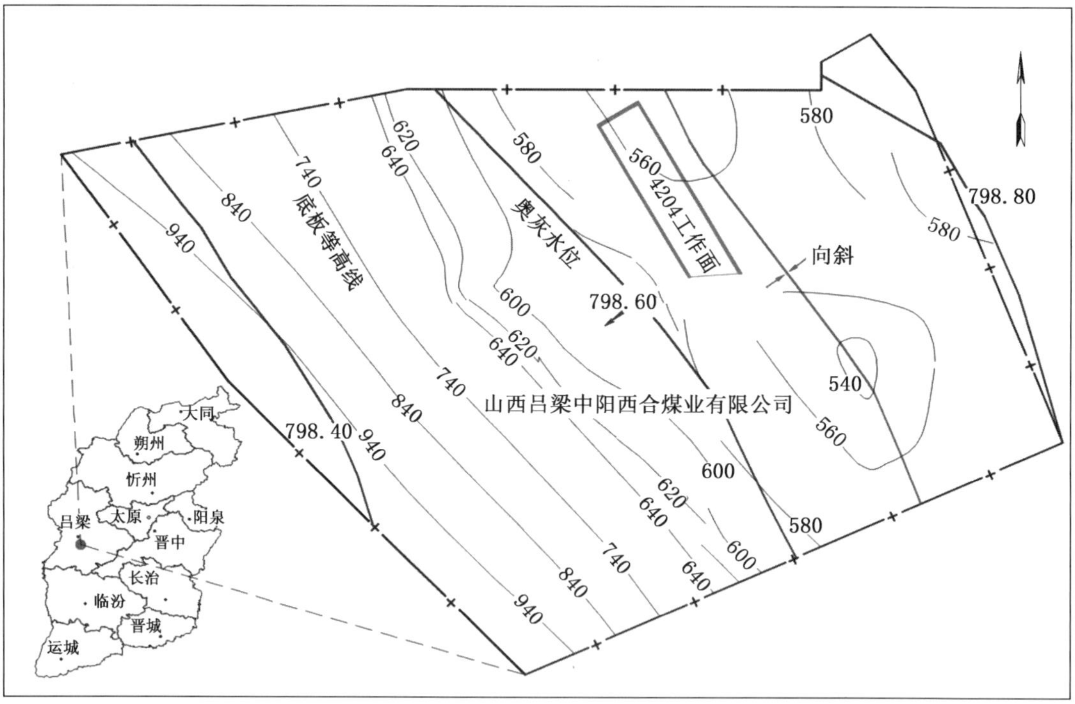

图 1 – 2 – 7 矿井概况示意图

三、构造、4 号煤层及其水文地质条件

井田位于河东煤田中段，区域构造位置处于吕梁山复背斜之次级构造中阳—离石向斜中段，中阳—离石向斜轴由井田东部穿过，轴向 N45°W，轴部附近两翼地层平缓，倾角

为6°~10°，西南翼靠近井田边界附近，地层倾角增大为15°~25°。

4号煤层位于山西组下部，煤层厚度0.15~2.06 m，平均1.26 m，为稳定大部可采煤层，井田内除405号孔附近和南部边界附近不可采外，其余大部地段均达可采，巷道掘进过程中在井田东南角、井田北部以及井田南部发现古河床冲刷带，冲刷带宽度7~42 m。该煤层结构简单，一般不含夹矸，偶见一层薄层泥岩夹矸。煤层直接顶板为泥岩、砂质泥岩，底板大都为泥岩、砂质泥岩，局部为中砂岩、粉砂岩。井田内该煤层已大面积被开采。井田西南边界处分布局部剥蚀区。

在井田内二叠系山西组碎屑岩类裂隙含水层有部分出露，含水层以细、中粗砂岩为主，平均厚度17.90 m，含水层裂隙不发育。顶板埋深为0~470 m，含水层单位涌水量0.0008~0.0022 L/(s·m)，水位标高为956~972 m，水化学类型为HCO_3-Ca·Mg·Na型，矿化度0.696 g/L，属弱富水含水层。

四、原因分析

该矿4204备采工作面位于中阳—离石向斜轴部位置，回采二叠系4号煤层，上部无可采煤层、无采掘工程，基本顶为5~7 m厚层中粗粒砂岩。目前，该工作面处于安装阶段（两月后回采），埋深480 m，出水点标高527 m，区域内奥灰水位799 m，太灰水位标高605 m，工作面顺槽、切眼掘进过程中顶板有出水情况。

2021年4月7日在4204回风顺槽至切眼约90 m处打瓦斯高位孔，在孔深63 m处钻孔异常出水，钻孔单孔出水量约为48 m^3/h，水压0.81 MPa。工作面物探、化探工作已进行。经取水样化验，各项指标：K^+浓度为1.94 mg/L，Na^+为365.08 mg/L，Ca^+为4.6 mg/L，Mg^+为小于3 mg/L，Cl^-为275.85 mg/L，HCO_3^-为524.98 mg/L，溶解性总固体为977 mg/L，总硬度为20.91 mg/L，暂时硬度为20.91 mg/L，负硬度为442.22 mg/L，pH值为9.1。

根据上述情况分析，由于工作面位于向斜轴部，含水层静储量较大，而钻孔放水量较少，导致钻孔出水量减少。但从水压来看，已经降低了0.1 MPa,说明水位已经下降10 m，关键是水中Na^+、负硬度、pH值显示出煤系地层水的特点，专家初步认为该水源为4号煤层顶板砂岩含水层中的静储量，随着放水的不断进行，预测水量会减少，直到无水。

五、建议

（1）利用现有的钻孔（如果要尽快放完，可以增加放水钻孔）继续进行疏放，直至顶板水放完为止，如若疏放过程中水量、水压无明显变化应进一步查明原因。

（2）由于该工作面位于向斜轴部且埋深较大，上覆含水层水均会沿向斜两翼向轴部集中，在该工作面第一次顶板垮落时涌水量有增大的可能，应保证排水系统的正常运行，可以进行开采。

案例六　山西兰花集团莒山煤矿K_5灰岩涌水量水咨询

一、问题提出

莒山煤矿下组煤副斜井于1988年10月开拓至距井口281 m处揭露太原组K_5灰岩时

发生涌水，涌水量约 240 m^3/h，因井筒排水无效停止施工，封闭井口。2015 年 10 月该斜井重新启封，排完积水后继续开拓，枯水期涌水量 3 ~ 5 m^3/h，丰水期涌水量增加至约 30 m^3/h。

2021 年雨季，晋城地区降雨量较常年显著增多，副斜井涌水点的涌水量从 2021 年 8 月 23 日开始逐渐增加，最大涌水量达到 70 ~ 80 m^3/h，显著增加了矿井的排水负担。涌水对开采 9 号煤层是否有影响？如何治理？就此，矿方于 2021 年 9 月 28 日组织有关专家进行了咨询论证。

二、矿井概况

1. 矿井基本情况

山西兰花集团莒山煤矿有限公司井田位于晋城市东北部约 18 km 处，泽州县巴公镇三家店村附近，行政区划隶属泽州县巴公镇、高平市河西镇管辖。批准井田面积 9.016 km^2，批采 3 ~ 15 号煤层，生产规模 900 kt/a，开采深度 820 ~ 580 m 标高（图 1 - 2 - 8）。

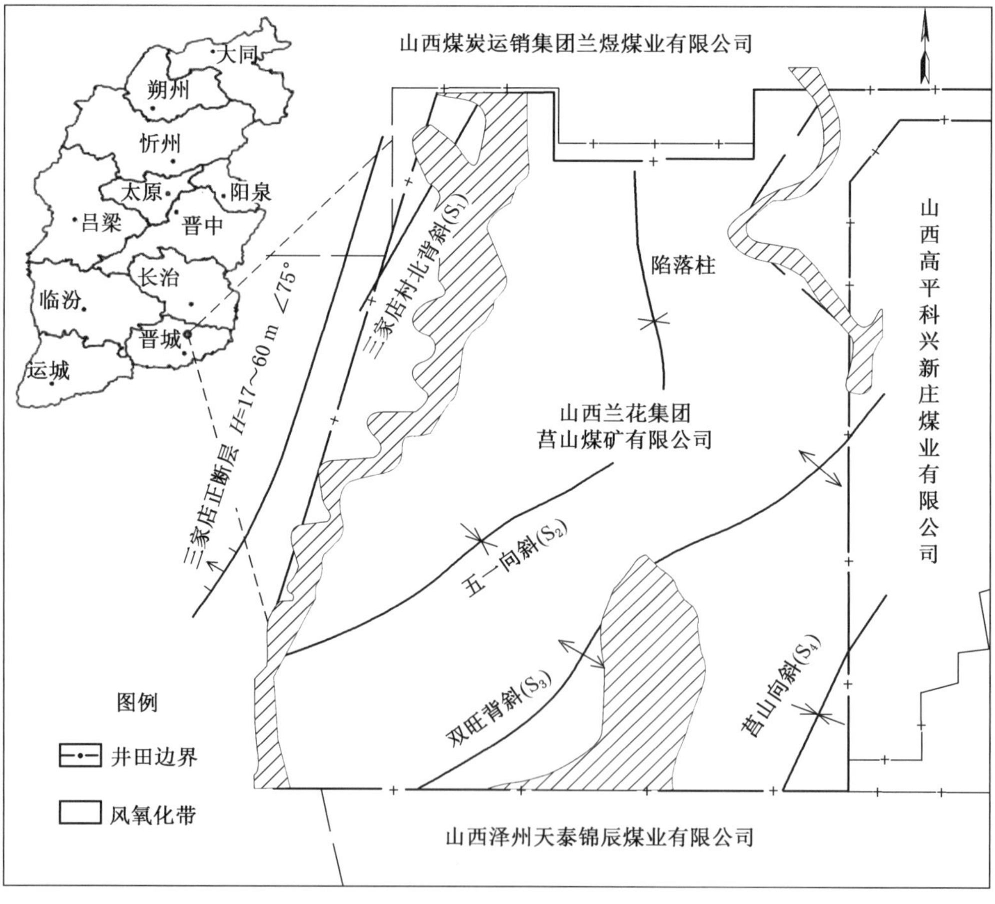

图 1 - 2 - 8　矿井位置及概况示意图

2. 矿井太原组灰岩含水层特点

石炭系太原组灰岩岩溶裂隙含水层在井田外围东、西部有出露，矿井中部地段埋藏较深，含水层岩性为青灰色含燧石灰岩，以 K_2、K_3、K_4、K_5 等几层灰岩为主，呈层状分布且被泥岩隔水层分隔，相互间水力联系较弱。根据钻孔揭露情况，一般岩溶裂隙不发育，从简易水文情况看，多数钻孔冲洗液均有漏失，钻孔水位有变化，说明太原组石灰岩含水层局部岩溶裂隙较发育，其中尤以 K_5 为主，K_2 灰岩局部富水。对 9 号、15 号煤层开采影响的直接充水含水层为太原组石灰岩裂隙岩溶含水层。据 2011 年 1 月（枯水季节）晋城煤田地质队在井田内施工的莒 S－1 号水文孔抽水试验资料，水位降深 52.97 m，单位涌水量 0.0049 L/(s・m)，渗透系数 0.0170 m/d，富水性较弱。但由于太原组灰岩含水层在矿区东、西部出露，易受大气降水的补给，当初次采掘揭露到该含水层时，会将其静、动储量破坏，导致矿井涌水量增大。到丰水季节，降水量大时，地表水可经过灰岩露头强烈地补给地下水，使矿井涌水量迅速增大。

3. 排水系统

矿井建有独立完善的排水系统，在副斜井井底附近设中央水泵房，设有主、副水仓，水仓总容积为 584 m^3。中央水泵房内安装 MD155－30×4 型水泵 3 台，额定功率 90 kW，额定流量 155 m^3/h，作为矿井排水系统的工作、备用和检修之用。正常涌水时 1 台工作，1 台备用，1 台检修，最大涌水时 2 台同时工作，1 台检修。沿副斜井敷设 ϕ125 mm 排水管一趟、ϕ150 mm 排水管两趟至地面。

正常情况下，矿井涌水量 60～90 m^3/h，排水系统满足有关规定的要求。

该矿探放水采用 ZYJ500/180 架柱式液压回转钻机，ϕ65 mm 的钻杆钻探长度大于 200 m，远距离探放时钻孔深度为 200 m。探放老空积水时，煤层中探水钻孔超前钻距不小于煤柱 30 m，岩层中探水钻孔超前距 20 m，探水钻孔数量不得少于 3 个，保证满足掘进面正前方及煤（岩）层两帮都能达到探水作用。

4. 采空积水

该矿井田内 3 号煤层采（古）空区共存有积水 17 处，积水面积共 145165 m^2，积水量共 172577 m^3。推断解释 3 号煤层采空积水异常区 9 处，在勘探区内零星分布，总面积约为 256639 m^2。推断解释 9 号煤层附近岩层富含水区 6 处，在勘探区内零星分布，总面积约为 105949 m^2。

三、原因分析

（1）该矿总体呈轴向 NE－SW 的向斜构造，东、西部煤层埋藏较浅，有 3 号、9 号煤层隐伏露头，地表黄土覆盖厚度约 20 m，K_5 灰岩易接受大气降水补给。

（2）井田东部科兴新庄煤业 9 号煤层正在开采，北部兰煜煤业 3 号已经回采完毕，9 号煤层尚未开采，南部天泰锦辰煤业 9 号煤层已回采完毕，目前开采 15 号煤层。

（3）本井田 3 号煤层基本开采完毕，部分存在老空积水。下组煤副斜井涌水点附近 K_5 灰岩距离 3 号煤层约 35 m。

（4）该矿 9201 工作面形成后，在回风顺槽对上覆 3 号煤层采空区积水进行了探放，共施工 24 个钻孔，均见空无水。

（5）下组煤副斜井施工揭露 K_5 灰岩岩溶发育，连通性较好。

由以上分析可知，由于2021年晋城地区降雨量较常年显著增多，下组煤副斜井涌水点的涌水量从2021年8月23日开始逐渐增加，最大涌水量达到70～80 m^3/h，该副斜井涌水点水源为西部K_5灰岩浅埋区的大气降水补给，与3号煤层采空积水无关，充水通道为K_5灰岩岩溶发育带。

四、涌水点治理方案建议

由于该涌水点在雨季对矿井排水造成较大影响，要想彻底减小矿井涌水量，需采取治理措施阻断补给通道，对增大涌水量的西部浅埋区的K_5灰岩岩溶发育区进行注浆封堵，但注浆范围广，工程量大，矿方需在进行损益评估基础上做出决断。如果决定注浆，工程承担单位应按照《煤矿防治水细则》有关规定，编制注浆治理专项设计，并组织实施。

案例七　大平煤业3112工作面涌水量增大原因分析

一、问题提出

2021年1月以来，山西大平煤业有限公司3112工作面在第一次顶板垮落后顶板来水逐渐增大，回采至200 m位置时，最大涌水量达到近200 m^3/h，矿方担心是否有再增大的可能，是否可以安全回采。山西煤炭运销集团进出口有限公司于2021年12月21日邀请有关专家进行了咨询论证。

二、矿井概况

1. 矿井基本情况

山西大平煤业有限公司位于襄垣县城西南13 km处的夏店镇邢村—九龙村一带，井田面积为7.9264 km^2。批准开采3～15号煤层，批采标高为+700～+130 m，生产规模为1800 kt/a，井田内稳定全区可采煤层为山西组的3号煤层，太原组的8^{-1}号、15^{-3}号煤层为较稳定大部可采煤层。采煤工艺为综采放顶煤；开采水平为1个（+650 m），开采3号煤层，生产采区为1个，南侧为一采区南翼，北侧为一采区北翼。生产工作面为2个，南北两翼交替作业。井田煤层稳定程度类型划分为简单型，地质构造复杂程度为中等型，矿井水文地质类型为中等型。

2. 工作面基本情况

3112工作面位于矿井北部，为矿井北部首采工作面，切眼长度约200 m，该工作面南部发育1条走向近EW、倾向S的F_2正断层，落差55 m左右（图1-2-9），断层倾角17°，落差3 m，延伸长度90 m，未见导水现象。工作面位于S_3背斜轴部，S_3背斜轴向近东西向，两翼均被第四系黄土覆盖，无基岩出露，地层倾角一般为3°～10°，井田内延伸长度约为400 m。

工作面对应地表为浊漳河西源，该河流属常年性河流，自北西向北东流出井田。该河最大流量为12.46 m^3/s，最小流量为0.08 m^3/s，最高洪水位标高为+885 m，最低侵蚀基准面为+883.30 m。

3. 3号煤基本情况

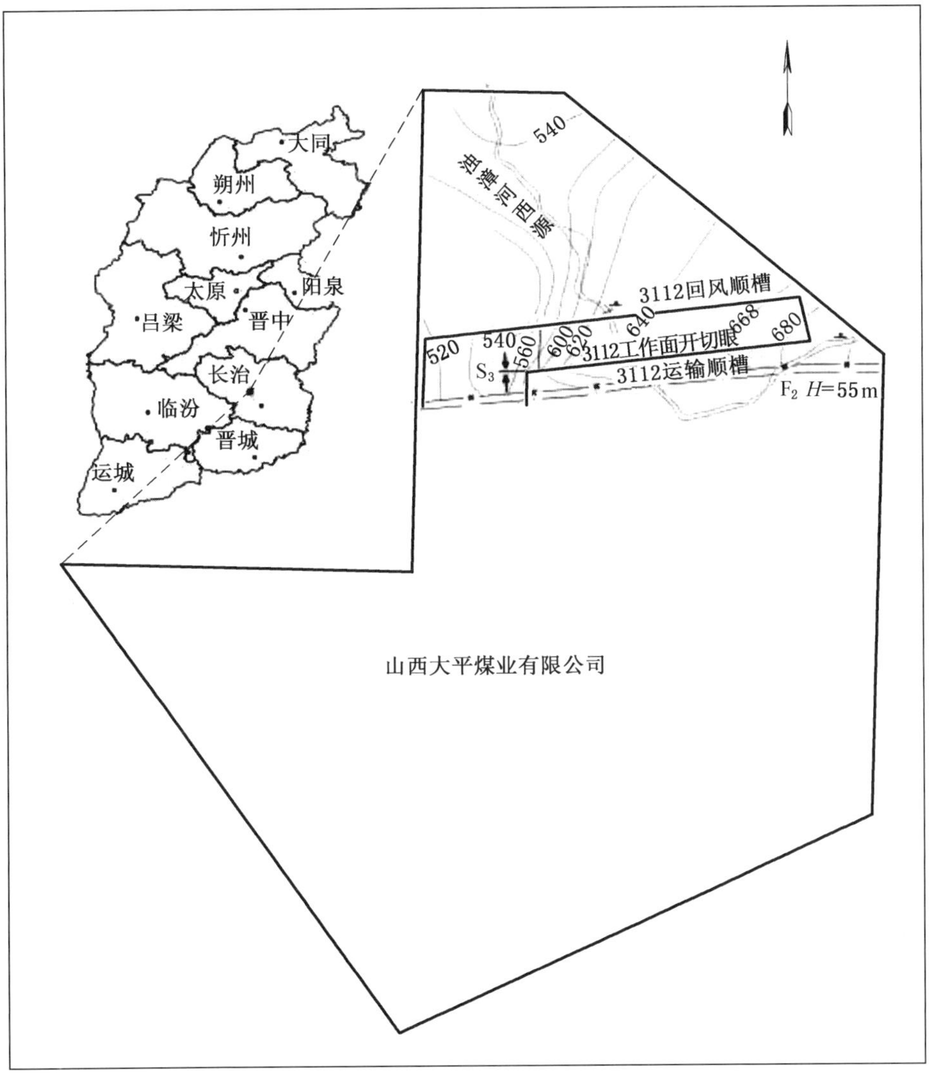

图1－2－9　矿井位置及概况示意图

二叠系下统山西组（P_1s）为区内主要含煤地层之一，底部以 K_7 砂岩与太原组分界，厚度为52.45～61.84 m，平均为56.13 m，主要由砂岩、粉砂岩、砂质泥岩和煤层组成，通常形成3～4个粒级旋回，煤层多位于旋回顶部。其中3号煤层为全区稳定可采煤层，2号煤层为不稳定的不可采煤层，该组地层与下伏太原组地层呈整合接触。该组沉积环境为三角洲平原泥炭沼泽和泛滥盆地泥炭沼泽相。

3号煤层位于山西组下部，上距下石盒子组底 K_8 砂岩30 m左右，煤层厚度为5.50～7.20 m，平均为6.19 m，属稳定全区可采煤层。煤层含0～1层夹矸，煤层结构简单～较简单。煤层直接顶板为泥岩、砂质泥岩和粉砂岩，基本顶为细粒砂岩；底板为泥岩、砂质泥岩和细砂岩。该煤层目前在井田东部、东南部及中部形成了部分采空区。

4. 排水系统

该矿主斜井井底设有中央水泵房、中央变电所及主、副水仓，主水仓容积为1300 m^3，副水仓容积为700 m^3，水仓总容积为2000 m^3，水泵房内设有3台额定流量为280 m^3/h的MD280－65×6型水泵，并设有直径为273 mm无缝钢排水管路两趟。

中部采区设有容量为2300 m^3的水仓，安装有4台额定流量为280 m^3/h的MD280－43×5离心泵，通过6趟直径为159 mm的排水管路，连接至轨道大巷排至矿井中央水仓。在采区水仓施工有强排水巷，安装有两台排水能力分别为381.70 m^3/h和378.90 m^3/h的强排水泵，敷设一趟273 mm的无缝钢管通过集中皮带巷、主斜井将水排至地面污水站。

为满足带压开采防治水要求，在采区水仓施工有强排水巷，安装有两台型号为BQ400－600/7－1000/WS型潜水电泵（应急强排水泵），额定流量为400 m^3/h，电机功率为1000 kW，敷设一趟ϕ273 mm的无缝钢管通过集中皮带巷、主斜井将水排至地面污水站。该矿工作水泵的能力能在20 h内排出矿井24 h的正常涌水量，工作水泵和备用水泵的总能力，能在20 h内排出矿井24 h的最大涌水量。目前矿井排水系统可以满足安全生产的需要。

5. 顶板充水水源

该矿3煤上覆无采空区，3号煤顶板主要充水水源为大气降水及地表水、顶板砂岩裂隙水。

（1）井田内地势整体呈西南高，北东低，地表冲沟发育，径流条件良好。井田内主要地表水系为常年径流浊漳河西源，井田最高洪水位标高为＋885 m，最低侵蚀基准面为＋883.30 m。经该矿实测，3号煤层导水裂隙带最大发育高度为112.62 m，而井田内3号煤层最小埋深为200 m左右，所以煤层开采后形成的导水裂隙带不会导通地表，并且井田内工业广场及各生产井筒井口标高均高于历史最高洪水位标高，所以正常情况下大气降水及地表水仅通过补给下部含水层而作为矿井的间接充水水源。

（2）3号煤层导水裂隙带最大发育高度为112.62 m，可沟通二叠系砂岩裂隙含水层。该含水层主要由3号煤层顶板砂岩、下石盒子组底部K_8砂岩及上石盒子组底部K_{10}砂岩含水层组成，分别距3号煤层约为25 m、35 m、94 m。依据该矿井筒检查孔抽水试验成果资料，该含水层单位涌水量$q=0.0196\sim0.0267$ L/(s·m)，为弱富水性含水层。当掘进巷道直接揭露或遇构造破碎带时，以及回采工作面放顶后，可沟通上述各砂岩含水层水的联系，对巷道或工作面充水。依据生产揭露，目前3号煤层顶板砂岩裂隙水是矿井的主要充水水源，在局部富水区地段涌水量较大，会对矿井正常生产造成影响。

6. 采空区积水

该矿3号煤层存在3处采空积水区，采空区积水面积共计66886 m^2，积水量共计124207 m^3。夏店煤矿与该矿相距200 m范围内无采空积水区，而石泉煤业与该矿相距200 m范围内存在一处3号煤层采空积水区，积水面积为48948 m^2，积水量为89574 m^3。

三、原因分析

1. 3112回采工作面补给量充裕的原因

（1）3112工作面位于S_3背斜轴部，S_3背斜：轴向近东西向，两翼均被第四系黄土覆盖，无基岩出露，地层倾角一般为3°～10°，井田内延伸长度约为403 m。背斜轴部由于地层拉伸受力，再加F_2断层的影响，因此裂隙比较发育。

（2）根据图 1－2－9 可知，3112 工作面切眼位置埋藏较浅，约为 190 m，大气降水及常年径流的浊漳河西源地表水可通过裂隙补给下部含水层而成为该工作面的充水水源。

（3）3 号煤层上部存在多层砂岩，包含 3 号煤层顶板砂岩、下石盒子组底部 K_8 砂岩及上石盒子组底部 K_{10} 砂岩，富水性均较强，当掘进巷道直接揭露或遇构造破碎带时，以及回采工作面放顶后，可沟通上述各砂岩含水层水的联系，对巷道或工作面充水。

（4）工作面南部发育落差 50－55 m 的 F_2 正断层，该断层位于井田中北部，为三维地震解释，目前仅 3112 工作面回风顺槽局部揭露，走向近东西，沿走向延伸约 2500 m，倾向近南，倾角 70°，落差为 50 m。受断层破碎带的影响，沟通含水层对工作面进行补给。

（5）2021 年降雨量大，对工作面有一定的补给。

2. 工作面推进 200 m 涌水量增大的原因

（1）根据开采岩层移动规律，当采空工作面的长度和宽度达到或超过 1～1.4H_0（H_0 为平均采深）时，覆岩达到充分采动条件，破坏程度最大。3112 工作面平均埋深为 200 m，切眼长度约 200 m，因此当工作面回采至 200 m 位置时，顶板岩层破坏程度达到最大，导通上部含水层，工作面涌水量增大。

（2）3112 工作面为采区北翼首个回采工作面，顶板含水层的静储量初次释放，漏水量大。

3. 工作面回采期间水量大，停采期间水量小的原因

3112 工作面整体俯采，从图 1－2－10 中可以看出，3112 工作面从切眼开始，标高从 660 m 左右到 420 m，因此，同时位于背斜轴部，随着工作面的推进，顶板垮落漏斗范围逐渐增大，水量大。停采时，垮落漏斗范围内的补给水疏放后水量变小。

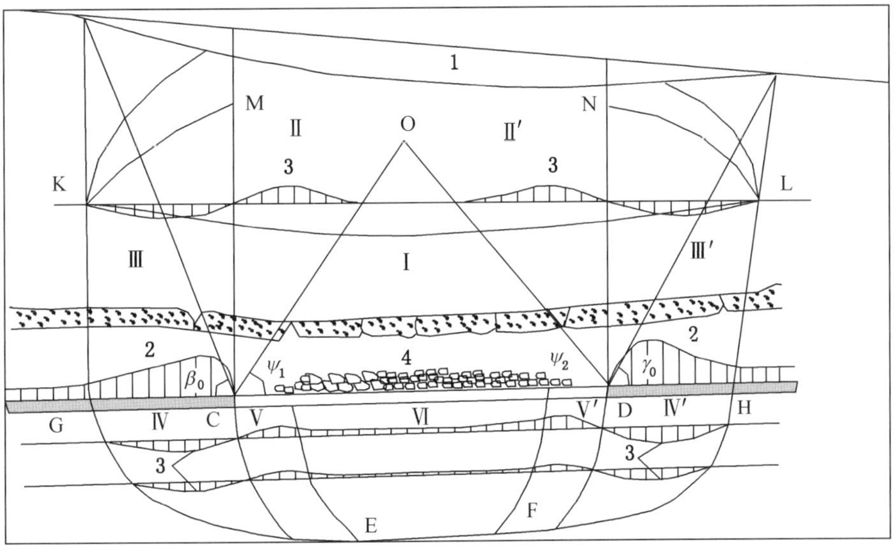

1—地表下沉曲线；2—支承压力分布曲线；3—沿层面法向岩石变形曲线；4—垮落带；
Ⅰ—充分采动区；Ⅱ、Ⅱ′—最大弯曲区；Ⅲ、Ⅲ′—顶板压缩区；Ⅳ、Ⅳ′—底板压缩区；
Ⅴ、Ⅴ′—底板不均匀隆起区；Ⅵ—底板均匀隆起区

图 1－2－10 3112 工作面回采冒裂区剖面示意图

4. 水色发白原因分析

工作面涌水水色发白，主要原因为钾长石和钠长石含量较高，水质化验结果均为钠离子、钾离子含量高，为砂岩裂隙水的特征。

四、防范措施

(1) 定期观测工作面涌水量及水质变化情况，当工作面涌水量达到或者大于 200 m^3/h 时停止回采，待涌水量稳定在 200 m^3/h 以下时方可继续回采。

(2) 加强工作面排水系统的维护、检修工作，保障排水系统正常运行。

(3) 工作面回采结束后，及时编制密闭专项设计并组织实施。

(4) 通过论证，3112 工作面可安全回采。

案例八　云南省罗平县阿贵联办煤矿 1371 工作面防治水咨询论证

一、问题提出

阿贵联办矿 1371 工作面从 2 月份开始推进，4 月下旬工作面上段及回风巷 44～50 号支架处持续顶板破碎，容易冒顶。5 月 1—3 日停班 3 天，5 月 5 日早班 47 号、48 号支架处顶板出现淋水，出水伴有泥石，水量最大时达 120 m^3/h，经过 2 天后水量减少到 15 m^3/h。之后工作面于 5 月下旬开始推进，水量持续在 45～80 m^3/h 不等。伴随有石块、泥砂涌出。7 月 20 日中班 23:30 分左右，位置约 310 m 处，中部 28 号支架顶板突水，涌出量达 170 m^3/h 左右，伴有泥土、大块泥灰岩，水量随时间推移每天涌出量逐渐减小，至此 1371 工作面涌出量在 70 m^3/h 左右。8 月 15 日，随着回采的推进，顶板淋水突然加大，初期水质成乳白色，未伴有泥石，后期水质清澈无色无味，观测涌水量达 195 m^3/h。矿方于 2022 年 8 月 20 日进行了咨询论证。

二、矿井概况

1. 矿井基本情况

该矿位于云南省罗平县城 332°方向，平距约 30 km 处，行政区划处于罗平县阿岗镇境内。井田面积 3.7544 km^2，批采 M_4～M_{16}煤层，生产能力 30 万 t/a。开采标高为 2320～1600 m。井田位置如图 1-2-11 所示。

矿区含煤地层为二叠系上统长兴组(P_3c)和龙潭组(P_3l)，由上至下含可采煤层 5 层，属低灰～中灰分、低硫～高硫分、特低挥发～低挥发分、特低磷～低磷分、较低～中等软化温度灰、较低～中等流动温度灰、中高～特高热值的无烟煤三号（WY03）、贫煤（PM11），主要用作动力用煤。勘查区总体表现为单斜构造，构造复杂程度属中等类型。矿井为瓦斯矿井，可采煤层煤尘无爆炸性危险，可采煤层煤的自燃倾向性为Ⅱ类容易自燃。

2. 煤层情况

M_4 煤层：位于长兴组（P_3c）上部，出露于井田西部、北部，为含煤地层上部第一层可采煤层。煤层厚度 0.87～2.75 m，平均厚度 2.05 m。结构简单，含夹矸 0～2 层，层

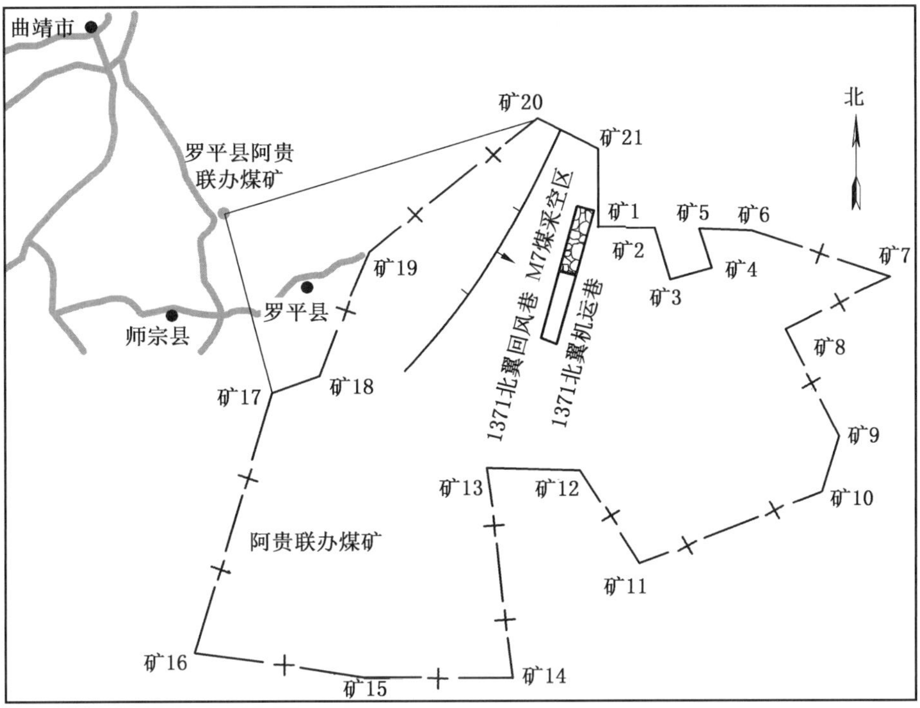

图 1-2-11 井田位置

位稳定，受 F_{2-3} 影响，深部已基本断失，其可采范围均位于 F_{2-3} 下盘浅部，煤类单一，为无烟煤三号（WY03）。

M_7 煤层：位于龙潭组第二段（P_3l^2）顶部，上距 M_4 煤层 14.50 ~ 21.02 m，平均 18.12 m。煤层厚度 0.80 ~ 3.60 m，平均厚度 1.68 m，属中厚煤层，煤层结构简单，偶含 0 ~ 2 层泥岩夹矸。煤层直接顶板为中厚层状含菱铁质粉砂岩，厚约 3.00 m，全区稳定，俗称“粗排骨层”。煤类单一，为无烟煤三号（WY03）。

M_9 煤层：位于龙潭组第二段（P_3l^2）中上部，上距 M_7 煤层 6.42 ~ 20.79 m，平均 13.67 m。煤层厚度 0.82 ~ 3.36 m，平均厚度 1.77 m，煤层结构简单，偶含 0 ~ 2 层泥岩夹矸，夹矸为泥岩，顶板为灰、浅灰色单层厚度 5 ~ 10 cm 的菱铁质粉砂岩与粉砂质泥岩，呈互层状组合出现，俗称“细排骨层”，是识别 M_9 煤层的标志之一，煤类单一，为无烟煤三号（WY03）。

M_{10} 煤层：位于龙潭组第二段（P_3l^2）中下部，上距 M_9 煤层 10.21 ~ 27.48 m，平均 19.21 m。煤层厚度 0.70 ~ 2.45 m，平均厚 1.44 m，结构简单，含夹矸 0 ~ 2 层，一般含 1 层夹矸，煤类单一，为无烟煤三号（WY03）。

M_{16} 煤层：位于龙潭组第二段（P_3l^2）底部，上距 M_{10} 煤层 43.88 ~ 65.60 m，平均 54.45 m，煤层厚度 0.38 ~ 2.15 m，平均厚度 1.05 m，结构简单，含夹矸 0 ~ 2 层，一般含 1 层夹矸，煤层稳定性属较稳定，属中灰、低挥发分、中高固定碳、高硫、低磷、中高发热量的贫煤（PM11）。

3. 水文地质条件

（1）地表水。矿区地形切割较为剧烈，地形坡度一般10°~15°，局部达20°以上，地势总体呈东高西低，一般标高在2100~2200 m，属构造侵蚀、剥蚀低中山地形。位于篆长河与块泽河次级分水岭西侧，受构造及岩性差异的综合影响，区内地貌表现为剥蚀、侵蚀的深谷、浅谷。地表水体以季节性冲沟水及地表泉水汇聚于沟谷形成的溪流为主，区内较大的溪流为长青沟。

（2）第四系（Q）孔隙含水层。该含水层分布于平缓的山坡、山间洼地及沟谷两侧，厚度0~30 m，为残积、坡积、崩积、冲积的松散粉细砂、黏土、砂砾、砾石及耕植土，面积小，厚度变化大，该含水层不整合覆盖于各地层之上。局部地形低洼处含季节性孔隙水，具有就地补给、就地排泄、径流短的特点。与下伏地层因基底岩性及风化程度不同，具有一定的水力联系。受大气降水补给，富水性随季节而变，富水性弱，旱季干枯，对矿床充水影响不大。

（3）三叠系中统关岭组第二段（T_2g^2）灰岩岩溶裂隙含水层。该含水层主要分布于矿区北部边缘及外围，区内出露不全，一般厚度大于200 m。岩性以中厚层状灰岩为主，夹数层白云岩、泥质灰岩及生物碎屑灰岩。地表地貌形态主要呈岩溶化山地，可见落水洞、溶洞、洼地、漏斗等岩溶形态，一般规模较小，平均岩溶率约10%，以大气降水补给为主、部分为地表水补给。地下水径流模数一般为5.23~11.26 L/(s·km^2)。由于F_{2-3}断层的存在，该含水层与煤系地层产生水力联系，对矿床充水有间接影响。

（4）三叠系中统关岭组第一段（T_2g^1）砂泥岩裂隙含水层。该含水层分布于矿区北东部，地层厚度163.60~241.58 m，平均215.32 m，岩性以红色泥岩与紫红色、灰绿色薄至中层状粉砂岩为主，由于F_{2-3}断层的存在，该含水层与煤系地层产生水力联系，对矿床充水有间接影响。

（5）三叠系下统永宁镇组第三段（T_1y^3）灰岩、白云岩岩溶裂隙含水层。该含水层呈条带状出露于矿区东南部，地层厚度85.03~113.50 m，平均104.03 m。岩性主要为灰岩、白云岩、白云质灰岩，下部夹蠕虫状泥质灰岩。由于岩性化学成分的差异和所处地形、构造部位的不同，其岩溶发育率均有极不均一性。由于F_{2-3}断层的存在，该含水层与煤系地层产生水力联系，对矿床充水有间接影响。

（6）三叠系下统永宁镇组第二段（T_1y^2）砂泥岩裂隙含水层。该含水层呈条带状出露于矿区南部，地层厚112.83~142.52 m，一般厚128.55 m，岩性以紫灰、紫红色粉砂岩，细粒砂岩夹泥质粉砂岩，粉砂质泥岩及泥岩薄层组成，含水层富水性一般较弱至中等。由于F_{2-3}断层的存在，该含水层与煤系地层产生水力联系，对矿床充水有间接影响。

4. 构造破碎带水文地质特征及其对矿床充水的影响

矿区构造中等，仅发育一条F_{2-3}推覆断层，含煤地层为近似倾向东的单斜构造，倾角较平缓。

F_{2-3}推覆断层：走向近于北东—南西向，倾向100°~120°，倾角25°，延伸长度大于10 km，落差100~500 m，为一走向低角度推覆断层，贯穿整个矿区，浅部倾角大，深部平缓。地表主要表现为：浅部均是导致龙潭组地层与关岭组、永宁镇组地层岩溶裂隙含水层直接接触，深部则是与飞仙关组碎屑岩裂隙含水层直接接触。从北向南，断层落差逐渐减小。

三、物探及探放水工作

1. 物探情况

2022 年 4 月，云南省 198 煤田地质勘探队对该矿 1371 工作面影响区域开展了多种物探手段，编制了《云南省罗平县阿贵联办煤矿 1371 综采工作面影响区域水文地质物探分析报告》。根据物探成果的分析，在 1371 工作面影响区域内含水区面积较大，瞬变电磁法与高密度电法探测的积水区分布于含水区内，高密度电法所探测的深部对矿井开采有影响的含水区有 6 号、9 号、11 号、15 号，瞬变电磁法探测的对矿井开采有影响的含水区有 1 号、2 号、3 号、4 号积水区（结合煤矿已开采区域，1 号、2 号、3 号积水区可能存在老空区积水），以及形成导水通道的物探推测 wf1 断层，并建议后期煤矿通过工程施工对其含积水异常区进行验证，精确含积水区位置、补给、矿井已知构造及推测断层的导含水性（图 1－2－12）。

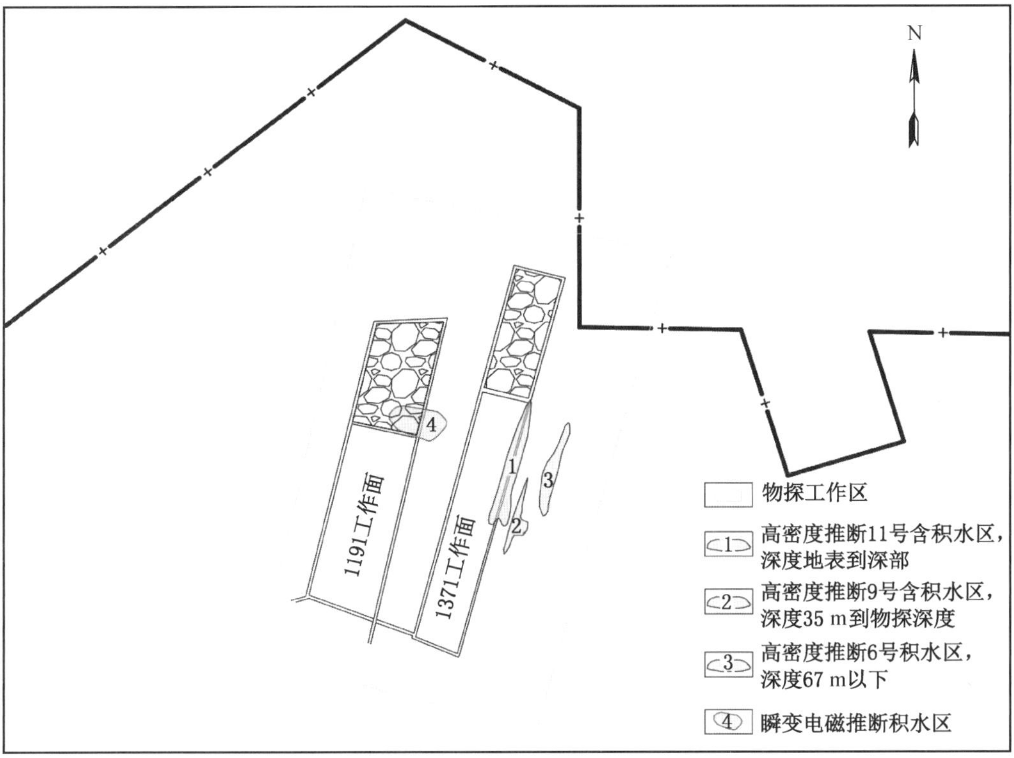

图 1－2－12 物探成果简图

对物探探测出的含、积水区域，结合煤矿地质资料及井上下现场勘察的情况，对该区域水患分析结果如下：

（1）该区域煤系地层为二叠系上统龙潭组，含水层为碎屑岩类裂隙含水层。根据以往地质资料可知，1371 工作面区域内受构造影响致使煤系直接顶板为关岭组、永宁镇组碳酸盐岩类岩溶含水层；加之该区域内煤层埋藏相对较浅，受采动影响，地表产生大量裂隙、裂缝，形成地表水补给通道。由此可知该区域存在地表水、裂隙含水层水、岩溶含水层水及老空水等水害。井下工作面开采时，地表水、裂隙及岩溶含水层水、老空水可能沿裂隙、裂缝通道进入工作面，因此，该工作面开采过程应重视防治水工作，加强探放水，加强地表水、地下水动态监测工作，核查排水系统能力是否满足防治水要求。

（2）通过本次物探工作和井下现场勘察，从矿区北部经地表出水点，再沿长青沟流向（即1371工作面机运巷上方），推测有一条断层（wf1），结合物探分析，在+1900、+1925、+1950水平物探切面图上，显示了物探推测断层为走向南北向、倾向西向东的正断层，通过物探视电阻率分析，该断层为导水断层，其性质和要素有待进一步的勘察验证。该推测断层若真实存在，对煤矿防治水有很大的影响，地面大气降水、地表水、裂隙及岩溶含水层水均有可能通过该断层导入井下。因此，开展对该断层的勘察极为重要。

2. 钻探验证

根据瞬变电磁法探测对矿井开采有影响含水区有1号、2号、3号、4号积水区（结合煤矿已开采区域情况，1号、2号、3号积水区推断存在老空区积水）。根据1371工作面的回采现状，在1371回风巷布置1处探放水点位，如图1-2-13所示，布置第1井下探放水点位。高密度电法所推断的深部（对矿井开采有影响）含水区有6号、9号、11号、15号含积水岩溶区。根据1371工作面的回采现状，拟在1371回风巷布置1处探放水点位，1371机运巷布置1处探放水点位，地面布置1处地面钻孔点位，如图1-2-13所示，布置第2井、第3井下探放水点位。

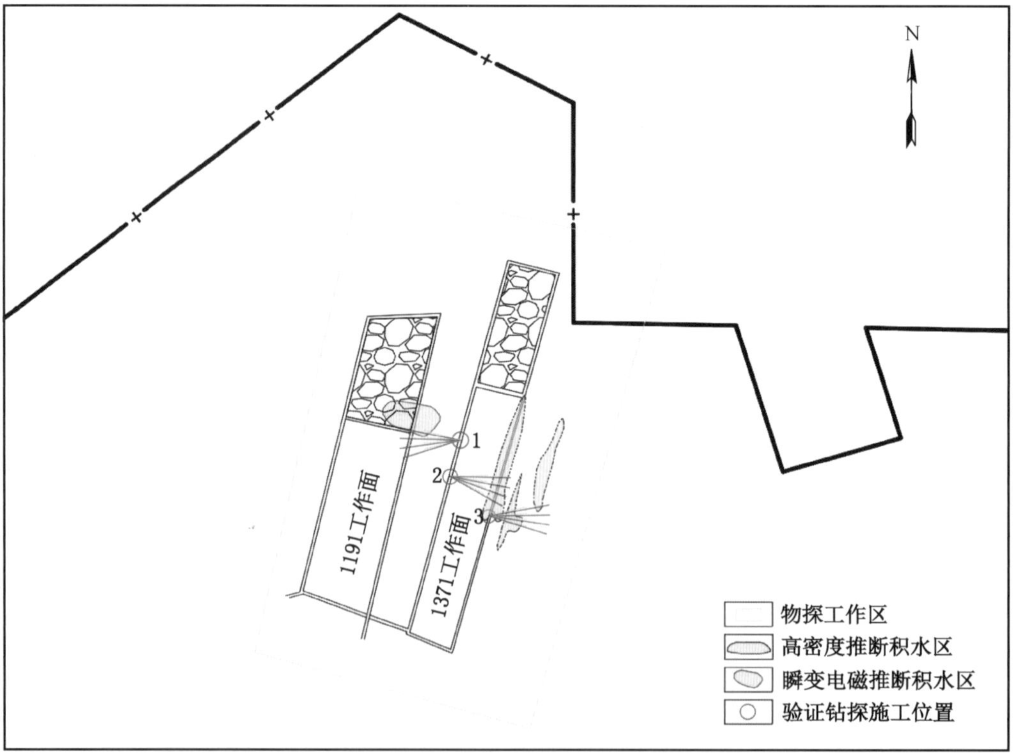

图1-2-13　物探验证工程钻孔位置

井下验证钻孔施工方案：

在11101回风巷布置一个探放水钻场实施探放水工作，为准确验证并查明通过物探工作划定的含水区域，从230°方位开始，逐步增加角度进行探放水，即第一次230°、第二次235°……最后255°，钻孔在水平和垂直方向均呈扇形布置，共布置6组探水钻，每组施工3个钻孔，共18个钻孔。钻孔布置如图1－2－14～图1－2－16所示。

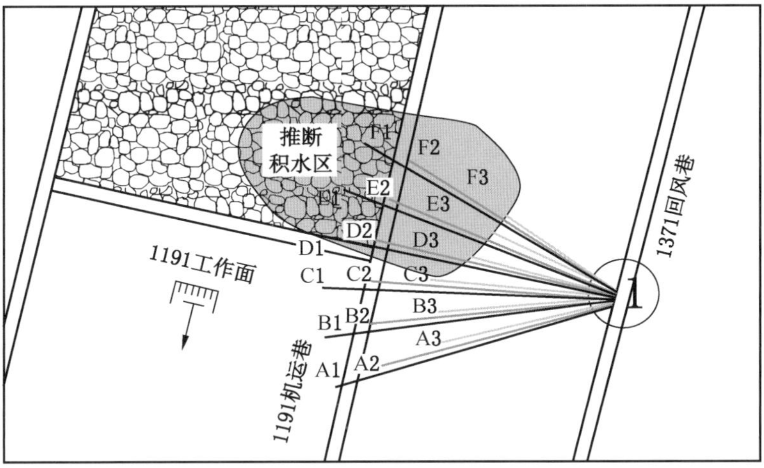

图1－2－14　1371回风巷1号钻场探放水钻场钻孔布置示意图

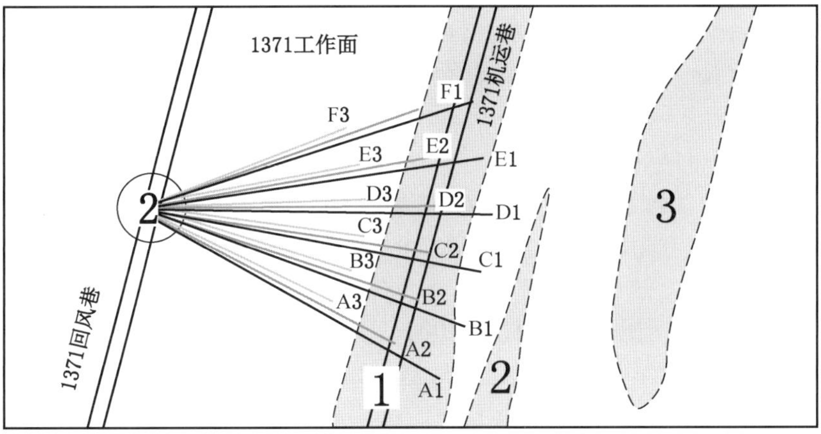

图1－2－15　1371回风巷2号钻场探放水钻场钻孔布置示意图

3. 井下验证情况

（1）1371回风巷距工作面上出口10 m处3个钻孔。

1号孔：方位287°，倾角15°，施钻40 m，钻孔内无水涌出。

2号孔：方位299°，倾角15°，施钻8 m与原采空区连通，后继续施钻40 m，无水流出，总进尺48 m。

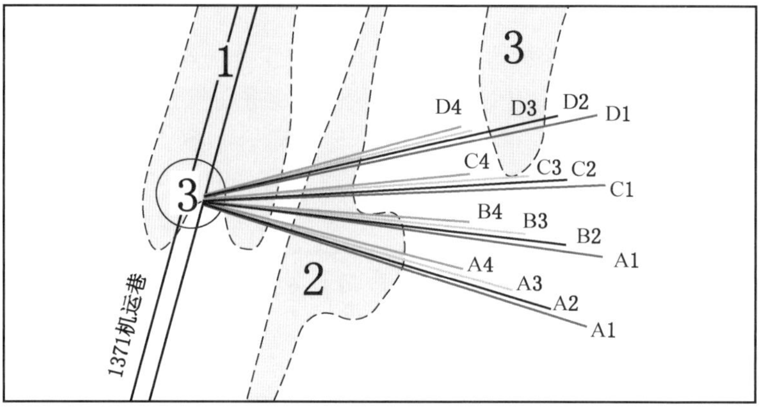

图 1-2-16　1371 机运巷 3 号钻场探放水钻场钻孔布置示意图

3 号孔：方位 275°，倾角 15°，施钻 9 m 与原采空区连通，后继续施钻 37 m，无水流出，总进尺 46 m。

（2）1371 回风巷距工作面上出口 130 m 处 2 个钻孔。

1 号孔：方位 287°，倾角 15°，施钻 8 m 与原采空区连通，后继续施钻 34 m，无水流出，总进尺 42 m。

2 号孔：方位 299°，倾角 15°，施钻 9 m 与原采空区连通，后继续施钻 35 m，无水流出，总进尺 44 m。

（3）1371 回风巷距工作面上出口 50 m 处 3 个钻孔。

1 号孔：方位 100°，倾角 0°，施钻 48 m 钻机打不动后推出，钻孔无水流出。

2 号孔：方位 110°，倾角 15°，施钻 52 m 钻机打不动后推出，钻孔无水流出。

3 号孔：方位 120°，倾角 27°，施钻 46 m，钻孔无水流出。

（4）1371 机运巷打钻情况。

1 号孔：方位 60°，倾角 15°，施钻 60 m 钻机打不动后推出，钻孔无水流出。

2 号孔：方位 75°，倾角 15°，施钻 53.2 m 钻机打不动后推出，钻孔无水流出。

3 号孔：方位 102°，倾角 7°，施钻 62 m 钻机打不动后推出，钻孔无水流出。

4 号孔：方位 102°，倾角 27°，施钻 100 m，钻孔无水流出。

由于工作面局部冒顶、片帮严重，在检修过程中 1371 工作面回风巷距上出口 10 m 处 3 个钻孔已处于采空区内，现场无法看到。

四、涌水机理分析

1. 地表水体对 1371 工作面的影响

工作区主要地表水体为长青沟，发源于矿区北部小阿贵，自北向南流经矿区，于矿区南部流出，注入酒谷水库，属南盘江水系，珠江流域。该溪流流经矿区上覆 Q、T_2g^{1+2}、T_1y^{1+2+3}地层，矿区内径流长度约 1.2 km，矿区内河床最高点 2150 m，比降约 43‰。该溪流主要流经矿区上覆地层，且距离可采煤层较远（垂距大于 150 m），正常情况下，对 1371 工作面开采无影响。酒谷水库位于矿区南部外围，对 1371 工作面矿床开采无影响。

2. 上覆地层（T_2g、T_1y、T_1f）含水层对1371工作面的影响

冒落带高度和导水裂隙带高度的确定：

根据钻孔控制，矿区有可采煤层4层，煤层倾角小于54°，煤层顶板岩石抗压强度20～40 MPa。根据冒落带（H_c）、导水裂隙带（H_f）最大高度经验公式 $H_c=(3\sim4)M$、$H_f=\frac{100M}{3.3n+3.8}+5.1$ 分别计算其最大高度。式中，M 为煤层累计采厚，M_7 煤层1371工作面煤层厚度2.75 m；n 为一次采全厚，$n=1$。计算结果 $H_c=11$ m，$H_f=43.8$ m。

通过计算，冒落带（H_c）最大高度11 m、导水裂隙带（H_f）最大高度约44 m。由于 F_{2-3} 断层的存在，煤系地层与上覆碳酸盐岩含水层直接接触，产生了水力联系，因此，上覆地层均可视为矿区直接充水含水层。

五、咨询结论

（1）1371工作面开采三叠系龙潭组 M_7 号煤层，煤层平均厚度约2.75 m。采煤方法为一次采全高，根据2020年12月由罗平县聚丰煤业有限公司提交的《云南省罗平县资源量核实报告》(2020年）中计算导水裂隙带（H_f）最大高度为44 m。据此，1371工作面顶板涌水来源于二叠系永宁镇组灰岩含水层。

（2）经地面查看1371工作面地表覆盖为二叠系永宁镇组灰岩，M7号煤层埋深约167 m。地面岩溶裂隙及地面落水洞发育，地表水渗入条件较好，对地下水补给充分，由于岩溶风化裂隙发育，随着顶板的垮落，风化岩块及泥土随水一起涌入井下。

（3）根据上述1371工作面3次较大涌水情况，涌水均表现为初期水量较大，后期迅速变小，含泥量也在逐渐减少，现1371工作面涌水量约80 m^3/h，每次涌水消耗的大多是顶板灰岩中的静储量，当涌水量趋于稳定时，涌水量为地表水的补给量，即动储量。

（4）经查看，地面落水洞内目前一直涌水，说明该落水洞水与地下采空区未贯通。

综上分析，井下3次涌水大部分来源于二叠系永宁镇组灰岩的静储量，现状情况下地表水补给量较小，表现为矿井正常涌水量和最大涌水量相差较大。在煤层埋藏浅的部位不排除泥、石块再次涌出的可能。

六、防治水工作建议

（1）对回采前方顶板的二叠系永宁镇组灰岩水进行超前疏放。

（2）对云南省一九八煤田地质勘探队物探解释的异常区进行验证。

（3）对排水系统进行扩容优化。

第三节 底 板 水

案例一 山西东辉集团邓家庄煤业有限公司5203工作面二号水井治理咨询

一、问题提出

山西东辉集团邓家庄煤业有限公司5203工作面对应地面村民施工一眼深水井，井深

770 m，由于没有井斜资料，煤柱留设不合理会影响到5203 工作面安全开采。矿方于2017 年8 月8 日组织有关专家进行了咨询论证。

二、矿井概况

1. 矿井基本情况

邓家庄煤业井田位于柳林县县城西北约15.5 km（直距）处的邓家庄村、沙嘴头村、冯家庄村一带，行政区划属柳林县王家沟乡、成家庄镇和孟门镇3 个乡镇管辖。井田东西长约5.7 km，南北宽约4.3 km，面积为13.1782 km^2。批准开采1～5 号煤层，生产规模120 万 t/a，开采方式为地下开采，批准开采深度780～300 m 标高（图1－3－1）。

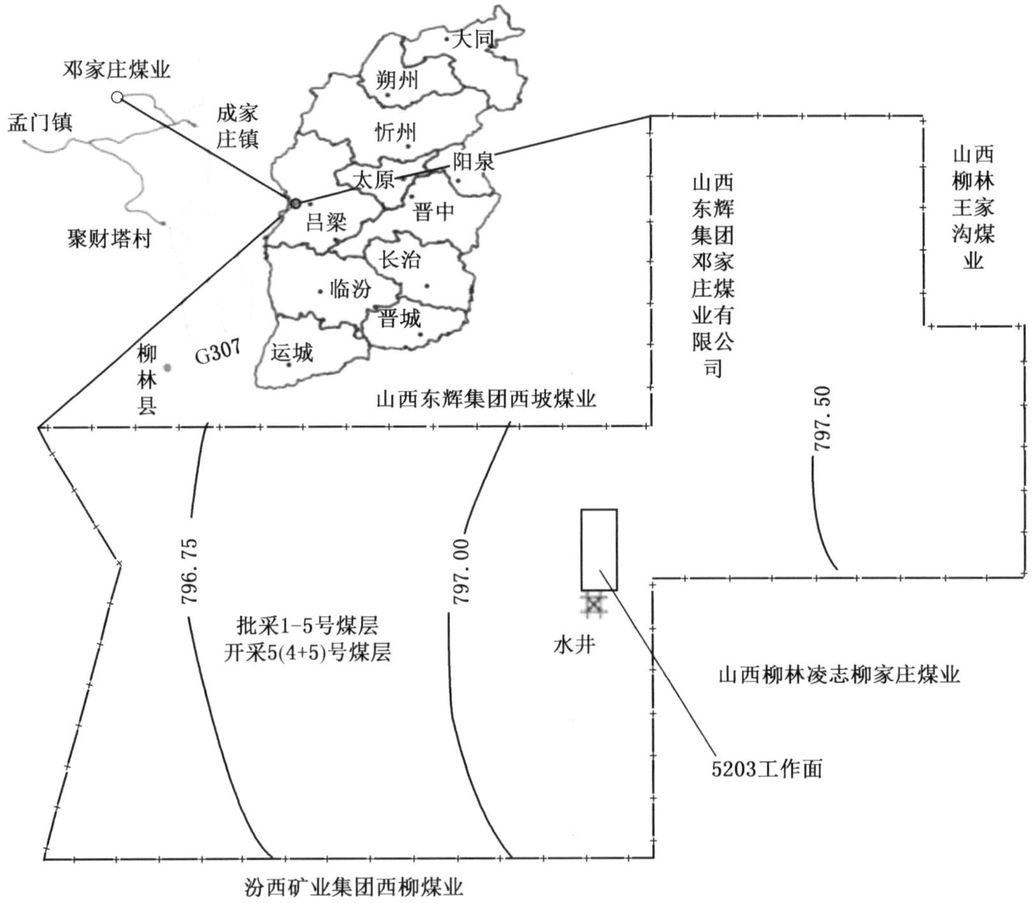

图1－3－1 矿井及5203 工作面位置示意图

2. 5 号煤层水文地质条件

5203 工作面位于5 号煤层内，5 号煤层位于山西组中下部，煤层厚度为1.60～5.68 m，平均厚度为3.26 m，井田内大部分地段5 号煤与4 号煤合并，下距奥陶系顶界面117.25～156.16 m，平均厚度为142.78 m，由泥岩、砂质泥岩、石灰岩、铝土泥岩、细砂岩、中细砂岩组成。

5203 工作面位于二采区东部，工作面北为西皮带下山大巷，东为 5201 工作面（未掘），西为 5205 工作面（未掘），南为村庄保护煤柱线。综合机械化开采，一次采全高，全部垮落法管理顶板。

井田内奥灰水位标高为 797 ~798 m，5(4 +5)号煤层最低底板标高为 320 m，奥灰水位高于煤层底板最高标高，为全井田奥灰水带压开采煤层。根据《煤矿防治水细则》中的公式，估算井田内 5（4 +5）号煤层奥灰水的最大突水系数为 0. 05 MPa/m。

3. 二号水井基本情况

二号水井位于 5203 工作面中部，东距 5203 皮带顺槽约 120 m，西距 5203 轨道顺槽约 80 m。地面坐标（80 坐标系 3°带）：X = 4158912. 502，Y = 37484600. 979，H = 791. 698。根据收集资料，井深约 770 m，揭露奥陶系灰岩约 400 m。根据实地调查，水井涌水量约 70 m^3/h，为自流井，井口水压为 0. 01 ~0. 02 MPa。

水井结构：0 ~84. 20 m 钻孔直径 445 mm，下入 325 mm 套管；84. 20 ~489 m，钻孔直径 273 mm，下入 219 mm 套管；489 ~770 m，钻孔直径 152 mm，裸孔。

三、治理措施

1. 煤柱留设

（1）水井偏斜距：水井井口到井下 5(4 +5)号煤顶板 210 m，水井最大偏斜按 5°计算，最大偏斜距离 18 m，实际取 20 m。

（2）奥灰水煤柱的留设：奥灰水压 2 MPa，煤层抗张强度 0. 5 MPa，安全系数 k 取 3。经计算，煤柱 16. 0 m，实际取 20 m。

（3）冒、裂带煤柱留设：在考虑万一水井套管遭破坏，奥灰水不会溃入井下，影响矿井安全的前提下，对冒落带和导水裂隙带安全煤柱留设取 25 m。

（4）综上计算：在不考虑水井破坏的前提下，水井安全煤柱需留设 65 m。

2. 封堵

（1）探孔，打开井口盖，至少探至套管以下 30 m（即井深 529 m）。

（2）水泥采用 42. 5 硅酸盐水泥，水泥浆密度为 1. 5 t/m^3，水泥与水配比为 1 ：1。按照钻孔机构，0 ~84. 20 m，管内径 309 mm，容积 5. 246 m^3；70 ~489 m，管内径 203 mm，容积 15. 78 m^3；488 ~770 m，为裸孔，容积为 5. 18 m^3。全孔容积为 26. 20 m^3。

（3）开始正式注浆，将注浆管下到孔底，边注浆边上提注浆管，直到水泥至少进入套管内 50 m 以上。

（4）待水泥凝固 72 h 后，下钻探封堵的水泥面，探测水泥面是否进入套管内 50 m 以上。如果合格，采用小口径钻头取芯，关键取 489 m 上下部位的水泥样，检验水泥凝固效果及封堵质量。

（5）注水检查，取芯完成后，将孔内注满水，如果水位 24 h 内水位基本不下降，说明封堵合格。

（6）将取芯层位补注浆即可。

案例二 山西东辉集团邓家庄煤业 L10 水文孔对鉴定工程 1 巷（5205 皮带顺槽）掘进的影响

一、问题提出

邓家庄煤业在 5 号煤层中掘进鉴定工程 1 巷（5205 皮带顺槽）时有 2012 年 8 月 28 日—12 月 15 日编写《山西东辉集团邓家庄煤业有限公司水文地质补充勘探报告》时施工的 L10 水文孔，该矿揭露奥陶系含水层，是否会对井下造成突水？矿方于 2020 年 5 月 19 日组织有关专家进行了咨询论证。

二、矿井概况

1. 矿井基本情况

邓家庄煤业井田位于柳林县县城西北约 15.5 km 处的邓家庄村、沙嘴头村、冯家庄村一带，行政区划属柳林县王家沟乡、成家庄镇和孟门镇 3 个乡镇管辖。井田面积为 13.1782 km^2，批准开采 1 ~ 5 号煤层，生产规模 120 万 t/a。矿井及工作面示意图如图 1 - 3 - 2 所示。

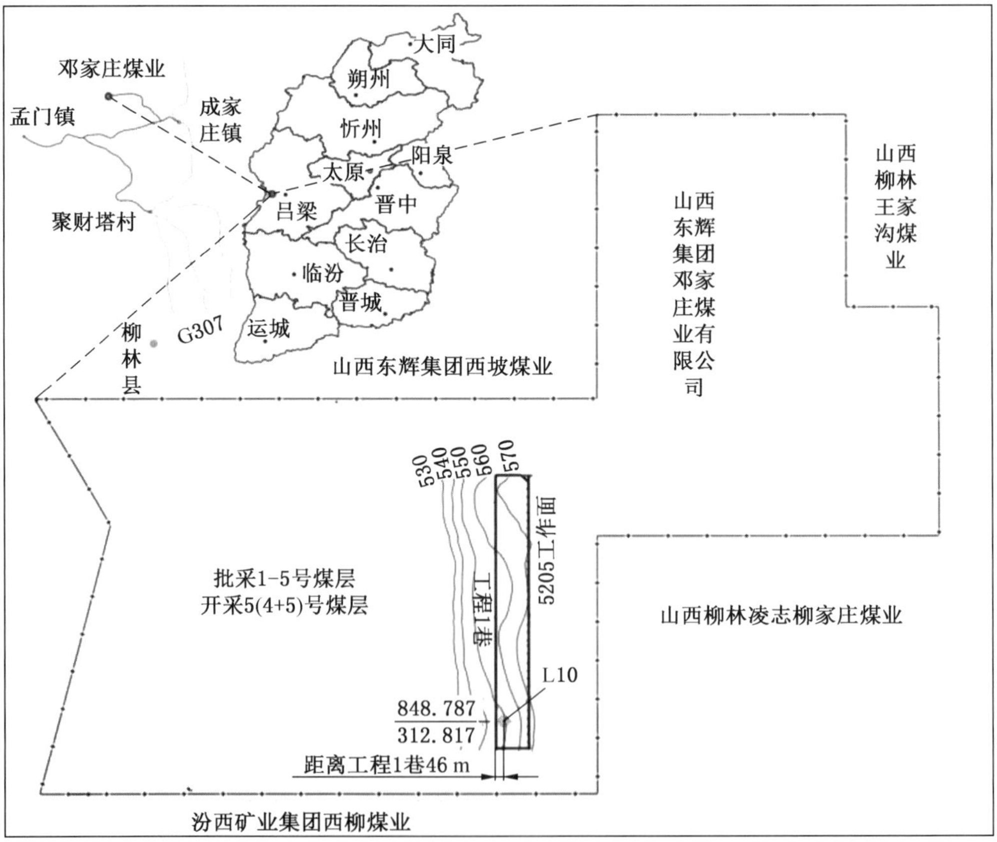

图 1 - 3 - 2 矿井及工作面示意图

2. 井田煤层及底板奥陶系水文地质条件

井田内的可采煤层为2号、5(4+5)号、8号、9号煤层（8号、9号煤层为未批采煤层），2号煤层位于山西组中上部，煤层厚度0~1.35 m，平均厚度为0.74 m，下距5(4+5)号煤层8.02~21.80 m，平均厚度为16.18 m。该煤层未进行开采。

5(4+5)号煤层位于山西组中下部，煤层厚度为1.60~5.68 m，平均厚度为3.26 m，井田内大部分地段5号煤与4号煤合并，为稳定全区可采煤层，为该矿现采煤层，井田东部、中部已经采空。

8号煤层位于太原组中段下部，煤层厚度2.14~3.52 m，平均厚度为3.16 m，上距5(4+5)号煤层60.36~74.36 m，平均厚度为67.02 m，为未批采煤层。

9号煤层位于太原组中段底部，煤层厚度为3.24~5.98 m，平均厚度为4.17 m，上距8号煤层4.72~16.53 m，平均厚度为9.52 m，为未批采煤层。

奥陶系中统由下马家沟组、上马家沟组和峰峰组组成，岩性以石灰岩为主，其次为泥岩、角砾状泥灰岩。

奥陶系上马家沟组碳酸盐岩溶裂隙含水层：

根据区域资料，本组厚约228 m，岩性以石灰岩、泥灰岩为主，岩溶发育，多为蜂窝状溶孔，连通性好，溶孔直径一般为1~6 cm，含水层具较好的连续性和稳定性。钻孔揭露本组时，简易水文变化大，大量涌水或漏水，为井田和区域最主要的含水层。单位涌水量0.031~0.86 L/(s·m)，含水层富水性弱~中等，水位标高798 m左右，水化学类型以Cl~Na型水为主，矿化度为3.398~5.008 g/L，硬度为1723~3799 mg/L，为极硬的咸水。

奥陶系峰峰组碳酸盐岩溶裂隙含水层：

本组在井田东部外围出露，由石灰岩、泥灰岩、白云质灰岩及角砾状灰岩组成。以石灰岩为主要含水层。含水层以溶孔、溶蚀裂隙为主，溶孔常呈孤立状，方解石簇晶呈半充填状态，岩溶发育规律是浅埋区发育程度要强于深埋区，富水性亦如此。

井田内及井田周边施工至奥陶系峰峰组共有5个水文钻孔，分别为133、359、L1、L9、L10，其单位涌水量0.0008~0.2792 L/(s·m)，富水性弱~中等，水位标高798 m，水化学类型以HCO_3·Cl－Na型水为主，矿化度为1.73~2.212 g/L，为较硬的咸水。

3. 5(4+5)号煤层底板带压及L10水文孔情况

5(4+5)号煤层底板至奥陶系顶间的隔水层的厚度为117.25~156.16 m，平均厚度为142.78 m，该段地层由泥岩、砂质泥岩、石灰岩、铝土泥岩、细砂岩、中细砂岩及5层煤组成，地层结构为泥质岩与灰岩所组成的相互叠置结构。这种地层组合结构，有效地限制了薄层灰岩的垂直裂隙的发育，也限制了大气降水及地表水对地下水的补给，同时也限制了上覆含水层中地下水的下渗越流补给。综上分析认为，这种含、隔水层相互叠置组成的地层结构，在不受地质构造破坏及构造裂隙沟通的情况下，具有很好的隔水性能及抗突水能力。

井田内奥灰水位标高为798 m，5(4+5)号煤层最低底板标高为320 m，奥灰水位高于煤层底板最高标高，为全井田奥灰水带压开采煤层。奥灰水最大突水系数0.05（MPa/m）。

L10号钻孔孔深535 m，终孔层位为奥陶系峰峰组，见5号煤底板孔深为296 m，奥陶系顶界面埋深436 m，以上用ϕ168 mm套管封闭，峰峰组揭露厚度99 m，为裸孔。钻孔见5号煤层天顶角为1.8°，方位角185°。经计算，钻孔在5号煤层向南偏移3.6 m。

L10 水文孔峰峰组抽水试验结果为水位降深 55.08 m，涌水量为 0.513 L/s（1.8 m^3/h），单位涌水量为 0.0117 L/(s·m)，含水层富水性弱。

L10 水文孔位于 5205 工作面内，距离 5205 皮带顺槽垂直距离约 46 m。

三、咨询结论

鉴于含水层富水性弱、钻孔偏斜方向与鉴定工程 1 巷（5205 皮带顺槽）掘进方向一致、距离鉴定工程 1 巷垂距 46 m，且在鉴定工程 1 巷对应层位钻孔内下置了套管，因此专家一致认为 L10 水文孔对鉴定工程 1 巷（5205 皮带顺槽）的掘进基本无影响。

四、防范措施

（1）依据《煤矿防治水细则》及山西省防治水有关规定，在采掘过程中必须严格执行山西“有掘必探、有采必探、先探后掘、先治后采”，掘进至距钻孔 100 m 时，编制专门的探放水设计及安全技术措施进行钻探验证，以防止水文孔孔壁、套管等不完好而漏水，造成安全隐患，待钻探验证安全后方可掘进。

（2）5205 工作面回采前对 L10 水文孔进行封堵。

案例三　同煤麻家梁煤业 14104－1 工作面异常涌水水源、通道及治理

一、问题提出

2020 年 9 月 19 日 13 时左右，同煤麻家梁煤业 14104－1 工作面回采期间顶板出现明显来压，13 时 40 分采空区涌水增大，后沿 106 号、107 号、85 号、86 号综采支架底板处溢流至前溜，截至 29 日，工作面总涌水量为 600 m^3/h 左右，无减小趋势。为了分析出水水源、检查该次出水对其他采掘地点有无影响，并提出治理的指导意见，朔州应急局于 2020 年 10 月 1 日组织专家进行了咨询论证；于 10 月 6 日组织专家进行了复产验收；2021 年 1 月 10 日组织专家对治理进行了验收。

二、矿井概况

1. 基本情况

麻家梁井田位于山西省朔州市的南部，隶属朔州市朔城区管辖。井田南北长 12.2 km，东西宽 8 km，面积 104.2924 km^2。主要开采石炭系太原组 4 号、9 号煤层，生产规模 1200 万 t/a，全矿井储量为 26 亿 t。井田位置及简况示意图如图 1－3－3 所示。

该矿于 2008 年 9 月开始建井，2012 年 8 月投产，目前开采 4 号煤层，共布置 7 个采区。目前二采一稳六掘，回采面为一采区 14104－1 工作面和二采区 14208 工作面，14100 工作面正在稳装设备，掘进面为五采区辅运大巷、14502 辅运顺槽、2 号风井联巷，14502 胶带顺槽已到位停掘，二采区的 14211 辅运顺槽、14211 胶带顺槽、西胶带大巷。

井田内共计断层 98 条。其中，落差大于 100 m 的断层 2 条（F_2、F_{20}）；落差 50～100 m 的断层 3 条（F_{34}、F_{22}、F_{23}）；落差 20～50 m 的断层 24 条；落差 10～20 m 的断层 15 条；落差小于 10 m 的断层 54 条。至目前矿区内尚未发现陷落柱。

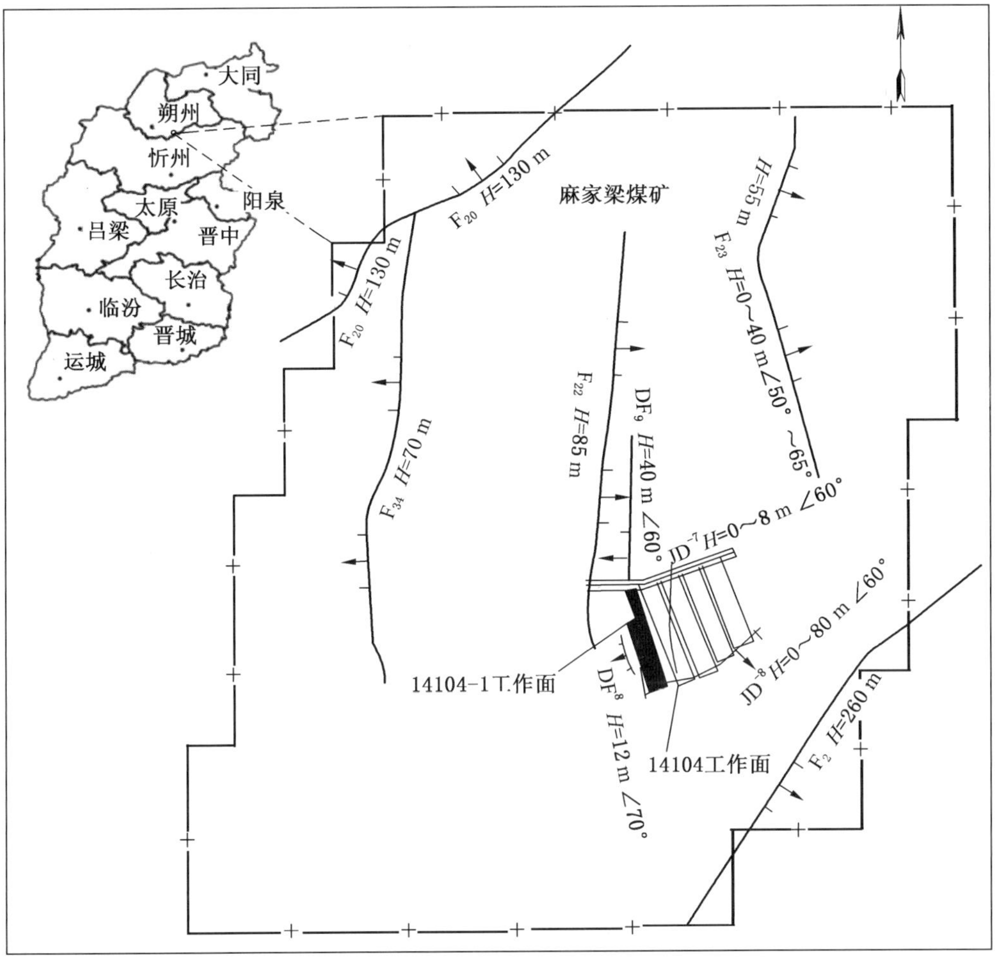

图1-3-3 井田位置及简况示意图

井田内含水层为奥陶系岩溶裂隙含水层、石炭系太原组砂岩裂隙含水层、二叠系山西组砂岩裂隙含水层、新生界孔隙含水层。

奥陶系岩溶裂隙含水层以灰色、浅灰色中厚层状细～隐晶质石灰岩和白云质灰岩为主，水位标高在1042～1068 m之间，含水层单位涌水量0.0006～1.1962 L/(s·m)，富水性弱～强，水质类型HCO_3—Ca·Mg型水，矿化度0.3～0.6 g/L。

太原组砂岩裂隙含水层岩性主要为细～中粒砂岩，富水性弱。

山西组含水层主要在K_5砂岩底部相对富水，分布极不均匀，局部地段水量较大，但补给较差，主要以静储量为主。K_4砂岩较薄，富水性极弱。

新生界孔隙含水层上部潜水段埋深一般小于100 m，其富水性为中等～强。中、下部含水层段以细～粗砂及砂砾石为主，磨圆度和分选差，富水性弱～中等。

矿井主排水系统配备5台2000 kW水泵，额定流量为650 m^3/h，实际排水能力为550 m^3/h，3趟325 mm排水管路，目前4台工作水泵，1台正在维修。

2. 14104－1 工作面概况

14104－1 工作面位于井田的中东部，北邻 665 回风巷，南部尚未开采，东邻 14104 工作面采空区，现在采位距 14104 工作面采空区 80 m，西距 DF9 断层 150 m。

14104－1 工作面开采方式为综放开采，工作面走向长度 1500 m，倾向宽度 223 m，工作面回采前进行音频电透视和槽波地震勘探，并进行钻孔验证，未发生异常出水情况。2020 年 4 月 18 日回采，截至突水前回采 730 m。平均煤层厚 9.80 m，纯煤厚度为 8.40 m，工作面煤层厚度变化小。

工作面总体北高南低，为一起伏变化不大的单斜构造，局部有小褶皱，褶皱两翼煤层倾角最大 4°。煤层走向近东西向，倾向南，倾角为 0°～4°。工作面采掘过程中采位 460～730 m 区段有多条小断层发育，最大断层为 3 m，该处煤层底板标高 700 m 左右。

工作面直接充水水源为顶板砂岩裂隙含水层水，间接充水水源为奥陶系灰岩岩溶裂隙含水层水和松散层底部砂砾含水层水。工作面回采期间正常涌水量为 50 m^3/h，最大涌水量为 120 m^3/h。

3. 涌水过程及排水系统情况

2020 年 9 月 19 日 13 点左右，14104－1 工作面回采期间顶板出现明显来压，13 时 40 分采空区涌水增大，从后古塘沿 100 号架至 120 号架溢流至前溜，于头巷低洼处积聚。

14104－1 工作面胶带巷配备 8 趟 20 cm 管路，2 趟 13 cm 管路，13 台水泵（2 台 90 kW，11 台 75 kW），10 台可随时启动，3 台热备用，辅运巷配备 3 趟 20 cm 管路，4 台 75 kW 水泵，3 台使用，1 台热备用。水泵额定流量均为 150 m^3/h，工作面排水能力为 1400 m^3/h。

三、矿井充水因素分析

1. 充水水源

图 1－3－4 为 4 号煤层与各主要含、隔水层关系。

井田各主要充水水源分析如下：

（1）地表水。井田内 4 号煤层上覆基岩厚度均在 300 m 以上，而根据经验公式及实测资料计算煤层采动扰动破坏，4 号煤层回采后导水裂缝带高度约 200 m，正常情况下导水裂缝带不会发育到地表。

麻家梁井田地面部分区域存在地表塌陷区，属于顶板弯曲下沉带，不属于导水裂缝带，并不导水。地表水对 4 号煤层开采无影响。

（2）松散层含水层（第四系冲积层含水组、新近系砂砾层含水组）。该含水层主要接受地表水和大气降水的补给，富水性较强。根据计算，4 号煤层回采顶板导水裂缝带高度约为 200 m，井田范围内 4 号煤层上覆基岩厚度一般都在 300 m 以上，煤层回采后一般不会沟通松散层含水层。一采区东部部分区域 4 号煤层顶板上覆基岩厚度较薄，低于 200 m，该范围内松散层含水层对 4 号煤层开采存在威胁，存在发生溃水溃沙事故的可能。

（3）山西组砂岩裂隙含水组。该含水层组以 4 号煤层顶底板 K_5、K_4 砂岩为主，厚度较大且比较稳定，为 4 号煤层主要直接充水水源。根据矿井地质及水文地质资料分析，该含水层组富水性一般较弱，主要以静储量为主，在采取一定的防治水技术措施后，含水层

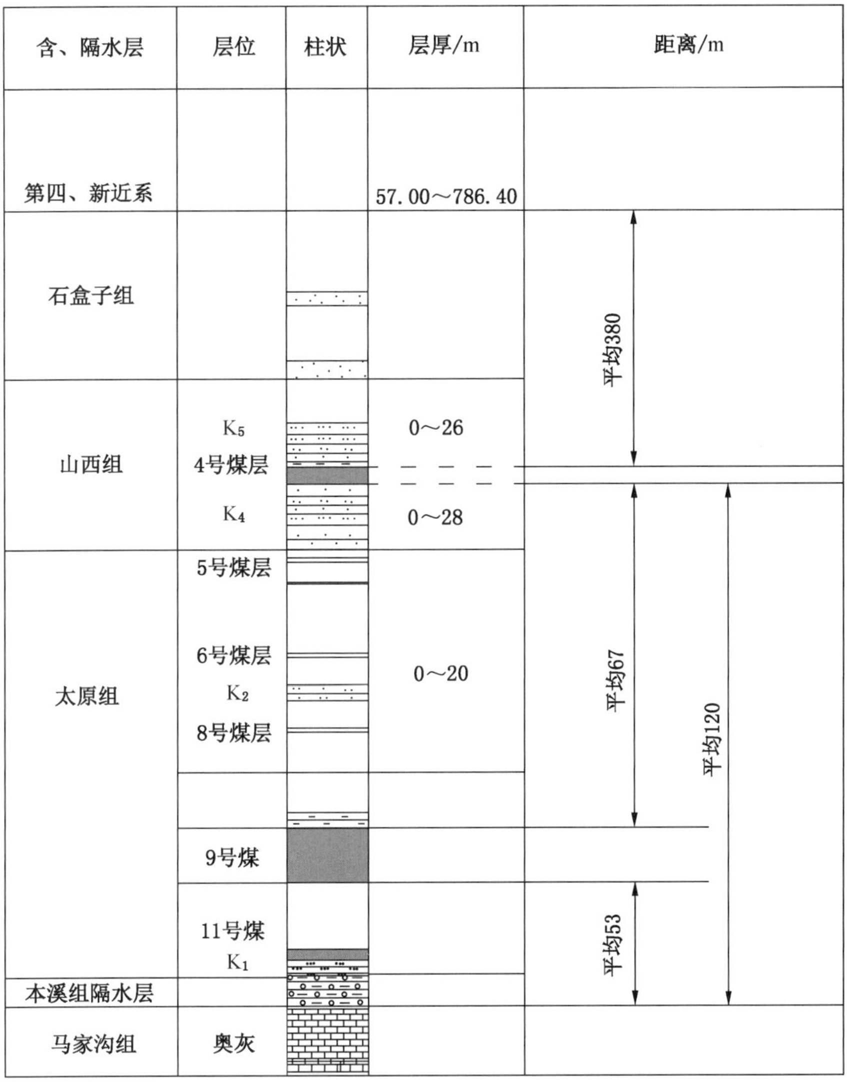

图 1-3-4 4 号煤层与各主要含、隔水层关系

对煤层开采一般不会造成威胁。但该含水层在向斜轴部和裂隙发育区段富水性相对较强，水量比较集中，对矿井生产会造成一定影响，因此，在采掘至这些区段时，应加强探查和探放水工作，避免水害事故的发生。

（4）太原组砂岩裂隙含水层组。该含水层组主要为 K_1、K_2 砂岩裂隙水，厚度为 61.61～98.65 m，平均 79.32 m，裂隙发育一般，富水性较弱，对煤层开采一般不会造成威胁。

（5）中奥陶系灰岩岩溶裂隙含水层。麻家梁井田地处神头泉域奥灰水的径流区，属强含水层。奥灰水水位标高在 1059～1062 m 之间。4 号煤底板标高等值线介于 620～720 m，4 号煤层相对奥灰含水层均为带压开采。

4 号煤层底板至奥灰顶界面总厚度平均 122.14 m，最小厚度 107.50 m，最大厚度 154.55 m；4 号煤层底板承受的奥灰水压平均 4.86 MPa，最小水压 3.88 MPa，最大水压 6.07 MPa。奥灰水对 4 号煤的突水系数平均 0.04 MPa/m，最小突水系数 0.027 MPa/m，最大突水系数 0.056 MPa/m。井田范围内 4 号煤层突水系数均小于 0.06 MPa/m。

由于麻家梁井田断层比较发育，断层发育部位缩短了煤层和奥灰含水层之间的距离，有的断层成为奥灰含水层与上部含水层发生水力联系的导水通道，在采掘过程中，断层一旦被揭露就可能发生水害事故。

山西组砂岩裂隙水为 4 号煤直接充水水源，松散层含水层及中奥陶系灰岩含水层为煤层间接充水水源。

根据出水点位于煤层底板，水量一直保持在 600 m^3/h 左右不减少，水中 K^+、Na^+ 离子迅速减少和 Ca^{2+}、Mg^{2+}、HCO_3^- 迅速增加等特点，判断出水水源是奥陶系灰岩含水层水。

2. 充水通道

结合矿井地质及水文地质条件分析，矿井充水途径大概有以下几种：

顶、底板采动裂隙导水。煤层回采后，顶板受到破坏，采动裂隙发育高度延伸百米左右，将直接与煤层顶板及上覆基岩含水层沟通，从而影响矿井生产，甚至造成水害事故；同样开采扰动也会破坏底板隔水层，缩短煤层与下伏含水层的距离，有可能诱发构造突水或造成底板突水。

封闭不良钻孔导水。麻家梁矿井由于前期勘探钻孔较多，并且许多钻孔封孔质量不详，因此，如果钻孔封闭不良，这些钻孔就可能成为各个含水层特别是奥灰含水层的水力联系通道，采动过程中一旦被揭露，将会造成突水事故。但发生突水区域无封闭不良的钻孔。

断层导水。断层发育、分布较密是麻家梁井田的一大特点。根据地震勘探资料，井田内存在断层 98 条。由于断层的存在，使主采煤层与各主要充水含水层距离缩短甚至对接，造成断层破碎带有可能成为各含水层的导水通道，引发突水。

井田内还未揭露和发现陷落柱，但在回采出水点附近，发现密集的小断层分布，结合出水水源，断层导水是该次突水的通道，如图 1-3-5 所示。

四、治理情况

按照专家意见，需对该突水点进行快速治理，否则排水费用高，随着突水量越来越大，不但不能回采，还有淹井的危险。矿方在出水后就委托山东肥城水害治理研究所进行治理，由于选择了井下治理方法，特别是施工注浆钻孔浅，注浆压力大，造成底鼓严重，肥城水害治理研究所撤退。后来西安煤科院承担了该治理工程，在地面选择了适当位置，采用定向钻施工了 TC1 及 TC2 号两个注浆钻孔，完成了治理工程。平、剖面如图 1-3-6、图 1-3-7 所示。

TC1-1 号钻孔为 TC1 号主孔分支孔，2020 年 11 月 16 日开始钻进施工，自 TC1 号钻孔二级套管底部 577 m 位置开始侧钻。TC1-1 号钻孔方位为 90°，正东方向。11 月 19 日钻进至 825 m，钻井液漏失速度约 17 m^3/h；钻进至 829 m，钻井液漏失速度约 19 m^3/h；钻进至 831 m，钻井液完全漏失。提钻测水位，测量得奥灰含水层水位标高为 1148 m，与奥陶系含水层区域水位相符。

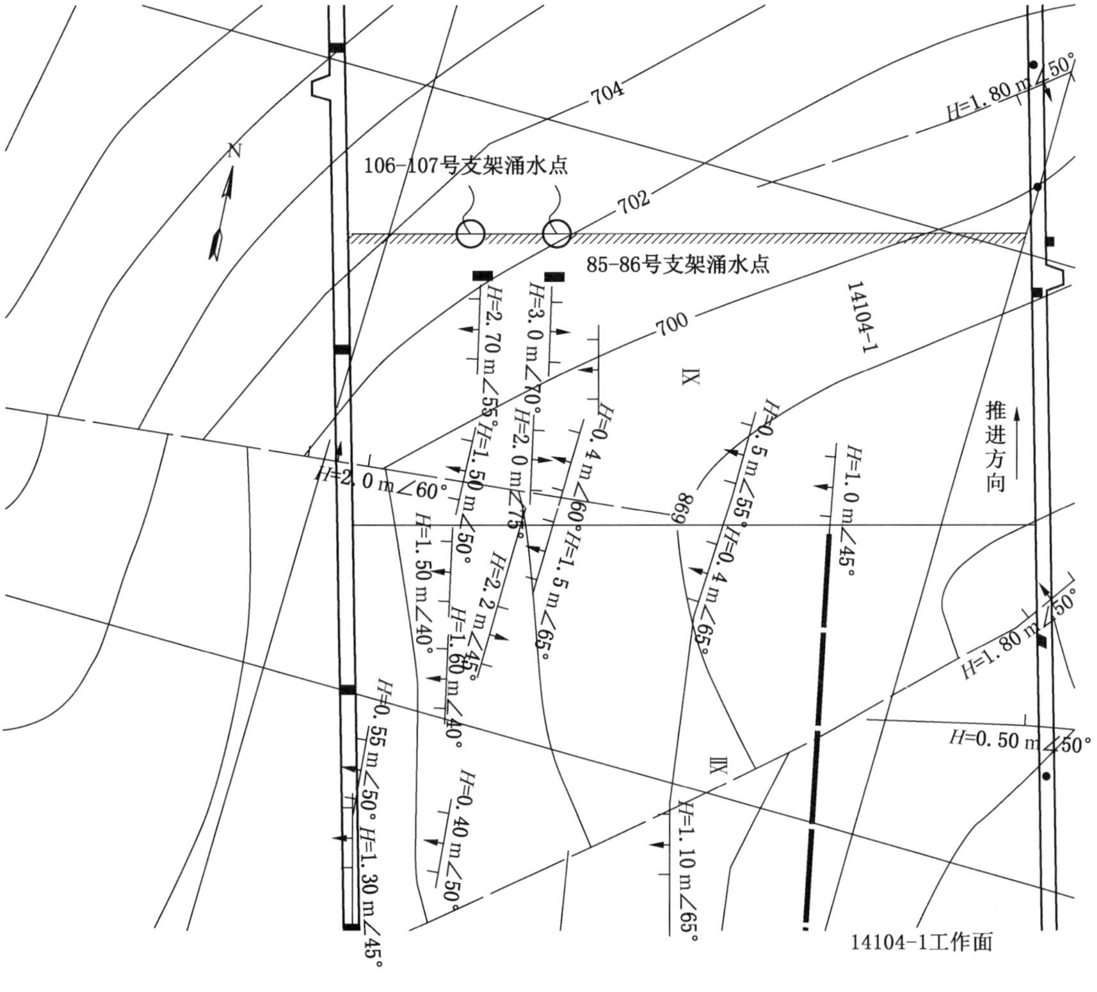

图 1-3-5 断层导水

1. TC1 号钻孔注浆情况

TC1 号钻孔于 2020 年 11 月 5 日钻进至 656 m，进入奥灰地层 50 m，提钻测水位，并进行注浆。11 月 7 日停止注浆，累计注水泥 164 t。

TC1 号钻孔于 2020 年 11 月 9 日钻进至 760 m，进入奥灰地层 154 m，终孔，提钻测水位进行注浆。11 月 10 日停止注浆，本次累计注水泥 187.5 t。

TC1 号钻孔在施工过程中没有出现明显漏失情况，并未测到奥灰水位，总注浆量仅为 351.5 t。虽然 TC1 号钻孔终孔进入奥灰地层 154 m，但是并未揭露奥灰地层富水层位，说明该区域奥灰含水层富水性极不均一。

2. TC1-1 号钻孔注浆情况

TC1-1 号钻孔于 2020 年 11 月 20 日钻进至 831 m（自 TC1 号钻孔二级套管底部 577 m 开始侧钻），钻井液完全漏失，提钻测水位注浆。11 月 29 日井下工作面出现跑浆情况，变更注浆方案，进行灌注骨料及注浆，累计注水泥 3982 t。

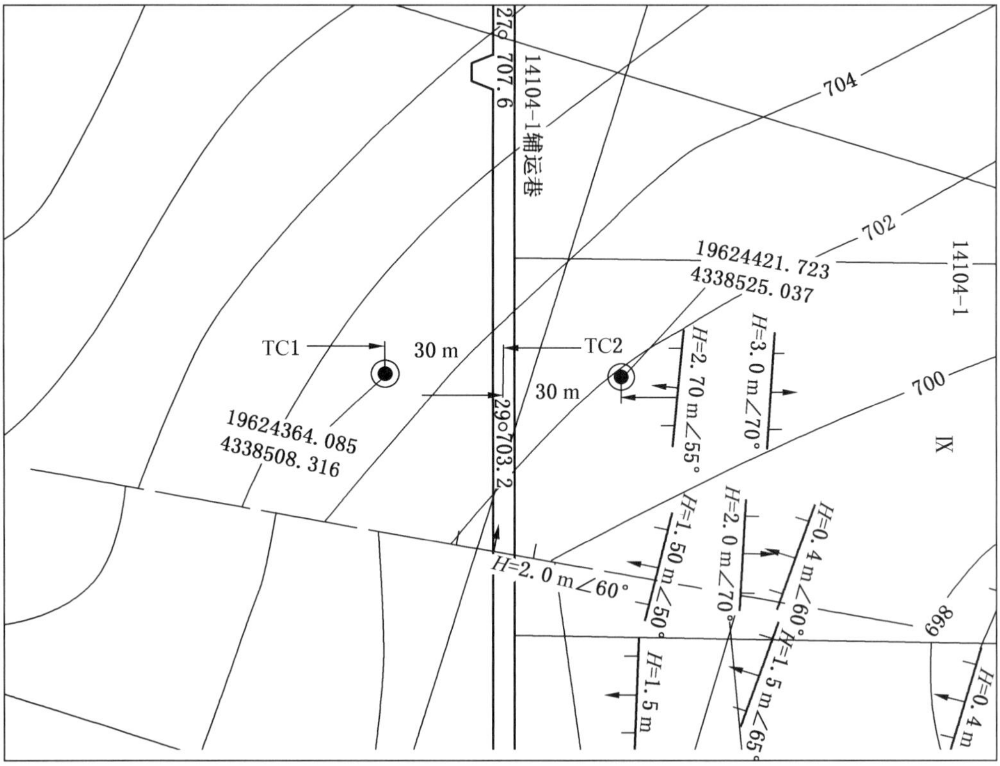

图 1-3-6 平面图

TC1-1 号钻孔于 12 月 3 日钻进至 911 m，达到设计位置，终孔，钻进过程中存在钻井液少量漏失，提钻进行注浆。12 月 17 日结束注浆，本次累计注水泥 6027 t。

自 TC1-1 号钻孔开始注浆后，井下工作面 85～86 号支架中间出水点涌水量开始逐渐减少。

3. TC2 号钻孔注浆情况

TC2 号钻孔于 2020 年 10 月 30 日钻进至 393 m，钻井液完全漏失，11 月 2 日钻进至 530 m 提钻开始对采空区内部灌注骨料。累计注骨料 390 m^3，后注水泥浆对骨料加固，累计注水泥 615 t。

TC2 号钻孔于 11 月 16 日钻进至 540.3 m，下二级套管 540 m。11 月 17 日，固管后继续钻进，541～545 m 漏失严重，提钻注水泥浆及骨料。TC2 号钻孔开始注浆 1 h 后，井下工作面 106～107 号支架后面涌水点则开始跑浆。因此，调整注浆方案为间歇性注浆以及骨料和水泥浆交替灌注施工。经过多次间歇及交替注浆后，对涌水通道起到了封堵作用，井下工作面不再跑浆。12 月 25 日，注浆结束，本次累计注骨料 1377 m^3，注水泥 3826 t。

自 TC2 号钻孔开始注浆后，井下工作面 106～107 号支架中间出水点涌水量开始逐渐减少，直至无涌水。整个过程累计注水泥 15046.5 t，累计注骨料 1767 m^3。

至此，治理工作结束，2021 年 1 月 10 日组织专家对治理进行了验收，治理效果很好，验收合格。

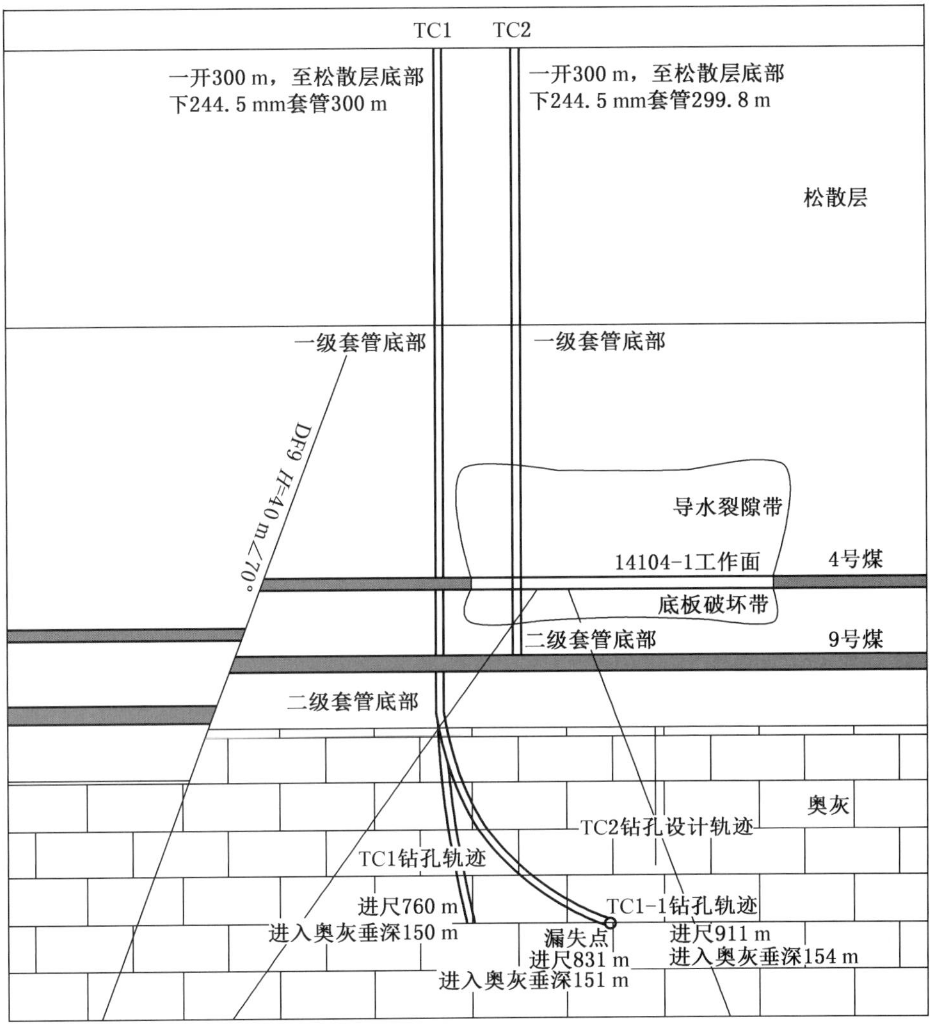

图1-3-7　剖面图

案例四　山西怀仁联顺玺达柴沟煤业有限公司F1断层导水性及8号煤层带压开采问题的咨询

一、问题提出

柴沟煤业属于带压开采矿井，在5号煤层东翼有F1断层，为了查明断层位置及导水性，需要进行探查。8号煤层带压较大，开采过程中应解决这些问题。矿方于2019年2月12日组织有关专家进行了咨询论证。

二、矿井概矿

1. 基本情况

柴沟煤业位于山西省北部朔州市怀仁县城西约12 km处云中镇羊圈沟村、王卞庄、窑子头村一带，行政区划属怀仁县云中镇管辖。井田面积20.0776 km^2，批采2～8号煤层，2020年12月28日山西省能源局以晋能源煤技发〔2020〕636号文批复，同意山西怀仁联顺玺达柴沟煤业有限公司核定生产能力为800万t/a。矿井概况示意图如图1-3-8所示。

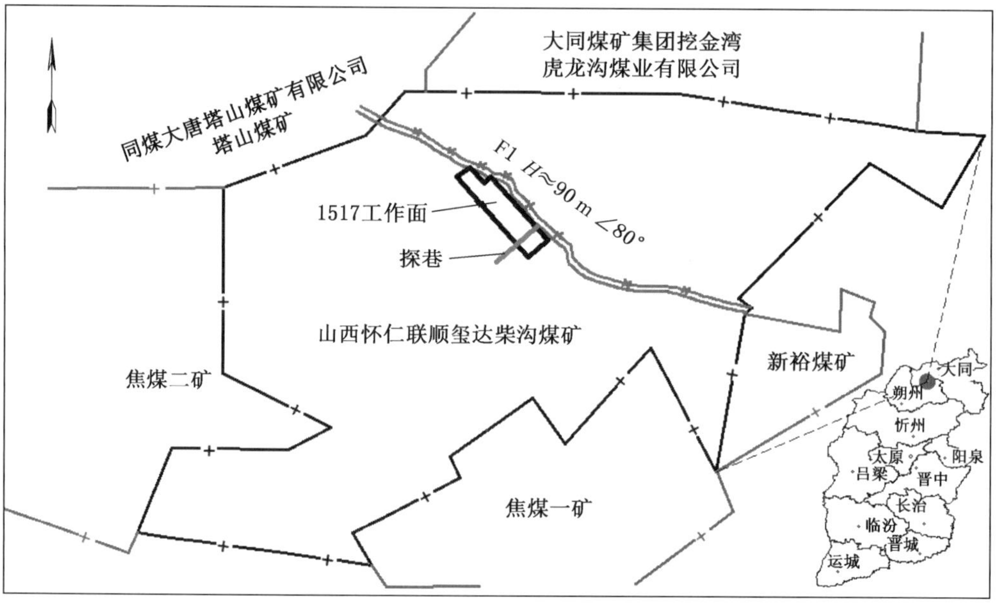

图1-3-8 矿井概况示意图

2. 地质及水文地质

井田内发育有5条落差大于5 m的正断层，其中F1断层落差大于近90 m。5(3+5)号煤层开采过程中揭露落差小于5 m的断层数有52条，属于层间断层，主要分布在井田西部，由巷道揭露，落差最小0.4 m，最大9 m，对开采影响不大。

主要含煤地层为石炭系上统太原组，3号、5号、8^{-1}号、8号为主要可采煤层，井田内3号、5号煤层大部合并，8^{-1}号、8号煤层大部合并。5(3+5)号煤层厚度15.96～37.16 m，平均24.27 m。8(8^{-1}+8)号煤层厚度2.41～13.23 m，平均7.65 m，上距5(3+5)号煤层平均39.10 m。

井田内主要含水层为碎屑岩类裂隙含水层及碳酸盐岩类岩溶含水层。

碎屑岩类裂隙含水层主要为山西组及太原组砂岩裂隙含水层，单位涌水量最大为0.021 L/(s·m)，含水层富水性弱。

碳酸盐岩类岩溶含水层主要分布于奥陶系灰岩顶界面15 m以下，溶洞连通性好，单位涌水量0.169～0.671 L/(s·m)，富水性中等，水化学类型为HCO_3·SO_4—Ca·Mg型水。推测井田内奥灰水位标高为975～1020 m，流向南，水力坡度为8‰。

井田内5(3+5)、8(8^{-1}+8)煤层底板标高分别为965～1210 m、915～1300 m；隔水层厚度分别为80～118 m、30～47 m；最大突水系数分别为0.013 MPa/m、0.049 MPa/m。8^{-1}+8号煤层奥灰水带压开采分区图如图1-3-9所示。

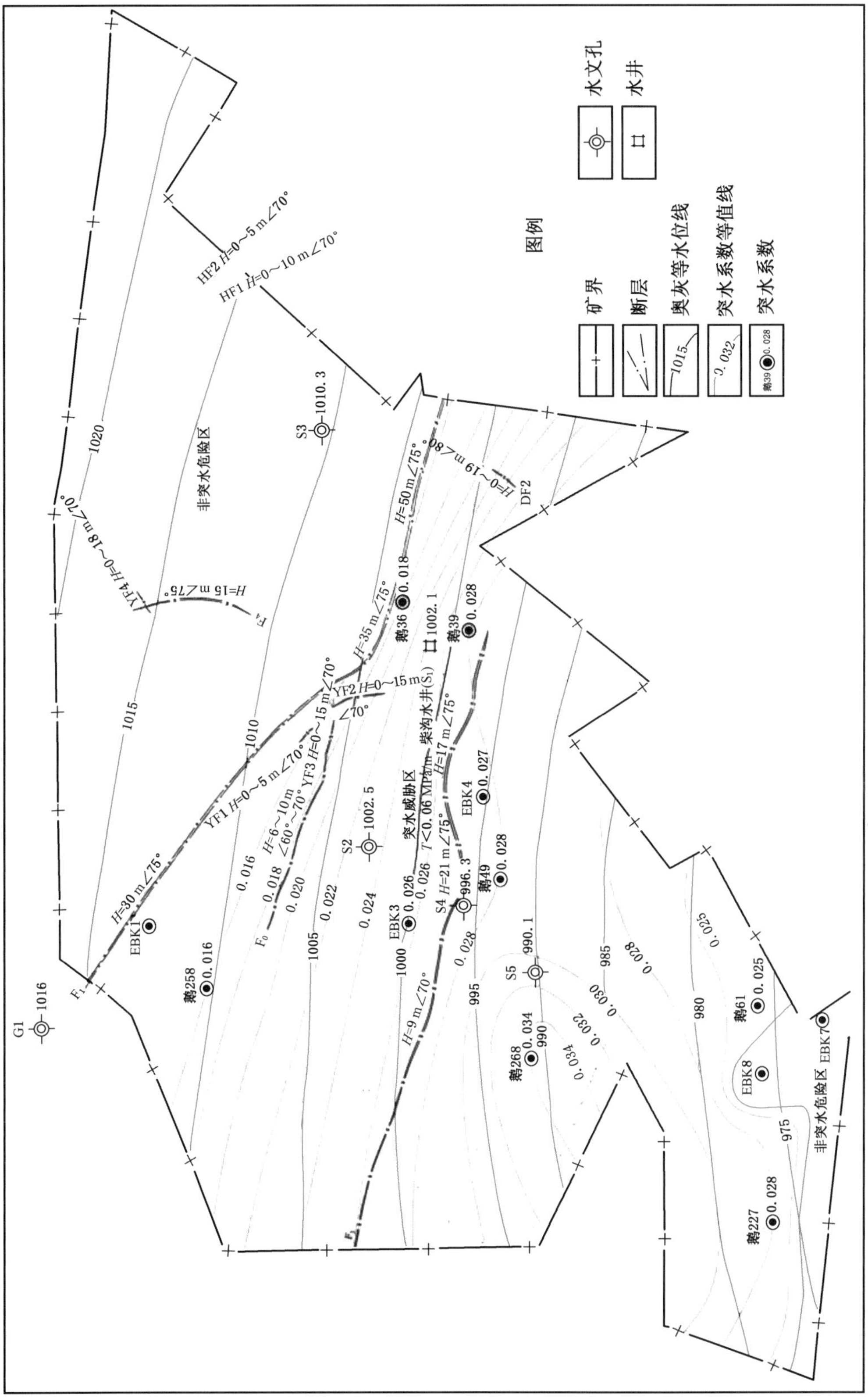

图1-3-9 ($8^{-1}+8$)号煤层奥灰水带压开采分区图

三、咨询意见

1. 关于5号煤层东翼探巷探测F1断层等问题

（1）东翼探巷掘进至断层附近时（距三维地震断层位置大于30 m），采用钻探探查 F_1 断层准确位置、落差、断层破碎带导水性、断层下盘奥灰岩导水性，建议探巷不要揭露 F_1 断层。

钻探设计2个钻孔，其中一个钻孔成仰角向8号煤层方向布置，终孔位置探至 F_1 断层下盘的8号煤层，确定 F_1 断层位置、落差以及断层破碎带及导水情况；另一个钻孔沿水平方向布置，探至 F_1 断层下盘10 m后终孔，确定 F_1 断层位置、断层导水性。经回访，矿方探了10个钻孔，断层落差约90 m，不导水。断层探查成果如图1-3-10所示。

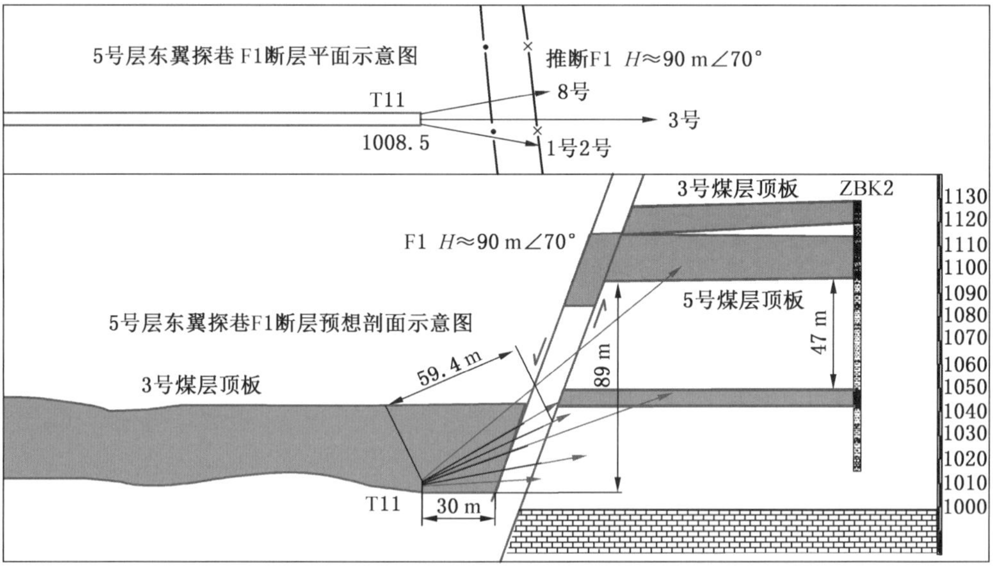

图1-3-10 断层探查成果图

（2）1517工作面设计。1517工作面掘进先施工1517辅运巷道，掘进过程每50 m施工一组钻孔，对 F_1 断层进行探测，确定 F_1 断层位置及导水性，以上钻孔如果出水进行注浆封孔，不出水用水泥封堵。

工作面 F_1 断层煤柱留设：F_1 断层不导水留设20 m工程煤柱；F_1 断层导水则按《煤矿防治水细则》公式计算结果留设；可以采取注浆封堵 F_1 断层，减少煤柱留设（需经过注浆、回采煤柱经济性对比决定）。

（3）关于8号煤层带压开采问题解决方案。8号煤层掘进期间：通过上覆已开采的5号煤层实际揭露构造情况，分析8号煤层构造的情况，对其构造按《煤矿防治水细则》要求进行探测，无构造区域按一般“有掘必探”设计进行超前探测。

回采前水害防治：采用坑透、瞬变电磁两种方法对工作面进行井下物探，对异常区进行钻探验证，无异常则可以正常回采。

8 号煤层奥灰突水系数小于 0.06 MPa/m 区域可以进行带压开采，在开采过程中要严格执行《专项带压开采设计》报告的有关要求。

对有导水构造分布位置，按《煤矿防治水细则》要求进行注浆治理。

案例五 山西柳林宏盛聚德煤业有限公司 80104 工作面 X1 陷落柱奥灰突水、80204 掘进工作面掘进头钻孔出水、80204 工作面回采过程中防治奥灰水、80203 工作面底板出水等四次咨询

一、问题提出

（1）80104 工作面 X1 陷落柱奥灰突水。2016 年 2 月，与 80104 相邻的东部 80103 运输巷揭露 X1 陷落柱，其中右帮揭露 31 m，左帮揭露 37.3 m；2016 年 7 月，80104 回风巷揭露 X1 陷落柱，揭露长度 67 m。截至 2017 年 5 月 12 日，80103 回采工作面已回采推过 20 m 左右。采掘工程揭露 X1 陷落柱均未发现出水迹象。矿方担心 80104 回采过程中会发生突水，因此，于 2017 年 5 月 12 日组织有关专家进行了咨询论证。

（2）80204 掘进工作面掘进头钻孔出水。2017 年 9 月 7 日，80204 回顺巷道掘进到 672 m 处时，在掘进工作面的迎头右下角揭露灰褐色的泥岩，岩层倾角大及破碎，光滑面不显层理，疑似陷落柱。为此矿方施工 11 个钻孔进行探测，其中 9 月 15 日施工的 9 号孔倾角 -15°、孔深 51 m，钻孔施工完成后开始渗水，然后逐渐增大至 6 m^3/h。

80204 回顺巷道距原地质报告确定的聚财塔断层 33 m，距最新物探确定的聚财塔断层 93 m。9 号孔孔深 51 m，已进入原地质报告确定的聚财塔断层带。矿方要求判断是否有突水的危险，于 2017 年 9 月 18 日组织有关专家进行了咨询论证。

（3）80204 工作面回采过程中防治奥灰水。2017 年 9 月 18 日，80204 回顺巷道掘进到 675 m 处时遇地质构造，当时初步判定为陷落柱，后继掘进至 693 m，构造仍未消失，80204 回顺巷道退至 675 m 处改向，沿工作面内方位掘进 40 m 作为构造煤柱，又沿原顺槽方位继续掘进至 1110 m，完成本巷道掘进，其中在 1060 ~ 1080 m 范围内巷道顶板出现宽度 30 cm 以上的裂缝。矿方要求评价留设 40 m 煤柱后，是否有突水的可能。矿方于 2018 年 1 月 2 日组织有关专家进行了咨询论证。

（4）80203 工作面底板出水。2019 年 5 月 18 日，在回采过程中发现采空区来水，水量 10 m^3/h；2019 年 6 月 2 日在回采过程中工作面中部 73 号、76 号支架底板出现涌水，水色呈白色，无压力，有 H_2S 气体涌出，水温 20 ℃，涌水量约 10 m^3/h。自 6 月 2 日出水开始涌水点逐渐向西南方向移动，水色由浑色变白色，水量增大到 25 m^3/h，经 6 月 5 日对水质检测，总硬度 1288.5 mg/L，pH 为 7.26，溶解性固体 2310 mg/L，Na^+ 为 321.9 mg/L，Cl^- 为 548.7 mg/L，SO_4^{2-} 为 878.6 mg/L，HCO_3^- 为 314.4 mg/L。自 2019 年 6 月 19 日水量约 40 m^3/h。矿方要求判断水源及回采过程中是否有发生突水的可能，于 2019 年 6 月 19 日组织有关专家进行了咨询论证。

二、矿井概况

1. 基本情况

山西柳林宏盛聚德煤业有限公司井田位于山西省柳林县聚财塔村，属柳林县成家庄镇

管辖。由原山西柳林聚财煤业有限责任公司等 9 个煤矿重组整合而成。矿区面积 16.4362 km^2，批准开采 4^上 ~9 号煤层，生产规模 150 万 t/a（图 1－3－11）。

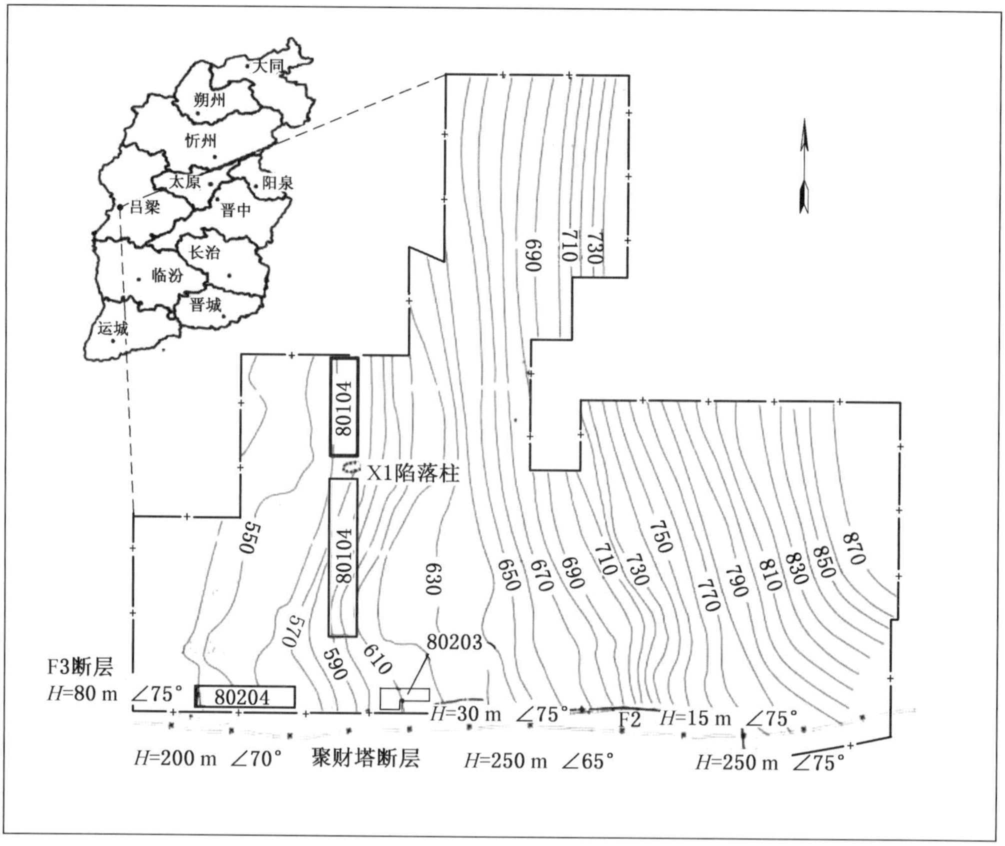

图 1－3－11　矿井位置及概况示意图

8 号煤层赋存于太原组中下部 L_1 石灰岩之下，上距 5 号煤层平均距离 49.80 m。煤层厚度 0 ~3.60 m，煤层结构简单。该煤层在井田东南部有小面积被剥蚀，井田仅 5 号孔尖灭，总体上煤层稳定，赋煤区绝大部分可采。煤层顶板为灰岩，底板大多为泥岩、砂质泥岩，局部为泥质砂岩、炭质泥岩或细砂岩。

2. 构造情况

井田总体上呈单斜构造，地层倾角平缓，走向近 SN，倾向 W，倾角 1° ~7°。在此基础上，井田南部发育为宽缓的褶曲形状，地表共发现有 2 条断层，断层位于井田东南边界一带，根据三交勘查区详查资料，地表出露，经过地质测量控制，较为可靠。

井田南部受聚财塔地堑的影响，地层略有抬升，南部边界附近有一条正断层，落差 15 m，为聚财塔地堑次一级断层。根据区域资料，井田外聚财塔地堑由南北两条断层组成，二者相距 450 m，断层走向近东西向，倾向相向，北部断层倾角 60° ~75°，落差 150 ~250 m，多在 200 ~250 m；南部断层倾角 70° ~75°，落差 80 ~120 m，局部伴生羽状断裂。该两条断层为张性正断层，断距较大。

3. 水文地质条件

太原组含水层主要由 4 ~5 层石灰岩组成，平均总厚度 19. 44 m，岩溶裂隙发育，钻孔钻至此石灰岩时，冲洗液漏失严重，甚至不返水。岩芯中多见有 5 ~15 mm 的溶孔，根据 ZK1 孔抽水试验结果，太原组含水层单位涌水量 0. 409 L/(s · m)，渗透系数 2. 111 m/d，水位标高 816. 74 m，水化学类型为 $SO_4 \cdot HCO_3 - Na \cdot Mg \cdot Ca$ 型，矿化度 0. 968 g/L，属中等富水性。

8 号煤层矿井正常情况下充水主要表现为顶板的渗水或淋水，由于长期开采，8 号煤层以上各充水含水层大多被疏干，含水层静储量已被释放，矿井涌水主要为入渗补给水量，水量较小，容易控制，对煤矿的开采影响不大。

奥陶系地层在井田内全部被覆盖，根据该矿 2013 年水文补充勘探施工的 L14、L15 水文孔抽水试验资料，及周边煤矿同期施工的 L13、L16 水文孔抽水试验资料，岩溶水水位埋深 32. 28 ~49. 89 m，水位标高 795 ~801 m，抽水水位降深 2. 47 ~108. 47 m，涌水量 0. 203 ~1. 899 L/s，单位涌水量 0. 0070 ~0. 2492 L/(s · m)，渗透系数 0. 0089 ~0. 4495 m/d。水质类型以 $HCO_3 \cdot SO_4 - Ca \cdot Na$ 型为主，矿化度 1. 911 ~2. 312 g/L，含水层富水性弱。

井田内 4 号、5 号、8 号、9 号煤层可采区域最低底板等高线标高分别为 540 m、660 m、490 m 及 610 m；煤层底板距奥灰顶面隔水层厚度分别为 140 m、131 m、74 m 及 63 m；最大突水系数分别为 0. 0281 MPa/m、0. 0203 MPa/m、0. 0395 MPa/m 及 0. 0510 MPa/m。

4. 排水系统

主排水系统主要包括副斜井井底设井底水仓和主水泵房，主、副水仓有效容量分别为 1149 m^3、823 m^3，总有效容量为 1972 m^3；井下主排水泵房安装 3 台 MD280 -43 ×5 型水泵，额定流量 280 m^3/h，配套电机功率 280 kW，1 台工作，1 台备用，1 台检修；排水管沿管子道、副斜井井筒敷设 2 趟 ϕ273 mm ×8 mm 型无缝钢管至地面沉淀池。

矿井正常涌水 1 台水泵工作时，20 h 水泵排水量为 4400 m^3，大于矿井正常涌水量 1885 m^3/d；最大涌水量 2 台水泵同时工作，20 h 排水量为 8800 m^3，大于最大涌水量 2928 m^3/d，排水系统能满足矿井现排水需要。

8 号煤层积水区 5 处，积水面积 739981 m^2，积水量预估为 369992 m^3。

三、原因分析及咨询结论

1. 80104 工作面 X1 陷落柱奥灰突水

2016 年 2 月矿方在 80103 运输巷施工探水钻孔 14 个，进尺 1135 m；2016 年 7 月在 80104 回风顺槽施工钻孔 16 个，进尺 1536 m；2017 年 3 月在 80104 运输巷施工钻孔 10 个，进尺 888 m。其中 80103 运输巷 1420 m 钻场 4 号钻孔终孔位置低于煤层底板下 18 m，80104 回风巷 1330 m 钻场 4 号钻孔终孔位置低于煤层底板下 20 m。所有钻均用清水钻进，钻进期间冲洗液无消耗。

80103 工作面截至 2017 年 5 月 12 日已回采推过 X1 陷落柱 20 m 左右；未发现出水迹象。

井下 80103 运输巷、80104 运输巷两条巷道和 80103 工作面采煤揭露以及井下 40 个钻孔探查，基本查明了 X1 陷落柱的长轴 149 m、短轴 80 m，位置、范围已基本控制清楚。

咨询结论：

第一，因 X1 陷落柱范围较大，导水位置难以查明，80104 回采工作面过 X1 陷落柱时采用重开切眼，避开陷落柱的方式是安全的。

第二，根据回采工作面回采之后应力分布，计算确定 80104 工作面回采过程中对 X1 陷落柱所留设的保护煤柱不应小于 7 m。

第三，对强排水系统定期检修，保证强排水系统能正常运行。

第四，在 X1 陷落柱周边回采过程中要加强对顶板、底板、煤壁渗淋水情况的观测，发现透水征兆立即撤人并采取相应措施。

2. 80204 掘进工作面掘进头钻孔出水

聚德煤业奥灰水位标高约 800 m，巷道迎头底板标高 630 m，突水系数 0.032 MPa/m。

80204 回顺巷道距原地质报告确定的聚财塔断层 33 m，距最新物探确定的聚财塔断层 93 m。9 号孔孔深 51 m，已进入原地质报告确定的聚财塔断层带。

根据该矿奥陶系灰岩水位标高约 800 m 与 9 号钻孔出水点标高 630 m 资料计算，该点水压力应为 1.67 MPa，井下现场对 9 号出水钻孔水压力测试，结果为零，与奥灰水压力不一致。

2017 年 9 月 18 日矿方采取出水点水样送山西省三水试验测试中心检测，根据水质分析报告表结果，Na^+ 含量为 164.8 mg/L，占阳离子总数的 26.3%，显示为煤系地层水。

方位角 180°的 3 个钻孔 3 号、8 号、9 号钻孔，其中 3 号孔仰角 3°，孔深 36 m，8 号孔仰角 25°，孔深 48 m，两孔均未出水，8 号孔不返水；9 号孔俯角 15°，孔深 51 m，钻孔出水 6 m^3/h，显示为 8 号煤层下部煤系地层水。

9 号钻孔 51 m 已进入原地质报告确定的聚财塔断层带，9 号孔出水可能是断层带砂岩裂隙水。

咨询结论：综上所述，9 号孔出水的水源为奥灰水的可能性不大，但由于钻孔出水时间较短，不能完全排除奥灰水的可能性。为了安全起见，应该对出水点水量、水质进行继续观测，如果发现底板钻孔出水量及水压有加大的趋势，水质也向奥灰水方向转变，应进一步确定水源，并对疑似陷落柱进行注浆封堵。如果水量逐渐减小，水压仍然为零，不必注浆加固。

建议采取边掘、边探(底板探水深度不小于 20 m,边距不小于 30 m)、边注的方法采掘。

3. 80204 工作面回采过程中防治奥灰水

矿方在 80204 回顺巷道 693 m 处向掘进前方及底板下方钻探 3 孔，其中 1 个孔为正前方，2 个孔为底板孔，终孔位置为底板下方 15 m，在 80204 回风巷距 675 m 改向后 30 m 处向东施工 2 个钻孔，分别为 40 m 和 60 m 处探到岩层。80204 回顺巷道掘进过程中分别于 725 m、780 m、850 m、910 m、980 m、1050 m 处沿本煤层向南钻探。780 m、850 m 处向南钻探 26 m 处探到岩层。910 ~ 1050 m 处分别向南钻探 26 ~ 30 m 处结果显示均为正常煤层，未见岩层，所有钻孔仅 675 m 底板孔出水（经水质化验为砂岩水）。

根据 80204 回顺巷道揭露、钻孔揭露、采掘工程平面图、邻近钻孔柱状图等资料判定 80204 回顺巷道所遇地质构造为一落差 17 m、走向 NEE、倾向 NNW、倾角 70°的正断层。断层带未发现导水和富水现象。

80204 回顺巷道 1060 ~ 1080 m 处工作面内可能发育有陷落柱。

咨询结论：为预防 80204 工作面回采过程中因底板扰动破坏而引发奥灰水突出，在工作面回采前，应对该断层带受采动影响范围的导水性进行探测。探测范围为工作面下深度20 m，80204 回顺巷道外10 m。钻探过程中如发现断层带导水应采取相应措施保证回采安全，如断层带不导水工作面可进行正常回采，但要做好以下几方面工作：

第一，80204 工作面回采前，应对1060～1080 m 处工作面内可能发育的陷落柱进行钻探探测。

第二，80204 工作面回采过程中必须保证工作面排水系统完好，并具备相应的排水能力。

第三，发现突水征兆立即撤出可能受水害威胁区域的全部人员。

4. 80203 工作面底板出水

80203 工作面位于井田西南角，埋藏深度300 m 左右，呈东西向布置，开采8 号煤层，煤层厚度2. 9 m；工作面顺槽长度1750 m，切眼长度190 m；采用一次采全高采煤方法，全部垮落法管理顶板；工作面内煤层总体向西倾斜，在距开口1200 m 处有一个低凹地段；工作面北部为80201 采空区，西、南部为井田边界，东部为二采区大巷，南部边界处发育有走向278°、倾向188°、倾角75°、落差80 m 的 F_3 断层。F_3 断层与工作面呈8°斜交，在切眼处二者相距50 m，向东间距越来越大，在出水点处二者间距105 m。上覆4 号煤层已采空。根据L14 号孔，8 号煤层底板4 m 以下有粉砂岩、中砂岩、粗砂岩、粉砂岩及灰岩连续分布，厚度分别为6. 2 m、7. 8 m、2. 8 m、2. 0 m、7. 95 m，总厚度为26. 75 m。

80203 工作面回风巷在掘进过程中，采用瞬变电磁及钻探进行了探测，瞬变电磁进行26 次，探测深度120 m，探测结果无异常。超前钻探26 次，每次布置3 孔，最小深度100 m，共施工钻孔78 孔，进尺7956 m，均无异常。对 F_3 断层自开口至1330 m 处，每50 m 布置一个验证孔，深度30 m；自1377 m 至切眼处，每50 m 布置一个验证孔，孔深40 m；共施工钻孔31 孔，进尺1360 m，31 孔均未见断层及无出水异常。

咨询结论：

根据2019 年5 月18 日在回采过程中发现采空区出水以来水量逐渐变化增大的趋势，结合该区域8 号煤层底板含水层分布特点，初步判定涌水水源为底板灰岩含水层，涌水通道可能为矿压对底板的破坏带连通了导水隐伏陷落柱，与 F_3 断层无关。

在涌水量不增加的情况下，不建议注浆处理，应主要解决对生产的影响。

建议一：在80203 回风巷外帮底部自现在回采位置起向低凹段起底施工排水沟及沉淀池，将涌水集中引流自低凹地段，在此设排水系统进行排水。

建议二：在80203 回风巷向西南方向重新开设巷道，主要用于集中排水，巷道长度从现在回采位置起至低凹地段，在低凹地段设沉淀池及排水系统进行排水。对80201、80202、80203、80204 工作面与8 号集中采区大巷所有联络巷道进行永久性密闭，闭墙上安装控制阀门，闭墙施工前应有专门的设计。

如果涌水量持续加大，L14 奥灰水动态观察孔有明显下降变化，可以确认水源为奥陶系岩溶水。当涌水量到无法进行边排边采的情况下，建议对涌水通道进行注浆处理或关闭采掘系统。

加强对涌水量、水质的不间断监测。L14 水文孔监测数据不正常，要及时进行完善，保证正常运行。

随时进行沉淀池及水仓的清淤工作，保证排水系统完好。

案例六 山西宁武张家沟煤业有限公司 2107 工作面出水水源分析及防范措施的咨询

一、问题提出

2020 年 10 月 12 日，山西宁武张家沟煤业有限公司 2107 综采工作面基本顶垮落后，回采工作面前方 64 号支架出现顶板涌水，随着回采的推进，10 月 24 日转变为底板涌水，最大涌水量达到 100 m^3/h，总排水量 11.6 万 m^3，为确定是否对开采有危险，忻州应急局于 2020 年 12 月 1 日组织专家进行了咨询论证。

二、矿井概况

1. *矿井基本情况*

山西宁武张家沟煤业有限公司矿井位于宁武县城西南方向 49 km 的西马坊乡张家沟村南，井田面积 2.7856 km^2，批准开采侏罗系 2 号、3 号煤层，生产能力为 0.9 Mt/a（图 1－3－12）。

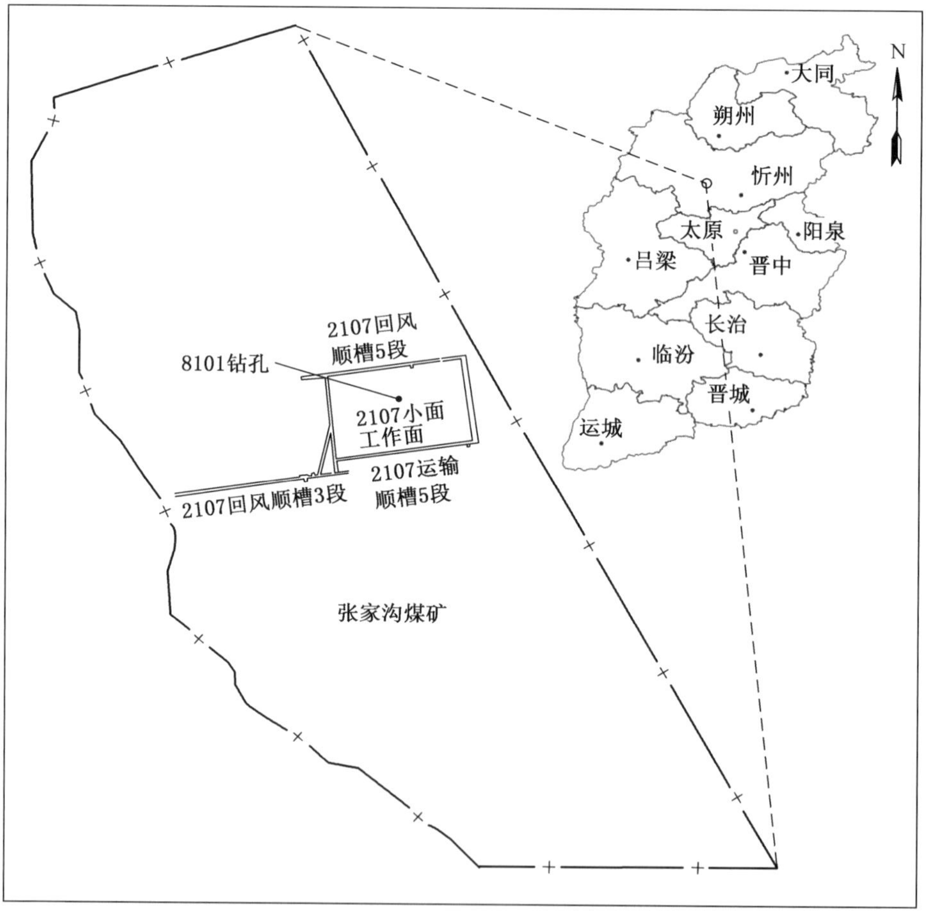

图 1－3－12 工作面概况示意图

2. 工作面基本情况

2107 工作面位于矿井北东部，顺槽长度 200 m，切眼宽度 140 m，工作面高程 1377 ~ 1423 m，工作面平均倾角 15.5°，工作面水平面积 28500 m^2，工作面斜面积 29700 m^2。工作面所采煤层为侏罗系大同组 2 号煤层，属中厚煤层，赋存较稳定。工作面内煤层厚度 2.53 ~4.6 m，平均厚 3.54 m，结构简单，含 0 ~1 层夹矸，夹矸厚度 0.24 ~0.35 m。

2107 工作面周边已全部回采完毕，其西北（上侧）为已查明的该矿采空区，在工作面的西南部是该矿旧采空区，2107 为一孤岛工作面。

工作面煤层走向 57°，倾向 147°，倾角一般 15°左右。地质构造简单，无断层，无陷落柱和岩浆侵入，工作面平均采深 266 m。但部分地段存在古河流冲刷带，冲刷带使部分煤层变薄，冲刷带内顶板为中砂岩，岩层厚度 14 m 左右，工作面内预计冲刷面积 14358 m^2。

工作面对应地面为山丘，大部被黄土覆盖，黄土厚度 0.3 m，一般不足 1 m，部分有基岩裸露，呈山梁和沟谷地貌，沟谷底部比较开阔，煤层埋深 266 m。地表水不发育，由于降水量小，基本上无积水，只有在雨季暴雨、大雨时，沟谷汇集降水形成短暂洪流。

3. 工作面水文地质条件

矿井水文地质类型划分为中等，根据巷道揭露情况可知，2107 工作面煤层顶板岩石有少量滴水或淋水，含水层为顶板砂岩裂隙水，富水性较弱；该工作面下伏有 3 号煤层，以往有过开采，与 2 号煤层间距 35 m 左右；2 号煤层不带压。

西北侧为该矿的旧巷，在掘进 2107 回风巷 5 段过程中，已用钻孔将该巷在 2107 回风顺槽 5 段的积水疏放完毕，掘进揭露后只有流量比较稳定的动水流出，2107 回顺 5 段以下积水用水泵抽排，而且在切眼施工时，通过钻探打通，巷内少量积水经钻孔流出，再无积水、积气。经测定，该动水流量为 2.63 m^3/h 左右。可以断定，该巷已无积水隐患。

《地质说明书》预测正常涌水量的 3 倍 13.08 m^3/h 作为工作面的最大涌水量。工作面水文地质类型为中等。在井田边界、大巷、采（古）空区及含水体周围均留设了防水安全煤柱。

矿井排水路线为：2107 工作面运输、回风巷（小水泵）→2 号煤采区轨道下山→采区水仓→采区水泵房→胶带下山→中央水泵房→副斜井→地面矿井水处理站。

三、原因分析

2107 综采工作面为该矿井最后一个孤岛工作面，在 2107 综采工作面基本顶垮落后 64 号支架前方出现了涌水，按照采煤破坏水的原理，周边已经开采，孤岛工作面在顶板垮落后不应该有大的涌水，除非有其他水源及导水通道。

随着回采的推进，顶板涌水转变为底板股状突水，水压 0.2 MPa，该工作面 2 号煤层底板不带奥陶系岩溶水压。经查资料，在该位置有一煤田编号为 8101 号钻孔分布，对应井下工作面 38 号支架，分析认定，该充水水源为底板 3 号煤采空区积水，充水通道为封闭不良的 8101 号钻孔，11 月 8 日将钻孔封堵后工作面再无涌水。

四、咨询结论

分析认为，涌水水源为下部 3 号煤层老空积水，3 号煤与 2 号煤层间距为 35 m，由于煤层倾斜，3 号煤层采空区积水导致 2 号煤层带压，随着煤层顶板垮落导水裂缝带的形成，超前连通了未封闭的钻孔，导致3号老空积水从回采前方涌出（图1-3-13）。随着回采不断推进，钻孔被破坏，3号煤层采空区积水从煤层底板涌出（图1-3-14）。矿方在综采工作面回风巷施工了2个探水钻孔，其中一个钻孔见空出水，水压0.2 MPa，随着井下排水的进行，钻孔水压下降至0.05 MPa，说明钻孔出水和探水钻孔出水为同一水源，因此认定本次出水水源为3号煤层采空积水，通道为封闭不良的8101号钻孔。

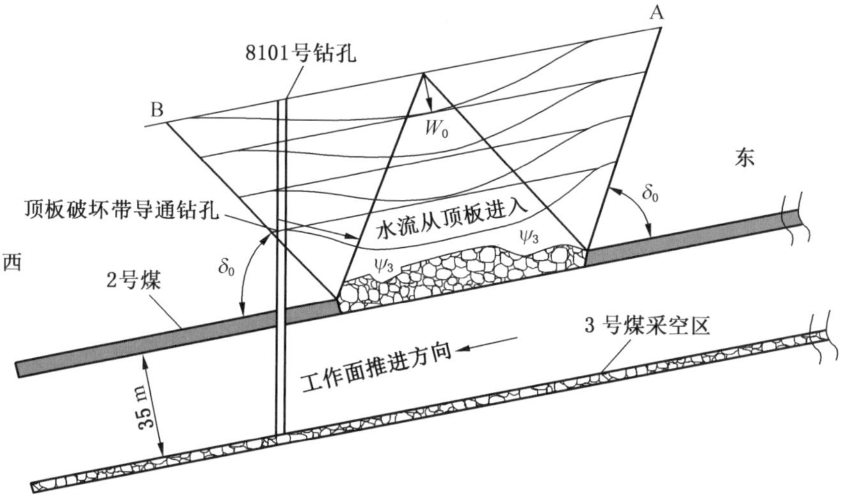

图1-3-13　积水从工作面顶板流入示意图

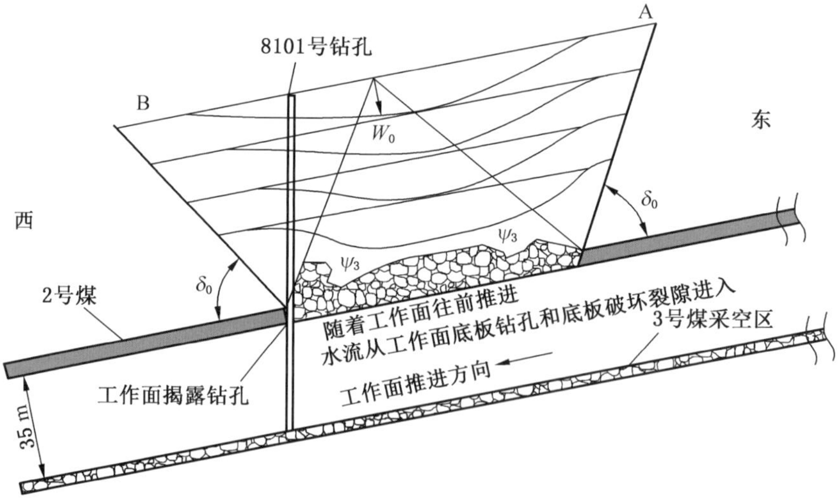

图1-3-14　积水从工作面底板流入示意图

五、防范措施

（1）2017工作面还剩440 m左右，在无通道连通3号煤采空区积水的情况下，发生透水的可能性不大。但应继续进行井下钻探查明2017工作面下部3号煤采空区范围。

（2）今后开采3号煤时一定要做好3号煤采空积水的探放工作。

（3）经矿方调查和证实，2107工作面下部3号煤采空区为房柱式开采，未发现2107工作面底板有塌陷现象。在今后开采中注意观察底板的变化情况。

（4）2107工作面运输巷存在ZK802钻孔，要提前对ZK802钻孔进行探查，查明其封堵情况。

案例七　山西中阳华润联盛南山煤业有限公司井下异常涌水原因分析及治理措施

一、问题提出

2021年3月6日13时左右，华润联盛南山煤业主斜井风门外侧自流水收集点水量突然增加，304工作面进风巷永久闭墙区间密闭底部喷水，306工作面回风巷密闭墙处涌水量逐渐增大。17时30分左右，涌水量增至大约330 m^3/h，现有临时排水系统已无法满足排水需要，井下部分巷道被淹且积水位持续上涨。矿方欲了解水源及对矿井生产应采取的措施。华润联盛集团于2021年3月6日邀请有关专家进行了咨询论证。

二、矿井概况

1. 基本情况

山西中阳华润联盛南山煤业有限公司位于山西省中阳县城东南13.5 km的上桥村，行政区划分隶属中阳县枝柯镇。批准开采3～10号煤层，井田面积18.1606 km^2，生产规模120万t/a，开采方式为地下开采。井田内可采煤层为3号、5号、6号、10号煤层，兼并重组整合前井田内3号、5号、10号煤层进行了部分开采，3号、5号、10号煤层采空区不同程度存在积水。

井田总体为一宽缓的向斜构造，向斜轴总体为南北延展，贯穿整个井田。向斜西翼倾角7°～11°，一般为8°左右；东翼较缓，倾角5°～10°，一般为7°左右；南端最陡，最大倾角18°左右。井田内局部有较小的层间断层，规模小，落差一般小于3.50 m。目前井田内未发现陷落柱和较大的断层。工作面概况如图1-3-15所示。

2. 矿井水文地质条件

奥陶系中统上、下马家沟组岩溶裂隙含水层组，岩性主要为灰岩、豹皮灰岩、白云质灰岩。井田内奥灰水位标高为1222 m左右，单井出水量一般大于2000 m^3/d，据枝柯泉排泄区JD9、JD29孔单位涌水量分别为9.17 L/(s·m)和1.09 L/(s·m)，含水层富水性强。3号、5号、6号、10号煤层大部为“带压开采”，最大突水系数分别为0.0218 MPa/m、0.0273 MPa/m、0.0332 MPa/m、0.0550 MPa/m。

石炭系上统太原组碎屑岩夹碳酸盐岩岩溶裂隙含水层组，主要含水层为L1、L2、L5石灰岩，平均厚度分别为6.79 m、6.23 m、3.35 m，总厚度平均为18.77 m。L1灰岩厚度最大，岩溶裂隙较发育，据ZKS01号水文孔抽水试验结果，单位涌水量平均为0.438 L/(s·m)，静水位标高1235.36 m，渗透系数1.929 m/d，水质类型为SO_4-Ca·Mg型，矿化度1.34 g/L。太原组岩溶裂隙含水层富水性中等。

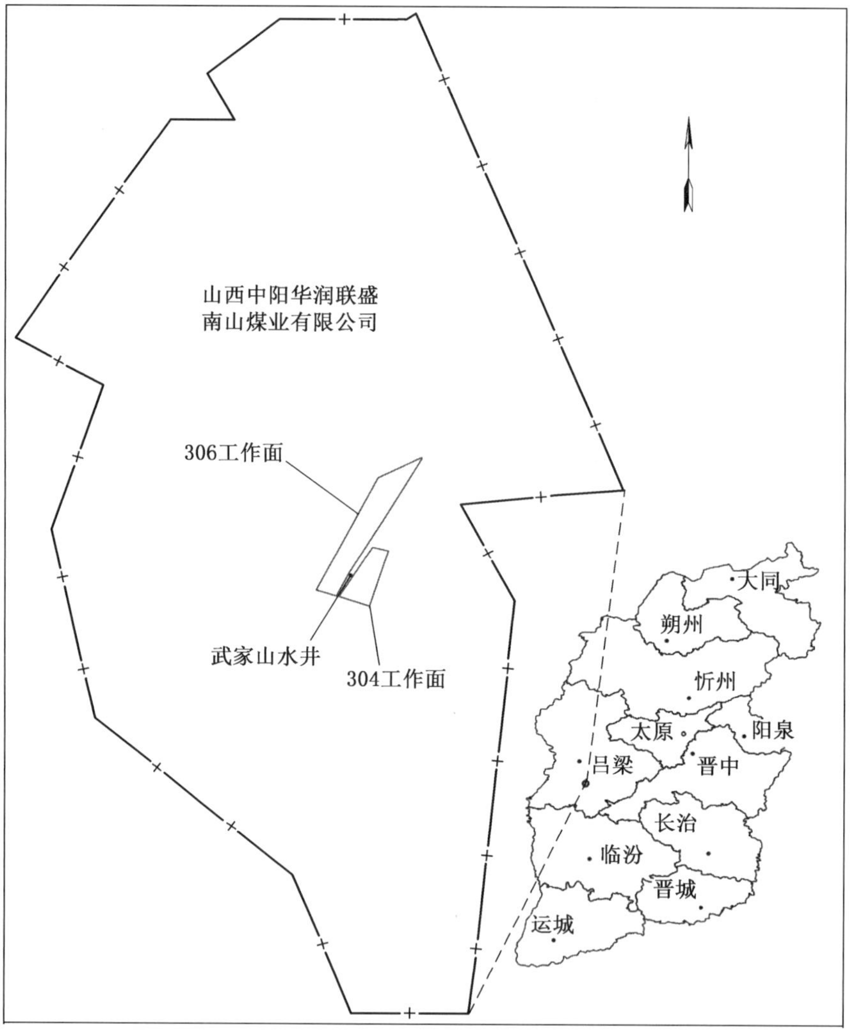

图 1－3－15　工作面概况图

三、原因分析

根据调查和情况了解，在异常涌水前，武家山村新施工一眼水井，井口标高 1373 m，井深 375 m（0～40 m，孔径 305 mm，套管直径 273 mm；40～200 m，孔径 254 mm，套管直径 219 mm；200 m 以下孔径 203 mm，无套管），终孔层位应为奥陶系峰峰组灰岩。水井上部安设有套管约 200 m，200 m 以下未安设套管。根据实测水井水位标高 1173 m，该水井位于矿井 304、306 工作面隔离煤柱内，在采空塌陷裂隙带范围内（图 1－3－16）。

（1）南山煤矿井下异常涌水前涌水量为 85 m^3/h，均为采空区渗水。异常涌水后水量猛增到 330 m^3/h 左右，该矿以前从未出现如此大的涌水量，煤层上履含水层富水性弱，不可能突然出现如此大的涌水，与正常情况下矿井水文地质条件不符。

（2）武家山村水井位置在南山矿 304、306 采空区煤柱中，该煤柱经采动影响已疏

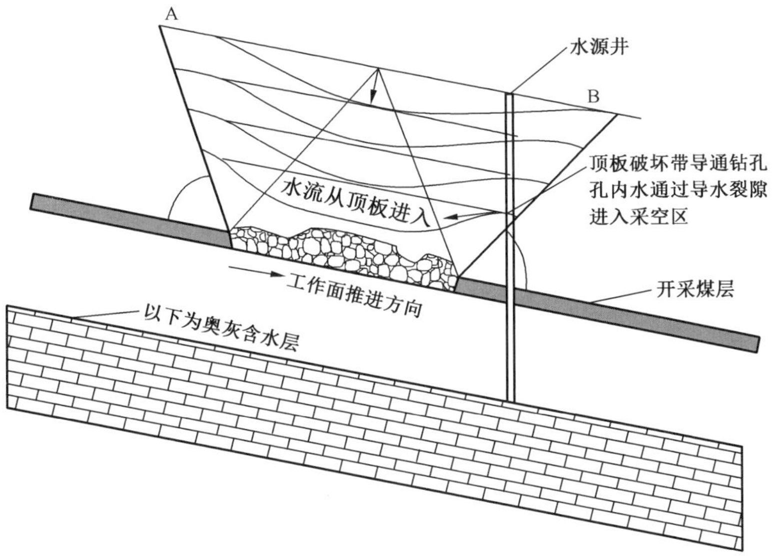

图 1-3-16 水源井和工作面位置示意图

松，大大降低了抗压强度，水源井在该部位未下套管，疏松的煤柱难以承受水井的奥灰水水压，发生奥灰水通过煤柱裂隙涌入井下。该矿奥灰水富水性中等，满足 330 m^3/h 异常涌水量。

（3）矿区内奥灰水位标高为 1222 m 左右，现武家山村水井实测水位标高为 1173 m，与区域水位不符。武家山村水井 200 m 以下为裸孔，10 号煤层导水裂缝带未封闭，在水源井裸井段奥灰水通过导水裂缝带涌入井下，形成降落漏斗，导致水井水位与井田水位不符。

（4）从井下排水水质化验资料分析，3 月 6 日水质 pH 值为 2.7，3 月 8 日水质 pH 值为 4.2，3 月 10 日经现场水质测验 pH 值为 6.0。pH 值越来越高，说明有大量新鲜水涌入。

综上分析，南山煤业异常涌水为武家山村新施工的水井打穿奥陶系岩溶含水层后通过 10 号煤采空区边沿煤柱破碎带涌入井下所致。

四、防范建议

立即封堵该水源井，切断异常涌水补给水源，否则矿井将被淹。

第四节 老 空 水

案例一 山西美锦集团东于煤业有限公司 4101、4102 工作面防治水咨询

一、问题提出

东于煤矿现开采 4 号煤层，上覆有 03、2 号煤层采空区，由于以往采煤方法为巷采，采掘平面图不可靠，并且在 4102 工作面二联巷和一采区集中轨道巷探水出水，涌水点自

2014 年 5 月 16 日开始涌水，涌水量高达 160 m^3/h。为确认在该出水点附近开采 4101、4102 工作面是否有危险，太原市煤炭工业局及清徐美锦集团于 2015 年 4 月 25 日至 2018 年 6 月 15 日组织了专家组对 4101、4102 工作面回采进行多次跟踪咨询，对矿井水害进行了分析，指导了探放水工作，达到了两个工作面安全回采的目的。

二、矿井概况

1. 基本情况

该矿是 2009 年兼并重组的矿井，在原东于煤矿的基础上，整合了山西省清徐同亿煤矿、泽渔河煤矿、东于太平煤矿 3 座矿井后，矿井名称为山西美锦集团东于煤业有限公司（以下简称“东于煤业”），隶属于山西美锦矿业投资管理有限公司，井田面积 12.592 km^2，批准开采煤层 03 ~9 号，生产规模 150 万 t/a。该矿现为生产矿井，开采 03 号、2 号、4 号煤层。

矿井布置两个开采水平，一水平开采井田 03 号、2 号、4 号、5 号、6 号煤层，水平标高 +658 m；二水平开采井田 8 号、9 号煤层，水平标高 +623 m。一水平除 6 号煤层划分为 3 个采区外，其余各煤层均划分为 4 个采区（图 1 -4 -1）。

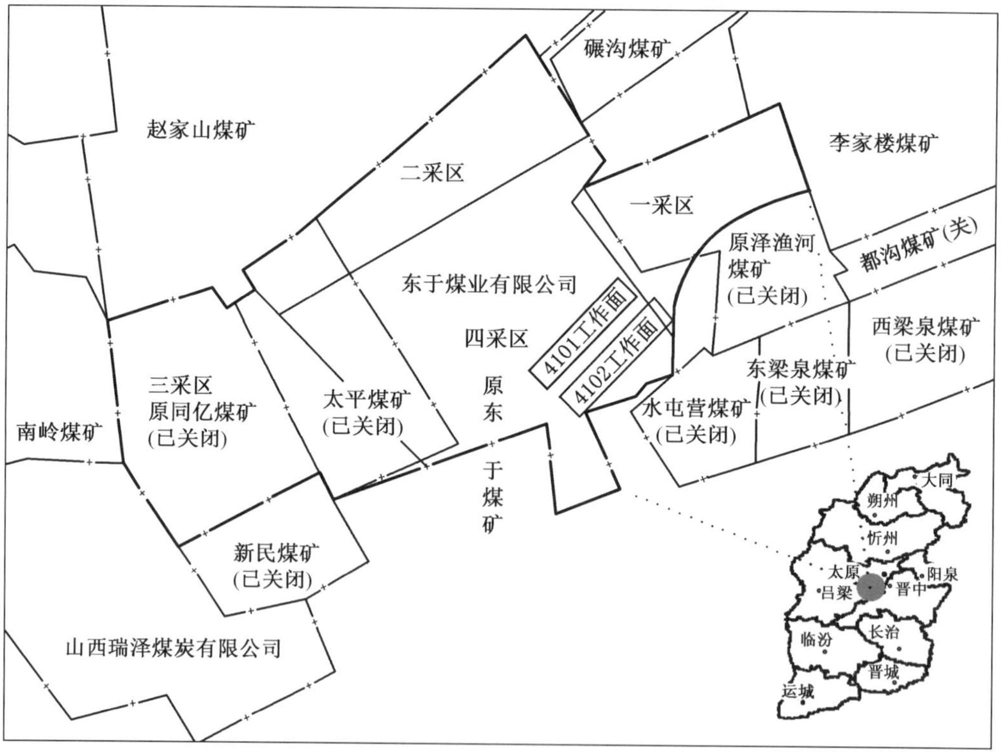

图 1 -4 -1 东于矿基本情况图

2. 周边矿井及小煤矿开采概况

井田四周分布有 10 座矿井，其中 5 座关闭，5 座为生产矿井。井田东北部与山西阳煤集团碾沟煤业有限公司相邻，东部与太原东山李家楼煤业有限公司、原泽渔河煤矿（已关）、水屯营煤矿（已关）相接，东南部兼并重组整合后现无矿权设置，西南部与山西瑞泽煤炭有限公司相邻，西部与山西阳煤集团南岭煤业有限公司相邻，北部与山西东辉集团赵家山煤业有限公司相邻。

山西阳煤集团碾沟煤业有限公司由清徐碾沟煤矿有限公司、山西清徐洛池渠煤矿有限公司、清徐县西沟煤矿及清徐县平口煤矿 4 座煤矿整合而成，处于停建状态。

太原东山李家楼煤业有限公司隶属太原东山煤矿有限责任公司，2009 年由山西省煤矿兼并领导组批准为单保矿井，批采 03 ~9 号煤层，2016 年 5 月建成投产，开采 2 号煤层，在本井田边界一带没有采空区。

山西瑞泽煤炭有限公司主体为山西交城五七煤业有限公司，开采 2 号煤层，与本矿原同亿煤矿接界处为实体煤。由于采矿许可等问题，现处在停产状态。该矿对东于煤业无影响。

山西阳煤集团南岭煤业有限公司批采 03 ~9 号煤层，建设规模 90 万 t/a。井田东部（靠近原同亿井田边界）已基本采空，井下采空区有积水。2 号煤层有 2 处老空水位于东于煤业西边界，对东于煤业开采边界附近 2 号、4 号煤层存在威胁。

山西东辉集团赵家山煤业有限公司批准开采 03 ~9 号煤层，开采生产规模 120 万 t/a，2019 年 3 月转入生产矿井，目前开采 2 号煤层。

原山西申家山兴隆煤矿有限公司与东于井田相邻，南部与东于矿相邻地段为实体煤，对东于煤业无影响。

南部无矿权设置区域有原都沟煤矿、原西梁泉煤矿、原水屯营煤矿及原贯中煤矿曾在此开采，现均已关闭。具体情况：

原都沟煤矿（关闭）：清徐县马峪乡都沟村办集体煤矿，批准开采 4 号、5 号、6 号煤层，于 2009 年关闭，对东于无直接影响。

原西梁泉煤矿（关闭）：西梁泉村办集体煤矿，批准开采 4 号、5 号、6 号、8 号、9 号煤层，1987 年投产，2 号、4 号煤层已采空，4 号煤层采空区内有积水，井田北部靠近原泽渔河煤矿边界处已基本采空，并存在有古空区，井下有积水。2005 年井下巷道过一小型断层处发生涌水，水量迅速增大，造成淹井事故，推断地下水来源于奥陶系岩溶地下水。未有越界现象。2007 年 3 月关闭。靠近井田内原泽渔河煤矿边界处已基本采空，井下有积水，影响东于煤矿。

原水屯营煤矿（关闭）：清徐县东于镇村办集体煤矿，批采 2 号、4 号、5 号、6 号、8 号、9 号煤层，有越界现象。北部靠近原泽渔河煤矿边界处 4 号煤层已基本采空，井下有积水。该矿于 2008 年因采空区突水关闭。该矿积水对东于煤业原泽渔河煤矿范围采空区积水有影响。

3. *矿井排水系统*

井下建有主排水泵房一个，配备主、副水仓各一个，主水仓容积 3150 m^3，副水仓 2085 m^3，安装 4 台矿用耐磨离心式水泵，其中 3 台 MD450 - 60 ×3（P）型水泵，1 台 MD450 - 60 ×4 型水泵。628 泵房水仓容积 1288 m^3，安装 3 台 MD155 - 30 ×4（P）多级泵。强排水系统选用 2 台 BQ725 - 371/14 - 1000/W - S 型水泵。正常涌水量为 210 m^3/h，最大涌水量为 375 m^3/h。

4. *03 号、2 号、4 号煤层情况*

03 号煤层位于山西组中上部。上距 K_4 砂岩 14.80 m，下距 2 号煤层 3.71 ~17.65 m，平均为 8.65 m。煤层厚度 1.00 ~2.30 m，平均 1.68 m，属全井田稳定可采煤层。井田东部、西部及南部均有原整合矿井开采的采空区，中部有整合后开采的采空区。

2 号煤层位于山西组中部，上距 03 号煤层间距 3.71 ~17.65 m，平均 8.65 m。下距 4 号煤层间距 1.35 ~30.95 m，平均 12.39 m。煤层厚度 1.00 ~3.21 m，平均 2.45 m，井田东部、西部及南部均有原整合矿井开采的采空区，中部有整合后开采的采空区。

4 号煤层位于山西组中下部，上距 2 号煤层间距 1.35 ~30.95 m，平均 12.39 m。煤层厚度 1.13 ~4.58 m，平均 2.48 m。井田东部为原泽渔河煤矿开采的采空区，中部有整合后开采的采空区。

三、咨询情况

1. 工作面基本情况

4101、4102 工作面位于一采区东翼，两工作面相邻，4101 位于 4102 的西北部，均开采 4 煤层，总体呈东高西低的单斜构造，局部发育有褶曲和陷落柱，煤层平均厚度 3.6 m，倾角 2° ~20°；距上覆 2 煤层间距 6.0 ~8 m，距上覆 03 煤层间距 15.8 ~17.8 m；上覆 2 煤、03 煤为不规则采空区。该工作面 4 煤顶板距地表水涧沟沟底约 150 m，从以往工作面回采情况看，地表水涧沟的水对井下工作面回采无影响（且在防水煤柱内，不开采）。井田内奥灰水位标高为 773 ~820 m，4102 工作面范围内奥陶系水位标高为 778 m 左右，4 煤底板标高为 698 ~743 m，4 煤底板距离奥陶系灰岩平均 136.4 m。经计算，该工作面 4 号煤层的突水系数为 0.013 ~0.015 MPa/m，突水系数小于 0.06 MPa/m，且构造不发育，无突水危险。4101、4102 工作面主要水害为上覆 03、2 煤不规则采空区积水。

2. 工作面探放水情况

按照咨询要求在 4101、4102 工作面轨道、回风巷及切眼按每 4 m 向 2 号及 03 号施工一个探水孔的意见，矿方对 4102 工作面（对两个工作面探水钻孔布置方案要求一样，由于 4101 工作面数据统计不全，在此不述）共施工短探孔 514 个，工程量 4482.9 m；探放水钻孔 190 个，工程量 5666.4 m。其中，轨道巷短探孔 288 个（每 4 m 施工 1 个），总工程量 2658.8 m，其中 20 个孔见采空区，10 个孔见采空区且有滴淋水现象（滴淋水孔都集中在 12 联巷附近），其他区域无水；探放水钻孔 17 个，总工程量 659.5 m，其中 9 个孔见采空区，8 个孔见采空区且有出水现象（在开切眼及 12 联巷附近），水量最大为 50 m^3/h，最小为 10 m^3/h，目前顶板涌水量为 0。

开切眼共施工短探孔 70 个（每 4 m 施工 1 个），总工程量 547.7 m，其中 5 个孔见采空区，3 个孔见采空区且有出水现象（距轨道巷 50 m 处），其他区域无水；共施工探放水钻孔 21 个，总工程量 590 m，其中 15 个孔见采空区，3 个孔见采空区且有出水现象（距轨道巷 50 m 附近），水量最大为 40 m^3/h，最小为 2 m^3/h，目前顶板涌水量为 0。

运输巷共施工短探孔 156 个（每 4 m 施工 1 个），总工程量 1276.4 m，其中 16 个孔见采空区，17 个孔有滴淋水现象（主要位于 2 号、3 号、4 号积水区域），目前仍有 12 个孔在淋水；共施工探放水钻孔 152 个，总工程量 4416.9 m，其中 119 个孔见采空区，50 个孔见采空区且有出水现象（主要分布在 1 号、2 号、3 号、4 号积水区域），目前 4 号积水区域基本无水，2 号、3 号积水区域水量较小，1 号积水区域水量仍然较大。1 号积水区域累计放水 295.5 m^3，2 号积水区域累计放水约 90000 m^3，3 号积水区域累计放水约 5000 m^3，4 号积水区域累计放水约 8000 m^3，5 号积水区域累计放水 3400 m^3。在先开采的 4101 工作面均按 4102 工作面的要求进行了探水，共探放水 100 余万立方米。

四、措施建议

（1）美锦集团和东于煤矿要高度重视该面的防治水工作，做到不安全不回采。

（2）完成《4102 工作面“有采必探”设计》中未施工完的 6 组钻孔。针对物探低阻异常区和构造异常区，在工作面回采至距异常区 150 m 前，施工钻孔验证其导水性，确认不导水后方可通过异常区回采，如果导水需采取注浆或留设防水煤柱的措施。针对两巷顶板、长短钻孔滴淋水区域及原顶板采空积水区域，在工作面回采至距该区域 100 m 前，采用锚杆机进行探查验证，必要时上钻机探放，确保安全后方可继续回采。回采工作面出现滴、淋水现象时，要立即停止生产，采用锚杆机进行探查，必要时上钻机探放，确保安全后方可继续回采。

（3）回采期间，要加强两巷排水系统的检修和维护，并能保持正常运转，安排专人负责。

（4）加强工作面日常水文观测工作，地测科部门每天安排专人对工作面的水情进行巡查，巡查要有原始记录，并建立水情观测台账。对涌水量大于 3 m^3/h 的出水点，要采样化验，确定水源，坚持动态分析，每 100 m 进行一次风险评估，对可能有威胁的区域及时采取防治措施，并进行防治措施的效果检验，确定无威胁后，方可回采。

（5）在运输巷低洼处即 3 号上覆采空积水区域，要根据放水情况，经风险评估无安全威胁后，方可回采，同时要设定观察线，工作面进入该区域后，要高度警惕，一旦发现出水征兆，立即停采撤人。

（6）贯彻落实《4102 工作面水文地质情况分析报告及回采期间防治水措施》和《4102 工作面水害事故应急预案》，备足应急材料。

（7）生产单位每班要安排班队长、煤机司机等人员观察水情，发现突水征兆，立即撤人，然后汇报。

（8）所有在本回采面工作的人员要进行防治水知识培训，经考试合格后方可上岗，增强职工的水害防范意识。

（9）班组长、安检员、调度员紧急情况下有停产撤人的权力。

（10）工作面初采初放期间，矿必须有科级以上的干部跟班，观察工作面的出水情况，发现异常，立即停止工作，撤出人员，确认无出水危险时方可恢复施工。

案例二　山西煤炭运销集团小窑头煤业 281201 综采工作面开采的安全性

一、问题提出

山西煤炭运销集团小窑头煤业有限公司 281201 首采工作面开始试采，由于该工作面北部的 12 号煤层盘区皮带大巷和轨道大巷掘进时，发现了两处底板涌水，为了确保

281201 综采工作面安全开采，需对其开采的安全性进行论证分析。矿方于 2015 年 9 月 8 日组织有关专家进行了咨询论证。

二、矿井概况

山西省煤炭运销集团小窑头煤业有限公司原为大同市南郊区水泊寺小窑头煤矿，2012 年 12 月 6 日山西省国土资源厅换发采矿许可证，批准矿区面积 1.3335 km^2，开采 9～14 号煤层，生产能力为 30 万 t/a，服务年限 14.6 a。

井田东为晋能控股煤业集团云冈矿；南、西南为晋能控股煤业集团高山煤业有限公司；西北与晋能控股煤业集团四台矿相接；北与原山西煤炭运销集团瑞丰煤业有限公司（关闭）相邻。

瑞丰煤业有限公司为兼并重组整合矿井，批采侏罗系大同组 8 号、9 号、11 号、12 号、13 号、14 号煤层，据煤矿技术人员调查，该矿 2 号、3 号、8 号煤层采空，12 号、14 号煤层局部开采。该矿整合之前开采 12 号、14 号煤层时，越界进入小窑头矿井东北角，小窑头煤矿补充勘探施工的 XZK－1 号孔位于矿井东北角，证实 12 号、14 号煤层采空。12 号、14 号煤层采空是瑞丰矿越界开采所致，XZK－1 号孔采空区积水水位在 12 号煤层底板以上 2.07 m，12 号、14 号煤层采空区均有积水，根据水位标高推算，14 号煤层采空区积水已到矿界处。根据矿方调查瑞丰矿已停产，井下充满积水。

小窑头煤业井下设有主排水泵房，主、副水仓设置在副斜井 14 号坑底，主水仓容积为 470 m^3，副水仓容积为 230 m^3，总容积 700 m^3。水泵房内设置 3 台型号为 DF85－45×7 的工作、备用、检修水泵，敷设 2 趟 $\phi108\times8$ 型无缝钢管排水管路，沿副斜井井筒敷设至地面。

12 号煤层：位于 11^{-3} 号煤层之下 1.85～11.50 m，平均 4.28 m，该煤层结构简单，煤层厚 1.50～4.30 m，平均 2.67 m，偶含 1 层夹石，为稳定可采煤层，顶板为中细砂岩、砂质泥岩，底板为砂质泥岩、细砂岩互层。在东北角被原瑞丰煤业有限公司越界开采面积 131348 m^2，西南角地面物探查明采空区面积 3809 m^2（图 1－4－2）。

三、探水情况

矿井已在 12 号煤层中掘进了 3 条盘区大巷（皮带巷、轨道巷及回风巷），在井田西南部布置了 281201 综采工作面进行试生产。该矿井在掘进 12 号煤层盘区皮带巷时，考虑到井田东北部受瑞丰煤矿越界开采所形成的采空区及采空积水影响，并在划定了采空区边界与盘区皮带大巷之间留设保护煤柱 62.00 m，同时又对留设的保护煤柱内 40.00 m 范围进行了井下探水工程，未发现 12 号煤层保护煤柱内存在采空区。但在 2014 年 3—4 月掘进 12 号煤层盘区皮带大巷及盘区轨道大巷期间，掘进至距盘区皮带大巷北帮 526.00 m 处，底板发现明显的涌水点，涌水点标高为 1029.50 m，涌水量为 30 m^3/d；在掘进至距盘区轨道大巷北邦 450.00 m 处，底板巷道长约几十米发现明显涌水点，涌水点标高为 1028.50 m，涌水量为 20 m^3/d。

2014 年 10 月 22 日和 2015 年 8 月 21 日矿方分别采取盘区轨道大巷和皮带大巷涌水点水样，送山西省地勘局二一七实验室进行水质化验。

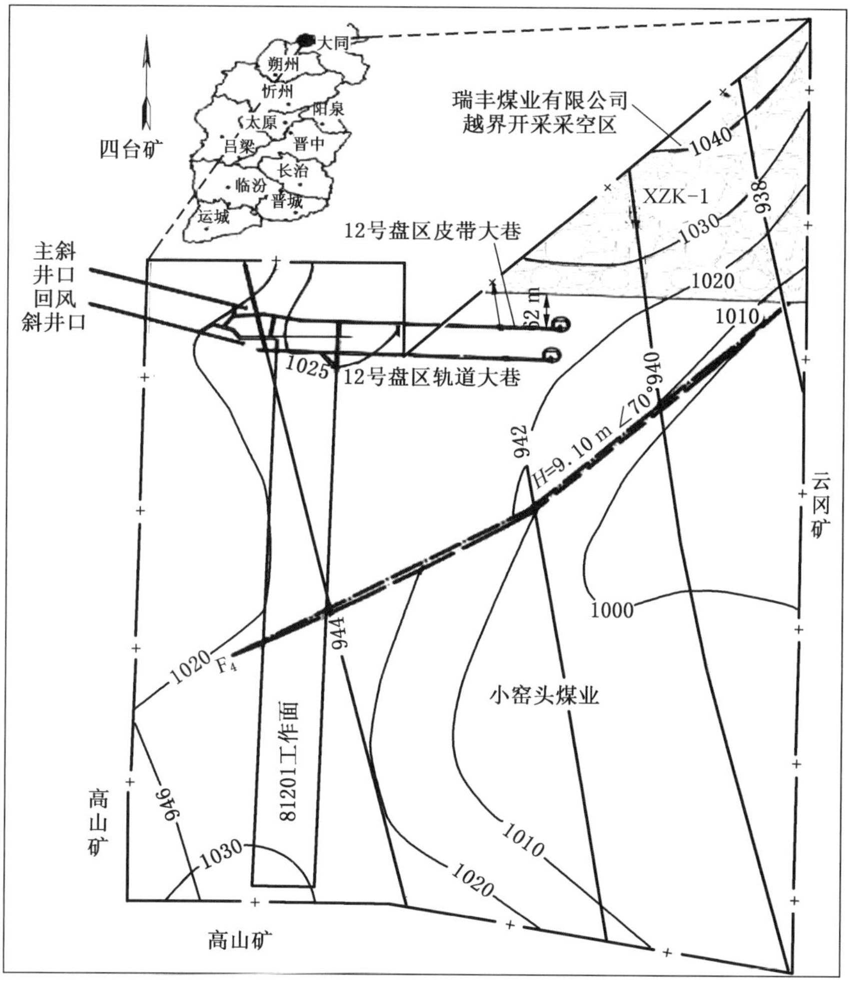

图 1-4-2 工作面及矿井概况图

四、原因分析

2015 年 8 月 7 日由山西煤炭运销集团有限公司组织的专家，对小窑头煤业 12 号煤层盘区巷道底板涌水进行了论证。根据专家意见，对盘区皮带大巷内涌水点的下伏 14 号煤层进行探放水勘查工作，施工单位为山西省煤炭地质 115 勘查院，勘查位置为 12 号煤层皮带大巷北邦（526 m）涌水点为中心，分别向巷道两侧布设垂直探放水钻孔。本次勘查，共施工 15 个钻孔，探查巷道长度为 28.00 m。揭露 14 号煤均为实体煤层，未见采空区及采空巷道进入。

由于本次进行的探查范围较小，主要分布在盘区皮带大巷涌水点两侧（巷道长度 28.00 m），2015 年 8 月 24 日山西煤炭运销集团有限公司及矿方又组织了专家组，对该“探放水工程实施方案”进行了重新审核论证，要求对盘区皮带大巷涌水点以东至 F_4 断层之间的 14 号煤层进行加密探查，探放水工程的布设及施工由山西煤炭运销集团小窑头煤业有限公司完成。钻探结果为：探查范围为盘区皮带巷550~770 m，共施工13个钻孔，均未见采空区和积水。

1. 寒武系灰岩含水层水

井田内寒武系岩溶水水位标高在935.00~960.00 m之间，而巷道底板涌水点标高分别为1029.50 m（盘区皮带大巷内）、1028.50 m（盘区轨道大巷内），巷道底板涌水标高均高于寒武系岩溶水水位标高。出水点处巷道顶板不带压，寒武系岩溶承压水不会沿着煤层底板裂隙进入矿井，成为上述两巷道底板涌水的充水水源。

2. 大同组砂岩裂隙含水层水

井田内含水层岩性为粗、中、细粒砂岩，含水层层段具有承压性，是煤层开采的直接充水水源。一方面大同组砂岩裂隙含水层富水性弱，不可能有如此大的涌水量，另一方面，根据115队施工的15个井下探放水钻孔分析，仅在T_1、T_2、T_3钻孔内有水涌出，其他钻孔均未见涌水。造成T_1、T_2、T_3钻孔涌水的主要原因为距上述皮带巷涌水点较近，并随着钻孔涌水量的增加，且逐渐趋于稳定状态时，原皮带大巷侧帮处涌水量逐渐减少至断流。因此，说明其下伏12~14号煤层之间不存在富水性强的含水层，因此，大同组砂岩裂隙含水层也不会成为上述两巷道底板涌水的充水水源。

3. 采（古）空区积水

根据矿方提供的采掘工程平面图和115队2014年施工的XZK-1钻孔资料：

（1）井田北部的山西煤炭运销集团瑞丰煤业有限公司，存在越界开采12号、14号煤层后，已形成大面积采空区和大量采空区积水，估算采空区积水量98571 m^3。

（2）井田东北部施工的XZK-1号补充勘探钻孔，揭露12号煤层为采空冒落带（高度12.00 m)，14号煤层为采空区（高度3.00 m)，并在钻孔内观测到采空积水水位高于12号煤层底板以上2.07 m，水位标高为1037.62 m，高于皮带巷涌水点8.12 m。

（3）从采集的井下涌水点水质化验资料分析，涌水点涌出的水呈均褐黄色，阳离子中的Fe^{2+}、Fe^{3+}离子含量较正常水样的化验数据值偏高，阴离子中的SO_4^{2-}硫酸根离子含量也较正常水样的化验数据值高，其pH值为6.24，呈偏酸性，具有采空积水的水质特征。

（4）井下勘查发现，两涌水点水流经过的地方，留有大量的黄褐色沉淀物（俗称铁锈），这也是采空区积水的典型特征。

（5）涌水通道：由于两条大巷底板涌水点均位于井田内发育的小背斜构造轴部，其导水裂隙较为发育。由于受井田内小背斜构造导水裂隙发育影响，位于井田北部（瑞丰煤业越界开采）存在的12号、14号煤层采空积水，沿着导水裂隙带发育地段导入较低的盘区皮带大巷及盘区轨道大巷内进行排泄。

综上所述，有水源，有压力，有通道，有采空区积水水质特点，两巷涌水点水源可判定为采空区积水。

五、281201综采工作面开采安全性分析

281201综采工作面受井田北部邻矿瑞丰煤业越界开采12号、14号煤层形成的采空积水影响（工作面东部和南部，矿方已进行过探放水工作，不在本次安全分析的范围），从两个方面分析：一是采空区积水沿12号煤层对281201综采工作面开采的影响，二是采空

区积水有可能沿14号煤层空巷进入281201综采工作面下部，从底板方向对281201综采工作面开采的影响。

1. 采空区积水沿12号煤层对281201综采工作面开采的影响

考虑到井田东北部受瑞丰煤矿越界开采所形成的采空区及采空积水影响，在划定了采空区边界与盘区皮带大巷之间留设保护煤柱62.00 m，同时又对留设的保护煤柱内40.00 m范围进行了井下探水工程，未发现12号煤层保护煤柱内存在采空区。三条大巷留有40 m巷道保安煤柱。轨道大巷内采空区水头压力为0.089 MPa，工作面停采线处采空区水头压力也小于0.1 MPa，按照相关规定计算，需留设的煤柱宽度小于20 m，而281201综采工作面距北部采空区积水间的煤柱远大于20 m，因此281201综采工作面开采时，瑞丰煤矿越界开采所形成的采空区及采空积水不会沿12号煤层对281201综采工作面造成影响。

2. 采空区积水沿14号煤层空巷从底板方向对281201综采工作面开采的影响

由于在盘区皮带巷550～770 m范围内探查14号煤层采空区的钻孔较少，只能控制14号煤层回采工作面形成的采空范围，不能控制14号煤层巷道进入盘区皮带大巷以南范围。因F4断层的阻隔，14号煤层空巷进入281201综采工作面深部的可能性很小。从安全角度考虑，按14号煤层空巷已进入了281201综采工作面下部，按照相关公式规定计算，底板承受的水头压力不超过0.10 MPa，根据井下钻探资料，底板隔水层厚度最小为18.45 m，计算突水系数$T=0.015$ MPa/m，小于构造破坏块段的突水系数0.06 MPa/m，因此281201综采工作面回采时不会发生14号煤层采空积水突破底板的突水事故。

综上所述，根据当时的条件，再制定相应的安全措施后，在281201综采工作面开采是安全的。

3. 281201综采工作面开采措施

（1）281201综采工作面开采时，如发现底板渗水、涌水时，应查明原因，采取措施治理后，方可回采。

（2）281201综采工作面开采时，应备足排水设备，完善排水系统。

4. 防范建议

（1）今后继续做好12号煤层盘区皮带大巷涌水点以西对14号煤层采空区范围的探查，为后续安全开采12号、14号煤层提供依据。

（2）做好12号煤层盘区皮带大巷和轨道大巷涌水点涌水量的日常观测工作，如发现涌水量减小，应查明原因。

案例三　山西吕梁离石贾家沟煤业有限公司4号煤层老空积水及L_1灰岩水对10102工作面开采的影响程度

一、问题提出

贾家沟矿10102工作面开采10号煤层，上覆有4号煤较早形成的采空区积水，且采掘资料不详，在顺槽掘进过程中揭露12条正断层，其中$F_{10102}Y-10$、$F_{10102}Y-12$断层面破碎严重，L_1灰岩岩溶裂隙发育，揭露时涌水量较大，累计疏放水量7.1万m^3。为确定4号煤采空区积水及煤层顶板L_1灰岩水对10102工作面开采影响程度如何，吕梁离石大土河有限公司于 2017 年 10 月 10 日组织有关专家进行了咨询论证。

二、矿井概况

1. 基本情况

山西吕梁离石贾家沟煤业有限公司位于吕梁市离石区东南 12 km 处，红眼川乡冯家焉村一带。行政区划属离石区红眼川乡。井田面积为 13.1501 km^2，批采 4 ~ 10 号煤层，生产规模 120 万 t/a。由 7 个矿兼并重组而成，周边相邻 7 个矿（图 1 - 4 - 3）。

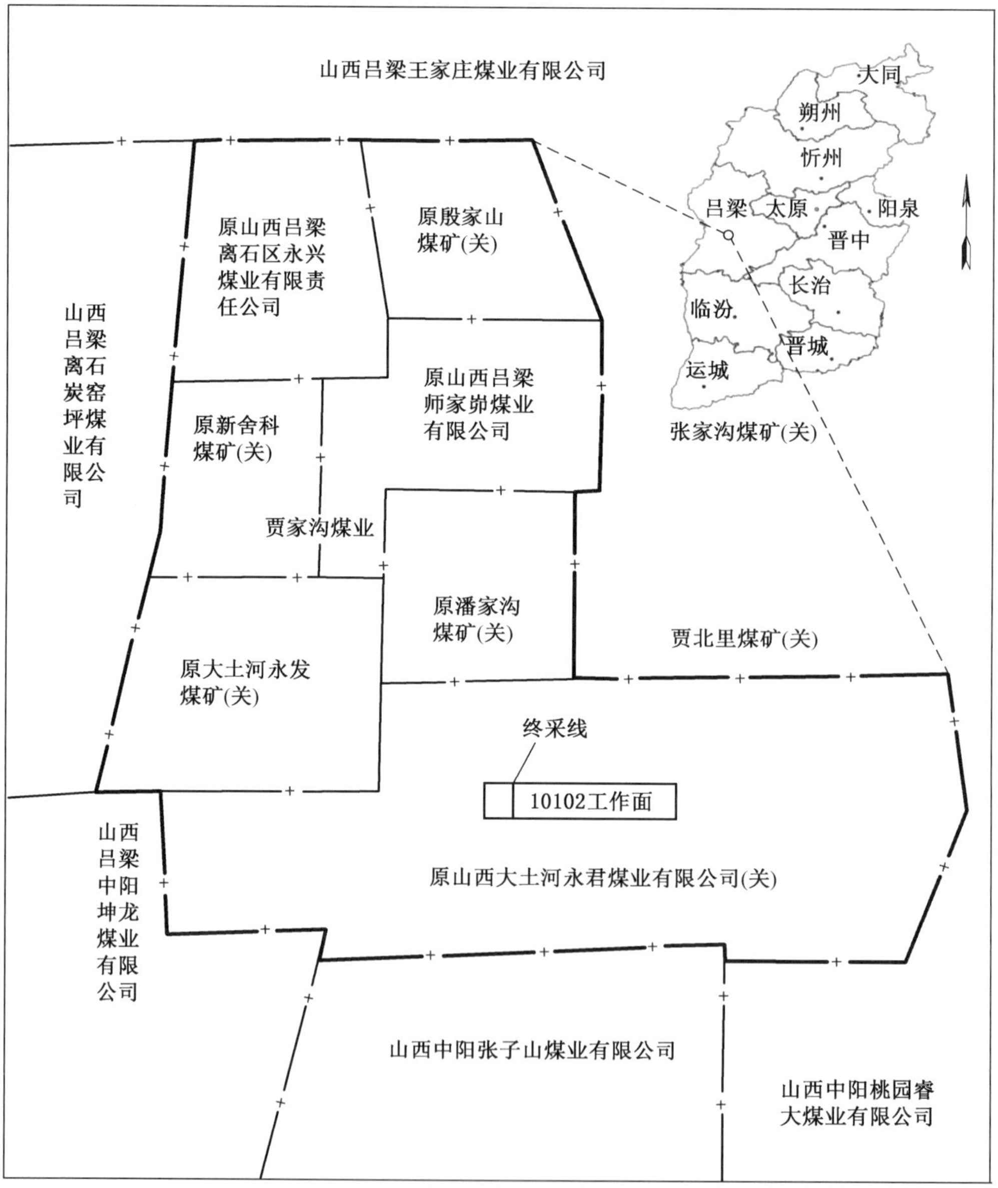

图 1 - 4 - 3　井田简况图

2. 煤层情况

本井田可采煤层有 4 号、6 号、10 号煤层。4 号煤层煤层厚度 0 ~ 1.93 m，平均 1.06 m，为稳定大部可采煤层，井田内该煤层已被大片开采，井田北部及东部分布剥蚀区。6 号煤层上距 4 号煤层 23.06 ~ 38.59 m，煤层厚度 0.40 ~ 1.57 m，平均 1.09 m，为稳定的大部可采煤层，重组前曾开采该煤层，井田西南部分布有少量采空区，为现采煤层。10 号煤层上距 6 号煤层 29.58 ~ 44.65 m，煤层厚度 5.37 ~ 7.22 m，平均 6.52 m，为全井田稳定可采煤层，为现采煤层。

3. 4 号、10 号煤层水文地质条件

井田内 4 号煤层已基本采空，均为整合前开采，由于其埋藏浅，采（古）空区内存在大量积水，经核实，采空积水区 14 处，总积水面积 771829 m^2，估算积水量 203979 m^3。

10 号煤层的顶板直接充水含水层为 L_1 灰岩岩溶裂隙含水层，导水裂缝带高度大部可发育至 6 号煤层 L_3、L_4 石灰岩含水层以及 K_4 砂岩含水层，局部可发育至 4 号煤层，在埋藏浅处可至地表，地表水和大气降水可能会通过导水裂缝带进入井下，影响生产。

4. 矿井排水系统

主排水泵房在副斜井 10 号煤层井底车场附近，井下主、副水仓平行布置，水仓总有效容积 1332 m^3，主水仓有效容积 832 m^3，副水仓有效容积 500 m^3。选用 MD155 - 30 × 8 型离心水泵 3 台，一台工作，一台备用，一台检修。沿副斜井敷设 ϕ194 mm × 7 mm 型排水管两趟，一趟工作，一趟备用，排至地面矿井水处理站调节池。

10 号煤层采区水仓设在 10 号煤层南辅运大巷 135°转弯处，采区水仓设 1 号、2 号水仓，将一采区南段采掘过程中产生的矿井水排到 10 号煤层采区水仓，再排入井底主副水仓。

5. 10102 工作面情况

（1）10102 工作面位于矿井一采区东翼，呈东、西向布置，南、北均为实体煤层，工作面长 1595 m，宽 200 m，煤层底板标高 880 ~ 946 m，地面标高 1070 ~ 1170 m，现工作面已形成。

（2）该工作面开采 10 号煤层，上距 4 号煤层约 70 m，顺槽掘进过程中揭露正断层 12 条，其中 F_{10102}Y - 10、F_{10102}Y - 12 断层面破碎严重，L1 岩溶裂隙发育，揭露时涌水量较大，累计疏放水量 7.1 万 m^3，现已基本干涸。

（3）该工作面以运输巷距开口处 940 m、回风巷距开口处 970 m 为界，中间高，东、西低，将工作面分为东、西两部分。

（4）该工作面上覆 4 号煤采空区形成较早，且采掘资料不详，经矿方了解，工作面及附近有 5 个井筒，3 个为斜井，2 个为竖井，其中 3 个已经填埋，2 个地表可见。

6. 探放水情况

（1）自 10102 工作面掘进以来，在运输巷及回风巷 9 个钻场中，施工探 4 号老空钻孔 64 个，共有 20 个钻孔通气，其中 5 个钻孔出水，共放老空水 8.2 万 m^3；探 L_1 灰岩钻孔 88 个，放灰岩水 16 万 m^3；探断层钻孔 14 个，放断层水 7.1 万 m^3。

（2）经矿方现场测量，原乔家庄煤矿斜井积水水位标高 1005.7 m，在运输巷 12 号钻场 1 号、2 号钻孔放水 1 个月，疏放水量 1.5 万 m^3 后，井内水位下降至 1003.18 m，降低了2.52 m，入井可看到原巷道木棚支护。

三、原因分析

1. 分析论证

（1）4号老空水对10102工作面开采的影响评价。工作面西部为下山方向开采，4号煤层与10号煤层间距70余米，10号煤层厚6 m左右，垮落带40 m左右，4号煤老空积水随10号煤层基本顶垮落形成的导水裂隙带逐步涌入而流走，老空水不会突然大量溃入井下，造成水害事故。

工作面东部虽然经过64个钻孔探放，大部分积水已经疏放，但因4号老空为巷道式采煤方法形成，采空区联通性差，不排除有些独头巷道存在积水的可能，且为向上山方向开采，4号老空积水随10号煤层基本顶垮落形成的导水裂隙带会导入井下。

10号煤层与4号煤层层间距约70 m，4号煤层底板附近有约30 m厚的泥岩、砂质泥岩等隔水层，10号煤层开采形成的导水裂缝带虽然会导通4号积水，但4号老空积水会随导水裂缝带流入10号煤层，不会突然大量溃入。

（2）L_1灰岩水对10102工作面开采影响评价。根据10102工作面掘进和探放水情况，L_1灰岩岩溶裂隙相对发育，尤其是在断层破碎带比较发育，但富水性不均一。通过巷道掘进和钻孔疏放，10102工作面上部L_1灰岩的静储量已基本疏干，局部与其他岩溶裂隙联通性不好的区域可能会存在少量富水区，但不会对工作面回采造成大的灾害。

2. 咨询结论

（1）4号煤层老空积水对10102东部工作面回采存在影响，但不会突然大量溃入工作面。

（2）L_1灰岩岩溶裂隙水对10102工作面回采影响不大。

四、防范措施

（1）10102工作面回采过程中，必须加强工作面涌水观测，发现涌水量增大等透水征兆时，立即停产撤人。

（2）10102工作面回采前，必须在运输巷配备足够能力的排水系统。

（3）按照矿方设计继续完成后续的探放水工作。

（4）10102工作面回采前和回采过程中，应制定和采取相应的防止溶洞溃泥措施。

案例四　山西吕梁离石王家庄煤业上覆4号煤层采空区积水疏放情况及对60205工作面影响程度

一、问题提出

吕梁离石王家庄60205工作面上覆4号煤层有采空区积水，2020年7月10日在60205运输巷6号钻场5号钻孔和9号钻孔探通上覆4号煤层积水，截至2020年9月14日共疏放积水101770 m^3，水压由7月10日的1.2 MPa下降到0.32 MPa，而后10多天疏放水量一直保持在53 m^3/h，水压0.32 MPa保持不变（图1-4-4）。4号煤层采空区积水疏放程度如何？60205工作面是否可以回采？吕梁离石大土河煤业有限公司于2020年9

月 25 日组织有关专家进行了咨询论证。

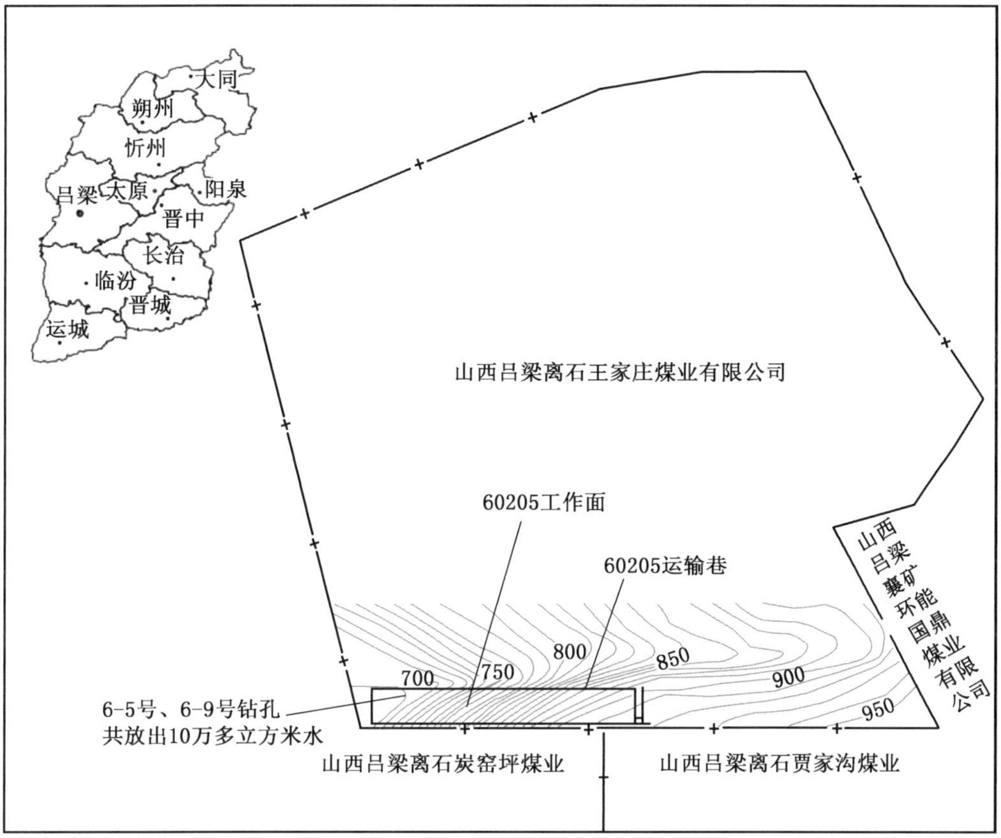

图 1-4-4 疏放水工作面位置示意图

二、矿井概况

1. 基本情况

王家庄煤业位于吕梁市离石区东约 3 km 处的七里滩村南，行政区划隶属离石区滨河街道办事处管辖。井田面积 9.1461 km^2，批采 3～10 号煤层，生产能力 120 万 t/a。

王家庄煤业于 2009 年由原山西泰平煤业有限公司、山西七里滩矿业有限公司、山西吕梁离石田家会煤业有限公司、山西离石厚德煤业有限公司 4 个生产矿井整合而成。

2. 煤层情况

3 号煤层位于山西组中部，煤层厚度 0～1.20 m，平均 0.60 m。4 号煤层位于山西组下部，煤层厚度 0～2.00 m，平均 0.87 m，上距 3 号煤层 6.20～12.10 m，平均 8.80 m，为不稳定局部可采煤层，井田内该煤层已被大面积开采，井田东部为剥蚀区。5 号煤层位于山西组底部，煤层厚度 0.53～1.96 m，平均 1.26 m，井田东部为剥蚀无煤区，该煤层未开采。6 号煤层位于太原组中上部，煤层厚度 0.95～1.60 m，平均 1.21 m，上距 5 号煤层16.92 m，井田内该煤层层位稳定，中部形成大面积采空区。10号煤层位于太原组下部，煤层厚度6.30～8.20 m，平均6.98 m，上距6号煤层平均44.10 m。为全区稳定可采煤层，井田中、东部形成大面积采空区。

3. 采空区积水情况

井田范围内4号煤层已基本采空，王家庄煤业整合前各矿主要采4号、10号煤层，整合后开采6号、10号煤层，井田范围内4号、6号、10号煤层共计采空积水9处，采空积水总面积约为3464670 m^2，估算积水量为285861 m^3。其中4号煤层有4处采空积水，面积约为97587 m^2，估算积水量为38962 m^3；10号煤层有5处采空积水，面积约为248880 m^2，估算积水量为246899 m^3。

周边煤矿与该矿相邻200 m范围内4号、6号煤层尚未发现采空积水。10号煤层存在3处采空积水，采空积水总面积约为104919 m^2，估算积水量为34973 m^3。周边煤矿采空积水距离60205工作面较远，对生产无影响。

4. 60205工作面情况

60205工作面位于王家庄煤业二采区西翼，工作面全长1300 m，东西走向，倾向西，倾角9°～13°；顺槽口到切眼最大落差232 m。该工作面上覆4号煤层有原王家庄坑口4号采空区积水，原运输巷和回风巷进入60205工作面上方，4号煤层与6号煤层间距28～31 m。

5. 排水系统

井下主水泵房位于副斜井井底车场南侧，水仓有效容积2852 m^3（主水仓容量1817 m^3，副水仓容量1035 m^3），安装3台MD280－43×8水泵，一台工作、一台备用、一台检修。矿井涌水经由主水泵房、副斜井井筒敷设至地面的两趟ϕ325 mm排水管路排出井口。

6号煤层一采区辅助大巷建有采区水仓，水仓容量225 m^3，配备IS100－65－315F型离心泵3台，一台工作，一台备用，一台检修。排水管路选用两趟ϕ108 mm型无缝钢管，一趟工作，一趟备用。

10号煤层一采区辅助大巷建有采区水仓，水仓容量300 m^3，配备IS100－65－315F型离心泵3台，一台工作，一台备用，一台检修。排水管路选用两趟ϕ108 mm型无缝钢管，一趟工作，一趟备用。

三、原因分析

1. 4号煤层采空区积水疏放过程

王家庄煤业水害防治中心按照《60205工作面探上覆4号煤采空区积水钻探设计》，于2020年7月10日在60205运输巷6号钻场5号钻孔和9号钻孔探通上覆4号煤层回风巷道，探水钻孔直径75 mm，初始钻孔单孔涌水量118 m^3/h，压力1.2 MPa。截至2020年9月14日共疏放积水101770 m^3，水压降至0.32 MPa；2020年9月14日起，钻孔涌水量持续稳定，疏放量一直保持在53 m^3/h，水压0.32 MPa保持不变。

2020年9月22日，地测科用矿用钻孔成像轨迹检测装置对6号钻场9号钻孔进行窥视和测斜，结果显示终孔位置与开孔位置垂距30.55 m。

2. 采空区积水分析论证

经过 75 d 对 4 号煤层采空积水进行疏放，水头压力从 1.2 MPa 降至 0.32 MPa 后，连续 10 d 钻孔出水量稳定，水压力表阀门全开时压力表为 0，阀门关闭后 20 min 左右压力表由 0 持续上升至 0.32 MPa，而后上升非常缓慢。据此分析认为，4 号煤层采空区积水在探水钻孔揭露采空区底板标高以上积水已疏放完毕，当前钻孔涌水 53 m^3/h 为采空区补给水的动储量。阀门关闭后 20 min 左右压力表由 0 持续上升至 0.32 MPa，而后上升非常缓慢，说明 20 min 之内补给水在不断地充满 30 m 间距的探水钻孔，经计算，直径 75 mm、长度 30 m 的钻孔体积为 13 m^3，动水量 53 m^3/h 的补给量充满钻孔需要近 20 min，在这段时间内压力表上升较快；当钻孔充满后，补给水将在采空区范围内漫布，如果采空区面积大，水位上升慢，压力表读数上升也慢。稳定水压 0.32 MPa 就是 4 号煤与 6 号煤层间距 30 m 的水压力，水压力上升缓慢，说明采空区分布范围大。

3. 结论

经上述分析，60205 工作面上覆 4 号煤层采空区积水在探水钻孔标高以上已疏放完毕，隐患已消除。上覆采空区涌水不会对该工作面回采造成影响，可以安全回采。

四、防范措施

（1）60205 工作面与下伏 100205 工作面为重叠布置，当前两个工作面采动裂隙带已连通，60205 工作面回采导通 4 号煤采空区时，4 号煤层采空区补给水通过导水裂隙带进入 100205 工作面。因此必须加大 100205 工作面两顺槽的排水能力（排水能力必须大于采空区补给水量）。

（2）考虑到炭窑坪煤业下一步在王家庄煤业 60205 工作面南部布置工作面，为了不造成对炭窑坪煤业的水害威胁，在炭窑坪煤业三采区回风大巷施工时对王家庄煤业 100205 采空区打泄水钻孔，将该积水进行疏放，有利于两矿工作面的安全回采。

案例五　泰山隆安煤业 8 号煤层采空区积水对下覆 $11_下$ 号 304 工作面安全开采的影响

一、问题提出

泰山隆安煤业自 2017 年以来，回采了 8 号煤层的 8117、8101、8103、8105、8107、8109、8111、8113、8115 等 9 个工作面，由于开采期间煤层顶板涌水量较大，但为上山回采，采后的顶板涌水及生产用水无法排出，全部积聚于西部采空区，预估 90 余万立方米；在回采下伏 11 号煤层 $11_下$ 号 304 工作面前，欲对上覆 8 号煤层的积水进行探放。矿方在 $11_下$ 号煤层 304 工作面运输巷向 8 号煤层 9 个工作面最低处施工放水孔 53 个，其中 33 个钻孔探通采空区，累计已排放水约 7.6 万 m^3。

放出的水量不到预估采空区积水量的 $\frac{1}{10}$，90 余万立方米的积水去哪了？$11_下$ 号煤层 304 工作面是否具备回采的条件？回采中需要注意的事项是什么？泰山隆安煤业于 2022 年 7 月 6 日组织有关专家进行了咨询论证。

二、矿井概况

1. 基本概况

该矿位于山西省保德县城东南直距 10 km 的冀家沟村、桥头镇一带，行政区划隶属忻州市保德县桥头镇管辖。井田面积 20.3196 km^2，批采 8 ~ 13 号煤层，生产规模为 120 万 t/a。

北部与山西煤炭运销集团芦子沟煤业有限公司相邻，西部与山西忻州神达望田煤业有限公司、中国神华能源股份有限公司保德煤矿相邻，南部为保德县茂源矿业有限责任公司，东部无相邻矿井（图 1－4－5）。

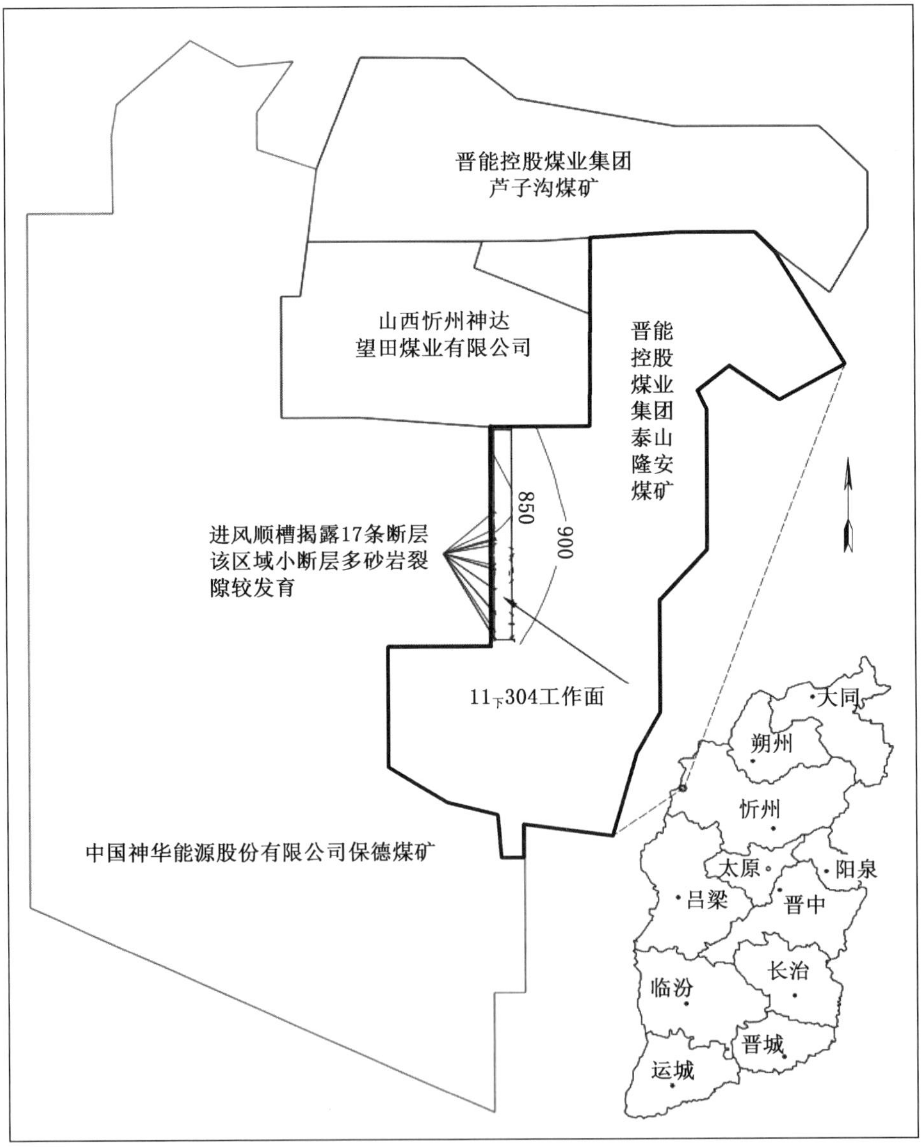

图 1－4－5　位置图及概况图

构造形态总体为近南北走向、向西倾斜的单斜构造，在此基础上伴有小型褶曲。地层平缓，地层倾角 2°~8°。井田内目前共揭露断层 210 条，均为采掘揭露，其中大于 5 m 断层仅发育 4 条，最大落差 5.9 m（编号 F_{80}断层），其余均小于 5 m；井田内未发现陷落柱。

2. 煤层情况

井田内共含 4 层可采煤层，自上而下为山西组的 8 号煤层及太原组的 11上 号、11下 号、13 号煤层。西部相邻保德煤井 8 号煤层已大面积开采，与该矿相邻的 81112 工作面已于 2010 年沿走向（南北向）长壁开采。

8 号煤层位于山西组下部，煤层赋存区平均厚度为 4.28 m，下距 S_3 砂岩 3 m 左右，S_3 砂岩厚度为 0.8 ~ 13.4 m，平均 4.92 m（图 1-4-6）。

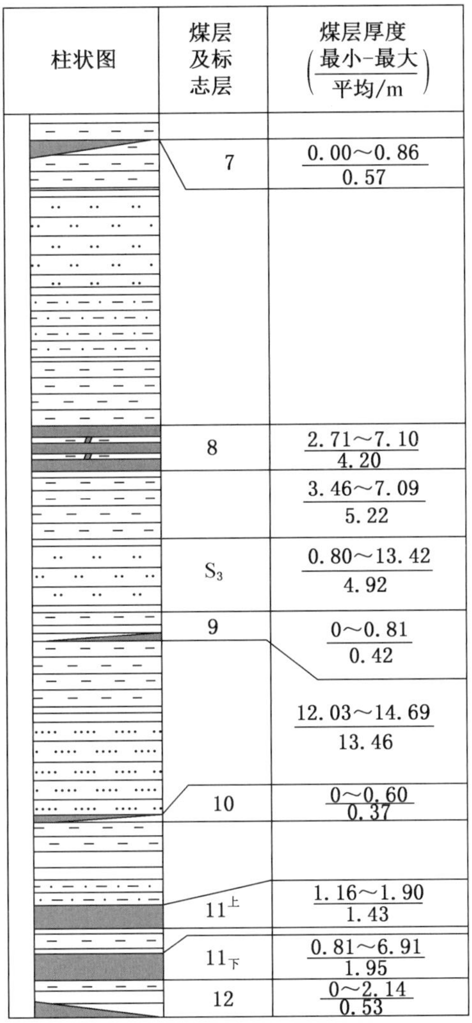

图 1-4-6 7~12 号煤层之间岩层结构示意图

11上 号煤层位于太原组中上部，为 11 号煤层的上分层，厚度 1.16 ~ 1.90 m，平均厚度为 1.43 m，上距 8 号煤层 28.19 ~ 45.20 m，平均 35.42 m，井田东部小范围剥蚀。

11下 号煤层位于太原组中上部，为 11 号煤层的下分层，厚度 0.81 ~ 6.91 m，平均厚度为 1.98 m，上距 11上 号煤层 1.57 ~ 4.73 m，平均 2.41 m，自东向西逐渐变厚，井田东部小范围剥蚀。

13 号煤层位于太原组中下部，厚度 1.25 ~ 13.70 m，平均厚度为 7.09 m，为全区稳定可采煤层，上距 11下 号煤层 22.71 ~ 54.90 m，平均 39.48 m，煤层在井田范围内中部厚，向南、向北逐渐变薄，整体南部煤层较北部厚，兼并重组前开采范围零星分布在井田北部及东部。

3. 11下 号煤层 304 工作面概况

该工作面位于井田中西部三采区北翼，沿煤层走向南北布置，工作面走向长 2600 m，倾向长 225 m；上覆为原 8 号煤一采区采空区，上覆工作面为东西倾向布置，共 9 个工作面，分别为 8117、8101、8103、8105、8107、8109、8111、8113、8115 工作面，于 2011—2017 年开采，与上覆 8 号煤一采区层间距平均 38 m。11下 号煤层 304 工作面沿煤层走向布置与上覆 8 号煤一采区沿倾向布置的 9 个工作面为垂直关系（11下 号煤层 304 工作面运输巷与 8 号煤层已采的 9 个工作面切眼基本一致），如图 1-4-7 所示。

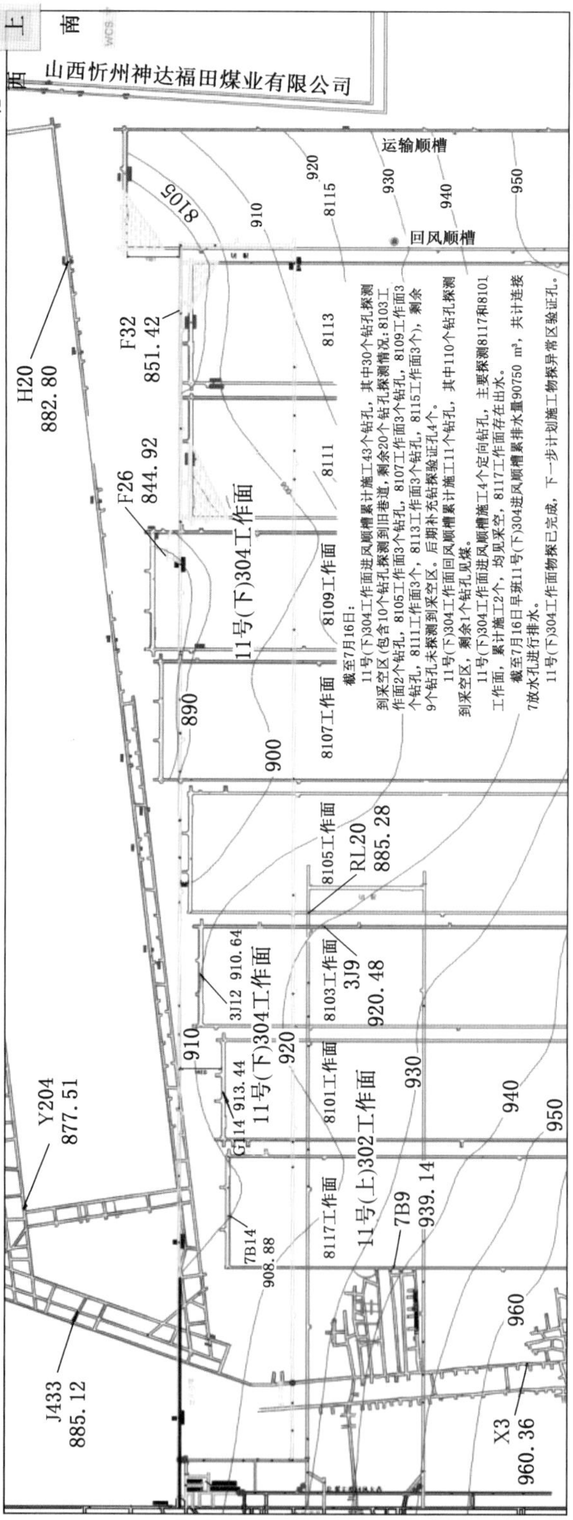

图1-4-7 $11_{下}$号煤层304工作面与上覆8号煤层各工作面的位置关系图

三、原因分析

1. 探放水情况

矿方在$11_{下}$号煤层304工作面运输巷探测上覆8号煤采空区，施工53个钻孔。

（1）距巷道开口0~860 m区段主要探测上覆8号煤原旧巷道，累计施工17个钻孔，钻孔出水水源主要为上覆砂岩裂隙水，水压0.35~0.469 MPa，出水量逐渐减少。

（2）距巷道开口1056~2600 m区段主要探测上覆8号煤层8103、8105、8107、8109、8111、8113、8115工作面采空区积水，累计施工32个钻孔（28个见空、4个未见空），各个工作面探测出水钻孔情况如下：

8103工作面：2个钻孔见空，均无出水，1个未见空，无出水；

8105工作面：3个钻孔见空，出水水源为采空区积水，水压0.368~0.475 MPa；

8107工作面：3个钻孔见空，钻孔均存在出水，出水水源为采空区积水，水压0.4~0.55 MPa；

8109工作面：3个钻孔见空，钻孔均存在出水，出水水源为采空区积水，水压0.42~0.44 MPa；

8111工作面：3个钻孔见空，其中2个钻孔出水，出水水源为采空区积水，水压0.463 MPa；

8113工作面：3个钻孔见空，其中1个钻孔出水，出水水源为采空区积水，水压0.39 MPa；

8115工作面：4个钻孔见空，其中3个钻孔出水，出水水源为采空区积水及顶板砂岩水，水压0.33 MPa。

由于$11_{下}$号煤层304运输巷距离8101和8117工作面切眼最短水平距离分别为83 m和92 m，故在$11_{下}$号煤层304回风巷施工探测钻孔，共计施工3个钻孔，均无出水。截至7月5日累排水量75416 m^3。

2. 分析结论

由前述条件可知：

（1）该矿及西部相邻为保德矿井8号煤层均已采空，采煤方法均为壁式开采。

（2）出水钻孔水压为0.3~0.5 MPa，与8号、$11_{下}$号304两煤层间距基本一致，个别钻孔压力稍大，由此推断，采空区内积水很少，大部分水在8号煤层底板砂岩中。

（3）由于煤层开采后，矿压对煤层底板有破坏，根据山西多个煤矿测试，破坏深度一般在20 m左右。该矿8号煤层底板下有10~20 m厚的砂岩，煤层开采后砂岩发生破碎，变成含水层，导致排入的水在含水层中沿地层倾向流动（图1-4-8）。

（4）原金义煤矿采空区巷道与西部相邻矿井有连通（该矿有密闭），在密闭不好的情况下，也可以导通两矿间的水力联系。

综上所述，该矿自2017年以来开采的8117、8101、8103、8105、8107、8109、8111、8113、8115工作面的近90万m^3采空区积水，大部分通过8号煤层底板砂岩破坏带及原金义煤矿与西部的连通巷道密闭渗透到西部。

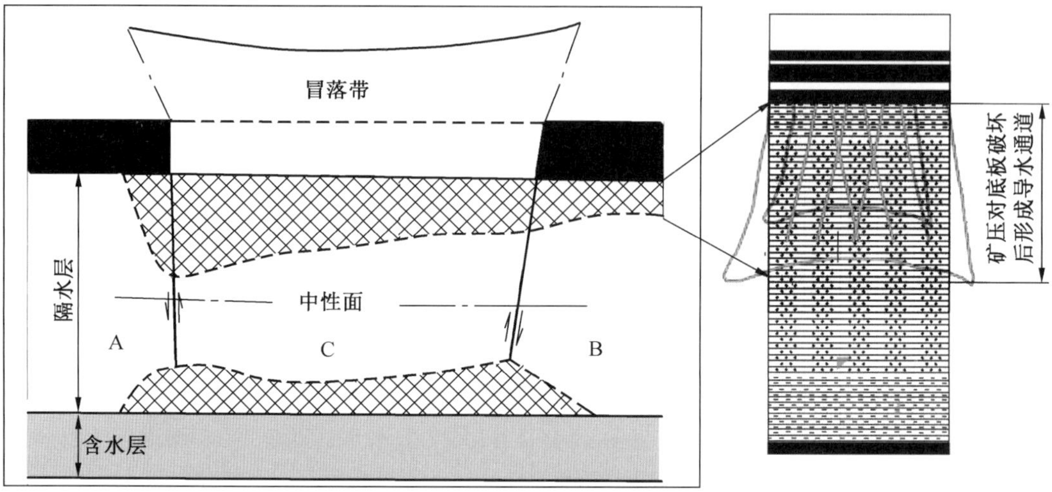

图1-4-8　工作面采后矿压对底板破坏范围

四、防治措施

（1）$11_下$号煤层304工作面上覆分布着9个该矿井长壁式回采工作面采空区和原金义煤矿采空区，11号煤层西翼主要大巷开拓过程中将部分S_2砂岩水排入8117工作面采空区和原金义煤矿旧巷，致使采空区积水增大，尽管矿方进行了探放，大部分积水已排出，但8117和8101工作面采空区低处暂未探通，仍不同程度的存在有积水，对$11_下$号煤层304工作面回采存在有一定的安全隐患。

（2）$11_下$号煤层304工作面回采所受主要水害威胁已基本解除。工作面回采前需进一步探放8117和8101工作面采空区积水，做到探通、放净。

（3）工作面回采前对$11_下$号煤层304切眼附近及其他低洼处补充钻探验证。

（4）工作面回采过程中，应保证临时排水系统能力。

第五节　强排系统及蹬空开采

案例一　山西省中阳荣欣焦化有限公司高家庄煤矿2号、4号煤层奥灰水带压开采建设应急强排系统的论证

一、问题提出

高家庄煤矿位于山西柳林泉域岩溶水系统中，批采2～10号煤层，所有煤层均带压，对于前期开采的2号、4号煤层是否需要建设应急强排水系统，有关部门于2017年7月14日组织专家进行了论证。

二、矿井概况

1. 矿井基本情况

高家庄煤矿位于中阳县县城西 20 km 处后山村一带，行政区划大部分属吕梁市中阳县下枣林乡、武家庄镇，少部分属柳林县陈家湾乡及金家庄乡。面积 39.976 km^2，批采 2 ~ 10 号煤层，生产能力 3.00Mt/a，批采标高 775 ~150 m（图 1 –5 –1）。

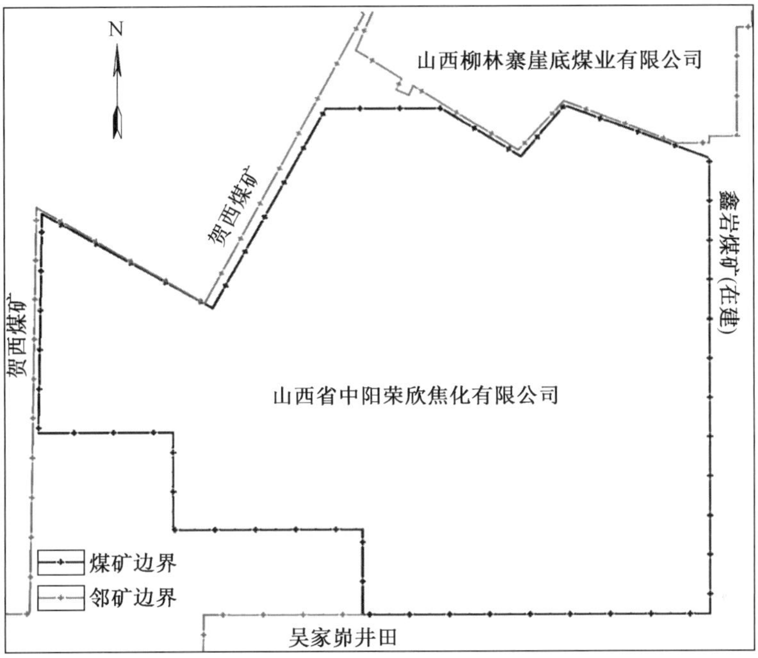

图 1 –5 –1 井田四邻关系图

2. 可采煤层情况

井田内主要可采煤层为 2 号、3 号、4 号、5 号、8 号、9 +10 号煤层，先期开采 2 号、4 号。

2 号煤层赋存于山西组中部，煤层层位稳定，煤层厚度为 0.20 ~2.42 m，平均为 1.21 m。4 号煤层赋存于山西组中下部，煤层厚度为 0.10 ~1.89 m，平均为 1.15 m，上距 2 号煤层 18 m 左右，井田内稳定大部可采。

3. 带压开采条件分析

（1）井田及邻近区域奥陶系含水层水文地质参数。

高家庄煤矿共有 3 个水文孔，分别为 10 号、11 号、新补 7 号孔，10 号水文孔揭露上马家沟组 30.5 m、11 号揭露上马家沟组 31.98 m、新补 7 号孔揭露上马家沟组 15.35 m。据施工的 10 号、11 号、新补 7 号钻孔对峰峰组与上马家沟组混合抽水试验资料，水位标高分别为 799.90 m、802.97 m、805.48 m；单位涌水量分别为 0.0048 L/(s · m)、0.0188 L/(s · m) 和 0.0084 L/(s · m)，奥陶系灰岩含水层在井田内富水性弱。

为满足本次论证资料的充分性，收集了井田内水源井及周边矿井的水文孔资料。①高家庄煤矿提供了位于井田内的两个水源井水文地质资料，其中位于矿井工业场地附近的二号水源井显示奥陶系上马家沟组含水层水位标高 786 m，单位涌水量为 0.14 L/(s·m)；南区深水井显示奥陶系上马家沟组含水层水位标高 786 m，单位涌水量为 0.12 L/(s·m)；②高家庄煤矿收集了距评价区域较近的贺西煤矿的 H4、H5 两个水文孔资料，其中 H4 水文孔终孔层位为峰峰组，H5 终孔层位为上马家沟组，H4 水文孔对峰峰组含水层进行了抽水试验，水位标高 809.48 m，单位涌水量为 0.000223 L/(s·m)；H5 水文孔对上马家沟组含水层进行了抽水试验，水位标高 806.78 m，单位涌水量为 0.2195 L/(s·m)，两孔显示奥陶系峰峰组灰岩含水层在井田周边富水性弱，上马家沟组灰岩含水层在井田周边富水性中等。根据高家庄煤矿奥灰等水位线图向贺西煤矿方向推断分析，本次论证取用的贺西煤矿 H4、H5 两个水文孔各类参数与高家庄煤矿总体水文地质特征基本一致，均处于奥灰岩溶水系统的同一水文地质块段，可以作为本次论证分析的参考依据。

通过井田内及周边矿井水文地质资料分析，高家庄煤矿井田及周边邻近矿井奥陶系石灰岩含水层富水性总体弱。

（2）2 号、4 号煤层隔水层条件。

根据《山西省中阳荣欣焦化有限公司高家庄煤矿 2、4、8、9 + 10 号煤层奥灰水带压开采评价报告》《山西省中阳荣欣焦化有限公司高家庄煤矿水文地质补充勘探报告》，2 号煤层底板至奥陶系顶面之间隔水岩层厚度在 141 ~ 183 m 之间，4 号煤层底板至奥陶系顶面之间隔水岩层厚度在 127 ~ 150 m 之间，岩性主要由泥岩、砂岩和石灰岩相互交替组成，泥岩具有较好的隔水性能，对奥灰水可起到隔水作用；砂岩和石灰岩具有较强的抗压性能。

（3）论证区域内构造条件。

根据该矿提供的建井地质资料，论证区域构造主要为单斜构造，矿井共揭露 9 条正断层、1 条逆断层，落差大多在 1 ~ 4.5 m。在早期揭露和后期的井下观测过程中未发现断层有淋水、导水现象，目前未发现陷落柱，井田地质构造属简单类型。

（4）2 号、4 号煤层带压情况。

根据《煤矿防治水细则》，经计算本次论证范围内 2 号煤层突水系数为 0.018 ~ 0.029 MPa/m，4 号煤层突水系数为 0.022 ~ 0.030 MPa/m，2 号、4 号煤层最大突水系数均小于受构造带破坏地段奥灰水突水系数临界值 0.06 m MPa/m，奥陶系岩溶水突水危险性极小。

4. *矿井排水系统*

该矿井采用直接排水系统。一期在西副井（一期混合井）井底建有主排水泵站，一、二盘区的涌水流入水仓后，由主排水设备经西副井（一期混合井）排至地面矿井水处理站。

该矿井设计涌水量 120 ~ 200 m^3/h，目前实际涌水量 20 m^3/h 左右，矿井主排水泵房内现安装有 D155 − 67 × 8 型多级离心泵 3 台，配 YB450S3 − 2 型防爆电动机，正常涌水时，一台工作，一台备用，一台检修；最大涌水时，两台工作，一台检修。主排水管路为两趟型号 D219 的无缝钢管，中央主、副水仓总容量 1180 m^3，可满足《煤矿安全规程》的要求。

一期采区设计涌水量 60 ~ 100 m^3/h，根据涌水量及排水高度，在轨道大巷尽头位置设置采区排水系统，选用 BQS100－22×3－37 型矿用隔爆型排沙潜水电泵 3 台，配 YBQS 型防爆电动机，37 kW、660 V、3000 r/min，排水管路选用 2 趟型号 D159×5 煤矿井下用纤维增强树脂覆层复合无缝钢管。

根据山西地宝能源有限公司编制的《山西省中阳荣欣焦化有限公司高家庄煤矿矿井水文地质类型报告》，2 号、4 号煤层矿井水文地质类型为中等。

三、原因分析

根据《煤矿防治水细则》第九十六条“水文地质类型复杂、极复杂或者有突水淹井危险的矿井，应当在井底车场周围设置防水闸门或者在正常排水系统基础上另外安设由地面直接供电控制，且排水能力不小于最大涌水量的潜水泵排水系统。不具备形成独立潜水泵排水系统条件，与正常排水系统共用排水管路的老矿井，必须安装控制阀门，实现管路间的快速切换。”

根据矿方提供的各类地质及水文地质资料，该矿 2 号、4 号煤层矿井水文地质类型为中等，现有一、二盘区大巷往北的 2 号、4 号煤层隔水层厚度较大，构造简单，含水层富水性弱，该范围内 2 号煤层最大突水系数 0.029 MPa/m，4 号煤层 0.030 MPa/m，均小于受构造破坏地段奥灰水突水系数临界值 0.06 mMPa/m，发生奥灰含水层突水的危险性极小，现有排水系统能够满足矿井正常开采情况下矿井排水的需要，开采该区域不必建设抗水灾应急强排系统。

四、防范措施

（1）2 号、4 号煤层开采底板隔水层厚度较大，掘进、回采期间造成底板出水主要是构造（隐伏构造）导水，生产过程中应加强对开采区域构造及其导水性的探查。如有构造导水，进行注浆封堵。

（2）合理布置工作面（方向、长度、推进速度等），尽量减少工作面采动后采场应力与构造应力叠加，防止构造活化造成矿井突水事故发生。

（3）该矿井田面积大，有存在未发现的断层、陷落柱、裂隙发育地段等不良地质体的可能，矿方应采用三维地质、地面电法、井下探查等综合手段查明构造条件及水文地质条件，提前制定专项安全技术措施。

案例二 山西西山煤电股份有限公司西曲矿南翼强排水系统建设的咨询论证

一、问题提出

西曲矿以北 983 大巷和西 983 大巷将井田划分为南北两翼。北翼各工作面的采空积水可以通过北 983 大巷和西 983 大巷排水渠自流至副平硐排出地面。南翼开采过程中的涌水需要通过排水系统来实现排出。该矿由于小煤矿多，采空区积水情况不清楚，矿井水文地质类型定为复杂，按照《煤矿防治水细则》，水文地质类型复杂的矿井需要建强排水系统。该矿在南四水仓有 5 台 BQS100－150－90 型潜水泵，排水到大巷水沟后沿平峒自流出井；该排水系统是否可以满足强排的要求？就此问题，矿方于 2018 年 12 月 12 日进行了咨询论证。

二、矿井概况

1. 矿井基本情况

西曲矿位于古交市汾河北岸，行政隶属于古交市管辖。井田面积 31.0073 km^2，批采 03~10 号，生产规模 300 万 t/a。

地层基本上为向南偏西方向倾斜的单斜构造，分 13 个盘区开采。由于煤层埋藏浅、煤层露头多，小煤矿开采非常便利，经过近几年的关闭整合，西曲矿及周边共关闭小煤矿 68 座（有证小煤矿 64 座，联办煤矿 4 座），其中井田内关闭小煤矿 45 座。小煤矿主要分布在北部、东部、西南部，破坏区范围主要位于上组煤，集中在南二、南四、南五、南六、南七、南八、北二、北三、北四、北五盘区，其中北二盘区及东部原有小煤矿主要开采 8 号、9 号煤层，其余大部分开采 2+3 号、4 号煤层，各矿均存在不同程度的越界生产现象。

2. 水文地质条件

西曲井田可划分为四大含水岩组，即第四系松散层孔隙含水岩组，二叠系砂岩裂隙含水岩组，石炭系砂岩夹薄层灰岩裂隙含水岩组及奥陶系岩溶裂隙含水岩组。

（1）松散层孔隙含水层。主要分布于汾河河谷，单位涌水量 4.22~8.76 L/(s·m)，富水性强。

（2）煤系地层裂隙含水岩层。主要有二叠系下石盒子组、山西组及石炭系太原组，单位涌水量 0.033~0.16088 L/(s·m)。

（3）奥陶系岩溶裂隙含水岩组。主要含水地层为奥陶系峰峰组及上马家沟组，钻孔单位涌水量 0.0018~7.91 L/(s·m)，含水层水位标高在 880~930 m，西南部为 880 m，东北部为 930 m，岩溶水流向大致为自东北向西南方向。井田内可采煤层仅在井田西南角小范围奥灰水头高于煤层底板标高，已弃采，因此开采煤层不带压。

（4）采空区积水评价分析。目前井田 2+3 号煤层绝大部分已采空，4 号煤层基本采空；8 号煤层在南三、南四、南五、北一、北三、北四盘区形成大量的采空区；9 号煤层北一、南一形成少量采空区。2+3 号、4 号、8 号、9 号采空积水面积达到 52.22 万 m^2，积水量 63.99 万 m^3。

（5）矿井涌水量。2018 年矿井涌水量为 198~310 m^3/h。南翼正常涌水量 100 m^3/h，最大涌水量为 200 m^3/h；北翼最大涌水量 110 m^3/h。

3. 排水系统

矿井涌水主要由砂岩裂隙水、太灰水、老空水及其他水组成。矿井正常涌水量 199.41 m^3/h，最大涌水量为 257.87 m^3/h。其中南翼盘区最大涌水量为 211.29 m^3/h，正常涌水量为 130.51 m^3/h；北翼盘区最大涌水量 110.99 m^3/h，正常涌水量 64.06 m^3/h。

井下无集中主、副水仓，南、北翼大巷均向副平硐方向倾斜，采用 3‰坡度水沟自然排水。矿井排水主要是采、掘工作面涌水经水泵抽出或自然流出，再经排水管或斜坡水沟排至 +983 水平运输大巷排水沟（下山采掘时采用水泵将涌水抽至大巷），井下涌水自流至副平硐口流出地面。

南四盘区建有南四水仓和南四 9 号煤泄水巷水仓，南四水仓最低标高 905 m，水仓容积 1800 m^3，水仓安设有 5 台地面直接供电控制的 BQS/100－150/5－90/NS 煤矿用隔爆型潜水电泵，其中 2 台工作，2 台备用，1 台检修；南四 9 号煤泄水巷水仓最低标高 882 m，水仓容积 1200 m^3，水仓安设有 3 台 BQS200－175－200 型矿用隔爆型潜水电泵，其中 1 台工作，1 台备用，1 台检修。排水管路全部采用两趟 8″钢管将水排放至南 983 大巷口处水沟自流至地面（图 1－5－2）。

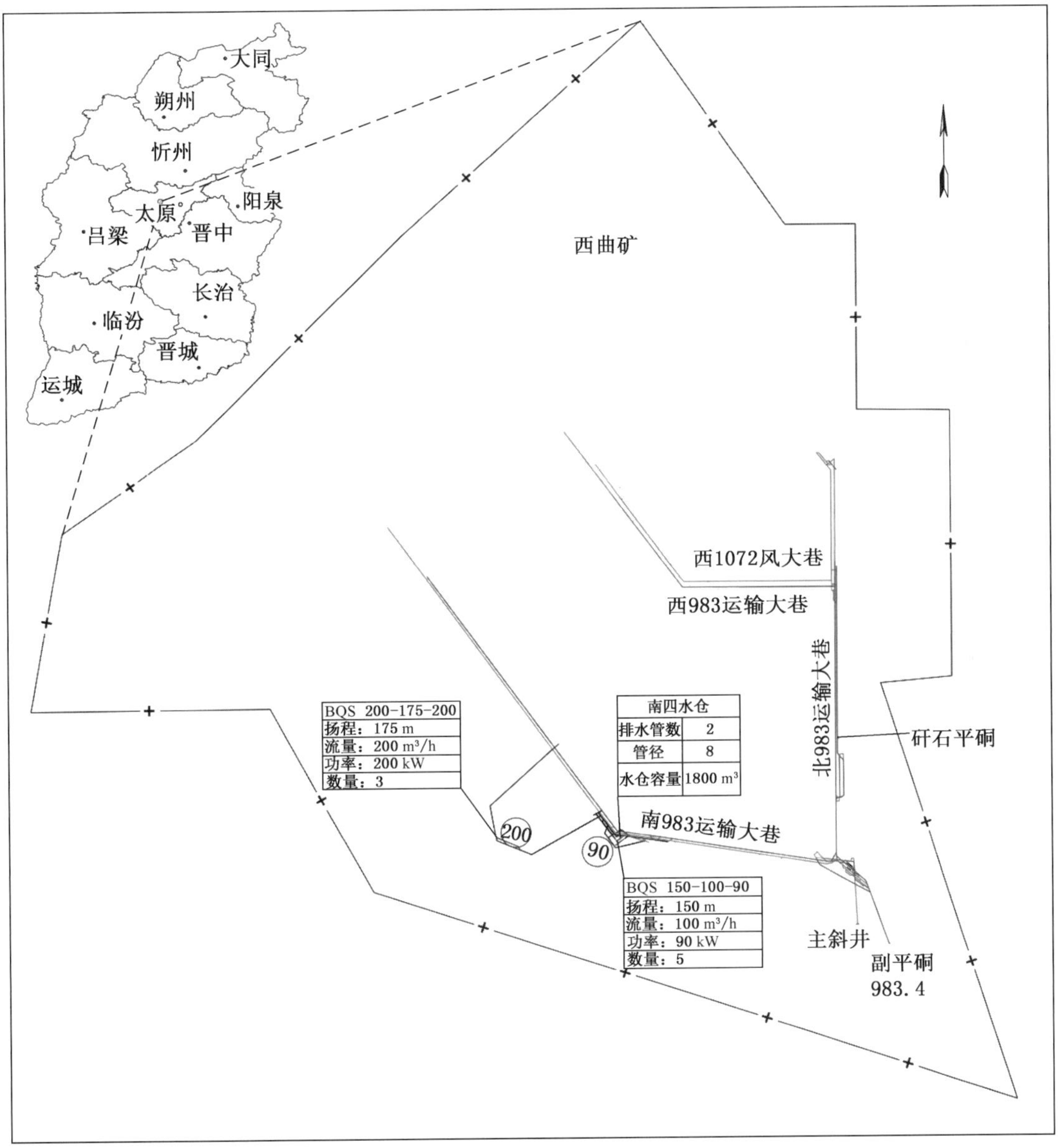

图 1－5－2 矿井位置及排水系统简图

南五盘区设有南五水仓，南五水仓最低标高 960 m，水仓容积 1100 m^3，水仓安设有 3 台 75 kW5DA8×7 型矿用隔爆型离心泵，其中 1 台工作，1 台备用，1 台检修。排水管路采用一趟5″钢管和一趟6″钢管，水仓积水全部排放至南983大巷口处水沟自流至地面。

三、原因分析

（1）强排水系统必须首先明确解决什么问题？是底板水、老空水还是地表水？

《煤矿防治水细则》第九十六条“水文地质类型复杂、极复杂或者有突水淹井危险的矿井，应当在井底车场周围设置防水闸门或者在正常排水系统基础上另外安设由地面直接供电控制，且排水能力不小于最大涌水量的潜水泵排水系统。”由此理解，强排水系统是取代防水闸门的，主要目的是保护主水泵房。在山西造成突水（含水层水的突然涌出）淹井的90%以上矿井是奥陶系底板含水层，可以理解为解决底板水问题。但设定的条件又是水文地质条件复杂、极复杂的矿井，这就与水文地质类型划分的六大项八小项都有关系，特别是老空水分布状况，极易划分为复杂。西曲就属于老空水不清的类型。

（2）安装在什么位置比较合适？按照水往低处流的原理，强排应安装在现状开采区域的最低处，强排水系统应当是随着采掘水平的延深而移动的，这样才能真正起到保护矿井不被淹没的作用。将强排水系统与主排水系统放一起，由于主排水系统不一定在矿井的最低处，而是在井底车场，一般在开采区域的高处，一旦突水，首先淹没主排水系统以下的开采区域，起不到保护主排水系统的作用，如果在主排水系统内设强排水系统，倒不如在主排水系统中多安装几台水泵。

（3）强排水系统的排水量设置多大？按照《煤矿防治水细则》第九十六条要求不小于矿井的最大涌水量。有的矿井煤层埋藏深度大，受降水影响较小，矿井最大涌水量不大，但底部奥陶系岩溶含水层富水性较强，一旦突水水量较大，如果按照最大涌水量设定强排水量，有时起不到多大作用。因此，强排水系统的排水量设置应根据矿井突水含水层的水文地质条件来单独估算。

（4）西曲煤矿不带压，强排水系统主要是用来排放老空水的，老空水主要是通过探放来疏排的，流量可以通过阀门来控制，将疏放的老空水排入南四水仓，再由南四排水系统排至983水平运输大巷排水沟后自流至副平硐口排出地面。

四、咨询结论

西曲煤矿南四排水系统标高905 m，水仓容积1800 m^3，安设有5台由地面直接供电控制的BQS/100－150/5－90/NS煤矿用隔爆型潜水电泵，其中2台工作，2台备用，1台检修。南翼正常涌水量200 m^3/h，最大涌水量为200 m^3/h，排水泵、排水管路及排水能力均符合强排水系统的建设要求，目前运行正常。

案例三　柳林宏盛聚德煤业有限公司5号煤层一采区西侧地段蹬空开采咨询论证

一、问题提出

8号煤层80101工作面2014年回采完毕，5号煤层50106工作面巷道掘进期间发现80101工作面上部的5号煤层稳定可采，目前50106工作面巷道已经掘进到80101工作面上部的蹬空区，蹬空区内煤层和顶板较稳定，5号煤层是否可以蹬空开采？山西柳林宏盛聚德煤业有限公司2020年9月8日邀请有关专家进行了咨询论证。

二、矿井概况

1. 基本情况

山西柳林宏盛聚德煤业有限公司井田位于山西省柳林县聚财塔村，属柳林县成家庄镇管辖，由原山西柳林聚财煤业有限责任公司等9个煤矿重组整合而成。矿区面积16.4362 km^2，批准开采$4^{上}$~9号煤层，生产规模150万t/a（图1-5-3）。

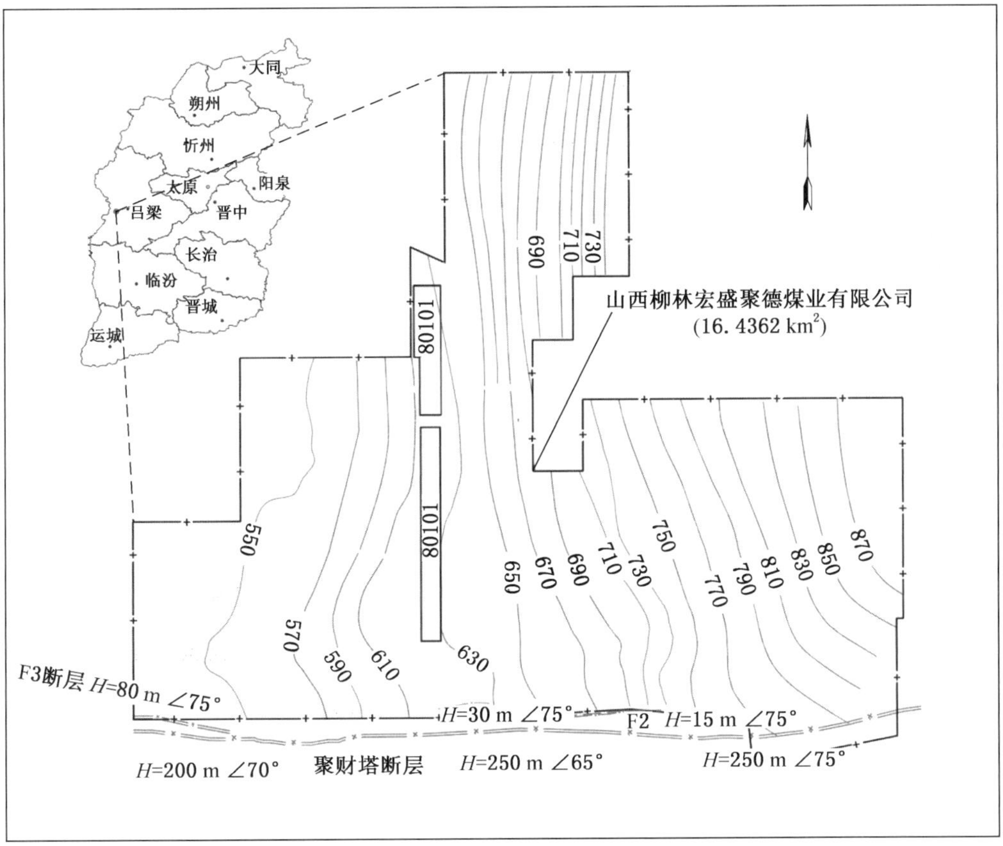

图1-5-3 矿井概况示意图

2. 煤层情况

8号煤层赋存于太原组中下部L1石灰岩之下，煤层厚度0~3.60 m，80101工作面平均厚度2.30 m，煤层结构简单。煤层向西倾斜，倾角近水平；上距5号煤层平均距离49.80 m。煤层顶板为灰岩，底板大多为泥岩、砂质泥岩，局部为泥质砂岩、炭质泥岩或细砂岩。根据5号煤层一采区西侧附近10号钻孔柱状图，5号和8号煤层之间发育有L1、L4、L5三层灰岩，总厚度约18.5 m，其余层位发育有泥岩、砂质泥岩、中粒砂岩、细粒砂岩和粉砂岩，岩层总体按中硬对待。

三、原因分析

根据山西省煤炭工业厅文件晋煤行发〔2014〕1561号文件《关于下达〈山西省煤炭工业厅煤矿特殊条件开采暂行管理办法〉的通知》，蹬空开采的煤矿应通过采动影响倍数法、“三带”判别理论、围岩平衡判别法等方法对蹬空开采的可行性做出初步判定。

1. “三带”判别法

蹬空开采是先开采下部煤层，待其上覆岩层稳定后，再开采上部煤层。下部煤层开采后，采空区上覆岩层产生移动变形，可能会形成“三带”，即垮落带、裂隙带和弯曲下沉带。

当上、下煤层的层间距小于或等于下煤层垮落带高度时，上煤层的结构将遭到严重破坏，无法进行蹬空开采；当上、下煤层间距小于或等于裂隙带高度时，上煤层结构发生中等程度的破坏，开采难度大，安全系数低，不建议蹬空开采；当上、下煤层间距大于下煤层的裂隙带高度时，上煤层只发生整体移动，结构不被破坏，可以正常蹬空开采。上煤层的开采应该在下煤层开采引起的岩层移动稳定之后进行。

该矿8号煤层平均厚度2.30 m，煤层顶板为灰岩，底板大多为泥岩、砂质泥岩，局部为泥质砂岩、炭质泥岩或细砂岩。根据《建筑物、水体、铁路及主用井巷煤柱留设与压煤开采规范》中的经验公式进行三带高度估算。公式如下：

垮落带（冒落带）高度：$$H_k = 6M + 5$$

导水裂缝带高度：$$H_{li} = \frac{100M}{0.23M + 6.1} \pm 10.42$$

$$H_{li} = 20M + 10$$

式中，H_k 为垮（冒）落带，m；H_{li}为导水裂缝带，m；M 为煤层采厚，m。

本工作面煤层近水平，倾角1°～7°。设计的8号煤层开采后垮落带高度18.5 m，导水裂隙带高度35 m。

“三带”判别法计算的5号煤层不在8号煤层采空后形成的垮落带范围内，蹬空开采可行。

2. 围岩平衡判别

下部煤层开采破坏了上覆岩层的原始应力平衡状态，必然引起上覆岩层的横向及纵向变形与破坏。上覆岩层的横向及纵向剪切变形表现为煤层发生台阶错动，破坏煤层结构，后者是影响蹬空开采的最大障碍。控制岩层台阶错动，属于采场围岩力学平衡问题。

采场上覆岩体在垂直方向分为垮落带、裂隙带及弯曲下沉带。从围岩平衡的观点，可以分为非平衡带（即垮落带）、部分平衡带（相当于裂隙带下位岩层）、平衡带（相当于裂隙带下位岩层之上的岩层）。沿走向可分为原始应力区、煤壁支撑区、离层区、重新压实区及稳定区。

裂隙带的上位岩层形成以“煤壁及上覆岩层—压实的矸石”为支撑体系的岩层结构。一般，岩层自身可形成不发生台阶错动的平衡岩层结构。裂隙带的下位岩层形成以“煤壁—支架—矸石”为支撑体系的岩层结构，这种岩层结构在支架参与下，可获得平衡。采场上覆岩层中具有一定厚度而强度较高的岩层是控制采场上覆岩层移动的关键。

在回采过程中，能够形成不发生台阶错动的平衡岩层结构的岩层称为平衡岩层，设从下煤层顶板至平衡岩层顶板的高度叫围岩平衡高度，则蹬空开采的基本准则是：当上覆岩层中有坚硬岩层时，上煤层位于距下煤层最近的平衡岩层之上；当采场上覆岩层均为软岩时，上煤层应位于裂隙带内，上煤层的开采应在下煤层开采引起破坏的岩层稳定之后进行。

该矿顶板为灰岩，泥岩，砂质泥岩，细、粉砂岩，中、粗砂岩，平均抗压强度 50.8 MPa，平均抗拉强度 2.2 MPa，抗剪内摩擦角 36°28′，凝聚力系数 5.6，岩石坚硬程度属中等坚硬岩。采用全部垮落法管理顶板蹬空开采必要的层间距 H_b 为

$$H_b = \frac{M}{K-1} + h$$

式中，M 为下煤层采高；K 为岩石碎胀系数，取 1.2；h 为平衡岩层本身高度，9.0 m。

5 号煤层与 8 号煤层中间的灰岩、细砂岩可作为平衡岩层，取 h 为 9.0 m。

计算的平衡岩层高度 20.5 m，两煤层间距 49.8 m，蹬空开采可行。

3. 采动影响比值判别

采动影响比值判别法亦称柱厚采厚比法，上行蹬空开采是否成功，主要取决于上下两层煤之间的层间距与下部所采煤层的厚度之比（采动影响倍数）、层间岩层结构与性质、下层煤的采煤和上、下煤层采煤间隔时间等，蹬空开采还必须考虑通风的影响。如果上煤层处于下煤层采空区裂缝带下，即上煤层及顶板岩层结构受到破坏，会给上层煤的开采带来极大困难，易发生工作面顶板垮落、底板局部坍塌等事故，同时还会引发上层煤的瓦斯与有害气体的增加，自然发火过程加速等通风、火灾事故。另外，下层煤的残留煤柱及上、下煤层开采的时间间隔，都会影响上层煤蹬空开采的进行。8 号煤开采以后要保证 5 号煤安全开采，最基本的条件就是确保 5 号煤处于 8 号煤的垮落带上部。当下部开采一个煤层时，用采动影响倍数（K）判别：

$$K = \frac{H}{M}$$

式中，K 为煤层间距与下覆煤层采厚之比；H 为煤层间距，取最小值；M 为煤层的开采厚度，取最大值。

我国煤层（群）蹬空开采的实践经验：

（1）当下部开采一个煤层时，采动影响倍数 $k > 7.5$，上煤层可正常进行掘进和采煤。

（2）根据上、下煤层之间岩性确定：坚硬岩层时，$K = 8$；中硬岩层时，$K = 7.5$；软弱岩层时，$K = 7$。先采下部一个煤层，一般可以不影响上煤层内进行正常准备和采煤。

（3）当蹬空区下部有多层煤已经开采时，采动影响倍数 $K > 6.3$ 时，上部煤层可以进行开采。

（4）上煤层位于下煤层开采的垮落带之上的一定高度时，可正常进行蹬空开采。

根据各区域上行顺序开采的生产实践及研究结果，当单层煤蹬空时，比值 K 大于 7.5 时，一般先开采下部煤层不会影响上部煤层正常回采。

该矿计算的煤层间距与下覆煤层采厚之比为 20.4，远远大于 7.5，故 5 号煤层蹬空开

采可行。

4. 蹬空开采的时间间隔

上煤层开采应在下煤层开采引起的岩层移动稳定之后进行。时间间隔短，压力大，对开采不利；时间间隔长，使垮落带、断裂带高度增加，但压力趋于稳定。根据国内蹬空开采实践经验进行估算：当上、下煤层之间为坚硬岩层时，上、下煤层开采的时间间隔 $t=0.1K+3$(月)；当上、下煤层之间为中硬岩层时，上、下煤层开采的时间间隔 $t=0.08K+3$(月)；当上、下煤层之间为软弱岩层时，上、下煤层开采的时间间隔 $t=0.06K+3$(月)。

5 号与 8 号煤层中间岩层按中硬岩层考虑，K 取 20.4，故其开采时间间隔：$t_5=0.08K+3=0.08\times20.4+3=4.6$ 个月，取 5 个月。

经过计算，上覆 5 号煤层要在下部 8 号煤层采空 5 个月之后进行回采。

四、咨询结论

（1）经初步计算，8 号煤层垮落带高度为 18.5 m，导水裂隙带高度 35 m，5 号煤层位于 8 号煤层裂隙带上部，靠近整体移动带位置，根据采动影响倍数法计算 K 值为 20.4，远大于 7.5，进行蹬空开采是可行的。

（2）根据矿方从 5 号煤层向 8 号煤层施工的垂直钻孔探测，45 m 处出现漏水（位于垮落带内），倾斜钻孔探测，垂直深度 20 m 处出现漏水（位于导水裂隙带内），说明 80101 工作面采空区中部顶板已基本压实，但工作面煤柱影响区尚有裂隙存在。

综上所述，8 号煤层上覆岩层已经稳定压实，5 号煤层蹬空开采是可行的。但 5 号煤层工作面开切眼应避开 8 号煤层煤柱影响区，在蹬空区掘进巷道时要加强支护，采煤工作面要加强顶板管理，制定防止煤壁片帮和端面漏冒的措施。

五、防范措施

（1）5 号煤层开采前，必须对上覆 4 号煤层采空区积水及同层采空区积水进行预先探放，生产过程中要坚持“预测预报，有掘必探，先探后掘，先治后采”的防治水方针。

（2）5 号煤层底板裂隙沟通 8 号煤层采空区可能有瓦斯或其他有害气体涌出，要加强监测，制定措施，确保安全生产。

第六节　陕西省黄陇侏罗纪煤田彬长矿区某矿大水矿井介绍

前面介绍的基本是山西省省内的煤矿，有个别省外的，总体来看矿井涌水量都不大，下面介绍大水矿井。作者于 2022 年 8 月 17 日受邀前往甘肃庆阳审查某煤矿的项目，接触了我国西北地区侏罗纪煤矿的水文地质条件。该矿预测 2024 年矿井最大涌水量 7895 m^3/h，井下安装大功率水泵 75 台。

一、矿井概况

该矿位于陕西彬长矿区西北部，批准开采的煤层为 $4^{上}$、4^{-1}、4 煤层，开采标高 +370 ~ −30 m，煤种为不黏煤。

井田为梁塬地貌，北部、东部边缘为泾河河谷，西南边缘为黑河河谷。地势总体呈南高北低、西高东低之势。

矿区河流水系以泾河为骨干，呈羽状分布，共有大小 11 条河流汇入，如图 1－6－1 所示。泾河是渭河的最大支流，发源于宁夏六盘山东麓。泾河干流总体自西北流向东南，流经北极镇雅店村进入彬县境内，年平均流量 57.60 m^3/s，洪水期为每年的 7 月、8 月、9 月份，最大洪峰 15700 m^3/s(1911 年)，枯水期最小流量 1 m^3/s(1973 年)。矿区内泾河含沙量多年平均为 155 kg/m^3，平均年输沙量为 28300 万 t。

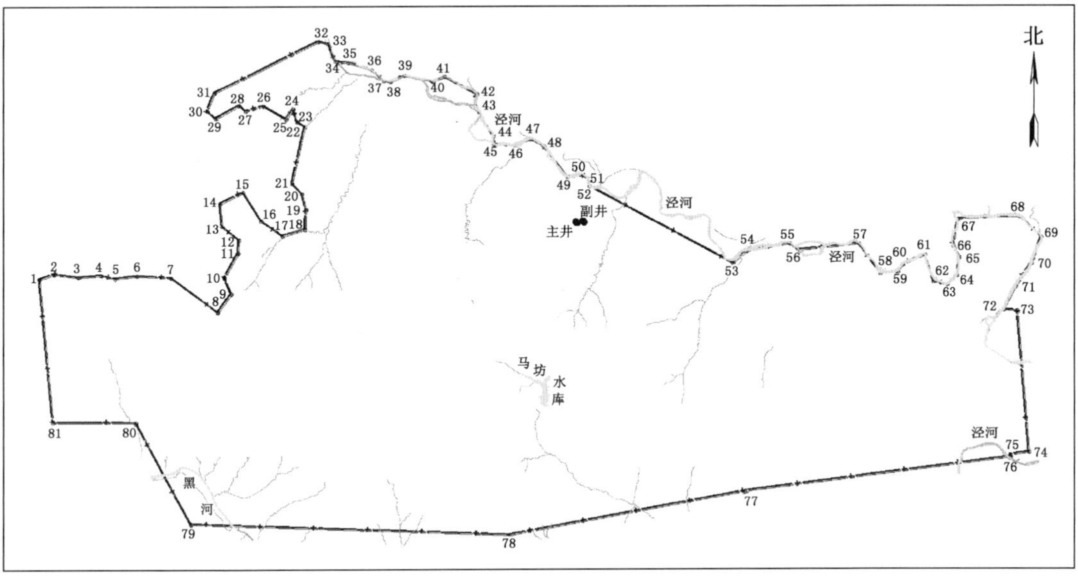

图 1－6－1　区域水系示意图

井田的北部、东部边缘为泾河阶地，泾河水质类型为 $Cl \cdot HCO_3 \cdot SO_4 - Na \cdot Mg \cdot Ca$、$Cl \cdot SO_4 \cdot HCO_3 - Na \cdot Ca \cdot Mg$、$Cl \cdot SO_4 \cdot HCO_3 - Na \cdot Mg \cdot Ca$ 型，矿化度 0.832～0.982 g/L。鸭儿沟流量较小，为本区南部外侧主要沟流，从南侧由西向东流过，直接汇入泾河。黑河水从井田西南角流过，水质较泾河优。

二、含煤地层及水文地质条件

1. 煤层情况

4 煤厚 0.55～17.80 m，平均 9.13 m；可采区煤厚 0.90～17.80 m，平均 9.34 m。属较稳定特厚煤层。

煤系延安组地层上部有侏罗系直罗组、安定组及白垩系宜君组、洛河组、华池组环河组等。

2. 水文地质条件

（1）井田内含水层。

井田内含水层主要有第四系全新统冲、洪积层孔隙潜水含水层（Ⅰ），第四系中更新统黄土孔隙～裂隙潜水含水层（Ⅱ），新近系砂卵砾含水层段（Ⅳ），白垩系下统华池组砂岩裂隙含水层段（Ⅴ），白垩系下统洛河组砂岩孔隙～裂隙承压含水层段（Ⅶ），白垩系下统宜君组砾岩裂隙含水层段（Ⅷ），侏罗系中统直罗组砂岩裂隙承压含水层（Ⅹ），侏罗系中统延安组煤层及其顶板砂岩承压含水层（Ⅺ）、三叠系上统胡家村组砂岩裂隙含水层（ⅩⅢ）（图1－6－2）。

图1－6－2　含隔水层水文地质结构示意图

（2）对矿井涌水量影响最大的是白垩系下统洛河组砂岩含水层。

该含水层全区分布，井田内未见出露。由各粒级砂岩、砂砾岩组成，以中～粗粒砂岩为主要含水层段。厚度109.32～555.88 m，平均379.36 m。厚度总体变化规律为西北厚而东南薄。井田东南部厚300～380 m，西部及北部厚为380～430 m，井田中部前期开采一、二、三盘区洛河组含水层厚度为318.00～509.93 m，平均399.54 m。据各期勘查的水文孔抽（放）水试验成果，单位涌水量0.013～2.288 L/(s·m)，属富水性中等～强。勘探及井检时期河谷地段水头高出地表16.10～36.20 m，水质类型 $Cl\cdot SO_4-Na^+$ 型，矿化度 3.547～4.730 g/L，水温 20～27 ℃。2015 年地下水水位标高 +923.15～+932.53 m，2019 年底地下水水位标高 +723.01～+758.78 m。

（3）矿井涌水量与多年降水量对比。

煤矿 2013—2020 年矿井年平均正常涌水量 17.0～3494.9 m^3/h。对比 2013—2020 年降水量观测资料可以看出，矿井涌水量与降水量无明显关系，如图 1－6－3 所示。

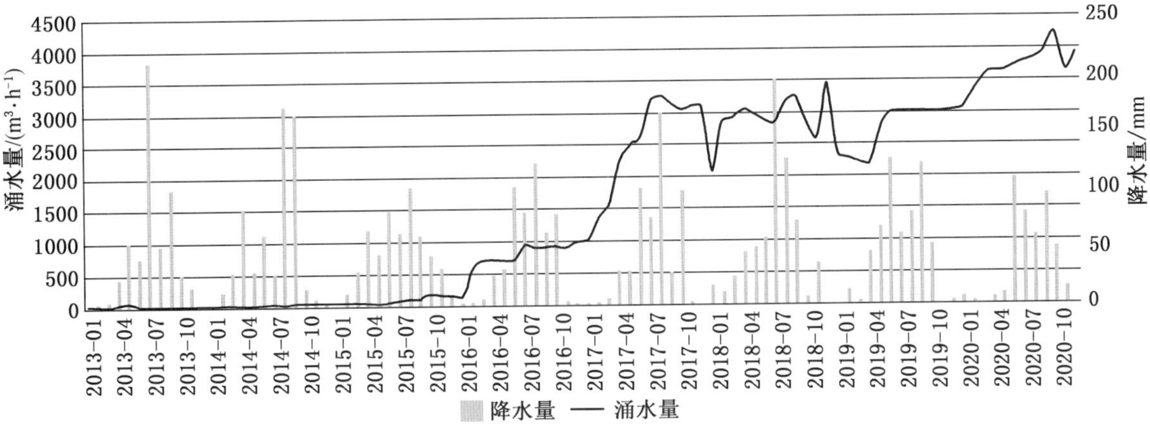

图 1－6－3 矿井涌水量与降水量曲线图

综上所述，大气降水、地表水与矿井涌水无直接关系，大气降水与地表水是矿井的间接充水水源。

3. 矿井充水通道

导水裂隙带是井田内受威胁含水层的主要导水通道之一。

101 工作面煤层顶板“两带”探查研究报告表明，101 工作面煤层回采顶板导水裂隙带发育高度随煤层采高增大而增大，导水裂隙带裂采比为 20～38 倍。

三、矿井涌水量构成

1. 矿井总涌水量变化特征

矿井充水水源主要来自侏罗系延安组、直罗组及白垩系洛河组下段含水层。2013—2020 年矿井平均涌水量 17.0～2902.1 m^3/h，多年总平均涌水量 1288.9 m^3/h，最大涌水量 4249.4 m^3/h（2020 年 10 月），见表 1－6－1 及图 1－6－4。

表 1－6－1 矿井历年涌水量统计 m^3/h

月份（平均或最大涌水量）	年份							
	2013	2014	2015	2016	2017	2018	2019	2020
1		5.3	35.8	132.5	1006.0	2903.8	2333.8	3063.2
2		20.9	38.9	582.3	1343.1	2878.1	2300.0	3332.6
3		9.4	46.8	700.0	1552.0	2936.5	2263.4	3553.1

表 1-6-1（续） m^3/h

月份（平均或最大涌水量）	年份							
	2013	2014	2015	2016	2017	2018	2019	2020
4	35.3	10.0	39.0	719.6	2159.4	3061.0	2235.4	3661.2
5	53.3	16.3	28.0	710.5	2487.9	2967.1	2710.0	3660.4
6	5.5	24.3	45.3	704.7	2600.9	2884.7	2992.6	3742.1
7	10.8	33.8	66.1	944.8	3180.1	2839.0	3006.8	3800.1
8	10.5	29.1	98.0	895.6	3263.7	3176.8	2982.4	3837.4
9	15.2	44.4	98.0	904.4	3156.4	3239.8	3007.6	4003.4
10	9.7	37.2	173.8	921.1	3051.4	2882.6	3021.0	4249.4
11	8.6	41.0	149.0	909.7	3103.9	2601.5	3020.1	3670.7
12	4.0	37.9	148.2	987.6	3109.1	2454.3	3047.1	3922.7
平均涌水量	17.0	25.8	80.6	759.4	2501.2	2902.1	2743.4	3708.0
最大涌水量	53.3	44.4	173.8	987.6	3263.7	3239.8	3047.1	4249.4

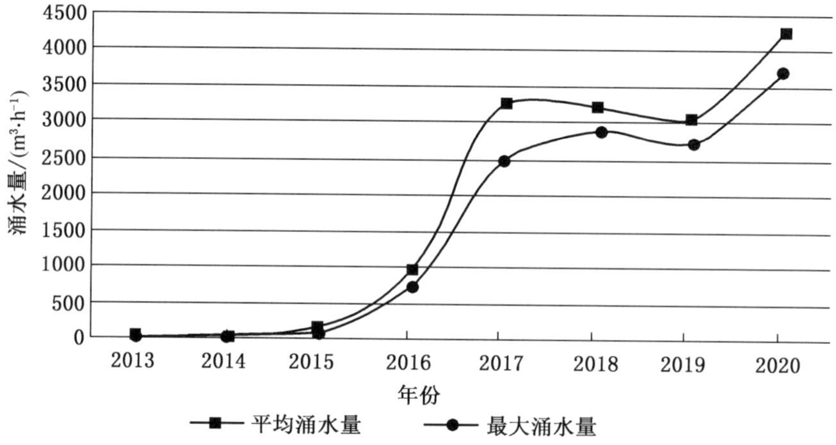

图 1-6-4 矿井历年涌水量曲线图

2013 年 4 月—2015 年 11 月为矿井建井期间，矿井涌水量整体较低，2015 年 12 月—2018 年 10 月为矿井试生产期间，涌水量处于稳定上升状态，总体上随着井巷长度的增加及波及上覆洛河组含水层范围的扩大，矿井涌水量呈逐年上升的趋势。2018 年 10 月 15 日—2019 年 5 月 1 日，由于矿方停止了采煤工作面的回采工作，矿井涌水量有一定幅度的减小。2019 年 5 月—2020 年 12 月，矿井正式投产后，采掘活动揭露含水层面积增加，导水裂隙带导通上部含水层的地段也在增加，矿井涌水量有一定的上涨。可以看出，随着回采工作面的逐渐增多，矿井涌水量呈现持续增大的趋势。

2. *矿井涌水规律*

矿井充水形式有掘进涌水、工作面顶板涌水两种。顶板涌水多出现在工作面回采过程中，当工作面推过后，顶板水进入采空区集中流出。矿井涌水规律如下：

（1）井巷开拓期间，矿井涌水量随着巷道长度的增加呈缓慢上升趋势。建井期间，矿井涌水量主要由井筒和巷道涌水量组成，井筒涌水量比较稳定；随着巷道长度的增加，揭露的含水层面积增大，巷道涌水量相应增大，因而矿井涌水量增大，但这种关系不是十分明显。含水层面积揭露到一定程度，矿井涌水量将会趋于稳定，而不随含水层揭露面积的增加而增大。

（2）工作面采高越大，导水裂隙带发育高度波及白垩系洛河组下段含水层越厚，矿井涌水量越大。

（3）新盘区开采的初期涌水量较大，之后随着揭露面积的不断扩大，涌水量逐渐稳定至衰减。

（4）向斜轴部的工作面涌水量较大，防治水难度也较大。

（5）矿井涌水量与地表水、大气降水无关系。

回采工作面开采后，煤层顶板垮落，顶板以上一定高度范围内的含水层水沿导水裂隙带涌入矿井。随着开采的工作面增加，导水裂隙带导通上部含水层的地段也在增加。

预计 2024 年矿井正常涌水量为 5263 m^3/h，最大涌水量按正常涌水量的 1.5 倍计算，为 7895 m^3/h。

四、排水系统

1. 中央泵房

井下中央泵房共安装 18 台水泵，其中 MD420－96×10B 水泵 11 台，MDS450－95×10（P）水泵 2 台，MD500－85×11E 水泵 5 台；配套安装 18 台功率为 1800 kW 的电机，8 用 7 备 3 检修。泵房共安装排水管路 12 趟，其中 ϕ325 mm×22 mm 排水管路 9 趟，ϕ426 mm×22 mm 钻孔管路 3 趟。正常排水能力 3820 m^3/h，最大排水能力 6760 m^3/h。该泵房将矿井水直排地面。中央泵房共计使用 3 个水仓，内水仓、外水仓和清水仓，水仓容积为 16374 m^3。

2. 一二盘区泵房

共有 3 个泵房和 2 个清水排水点，共计使用 5 个水仓，内水仓、外水仓、扩容 1 号水仓、扩容 2 号水仓及南翼水仓，水仓总容积为 17868 m^3。

（1）一二盘区 1 号泵房。泵房内安装 10 台，其中 6 台 MD500－57×3 型多级泵，4 台 BQ1450－159/4－900 型潜水泵。卧泵 2 用 3 备 1 检修，潜水泵应急排水。共计 4 趟排水管路，1 趟 PE450 mm 复合管、1 趟 ϕ426 mm×10 mm（同二盘区并联泄水巷泵房共用）和 2 趟 ϕ377 mm×9 mm 无缝钢管，正常排水能力为 1000 m^3/h，水泵最大排水能力为 2500 m^3/h，该泵房将一二盘区涌水排放至中央泵房水仓。

（2）一二盘区 2 号泵房。泵房共安装 5 台 MD420－96×11 型卧式离心泵，配套安装 5 台功率 1800 kW 的电机，2 用 2 备 1 检修。使用 2 趟 ϕ426 mm×25 mm 排水管路。正常排水能力 840 m^3/h，最大排水能力 1680 m^3/h。该泵房将一二盘区涌水直排地面。

（3）一二盘区 3 号泵房。泵房内共计安装水泵 11 台，其中 MD650－80×12(P)型 10 台，MD680－100×9(P)型 1 台，配套安装 11 台功率 2500 kW 电机，5 用 4 备 2 检修。共安装 4 趟 ϕ480 mm×25 mm 排水管路。正常排水能力 3250 m^3/h，最大排水能力 5224 m^3/h。

该泵房将一二盘区涌水直排地面。

（4）101泵房。该泵房为盘区接力泵房，安装4台MD500－57×2型多级泵，2用1备1检修。共安装1趟ϕ426 mm×10 mm排水管路。正常排水能力1000 m^3/h，最大排水能力1165 m^3/h。该泵房将一二盘区涌水排至中央水仓。

（5）二盘区泄水巷泵房。该泵房为盘区接力泵房，安装9台MD500－57×2型多级泵，4用3备2检修。共安装3趟ϕ426 mm×10 mm排水管路。正常排水能力2000 m^3/h，最大排水能力3495 m^3/h。该泵房将一二盘区涌水排至中央水仓。

3. 西区泵房

西区直排泵房共计安装MD650－80×12(P)型水泵11台，DF680－100×10P型水泵1台，配套2500 kW电机，5用5备2检修。共安装4趟ϕ480 mm×25 mm排水管路。泵房正常排水能力3250 m^3/h，最大排水能力5030 m^3/h。共计使用2个水仓，西区内水仓和外水仓，容积12856 m^3。

4. 抗灾泵房

抗灾泵房共计安装7台水泵，其中BQ550－850/10－2000/W－S型抗灾潜水泵3台，BQ1100－850/10－4000/W－S型抗灾潜水泵4台，使用3趟ϕ325 mm×22 mm和4趟ϕ426 mm×22 mm管路排水。抗灾排水能力6050 m^3/h。

五、矿井水害

1. 顶板含水层水害

矿井主要水害威胁来自顶板水，包括白垩系洛河组含水层水和侏罗系直罗组、延安组含水层水。

（1）白垩系洛河组含水层水害。白垩系洛河组含水层为矿井的间接充水含水层。洛河组含水层全井田分布，井田内洛河组厚度为255.52～762.96 m，平均398.68 m。岩性多为砂岩、砂砾岩，以中～粗粒砂岩为主。据水文钻孔抽水试验：单位涌水量为0.2312～2.248 L/(s·m)，大部地段富水性中等，局部地段富水性强；渗透系数0.0623～1.552 m/d。该含水层地下水径流条件较好，主要接受区域侧向径流补给，其次为潜水入渗补给，露头地带的降水入渗补给等；向河谷排泄，水井亦为其排泄方式之一。

白垩系洛河组含水层是矿井的主要充水水源，也是矿井主要水害威胁。从已回采工作面开采条件和矿井水情分析，工作面采煤活动形成的顶板导水裂隙带会导通洛河组下段弱富水含水层，洛河组含水层水会进入工作面，工作面涌水量和矿井涌水量均持续较大。涌水量持续较大，一方面加重了矿井排水系统负荷，另一方面大大增加了可能由于排水不畅导致安全事故隐患的风险。矿井工作面采煤受到顶板洛河组含水层水害威胁，威胁程度较严重。

（2）侏罗系直罗组、延安组含水层水害。侏罗系直罗组、延安组含水层为矿井的直接充水含水层。直罗组含水层，井田东南、东北及西北部厚度20～40 m，东部厚度10～20 m，中部厚度小于10 m，甚至缺失。岩性为浅灰绿色中～粗粒长石石英砂岩，夹灰绿色泥岩、砂质泥岩。底部常为浅灰绿色粗砂岩、含砾粗砂岩；顶部泥质增多，夹紫灰色泥岩。砾石成分为石英燧石。砂岩以长石石英砂岩为主，含少量石膏。据水文钻孔抽水试验：单位涌水量0.001950 L/(s·m)，渗透系数0.006879 m/d，富水性弱。

延安组含水层为4煤及其基本顶中粗粒砂岩、砂砾岩。井田东北、西北部厚度为20～50 m，中部、东南缺失，其余地段厚度10～30 m。据水文钻孔抽水试验：河谷地带水头高出地表15.80～95.70 m，单位涌水量0.00085～0.00381 L/(s·m)，渗透系数0.00271～0.0713 m/d，富水性弱。侏罗系直罗组、延安组含水层主要接受区域侧向径流补给，自西北向东南缓慢径流，地下水径流条件较差。

煤层开采后，直罗组、延安组含水层将被垮落带直接揭露，其含水层水将进入矿井。因其富水性弱，对矿井安全威胁较小，可采取加大矿井排水系统能力的办法解决。但因其富水性不均一，应预防局部地段短时间内出现较大涌水量的情况。

2. 采空区水害

截至2020年底，井田已完成8个工作面的回采，大多工作面留有泄水钻孔持续泄水，采空区积水量相对有限。经调查，井田内共有2处积水区，分别位于104工作面采空区和105工作面顺槽，积水总面积12416 m^2，积水总量21682 m^3。新回采工作面可能受到相邻工作面采空区积水的水害威胁。

3. 封闭不良钻孔水害

井田勘探阶段施工的钻孔，多数钻孔洛河组及以下层段存在水泥球和泥浆封孔现象，非水泥浆全孔封闭，在采煤活动破坏和扰动后可能产生导水性。截至2020年底，井田内尚有封闭不良钻孔119个，封闭不良钻孔导水也会成为矿井水害。

4. 构造导水

井下所见断层多以滴水、淋水为主，若断层导通主要含水层，则可能发生突水现象。因此断层导水造成矿井水患是矿井的水害类型之一。

六、矿井主要出水点位置、突水量及处理措施

矿井在建设及生产过程中，共出现30 m^3/h以上的突水21次，详见下表1-6-2。主要充水水源为白垩系洛河组含水层水，最大突水发生在202工作面，最大突水量1821.0 m^3/h，突水水源均为白垩系洛河组含水层水，矿井时有突水，采掘工程、矿井安全受到洛河组水害威胁。

表1-6-2 井下突水点统计

编号	突水地点	突水时间（年-月-日）	充水水源	最大涌水量/($m^3 \cdot h^{-1}$)
1	风井回风道连接处	2013-05-07	洛河组	84.3
2	一盘区1号回风大巷	2015-09-10	侏罗系含水层	60.0
3	201运输顺槽	2015-11-07		218.0
4	101工作面	2016-01-30	洛河组	455.5
5	101工作面	2016-03-15		869.2
6	101工作面	2016-03-28		1199.0
7	201工作面	2016-07-08		272.0
8	201工作面	2016-11-21		427.0
9	103工作面	2016-12-17		259.0

表1-6-2（续）

编号	突 水 地 点	突水时间（年-月-日）	充水水源	最大涌水量/($m^3 \cdot h^{-1}$)
10	103工作面	2017-03-01	洛河组	690.0
11	202工作面	2017-03-27		610.0
12	202工作面	2017-04-09		1013.0
13	202工作面	2017-08-06		1566.0
14	202工作面	2017-11-02		1821.0
15	102工作面	2017-07-17		228.0
16	102工作面	2017-08-01		610.0
17	104工作面	2018-04-17		324.0
18	204工作面	2019-05-14		276.0
19	204工作面	2019-05-19		567.0
20	205工作面	2020-02-27		421
21	302工作面	2020-03-21		120

主井、副井、风井均采用冻结施工工艺，2013年5月7日上午7:40，风井施工人员发现井底西侧连接处门口上方有成股流水现象，随即进行查看，在回风大巷连接处，发现碹顶预埋打灰钢管（ϕ125 mm，位于碹拱中部，距碹门5.3 m）及碹头出现涌水，目测约44 m^3/h，立即向中煤36处项目部及正通煤业公司进行汇报，公司与中煤36处、监理等有关人员随即下井查看。10:30，发现水色变黑，伴有H_2S臭味，水量和水压变大。12:30，水量继续增大，水位已淹没巷道底板0.7 m，危及排水泵。为保证人员安全，公司下令撤人、停泵、停电。根据风井涌水量观测资料，此次突水峰值涌水量为84.3 m^3/h，出现在突水的当天，使风井总涌水量达到150 m^3/h。此次突水造成风井被淹事故。事故发生后，立即采取射孔注浆和井壁壁后注浆的措施进行封堵。由于采取注浆治理措施，以后涌水量逐渐衰减，到5月22日风井涌水量恢复到突水前的水平。

2015年9月10日，一盘区1号回风大巷迎头揭露断层（正断层，落差5 m）后，迎头出水，初始水量为0.2 m^3/h，水中带有泥沙，水量波动较大，10日17时最大水量为60 m^3/h，之后涌水量逐渐减小并稳定在12 m^3/h（水中带有泥沙）。三班专人加密观测水量，并每小时向矿调度室汇报1次涌水量和现场顶板变化情况，10月29日涌水量减小至3.9 m^3/h。11月14日涌水量减小至0.8 m^3/h。由于水中携带大量的泥沙，巷道内泥沙堆积，造成清淤和排水困难。对断层影响范围进行架棚支护，共24架。

2015年11月2日，201运输顺槽揭露F18断层，落差3 m，倾向4°，倾角75°，无水。之后，右帮断层面有少量水涌出，水量逐渐增大至3 m^3/h，由于顶板破碎，断层破碎带内大量泥质充填，受到水源的冲刷、浸泡和矿压的作用，顶板多次出现冒顶，大量岩块、煤粉涌出，在顶板上形成了一个较大的空硐。11月3日顶板再次冒顶，将导水通道堵死，迎头无水量涌出，11月7日上午9:10分左右，迎头发生巨响，瞬间迎头前方涌出大量水源，并携带大量煤泥、泥石，约218 m^3/h。之后水量迅速减小至4.2 m^3/h，最后稳定在1 m^3/h。巷道瞬间涌出大量岩块、煤粉，冲出的泥石将迎头以外约200 m范围内皮带架杆冲倒，综掘机移位。突水发生后增加排水设备，排水清淤，对断层冒顶段进行架棚，共 11 架。

自 2016 年试生产 101 工作面开始，101、102、103、104、201、202、203、204 工作面开采后导水裂隙带波及白垩系洛河组含水层，矿井突水频繁，最大突水发生在 202 工作面，最大突水量 1821.0 m^3/h。矿井涌水经水处理站处理，部分被回收利用，部分进行外排。

七、防治措施

（1）矿井成立有防治水领导小组，矿长任组长，办公室设在地测部。矿井防治水工作由矿总工程师统一负责，下设防治水副总工程师，成立有地测部。矿井制定有防治水岗位责任制和水文地质工作细则等规章制度。

（2）矿井编制有中长期防治水规划和年度防治水计划，编制有探放水措施，组建有探放水队伍，配置有探水钻机和连续测斜仪等设备，坚持按照“预测预报，有疑必探，先探后掘，先治后采”的防治水原则，开展探放水工作。

（3）矿井进行了井下地质与水文地质、矿井涌水量、地表河流流量观测。编制采掘工作面地质说明书，每个工作面编制有防治水方案。开展了地质与水文地质预测预报工作，定期开展隐患排查与治理，编制了各种地质与水文地质图纸、台账。

（4）矿井已采用 KJ117 水文动态监测系统和地测空间管理信息系统 V3.2，按时更新了矿井水文地质类型划分报告。

（5）围绕对生产影响较大的水文地质问题，开展了多期专题研究工作。

（6）矿井建设完善了主排水系统、应急排水系统和盘区排水系统。

（7）矿井购买了瞬变电磁仪等物探设备，对工作面实施了直流电法探测和瞬变电磁超前探测。采用井下钻探对地面三维地震推断的断层进行了验证。

（8）开展了两带观测和地表变形观测工作。

（9）配备有探放水钻机，成立有专业探放水队伍，专门实施顶板含水层和采空区水的探放工作。

第七节　湖南娄底冷水江财神坑矿业与湖南华润利民矿业纠纷案件咨询鉴定

2019 年作者李振拴在太原煤炭设计院受聘期间，应邀参加了太原煤炭设计院承担的“湖南娄底冷水江财神坑矿业有限公司与湖南华润利民矿业有限公司财产损害赔偿纠纷案之侵权案件”的咨询鉴定。

原告湖南娄底冷水江财神坑矿业有限公司以其煤矿被淹向湖南省娄底市人民法院起诉湖南华润利民矿业有限公司承担财产损失 82823250 元的赔偿。经取证咨询，2022 年 4 月湖南省娄底市人民法院二审判决驳回原告全部诉讼请求，被告方湖南华润利民矿业有限公司胜诉，一分未赔偿。

一、案件摘要

湖南华润利民矿业有限公司前身为湖南省涟邵矿业集团有限公司利民煤矿，下辖利民井和利北井。利民井于1969年9月建井，矿井建设规模60万t/a，平硐开拓，1975年3月投入试生产；利北井于1988年设计，建设规模45万t/a，1997年12月投产试采。2001年因矿井灾害严重、安全形势严峻等诸多原因，两个井全面停产，破产关闭，资产移交给娄底市国资委，一直保持矿井通风排水。2007年10月湖南华润煤业有限公司竞买了原利民煤矿采矿权，2008年华润煤业正式接管，成立了湖南华润利民矿业有限公司。采矿证号：C4300002009121130058549，生产规模为60万t/a，批准开采深度为+435～-300 m标高。矿区最低开采深度至-140 m水平，+50 m水平以上已基本采空。因受市场价格及安全风险系数高等多方面原因，转让后一直未能启动矿井建设和生产工作，只维持矿井通风和排水。

财神坑煤矿开办于20世纪60年代，系村办民营企业，生产规模为6万t/a，属煤与瓦斯突出矿井。采矿证号：C4300002009061120027180，有效期限为2012年10月31日至2015年10月31日，后经3次顺延至2016年10月30日；批准开采深度为+300～+80 m标高，分两个水平（+105 m、+80 m）开采，最低开采标高约+85 m。2014年6月15日安全生产许可证到期，2014年9月26日被注销，注销后矿井一直处于停产状态，只保持井下通风和排水工作。2017年11月正式关闭。

2016年7月5日华润利民煤矿做出停止排水决定并上报湖南省煤炭管理局、娄底市安全生产监督管理局、湖南省煤炭安全监察局娄底监察分局；2016年7月23日华润利民煤矿停止了-140 m水平排水工作；2016年10月底财神坑煤矿开始淹井；2017年2月20日财神坑煤矿被水淹至+133.57 m，井下全部被淹；2017年5月26日井下水位上升至+191 m（副斜井井口出水）；2017年6月底至7月经历了历史以来的特大降雨，利民矿区突发环保事件；2018年4月3日省政府召开专题会议，决定同意彻底关闭利民煤矿。

二、委托咨询鉴定的主要内容

第一项内容："就财神坑煤矿主张与华润利民煤矿形成水利通连的原因和责任进行鉴定。从原利民煤矿2003年破产关闭停止经营活动直至华润利民煤矿停止排水期间，财神坑煤矿在原利民煤矿采空区内从事煤炭开采经营活动是否应当根据《煤矿安全规程》的规定和《财神坑煤矿与华润利民煤矿矿界划让及开采安全协议》第3条的约定设置隔水煤柱？如财神坑煤矿主张在华润利民煤矿采空区内不具备设置国家规定标准的隔水煤柱的条件，其是否应当采取替代性的防隔水措施？财神坑煤矿未实施上述行为对两煤矿存在水利通连是否应当负有责任？"

第二项内容："财神坑煤矿排水系统设计是否符合《煤矿安全规程》及国家的、行业的设计规范？在财神坑煤矿主张与华润利民煤矿存在水利通连情况下，财神坑煤矿最大涌水量的设计是否合规？财神坑煤矿主张被淹是否与其排水系统设计的排水量不足或设计不合规存在因果关系？"

第三项内容："财神坑煤矿排水系统设计是否满足《财神坑煤矿与华润利民煤矿矿界划让及开采安全协议》第5条约定的独立性、完善性标准？独立性是否应当要求两煤矿的排水系统设计要以不存在通连关系为前提？完善性是否应当要求财神坑煤矿排水系统设计要考虑各种可能出现的或复杂情况下的排水能力设计，特别是因政府政策变化，高瓦斯矿井开采技术风险及企业经营不善导致利民煤矿关闭的情况？"

第四项内容：“财神坑煤矿排水系统是否按照设计方案安装排水设备？已安装的排水设备是否经过法定部门验收？是否取得法定机关颁发的许可证照？财神坑煤矿排水系统在生产期间及其主张 2014 年 6 月 15 日安全生产许可证到期停产之后是否正常工作？”

第五项内容：“是否对华润利民煤矿矿井充水的来源进行鉴定？财神坑煤矿主张被淹是否与华润利民矿区周边小煤矿违规无序开采及关闭后未进行矿山地表环境治理导致地表水大量进入华润利民煤矿矿井存在因果关系？”

第六项内容：“华润利民煤矿停止排水后的涌水量和水位上升速度如何？2016 年 7 月 23 日华润利民煤矿停止排水后财神坑煤矿排水设备及设施是否正常工作？财神坑煤矿是否遵照政府规定采取了应急预案？财神坑煤矿主张被淹与其怠于采取应急措施是否存在因果关系？”

根据委托内容开展了现场勘验及取证分析。

三、现场勘验

1. 财神坑煤矿

2019 年 8 月 1 日上午，我们一行 5 人，在财神坑煤矿代表吴玉清和华润利民煤矿代表李律师的陪同下，对财神坑煤矿进行了现场勘验。由于矿井井口均已封闭，不具备井下勘验条件，本次仅在地面工业场地及其周边进行勘验。主要场地勘验基本情况如图 1 －7 －1 所示。

(a) 财神矿已基本废弃的工业场地，堆放着陈旧设备

(b) 被冷水江人民政府于2017年11月封闭的财神矿的主斜井

(c) 被冷水江人民政府封闭的财神矿的回风井

(d) 主斜井井口旁一趟废弃的排水管路

图 1 －7 －1 财神坑煤矿

（1）工业场地：已基本废弃，堆放有陈旧设备（图1－7－1a）。

（2）主斜井：被冷水江人民政府于2017年11月封闭，井口旁有一座配电室（图1－7－1b）。

（3）回风井：被冷水江人民政府封闭，井口附近有一座废弃的绞车房（图1－7－1c）。

（4）排水管：主斜井井口旁有一趟废弃的排水管路（图1－7－1d）。

（5）出水点：场地下方东南部有一个积水坑，坑内积水分两趟管路分别进入污水处理厂。

2. 华润利民煤矿

2019年8月1日下午，原班人员对华润利民煤矿进行现场勘验。由于矿井井下被淹，井口均已封闭，不具备井下勘验条件，本次仅在地面工业场地进行勘验（图1－7－2）。主要场地勘验基本情况如下：

(a) 利民矿封闭的副斜井，井口有水涌出

(b) 利民矿封闭的主平硐，井口设有管路

(c) 利民矿矿井工业场地流出的被污染的水

(d) 矿井水处理厂

图1－7－2 华润利民煤矿

（1）副斜井：于2018年11月封闭，井口标高约 +189.5 m，井口有水涌出，设有一趟 ϕ325 mm×13 mm 管路（附有压力测试的阀门和压力表）。

（2）主平硐：于2018年11月封闭，井口标高约 +190.5 m，井口有水涌出，设有一趟 ϕ325 mm×13 mm 管路（附有压力测试的阀门和压力表）。

（3）矿井水处理厂：水处理厂规模 600 m^3/h，现处理厂入口水量为 285 m^3/h；矿井主副井涌水汇流到处理厂后，经净化处理，到达排放标准后排入升平河（图1－7－2d）。

四、取证分析

该案件的核心问题是财神坑煤矿批采标高高于华润利民煤矿，财神坑煤矿越界开采下部利民煤矿的煤层。2008年1月11日，娄底市国土局、煤炭局即煤安分局联合调查组关于利民、利北井田周边小煤矿调查及处理建议中写到“财神坑矿存在超深越界行为，责其在越界处砌永久封闭，并经有关部门验收”。本次咨询中财神坑煤矿不能提供有关部门的验收材料。

该区域，小煤矿很多，越界开采非常严重，由于财神坑开采标高高于华润利民煤矿，它在上部开采，矿井涌水全部自动流入下部的华润利民煤矿，财神坑煤矿开采时不用排水，华润利民煤矿一直在为财神坑煤矿排水。

华润利民煤矿于2001年3月停产后，依旧坚持抽排水17年。积水水位达不到财神坑煤矿开采标高，所以财神坑煤矿没有被水淹。自2016年7月23日华润利民煤矿经有关部门批准停止 −140 m 水平排水后，由于地表入渗补给充分，导致地下积水水位逐渐恢复上升，首先淹没华润利民井，再淹财坑神井。至2017年5月26日利民矿区到达一个补排相对平衡的状态，时间共延续251 d，此时正值雨季，利民矿区的涌水量一般在747 m^3/h，最大达1039 m^3/h，水位主要排泄标高在 +191 m，水位抬升幅度达331 m，此时华润利民煤矿及财神坑煤矿全部被淹。

财神坑煤矿2008年被查出的存在超深越界开采行为，政府部门和郴州华润煤业均要求退界并砌筑永久性密闭，但没有证据显示财神坑煤矿已经按照要求在越界开采处进行永久性密闭且验收通过。同时，财神坑煤矿没有向华润利民煤矿提供过采掘工程平面图，不能排除后续开采中财神坑煤矿仍然存在超深越界开采行为。

在论证内容中查找了国家有关的规范、规程、规定，并以此为依据，对上述六项要求内容进行了逐一答复。

五、咨询鉴定结论

（1）财神坑煤矿与华润利民煤矿存在水力通连的主要原因是存在超深越界开采行为，两座煤矿之间未设置足够尺寸和强度的防隔水煤（岩）柱或未采取其他替代性的防水隔离措施。财神坑煤矿在原利民煤矿采空区内从事煤炭开采经营活动应当根据《煤矿安全规程》和《财神坑煤矿与华润利民煤矿矿界划让及开采安全协议》第3条的约定设置隔水煤柱。如财神坑煤矿主张在华润利民煤矿采空区内不具备设置国家规定标准的隔水煤柱的条件，应当采取替代性的防隔水措施。财神坑煤矿未实施上述行为，对两煤矿存在水力通连应当负有责任。

（2）由于缺乏财神坑煤矿“矿井地质报告”“矿井初步设计”和“安全专篇”等资

料，只能依据相关资料描述进行鉴定。财神坑煤矿排水系统设计的排水泵、排水管路的数量和排水能力等均不符合《煤矿安全规程》及国家的、行业的设计规范。在财神坑煤矿主张与华润利民煤矿存在水力通连情况下，财神坑煤矿最大涌水量的设计不满足相关规程规范要求。财神坑煤矿主张被淹与其排水系统设计的排水量不足或设计不合规存在一定的因果关系。

（3）由于缺乏财神坑煤矿相关资料，无法判定财神坑煤矿排水系统设计是否满足《财神坑煤矿与华润利民煤矿矿界划让及开采安全协议》第 5 条约定的独立性、完善性标准。两煤矿排水系统设计的独立性不以存在通连关系为前提。完善性不要求财神坑煤矿排水系统设计应当考虑各种可能出现的或复杂情况下的排水能力设计，特别是因政府政策变化，高瓦斯矿井开采技术风险及企业经营不善导致利民煤矿关闭的情况。

（4）依据相关法律、法规、规程、规范等要求，财神坑煤矿排水系统应当按照批准的安全设施设计中的排水方案安装排水设备，已安装的排水设备应当经过法定部门的安全设施验收，应取得法定机关颁发的“产品合格证”“煤矿矿用产品安全标志”及“防爆合格证”等许可证照，财神坑煤矿排水系统应在生产期间及停产期间定期检查维修确保正常工作。由于缺乏财神坑煤矿相关资料，本次鉴定只能判定财神坑煤矿排水系统没有按照设计方案安装排水设备设施，无法判定已安装的排水设备是否经过法定部门验收，无法判定是否取得法定机关颁发的许可证照，无法判定财神坑煤矿排水系统在生产期间及其主张 2014 年 6 月 15 日安全生产许可证到期停产之后是否正常工作。

（5）华润利民煤矿矿井充水的来源主要是大气降水，其余来源有地表水、老窑水、采空区积水、岩层水及断层水。财神坑煤矿主张被淹与华润利民矿区周边小煤矿违规无序开采及关闭后未进行矿山地表环境治理导致地表水进入华润利民煤矿矿井存在一定的因果关系。

（6）华润利民煤矿 2016 年 7 月停止排水后至 2017 年 12 月，利民矿区井筒涌水量为：最小 133 m^3/h，最大 1039 m^3/h，平均涌水量为 443 m^3/h；停止排水至 2016 年 9 月 18 日平均水位上升速度为 3.25 m/d，2016 年 9 月 18 日至 2017 年 5 月 26 日平均水位上升速度为 0.58 m/d。由于缺乏财神坑煤矿相关资料，无法判定华润利民煤矿停止排水后财神坑煤矿排水设备及设施是否正常工作，无法判定财神坑煤矿是否遵照政府规定采取了应急预案。财神坑煤矿主张被淹与其怠于采取应急措施存在一定的因果关系。

六、终审结果

历时四年半的煤矿侵权纠纷案终于结束！2017 年 12 月，原告财神坑矿业有限公司起诉要求华润利民矿业有限公司赔偿 8282 万元，2020 年 5 月一审判决华润利民矿业有限公司承担 910 万元。2020 年 11 月湖南高院二审裁定发回重审，2021 年 9 月重审一审改判承担 546 万余元。2022 年 4 月重审二审判决驳回原告全部诉讼请求。

第二章 事故调查案例

第一节 “洪水灌井”地表水害事故案例

案例一 山西吕梁市某煤矿洪水灌井事故

2007年7月22日，山西吕梁市某煤矿发生“7·22”洪水灌井事故，事故造成11人死亡。

一、矿井概况

该矿位于兴县魏家滩镇，1989年建井，1992年投产，井田面积0.5594 km^2，批准开采13号煤层，设计生产能力6万t/a，可采储量584.6万t，该矿“六证”齐全、有效。煤矿平面布置示意图如图2-1-1所示。

矿井采用斜井开拓，有主斜井、副斜井、回风斜井3个井筒。井田总体为一走向北东、倾向南西的单斜构造，地层倾角6°~7°，井田内未发现断层、陷落柱及岩浆岩。主采石炭系太原组13号煤层，煤层厚13.90~14.00 m，平均13.94 m，为全井田稳定可采煤层，含两层夹石，顶板为砂质泥岩，底板为泥岩。

矿井采煤方法采用壁式炮采ZL型悬移支架放顶煤开采，全部垮落法管理顶板。井下正常涌水量8 m^3/d，最大涌水量15 m^3/d。井下主水仓容积为200 m^3，采用3台80D-30×3水泵，铺设两趟10 cm排水管经风井将矿井水排出。

二、灾害发生经过及抢险

2007年7月22日下午6时40分许，该煤矿所在区域突降暴雨，降雨持续约30min，降雨量约45 mm，形成该区近20年以来最大降雨量，上游小型水库溃坝，造成井田内麻塔沟山洪暴发。麻塔沟位于井田西部采空区上部，造成沟道塌陷，洪水经塌陷坑溃入井下，致使9名矿工被困，后派2人入井通知井下人员紧急撤离时也被困于井下。经现场调查，麻塔沟底河槽附近共有4个塌陷坑，沟底1号坑（32 m×19 m）面积608 m^2，2号坑（12 m×10 m）面积120 m^2，位于河槽沟底，两坑相距70 m左右；3号坑（10 m×8 m）面积80 m^2位于河槽西岸，4号坑（5 m×5 m）面积25 m^2，位于河槽东岸（图2-1-2）。

根据现场调查以上4个塌陷坑形成总面积800 m^2以上的塌陷区，其中沟底1号、2号塌陷坑较大，致使河槽上游大部分洪水溃入井下。

洪灾抢险救灾指挥部在进行井下抢险的同时于7月24日组织填埋塌陷坑，但在填埋过程中分别遭受到7月25日、26日，8月3日、7日、25日、28日等多次大雨的阻碍，

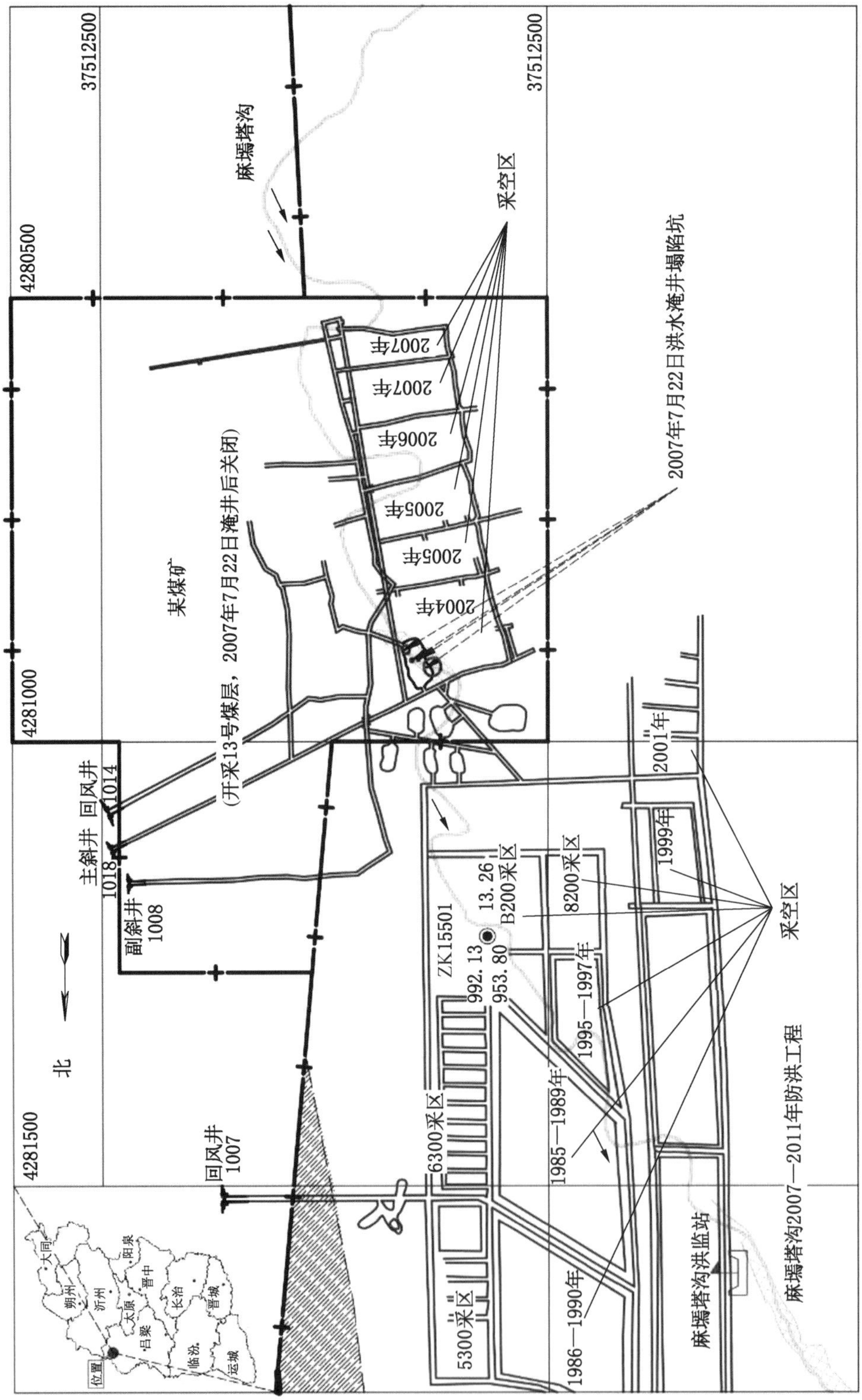

图2-1-1 煤矿平面布置示意图

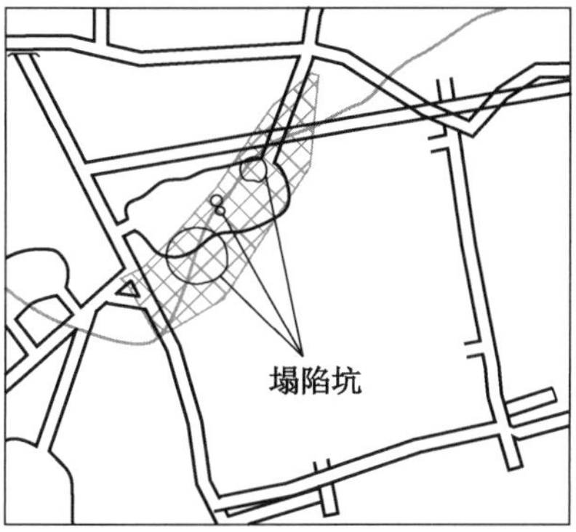

图 2-1-2 塌陷坑位置及现场示意图

洪水将填入塌陷坑内的近万方土石方全部冲入井下，形成洪水淤泥多次灌井，使抢险救灾工作出现多次遇阻和反复。经过 90 余天紧张抢险，截至 10 月 25 日，共搜寻到遇难人员 4 名，其中 2 名于 7 月 23 日晚在井底采空区附近找到，另两名矿工分别于 8 月 2 日、13 日在大巷清淤中找到，其余 7 名遇难人员仍下落不明。

三、洪灾形成原因分析

1. 矿井水文特征及塌陷情况

该井田位于岚漪河流域。岚漪河发源于岢岚县马跑泉，全长 120 km，经魏家滩至裴家川口注入黄河，流域面积 2167 km^2。多年平均流量 2.83 m^3/s，1967 年 8 月最大流量 81.6 m^3/s。井田内无长年性河流，麻墕塔沟及麻梁沟平时干涸无水，仅在雨季时形成短暂的径流。本次塌陷坑位于麻墕塔沟，塌陷坑上游沟长约 5 km，汇水面积近 10 km^2，在其上游有一座小型水库，正常情况降水蓄到水库，本次洪灾造成水库溃坝。

根据 9 月 8 日现场勘查情况，7 月 22 日以来，洪水先后造成该矿井采空区上方地面塌陷共四处，第一次形成的塌陷最大，塌陷面积约 250 m^2，位于麻墕塔沟沟中心。

2. 冒落、导水裂隙带高度计算

根据山西省煤炭地质公司 2004 年编制的该矿生产矿井地质报告，13 号煤层厚度 13.90 ~ 14.00 m，平均 13.94 m，顶板岩层由泥岩、砂质泥岩、页岩组成。根据矿方介绍，开采方式为一次采全高，全垮落法管理顶板。

据此，采用 GB12719—2021《矿区水文地质工程地质勘查规范》提供的 $H_c = (3 \sim 4)M$ 和 $H_f = 100M/(3.3n + 3.8) + 5.1$ 计算公式，分别对 13 号煤层开采后形成的冒落带和导水裂隙带高度进行了计算。计算结果：冒落带高度 41.82 ~ 55.76 m，导水裂隙带高度 201.44 m。

3. 煤层底板与地面相对高差分析

根据原铁道部第一勘测设计航测大队 1991 年 10 月测绘的 1∶2000 地形图，塌陷坑处地面标高 996 m；根据矿方提供的 13 号煤层井上下对照图，13 号煤层底板标高 915 m。两者相差 81 m，减去煤层厚度 13.94 m，13 号煤层顶板到地表间距为 67.06 m。与冒落、导水裂隙带高度计算相比较，虽然13号煤层开采后冒落带高度小于13号煤层顶板到地表间距，冒落带达不到地表，但导水裂隙带高度201.44 m远远大于13号煤层顶板到地表间距，所以采空区与地表间通过裂缝连通。

4. 洪水刷扩裂缝溃入井下

在2006年，曾发现河床裂缝，矿方当时对裂缝进行充填并用水泥钢筋加固（图2-1-3）。2007年7月22日，该矿所在区域在30 min内降水量达45 mm，由于降水强度大，产生的径流量达450万m^3，超出上游小型水库的承受能力，导致水库溃坝。尽管矿方在原塌陷区上部进行了加固工程治理，但由于裂隙发育范围未全部治理，洪水位超过了加固工程范围，洪水沿周边裂隙进入采空区。随着水流的不断进入，受洪水剧烈冲刷，地表裂缝被不断刷大，使加固工程失去了支撑，导致先后有4个塌陷坑形成。预计溃入井下洪水量（包括泥沙）多达200余万m^3。

图2-1-3 沟底裂缝加固后塌陷

四、洪灾事故分析认定

（1）由于井田内麻堨塔沟汇水面积不大（约10 km^2），且平时为干沟，根据《建筑物、水体、铁路及主要井巷煤柱留设与压煤开采规范》第六十七条有关规定，该沟下不属于必须确定安全煤岩柱的水体，故该沟下设计不留设煤柱进行开采是符合规定的。但开采应避开雨季，回采后在雨季来临前对采空塌陷区进行有效治理。

（2）由于该矿开采的13号煤层为平均厚度达13.94 m的特厚煤层，经计算13号煤层采用壁式放顶煤开采后，虽垮落带高度不会直达地表（约41.82~55.76 m），但导水裂隙带高度（201 m）已达到地表。

（3）根据对洪灾形成机理的分析，专家组一致认为2007年7月22日在该煤矿麻堨塔沟区域突降20 a不遇特大暴雨，其30 min的降水量是20 a内平均降水量的2.2倍，洪水急剧冲刷裂缝内的充填物并冲刷形成塌陷坑，导致大量洪水溃入井下，是造成本次“7·22”洪水事故的主导因素。

（4）突降暴雨后，短时间内大量洪水急剧溃入井下造成人员死亡。

点评：该事故原因是导水裂隙带达到地表，且地表有季节性沟谷，治理不到位，暴雨引发洪灾通过导水裂隙灌入井下。

对于煤层开采后，导水裂隙带达到地表，且地表有季节性河流或沟谷的区域，最安全的情况是不开采或巷采，不造成顶板垮落；如果采用壁式开采，全部垮落法管理顶板，应当避开雨季开采，并在雨季来临前做好地表治理工作，确保地表水不通过裂缝进入井下。

案例二　山西吉县某煤业公司洪水灌井事故

2010年6月30日，山西吉县某煤业公司发生“6·30”洪水灌井事故，造成一人遇难。

一、矿井概况

1. 基本情况

山西吉县某煤业公司位于乡宁县台头镇沙坪村东，批准开采2~9号煤层，井田面积17.7079 km^2，生产能力90万t/a。矿井开采山西组2号煤，煤层厚度为2.6~3.8 m，平均厚度3.2 m。矿井采用斜井、平硐、立井混合开拓方式（表2-1-1）。

表2-1-1　井筒特征表

井名	坐标		井口标高/m	井型	斜长/m	井筒倾角	提升方位	净断面/m^2
	X	Y						
主井	3997026	19506713	1141.60	斜井	189.76	3.5°	91°	8.52
副井	3997031	19506753	1138.50	平硐	860	7‰~10‰	66°	10.84
风井	3996617	19503826	1389.05	立井	264	垂直		10.17

矿井正常涌水量为43 m^3/d，最大涌水量为129 m^3/d。矿井排水系统主、副水仓容量为1100 m^3，主排水泵型号为3台D155-30×6水泵，排水管路为两趟直径为20 cm的管路。

2. 河流水系

井田西北部以高天山—牛头山山梁为分水岭，以东的支沟向东北汇入大东沟河后向西北汇入黄河一级支流昕水河，以西的支沟向西南汇入黄河一级支流鄂河。

井田南部北东—南东向展布的油峰岭形成另一条天然分水岭。南西侧支沟汇集于鄂河，向西注入黄河。北东侧支沟汇入高家河，向东至乡宁县光华镇牛王庙与闫家河汇合后称豁都峪河，于襄汾县城西北20 km的姑射山山脚下古城镇东侯村出峪口，流域形状呈条带形，自南北向东南方向流入汾河，在襄汾县城西陈郭村东旧汾河桥上游300 m处注入汾河。

本次事故的洪水来源于高家河。高家河流域内上蒋家凹处最高点高程1707 m，工业广场以上自上而下汇集了漆树沟、北原沟、死人沟、桥上沟、陈家沟等多条较大支沟，流域面积约11 km^2，总长约4.5 m，平均纵坡约35‰。从现场情况看，工业广场以上约1 km范围内已经看不到天然河道的痕迹，主要是河道两岸建设了诸多的楼房或平房，将原河道缩窄为宽度仅为约5 m的排洪渠，渠道两侧下部为高2.5 m的浆砌石堤防，上部砌以砖墙挡水。进水的平硐进口位于高家河排洪渠以南约60 m处。高家河流域多年平均降水量550 mm，工业广场以上流域多年平均年径流量约为50万 m^3。高家河为季节性河流，洪水具有暴涨暴落的特点。

3. 气象

（1）气象特征。乡宁县属暖温带大陆性气候，冬季漫长且干燥，夏季短暂多雨，常有冰雹，秋季阴雨连绵，伴有东南风。年均气温10 ℃左右，1月 -6 ℃，7月29 ℃，年降水量550 mm左右，无霜期150 d。受地形影响，地域气候差异较大，降水分布不均，自然形成凉温、中温和暖温等小气候。春季多风，夏季炎热，秋季凉爽，冬季寒冷；年平均日照介于2400～2700 h。

（2）乡宁县台头镇降水过程实测情况及雷达回波分析。受局地强对流天气影响，乡宁县台头镇2010年6月30日至7月1日突降大暴雨，台头镇单要素雨量站（经度：111°6′26″，纬度：36°5′26″）测得降雨量实况数据如图2-1-4所示。

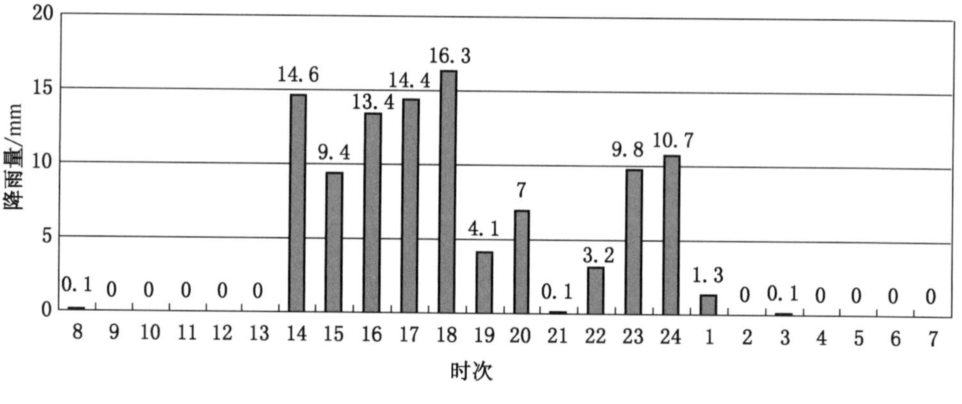

图2-1-4 台头镇2010年6月30日8时—7月1日8时逐时降雨量图

从图2-1-4中可以看出，台头镇雨量监测点24 h降水量104.5 mm，达到大暴雨标准。主要降雨过程从6月30日13时左右开始，到7月1日1时左右结束，13时至18时短短5 h累计降雨68.1 mm，降水量大且时间集中。18时至22时降雨强度有所减小，22时到24时降雨强度又有所加强。

从雷达回波强度图（图2-1-5、图2-1-6）看，这次对流天气过程是从台头镇北部偏西方向发展起来的，而且13:00至24:00这个区域的回波都很强，回波强度为30～55 dBz。回波强度大，维持时间长是这次强降水的特点。仔细分析回波强度可以明显看出，强回波中心处于台头镇监测点偏西北方向，也就是说暴雨中心处于监测点的偏西偏北的区域。从全市降雨情况看，这次降水天气过程具有显著地区域性，如离台头镇 30 多千米的乡宁站，2010 年 6 月 30 日至 7 月 1 日降水量为 44.8 mm，且主要发生于 22 时以后，周边的吉县降水 41.7 mm、蒲县降水 51.8 mm，都没有台头镇降雨量大。

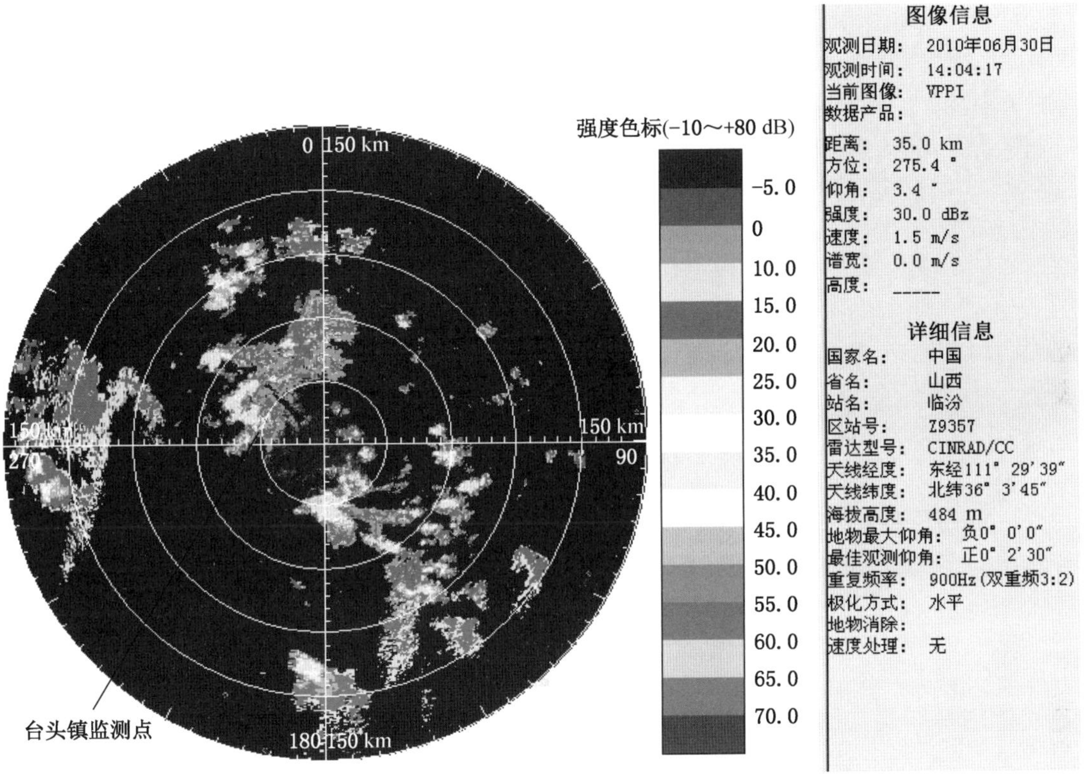

图 2-1-5　2010 年 6 月 30 日 14:04:17 雷达回波强度图

（3）现场调查情况为了进一步了解当时降雨的实际情况，以便更准确、更客观地评价这次大暴雨过程，专家于 2010 年 7 月 10 日到台头镇受灾最严重的沙坪村进行了调查。调查对象的选择标准：一是长期在沙坪村居住的村民，二是年龄在 75 岁以上，三是有一定的文化知识和丰富的社会生活经验。按照这 3 条标准选择了沙坪村两位老人，另外在实地考察的过程中还询问了其他人。这次调查询问的内容主要有：①降雨过程，个人对雨量大小的判断。②通过当时观察，判断本地和台头镇雨量大小情况。③是否为记忆中最大降雨。调查结果表明：降水始于 2010 年 6 月 30 日 12 时左右，初始雨量较小，14 时至 18 时雨量最大，此后雨量逐渐减缓，至当日 24 时本次降水结束。据几位老人讲，本次降水是由北边而来，当时电闪雷鸣，乌云滚滚，瞬间遍地是水，估计北边黄石洞方向雨量比沙坪村要大，他们回忆说记事以来还没见过这么大的雨。

通过对观测资料、雷达资料和实地调查分析，本次降水过程是由于局地强对流性天气影响产生的区域性大暴雨，降水系统是从台头镇偏西北方向产生、发展，时间从 6 月 30

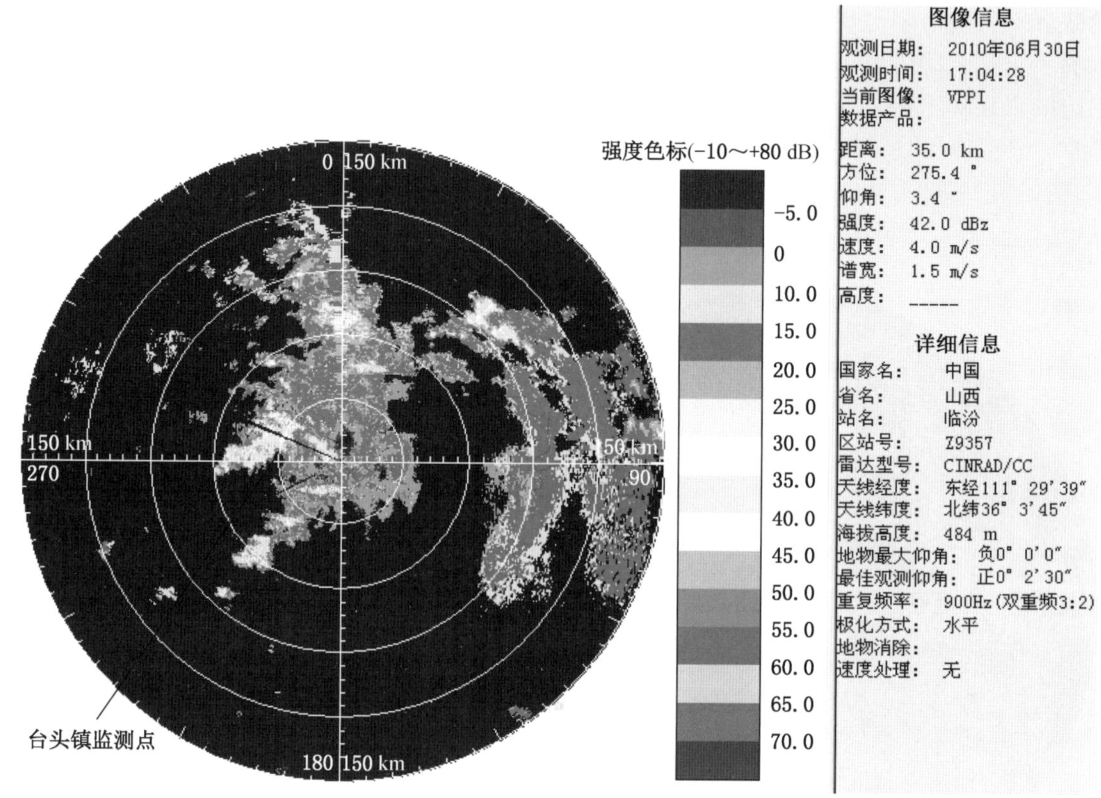

图 2-1-6　2010 年 6 月 30 日 17:04:28 雷达回波强度图

日 12 时左右开始，7 月 1 日 1 时左右结束，暴雨中心位置位于台头镇偏西偏北的区域。这次暴雨的特点是，强度大，持续时间长，经临汾市气象局专家认定，该次降水达到百年一遇。

二、事故经过和救援

2010 年 6 月 30 日下午，乡宁县台头镇一带发生大暴雨，根据临汾市台头雨量站实测，本次降雨量 104.5 mm。由于短时间内雨量过大，17 时 10 分，公共泄洪渠堤坝被洪水冲垮，垮塌口达 55 m，导致洪水涌入吉县某煤矿工业广场，灌入平硐，造成洪水灌井事故。

事故发生时，井下作业人员共有 23 人，其中 14 人安全升井，9 人被困，被困 9 人中有 8 人始终与地面保持联系，另有 1 人未能取得联系。

事故发生后，省、市、县政府及相关部门和集团公司、市公司各级领导高度重视，反应迅速，现场指挥，调动系统内外各界救援力量，全力营救井下 9 名被困人员。经过 33 h 的紧张营救，于 7 月 2 日 2 时 11 分救出第一批 4 名被困人员；7 月 2 日 4 时 10 分救出第二批 4 名被困人员；经过 64 h 的全力营救，最后 1 名被困人员于 7 月 3 日 9 时 50 在井下中央水泵房门内被发现，不幸遇难。

本次洪水淹没约1/3井巷，从7月1日开始排水，累计排水量约5万m^3。

三、事故现场勘察情况

（1）副井平硐：为本次洪水灌井的入口，平硐底高程1138.00 m，净断面10.84 m^2，洪水水位痕迹明显，高出井口地面2.2 m（图2－1－7）。

图2－1－7　副井平硐洪水水位痕迹

（2）泄洪渠决堤口：距副平硐60 m，该处泄洪渠断面为矩形，宽4.5 m，高2.5 m。泄洪渠渠底高程1139.69 m，洪水位1142.5 m。南部浆砌石堤防被洪水冲毁55 m，洪水由此涌到平硐处（图2－1－8）。

图2－1－8　泄洪渠南部浆砌石堤防被洪水冲毁

（3）该矿涵洞入口：位于平硐口东125 m处，涵洞断面为矩形，宽3.3 m，高3 m。经调查，在暴雨时局部堵塞（图2－1－9）。

图2-1-9　涵洞入口清淤

（4）沙坪村西：由于人为侵占河道，该处行洪断面窄且浅，两边均有村民房屋，可见被冲毁的房屋（图2-1-10）。

(a) 被冲毁的房屋1

(b) 被冲毁的房屋2

图2-1-10　被冲毁的房屋照片

（5）煤矿工业场地：煤矿工业场地位于陈家沟口，由于暴雨时涵洞被堵，洪水冲出地面后向低处的吉县某煤矿工业场地直冲而下（图 2－1－11）。

图 2－1－11　涵洞洞口被堵塞

四、事故原因分析认定

1. 事故原因

（1）台头雨量站实测资料和走访当地百姓结果都显示本次大暴雨强度大、历时长，形成的高家河洪水来势迅猛。

（2）陈家沟洪水垂直于高家河泄洪渠堤坝，由于落差较大，水流直冲而下，冲垮堤坝。

（3）由于村民等在河道内无规划建房，侵占了高家河河道，致使泄洪能力大幅降低，难以排泄本次洪水。

（4）经本次实测，副平硐进口高程 1138 m，泄洪渠底高程 1139.69 m，本次最高洪水位 1142.5 m，洪水位高出平硐口。

（5）上游洪水携带大量木料、石块等杂物堵塞涵洞口，造成洪水位上升，泄水不畅。

2. 事故认定

（1）大暴雨是造成本次洪水灌井事故的直接原因。

（2）陈家沟洪水冲毁了堤坝，是本次洪水灌井事故的重要原因。

（3）本次洪水位高于副平硐井口标高，是本次洪水灌井事故的又一原因。

五、防治措施及教训

（1）雨季来临前，煤矿应当查清矿区、井田及其周边对矿井开采有影响的河流、湖泊、水库等地表水系和有关水利工程的汇水、疏水、渗漏情况，掌握当地历年降水量和历史最高洪水位资料，建立疏水、防水和排水系统。

（2）矿井井口和工业场地内建筑物的地面标高，应当高于当地历史最高洪水位；否则，应当修筑堤坝、沟渠或者采取其他可靠防御洪水的措施。不具备采取可靠安全措施条件的，应当封闭填实该井口。

当矿井受到河流、山洪威胁时，应当修筑堤坝和泄洪渠，防止洪水侵入。

（3）严禁将矸石、炉灰、垃圾等杂物堆放在山洪、河流可能冲刷到的地段，以免淤塞河道、沟渠。发现与煤矿防治水有关系的河道中存在障碍物或者堤坝破损时，应当及时报告当地人民政府，采取措施清理障碍物或者修复堤坝，防止地表水进入井下。

（4）煤矿应当建立暴雨洪水可能引发淹井等事故灾害紧急情况下及时撤出井下人员的制度，明确启动标准、指挥部门、联络人员、撤人程序和撤退路线等，当暴雨威胁矿井安全时，必须立即停产撤出井下全部人员，只有在确认暴雨洪水隐患消除后方可恢复生产。

点评：暴雨产生的洪水位高于井口标高，引发洪水灌井。

第二节 “顶板型”老空水害事故案例

案例一 乡宁县某煤业有限公司透水事故

2007 年 7 月 5 日，山西省乡宁县枣岭乡某煤矿发生透水事故，造成 9 人死亡。

一、矿井概况

该煤矿位于山西省临汾市乡宁县枣岭乡。枣岭乡地处乡宁县西部，东与昌宁镇、西交口乡接壤，南与运城市河津市为邻，西隔黄河与陕西省韩城市相望，北与吉县柏山寺乡交界。矿井位置与井口示意图如图 2－2－1 所示。

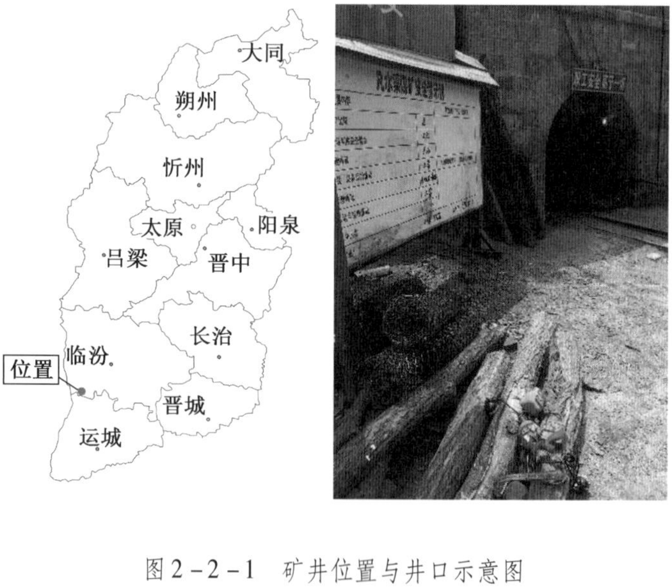

图 2－2－1 矿井位置与井口示意图

该矿创办于 1976 年，1978 年投产，矿井面积 1.78 km^2，批准开采 2 号煤层，煤层均厚 6.2 m，地质储量 518 万 t，可采储量 260 万 t。分层开采，上分层全部采空，下分层平均厚度 3.3 m。核定生产能力 15 万 t/a，服务年限 17 a，采用两立井和一斜井开拓。该矿正常涌水量 3 m^3/h，最大涌水量 5 m^3/h；主水仓位于主井地底，水仓总容积 230 m^3；主排水泵房选用 3 台同能力的 D25－30x4 型离心泵，1 台工作，1 台备用，1 台检修；从泵房到井口敷设两趟直径为 65 mm 的排水钢管，长 130 m，排水高度 90 m。

二、透水经过

2011 工作面倾向南，倾角 3°～6°，工作面切眼于 2007 年 6 月 20 日形成，6 月 27 日工作面设备安装完毕。由于该矿井属于整顿矿井，工作面安装完毕后未进行生产。据矿方介绍，2007 年 7 月 5 日，发现在距机头部位 13 m 处，有淋头水并呈串珠状，生产矿长、总工程师和工人等 5 人在切眼淋水部位向落山方向呈 60°进行了探水工作，当钻探至 5～6 m 左右时钻孔开始出水，此时停止钻进，未将钻杆拔出，水一直喷出，观察 2 h 后未见水量变小，通知井下人员撤出。

7 月 6 日早 8 时 30 分，生产矿长同瓦斯检查员下井查看出水情况，发现水已淹没了 2011 工作面的切眼和部分运输巷。随即组织排水，安装 2 台 WQK30－100/2－15 型水泵，30 cm 排水管，排量约 30 m^3/h。

三、现场勘察情况

2007 年 7 月 22 日上午，专家组与乡宁县有关部门人员共 8 人下井勘察，沿 2011 工作面运输巷进入出水地点，当时井下积水已排完，出水点位于工作面切眼距运输巷 13 m 处，出水点处已形成 3×10 m 的冒落空洞，在工作面机头部位仍有部分淋头水。

从现场留下的水淹痕迹看，运输巷当时水位已到距切眼外 50 m 处，回风巷由于切眼内突水处冒落和回风巷大面积冒落无法进入，专家组未能看到回风巷被淹没情况。根据救护队提供的资料，当时水位在机尾处达 30 cm，根据切眼和顺槽巷道断面估算，总透水量约 500 m^3。

在勘查现场有煤泥淤积的现象，在运输巷与工作面相交处淤积煤泥的厚度达 50 cm 以上，但淤积段未见挖、扒痕迹。

四、事故原因分析及点评

1. 原因分析

（1）本次透水水源为 2 号煤层上分层采空区积水。透水原因为在掘进巷道与开切眼过程中未探放完上分层，采空区积水。

（2）本次透水的积水范围为工作面切眼、运输巷距切眼 50 m 的范围内，其他区域未受水患影响。

2. 事故点评

该矿自身采的上分层，在采空区有积水的情况下，开采下分层的时候未探放完积水，导致事故的发生。

案例二　大同市某煤矿透水事故

2015 年 4 月 19 日 18 时 50 分，某煤矿 8 号煤层 8446 综采工作面采空区发生透水事故。当班井下作业人员 247 人，事故发生后 223 人安全升井，24 人被困。经全力抢救，3 人成功脱险，21 人遇难。

一、矿井概况

该煤矿位于山西省大同市南郊区云岗镇、白庙、前郭家坡村境内，行政区划隶属于大同市南郊区。井田为不规则多边形，南北长约 3.34 km，东西宽约 2.83 km，面积约为 8.2799 km^2。该煤矿为生产矿井，证照齐全有效，采矿证许可开采侏罗系 2 号、3 号、7 号、8 号、9 号、11 号、12 号煤层，2 号、3 号、7 号、8 号、9 号、11 号为可采煤层，2 号、3 号煤层已采完，事故前主采 7 号、8 号、11 号煤层，核定生产能力 150 万 t/a。

井田内有已关闭的原某煤矿三产开办的 3 对矿办小井，主要采煤方法为刀柱式、仓房式。3 对煤矿分别为：原大同市某煤矿劳动服务公司一矿，该矿建于 1964 年，开采煤层为 7 号、8 号，生产规模 9 万 t/a，2003 年 8 月关闭，剩余资源归大同市煤矿；原大同市某煤矿劳动服务公司二矿，该矿建于 1988 年 10 月，开采 3 号、7 号煤层，1999 年关闭；原大同市某煤矿实习矿，1986 年建成投产，开采 3 号、7 号、8 号、9 号、11 号煤层，2002 年 8 月关闭，资源归大同市某煤矿。

8446 综采工作面透水点附近 8 号煤层厚度约 1.5 m，根据距 8446 综采工作面开切眼最近的云 412 号钻孔资料，8 号煤顶板距 7 号煤底板间距为 12.69 m，8 号煤层顶板上部为 3.5 m 厚的砂质页岩，下部为 9.19 m 厚的中砂岩。

矿井 7 号煤层充水性图显示，8 号煤层 8446 综采工作面对应的上覆区域及附近分布有 7 号煤层编号为“7×4”“7×8”两处积水区，分别为已关闭的原服务公司一矿、二矿老空积水，积水量分布约为 3 万 m^3、8 万 m^3。8446 综采工作面 2446 运输巷基本位于“7×4”积水区连通的积水巷道下方，终掘位置距“7×8”积水区积水线 68 m；开切眼距 7 号煤层采空区 32 m；已关闭的原服务公司二矿 7 号煤层两条老巷道位于 8446 综采工作面 5446 风巷及开切眼上方，其中一条与工作面开切眼上下重叠交叉，另一条与工作面 5446 风巷相交（图 2－2－2）。

二、事故发生及抢险救援经过

1. 事故发生经过

根据综采一队支架工袁某（突水点附近唯一幸存者）笔录，2015 年 4 月 19 日中午 12 时，他与其他 10 名矿工开完班前会后入井，13 时到达工作面，14 时在工作面机尾部位开始向机头割煤，割完一刀煤，采煤机返回机尾后，3 名矿工开始换采煤机截齿，支架工袁某与另一名矿工顶支架，工作了一段时间后袁某去 5446 风巷小便，刚小便完，突然听到工作面后方“轰隆”的顶板垮落声，并伴随着“哗哗”的水声，他回头看到水从老塘翻腾奔涌出来，高过工作面刮板输送机尾 0.3 m 左右，他大喊“透水了，快跑”。袁某沿 5446 风巷跑到了出口，但此时风门已经打不开了，他就从回风联络巷跑出来。

透水后，8446 综采工作面切眼、2446 运输巷全部及 5446 风巷距工作面 31 m 巷道全部过水，+1032 标高以下巷道全部被淹。事故区域共有作业人员 31 人，其中 7 人安全撤离，24 人被困。

2. 抢险救援经过

事故发生后，省政府成立了“4·19”事故抢险领导小组，集团成立了救援指挥部，

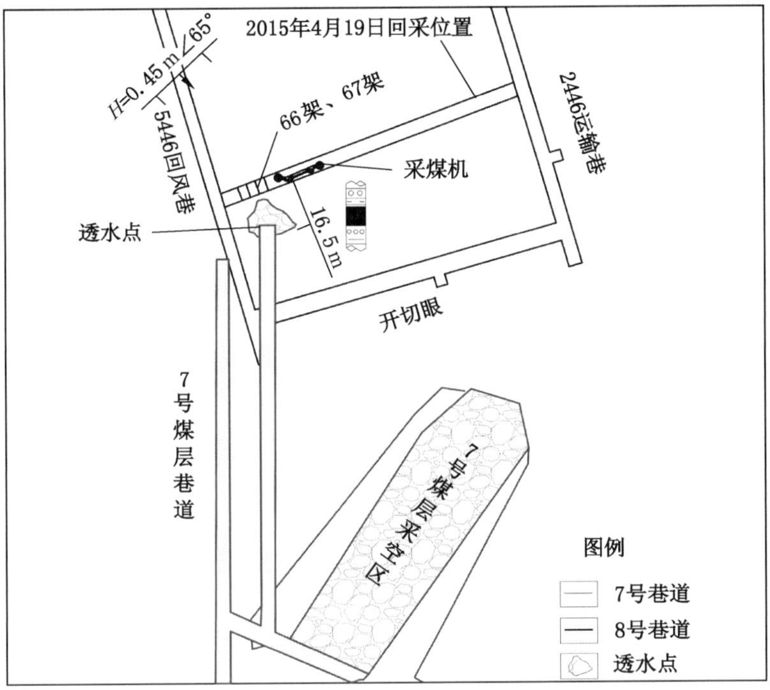

图 2-2-2 透水点位置示意图

根据国务院领导，国家安全监管总局、国家煤矿安监局和省委省政府领导的指示精神及事故现场实际情况，制定了井下排水和地面打钻相结合的抢险救援方案。

4 月 19 日 20 时 50 分安装完成了第一套排水系统并开始排水。

20 日 1 时 20 分完成了第二套 45 kW 排水系统的安装，并迅速启动设备排水，截至 18 时累计排水 1830 m^3。水位从 5448 掘进巷口下降 1.1 m，水面后退 16 m。

20 日 13 时 50 分 1 号钻孔、2 号钻孔钻机分别向 2448 掘进工作面、404 轨道巷施工地面钻孔，21 日 4 时 20 分 1 号钻孔贯通，21 日 7 时 09 分 2 号钻孔贯通。

21 日早班，8446 综采工作面通风系统恢复。22 日 19 时，抢险排水结束，累计从受灾积水区排水 7930 m^3，23 日 3 时 35 分，找到最后一名遇难矿工，搜救工作结束。最终井下被困的 24 名矿工，3 人获救，21 人遇难。

三、事故现场勘察情况

2015 年 4 月 23 日上午，事故调查技术组、专家组成员进行了事故现场勘察。

1. 勘察路线

从行人斜井入井，沿 +1050 运输大巷→404 盘区机轨合一巷→2446 运输巷→8446 综采工作面（机头部位），返回后分为两个组，一个组通过 2 切眼→5446 风巷→8446 综采工作面(机尾部位)，沿 5446 风巷返回后升井，另一组沿 2446 运输巷返回后到 5448 巷口→2448 掘进巷→404 盘区机轨合一巷→升井。

2. 勘察内容

（1）8446 综采工作面采煤机滚筒在 60 架附近紧贴煤壁。采煤机机身及煤帮侧底板、支架拉架道、刮板均被水冲刷得十分干净。旁边石块被冲成一团，最大石块体积为 1.5 m×1.2 m×0.3 m，为 8 号煤层顶板砂岩块。

（2）在 8446 综采工作面机尾段，观测到机尾部位采空区顶板全部垮落；第 66 架与 67 架之间空隙宽度达 45 cm；一块旧风筒布被水冲到 68 架旁边的矸石上；66 架、67 架、68 架顶梁上的锈蚀被水流冲刷掉，底板岩层裸露且冲洗干净；一些絮状物的两个自由端指向机头方向。

（3）8446 综采工作面转载机被水冲移至 14 m 外。原工作面采空区 22 kW 水泵被冲移至距转载点 38 m 外，且连接的管路（直径 13 cm）断开，电源线抽脱。

（4）在 404 机轨合一巷距 5446 风巷口 6.6 m 处见到水淹痕迹，水位距底板高度 2.2 m，5446 风巷距现工作面切眼约 31 m 范围内有过水痕迹。

（5）2446 运输巷变坡点处堆积大量石块及杂物，部分区段距顶板仅 1 m 左右，堆积长度 10 m 左右。

（6）在 2446 运输巷距 8446 综采工作面开切眼 660 m 处有一钻场，向顶板方向打 1 个钻孔，钻孔已封闭。

（7）在 2446 运输巷距 8446 综采工作面开切眼 600 m 处顶板有淋水。

（8）在 2446 运输巷距 8446 综采工作面开切眼 560 m 处有顺层探水孔。

四、事故分析及认定

1. 发生时间

该煤矿 8446 综采工作面发生透水事故的时间是 2015 年 4 月 19 日 18 时 50 分。依据如下：

（1）生还人员笔录。根据 8446 综采工作面支架工袁某的询问笔录，他于 4 月 19 日 12 时上班，下井到达工作面后，14 时开始割煤，大约一个循环（需 4 个多小时）后，他到 5446 风巷离机尾约 10 m 处小便，突然听到后方“轰隆”一声，伴有大量的水突出，他随即沿风巷往外跑。因此，透水发生的时间应在 18 时以后。

（2）当班安全员汇报。当班安全员在断西 8 号煤层 404 盘区皮带机头位置，于 18 时 50 分电话向矿调度员汇报，8446 综采工作面涌出大量水。

2. 发生地点

根据现场勘察、抢险救援情况和生还人员笔录分析，透水发生在 8446 综采工作面 66 架与 67 架之间向采空区以里 16.5 m 左右的垮落区内，依据如下：

（1）生还人员笔录。根据 8446 综采工作面支架工袁某笔录，透水发生的地点应在工作面机尾后方。

（2）抢险救援情况。根据生还人员袁某笔录，透水前有 4 名人员在机尾部位作业。透水事故发生后，救援人员发现其中一名人员的尸体被水冲后挂在 60 架处的采煤机滚筒旁边，其余 3 名矿工尸体在 2446 运输巷被发现。因此可以断定水从机尾后方涌出，将机尾作业人员冲到运输巷部位。

（3）现场勘察情况。专家现场看到机尾处 66 架与 67 架之间的工作面底板被水冲刷得干净（图2-2-3），且两个支架顶端被水冲开间距45 cm（图2-2-4a）。旁边杂物、石块被冲成一团，最大石块体积为1.5 m×1.2 m×0.3 m，为8号煤层顶板砂岩。4月24日上午勘察，在68架附近发现旧风筒布（图2-2-4b），经确认该风筒布不是8446综采工作面开采时所用，为7号煤层采空区溃入物。分析认为，66架与67架之间后方的垮落区为7号煤层采空水溃入井下的“源头”位置。

图2-2-3 66—67架之间的工作面底板被冲刷干净

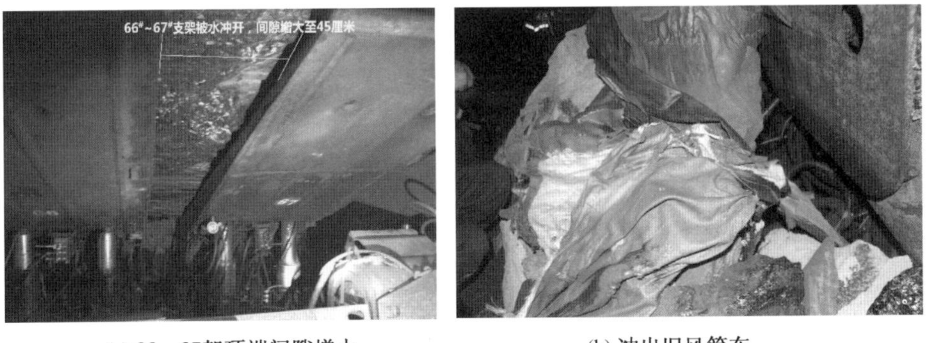

(a) 66—67架顶端间隙增大　　(b) 冲出旧风筒布

图2-2-4 现场情况

3. 顶板垮落分析

8446综采工作面回采过程中，4月9日和4月13日在机头、机尾分别进行过爆破强制放顶。其中，机尾放顶处距切眼17.5 m，之后工作面继续推进，机头部位顶板自行垮落（分析认为与落差 1.25 m 的小断层有关），而机尾部位存在悬顶，至发生透水事故前，机尾悬顶距达 16.5 m。分析认为，在工作面支架前移后，受强制放顶扰动影响，机尾段支架后方 16.5 m 的悬顶在上覆岩体和老空水体共同压力作用下发生突然垮落，导致上方采空区积水瞬间溃出。

4. 透水水源

根据透水特征，认定 8446 综采工作面透水水源为其上方 7 号煤层采空区积水。依据如下：

（1）综采工作面上方存在老空区（巷）。根据该煤矿矿井水文地质类型划分报告描述，该矿 20 世纪 60 年代中期建设，开采历史悠久，上部煤层在井田内埋藏较浅，据矿方调查存在采空区。从矿上所掌握的资料看，8446 综采工作面距停采线 630 m 左右的范围上方均存在 7 号煤层采空区。另据矿方提供的 7 号煤层充水性图可知，已关闭的原服务公司二矿两条 7 号煤层老巷道已掘进至 8446 综采工作面上方，其中一条与工作面 5446 风巷上方相交，另一条与工作面切眼上下重叠交叉（图 2-2-2）。因此，采空区（巷）的积水构成了 8446 工作面的透水水源。

（2）透水的动态和动力学特征。从现场勘察和生还人员的询问笔录看，透水来势凶猛，6 min 左右透水量约 5696 m^3，淹没巷道长度近 600 m，透水强度达 56956 m^3/h。经抢险救援的 81 h 疏排后，突入巷道中的积水大部被疏干。4 月 23 日上午现场勘察时，工作面涌水量减少为 40～50 m^3/h，4 月 25 日减少为 10 m^3/h。水量快速地减少，符合透水初期强度大、后期衰减快的空水透出的动态特征。此外，透水将 2446 运输巷底板的岩石冲起，最大岩块达 1.8 m×1.0 m×0.45 m，并将巷道内 30 kg/m 的钢轨折弯变形，巷内皮带整体被摧垮，钢轨变形、杂物混乱堆积一起，工作面皮带机巷内的转载机被水冲移 14 m，这些都呈现老空水瞬间冲击力大、破坏性强的动力学特征（图 2-2-5～图 2-2-8）。

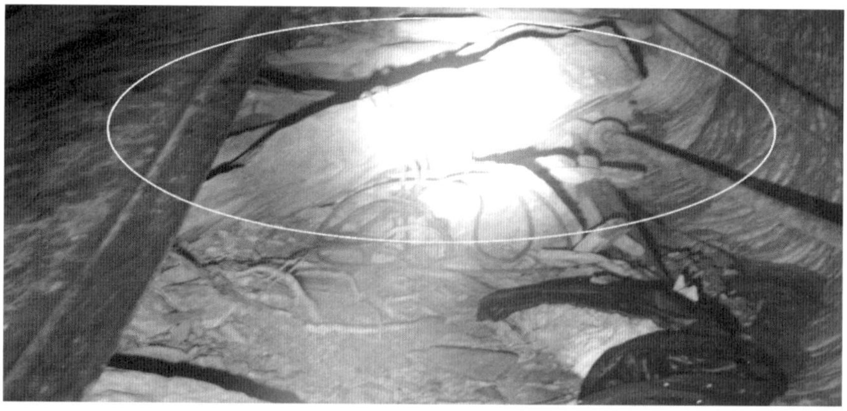

图 2-2-5　2446 运输巷冲起的大块落石

本次透水冲击力大，主要是由于 8446 综采工作面机尾部位采空区附近顶板悬顶达 16.5 m，导致 8 号煤层中砂岩直接顶冒落，上覆的薄层砂质页岩随之垮落，顶板冒裂导通 7 号煤层老空积水的同时，也破坏了 7 号煤层煤柱，使 7 号煤层顶板垮塌并且以巨大的冲

图 2-2-6　2446 运输巷钢轨严重扭曲变形

图 2-2-7　2446 运输巷杂物和岩块堆积

击力压向采空区水体（图 2-2-9），因而使溃水在自身重力基础上又获得附加动能，增大其冲击力。

（3）水质分析。该矿于 4 月 20 日早班在 404 盘区机轨合一巷取水样，经山西省地质矿产局 217 地质实验室水质化验，测得 pH 值为 6.3，SO_4^{2-} 浓度为 2932.31 mg/L，与老空积水水质特征基本吻合。

图 2-2-8 转载机被水冲移 14 m

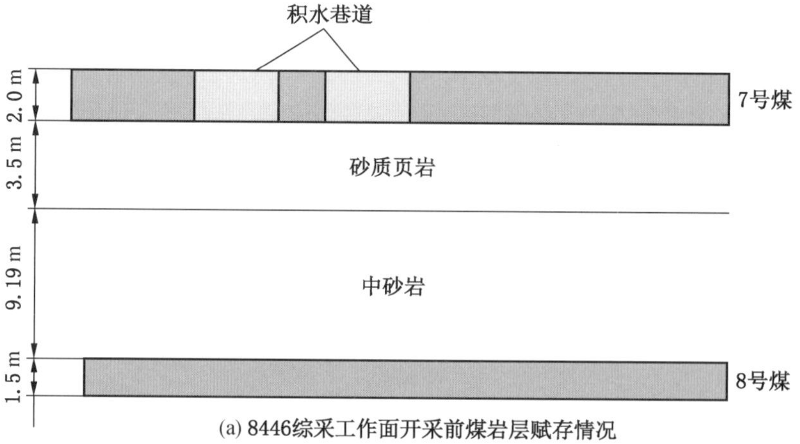

(a) 8446综采工作面开采前煤岩层赋存情况

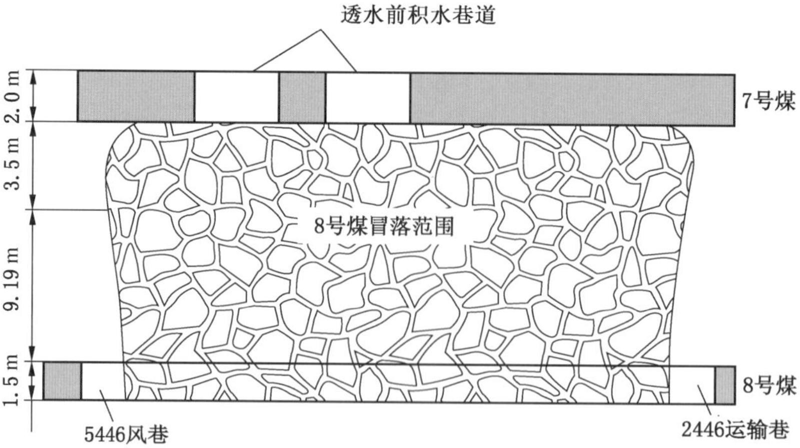

(b) 8446综采工作面开采后顶板覆岩冒裂示意图

图 2-2-9 8 号煤层开采引起 7 号煤层老空水溃入动能增大示意图

（4）生还人员回忆。根据支架工袁某回忆，他所听到的一声巨响，是来自采空区方向。8446 综采工作面顶板以上瞬间透水量之大，只能是上覆老空水。

5. 透水通道

综合分析认为，本次透水事故的透水通道是 8 号煤层回采推进引发的顶板冒裂带。依据如下：

（1）瞬间透水量大，必须具备大的通道，而只有采后冒裂带才具备提供较大过水断面的条件。

（2）根据 8446 综采工作面最近的云 412 号钻孔资料，7 号与 8 号煤层间距为 12.69 m，其中直接顶为 9.19 m 厚的中砂岩，上部为 3.5 m 厚的砂质页岩。按照采裂比 1∶15 的经验值计算，1.5 m 厚的煤层开采后，冒裂带高度为 22.5 m，远大于 7 号与 8 号煤层间距，冒裂带高度高，垮落面积大，为 7 号煤层老空积水的溃入提供了有利通道。

6. 透水总量及峰值透水强度

（1）透水总量。4 月 20 日 12 时，404 专用回风巷密闭墙被水冲开，至 23 日凌晨 3 时救援结束，从此处流向专用回风巷水量达 3780 m^3。根据抢险救援过程中实测排水资料，从巷道积水区共排出水量为 7930 m^3。两者相加得到本次透水事故的透水总量为 11710 m^3。

（2）峰值透水强度。事故发生前，电工李某在 8446 综采工作面转载机处作业，他听到有人喊“来水了，赶快跑”后，立即沿 2446 运输巷向盘区皮带巷奔跑，一边跑，一边喊“快跑”，幸免于难。根据他的笔录，他奔跑约 700 m 时到达 404 皮带巷，稍停顿了一会，便遇见从皮带巷机头处跑出来的李某掘进一队队长，掘进队长说皮带巷前面水已很深了，赶快跑。根据李某的回忆和其奔跑速度测算，他从开始奔跑到确认 404 机轨合一巷部分被淹，所经历时间约 6 min。在此期间，实测最高淹没水位标高 +1032 m，根据计算淹没巷道总体积，估算透水量为 5695.6 m^3。其中包括以下 4 部分水量：22448 掘进巷断面为 $4\ m\times2.6\ m$，积水长度约为 114 m，积水量为 $114\ m\times4\ m\times2.6\ m=1185.6\ m^3$；404 盘区机轨合一巷淹没约 220 m，积水量为 $220\ m\times4\ m\times2.6\ m=2288\ m^3$；404 盘区回风巷断面为 $3.5\ m\times2.6\ m$，淹没约 220 m，积水量为 $220\ m\times3.5\ m\times2.6\ m=2002\ m^3$；5448 风巷、2446 运输巷以及部分联络巷积水量估算为 220 m^3。因此，本次透水事故的峰值透水强度达 56956 m^3/h。

7. 事故直接原因分析

（1）经调查分析认定，事故直接原因是 8446 综采工作面 4 月 14 日采空区出水后，未能停止作业、撤出人员、及时判识充水水源并采取措施进行治理，仅更换水泵加大排水能力后继续回采，造成悬顶面积继续增大，机尾段支架后方 16.5 m 的悬顶在上覆岩体和老空水体共同压力作用下，顶板瞬间冒裂垮落，沟通了上覆 7 号煤层老空积水，大量老空积水突然溃入 8446 综采工作面切眼，并迅速灌入地势较低的 2446 运输巷、机掘二队 2448 运输巷和掘进一队 5448 风巷等巷道，导致巷道被淹、人员伤亡。

（2）防治水技术人员对矿井水文地质条件不详细分析，在上覆煤层有采空区积水的情况下不采取有针对性地探放措施，还说没有开采。井下透水征兆明显，主要技术人员不下井查看，派一般人员下井取样，送纯净水厂进行分析，水质分析项目不全，并且给出淋水为裂隙水的错误结论，导致事故的发生。

8. 事故类别认定

根据透水水源、通道、峰值透水强度、现场勘察情况和询问相关人员的笔录等，认定本次事故是一起典型的老空积水透水事故。依据如下：

（1）据幸存矿工袁某询问笔录，他听到8446综采工作面机尾后方采空区一声巨响和"哗哗"水声，伴有大量的水突出，这些现象符合老空积水透水的动力学过程。

（2）据井下现场勘察，8446综采工作面2446运输巷和5446风巷等巷道因透水水流集中冲击而出现了剥底、片帮等破坏现象，巷道中采掘设备和轨道等也存在被集中水流冲击导致的破坏损毁和严重扭曲等现象，同时有从7号煤层老空区冲刷下来的旧风筒布。在8446综采工作面采空区2446运输巷可见因8号煤回采引发的顶板冒裂带沟通上覆采空区，老空积水集中溃入2446运输巷导致巷道局部严重剥底。这些现象符合老空积水透水后水流集中冲击造成的动力学破坏特征。

（3）透水后约6 min水量达5696 m^3左右，淹没巷道长度近600 m，峰值透水强度达56956 m^3/h；4月23日上午井下现场勘察时，工作面涌水量减少为50 m^3/h左右，4月25日减少为10 m^3/h左右。这些现象符合透水初期强度大、后期衰减快的老空积水突出的动态特征。

五、事故教训及防范建议

1. 事故教训

（1）对矿井周边及上覆采空区存在的水患威胁未能引起高度重视，存在麻痹侥幸心理，给8号煤层安全开采埋下了隐患。

该煤矿可采煤层多，开采历史久，资源已近枯竭，采空区分布密集，积水情况不完全清楚。在8446综采工作面的2446运输巷和5446风巷的掘进过程中，曾探放出上覆7号煤层采空区积水12800 m^3。事故发生时虽然进行了井下顺层和顶板的掘进超前探放水工作，但其探放水钻孔密度、深度不够，探不到7号煤层采空区。

（2）发现工作面有来自采空区的水后，没有引起高度重视，未能立即停止工作面作业、及时判识充水水源。

2446运输巷掘进至740 m时，超前探孔1号孔和2号孔出现流水（指头粗），从2446运输巷掘切眼至5～8 m打锚索孔（孔深6 m）时出现流水（指头粗），到8446综采工作面开始回采前3个月期间，这3个孔出水水量持续不减，采用每班排水进行处理；出水异常情况及透水征兆均未得到矿上有效识别，未引起警觉和足够重视，未立即停止回采进行认真科学的分析、判识，查明原因，搞清水源，采取有效措施进行治理，排水后仍继续组织生产，以致造成透水事故发生。

2. 防范建议

（1）严格落实企业安全生产主体责任。煤矿企业要始终坚持依法治安，认真贯彻落实水害防治法规和标准。要督促兼并重组整合矿井开展隐蔽致灾因素普查，全面查清矿井采空区积水、积气情况，制定"一矿一策""一面一策"防治水措施；要加强日常安全管理工作，督促检查所属矿井防治水措施的落实。煤矿主要负责人作为本单位防治水工作的第一责任人，总工程师作为具体负责防治水技术管理工作的负责人，要切实落实防治水责任制，严格落实技术管理责任，加强防治水现场安全管理，切实把防治水各项工作措施落到实处。

（2）加大煤矿水害隐患排查治理力度。全面开展矿井隐患排查工作，对受老空水威胁的煤矿要通过小煤矿调查、地面勘查、钻探验证等综合手段，摸清矿区范围及周边老空水、小煤矿水、采空水的位置和水量，做到掘前、采前水害资料清楚。对排查出的重大水害隐患，要在精细勘探和预测评价基础上，进行分类定级，制定专门治理计划，落实治理责任、方案、资金、人员、物资、期限和安全预案等，确保整改到位。

（3）切实加强煤矿水害防治工作。严格执行《煤矿防治水细则》，落实探放水的“三专”要求，即建立专业探放水队伍、由专业探放水人员使用专用探放水设备开展探放水工作。针对大同地区侏罗纪煤田开采历史悠久，老空积水分布广，多煤层开采，层间距小，顶板坚硬，顶板垮落后冒裂带发育，上部各煤层老空积水对下部煤层开采威胁大的特点，防治水工作必须坚持做到“有掘必探、先探后掘、先治后采”。要规范探防水设计和安全技术措施，有效指导采掘作业的防治水现场管理、技术管理。要建立健全“预测探查、综合治理、效果验证、安全评估”煤矿防治水工作体系，掘进施工和回采作业前均要分析查明和探测采空区的空间位置、积水量和水压等，确定积水线、探水线和警戒线，并准确绘制到采掘工程平面图上，严格掌握控制钻孔的超前距离；探放水孔必须打中老空水体最底部，并要监视放水全过程；采掘工作面安装、施工前必须采取有效手段进行探测、验证，查清水体异常区范围和性质，进行采掘工作面防治水安全评价，并经审批后方可采掘，对老空积水做到“不探明、不放尽、不开采”。

（4）加强煤矿地测和防治水基础工作。煤矿要充分发挥科技是第一生产力的作用，走产、学、研、用相结合的道路，采用先进的技术、装备、工艺加强水害防治工作。要运用三维地震勘查等技术查清地质构造情况；掘进过程中，要根据不同条件，首先采用瞬变电磁、直流电法或瑞利波等地球物理勘查技术进行超前探测，然后再运用钻探技术对物探结果进行工程验证；回采前，运用音频电透视或坑透等物探技术查清工作面内部煤层和其顶底板的水情，然后对工作面回采可能影响到的煤层和其顶底板分布的富水体实施超前预疏放。加强井下测量工作，及时修改煤层底板等高线图，全面了解煤层开采后易积水区域，有效开展探放水工作，做到有的放矢；查清矿区及附近水害隐患，特别是采空区分布和积水情况，对周边矿井（重点是位置高的矿井）应定时交换采掘工程平面图；建立防治水工作台账，及时根据水文地质条件变化更新有关图表。

（5）注重突透水征兆信息捕捉，提高水情判识能力。任何透水事故在其发生前均有一个孕育过程，这个过程可长可短，其中必然暴露或显现出一些可疑的突水征兆，如滴水、淋水、H_2S 气味、片帮冒顶、底臌、探水钻孔异常、涌水量增加等，只要能够准确判识出这些预示着透水事故即将发生的征兆，就要立即停止作业，采取有效措施进行治理，避免事故的发生。

点评：

（1）防治水专业技术人员不详细分析上、下煤层开采资料，在上覆 7 号煤层有积水巷道井连通大片积水区的情况下不探放。

（2）在有透水征兆的情况下，不详细分析资料，地质科长不下井查看现场，水质分析项目不全（水样送纯净水厂化验）。

案例三　山西太原市古交某矿透水事故

2016 年 5 月 5 日 18 时 52 分，山西股份有限公司某矿 8 号煤层 18404 综采工作面发生透水事故，最大透水量为958 m^3/h，由于排水能力不足，工作面停产撤人，造成工作面被淹，未造成人员伤亡。

一、矿井概况

1. 矿井基本情况

该矿位于古交市西南0.5 km处，行政隶属于古交市管辖。井田面积40.6927 km^2，批采煤层2～9号，开采标高1170～860 m。核定生产能力为400万t/a，公告生产能力336万t/a。

矿井采用平硐、斜井联合开拓方式，采煤方法采用长壁开采，全部垮落法管理顶板。目前2+3号煤层已基本枯竭，主要开采4号、7号、8号、9号煤层，分+983 m与+1072 m两个水平开采。+983 m水平划分为10个采区，分别为南一、南二、南三、南四、南五、南六、南七、南八、北一、北二采区；+1072 m水平划分3个采区，即北三、北四、北五采区。发生水害事故的18404工作面位于南四采区。煤矿位置及18404工作面位置图如图2-2-10所示。

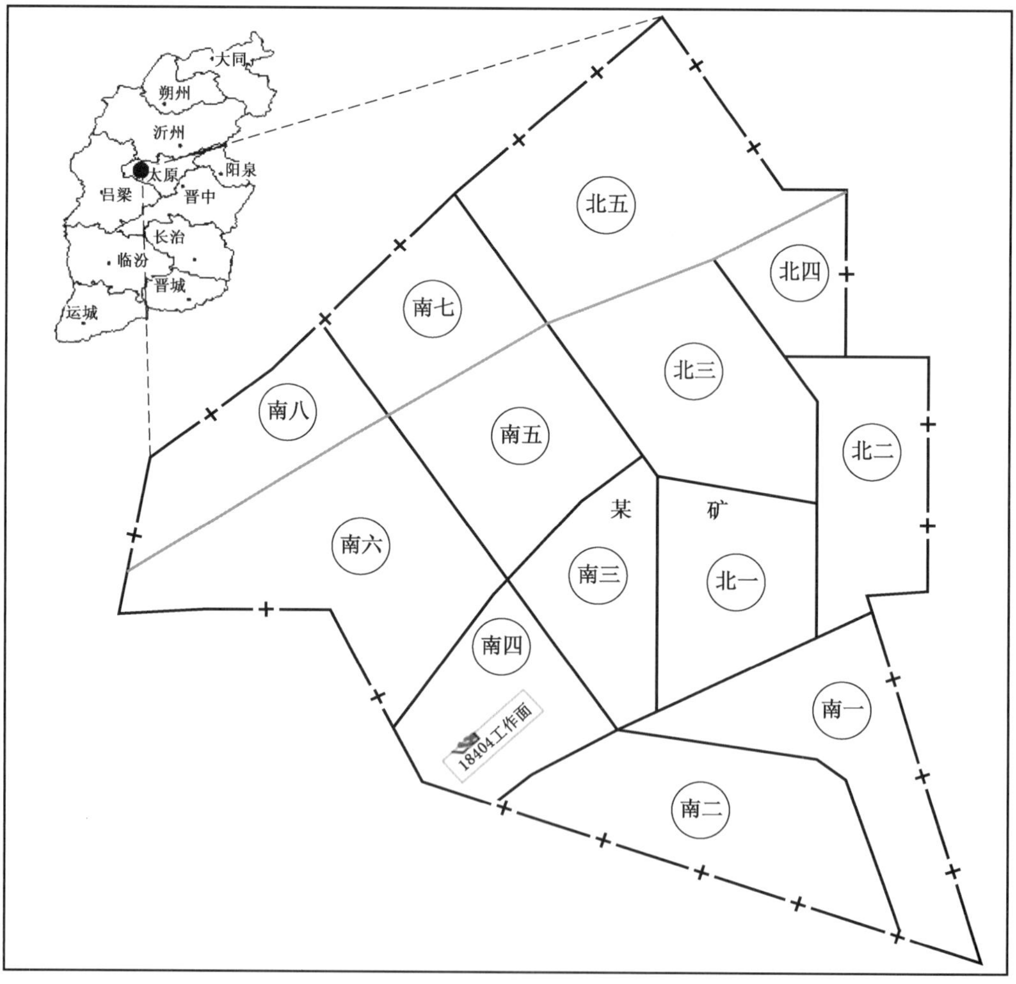

图2-2-10 煤矿位置及18404工作面位置图

2. 矿井地质

（1）地层。井田位于西山古交国家规划矿区古交区北部。勘探揭露及地表出露的地层有古生界奥陶系中统下马家沟组、上马家沟组、峰峰组，石炭系中统本溪组，上统太原组，二叠系下统山西组、下石盒子组，上统上石盒子组及新生界第三系、第四系。

（2）煤层。本区含煤地层主要为山西组和太原组。山西组含 2 +3 号及 4 号两层可采煤层。太原组含 7 号、8 号、9 号共 3 层可采煤层。

（3）构造。井田构造形态基本上为一向南西方向倾斜的单斜构造，倾角一般为 5°左右。井田内的主要构造为断层和陷落柱，其次为宽缓的褶曲，井田地质构造复杂程度为中等。

（4）矿井充水条件。根据矿井地质及水文地质资料分析，大气降水、老空积水、山西组砂岩裂隙水和太原组砂岩夹薄层灰岩裂隙含水层水是矿井主要充水水源，断层、陷落柱、煤层开采形成的导水裂缝带是主要导水通道。

二、18404 综采工作面概况

18404 工作面（图 2 -2 -11）是南四采区 8 号煤首采工作面，于 2015 年 5 月形成，工作面回风巷长 1490 m，进风巷长 1370 m。由于遇 E14X2 陷落柱，进风巷掘进退回 80 m 开切眼，回风巷退回 200 m 开切眼，两巷实长 1290 m，切眼长 220 m。煤层底板倾向西南，机尾高于机头。

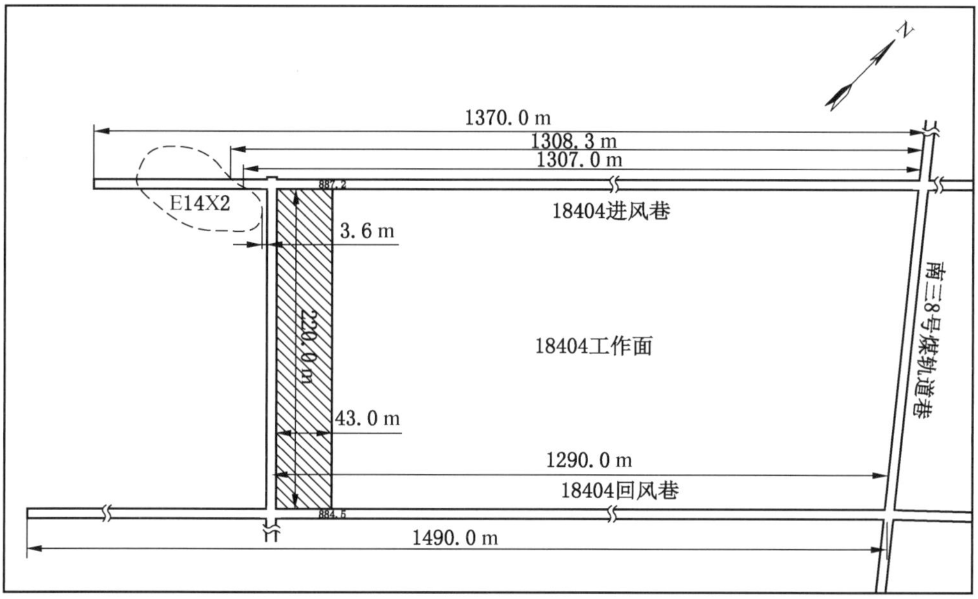

图 2 -2 -11　18404 回采工作面平面示意图

18404 工作面进风巷掘进至内帮 1307 m、外帮 1308.3 m 处揭露了 E14X2 陷落柱，柱内岩性杂乱无序，砂岩、灰岩块间夹泥质，揭露时未见淋水现象。根据矿方提供的采掘平面图，陷落柱长轴 62 m，短轴 35 m，位于工作面机尾靠近切眼 3.6 m 处。

查阅2013年9月山西省煤炭地质水文勘查研究院编制的该矿矿井水文地质类型划分报告、2014年12月山西省煤炭地质144勘查院编制的该矿生产矿井地质报告、2015年1月山西省煤炭地质144勘察院编制的该矿隐蔽致灾因素普查报告、2013年9月该矿地测中心编制的该矿井田内及周边小煤矿调查情况，报告均显示18404工作面西南部有华山矿（批采2+3号煤层，越界进入南四盘区，已关闭）、永树曲矿（批采2+3号煤层，已关闭）、晋煤公司古交矿（批采2+3号煤层，越界进入南四盘区，已关闭），但各报告所附图纸只示意性地显示了部分2+3号煤层破坏区范围。本次出水后矿方提供的资料显示18404工作面上部2+3号煤层有大量已关闭的小煤窑形成的不规则巷道及少量4号煤层采掘巷道分布，范围远大于各类地质报告提供的破坏区范围，但所有巷道均无测量点控制。

18404回采工作面周边8号煤层无采空区分布。工作面上部的4号煤有少量小煤窑巷道分布，7号煤层未进行开采。

2016年1月在进风巷对12406采空积水进行了探放，施工探水钻孔2个，共疏放水量1.6万m^3，经疏通钻孔验证，确认上覆12406采空积水放完；在切眼施工了3个钻孔对上覆小煤矿破坏区进行了探测，钻孔均进入2+3号煤层，但未探到小煤矿老空。

18404工作面2016年2月开始安装，4月22日开始开采，采高3.2 m，4月25日工作面推进22 m，顶板开始垮落，4月28日工作面推进至25 m，顶板全部垮落完毕。至5月5日早班累计推进43 m，下午18时52分机头处采空区开始出现涌水，21时左右涌水量有增大趋势，因排水能力不足，工作面被淹。

三、透水经过及排水过程

2016年5月5日18时52分，18404工作面当班综一队带班班长贾某发现工作面机头采空区方向有水涌出，初期水量较小，随即就向调度室调度员杨某汇报机头到50架有水，机头到20架水深到电缆槽下。调度室接警后立即安排加强工作面排水，并向值班干部进行了汇报，随后综一队立即组织排水准备工作。

5月5日20时50分开启两台5.5 kW水泵进行排水，但水位仍明显上涨，随即撤出所有人员。5月6日7时矿长命令启动该矿水害应急救援预案，成立了抢险指挥部，下设技术组、排水组、物资保障组、后勤保障组等9个抢险工作组，并制定了排水抢险组织方案及安全技术措施。

6日8时22分，矿上报集团公司总调度请求救护大队支援。10时55分救护大队7人下井查看情况。11时55分救护大队汇报回风巷水位仍然上升。22时45分进风巷1台75 kW水泵开始排水，23时27分回风巷1台75 kW水泵开始排水。随后矿方组织7台水泵排水，但水位仍逐渐上涨，到7日8时水位上涨变缓。8日19时水位达到最高点962.8 m，水位趋于稳定。到10日23时，共有排水泵10台工作，水位开始下降。5月15日8时，水位距进风巷口126 m，水位标高960.50 m。

四、透水水量、水源和透水通道

1. 透水水量

截至5月15日8时共排出水量8.53万m^3，井下采空区及巷道积水量5.76万m^3，共计透水水量 14.29 万 m^3。

各时段透水强度估算见表 2-2-1。

表 2-2-1 18404 进风巷水位观测及透水强度统计表

时　　间	水面位置（据进风巷口）	水位标高/m	透水强度/($m^3 \cdot h^{-1}$)
5月5日19时57分—22时45分	18404 工作面见水	淹没工作面长度约 110 m，正巷积水长度 30 m	早期透水强度 308
5月5日22时45分—6日16时30分	距开口 980 m	910.00	峰值透水强度 958
5月6日16时30分—5月8日19时	水位基本稳定，距开口 59 m	962.80	583
5月8日19时—5月10日23时	水位基本稳定，距开口 59 m	962.80	550
5月10日23时—5月11日8时	距开口 65 m	962.23	520
5月11日8时—5月12日8时	距开口 66.1 m	962.15	420
5月12日8时—5月13日8时	距开口 69.7 m	962.00	420
5月13日8时—5月14日8时	距开口 75.1 m	961.80	420
5月14日8时—5月15日8时	距开口 126 m	960.50	420

2. 透水水源

经分析认定：18404 综采工作面透水水源为其上方 2+3 号煤层老空积水。主要依据如下：

（1）奥陶系灰岩含水层水。18404 工作面的奥陶系灰岩含水层水水位标高在 855～860 m 之间，而出水点处标高为 885 m，高于奥陶系灰岩岩溶水水位标高，所以奥陶系岩溶承压水不会成为 18404 工作面透水的充水水源。

（2）太原组砂岩夹薄层灰岩裂隙含水层水。本组岩性是由泥岩、砂岩、石灰岩及煤层组成，钻孔单位涌水量为 0.002 L/(s·m)，富水性弱，不可能有如此大的涌水量。同时该矿分别在 18404 工作面进风巷和切眼施工了 5 个探放 2+3 号煤层采空区积水的钻孔，这些钻孔均穿过太原组砂岩夹薄层灰岩裂隙含水层，均未发生钻孔涌水。因此，太原组砂岩夹薄层灰岩裂隙含水层不会成为 18404 工作面透水的充水水源。

（3）采（古）空区积水。

根据矿方提供的最新采掘工程平面图，18404 工作面切眼上部有华山矿、永树曲矿开采 2+3 号煤层形成的大面积采空区和少量 4 号煤层的采掘巷道，这些采区位置较低（最低处标高为 940 m），西南部有与矿区较近的常年流水的汾河，西北及东南部有纳狼沟和水深沟季节性河流，补给条件较好，是采空区积水的补给水源。

从采集的井下透水点水质化验资料分析，阳离子中的 Fe^{2+}、Fe^{3+} 离子含量较正常水样的化验数据值偏高，阴离子中的 SO_4^{2-} 离子含量很高，占水样中阴离子含量的

89.13% ~93.15%，pH 值为 6.62~6.62，呈偏酸性，具有采空积水的水质特征。

根据统计资料，最大出水量为 958 m^3/h，截至 15 日出水量降到 420 m^3/h，水量减速较快，符合老空水透水的动态特征。

3. 透水通道

经综合分析认为，本次透水事故的透水通道是：工作面切眼处的 E14X2 陷落柱在矿山压力作用下，改变了其原有结构，使其活化，成为本次透水的通道。主要依据是：

（1）导水裂缝带高度：本次收集了距 18404 工作面最近的 306、321、329、西 28 四个钻孔资料，经统计，2+3 号煤层至 8 号煤层的层间距为 58.15 ~ 70.03 m，平均 62.87 m，岩性为砂岩、泥岩及石灰岩互层，切眼处顶板由石灰岩相变为砂岩。

根据相关规定，覆岩为砂岩、泥岩及石灰岩互层，8 号煤层导水裂缝带高度按中硬覆岩选择公式计算，采高为 3.2 m，8 号开采后形成的导水裂缝带为 45.78 m。2+3 号煤层至 8 号煤层的层间距为 58.15 ~70.03 m。由此可见，开采 8 号煤层后形成的导水裂缝带达不到 2+3 号煤层采空区。

（2）煤层开采后会形成岩层塌陷下沉。根据《建筑物、水体、铁路及主要井巷煤柱留设与压煤开采规范》，该矿下山移动角为 65°，经计算，8 号煤层顶板垮落后，塌陷边界（至 2+3 号煤层）向陷落柱方向偏移了 29.29 m，塌陷改变了陷落柱的原始胶结状态（图 2-2-12）。

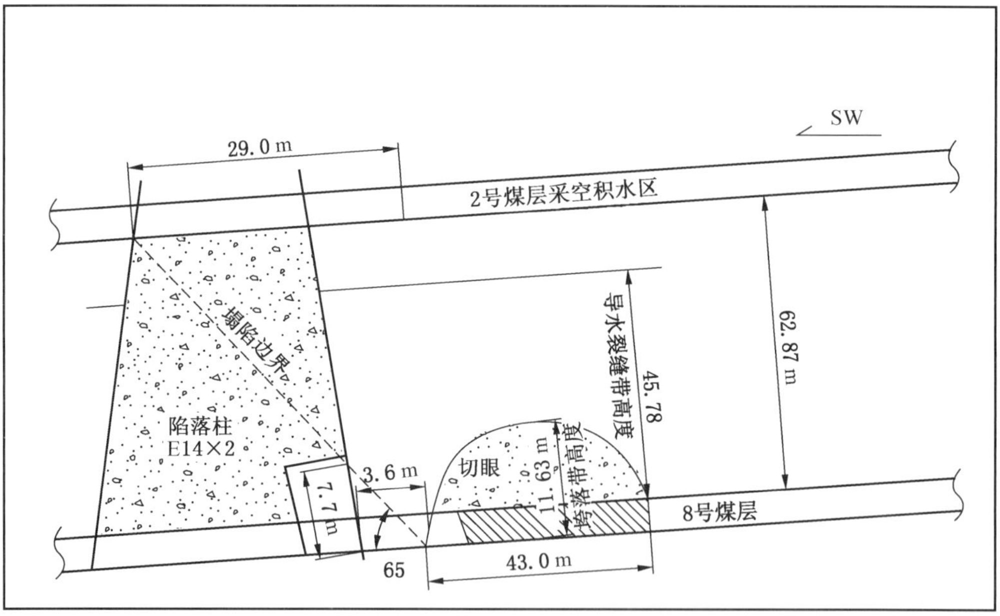

图 2-2-12 18404 回采工作面剖面示意图

（3）最大垮落高度：根据 18404 工作面附近钻孔资料，按 8 号煤层中硬覆岩选择导垮落带计算公式计算，开采 8 号煤层形成的垮落带高度 11.63 m，顶板初次垮落会引起近邻切眼的陷落柱柱体垮塌。

以上（2）、(3）两个因素综合作用，改变了陷落柱内充填物原始的结构，引起陷落柱活化，形成了导水通道。

五、事故类别认定

根据透水水源、通道以及透水量的变化特征，确定本次事故是一起典型的老空积水透水事故。

六、事故原因分析

1. 直接原因

经调查分析认定，事故发生的直接原因是：18404 工作面顶板初次垮落，造成 E14X2 陷落柱充填物结构破坏，引起陷落柱活化，形成导水通道，导致上覆 2 +3 号煤层采空积水涌入 18404 工作面。

2. 间接原因

（1）小煤矿资料调查、管理不到位。小煤矿资料上图不全，采掘情况只填绘了 4 个井筒，出水后，才通过多种途径找到华山矿和永树曲矿的采掘图纸。

（2）未对 18404 工作面上部华山矿可能的采空范围进行物探，确定积水异常区。

（3）探放水设计针对性不强，施工 3 个探小煤矿钻孔未见空见水，工作面防治水安全评价时认为不受小煤矿老空水影响，存在麻痹大意和侥幸的思想。

（4）对构造开采后活化形成导水通道的重视不够。

七、事故教训

（1）加强对以往开采资料的收集整理。

（2）对上覆小煤矿老空区存在的水患威胁未能引起高度重视，存在麻痹侥幸心理，给 8 号煤层开采埋下了隐患。

（3）本次虽然进行了 2 +3 号煤层的探放水工作，但对上覆 2 +3 号煤层以掘代采的采空区探放水设计针对性不强，探放水钻孔密度不够，导致透水事故发生。

（4）对积水区下的陷落柱一定要探放净上部积水方可开采，以防滞后突水。

八、防范措施

（1）加强对井田内及周边矿井小煤窑井口分布、各煤层实际开采状况、采空区范围及积水情况的详细调查，查明采掘区域及周边范围富水情况。

（2）加强探放水管理工作，根据不同地质条件和积水分布状况，按照《煤矿防治水细则》的探放水要求，合理编制探放水设计，做好探放水工作。

（3）加强探放水现场管理工作，井田内断层、陷落柱较为发育，8 号煤层厚度变化较大，对于未达到设计参数的探放水钻孔必须分析原因或调整方案。

（4）及时进行开采后围岩变形情况的观测和分析、冒落带和导水裂缝带高度的探查，并按相关规定留足各类防水煤柱。

（5）强化安全意识，彻底根除重生产、轻安全的思想意识和行为。

点评：该案例为山西第一例陷落柱导通上覆采空区积水导致的透水事故。按照导水裂缝带高度计算，正常情况下该煤层采后不能导通上覆采空区积水，但由于上覆积水区内恰好有陷落柱，随着垮落的发生，对陷落柱进行了活化，成为导水通道，导致上覆积水溃入工作面。

第三节 “同层型”老空水害事故案例

案例一 吕梁市临县某煤矿透水事故

2006年3月18日13时30分许，吕梁市临县某公司某坑口井下发生一起特大透水事故，死亡28人，直接经济损失623万元。

一、矿井概况

该煤矿系由吕梁市临县地方国有某煤矿改制而成的股份制企业，2005年1月换领“采矿许可证”，批准开采4号、5号、8号、9号煤层，井田面积6.1221 km^2。该矿为一证二坑，即某有限责任公司、某有限责任公司某坑口（矿井）。该坑口位于招贤镇工农庄村北面，始建于1958年，1960年投产。原“煤炭生产许可证”载明生产能力30 kt/a。井田面积为1.9 km^2，准采5号煤层，现采5号煤层，煤层平均厚度4.39 m，煤层倾角为8°～12°；顶板为泥岩，底板为中粗砂岩；矿井保有地质储量10540 kt，可采储量为6535 kt。煤矿位置示意图如图2－3－1所示。

图2－3－1 煤矿位置示意图

矿井主井为斜井，斜长400 m，倾角23°，风井为立井。

采煤方法：矿井布置有一个壁式回采工作面，即503回采工作面，切眼长100 m，采高4.39 m，顺槽长500 m。人工爆破开采放顶煤，单体液压支柱金属顶梁支护，全部垮落法管理顶板。

矿井正常涌水量2.5 m^3/h，最大涌水量3.3 m^3/h，排水垂高102.1 m。主斜井底设主、副水仓。主水仓容量为300 m^3、副水仓容量为300 m^3，安装D46－30×7型水泵3台，电机功率45 kW，排水量46 m^3/h，敷设两趟直径75 mm钢管排水，经主斜井直排地面，采掘工作面积水通过运输上山和大巷自流主斜井井底水仓。

根据事故调查组安排，经临县国土资源局委托山西省第三地质工程勘察院对该坑口井下进行了实测，坑口超越“煤炭生产许可证”载明井田边界开采，越界最远距离410 m，累计开掘巷道1099 m，采出原煤约8000 t。

二、矿井地质和水文地质情况

该坑口井田主要含煤地层为二叠系下统山西组和石炭系上统太原组，其中山西组平均厚度62.02 m，共含煤7层，自上而下依次为01号、1号、2号、3号、4号、5号和$5_下$号煤层，含煤平均总厚8.89 m。其中4号、5号可采煤层平均厚度7.81 m。矿井主要含水层有奥陶系石灰岩岩溶裂隙含水层组、石炭系太原组石灰岩岩溶裂隙含水层组、二叠系山西组砂岩裂隙含水层、第四系及上第三系孔隙含水层组、二叠系石盒子组砂岩裂隙含水层组。矿井主要隔水层有山西组隔水层和本溪组隔水层。

该矿井开采5号煤层，井下主要为井筒、顶板和采空区渗水，涌水量2.1～2.5 m^3/h。周围邻近生产情况，新窑煤矿、工农庄煤矿和段家塔煤矿开采4号、5号煤层，井下主要为顶、底板渗水，涌水量不大，一般为1.7～2.5 m^3/h；立新庄煤矿开采8号、9号煤层，井下主要为井筒或顶板渗水，水量不大，一般为0.6～1.7 m^3/h。上述生产矿井与事故煤矿边界均间隔一定距离，据了解，开采巷道均未进入事故煤矿井田，对井田无影响。经调查，贺家洼坑口在事故坑口西南部，该坑口原为某公司的一个生产坑口，在20世纪90年代初恢复古井而成，1999年关闭，该坑口的东北部有古空区存在。

井田内5号煤层充水因素主要为顶板以上砂岩水通过井筒、顶板裂隙向巷道渗漏和采空区积水沿煤层底板向巷道渗透。

根据地质报告，事故矿井现采5号煤层的顶底板岩性变化不大，含水层基本稳定，矿井设计能力为150 kt/a，井下正常涌水量为2.5 m^3/d。

三、事故经过及抢险救援过程

3月12日，事故矿井下安全员薛某（代表矿方监督井下安全）在5号工作面发现顶板有挂汗现象后，向矿上反映，经研究停止开采。但3月16日又开始了开采作业，直至事故发生。

3月18日早班，共有58人入井作业。其中：在西南上山采区一带、井口至井下运输的工人由班长熊某负责，共有32人；501工作面6人；502、503工作面5人，由李某负责；修路工8人，由周某负责；另有杂工7人。

由班长熊某负责的32人中，采工（即爆破工）3人、三轮车司机8人、装煤工7人、支护工3人、瓦斯员1人、机电工2人、皮带及溜则工6人、记工员1人、修路工1人。

上班前，熊某安排了当班工作，采工刘某、装煤工黎某、吴某及司机董某、刘某在上山采区2号工作面作业；采工吴某、装煤工王某等在4号工作面作业；采工王某等在5号工作面左侧掘进头作业；另外两名司机何某、薛某负责运输木料；支护工、瓦斯员、机电工等在各自岗位作业。3个采工负责向矿方领取了当班火工品（其中雷管40个、炸药1箱），于9时30分左右入井。进入作业地点后，首先开始打眼爆破，每个工作面打5个炮眼，每个炮眼装一个雷管、一卷炸药，第一茬炮放完后，工作面开始出煤；11时许第二茬炮放完后，仍正常出煤；期间因503运输巷皮带打滑，熊某即赶到安排修理，然后又到井底安排拉木料和修路，又因局扇停风，到503回风巷下部排水点找到机电工杨某、车某一同来到局扇风机处，经检查是风机电机被烧，后两电工离开，熊某又去帮助三轮车司机拉预制板垫路，事后来到503回采工作面切眼，刚到机尾处即发现水来了，透水事故发生，时间大约是13时30分许。

透水事故发生后，熊某等7人跑到回风巷高处一侧，李某等5人爬上三轮车。等水位下降后，此12人从立井人行梯坡跑出，另有18名工人也分别从立井人行梯坡和主斜井跑出。

事故发生后，在斜井底开二部皮带的陈某等2人发现水流后立即从斜井跑出并跑到坑口办公楼。此时，正在办公室开会的薛某听到跑动声后，立即出去询问是怎么回事，陈某回答说："井下出水啦"。薛某赶忙换衣服从斜井下去，在入井后不远处发现井筒已经积水无法下去，又返回地面从风井下去，一直走到透水口，并跑遍周围所有工作面，在沿途发现了4个死者，其中1个是裸体，随后返回地面。

接到事故报告后，吕梁市矿山救护大队的3个救护小队32名指战员立即赶赴事故现场实施抢救。于3月18日18时30分开始第一次入井侦察，至4月2日9时30分历时16天先后将28名遇难人员运送出井，抢救工作结束。

四、矿井水害形成条件

1. 充水水源

根据水文地质条件：5号煤层充水因素主要为顶板以上砂岩水，但地质报告表明，矿井正常涌水量为2.5 m^3/h，最大涌水量为3.3 m^3/h，不可能在短时间内形成1万多立方米的透水量；在采区内未见明显的小断层、挤压破碎带，这就排除了断层导水的可能性；据现场勘察，矿井现有采空区位于上山部位，已破坏部分未发现有积水，未破坏部分未发现渗水现象，故可排除本井田采空区透水可能。

现场勘察，透水点以里有多处巷道存在并通向古空区，无支护，巷道煤壁整齐，为人工手镐挖掘形成，巷道顶板和煤壁有挂红现象，巷道底板表面可见黄褐色污染的沉积物，且流出的水是黄褐色；在503回风巷内残留的水普遍为黄褐色；另据调查在1999年已关闭的贺家洼坑口井田内有古空区存在；透水事故后经水质检测，pH值为4.6。因此，认定"3·18"透水事故水源为古空水。

2. 导水通道

透水现象的发生与否决定于挡水结构的挡水强度和积水压力的相对大小，透水的猛烈程度决定于挡水结构的破坏特征以及积水压力的绝对大小。挡水结构的破坏有两种形式：渐进式破坏和突发式破坏。渐进式破坏会产生较为明显的透水征兆，当挡水结构为渐进式破坏时，形成的透水口逐渐扩大，因此，从透水开始发生到透水发展到高峰有一个较长的时间过程；突发式破坏不会产生较为明显的透水征兆，由于挡水结构的突发式破坏，形成透水时间短、透水口面积大，因此，透水一旦发生就会迅速达到高峰阶段，不会有较长的时间过程。

通过现场勘察发现，透水口呈不规则梯形状，上宽1.7 m，下宽2.5 m，高1.7 m，左侧厚度2.2 m，右侧厚度1.8 m；在右上部和左下部有爆破后的残留炮眼底；距南1掘进工作面口35 m处有一煤电钻，回风巷第七联络巷内发现有15个雷管呈团状，南1掘进工作面与联络巷相交处发现插有钥匙的发炮器和放炮母线。

综上分析认为，爆破落煤导致5号煤层西南上山南5号掘进工作面左侧掘进头处挡水结构产生突发式破坏形成导水通道。

五、事故原因及性质

（1）直接原因：矿井超越该坑口“煤炭生产许可证”载明的井田边界违法组织生产，没有执行“有掘必探，先探后掘”的探放水原则，盲目爆破掘进，导致挡水结构产生突发式破坏，使古空区 16000 m^3 积水突然涌出。

（2）主要原因：矿井安全管理混乱，机构不健全，安全生产责任制不落实，春节后未经复产验收，违规随意采掘，安全技术措施不到位，对存在的重大透水隐患未能有效预防、排除并及时向有关部门报告。

（3）事故性质认定：“3·18”透水事故是一起责任事故。

点评：越界开采，在未查明水害隐患的情况下，继续盲目炮掘导致事故发生。

案例二　太原某煤矿某井透水事故

2008 年 2 月 24 日 20 时 20 分，太原某煤矿某井二采区 2210 工作面切眼 107 m 处发生透水事故，死亡 6 人。

一、矿井概况

事故煤矿某井位于蒲县县城东北方向直距 25 km 处，批准开采山西组 2 号煤层，井田面积 10.595 km^2，设计生产能力达 30 万 t/a。2 号煤层厚度约 1.91 m，煤层倾角 0°～4°，顶底板岩性均为泥岩。

矿井正常涌水量为 30 m^3/h，最大涌水量为 50 m^3/h。

井下涌水由中央水泵房排水设备直接排至地面。矿井设主、副水仓各一个，水仓总容量为 800 m^3。中央水泵房安装有 D46－30×8 型离心式水泵 2 台，其额定流量 46 m^3/h，额定扬程 240 m，配套电机功率为 55 kW；D46－30×7 型离心式水泵一台，其额定流量 46 m^3/h，额定扬程 210 m，配套电机功率为 45 kW。其中一台工作、一台备用、一台检修，最大涌水时工作泵和备用泵同时运行。排水管路采用 ϕ80 mm 管路沿管子道布置（一趟工作、一趟备用），排水高度为 132 m。

采煤方法为走向长壁全部垮落法。

二、事故经过及抢险救援过程

2008 年 2 月 24 日 20 时 20 分，矿调度接井下汇报井下发生透水，矿井立即成立抢险指挥部。21 时 20 分，通知各队组人员尽快升井。22 时，及时摸清各队组人员是否安全撤离。22 时 10 分，安排专人下井了解现场情况。22 时 25 分，经现场核实后，确认为 2210 运输巷出来的水，当时井下共有作业人员 115 人，107 人安全升井，8 人被困井下。

2008 年 2 月 24 日 22 时 27 分，太原某（集团）公司调度室接到事故煤矿汇报，立即要求事故煤矿做好抢救组织工作，同时汇报给集团公司领导。公司领导立即做出了全力组织抢救的指示，在家领导立即奔赴公司，召开紧急会议，组织部署抢险救援。

2 月 24 日 23 时 50 分会议决定，立即启动太原某公司防治水应急预案，成立了应急救援领导组。应急救援领导组办公室设在公司总调度室。应急救援领导组下设抢险救援组、综合协调组。

2 月 25 日 00：12 分，公司总调查室将事故概况汇报山西煤炭工业局、山西煤矿安全监察局、山西省国资委，传真《安全生产事故速报表》，并由事故煤矿向当地政府进行了汇报。

2008 年 2 月 25 日 00：12 分，综合协调组召开会议对各项工作进行了分工，成立了技术小组、安全协调及信息小组、物资保障小组，并对具体工作做出了安排。同时，集团公司领导以及省、市、县有关领导先后奔赴事故现场，组织抢险救灾工作。到达事故现场的太原某公司领导及相关部室负责人立即组织召开紧急会议，成立了由集团公司董事长、总经理为总指挥，副总经理为常务副总指挥的事故现场抢险指挥部。指挥部下设现场救援、后勤保障、技术资料、安全保卫、宣传工作、善后工作 6 个专业组，明确了各专业工作组的职责，并提出了具体的工作要求，研究部署救援方案、制定抢险措施。

事故发生后，公司立即着手组织了 500 多人的应急抢险救援队伍，临汾和霍州抢险救护大队派出 58 人。抢险工作先后投入各种抢险车辆 40 余辆，紧急调用各种型号排水管 4600 m、各型水泵 7 台，铺设排水管线 3500 余米，安装排水泵 10 台，排水能力达 477 m^3/h。25 日 6 时 05 分，矿井通风系统恢复，11 时 25 分被困皮带司机成功获救，22 时 55 分被困回风大巷水泵工成功获救。运输、回风大巷水位下降后，于 2 月 26 日 18 时 34 分左右，救护大队在井下 2210 运输巷口附近搜救，发现 4 名遇难者，并于 23 时 40 分左右出井；29 日上午 10 时 15 分，在距 2210 运输巷口 120 m 处搜救发现 1 名遇难者，12 时 40 分出井；29 日 22 时 15 分，在距 2210 运输巷口 131 m 处搜救，发现最后一名遇难者，23 时 06 分出井。

三、透水事故原因

2210 工作面顺槽进入事故煤矿某井初步设计安全专篇划定的采空区防隔水煤柱，未探查清楚 2210 工作面切眼掘进前方的老空巷道。正在施工的 2210 掘进工作面切眼与 2210 工作面内侧采空区贯通发生突水（图 2 – 3 – 2）。

四、防范技术措施

（1）按照国家有关煤矿防治水规程和规定，煤矿应完善煤矿防治水制度，健全生产技术管理制度，并严格执行。

（2）加强对生产工人安全和操作技术培训，增强工作责任感。

（3）煤矿周边小煤矿众多，要将周边煤矿采掘状况调查清楚，建立图纸交换制度，随时了解周边煤矿采掘工程布置。

（4）煤矿在采区、工作面布置前，一定要利用物探等技术，查明小煤矿采空区分布及老空积水量，必要时留设防水煤柱。

（5）采掘过程中一定要坚持“预测预报，有掘必探，先探后掘，先治后采”，编制合理的探防水设计和技术措施，并加以贯彻落实。

（6）煤矿生产中，要严把作业规程、措施质量关，确保规程、措施能科学指导生产并加以贯彻落实。

（7）煤矿调度室在安排生产时，一定要明确责任分工，强调不安全不生产。

（8）煤矿各级领导和相关部门要对矿井生产严加监管，巡回检查，真正把安全生产

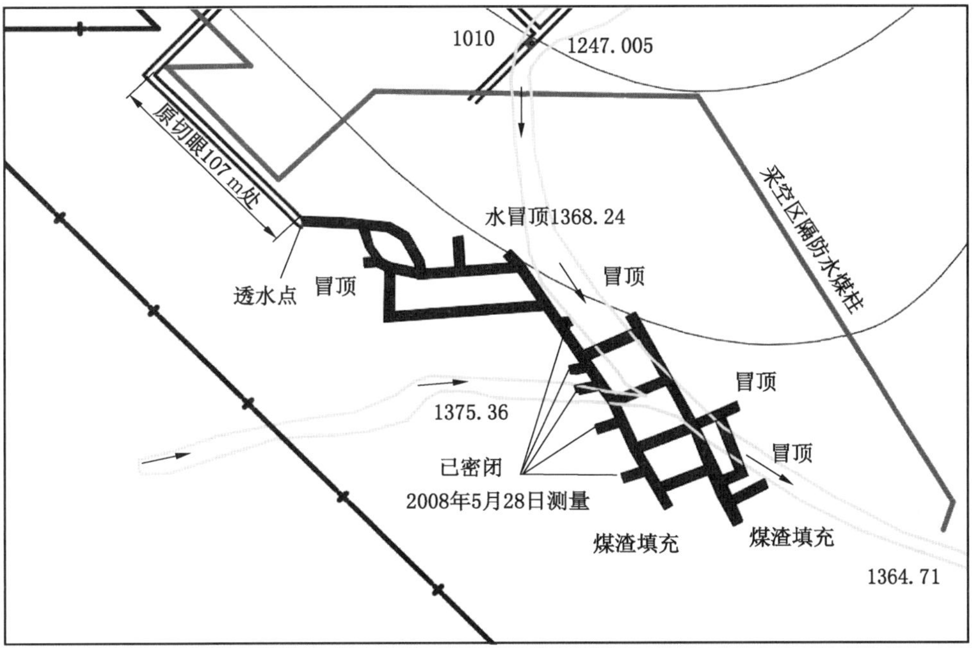

图2-3-2　事故原因分析示意图

工作落到实处，确保矿井生产安全。

点评：工作面进入采空区防隔水煤柱，在明知前方可能存在小煤窑巷道的情况下未打钻探查清楚前方水文地质情况，导致水害事故发生。

案例三　某矿三号井工矿透水事故

2009年3月25日凌晨1时20分，某矿工业公司三号井工矿南翼皮带大巷掘进工作面发生透水事故，透水量15.9万m^3，事故未造成人员伤亡。

一、矿井概况

1. 基本情况

该矿井田面积19.2 km^2，地质储量66540万t，工业储量62960万t，可采储量44654万t，矿井设计生产能力600万t/a。采用斜井开拓方式，全井田划分为一个水平和两个辅助水平，即将主采煤层9号煤层设为主水平，沿9号煤层分别布置带式输送机大巷、辅助运输大巷和回风大巷；在4号、11号煤层中设辅助水平分别辅助水平大巷。三号井的4号、9号煤层均采用综采放顶煤采煤法，11号煤层采用一次采全高综采方法。三号井工矿交通位置图如图2-3-3所示。

2. 矿井地质构造

本区位于宁武煤田朔州矿区东部，宁武向斜的北端。纵观本井田总体为一平缓的向斜构造，向斜轴向基本为NW—SE向。东北部地层向SW倾斜，西南部地层向NE倾斜，中

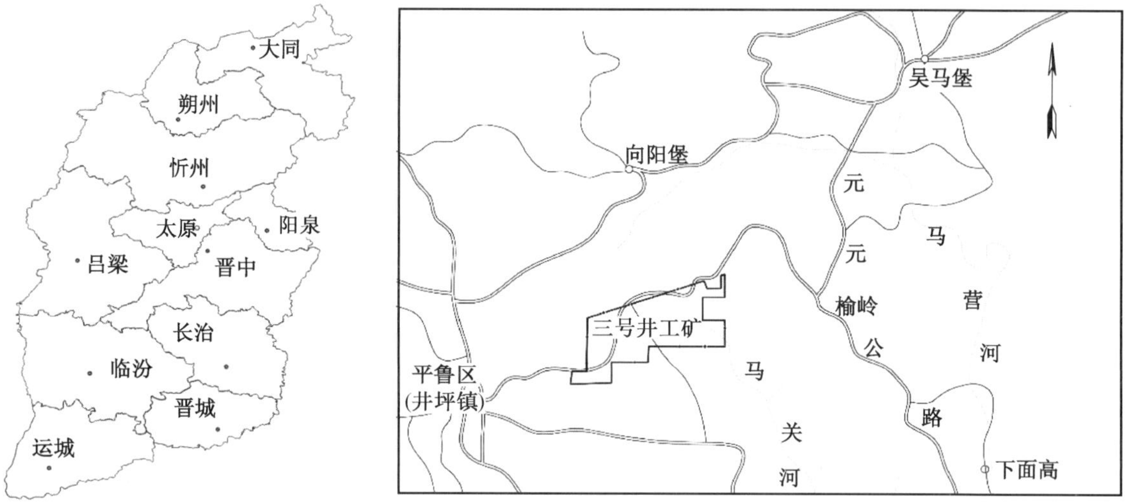

图2-3-3　三号井工矿交通位置图

部较平缓。井田内有落差≤5 m断层23条，未见陷落柱和岩浆岩侵入。井田地质构造属简单类型。

井田褶曲包括东坡向斜、木瓜界背斜、马营背斜；首采区范围内共发现有4条断层，断层走向NE35°~45°，延展长度400~350 m，断层落距为0~4 m，倾角60°~75°，均为正断层。

区内地层层序自下而上为奥陶系中统上马家沟组（O_2s）；石炭系中统本溪组（C_2b）、上统太原组（C_3t）；二叠系下统山西组（P_1s）、下石盒子组（P_1x）；新生界第三系静乐组，第四系中、上更新统、全新统地层。

3. *矿井水文地质条件*

平朔矿区属神头泉域水文地质单元，地下水接受大气降水的垂直入渗和河流渗漏补给，由北、西、南向泉域中东部神头镇一带径流汇集，并以泉群形式集中排泄，年均排泄量4.52 m^3/s（2005年观测资料）。

本井田可划分为奥陶系碳酸盐岩岩溶裂隙含水岩组、石炭二叠系碎屑岩裂隙含水岩组和第三、第四系松散岩类孔隙含水岩组。三号井工矿直接充水含水层主要为煤层顶板砂岩裂隙水，其补给源为地表径流、河流渗漏、大气降水入渗及第四系地下水。

影响4号、9号、11号煤层开采的石炭-二叠系含水层组主要为K_6、K_4、K_3、T_4、T_3、T_2砂岩，其中K_6砂岩在井田内局部赋存，其余5层赋存较为完整，中粗砂岩最大厚度为55.95 m，平均34.34 m；细粒以上砂岩最大厚度为160.36 m，平均92.20 m。

石炭-二叠系砂岩裂隙水水化学类型为$HCO_3-Ca\cdot Mg$、$HCO_3\cdot SO_4-Na\cdot Ca$或$HCO_3-Na\cdot Ca$型水。

4. *矿井及小煤矿*

据有关资料，区内小煤矿较多，采煤方法为房柱式，多数以掘代采，畜力或绞车提升运输，机械化排水和通风，水文地质条件简单，顶板易管理，回采率不高。

5. 矿井历史透水情况

三号井工矿基建于2003年开始动工。2007年3月9日在首采区沿9号煤底板掘进到90101辅运巷（正北方向）147 m处，迎头出现透水（标高在1275.36 m），由于水量较大，迅速将90101皮带巷、90101皮带大巷1289.16 m以下淹没，淹没水柱高约14 m，巷道蓄水量达16868 m^3（9号0点30分~9号15点30分），初期突水量达250~300 m^3/h，而后迅速组织设备排水。经40多天排水，基本到达突水巷道突水点。在90101皮带巷（正北方向）基本排干后，掘进约3 m左右，形成冒顶，4月17日造成迎前突水，突水量70~80 m^3/h，又经过两个多月的排水，水量基本不减。6月28日9煤西翼辅运大巷突水，突水量60~70 m^3/h，排水7 d左右，变成淋水。11月13日，90101工作面回风巷突水，初期突水量达1100 m^3/h。由于井下稳定总排水量较大，井下突涌水时有发生，使得矿井巷道掘进一度处于停滞状态，虽2008年3月初已恢复施工，但矿井涌水量仍较大，井巷道掘进尚有潜在威胁。

根据突水点分布情况，发生突水的4个突水点均分布在首采区NW向断层两侧，沿北西向呈串珠状展布，与沟谷方向一致，由于构造附近风化裂隙和构造裂隙较其他地段更为发育，大气降水、地表水和第四系孔隙水可通过砂岩隐伏露头顺断层走向涌入矿井，引起突水。

6. 排水系统

井下各生产场地临时排水皆进入主水仓，然后直接进入地面污水处理站。矿井设计正常排水量为500 m^3/h，最大排水量为800 m^3/h。实际正常排水量为550 m^3/h，最大排水量为1100 m^3/h。主水仓容量为约5600 m^3，安装型号为MD650－80×3型水泵3台，其最大扬程为240 m，排水量为650 m^3/h，电机型号YB630S1－4，功率为630 kW，电压为10000 V，其中1台工作，1台备用，1台检修。有2趟377 mm管路。

7. 地质、水文地质工作

（1）20世纪50年代后期，该区进行过普查、详查、精查勘探。2004年4月在本井田内进行了勘探地质工作，施工了勘探孔、井检孔、水文孔共8个，钻探进尺2572.61 m。2007年进行了煤田地质补充勘探，施工钻孔27个，总工程量7870 m。

（2）该区域在18个水文孔中安装了地下水位自动遥测系统，系统运行稳定。

（3）为查明富水区，2008年5月开展了地面瞬变电磁法工作，共布置TEM测线20条，设计物理点800个，实际完成1465个，测线总长度26.0 km。为查明巷道及工作面上部含水层的富水性，进行了高密度电法、音频电透视法探查，共计布设1220个物理点，长度3000 m。

（4）在本次透水以前，共计超前探测77次，探测有效距离5030 m，排放积水120余万 m^3。

（5）据统计，本次透水前共施工超前钻孔145个，24686 m，共排水276万 m^3。

（6）据最新资料统计，一期施工了8个疏排水孔，共排水71.6万 m^3，疏排效果明显。

二、事故经过、抢险救援

1. 事故经过

2009 年 3 月 25 日 1 时 10 分，某公司三号井工矿掘进二队施工的 9 号煤南翼主运大巷在迎头至距 9 号煤西翼辅运大巷 670 m 左右时，发生透水事故。事故发生前没有任何征兆，当班跟班队长、班长立即组织工作面人员撤离并汇报到矿调度，矿调度立即通知矿值班人员、矿长，矿长、矿值班人员于 1 时 25 分前全部赶到矿调度室，立即启动应急救援预案。人员全部升井后，矿组织施工队、劳资部门对人员进行核实，1 时 30 分，确认当班井下 109 人全部安全升井。后经初步估计，透水初期最大突水量为 4000 ~ 5000 m^3/h。

2. 抢险救援

“3 · 25”突水事故，虽然水量很大，危害严重，由于是下山掘进，指挥得力，救援及时，没有造成人员伤亡事故。从 3 月 25 日 1 时 10 分突水至 27 日中午 12 时水位稳定，标高约为 1261.15 m，共涌入矿井总水量约为 15.9 万 m^3。在 9 煤层西翼辅运大巷、管子道二处建立临时排水基地，共安装排水能力为 160 m^3/h 水泵 8 台，排水能力为 240 m^3/h 水泵 1 台。临时供电系统铺设 10 kV 高压电缆一趟，长度 1000 m；6 kV 高压电缆两趟，长度分别为 1400 m；90102 辅运顺槽移变 29 日 12 时 10 分开始供电。从 27 日 12 时水位开始下降，到 30 日上午 10 时，水位标高下降 2.15 m（水位标高约为 1259.0 m）。共排出水量约 8.1 万 m^3，剩余积水量约 7.8 万 m^3。

三、事故原因分析

1. 透水点附近水文地质工作及结论

（1）钻探：突水点附近 C－5、C－7、C－9、C－11 等钻孔单位涌水量较小，为 0.0094 ~ 0.405L/(s · m)，且水位多数位于 9 煤底板以下。C－5 孔孔深 204.06 m，封孔到 9 号煤顶板，由于水量太小，抽水试验改为注水试验，渗透系数 0.5126 m/d。突水后附近的 C－5 号孔水位有变化，先降后升，下降约 0.7 m，升高到原始水位后基本不变化。其他地面观测孔均无明显反映。

（2）地震勘探：首采区进行的三维地震勘探工作，接收点距 5 m，线距 20 m，8 线 16 炮制，炮点 40 × 10，CDP 道距 5 × 10，地震资料原始解释以及突水后重新分析都显示，在突水点周围不太可能存在较大的地质构造。

（3）地面瞬变电磁勘探：先后两次从地面采用不同网度探测表明，突水点附近顶板水不存在采空区，富水性较弱区，附近没有大的面状积水区。大面积积水区位于突水巷道以东 120 ~ 200 m 处。

（4）井下直流电法：南翼主运大巷一直在进行超前探测，最近一次为 3 月 18 日（表 2－3－1），起点位于坐标点主 6 前 24 m，超前探测距离为 96 m。探测成果显示，在 36 ~ 42 m 处有小的破碎裂隙，存在一处异常，该异常范围较小，但幅值变化较大，其最小值仅为 48（阈值 95 以下定义为富水异常），故推测为裂隙富水。实际情况是掘进到 70 m（无富水异常）时透水，已过本次探测异常区 28 m，且透水量达 15.9 万 m^3。透水点示意图如图 2－3－4 所示。

（5）透水后水质化验结果显示，井下水质与顶板砂岩水水质差别较大，如砂岩水矿化度为 304.66 mg/L，而井下水矿化度达 1502 mg/L；砂岩水 SO_4^{2-} 浓度为 45.69 mg/L；砂岩水 pH 值为 7.0，井下水 pH 值为 6.3（弱酸性水）。

2. 初步原因分析

表 2-3-1 3月18日井工矿9号煤南翼主运大巷井下电法超前探测成果表

<table>
<tr><td>时间</td><td>2009 年 3 月 18 日</td><td>施工地点</td><td>南翼主运大巷</td><td>迎头位置</td><td>主 6 点前 24 m</td><td></td></tr>
<tr><td>成果图</td><td colspan="6">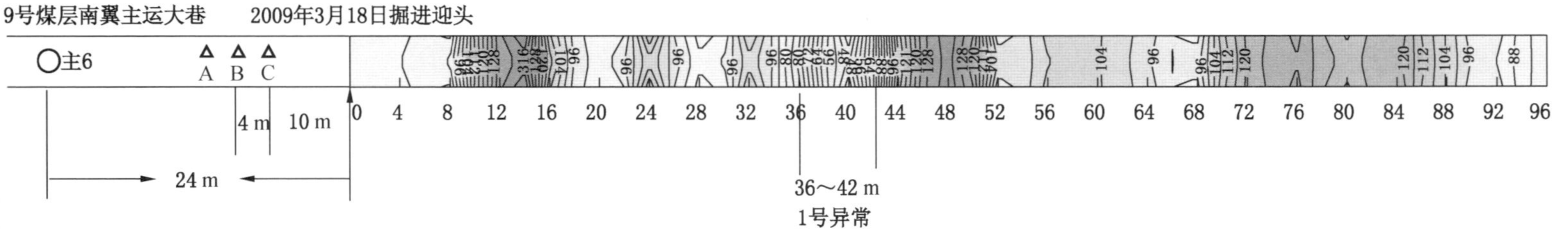
</td></tr>
<tr><td>结论与建议</td><td colspan="6">从成果图中可以看出，迎头前方主要存在 1 处视电阻率低阻异常，异常区段位于迎头前 36～42 m（主 6 点前 60～66 m），命名为 1 号异常。
上述视电阻率低阻异常范围较小，但幅值相对较大，推断可能为小的裂隙破碎带，并且相对富含水。
建议掘进过程中通过上述异常区段时应加强水文观测工作，发现异常情况应及时汇报以便采取相应措施</td></tr>
</table>

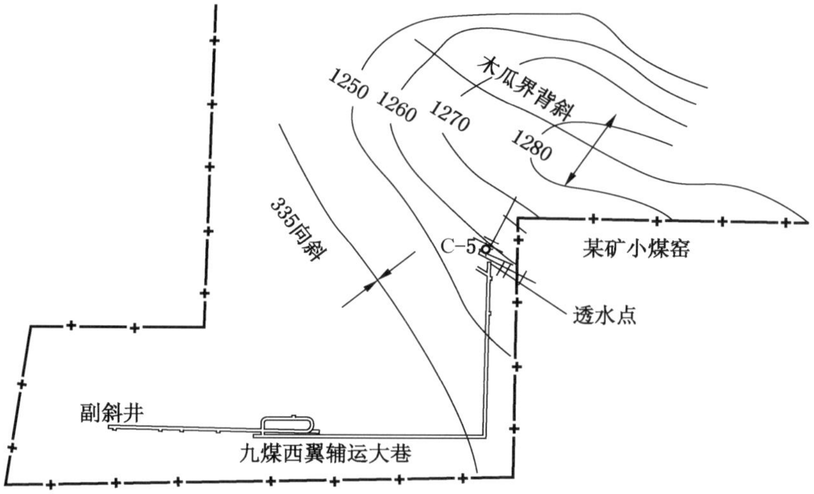

图 2-3-4　透水点示意图

推断本次透水水源是附近老窑采空区积水，透水通道为废旧巷道或其他线性导水通道。由于小煤窑以掘代采，巷道纵横交错，垮塌状况不明，目前国内外现有的物探手段无法精确探明小（古）窑巷道位置与分布状况，虽然采取了井上下多种探测手段，并在相邻巷道采取了超前钻探探放水措施，但根据井下直流电法超前物探成果的提示掘进过程中仍旧透水。

四、防范措施及建议

1. 近期技术措施

（1）在现有井下、地面物探成果的基础上，应采取重点区域加密物探措施，根据物探成果有针对性地进行钻探验证。

（2）透水点附近尽快进行物探加密工作，发现异常根据实际需要随时增加加密工作量，以控制导水通道的准确位置。

2. 建议

（1）切实落实防治水责任制，重视技术管理。按照“预测预报、有疑必探、先探后掘、先治后采”的防治水原则，落实“防、堵、疏、排、截”五项综合治理措施。认真落实企业主体责任制、安全生产责任制、技术管理责任制，杜绝违章指挥和违章作业。按照有关规定设立机构，配备人员及设备，制定制度、方案，备足资金及物资。

（2）加大煤矿水害隐患排查治理力度。要认真分析查找防治水工作中的薄弱环节，对水害隐患进行全面排查，要查清周边采空区、废弃井口等与矿井的联通情况；检查防治水各项措施、计划是否落实。对排查出的重大水害隐患，要分类定级，制定专门治理计划，落实治理责任、方案、资金、人员、物资、期限和安全预案等，确保整改到位。

（3）切实加强煤矿老空（窑）水防治工作。老空（窑）水是煤矿的主要水害之一，要认真落实老空（窑）水探放的责任和措施。在物探基础上加强钻探探放水工作。采掘工程施工前要分析查明老窑的空间位置、积水量和水压，确定探水警戒线，并准确绘制在采掘工程平面图上，坚持先探后掘，严格掌握控制钻孔的超前距离。探放水时，要撤出探放水点部位受水害威胁区域的所有人员。探放水孔必须打中老空水体，并要监视放水全过程，直到老空水放完为止。探放水设备必须满足防治水规程规定的专用设备要求。矿井有突水预兆时，应立即撤出井下所有受水害威胁的作业人员。

（4）加强煤矿防治水基础工作，落实煤矿防治水措施。切实加强矿井水文地质基础工作，查清矿区及附近地面水系的汇水和渗漏情况、疏水能力和有关水利工程情况；按设计规定留设各类防水煤（岩）柱，定期对井上下供电设备、矿井排水设备进行维护检修。

（5）注重突水征兆的观察，提高征兆判识能力。任何突水事故在其发生前均有一个孕育过程，这个过程可长可短，其中必然暴露或显现出一些可疑的突水征兆，如滴水、淋水、H_2S 气味、片帮冒顶、底臌、探水钻孔异常等，只要能够准确判识出这些征兆，就有利于采取相应的防治水措施，最大限度降低事故发生的风险。

（6）应加强煤矿专业技术人才的引进和在职职工培训工作，采取多种方式培训、多种渠道引进人才，满足水害防治专业技术人员配备要求。同时，煤矿企业应依法加强从业人员的安全技术培训，提高其安全意识、安全生产技能以及综合素质。

点评：

1. 物探资料的可靠性差，70 余次物探成果均一致，对几十万立方米积水不能解释，导致本次事故发生。

2. 厚煤层探放水工作不到位，《煤矿防治水细则》第四十三条（一），探放老空水和钻孔水。老空和钻孔位置清楚时，应当根据具体情况进行专门探放水设计，经煤矿总工程师组织审批后，方可施工；老空和钻孔位置不清楚时，探水钻孔成组布设，并在巷道前方的水平面和竖直面内呈扇形，钻孔终孔位置满足水平面间距不得大于 3 m，厚煤层内各孔终孔的竖直面间距不得大于 1.5 m。

案例四　山西襄垣某煤业有限公司透水事故

2012 年 4 月 12 日 22 时许，山西襄垣某煤业有限公司 12^{-2} 号皮带巷发生重大透水事故，透水量约 3.232 万 m^3，导致 11 人遇难。

一、矿井概况

山西襄垣某煤业有限公司位于山西省襄垣县城西北 9 km 的善福乡崔家庄、善福村、石峪村一带，隶属襄垣县善福乡管辖。井田面积 5.1567 km^2，批准开采 3 ~ 15 号煤层，生产能力 90 万 t/a（图 2 - 3 - 5）。

矿井北邻山西潞安华润煤业有限公司，西邻山西襄垣七一新发煤业有限公司，南邻山西襄垣七一大雁沟煤业有限公司，东部为煤层露头。井田总体为一走向 NNE、倾向 NWW 的单斜构造，倾角 4° ~ 10°。南部有一条 F_1 正断层，为矿井开采时揭露，走向东西向，倾向 N，倾角 70°，落差 5 m，展布长度约 300 m。未见陷落柱及岩浆岩侵入。

井田主要含煤地层为二叠系下统山西组及石炭系上统太原组，根据开采揭露，山西组 3 号煤层在 12 采区附近分叉为 3 号上与 3 号下两个分层。3 号上煤层厚 2.1 m 左右，下煤层厚 3 m 左右，中间夹 1.9 m 矸石。太原组 15 号煤层厚度为 0 ~ 3.20 m，平均 1.42 m，目

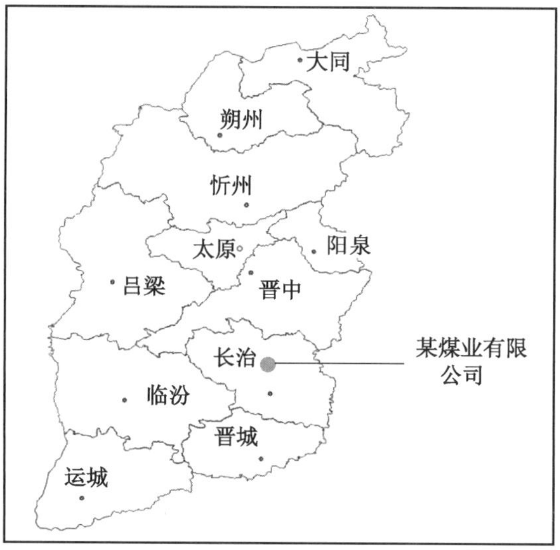

图2-3-5 煤矿位置图

前尚未开采。

井田内大部分为第四系松散层所覆盖，基岩出露地层有二叠系上统上石盒子组、下统下石盒子组。

井田主要含水层有：

（1）奥陶系中统岩溶裂隙含水层。井田内水位标高在651~654 m之间，单位涌水量为1.7778 L/(s·m)，12采区3号煤层底板标高780~810 m，不带压。

（2）太原组石灰岩岩溶裂隙含水层。

主要由K_2、K_3、K_4、K_5石灰岩组成,平均厚度17.53 m，单位涌水量为0.0075 L/(s·m)，本含水层为弱富水性含水层。

（3）山西组砂岩裂隙含水层。该含水层在井田内零星出露，由K_7砂岩及3号煤层顶板砂岩等组成，单位涌水量为0.005 L/(s·m)，为弱富水性含水层。

矿井开采3号煤层。矿井煤层开采的主要充水来源：一是煤层顶板砂岩裂隙含水层地下水，二是采空区积水。3号煤层矿井涌水量280~420 m^3/d。

大气降水为矿坑充水的主要来源。大气降水通过岩土层孔隙入渗补给地下含水层，在采空区域形成采空区积水。尤其在东部煤层浅埋区，补给条件较好。

该矿兼并重组前由襄垣善福联营煤矿和崔庄兴安煤矿分别开采。襄垣善福联营煤矿始建于1981年，1982年12月底投产，生产规模为3万t/a，经多次改扩建后，生产能力达到60万t/a，采用立井单水平开拓、长壁后退式低位放顶煤一次采全高综合机械化采煤方法，采用垮落法管理顶板，开采3号煤层。兴安煤矿矿井生产能力为15万t/a，立井开拓，采用倾斜长壁走向一次采全高采煤方法，开采3号煤层。在襄垣善福联营煤矿12^{-2}号皮带巷掘进头（透水点）东北部120 m处有3个已回采工作面的采空区。

小煤矿开采情况：据调查了解，在井田中东部煤层埋藏较浅处曾有原崔家庄村办煤矿及原善福村村办煤矿两个矿井开采3号煤层，两个矿井均已关闭。

二、事故发生时间及经过

经对该矿掘进队瓦斯安检员黄某、掘进队架棚工孙某、掘进队运料工桑某、掘进队电工杨某等逃生人员的询问了解，本次透水事故发生的时间和经过如下：

据黄某描述，他是上4月12日下午4点班，在开完班前会，下井到 12^{-2} 皮带巷掘进工作面时约16时30分，当他到掘进面正头监测瓦斯时，发现掘进巷顶板有淋水现象，他只是向调度室汇报了巷内瓦斯检测值0.06%。随后，掘进队工人开始打炮眼、装药、爆破，在车场掘进面和 12^{-2} 掘进巷正头每面放3、4炮。黄某又到 12^{-2} 掘进巷头测瓦斯，发现掘进巷正头一处夹缝有像水管一样粗的水流向下流，他测完瓦斯出来后，见带班组长王某向井上打电话汇报淋水情况。晚上8点多，吕某来到了掘进工作面，王某问吕某，“已经流开水了，还干不干”？吕某说“咱们架完这架棚就撤，明天探水”，随后又开始干活。当掘进头正巷内的渣清理完，再将工字钢和铁丝网架好，准备上背板时，黄某看到掘进正头左上角往下掉煤块，后来又看到左上角一大片煤往下掉，听见“啪蹋”一声，透水了，他就赶快跑，跑到4号联络巷，打开风门跑到了12轨道巷。他们同时逃生的共有5人：黄某(瓦斯员)、杨某(电工)、孙某(支架工)、桑某(运料工)、栗某(皮带司机)，跑到3号联络巷风门处，黄某又到11皮带机尾处打电话向调度汇报了“井下透水”，随后升井。据此，可以推断，事故发生时间应在4月12日22时许。

三、事故类别认定

经调查分析认定，这起事故是一起由于3号上煤层老空积水突破3号下煤层进入 12^{-2} 号掘进工作面巷道顶板的透水事故。其依据是：

(1) 据事故现场生还者讲述，事故发生前，巷道顶板有淋头水出现，且淋头水越来越大，水源来自顶板的上方；

(2) 从事故现场勘查发现，在冒顶区左前方的3号上煤层中发现一条宽1.5 m、高1.2 m的废弃巷道，该巷道为联通采空区储水区的通道；

(3) 从 12^{-2} 号掘进工作面周围的煤层赋存形态分析，该掘进面位于该区域的低洼处，掘进面左前方为原崔庄兴安煤矿的采空区，从 12^{-2} 号掘进工作面看均为上山方向，至兴安煤矿井底车场的高差约50 m。兴安煤矿采空区积水对正在开掘的 12^{-2} 号掘进工作面具有很高的静水压力（约0.5 MPa）；

(4) 12^{-2} 号掘进工作面的顶板即3号上煤层废弃空巷的底板，现场实测其厚度为1.9 m，岩性为泥岩。在下方爆破开掘巷道的施工环境下，必然对顶板围岩造成损伤破坏，产生裂纹。那么，在上方的高压老空水的长期浸泡作用下，就会沿着顶板中的裂纹将水渗流出来形成淋头水。泥岩遇水后就会弱化，使得裂纹被水冲刷的缝隙越来越大，在爆破震动的扰动下，加快了顶板的失稳，最终导致了顶板突然垮落，位于上方的老空水瞬间大量涌出，造成了透水事故。

四、现场勘察与透水地点分析

2012年4月18日上午，事故调查技术组及专家组等有关人员从副立井入井→行人巷→11号采区皮带巷→12采区皮带巷→ 12^{-2} 号皮带巷掘进头→透水点→4号联络巷→12

号轨道巷，进行了现场勘察。

勘察前，井下水已排完，巷道内仍有流量约 20 m^3/h 左右的水从透水口出源源不断地流出，12^{-2}号皮带巷掘井头（透水点）大范围顶板垮落（图 2－3－6），垮落高度至 3 号上煤层顶板，垮落区顶部呈锅底形。最大垮落高度约 6 m，垮落面积约 120 m^2，3 号上与 3 号下煤层之间见有 1.9 m 厚的夹矸层。在垮落区域的左上方（3 号上煤层中）发现一宽 1.5 m、高 1.2 m 的旧巷道（图 2－3－7），12^{-2}号皮带巷掘进头与后来看到的旧巷道口之间距离约 15 m。

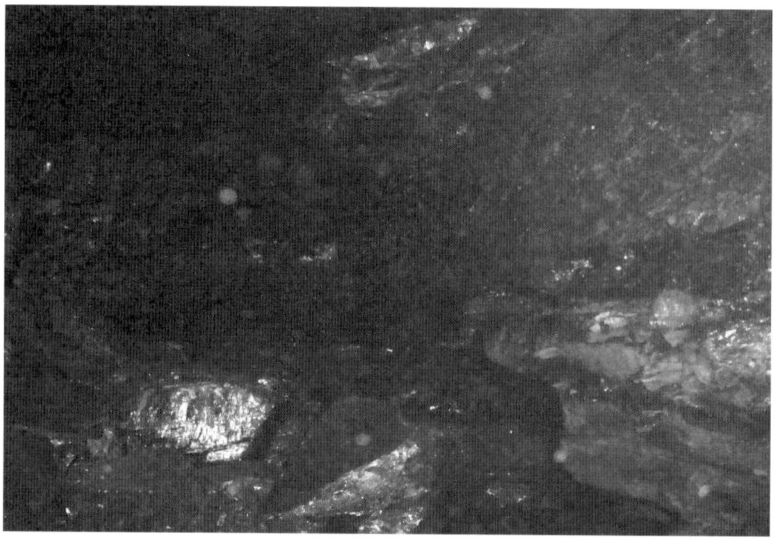

图 2－3－6　垮落后的冒顶空间

图 2－3－7　冒落区中 3 号上煤层废弃巷道

抢险救援时在垮落区域与12^{-2}号皮带巷间用木垛支护，木垛长3 m，巷道内见有大量透水时冲出的大块矸石及煤块（图2-3-8）。勘查过程中测量了与积水有关的巷道长度和断面（图2-3-9），在现场勘察过程中未见探水设备及探水钻孔遗留痕迹。

图2-3-8 冲出的矸石及煤块

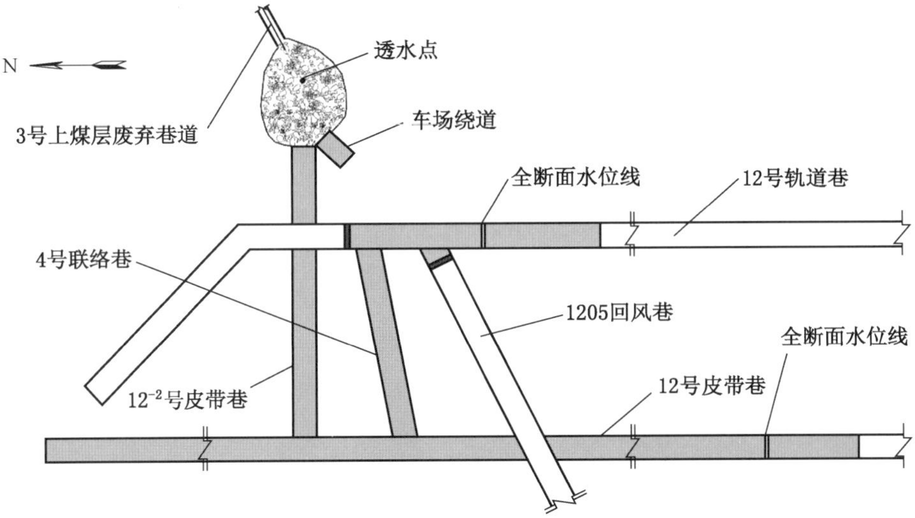

图2-3-9 事故发生后巷道积水情况

根据事故生还者的叙述和现场勘查结果，确认透水地点为12^{-2}号掘进工作面上方顶板，依据有4个。

（1）有逃生出来的5名工人听到或看到了该掘头的透水情况。

（2）根据透水时老空水涌出的情况，最先淹没了12^{-2}号掘进巷和12号皮带巷北段的盲巷，水位迅即上升，接着淹没了12^{-2}号掘进巷道向外的12号运输巷直至348架棚处，同时淹没了4号联络巷，然后淹没了12号轨道巷至4号联络巷以外38 m的巷道，水位继续上升，憋塌了12号轨道巷最北端的密闭墙和通往1205工作面回风巷的密闭墙（图2-3-10），水涌向了采空区，此时水位开始下降。整个透水过程的水源均来自12^{-2}号掘进头。

图2-3-10 冲垮的1205回风巷密闭墙

（3）12^{-2}号掘进头透水时顶板已垮落，在强大的水流冲击力作用下，半立方大的顶板岩石块被冲到12^{-2}号掘进巷道中，同时，掘进头周围的煤层在强大的水流冲刷下面积越来越大，最终导致掘进头上部矸石层和3号上煤层大面积垮落。

（4）透水后，逃生工人和后到的救援人员看到水质发红，嗅到水质臭味，看到由采空区冲出来的朽木等杂物，这些迹象均符合老空水的特征，即透水来自12^{-2}号皮带巷掘进头上方3号上煤层中的废弃巷道。

五、透水水源及透水量

从透水强度来看，瞬间有大量的水涌入矿井，必须同时具备丰富的水源和通畅的通道两个条件。从该矿水文地质条件来看，井田内没有地表水体，所以可排除地表水进入井下的可能；奥陶系岩溶水水位标高651 m左右，而该处3号煤层底板标高780～810 m，煤层不带压，也可排除奥陶系岩溶水突水的可能。3号煤层上覆山西组砂岩裂隙水为弱富水性含水层，单位涌水量为0.005 L/(s·m)，不具备瞬间涌出如此大量水的条件。按照山西煤矿水害类型，只有采空区积水是该矿透水的唯一水源。

从前面透水条件分析可知，该矿由善福联营煤矿及兴安煤矿整合而成，兴安煤矿位于善福联营煤矿的东北部，煤层倾向由北东倾向南西，倾角4°~10°，兴安煤矿煤层底板高于善福联营煤矿底板。从矿方提供的采掘平面图可知，兴安煤矿在其矿界西部的3号上煤层内从南至北回采了东西方向的3个工作面，由于该3个工作面回采后，采空区位于兴安矿井下的最低处，该矿井关闭后，矿井水全部积存到该采空区与该区域的废弃巷道中。

从采掘平面图中量得兴安煤矿最南部的一个工作面边界距透水点的距离约16 m，但从现场勘察发现，透水点就在兴安煤矿3号上煤层的废弃巷道下面，说明兴安煤矿已经越界进入了善福联营煤矿12^{-2}号皮带巷掘进头附近，且3号上煤层中的废弃巷道与3号下煤层中的12^{-2}号掘进面在空间上呈上下相交的重叠状态。已关闭的兴安煤矿曾沿3号上煤层开采，现开采的善福联营煤矿沿3号下煤层掘进，当善福联营煤矿12^{-2}号皮带巷掘进到兴安煤矿越界巷道下方时，由于上、下两巷道间仅有1.9 m的夹矸层支撑不了采空区内积水对底板（3号下煤层顶板）的压力，导致12^{-2}号掘进头顶板跨落，形成了透水通道。

根据现场勘察、抢险报告及通风助理的介绍，综合分析计算，透水量由积存水量、自流水量及泵排水量3部分组成。

发生透水时，水从12^{-2}号皮带巷掘进头突出，水位由低到高，淹没了12号皮带巷、4号联络巷、12号轨道巷，随着水位上升，压力增大，最终憋塌了密闭涌入1205工作面采空区。

透出的水首先流入12号皮带巷，充满了从12号皮带巷与12^{-2}号皮带巷交汇处往里的150 m及往外的93 m巷道，随着水位上升，同时充满了4号联络巷、12轨道巷。从巷道工字钢棚的棚腿上可以清晰地看到最高积水线，从第363架棚到第348架棚的15 m范围积水深度由全断面逐渐减小到0。现场勘察测量了各巷道的断面与充水长度：12号皮带巷断面为梯形，高2.9 m，宽4 m，坡度约10°9′；12^{-2}号皮带巷已掘进54 m（冒顶后巷道长度47 m），断面与12皮带巷相同。4号联络巷长31 m，断面形状为梯形，宽3.6 m，高2.6 m；12号轨道巷全断面充水长度22 m，断面形状为梯形，宽3.6 m，高2.9 m。由此可以计算12^{-2}号皮带巷已掘段积水量Q_1、12号皮带巷积水量Q_2、4号联络巷积水量Q_3和12号轨道巷积水量Q_4。

$$Q_1 = 2.9 \times 4.0 \times 47 = 545.2\ (\mathrm{m}^3)$$

$$Q_2 = [2.9 \times 4.0 \times (150 + 93)] + 2.9 \times 15 \times \frac{1}{2} \times 4 = 2905.8\ (\mathrm{m}^3)$$

$$Q_3 = 2.6 \times 3.6 \times 31 = 290.16\ (\mathrm{m}^3)$$

12号轨道巷断面为梯形，高2.6 m，宽3.6 m，坡度约8°。水充满了长22 m轨道巷，从距联络巷口19 m处往外水深逐渐从全断面深度2.6 m降低到0，此段巷道长19 m。由此估算12号轨道巷中积水量Q_4。

$$Q_4 = (2.6 \times 3.6 \times 22) + 2.6 \times 19 \times \frac{1}{2} \times 3.6 = 294.84\ (\mathrm{m}^3)$$

未憋塌密闭前达到最高水位时巷道内积水量：

$$Q = Q_1 + Q_2 + Q_3 + Q_4 = 545.2 + 2905.8 + 290.16 + 294.84 = 4036\ (m^3)$$

（1）自流水量。根据矿通风助理的介绍，透水后，从被憋塌的密闭墙 3 m 宽的范围内，断面坡度3°，水面高由 15 cm 在流经 16 h 内下降至底板，水全部自流入 1205 采空区内，根据流量公式 $q = A \times V$、谢才公式 $V = C\ \sqrt{RJ}$、曼宁公式 $C = \frac{1}{n}R^{\frac{1}{6}}$ 计算：A（过水断面积）$= 3 \times 0.15 = 0.45\ (m^2)$。

$$R(\text{水力半径}) = \frac{0.45}{3.3} = 0.136\ (m)$$

$$C(\text{谢才系数}) = \frac{1}{0.03} \times 0.136^{\frac{1}{6}} = 23.9 (m/s)$$

$$V(\text{流速}) = 23.9 \times [(0.136 \times 0.052)]^{\frac{1}{2}} = 23.9 \times 0.145 = 2.01\ (m/s)$$

$$q = 0.45 \times 2.01 = 0.90\ (m^3/s)$$

估算自流水量：$Q_5 = 0.90 \times 16 \times \frac{3600}{20000} = 2.592$（万 m^3）。

（2）泵排水量。根据事故抢险报告，事故发生后，善福矿、长治市矿山救护大队与潞安矿业集团抢险队共安装排水泵 5 台，其中 20 cm、13 cm 水泵各一台，10 cm 水泵 3 台，排水 20 多个小时，共计约 4600 m^3。

（3）积存水量。至抢救结束，透水点标高以上水量全部排完，仅剩透水点以下 150 m 巷道内有积水，按照巷道宽 4 m、高 3 m、长 150 m 计算，积存水量为 $4 \times 3 \times 150 = 1800\ (m^3)$，即 0.18 万 m^3。

以上 3 项合计，估算本次透水量为：$Q = 2.592 + 0.46 + 0.18 = 3.232$（万 m^3）。

六、本次透水事故原因分析

造成本次事故的直接原因：①采空区积水位置（尤其是废弃空巷位置）和积水量不清；②未按《煤矿防治水细则》实施探放水工作；③出现明显透水征兆时，未及时撤出受水患影响区域的人员。造成本次事故的间接原因：①对职工安全培训不够，职工缺乏防治水知识及灾害突发时的逃生技能；②防治水设施、设备不到位，缺乏事故发生时的应急避险预案。

点评：在有明显透水征兆情况下，既不探放水，也不撤人，导致事故发生。

案例五　山西平定某煤业有限公司透水事故

2013 年 7 月 31 日 18 时 15 分，平定县古州某煤业有限公司在基建施工井下 15101 掘进工作面发生透水事故，造成 5 名矿工遇难。

一、矿井概况

山西平定某煤业有限公司位于平定县锁簧镇东锁簧村南部（图 2－3－11），井田面积 4.6792 km^2，批准开采 6～15 号煤层，兼并重组后设计生产能力 60 万 t/a，有效期 2012 年 11 月 16 日—2014 年 11 月 16 日。事故发生时井下正在施工 15101 首采工作面。

该矿区范围内及周边小煤矿开采历史悠久，采掘情况十分复杂，井田内曾有小煤矿 5

个，开采6号、15号煤层，分别为原东锁簧煤矿、原五指山煤业、原新城煤矿、原汇能煤业、原某煤业。经估算6号煤采空区积水面积为855163 m^2、积水量为270832 m^3，15号煤采空区积水面积为1009312 m^2、积水量为1471625 m^3。相邻小煤矿4个，分别为原北庄村煤矿、山西平定古州中盛煤业有限公司、山西平定汇能煤业有限公司、原深林煤业。其中，原深林煤业、中盛煤业、汇能煤业1号井15号煤层中采空区积水面积为727188 m^2，积水量为1060468 m^3，由于该区煤层埋藏较浅，开采历史悠久，采掘情况较复杂，不排除在井田周边附近还存在其他历史关闭矿井、小煤矿私开口及采空区。

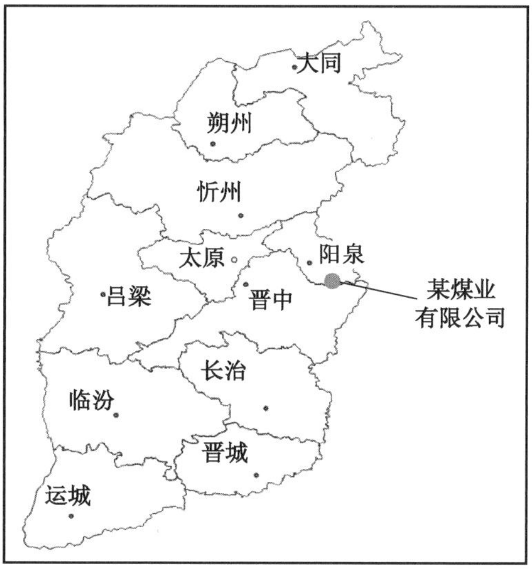

图2-3-11 煤矿位置示意图

矿井基建期间副井井底车场建有临时水仓1个，容积大约66 m^3，排水泵一用一备，其中运行泵型号BQW80-20×6-55，排水能力80 m^3/h，备用泵型号为MB85-45×3，排水能力85 m^3/h，承担施工期间副斜井的排水任务。主斜井建有临时水仓1个，容积大约30 m^3，配备型号为BQW80-20×6-55的排水泵2台，一用一备，每台排水能力80 m^3/h，承担施工期间主斜井的排水任务。进、回风巷道工作面排水系统，均安装有型号为DF-85-45×2的水泵，排水能力100 m^3/h，承担各顺槽的排水任务。主、副斜井及回风井井筒内设水沟，井筒水自流至井底临时水仓。

二、工作面概况

15101工作面开采15号煤层。15号煤层位于太原组中部，全区稳定可采，厚度5.04~6.57 m，平均厚度为5.81 m。顶板大部分为泥岩、砂质泥岩，底板大部分为粉砂岩和泥岩，直接顶为K_2灰岩。15101工作面是首采工作面，煤层总体走向北东，受褶曲构造影响西南高，中部低，东北部翘起，煤层厚度平均5.6 m。回风巷已掘680 m（设计长度894 m），矩形断面，断面面积12.16 m^2，为钢筋网加锚杆、锚索支护。利用EBZ-160型综掘机掘进，利用SJ-80型带式输送机出煤。该工作面掘进至150 m进入向斜构造，至603 m时遇直径约61 m的陷落柱，现工作面迎头穿过陷落柱约16 m，正沿上山掘进，迎头巷道底板标高+693 m。

15101回风巷掘进工作面采用瞬变电磁物探方法与钻探相结合进行井下超前探水。该工作面当班作业人员6人，主要进行掘进、支护作业。

截至2013年7月31日，15101回风巷共掘进680 m，掘进期间采用了物探与钻探相结合的探水方式。先后进行了7次物探、10次钻探，设计探水钻孔50个，最后一次瞬变电磁超前物探时间2013年7月25日，最后一次钻探时间2013年7月26—28日，探查位置距透水口28.8 m，具体情况如图2-3-12所示。

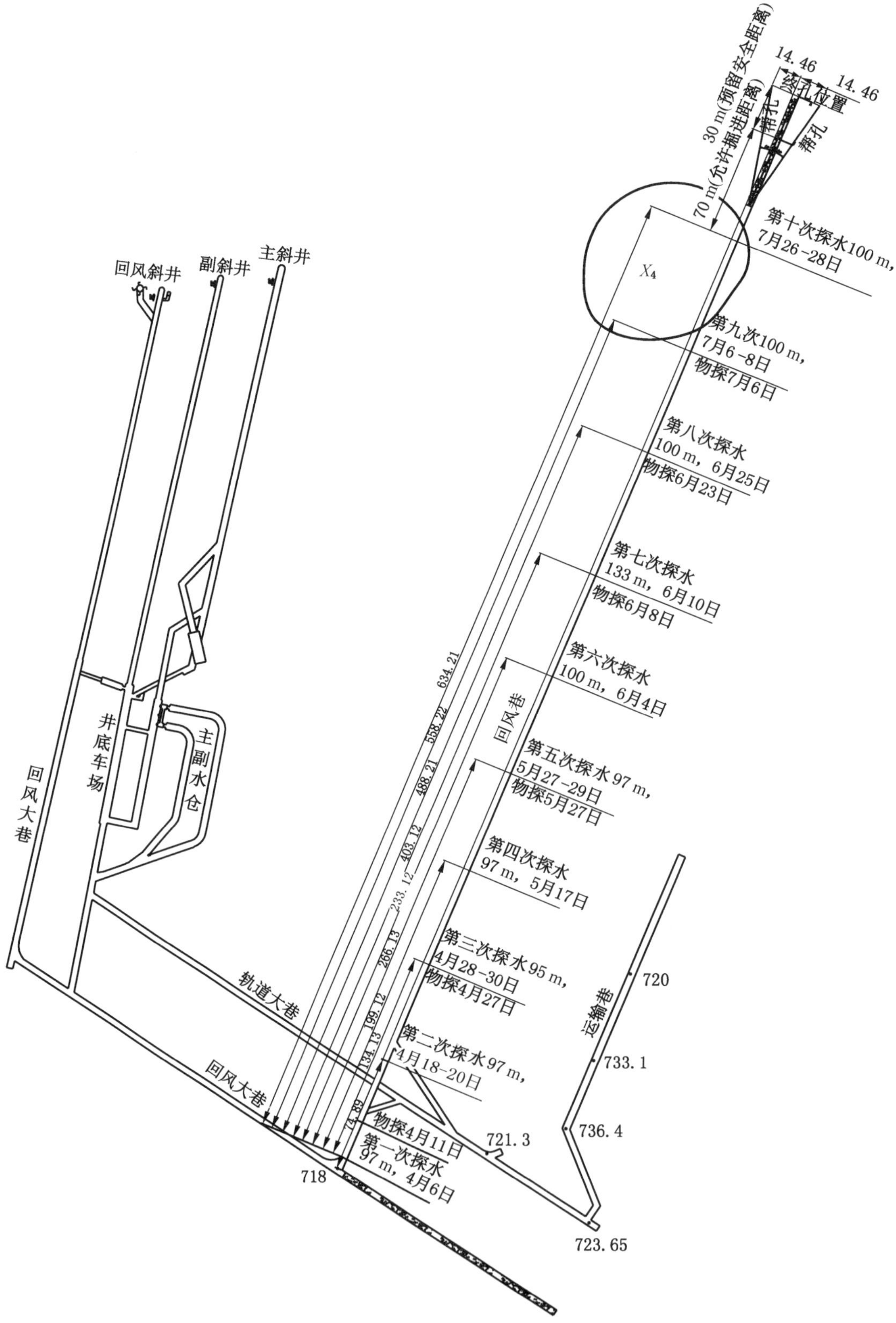

图 2-3-12　15101 回风巷钻探、物探位置关系

1. 瞬变电磁探测情况

依据物探报告和现场牌版记录，探测设计为：顺煤层方向 1 个，顶板斜向上 45°1 个，底板斜向下 45°1 个，探测距离 150 m。

据 2013 年 7 月 25 日物探报告显示：本次物探解释成果 100 m，掘进前方电阻率比较大，低阻异常反应不是很明显，可能会存在顶板裂隙水，建议加强钻探验证。图 2－3－13 为顶板斜向上 45°物探成果图。

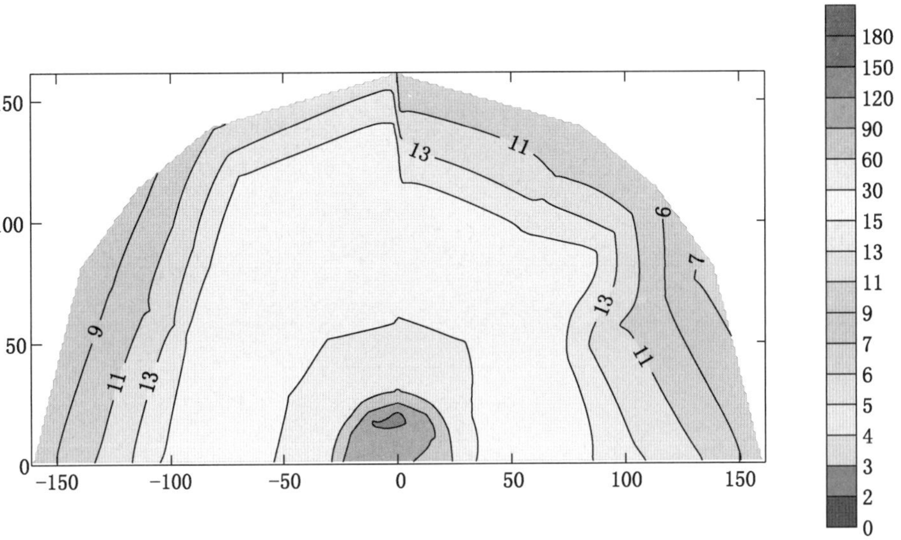

图 2－3－13 回风顺顺槽掘进头斜向上 45°物探成果图

2. 钻探设计及施工情况

钻探设计情况：设计探水孔 5 个，其中 3 个孔平行于煤层底板，距底板 1.2 m、中心孔沿巷道正前方施工，左右 2 个孔距中心孔各 20 cm、呈 12°夹角；上下两孔与中心孔距离 15 cm、呈 7°夹角，每孔设计深度均为 100 m（图 2－3－14）。

钻探施工情况：据探水记录台账，最后一次探水施工参数与设计相符。

据 15101 回风巷掘进工作面探放水钻孔设计，计算理论状态下（煤层厚度稳定、产状稳定、钻孔直线钻进）探放水钻孔与造成本次透水事故的小煤窑采空区巷道关系，分析如下（图 2－3－15）：

1 号、2 号、3 号孔在钻进至 28.8 m（距透水口位置）时，位于距煤层底板 1.2 m 的高度上。根据透水事故现场调查结果，透水点附近煤层厚度约为 5.6 m，由于小煤窑巷道沿 15 号煤层顶板布置，根据事故现场冲出的小煤窑坑木最大长度 2.0 m，分析小煤窑巷道高度应不高于 2.0 m，由此计算分析得出：1 号、2 号、3 号孔从小煤窑巷道底板以下 2.4 m 处穿过，不能起到对沿煤层顶板布置的小煤窑巷道的探查作用。4 号孔钻进至 28.8 m（透水位置）时，钻孔沿巷道方向已上移 3.54 m，距离巷道底板 4.89 m，距离煤层顶板 0.71 m，距巷道左帮 1.9 m。5 号孔钻进至 28.8 m（透水位置）时，钻孔沿巷道方向已下移 3.54 m，即该钻孔已进入 15 号煤层底板 2.49 m，不能起到探查采空区的作用。

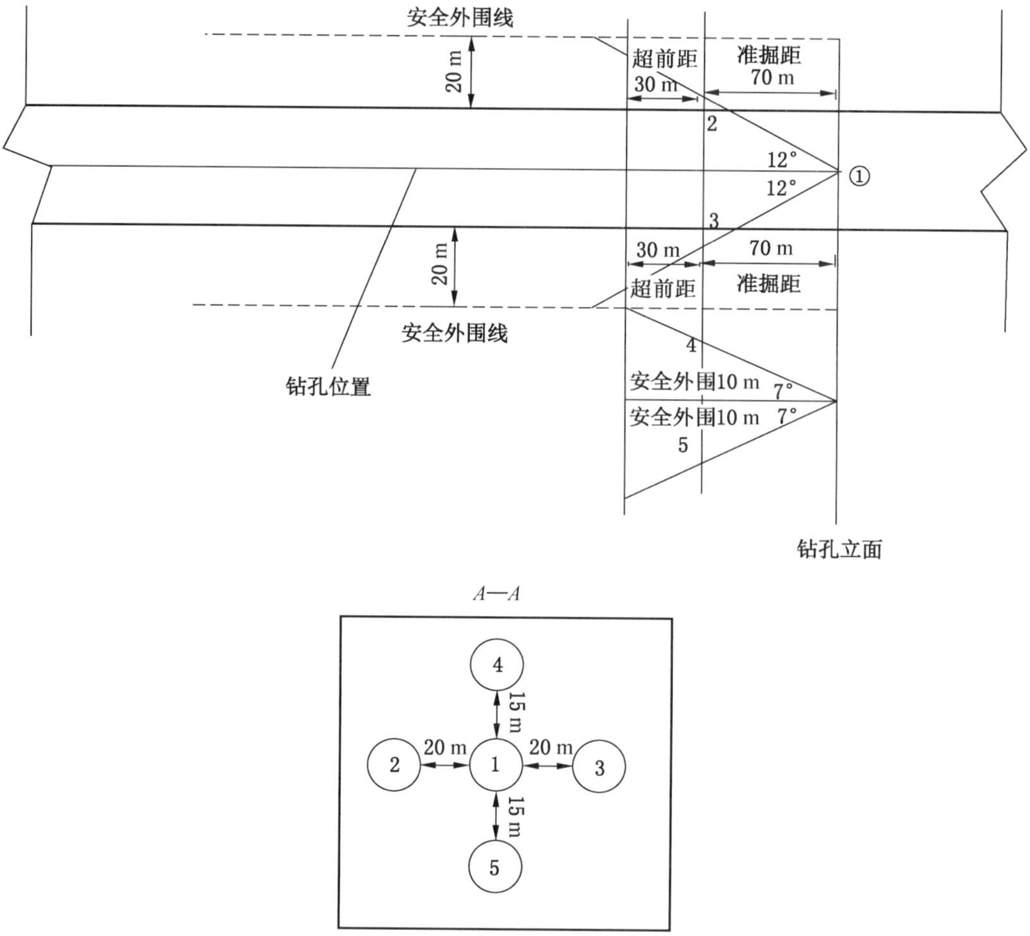

图 2-3-14　15101 回风巷钻孔设计示意图

据现场勘测，小煤窑巷道积水边界与 15101 回风巷左帮基本在一条线上，所以 5 个探水孔未起到探明小煤窑采空区积水的作用（图 2-3-13）。

按钻孔设计深度 100 m 计算，相邻两孔终孔水平间距为 21.46 m，垂直间距 12.43 m，远大于终孔水平间距不得超过 3 m、垂距不超过 1.5 m 的规定。

迎头探水残孔如图 2-3-16 所示。根据在透水口迎头观察到的探水残孔参数，孔口距左帮 1.35 m，距顶板 1.53 m，孔深 2.4 m，方位角 25°，倾角上仰 8°，推测探水钻孔深度为 31.2 m。

根据回风巷测量控制点及事故救援钻孔标高推算巷道坡度为 6°，巷道方位 22°。

对照探水设计、探水记录台账，1 号、4 号、5 号孔方位 23°，2 号孔 11°，3 号孔 35°，残留孔与 1 号、4 号、5 号孔方位接近。残留孔与 1 号钻孔及倾角接近，即残留钻孔疑似 1 号探水钻孔。

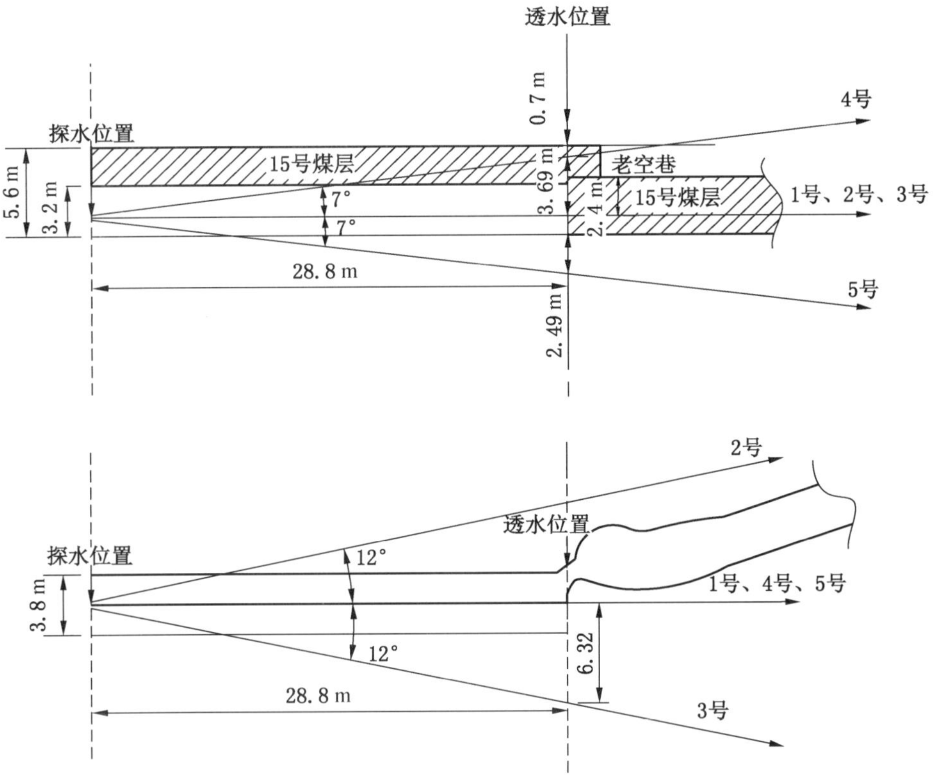

图 2-3-15 探水钻孔与小煤窑巷道关系示意图

图 2-3-16 迎头探水残孔

三、事故发生经过及抢险救援过程

1. 事故发生经过

事故发生在2013年7月31日4点班，当班井下人员76人，矿带班领导为通风副总工程师。当班井下工人分别在主井皮带大巷铺轨喷浆、15101回风巷掘进工作面掘进、15101运输巷掘进工作面掘进。14时40分—15时10分工作人员陆续下井到位。其中，在15101工作面回风巷的工作人员有6名。18时15分，在工作面左帮与迎头夹角处的顶部突然透水，除15101回风巷口1名工人逃生外，其余正在工作面作业的1名安全员和4名掘进工被困。事故发生后，总工程师李某，生产矿长冯某入井查看，经查看为15101工作面回风巷积水，积水水位标高约+704 m，当时积水线距巷道顺槽口约280 m，井下积水大约5000 m^3，并有透水补给。

2. 抢险救援经过

事故发生后，省、市、县有关部门组织立即成立了抢险现场指挥部，启动了应急救援预案。紧急调集市、阳煤集团、潞安集团救护大队及阳煤集团、平定县属煤矿救援抢险队伍进行事故救援，组成了抽水、打钻、医疗、井下救护、技术分析等十多个专门应急救援小组，主要采取井下排水救援方案。

（1）井下安装9台水泵，分二级排水，其中一级排水水泵4台，额定排水能力500 m^3/h；二级排水水泵5台，额定排水能力510 m^3/h。截至8月6日上午12时，总排水量29411 m^3，水位斜长下降170.5 m。

（2）救援人员方面。有3支矿山救护队4个中队1个小队，近150余人，6支医疗队26位医务工作者和5台救护车在矿区集结待命，还有其他救援人员800余人投入到抢险救护工作中。

（3）救援物资方面。从省内急调水泵、水管、电缆、开关等排水设备。其中：水泵42台，水管4714 m，电缆6500 m，回柱绞车2台，移动变压器1台；另外架设供电专线3 km。截至8月6日上午9时30分救护队在井下搜寻，找到了5名遇难人员，救援行动结束。

四、现场勘查情况

2013年8月8日9时40分，按照事故调查组领导组的安排，技术组和专家组一行在阳泉市矿山救护大队救护队员的监护下，对15101回风巷掘进工作面事故现场进行了勘察。

1. 勘察路线

副斜井→井底车场→联络风门→总回风巷→15101回风巷→事故地点→原路返回（图2-3-17）。

2. 勘察结果

（1）15101回风巷道内设施、设备、材料及其他分布情况。现场最后一排锚杆距迎头2.3 m，工作面迎头有一综掘机，截割头紧贴迎头煤壁，处于工作位置，综掘机长9 m、宽2 m、高1.5 m，桥式皮带长16 m，桥式皮带后为透水冲散的皮带架、皮带，巷道右帮的中上部悬挂一趟风筒，风筒出口距迎头10 m，风筒从距迎头175 m处断开。距迎头

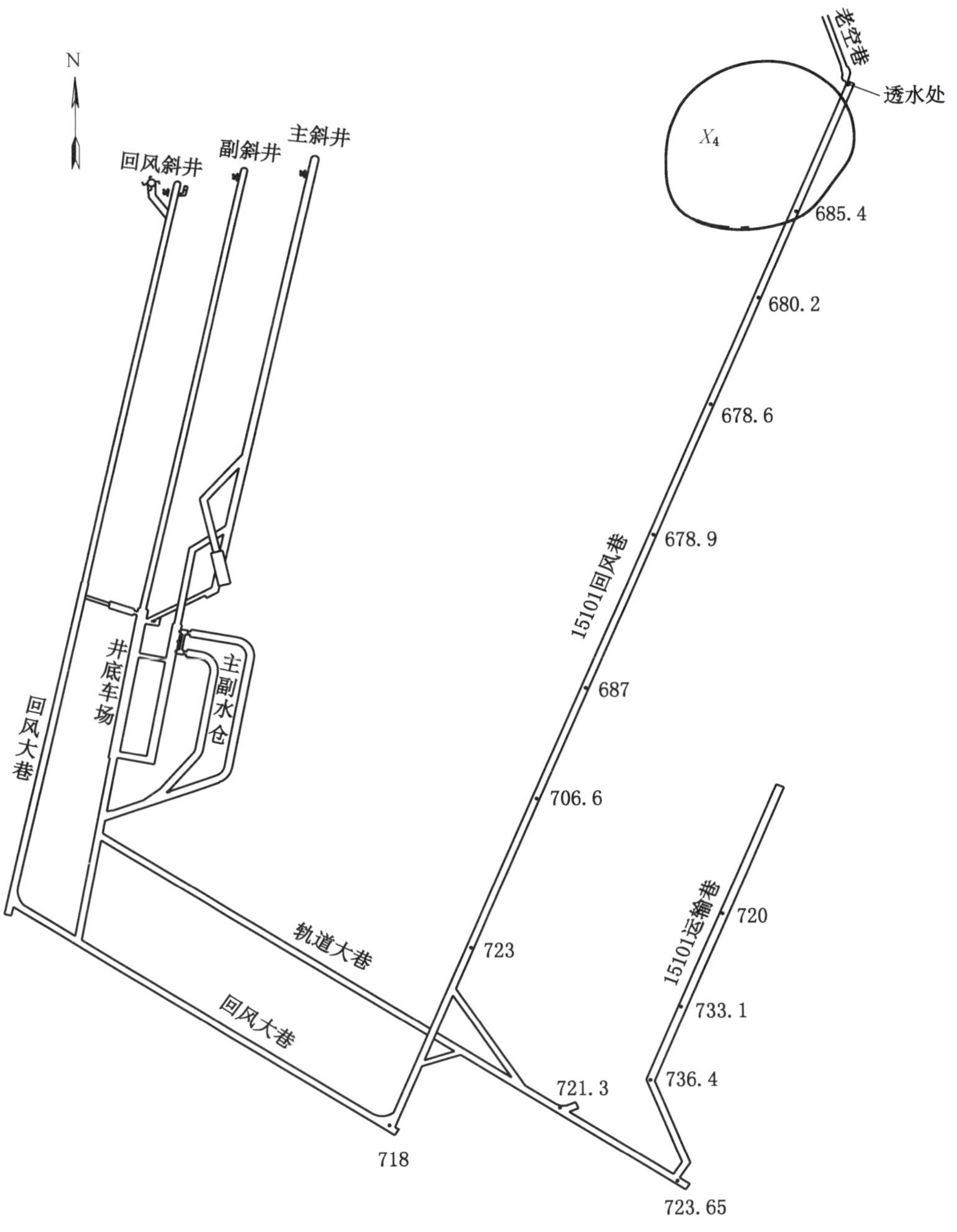

图 2-3-17 透水事故现场示意图

49 m 处左帮中部悬挂 4 个牌板，分别是探水记录管理牌板、工作面探水确认移交牌板、探水布置图和掘进工作面物探管理牌板。距工作面迎头 84 m 处右帮有一 ZYJ-270/170 架柱式液压回转钻机泵站，散落的皮带下压一钻机，距工作面迎头 87 m 处右帮有一 11.4 kW 调度绞车，往前 2.5 m 处有一开关（图 2-3-18）。

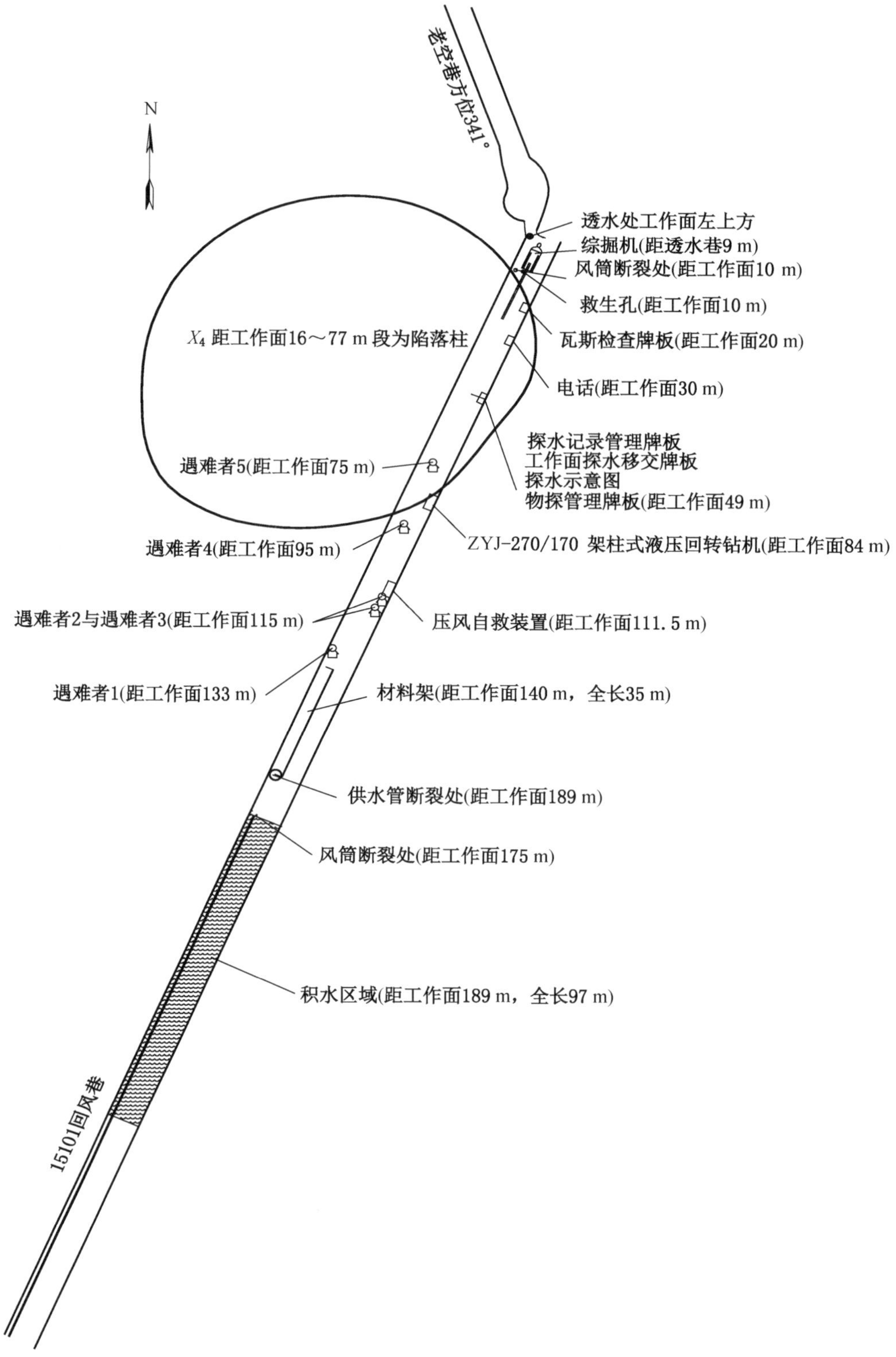

图 2-3-18　15101 回风顺槽现场示意图

（2）15101 回风巷内陷落柱情况。距工作面迎头 16 ~ 77 m 处巷道揭露一陷落柱，陷落柱全长 61 m。

（3）15101 回风巷内积水情况。距工作面迎头向外 189 m 处巷道内开始有积水，积水区长度 97 m，最深处 1.45 m，综掘机前部有从采空区巷道内冲出的杂乱无章的煤渣和坑木，坑木直径 0.1 ~ 0.2 m，长 0.5 ~ 2.0 m（图 2 - 3 - 19）。

图 2 - 3 - 19　现场冲出的坑木

（4）透水口情况。在工作面左帮与迎头夹角处的顶部有一宽 2.53 m、高 2.85 m 的透水口，透水口煤壁厚 2 m，往里呈葫芦状，透水口向里约 10 m 见有一采空区残留点柱支护，点柱以里见一老空斜巷沿 341°方位延深，斜巷延深至 9.5 m 处见老空积水水面并持续向 15101 回风巷涌水，水量约 70 m^3/h（图 2 - 3 - 20 ~ 图 2 - 3 - 21）。

（5）残留探水钻孔情况。在透水口迎头仅观察到一探水残孔，距左帮 1.35 m，距顶板 1.53 m，孔深 2.4 m，方位角 25°，倾角上仰 8°，推测探水钻孔深度为 31.2 m。

五、事故分析及原因认定

1. 透水水源

经现场勘查和调查分析，认定这次透水水源为巷道附近 15 号煤层小煤矿采空区积水。

（1）现场勘查分析。经现场勘查，15101 回风巷掘进工作面迎头与小煤窑开采 15 号煤层采空巷道连通，且采空区仍有涌水补给并流向 15101 回风巷掘进工作面迎头。

（2）水质特征分析。根据透水后 8 月 4 日水质化验结果，pH 值为 3.61，SO_4^{2-} 浓度为 3065 mg/L，根据水质特征确定透水水源是采空区积水。

图 2-3-20 透水口及现场残留探放水钻

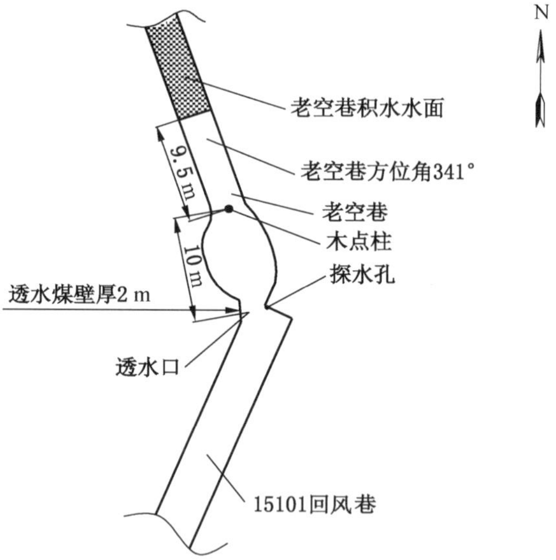

图 2-3-21 15101 回风顺槽与老空巷巷道位置关系平面示意图
（图中老空巷方位以矿用悬挂式罗盘测得）

2. 透水通道

经调查分析认定，本次透水事故的透水通道是采空区积水溃破巷道煤壁形成的集中过水通道。主要依据如下：经现场勘查，透水地点在工作面左帮与迎头夹角处的顶部有一宽 2.53 m、高 2.85 m 的透水口，透水口形状为不规则矩形，小煤窑采空区的煤壁厚度约为 2.0 m。

经现场勘查，认定这次透水事故波及范围是 15101 回风巷 280 m 以里，标高 +704 m 以下全部巷道被淹。

3. 透水强度及透水量

经调查取证及专家估算，从煤壁开始溃破到 15101 回风巷 1 h15 min 淹没，巷道体积为 5308 m^3（巷道体积 = 436.5 m × 12.16 m^2 = 5308 m^3），透水强度为 4246 m^3/h（5308 m^3 ÷ 1.25h = 4246 m^3/h）。据抢险救灾报告，8 月 1 日 10 点至 8 月 6 日 12 点共排出积水 29411 m^3。

4. 直接原因分析

经调查分析认定，这起事故的直接原因是：某煤业是由 2 个小煤矿整合组建，以往小煤窑开采没有留下准确可靠的地质资料，井田采空区可能存有大量积水；本次探水钻孔密度和深度不够，未能探明 15101 回风巷掘进工作面附近小煤窑采空区积水情况；掘进工作面左帮与迎头夹角处的顶部和小煤窑采空区之间的煤壁厚度仅 2.0 m，由于掘进作业扰动（据现场勘查，最后一排锚杆距迎头 2.3 m，掘进机截割头紧贴煤壁，掘进机呈工作状态，分析推断透水时掘进机正在作业），煤壁强度不能承受采空区积水压力，导致煤壁被突破，形成集中过水通道，大量的采空区积水瞬间溃入 15101 工作面回风巷，致使 +704 m 标高以下的巷道被淹，造成 5 人死亡。

六、防范措施及建议

1. 防范措施

（1）该矿煤层埋藏较浅，易接受大气降雨补给，以往开采不规范，采空范围不清楚，积水位置及积水量不清楚，今后应进一步查明开采范围、积水位置及积水量。

（2）在今后的开采过程中严格执行“预测预报、有掘必探、先探后掘、先治后采”的防治水原则。

（3）探放水工作一定要严格按照《煤矿防治水细则》的有关参数进行设计，并按设计严格实施。

（4）加强职工安全教育培训工作，做好自保互保联保工作。

2. 建议

（1）虽然矿区水文地质条件简单，很少发生矿井水害事故，但是矿井防治水工作的重要性绝对不能被忽略。

（2）井下采空区和废弃的井巷中常有大量积水，通常老空区积水水压较高，破坏力较大，而且常伴有硫化氢、二氧化碳等有害气体涌出，因此，必须引起有关部门和作业人员的足够重视。

点评：

探水不到位，导致本次事故发生。对于老空积水不很清楚的情况，厚煤层有巷道形成的采空区积水，在探放水过程中必须对可疑区加密钻孔进行探放，防止遗漏巷道积水。严格执行《煤矿防治水细则》第四十三条，老空和钻孔位置不清楚时，探水钻孔成组布设，并在巷道前方的水平面和竖直面内呈扇形，钻孔终孔位置满足水平面间距不得大于 3 m，厚煤层内各孔终孔的竖直面间距不得大于1.5 m。

案例六　山西汾西某煤业有限责任公司透水事故

2013 年9 月28 日3 时10 分，山西汾西某煤业有限责任公司东翼回风大巷掘进工作面发生透水事故，造成10 人遇难。

一、矿井概况

1. 基本情况

山西汾西某煤业有限责任公司位于汾阳市区西南杨家庄镇杨家庄东南、高家庄及三泉镇北石村北一带。

山西汾西某煤业有限责任公司由5 座矿井组成。井田面积8.3572 km^2，批准设计生产规模90 万 t/a。

2. 周边矿井生产情况

整合后井田北部及东部无矿，西部与山西杨家庄龙安煤业有限公司煤矿相邻，南部由西向东依次与山西汾阳龙泉源煤矿、山西汾阳鼎峰煤业有限公司煤矿、山西福富煤业有限公司煤矿相邻。

3. 矿井地质及水文地质条件

1）矿井地质

根据《山西汾西某煤业有限责任公司兼并重组整合矿井地质报告》，井田总体呈一向南倾斜的单斜构造，在此基础上发育了次级的宽缓褶曲，地层倾角2°~9°。井田内发育2 个向斜，1 个背斜；发育12 条正断层，其中落差大于10 m 的断层5 条，陷落柱25 个。

井田内大面积为黄土覆盖，地表无基岩出露。地层由老到新有奥陶系中统峰峰组、石炭系中统本溪组、石炭系上统太原组、二叠系下统山西组、二叠系下统下石盒子组、二叠系上统上石盒子组、上第三系上新统、第四系中上更新统、第四系全新统。

2）水文地质条件

根据《山西汾西某煤业有限责任公司兼并重组整合矿井地质报告》井田内主要含水层有奥陶系石灰岩岩溶裂隙含水层组、石炭系太原组石灰岩岩溶裂隙含水层组、二叠系山西组及下石盒子组砂岩裂隙含水层组、第四系孔隙含水层组。

（1）奥陶系石灰岩岩溶裂隙含水层组。井田奥灰岩溶裂隙水位标高571~573 m，单位涌水量1.021 L/(s·m)，渗透系数0.5452 m/d，属强富水性含水层。水化学类型为 $HCO_3 \cdot SO_4$—Ca·Mg 型，矿化度为0.36~1.66g/L，pH 值为7.3~8.01。

井田内9+10+11 号煤层底板最低标高520 m，井田东南部局部为带压开采区，9+10+11 号煤层奥灰岩溶水最大突水系数0.019 MPa/m。

（2）石炭系太原组石灰岩岩溶裂隙含水层组。该含水层组主要为 K_2、K_3、K_4 3 层石灰岩，K_2、K_3、K_4 单位涌水量分别为0.163 L/(s·m)、0.633 L/(s·m)、0.000007 L/(s·m)；K_2、K_3 灰岩富水性中等，K_4 灰岩富水性弱。水化学类型为 $HCO_3 \cdot SO_4$—Ca·Mg 型，矿化度为0.36~0.89g/L，pH 值为7.1~7.9。

（3）二叠系山西组及下石盒子组砂岩裂隙含水层组。井田内均被第四系松散层覆盖，含水层多为中、粗粒砂岩，单位涌水量为 0.0839 L/(s·m)，渗透系数为 0.137 m/d，富水性较弱。水化学类型为 $HCO_3 \cdot SO_4$—Ca·Mg 型及 $HCO_3 \cdot Cl$—Na 型，矿化度为 0.48 ~ 0.94g/L，pH 值为 7.46 ~ 8.60。

（4）第四系孔隙含水层组。第四系广泛分布于井田梁峁之处，其含水层连续性差，补给条件不好，基本不含水。

3）矿井涌水量

据该矿 2013 年 1—9 月矿井排水量观测资料，矿井日平均排水量 1092.32 ~ 2757.13 m^3/d，其中东翼回风大巷涌水量 480 ~ 1920 m^3/d，总体呈逐渐增大的趋势。自 2013 年 8 月起东翼回风大巷涌水量显著增大，较 7 月增大近 1.3 倍，见表 2-3-2。

表 2-3-2 2013 年 1—9 月矿井排水量动态情况 m^3/d

排水区域	1 月	2 月	3 月	4 月	5 月	6 月	7 月	8 月	9 月
旧系统	1092	1101	1252	1336	1369	1412	1627	2757	2511
东翼回风巷	480	720	720	840	840	840	840	1920	1920

4）煤层情况

根据《山西汾西某煤业有限责任公司兼并重组整合矿井地质报告》，井田内含煤地层主要为二叠系下统山西组和石炭系上统太原组，共含有 8 层煤，其中主要可采煤层有 4 层。

（1）山西组 2 号煤层，厚度 0.48 ~ 1.85 m，平均厚度 1.29 m，为全区稳定可采煤层。

（2）山西组 3 号煤层，厚度 0 ~ 1.54 m，平均厚度 0.85 m，为稳定的大部可采煤层。上距 2 号煤层 3 m 左右，下距 4 号煤层 7 m 左右。

（3）山西组 4 号煤层，厚度 0.31 ~ 1.60 m，平均厚度 1.19 m，为稳定的大部可采煤层。上距 3 号煤层 7 m 左右，下距 9 + 10 + 11 号煤层 68 m 左右。

（4）太原组 9 + 10 + 11 号煤层，煤层厚度 6.17 ~ 8.28 m，平均厚度 7.24 m，为全区稳定可采煤层，上距 4 号煤层底 61.78 ~ 88.81 m，平均 69.00 m。

5. 初步设计及施工进度

1）矿井设计

根据设计公司编制的《山西汾西某煤业有限责任公司兼并重组整合项目初步设计》，矿井设计能力 0.9 Mt/a，矿井服务年限为 34.3 a。矿井设计总工程量 13487 m/182365.73 m^3。设计建设工期 24 个月，工程项目采用一次设计、一次建成投产的建设方式。

矿井开拓方式为立井、斜井综合开拓。共设计主斜井、副立井和回风立井 3 个井筒，均落底于 9 + 10 + 11 号煤层。新掘主斜井，倾角 20°，斜长 889 m，巷道断面为半圆拱形，巷道断面积为 17.35 m^2，巷道采用机轨合一布置，担负矿井煤炭提升和大件下井任务。副立井由原来煤矿副立井改造而成，井筒直径 3.8 m，深度 300.75 m，用作辅助提升；回风立井由原来煤矿立井改造而成，井筒直径不变，由原深度 272.98 m 延深至 348.98 m。矿井建设一个水平（水平标高 +690 m）开采 9 + 10 + 11 号煤层，设辅助水平开采 2 号、3

号、4 号煤层。

矿井设计排水系统正常涌水量取 200 m^3/h，最大涌水量暂取 400 m^3/h。设计井下主排水泵房内安装 3 台 MD450－60－5 型矿用耐磨排水泵，设置两趟 D325×9 无缝钢管排水管路。水泵工况按照每台水泵对应 1 趟排水管路运行进行确定，矿井正常涌水量时，1 台水泵工作，1 台备用，1 台检修，一趟管路运行；矿井最大涌水量时，2 台水泵同时工作，2 趟管路同时运行。

2）矿井施工进度

矿井是从 2012 年 12 月开始建设，事故发生时已完成设计井巷工程量约 15%。

（1）主斜井设计长度 889 m，施工安排 810 m，截至 2013 年 9 月底已施工 750 m，剩余 60 m，已开始施工井底甩车场，煤仓上口甩车场已施工到位至煤仓上口，煤仓上口峒室已施工 20 m。

（2）利用措施井施工的东翼回风大巷设计长度 747 m，巷道断面为 4.6 m×3.3 m（宽×高），巷道断面积 15.18 m^2。东翼回风大巷沿 9+10+11 号煤层顶板掘进，锚索、锚杆和喷浆联合支护，掘进工程中遇断层和陷落柱对工程进度有一定影响，该巷已掘进 642 m。利用措施井施工的副立井井底车场设计工程量 160 m，已施工 120 m。利用措施井施工的通风行人巷设计工程量 540 m，已经施工 120 m，剩余 420 m。

（3）回风立井延伸 64.6 m 已到底。总回风大巷已施工 100 m，剩余 22 m 到位。

根据山西省煤炭工业厅晋煤办基发〔2010〕865 号《关于加强全省煤矿建设施工安全管理的通知》“矿井一期、二期、三期工程施工应在安全的前提下合理安排，科学组织，井筒施工完成后，要首先施工井底车场、中央水仓、水泵房、中央变电所、回风大巷等主要硐室工程，形成永久和安全可靠的通风、供电、排水、压风、通讯等主要系统，上述系统未建成前，不得进入后续工程施工”，该矿在一期工程未完成的情况下，首先施工东翼回风大巷，该巷道是服务于二采区的，严重违反了矿井建设程序（图 2－3－22）。

6. 矿井排水系统现状

事故发生时矿井永久排水系统尚未建成，利用原来煤矿主排水系统作为临时排水系统进行排水。

临时排水系统由副立井中央水泵房主副水仓和两趟排水管路组成。水仓总容量为 1560 m^3，安装 D85－67×6 型离心式水泵 2 台和 D85－45×8 型离心式水泵 1 台，沿副立井井筒安装 ϕ114 mm 管路两趟，排水高度 300 m，将水排至地面污水处理站进行处理。

东翼回风大巷设采区临时水仓，安装有型号为 100ZX100－65－30 的水泵 2 台，型号为 BQS50－170－55 的水泵 2 台。东翼回风大巷涌水一部分自采区水仓经轨道下山排到中央水仓由主排水系统排至地面，另一部分在东翼回风大巷第三低洼处用 2 台型号为 BQS50－170－55 的水泵、共用一趟 20 cm 排水管，直排至中央水仓。在第二低洼处（D34 点）巷道底板下设有水窝，安装有型号为 BQW50－60－7.5 和 BQW50－60－13 的水泵各 1 台，由 2 趟 10 cm 塑料管向采区水泵房排水。

7. 事故区周边老空区分布

根据《山西汾西某煤业有限责任公司兼并重组整合矿井地质报告》，事故区域上部 2 号煤层均已采空；3 号煤层部分采空；4 号煤层金平煤业部分采空。在事故区东部为金平煤业 9+10+11 号煤层采空区，轨道下山部分利用原巷道改建而成。安源煤业 9+10+11

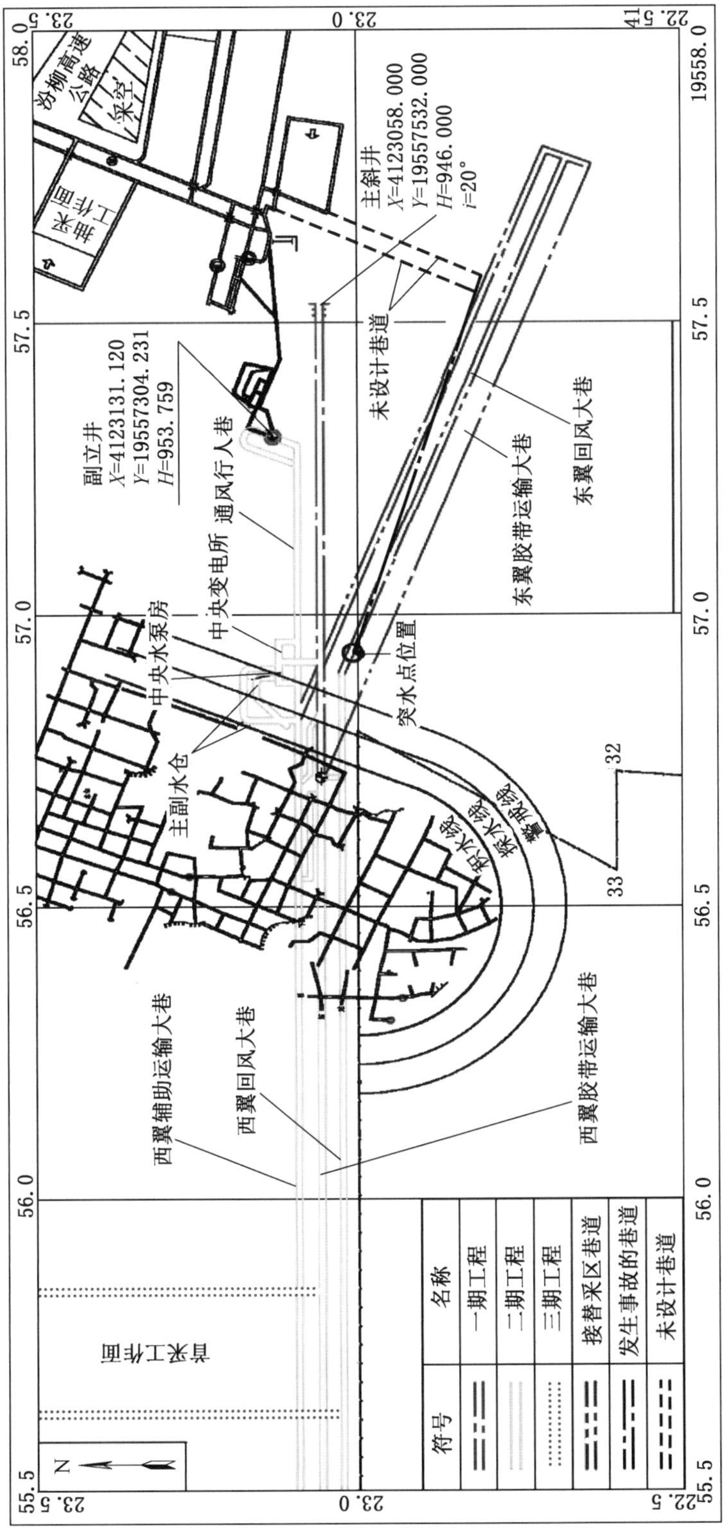

图2-3-22 山西汾西某煤业有限责任公司“9·28”重大水害事故基建工程分布示意图

号煤层采空区位于事故区西部。

二、矿井防治水情况

1. 矿井防治水管理工作情况

汾西某煤业有限责任公司开采 9+10+11 号煤层，矿井水文地质类型为复杂类型。该矿配备地质专业技术人员 1 人，持证探放水工 9 人，探放水钻机 5 台（ZYJ-680/210 型 1 台、ZL-750 型 2 台、KHYD155 型 2 台）。

由于汾西某煤业有限责任公司原重组矿井采空积水条件不确定，2013 年 6 月，该公司委托中国煤炭地质总局第四水文地质队编制完成了《山西汾西某煤业有限责任公司巷道掘进及采空区探放水设计》，设计明确了采用主斜井揭露 9+10+11 号煤层后对 9+10+11 号煤层采空区积水进行探放水工作的方法、步骤、钻孔布置等内容，设计内容被批准通过。

根据现场调查及矿方提供的资料和询问笔录：该煤业公司东翼回风大巷未执行设计批准的采用通过主斜井对 9+10+11 号煤层采空区进行探放水的方式，实际探放水工作由建设方和施工方在东翼回风大巷掘进中以超前探放水的方法进行。建设方负责编制东翼回风大巷总体探放水设计，施工方负责编制每次探放水施工时的钻孔设计及安全技术措施并交由矿方审批，之后由施工方实施探放水钻孔作业，探水作业完成后由探水队、地测部门、安监部门三方签证确认，再根据探水结果下发允许掘进通知单。

2. 东翼回风大巷掘进工作面实际探放水工作情况

东翼回风大巷起始于轨道下山末端，设计沿 9+10+11 号煤层顶板布置，巷道开拓方位角 287°12′12″，矩形断面，巷道净宽 4.4 m，净高 3.6 m，设计长度 747 m。

根据矿方提供的资料，东翼回风大巷掘进期间采用物探与钻探相结合的探水方式。最后一次钻探时间 2013 年 9 月 17—18 日，物探时间为 2013 年 9 月 16 日，物探、钻探位置均在东翼回风大巷井下 37 号测量标志点前方 124 m 处，计算得出透水事故发生时掘进工作面距离物探、钻孔探查位置 49.5 m。

1）井下物探探测情况

据 2013 年 9 月 16 日汾西某煤业工程部东翼回风大巷超前探测成果报告（图 2-3-23），本次物探采用 YCS40(A)型瞬变电磁仪探测，探测方向为巷道左右帮、工作面迎头顺煤层方向，结果显示：顺层前方 100 m 及两帮 100 m 范围内视电阻率相对较高，这说明煤层（岩层）本身含水率不高，无任何积水现象及异常区。

2）井下钻探探查情况

（1）探放水钻孔设计情况。

根据 2013 年 1 月 3 日汾西某煤业工程部编制的《山西汾西某煤业有限责任公司东翼回风大巷探放水设计》中钻探方案设计一节内容叙述：“根据有关地质钻孔资料及巷道周边的采掘活动情况分析，东翼回风大巷在开口往里 500~714 m 地段确定为采空区”，即最后一次探水后掘进巷道已进入矿方确定的采空区内。在该设计的钻孔方案设计一节中，关于钻孔设计表述为：钻探采空区或圈定“三线”探测区域时，探放水钻孔必须采用深孔、中深孔和浅孔相结合的原则。该探放水设计中又规定探放水钻孔最少为 6 个孔（表 2-3-3），其中 1 号、3 号、5 号孔在距巷道底板 1.3 m 高度处布置，2 号、4 号、6

号孔在距巷道底板 1.0 m 高度处布置。

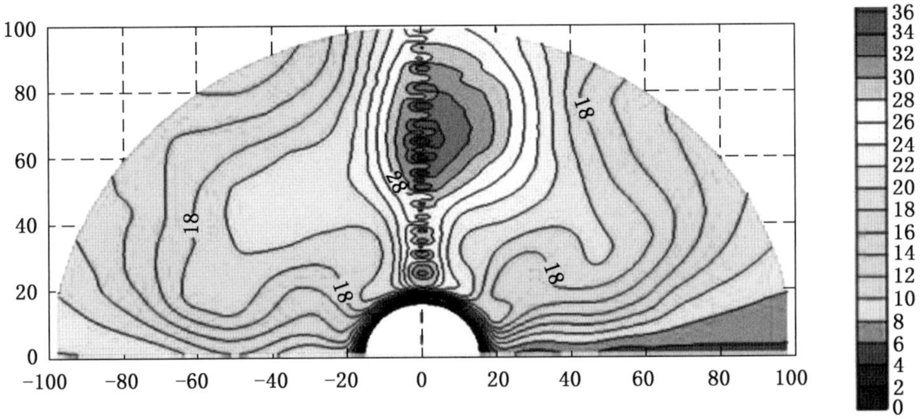

图 2-3-23 东翼回风大巷物探成果图

表 2-3-3 东翼回风大巷探放水钻孔设计参数

孔号	方向	钻孔方位/(°)	与中眼夹角/(°)	设计孔深/m
1	中眼	287	0	100
2	中下	287	2	101
3	左中	275	12	103
4	左下	275	2	101
5	右中	299	12	103
6	右下	299	2	101

根据 2013 年 9 月 12 日透水事故前编制的《东翼回风大巷探放水施工安全技术措施》，设计探水钻孔 3 个，3 个钻孔均平行于巷道底板。中心孔（1 号孔）沿巷道正前方施工，左、右 2 个孔（2 号、3 号孔）与中心孔呈 12°夹角；3 个钻孔设计深度均为 100 m，超前距 30 m，帮距 20 m（图 2-3-24 ~ 图 2-3-25）。采用 ZYJ-680/210 型钻机，钻孔直径为 62 mm。该措施只设计了 3 个平行于巷道底板方向的钻孔，未按《山西汾西某煤业有限责任公司东翼回风大巷探放水设计》方案布置另外 3 个向底板方向钻孔，也未按方案中“钻探采空区或圈定‘三线’探测区域时，探放水钻孔必须采用深孔、中深孔和浅孔相结合的原则”进行钻孔设计。

根据东翼回风大巷掘进工作面附近 15-3 号地质勘探钻孔资料，9+10+11 号煤层厚度约为 7.89 m，属厚煤层，仅 3 个钻孔的布置使钻探路线上方 2 m、下方 5.89 m 厚的煤层无钻孔分布，出现探查盲区。而在现场勘查过程中，发现由于受构造的影响，在透水点附近的 9+10+11 号煤层已被抬高，原来设计沿 9+10+11 号煤层顶板掘进的东翼回风大巷实际上已变成进入煤层顶板以下掘进。最后一次探放水就在这段巷道内进行，但矿方未调

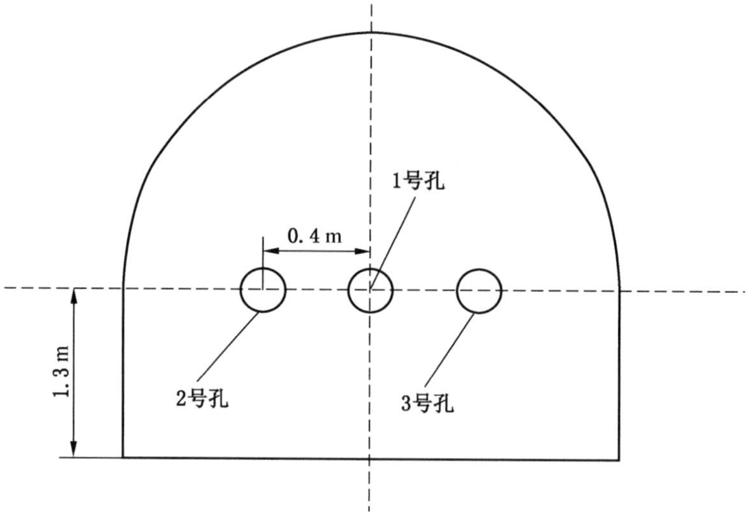

图2-3-24　东翼回风大巷断面钻孔布置示意图

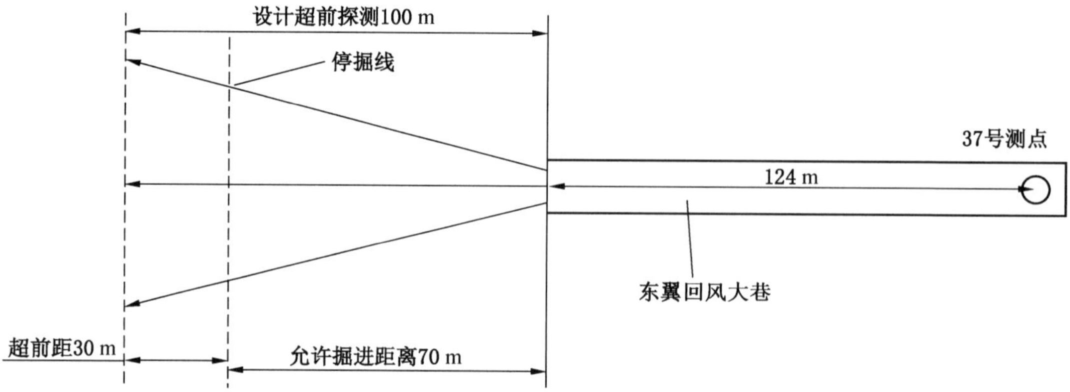

图2-3-25　东翼回风大巷钻孔平面布置示意图

整探放水设计，继续按原设计的3个钻孔探查，在这种情况下，煤层（包括采空区巷道）更加偏离钻孔轨迹，钻孔上方煤层出现更大的探查盲区，无法探查到透水事故的采空区巷道。

（2）实际探放水工作情况。

根据矿方提供的探放水原始记录，本次探放水作业共施工3个钻孔，但探放水原始记录的签字确认人均为施工方人员，未执行相关部门“三方”签字确认的规定。而据事故调查对汾西某煤业生产矿长（兼总工程师）的询问笔录，该次探放水钻孔施工未验收。

现场勘查时在东翼回风大巷工作面迎头观察到一残孔，该孔基本位于巷道中心线方向，距巷道底板约1.3 m，孔深0.25 m，钻孔直径约75 mm，钻孔方向与巷道中心方向基本一致，与设计的 1 号钻孔参数接近。而根据对相关人员的调查询问笔录，东翼回风大巷在最后一次探放水前后未施工其他探孔，由此推断该残孔应为设计的 1 号钻孔，确定该钻孔实际进尺只有 49. 75 m。

为确定 2 号、3 号钻孔实际施工情况，现场勘查时首先根据探放水设计中的钻孔布置，计算得出应在距离探水起点 8. 47 m 位置的巷道两帮出现 2 号、3 号钻孔痕迹。现场勘查时巷道两侧基本完整，没有明显的煤壁破碎现象，现场勘查过程中经过和矿方人员共同反复寻找，在应该出现探水钻孔位置前后几十米范围未见钻孔痕迹。

以 1 号钻孔实际钻进进尺 49. 75 m 计，对照相关规定，该次探放水工作结束后允许掘进进尺应为 19. 75 m，实际掘进 49. 5 m，超掘 29. 75 m。

三、透水经过及救援

1. 透水经过

2013 年 9 月 27 日 23 时左右，综掘队队长给东翼回风大巷下井人员召开零点班班前会，带班班长谢某对工作面掘进、喷浆等工作进行了具体安排。23 时 30 分左右，零点班 17 名工人开始下井，半小时左右到达工作面。谢某启动掘进机开始掘进，推进一排锚杆的进尺后，工人开始打顶帮锚杆。当时，搬运工朱某、张某在掘进机机尾处清理底板浮煤，看到工人打顶板锚杆时钻孔有水冒出，并听到谢某说闻到水有臭味，大约冒水二十多分钟后，钻孔忽然冒水小了。于是，谢某重新启动掘进机，探掘进头前方是否有采空区，掘进机在巷道底部割了一刀没有异常，然后在中部继续截割。这时，张某看到巷道顶部有大的煤块掉落，并同时听到一声响声，自己就什么也不知道了，被冲到一个低洼处，旁边有水泵与排水钢管，他摸到一节风筒后往外爬，最后到了一个有袋装水泥垛的高点上，并看到谢某、朱某等 4 个人也在此处。这时，距工作面约 160 m 处喷浆人员林某等 5 人听到工作面发出响声后急忙往外撤退，一直撤到东翼回风大巷第一低洼点临时排水仓，后又返回发现水已漫至第二低洼处，就向项目部调度汇报。

项目部向公司调度汇报东翼出水，要求及时救援。公司调度又向井下核实情况，通知撤人。3 时 10 分，公司调度向生产经理汇报情况。3 时 15 分，生产经理向集团公司调度室汇报东翼回风大巷出水，工作面被困 12 人，要求紧急救援。

2. 救援经过

事故发生后，山西某集团认真贯彻落实上级领导的重要指示精神，立即成立抢险救援领导组，指挥抢险救援整体工作。根据上级领导重要指示，结合事故实际情况，抢险救援指挥部立即组织制定了井下排水、地面打钻、井下打钻 3 套抢险救援方案。

（1）井下排水方案。制定五级排水体系，由东翼回风大巷逐级倒水到中央水仓，再由中央水仓排到地面。

（2）地面打钻方案。由地面向井下打 5 个钻孔，1 号、5 号钻孔到被困人员所在段，用于通风供氧和输送食物；其余 3 个钻孔用于直接排水。

（3）井下打钻方案。通过通风行人巷向事故工作面直接打钻孔用于探测和通风，并平行打通救援联络巷实施救援。

三个方案同时实施、同步推进，以加快抢险救援进程。在此基础上，根据抢险救援过程中的新情况、新问题进科学研究，不断完善抢险救援方案。

井下排水：共使用水泵 78 台，排水能力达 800 m^3/h。截至 10 月 8 日 12 时，累计向地面排水 11.5 万 m^3。

地面打钻：1 号钻孔施工 289 m，于 10 月 2 日 12：23 分打通生命通道，向井下连续输送营养品，用于通风供氧；2 号钻孔施工 227 m，遇采空区注浆造壁后扫孔，进尺 208 m；3 号钻孔施工 312 m，于 10 月 4 日 9:50 分贯通，开始排水；4 号钻孔施工 316 m，10 月 3 日 4:15 分贯通。

井下打钻：1 号钻孔施工 85 m；2 号钻孔施工 36 m；救援联络巷掘进 12 m。

截至 10 月 8 日 12:30，12 名被困矿工全部找到，其中 2 名矿工生还，已送往汾阳医院重症监护病房进行救治，专人护理，生命体征正常。其余 10 名矿工不幸遇难。

四、现场勘查

10 月 10 日 9 时至 13 时 45 分，技术调查组对井下事故现场进行了现场勘查。

1. 勘查线路

由基建措施井（原金平煤业主立井）乘罐笼入井，经井底车场→轨道下山→东翼回风大巷→掘进工作面（即发生事故突出点），勘查后原路返回出井。

2. 勘查情况

（1）轨道下山断面为矩形巷道，巷道宽 3.5 m，高 2.4 m。顶板为 K_2 石灰岩，采用锚杆、锚索、金属网联合支护。

（2）根据轨道下山巷道壁透水后残留水位印痕线分析：距采区变电所往下 5 m 处为透水发生后最高水位处，标高 +651.2 m，如图 2-3-26a 所示。距采区压风机房往下 25 m 处在事故期间没顶。

（3）东翼回风大巷 D36 测点后 17 m 处码放喷浆水泥袋，高 1.4 m，为事故救援过程中发现两名遇险人员的位置（图 2-3-26b）。

(a) 透水淹没水位

(b) 专家组现场分析

图 2-3-26 专家组现场勘察

（4）D39 测点前 8.9 m 处巷道顶中间位置见地面 1 号救援钻孔（图 2-3-27a），巷道内见多个投放的营养液塑料瓶（图 2-3-27b）。

（5）东翼回风大巷掘进工作面迎头，巷道高 3.6 m，宽 4.9 m。透水点位于掘进工作面迎头正上方，距巷道底板 3 m。出水孔宽 2.1 m，斜高 1.7 m，垂直高度 0.6 m，透水出水口正下方0.4 m处，有一综掘机旋挖凹坑（图2-3-27c、图2-3-27d）。

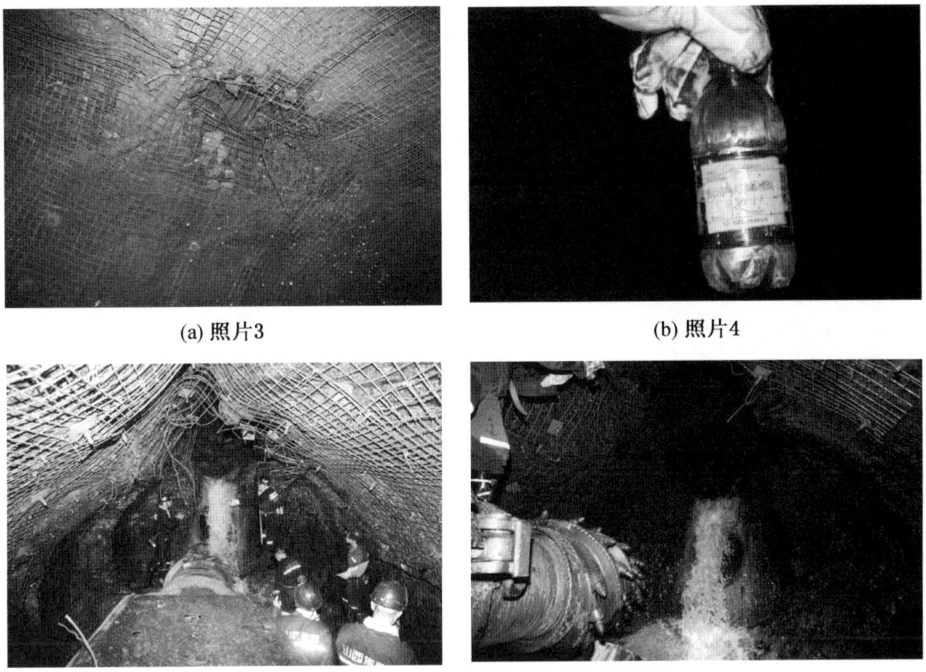

(a) 照片3　(b) 照片4

(c) 照片5　(d) 照片6

图2-3-27　事故现场调查

（6）采空区巷道走向190°，巷道宽3.2 m，高3 m，顶板为K_2灰岩，巷道裸露未见支护。透水口右侧为独头巷，长5.2 m；透水口左侧为来水巷道，向前探摸20 m后水大无法进入，具体长度不详（图2-3-28～图2-3-31）。

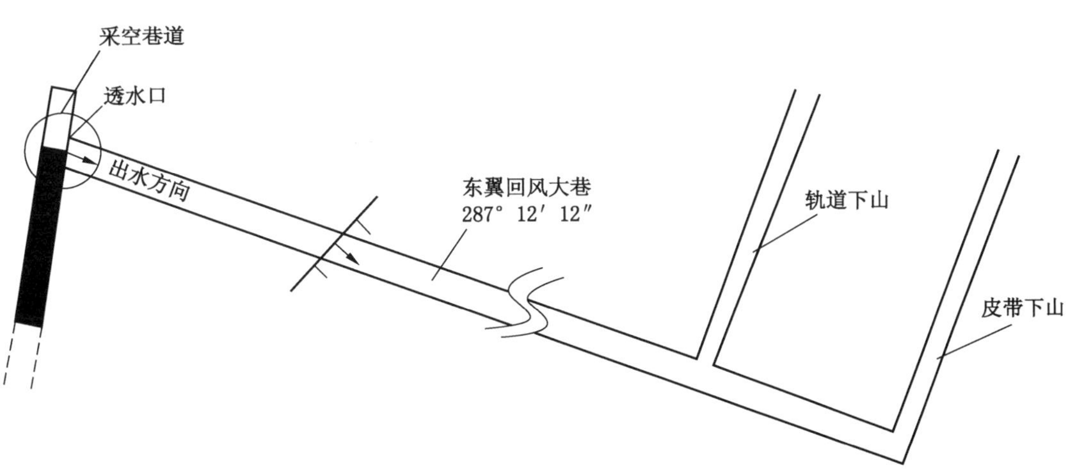

图2-3-28　东翼回风大巷透水点平面示意图

图 2-3-29 掘透采空区巷道左端为盲巷

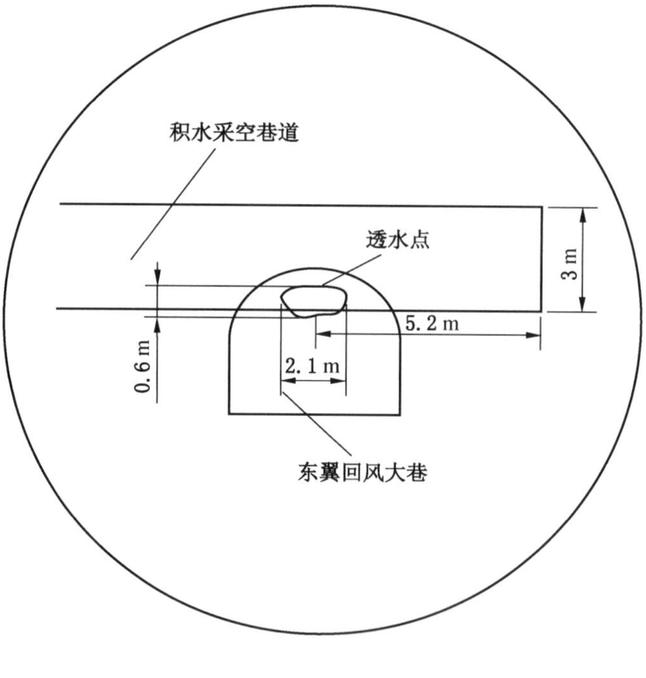

图 2-3-30 东翼回风大巷透水点正面投影示意图

（7）救援阶段预测透水口涌水量约 300 m^3/h，10 月 10 日观测涌水量 209 m^3/h，10 月 12 日观测涌水量 180 m^3/h。

（8）透出口下方（掘进头）下部有探水钻孔，距巷道底板 1.3 m，孔径 75 mm，残留

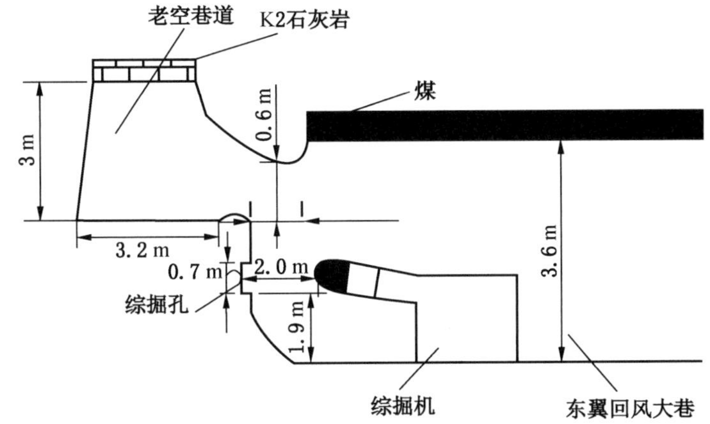

图 2-3-31　东翼回风大巷透水点剖面示意图

深度为 0.25 m。

(9) 在距离掘进头 61 m 处巷道发现一条断层，走向北东，倾向南东，落差约 3 m，在巷道顶部 K_2 灰岩与煤层对接，如图 2-3-32 所示。

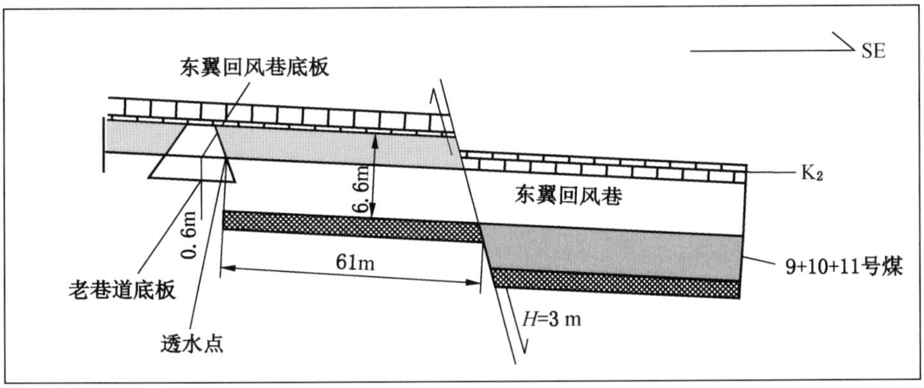

图 2-3-32　东翼回风大巷掘进遇断层示意图

五、事故分析

1. 透水水源

经现场勘查和调查分析，认定本次透水事故水源为东翼回风大巷掘进工作面上前方 9+10+11 号煤层采空区积水，依据如下：

(1) 现场勘查分析。现场勘查时，东翼回风大巷掘进工作面迎头与 9+10+11 号煤层前方顶部老空巷道连通，老空巷道内积水溃出，老空巷道内仍有水经透水口流入东翼回风大巷，涌水量约 200 m^3/h。

（2）水质特征分析。根据生还者叙述：打锚杆时涌出水有臭味，根据水质检测数据，铁离子含量偏高，且巷道过水处有明显的铁锈红色沉着物，透水水源表现为采空区积水的特征。

2. 透水通道及波及范围

（1）透水通道。经调查分析认定，本次透水事故的透水通道是采空区积水溃破巷道煤壁形成的集中过水通道。现场勘查时在工作面迎头上方有一宽 2.1 m、高 1.7 m 的透水口。

（2）波及范围。经现场勘查，认定这次透水事故波及范围是：透水点至轨道下山采区变电所 5 m 以下巷道全部过水，低于 +651.2 m 标高的巷道大部被淹。

3. 透水水量

根据抢险救援提供资料，截至 2013 年 10 月 8 日 12 时抢险结束时，共排出积水约 11.5 万 m^3。

4. 透水原因

造成本次透水事故的原因可归纳为 5 个方面。

一是探放水工作管理混乱。建设方和施工方管理责任不明确，未执行探掘分离的管理要求，探放水现场验收制度未落实，未执行探放水最小超前距 30 m 的要求，实际掘进过程中未留设超前距。

二是探放水设计不合理。东翼回风大巷探放水设计布设 6 个探水钻孔，不能满足厚煤层探水终孔垂距不得大于 1.5 m、水平间距 3 m 的要求；实际实施的安全技术措施仅布置 3 个水平探水孔，更不能满足要求。

三是探放水施工不到位。最后一次探水，设计 3 个探水孔，孔深 100 m，1 号孔实际钻探进尺 49.75 m，2 号、3 号孔现场未见到。

四是该矿水文地质类型为复杂类型，矿井防治水机构却不健全，防治水专业技术人员不足，无专职总工程师，总工程师由生产矿长兼任，无地测防治水副总工程师。

五是矿井建设过程未按照批准的初步设计进行施工，施工顺序严重违反了山西省煤炭工业厅晋煤办基发〔2010〕865 号《关于加强全省煤矿建设施工安全管理的通知》的要求。

5. 透水机理

该井田 9+10+11 号煤层在兼并重组整合前为批采煤层，曾有过采掘活动。据《山西汾西某煤业有限责任公司兼并重组整合矿井地质报告》及后来建设过程中矿方都收集到的有关资料，以往采煤方法为房柱式开采。在矿井兼并重组后，原生产矿井关闭不再排水，导致以往采空区内聚集了大量积水。

东翼回风大巷先期沿顶板掘进，顶板为 K_2 石灰岩，掘进至距透水点 61 m 处，遇到了一条走向北东、倾向南东的正断层，巷道过断层后变为沿顶板以下的煤层中掘进，顶板为煤层。由于原积水老巷道沿顶板 K_2 灰岩采掘，老空积水区位于东翼回风大巷上部（图 2-3-32）。随着东翼回风大巷的推进，采空区巷道与掘进头间煤壁厚度逐渐减少，当掘进至煤壁的强度支撑不了采空区积水的压力时，煤壁破裂发生了本次透水。

综上所述，本次透水事故的直接原因是：东翼回风大巷掘进过程中未严格执行《煤矿防治水细则》，在超过允许掘进距离的情况下继续掘进，导致煤壁不能承受采空区积水的压力，造成煤壁坍塌发生透水。

六、整改措施及建议

1. 整改技术措施

（1）进一步对矿井水文地质条件进行勘察，东翼回风大巷暂停掘进，查清周围采空区积水、积气情况，排除安全隐患。

（2）建立健全矿井地测及各个专业机构，配齐专业人员，进一步完善安全管理制度和安全责任制。

（3）进一步加强防治水队伍的培训，努力提高员工队伍素质，增强职工对安全隐患的识别和防治能力，增强自保互保能力。

（4）对顶板淋水大等异常现象必须查明原因，杜绝盲目冒险作业。

（5）根据地质条件变化及时优化探放水设计，强化现场探放水管理，严格执行探放水“三单”制度，落实“预测预报、有掘必探、先探后掘，先治后采”的防治水原则，坚决做到不探不掘。

（6）强化地测防治水预测预报技术工作，动态管理矿井充水性图，严格规定“三线”（积水线、探水线、警戒线），遇到特殊复杂水文地质条件的区域，要编制专门的防治水安全措施，认真编制落实矿井防治水预案，严格进行预案演练。科学编制探放水设计，严格履行审批程序，加强设计、规程的学习贯彻工作。

（7）强化安全系统建设，根据水文地质条件，按照设计超前建设矿井主排水系统，矿井投产前主排水系统必须投运。

2. 建议

（1）对矿井采空区范围、采空区积水、积气情况超前进行调查和治理。

（2）主要井巷设计要考虑排水设施，掘进时在低凹处建设临时水仓，增加排水能力。

（3）建设矿井水动态检测系统。

（4）建设专业化探放水队伍，实行探掘分离管理，钻工持证上岗，提高探放水装备水平，加强对探放水工作和各项管理工作的考核。

（5）建议核实矿井主排水能力，必要时可提前修改设计。在主斜井落底后首先建设主排水系统。

点评：在透水征兆明显的情况下，不查明原因，继续掘进，导致本次事故发生。

案例七　山西朔州某煤业有限公司透水事故

2016 年 11 月 2 日 3 时 46 分，山西朔州平鲁区某煤业有限公司 9103 轨道巷掘进过程中发生透水事故，经核实当班入井 75 人，安全升井 73 人，2 人遇难。

一、矿井概况

1. 矿井基本情况

山西朔州平鲁区某煤业有限公司位于朔州市平鲁区井坪镇平番城南。井田面积 5.7318 km^2，批准开采 4～11 号煤层，生产能力 180 t/a。全井田各煤层以 +1280 m 一个主水平开采，井田内 4 号、9 号、10 号煤层分别划分为两个采区，11 号煤层划分为 3 个采区，6 号煤层划分为 1 个采区。发生水害事故的 9103 轨道巷掘进工作面位于 9 号煤层一采区。

2. 煤层

井田内的含煤地层有二叠系下统山西组、石炭系上统太原组。井田内煤层编号采用矿区统一编号，即由上至下编号的煤层共 11 层，编号为 1 号、2 号、3 号、4 号、6 号、7 号、8 号、9 号、10 号、11 号、12 号煤层。其中 1 ~ 3 号煤层在山西组，4 ~ 12 号煤层位于太原组。

3. 矿井充水条件

根据矿井地质及水文地质资料，大气降水、老空积水、山西组砂岩裂隙水、太原组砂岩裂隙水和奥陶系岩溶裂隙水是矿井主要充水水源，煤层开采形成的导水裂缝带是主要导水通道。

井田内奥陶系灰岩岩溶裂隙水水位标高为 1103.5 ~ 1112.5 m，流向由北西向南东。4 号、6 号煤层不带压，9 号、10 号、11 号煤层在井田中东部为局部带压。9 号、10 号、11 号煤层最大突水系数分别为 0.014 MPa/m、0.015 MPa/m、0.019 MPa/m。

4. 矿井涌水量

根据 2014 年 6 月编制的《山西朔州平鲁区某煤业有限公司煤矿生产地质报告》，本井田 4 号煤层有采空区积水 4 处，积水总面积为 153184 m^2，总积水量为 137884 m^3；9 号煤层采空区有积水 5 处，积水总面积为 120515 m^2，总积水量为 182731 m^3；矿井采空区积水总面积为 273699 m^2，总积水量为 320615 m^3。预算矿井正常涌水量 81.44 m^3/h，最大涌水量 83.88 m^3/h；井田矿井水文地质类型均划分为中等。

根据导水裂隙带高度计算，各煤层开采后，均可沟通上覆煤层采空区积水。

5. 9103 轨道巷概况

9103 轨道巷（图 2 - 3 - 33）位于 9 号煤一采区，巷道设计长度 610 m。巷道净宽 4.0 m，净高 3.2 m，净断面面积 12.8 m^2，断面形状为矩形，支护方式为锚网索支护。该巷道南侧为工作面保护煤柱，北侧为 9103 工作面实体煤，东侧为 9 号煤胶带巷，西侧为两条老巷道。

二、透水经过及排水过程

2016 年 11 月 1 日 22 时 30 分，当班下井工李某（班长，掘进机司机）、郭某 1（支护工）、郭某 2（皮带工）、张某（清理工）在综采二队会议室进行点名下井，大约零点到达工作面。李某、郭某 2、张某 3 人打短探，大约 1 h 后，班长开始开掘进机。大约掘进 2 m 后，突然听见张某喊了一声，看到掘进工作面迎头有水流出，当时水不大，但是瞬间加大，发生了本次透水。2 日 3 时 46 分郭某 1 报告调度 9103 轨道巷掘进发生透水事故，矿方立即组织人员进行排水搜救。同时摸清升井人员，经核实当班入井 75 人，安全升井 73 人，张某和郭某 2 两人被困。

2 日 8 时 30 分，9 号胶带下山排水泵（7.5 kW，6.7 cm）开始排水，截至 5 日 10 时，排水结束，共排水量约 8000 m^3。

11 月 4 日凌晨，在 9 日胶带下山 230 m 隔爆水棚处发现一名遇难人员，6 日 20 时发现另一名遇难人员。截至 6 日 21 时 50 分现场救援工作结束。

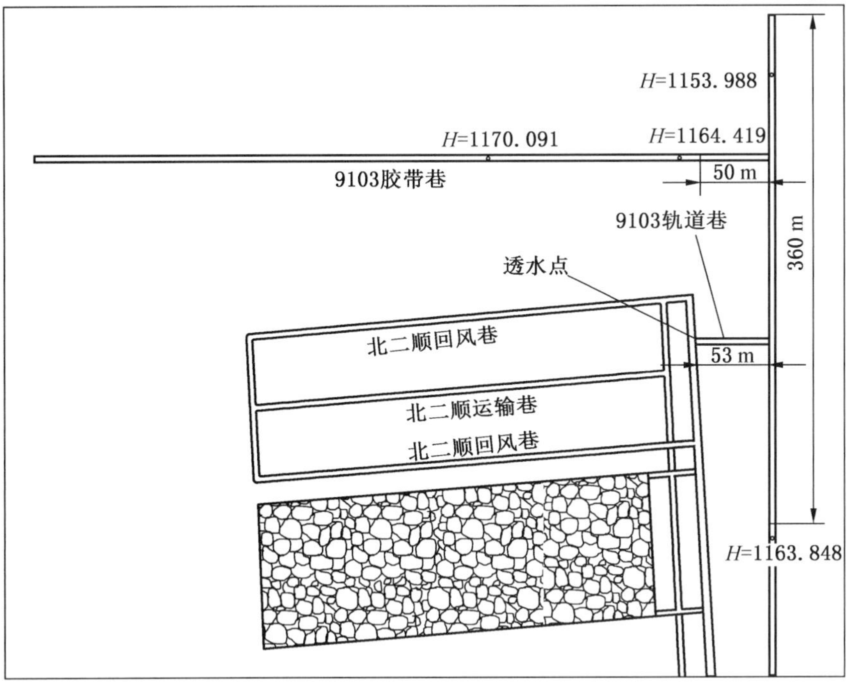

图 2－3－33　9103 轨道巷平面示意图

三、事故调查情况

2016 年 11 月 8 日上午，专家组随同技术组在矿方的陪同下进行了现场勘察。

1. 勘察路线

从行人斜井入井→井底车场→11 号集中胶带下山→9 号集中胶带下山→9 号胶带下山→9103 轨道巷透水事故现场→原路返回。9103 轨道巷示意图如图 2－3－34 所示。

(a)　(b)　(c)

图 2－3－34　9103 轨道巷示意图

2. 井下勘察内容

（1）9 号胶带下山巷口往里 210 m 处为透水后水位最高淹没线。

（2）在 9 号胶带下山与 9 号轨道下山联络巷巷口 16 m 处发现被水推动了 34 m 的掘进

机，周围填满了老巷道坑木，最长一根达 5.4 m，掘进机上堆积有大煤块。

（3）在 9103 轨道巷内有淤泥堆积，堆积物距离巷道顶仅有 1.35 m，堆积物厚度达近 2 m；透水点附近顶板破碎严重。

（4）在透水口处，可看到掘进巷与旧巷道已经塌通，该位置 9103 轨道巷的顶与老空巷的底之间仅有 1.5 m 的距离。

（5）在 9103 轨道巷开口 6 m 处、9 号轨道下山东帮 9.3 m 处及西帮 10.9 m 处分别发现有探水孔痕迹。

3. 9103 轨道巷探放水情况

该矿矿井防治水工作由矿防治水科负责。总工程师负责矿井防治水技术管理工作，设防治水副总工程师 1 人，防治水专业技术人 1 人，共有探放水工 13 人，其中持证 4 人；有探放水钻机 ZDY1650 型 4 台、ZDY1200S 型 2 台。根据 9103 掘进工作面探放水现场资料，该工作面采用物探结合钻探的方式进行探放水。

2016 年 10 月 24 日，9103 掘进工作面在开始掘进前采用 YCS150 瞬变电磁仪进行了先期物探探查工作，探查结果显示该掘进工作面前方 60 ~ 120 m 处低阻异常，需进行钻探验证工作（图 2 - 3 - 35）。

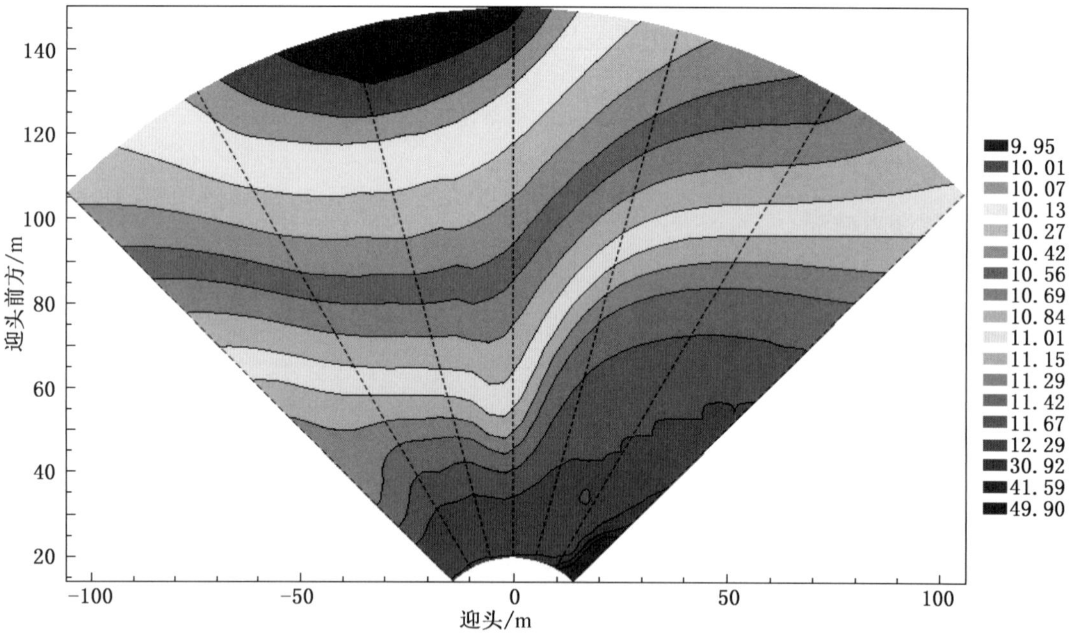

图 2 - 3 - 35 9103 轨道巷瞬变电法物探视电阻率图

根据该矿《9103 轨道巷掘进探放水施工设计及安全技术措施》，9013 轨道巷掘进工作面共设计钻孔 5 个（图 2 - 3 - 36、图 2 - 3 - 37）。

根据 9103 轨道巷掘进工作面探放水设计和井下现场勘查情况，该工作面设计的探放水钻孔不能有效探查位于 9 号煤层上部的采空巷道，1 号钻孔（顶孔）和 3 号钻孔（底孔）进入煤层后在很短距离内即进入煤层顶底板，致使能在 9 号煤层中起到探查作用的

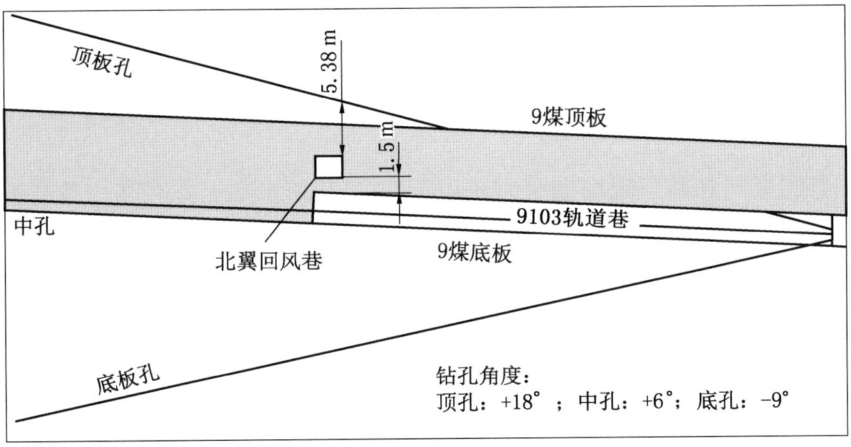

图 2-3-36　侧视图

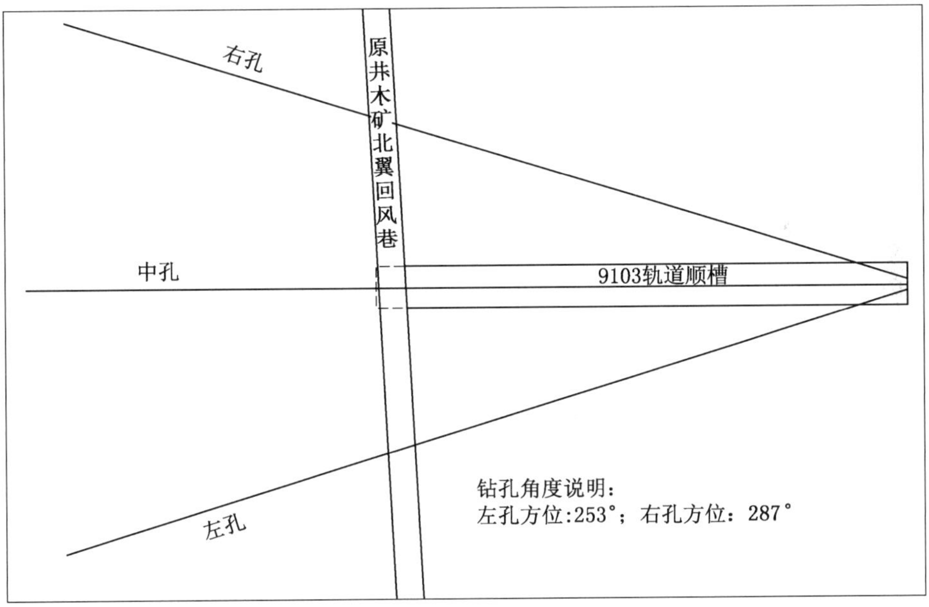

图 2-3-37　俯视图

钻孔只有靠近煤层底板方向上的 2 号、4 号、5 号钻孔，9 号煤层上部成了探查盲区。

四、事故分析及认定

1. 透水量及透水强度

根据现场调查，9103 轨道巷掘进工作面于 2016 年 11 月 2 日 3 时 46 分发生透水，透水后井下水位停止上涨时间大约在 11 月 2 日 6 时，淹没区最高水位标高约 1153 m，造成

9号胶带下山370 m、9103轨道巷50 m、9号轨道下山55 m淹没，由此计算本次透水水量近8000 m^3，透水强度3587 m^3/h。

2. 透水水源

经分析认定：9103轨道巷掘进工作面透水水源为9号煤层原来的煤矿旧巷道积水。主要依据如下：

（1）经查阅资料和井下现场勘察，在9103轨道巷透水点上方存在一条本矿2008年沿9号煤层顶板掘进的走向南北的北翼回风巷，根据矿方提供资料，该巷道断面宽2.5 m，高2.0 m。另据《山西朔州平鲁区某煤业有限公司煤矿生产地质报告》9号煤层矿井充水性图，该区域有大片采空区，采空区东部沿1160底板等高线有37075 m^2 积水区，估计积水量69219 m^3。

（2）根据矿方提供的最新采掘工程平面图，9103轨道巷掘进工作面巷口前方约60 m为原来的煤矿北翼回风巷，邻近北翼进风巷西侧为原来煤矿北二顺3条老巷道和一个采空区，这些老巷道和采空区形成时间较早，均有积水，且位置均高于9103轨道巷掘进工作面，对9103轨道巷的开拓直接构成威胁。

（3）根据透水点观察，9103轨道巷掘进工作面上方有一南北向延伸的老空巷道形成的透水溃口。

（4）根据井下勘查结果，沿透水后水流路线发现大量的小煤窑时期使用的坑木材料。

3. 透水通道

9103轨道巷沿9号煤层底板掘进，巷道断面宽4.0 m，高3.2 m；据最近的219号钻孔资料，该处9号煤层厚9.80 m，透水点处北翼回风巷底板标高1155.671 m，9103轨道巷顶板标高1154.171 m，由此可以计算透水点处9103轨道巷顶板与北翼回风巷底板间距仅有1.5 m。

由于两条巷道交叉处隔离煤层仅有1.5 m，在上覆水压力及采掘的双重扰动下，隔离煤层垮落，造成本次透水。

4. 事故原因

由于在9103轨道巷掘进工作面上方1.5 m处有原来煤矿2008年形成的北翼回风巷，巷道内有大量积水，在采掘活动和上覆水压力的扰动下，隔离煤层垮塌，造成透水事故。

5. 事故类别认定

根据透水水源、通道以及透水量的变化特征，专家组认定本次事故是一起典型的老空积水透水事故。

五、事故教训及防范措施

1. 事故教训

（1）探放水工作不到位。明知9103轨道巷前方有积水的北翼回风巷，不加密钻孔进行探水，只按设计施工了5个探水孔，均未打到采空积水区。

（2）防治水专业技术人员专业水平低，探放水设计与矿井实际脱节。

（3）管理不到位，隐患排查不彻底。

2. 防范措施

（1）加强对井田内及周边矿井各煤层实际开采状况、采空区范围及积水情况的详细调查，查明采掘区域及周边范围富水情况。

（2）加强探放水管理工作，根据不同地质条件和积水分布状况，按《煤矿防治水细则》的探放水要求，合理编制探放水设计，做好探放水工作。

（3）加强探放水现场管理工作，对于未达到设计参数施工的探放水钻孔必须分析原因并及时调整探水方案。

点评：厚煤层上分层开采后形成积水，开采下分层时对上分层积水不探放，导致本次事故发生。

厚煤层有巷道形成的采空区积水，在探放水过程中必须对可疑区加密钻孔进行探放，防止遗漏巷道积水，严格执行《煤矿防治水细则》第四十三条，老空和钻孔位置不清楚时，探水钻孔成组布设，并在巷道前方的水平面和竖直面内呈扇形，钻孔终孔位置满足水平面间距不得大于3 m，厚煤层内各孔终孔的竖直面间距不得大于1.5 m。

案例八　山西晋城某煤矿有限公司透水事故

2023 年 1 月 27 日 4 时 41 分，山西晋城某煤矿有限公司井下 ZF1212 掘进工作面发生老空透水事故，当班入井人数 106 人，ZF1212 掘进工作面作业人数 9 人，其中 4 名人员在工作面迎头被困，其余 102 人安全升井。1 月 31 日 19 时 47 分第四名遇难矿工出井，抢险救援阶段结束。

一、矿井概况及事故区域防治水概况

1. 矿井概况

山西晋城某煤矿有限公司位于晋城市泽州县巴公镇三家店村，批采 3～15 号煤，开采方式为地下开采，生产规模 90.00 万 t/a，实际生产 60 万 t/a，采矿许可证、安全生产许可证、煤矿主要负责人安全资格证齐全有效。

该煤矿开采深度 +820～+580 m 标高，期限 20 年，即 2013 年 6 月 8 日—2033 年 6 月 8 日。开拓方式为斜井开拓，井筒数量为 3 个，开采水平为 +759 m，现采煤层为 3 号煤层，采煤工艺为分层综采、综采放顶煤，瓦斯等级为低瓦斯矿井，水文地质类型为中等，自燃倾向性为不易自燃。2004 年开始采用复采技术回收 3 号煤弃滞资源，累计回收 3 号煤弃滞资源 1000 余万吨。发生事故的 ZF1212 掘进工作面沿 3 号煤层底板掘进，平均巷宽 3.4 m、巷高 2.5 m，设计长度 840 m，已掘 117 m。

矿井建有独立完善的排水系统，3 号煤层在副斜井井底附近设中央水泵房，设有主、副水仓，水仓总容积为 584 m^3。中央水泵房内安装 MD155－30×4 型水泵 3 台，额定功率 90 kW，额定流量 155 m^3/h，扬程 120 m，作为矿井排水系统的工作、备用和检修之用。正常涌水时 1 台工作，1 台备用，1 台检修，最大涌水时 2 台同时工作，1 台检修。设 3 趟排水管路，沿副斜井敷设 ϕ125 mm 排水管 1 趟、ϕ150 mm 排水管 2 趟至地面（1 趟运行，1 趟检修，1 趟备用）。

另外，为应对极端降水天气，2022 年 4 月 20 日施工完成 1 套应急排水系统。在 3 号煤井底机修车间处施工卧底式水仓，水仓长 30 m，宽 2 m，深 2 m，容量约 120 m^3。安装 1 台 MD280－43×5 离心泵，1 台 MD155－30×4 离心泵，1 台使用，1 台备用，铺设 1 趟 20 cm 管道，沿单轨巷到 3 号煤副井井底再到地面。

2. 事故区域防治水概况

事故发生时矿井主采范围为3号煤一采区北翼，全部为复采，局部区域存在3号煤旧采采空区。ZF1212巷位于矿区东北1481~1680 m处，地面标高：+865~+885 m，井下标高：+749~+812 m，是沿3号煤煤层底板掘进的全煤巷道。巷道西南面为ZF119回采工作面，西北面为风氧化带保安煤柱，东南面为原3605工作面（已回采），东北面为原3606老采工作面（已回采）。ZF1212巷道透水位置平面图如图2-3-38所示。

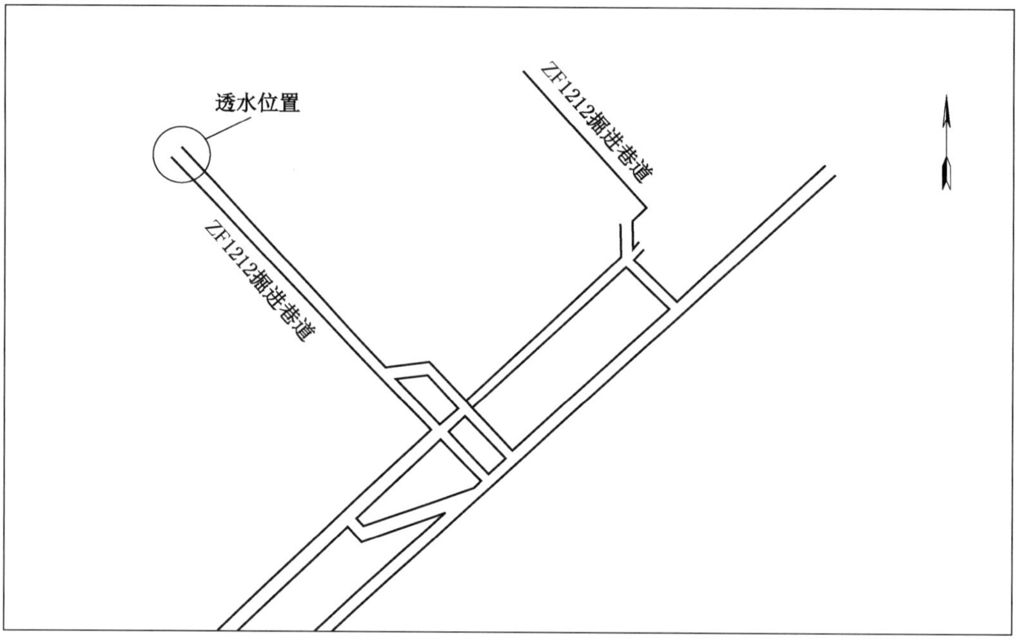

图2-3-38 ZF1212巷道透水位置平面图

1）长探具体执行情况

调查组经过多方问询，先后问询了1月19日8点班和4点班、1月26日4点班、1月27日0点班的开拓队溜子司机、瓦检员、探水队井下探水相关人员、地测科相关人员，了解到事故发生过程以及超前探作业相关工作流程和内容，据探水队及地测科人员陈述，112 m处在1月19日8点班施工了1个钻孔，因钻探至18 m发生钻井液全漏、卡钻等现象无法继续施工，停钻。1月19日16点班施工3个钻孔，分别钻进7 m、20 m、20 m，煤层孔发生漏水、卡钻现象，无法继续钻进。技术员汇报调度及相关领导后，结束了本回次的探放水工作。1月19日调度室、地测科下达了允许掘进通知单，由总工程师、防治水助理、地测科副科长签字通过。19日16点班应该在20日0点下班，19日矿方提前下达允许掘进通知单违背有关规定，有作假嫌疑。

2）短探执行情况

该煤矿编制了《逐班探眼管理制度》，提出了短探的技术要求和管理措施。地质科下达了短探通知单，开拓队在ZF1212巷道117 m处未开展短探作业。ZF1212巷道剖面示意图如图2-3-39所示。

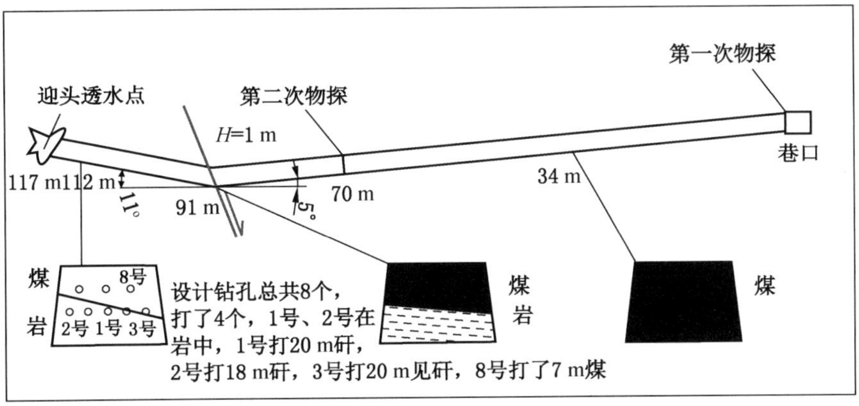

图 2-3-39 ZF1212 巷道剖面示意图

该煤矿还编制了《ZF1212 巷水害安全风险专项辨识评估报告》，报告中提出水害安全风险共 13 项，重大风险 1 项，风险点：掘进工作面掘进过程中接近采空积水区、物探低电阻异常区或地质构造异常区域发生透水。

二、事故发生及抢险救援经过

1. 事故发生经过

1 月 27 日 4 时 41 分，该煤矿 ZF1212 掘进工作面发生透水事故，矿井水从该掘进工作面迎头涌入北翼采区运输巷和回风巷，当班入井人数 106 人，ZF1212 掘进工作面作业人数共 9 人（图 2-3-40），其中 4 名人员在工作面迎头，另外 2 人在巷道内第二部溜子机头，其余 3 人不在巷道内。据从工作面逃生的瓦检员和溜子司机陈述，27 日 4 时 40 分左右，瓦检员看见迎头棚梁倾斜，听到安全员说顶板怎么流水了。两人在溜子机头听到一声沉闷的堀咚巨响，立刻转身往外跑，跑的过程中听到身后有间歇性轰隆轰隆的声音，并感觉身后有气流冲击，同时闻到了空气中有臭味。当时迎头 4 个人正在作业。两人跑到 10 号联络巷后瓦检员打电话向调度汇报巷道坍塌。事故发生后，事故工作面迎头 4 人被困，其余 102 人安全升井。4 时 57 分，巷道内涌水淹没到巷口，导致 T2 瓦斯传感器损坏。事故后调取掘进头探放水监控视频，发现透水前视频探头情况大部分朝向煤壁。

2. 抢险救援经过

（1）救援指挥机构设立及总体救援方案。

事故发生后，应急管理部副部长、国家矿山安全监察局局长作出重要指示，并指派国家安全生产应急救援中心一级巡视员带队赴事故现场指导抢险救援。山西省委省政府高度重视，书记、省长分别作出重要批示，常务副省长、副省长也先后作出指示批示。国家矿山安全监察局山西局党组书记、局长，副局长以及山西省应急管理厅、省能源局等相关负责同志到现场指导。

晋城市委书记、市长及时赶赴事故现场，研究制定方案，组织指挥救援。市委、市政府立即启动应急预案，成立现场救援指挥部，由市委书记、市长任总指挥，常务副市长任

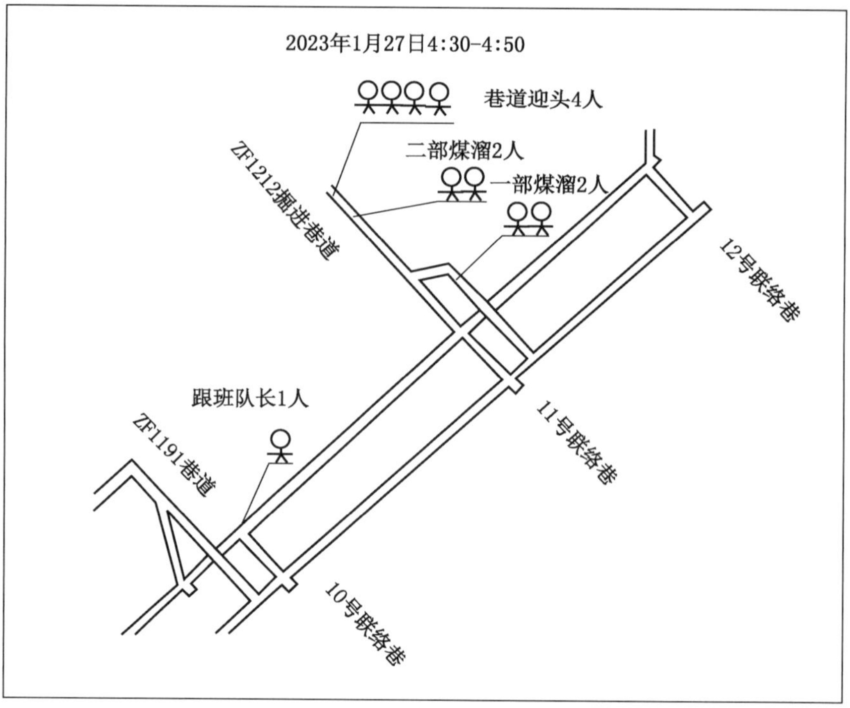

图2-3-40 作业人员位置示意

副总指挥，下设综合协调组、技术组、现场抢险组、医疗救治组、应急保障组、新闻宣传组、治安警戒组、后勤保障组、善后处置组等9个专业工作小组，按职责分工高效有序开展救援处置工作。

现场抢险力量调用国家应急救援汾西分队、山西省114地质救援队、晋能控股装备制造集团救护队、晋城市应急救援救护队、高平市军事化矿山救护队、蓝焰公司钻井队等共214人，调配晋能控股装备制造集团、高平科兴集团等单位救援设备39台（套）和电力保障车1台。医疗救治力量由晋城市人民医院和市急救中心医护人员组成，包括7辆救护车，28名医护人员。现场参与救援人数260余人。

应急管理部专家组成员和现场指挥部通过现场勘察和多次会商，针对煤矿实际和事故特点，制定了井下排水和地面钻孔同步推进的救援方案。井下排水：分别在采区回风巷和运输巷加设排水设备，导排至3号煤层中央水仓。因透水导致失效的3台工作面排水设备已恢复运行，同时新增4台潜水泵（北翼回风巷3台，北翼运输巷1台），7台水泵总抽水能力为655 m^3/h。地面钻探：同时施工两孔钻井。1号孔用于联系被困人员，由蓝焰公司钻井队负责实施，直径215.9 mm，计划打至掘进工作面迎头后5 m处。2号孔用于地面下泵抽水，由114地质队负责实施，直径313 mm，计划打至掘进工作面迎头后25 m最低洼处。

（2）成立井下救援现场作战指挥部。

根据抢险救援总指挥部指令应急救援队伍现场作战指挥部于1月27日15时00分成

立。作战指挥部制定了事故抢险行动方案及安全措施，救援队伍井下、井上值班表，指定专人接听、记录井下救援现场上报情况，明确所有人员职责，实行4个小队三八轮流工作制，每小时向地面现场指挥部上报一次现场工作、水位下降和气体检测情况，发现异常情况及时上报。至此参与救援的应急救援队伍在现场作战指挥部的统一指挥下有序开展工作。

（3）救援具体过程。

1月27日22时00分，晋城市应急救援救护队副中队长带领一小队由副井→北翼运输巷→北翼回风巷到达水淹事故区域侦察。首先对两条巷道工作地点顶板、边帮安全状况进行观察，对有毒有害气体进行检测。经观察检测，顶板、边帮完好；北翼运输巷气体情况：CH_4 含量为0.04%、CO_2 含量为0%、O_2 含量为19.5%、H_2S 含量为0%；北翼回风巷气体情况：CH_4 含量为0.02%、CO_2 含量为0%、O_2 含量为19.5%、H_2S 含量为0%；侦察完毕后迅速将现场情况汇报现场抢险指挥部。现场指挥部通过现场情况分析，命令现场救援工作环境安全，可以安装水泵实施抢险救援，同时部署北翼运输巷、北翼回风巷两条巷道排水区域分别安排不少于2名救护指战员对顶板、边帮安全情况随时观察及对有毒有害气体进行检测，每1小时向救援指挥部汇报气体变化和水位下降情况，发现异常，立即将现场人员撤至安全地点。北翼运输巷因左侧安装有皮带，巷道中部有液压支护，右侧有大量电缆悬挂在边帮，不利于大型水泵的安装，随即增加3台BQS50－80－22型水泵加大排水量；北翼回风巷空间较大，无其他设施，可以增加大型水泵作业，立即架设2台MD155－30×4型水泵和1台BQS流量110－扬程200/2－132 kW水泵。至0:05分，6台水泵保持正常运转、水位稳步下降。

在随后的救援中，应急救援队伍按照排班依次入井工作。1月29日凌晨3时20分，井下北翼运输巷水位已排至最低水位，积水即将与顶板分离，井下抢险指挥员立即向现场抢险指挥部汇报。指挥部命令，为了防止巷道内部积聚的瓦斯和有毒有害气体突然向外涌出，造成次生事故发生，水位离顶前必须将现场所有排水人员撤至安全地点，延伸风筒至接顶处加大送风能力，救护队员配用全面罩4 h氧气呼吸器对离顶后巷道内的气体检测，无危险后现场排水人员方可进入作业。3时50分最低点水位与顶板分离，北翼运输巷气体情况：CH_4 含量为0.04%、CO_2 含量为0.02%、O_2 含量为19.5%、H_2S 含量为0%，排除了现场危险因素。

6时30分，水位排至离底板约1.2 m处，可穿下水裤进入北翼运输巷内部侦察，现场中队指挥员随即带领两名队员进入侦察，当侦察至北翼运输巷与ZF1212掘进工作面交叉口处机头位置时，发现第一名遇难人员，该人员面部朝下、头朝外、俯卧在机头上方。指挥员立即向现场抢险指挥部汇报，现场抢险指挥部随即命令，井下继续加大排水力度，加强监护，将遇难人员抬运出井。9时45分第一名遇难矿工升井。

10时井下北翼运输、北翼回风巷积水全部排完，ZF1212掘进巷机头至巷道内部30 m处处于无水状态，井下值班救援队伍随即开展了搜救侦察。10时20分当侦察至ZF1212掘进巷道内30 m处时，发现ZF1212掘进工作面前方有水淹情况，30 m处右侧有一回风巷道，救援队伍转至右侧侦察，发现一处风门，风门持关闭状态，在风门下方发现第二名遇难人员，该人员面部朝下、头朝ZF1212掘进巷内、脚蹬风门，呈俯卧状。现场抢险指挥部命令，将遇难人员包扎好后搬运至安全地点等待升井指令。随后将北翼运输巷水泵移至ZF1212掘进巷道内加大排水力度，继续监护。19时40分现场救援指挥部命令救护人员将第二名遇难矿工抬运升井，21 时 05 分第二名遇难矿工升井。

1 月 30 日 3 时 30 分，ZF1212 掘进巷道内部积水基本排完，巷道内出现大量淤煤，随即转为清理淤煤状态。15 时 15 分清淤工作进展到 40 m 处时，发现第三名遇难人员，头部朝里、面朝上、呈仰卧状，立即报告现场抢险指挥部，指挥部命令立即组织升井，16 时 32 分将遇难矿工抬上担架，19 时 48 分抬运升井。

1 月 31 日，17 时 32 分 ZF1212 掘进巷道内清淤工作清理至距巷道口 73 m 处，在巷道右侧清挖淤煤时，首先发现一只矿靴，疑似遇难矿工，经过清挖在煤壁电缆下方，发现第四名遇难矿工，遇难矿工左胳膊挽着煤壁动力电缆，右手抱头，头朝里，屈身侧卧于巷道右侧淤煤中，现场中队指挥员立即报告现场抢险指挥部，指挥部命令立即组织施救。经过 30 min 的挖掘，18 时 10 分将第四名遇难矿工挖出进行包扎后固定于担架上，按照抢险指挥部命令组织搬运升井，于 19 时 47 分搬运升井。

（4）救援总结。

本次救援共计安装水泵 7 台，额定流量 655 m^3/h，于 30 日 2 时 50 分排水结束，共计排水约 7100 m^3。30 日八点班组织清淤，搜救被困矿工。清淤用时 4 个台班，共计清淤 130 m^3。经过 108 h 的抢险救援，分别于 29 日 6 时 30 分搜救到第一名遇难人员、29 日 10 时 20 分搜救到第二名遇难人员、30 日 15 时 15 分搜救到第三名遇难人员、31 日 17 时 32 分搜救到第四名遇难人员。该煤矿“1·27”ZF1212 掘进工作面透水事故抢险救援工作结束。人员搜救结束后，尚有约 360 m^3 淤积物没有清理，因巷道为一小型向斜，淤积物堆积在巷道低洼处至掘进头透水口，为了避免清淤过程中堆积物失稳、透水口继续有大量矿井水涌出而造成次生灾害，在被困人员搜救结束后，救援指挥部决定停止清淤。

三、井下事故现场踏勘情况

2023 年 2 月 2 日下午，事故调查组领导组、技术组、专家组相关人员到事故现场踏勘。井下踏勘路线：3 号煤副斜井→1 号联络巷→2 号联络巷→一采区回风巷→一采区北翼回风巷→11 号联络巷→ZF1212 掘进工作面巷→原路返回下面对五个踏勘点（段）情况叙述如下：

1 号踏勘点：位于采区北翼回风 10～11 号联络巷低洼处的排水点，巷道为梯形断面，矿工钢棚支护，顶帮完好，巷高 2.2 m。巷道低洼处有长 5.0 m、宽 3 m、深度 0.2 m 的积水，安设有 3 台矿用隔爆型潜水排沙电泵，型号分别为 BQS80－100/3－45/B、BQS110－200/2－132/N（图 2－3－41）、BQS190－180/3－160/N。

2 号踏勘点：位于 ZF1212 巷口，巷道为跟底托顶煤布置，采用架矿工钢棚加网支护，棚间距 0.6 m，顶板铺设 12 号铁丝网，巷帮铺设双层塑料帮网，巷道顶帮完好，左帮吊挂一趟风筒，巷内铺设一部刮板输送机。此处为 1 月 29 日第一遇难人员被发现位置。

巷道口右帮悬挂有安全风险公告警示牌板、探放水安全确认移交牌板，右帮底部堆放有探放水钻杆等材料，巷两侧存有浮煤，底板及两帮看不到水痕。距离巷口 7.5 m 处可见钻孔帮孔位置标志牌，左帮为 2 号、4 号钻孔位置标志牌，右帮为 3 号、5 号钻孔位置标识牌，钻孔间距为 1.3 m。孔口不完好，无孔口管，钻孔深度看不清。

3 号踏勘点：ZF1212 巷回风联络巷，现场情况为巷道顶帮完好，联络巷内设两道风

图 2-3-41 矿用隔爆型潜水排沙电泵（BQS110-200/2-132/N）

门，两道风门全部敞开，巷帮看不到水痕。第一道风门处为 1 月 29 日第二遇难人员被发现位置。

4 号踏勘段：ZF1212 巷 34～63 m 段现场巷道支护完好，在距巷口 37 m 处巷道左帮悬挂 2 号、4 号探放水钻孔位置牌，右帮悬挂 3 号、5 号探放水钻孔位置牌（第三次钻探）；在距巷口 63 m 处为钻孔帮孔位置（第四次钻探），左帮悬挂 2 号、4 号、7 号钻孔位置标志牌，右帮悬挂 3 号、5 号钻孔位置标志牌。距巷口 59 m 处为第三个遇难人员位置。

5 号踏勘点：位于 ZF1212 巷距巷道口 75 m，为巷道低洼处，顶板矿压明显，出现顶板下沉、支柱倾斜的现象，巷道高度 1.5 m，巷道中部 10 m 范围采取单体液压支柱加Π型梁补强支护一根，单体液压支柱发生倾斜，旁有煤块和岩石块，最大岩块体长 1000 mm、宽 800 mm、厚 450 mm，岩性为灰色的砂质泥岩。巷道底板水窝安设排 4 台型号为 BQS50-80-22 的潜水泵。有大约 5 m^3/h 的水流补给，水质清澈见底。从此处向里看到：巷道前方有大量的淤煤及杂物，部分巷段淤煤及煤块堆积到顶，人员不能通行。附近为第四遇难人员所处位置。

通过巷道现场踏勘，从 ZF1212 巷道开口至 75 m 处，巷道为全煤，支护为钢棚挂铁丝网托顶煤，支护完好，巷道两帮煤体清洁无尘，底板及两底角有部分堆煤，煤粒松散，无淤泥等冲积物，看不到过水痕迹，未发现突水通道。巷道 75 m 低洼处的水窝，有清澈水流补给，水量约 5 m^3/h，处往里，有煤块、石块及煤粒等冲积物，部分石块、煤块被中部的单体液压支柱所阻挡，里边的煤块体积较大。有 3 处的巷道两帮悬挂有探水钻孔位置标志牌，孔口坍塌，看不到孔内情况。距巷口 75 m 前方未清理处照片如图 2-3-42 所示。

图 2-3-42 距巷口 75 m 前方未清理处

四、事故分析

1. 透水水源认定

通过对煤层顶底板地质、水文地质条件分析和矿井以往采掘情况调查以及对水质化验结果、瓦斯涌出情况、透水特征综合分析，认定 ZF1212 巷道透水水源为老空积水。

1）主要充水含水层分析

该煤矿 3 号煤赋存层位为二叠系山西组，ZF1212 巷道沿 3 号煤底板掘进，工作面 3 号煤层总厚度 6.12 m，复采厚度 4.2 ~ 6.12 m。工作面标高 +749 ~ +812 m，工作面埋深 53 ~ 136 m。工作面西南面为 ZF119 回采工作面，西北面为风氧化带保安煤柱，东南面为原 3605 工作面（已回采），东北面为原 3606 老采工作面（已回采）。

根据工作面顶底板水文地质情况，分析可能引发突水的水源有 3 个。

（1）地表水。工作面埋深 53 ~ 136 m，煤层厚度 6.12 m，邻近工作面回采后导水裂隙带可能发育到地表，引发地表水进入采空区。但是巷道掘进产生的导水裂隙发育到地表的可能性不大。根据调查资料，该工作面对应的地表大多为农田、荒坡，无地表水体，可排除地表水引发透水灾害的可能性。

（2）顶板二叠系砂岩水。ZF1212 巷道 3 号煤直接顶板为厚度大于 10 m 的砂质泥岩、泥岩，其上发育数层细砂岩。根据水文地质勘探资料，二叠系山西组砂岩裂隙含水层富水性一般较差，单位涌水量为 0.002 ~ 0.0037 L/(s · m)，为弱富水性，水质类型为 HCO_3 - Ca 及 HCO_3SO_4 - Ca 型。含水层 2 层，由上至下为粉砂岩（厚 3.2 m，深度 90.16 m）、细粒砂岩（厚 1.9 m，深度 99.36 m，距离 3 号煤层 7 ~ 17 m 不等）。

根据水文地质条件分析，巷道掘进期间，顶板砂岩水对巷道充水可能有一定作用，但其富水性弱，且存在较厚隔水层，不可能突然涌出 7100 m^3 地下水，可排除顶板含水层水造成灾害的可能性。

(3) 底板山西组—太原组裂隙水。3 号煤底板下主要含水层为山西组 K_7 砂岩和太原组 k_5 薄层灰岩。根据资料分析，石炭系太原组砂岩、灰岩岩溶裂隙含水层在部分地段埋藏较深，岩性为浅灰色细砂岩、较破碎的砂质泥岩和青灰色含燧石灰岩，以 K_5、K_7 等几层灰岩为主，呈层状分布且被泥岩隔水层分隔，相互间水力联系较弱。岩溶裂隙不发育。单位涌水量 0.0049 L/(s·m)，渗透系数 0.0170 m/d，静止水位埋深 140.50 m，水位标高为 +739.23 m，水质类型为 $HCO_3 \cdot SO_4^{2-} - Ca \cdot Mg$。

从水位标高看，太原组含水层水位 +739.23 m，ZZF1212 巷道透水点处标高 +746 m，不具备底板突水条件，可排除底板含水层水导致透水的可能。

2) 采空区积水影响分析

根据矿方提供的资料，ZF1212 巷道东南面有原 3605 工作面（已回采），东北面有原 3606 老采工作面（已回采）。3605 工作面回采时间是 1995 年 7 月，煤层总厚度 6 m，沿煤层顶板采用刀柱炮采采煤方法进行了回采，回采厚度 3 m。3606 工作面回采时间为 1997 年 1 月，工作面采用高落式爆破采煤法，回采厚度为 6 m。对 ZF1212 巷道有威胁的主要是 3605 刀柱式工作面采空区。

3605 旧采工作面为该矿 2004 年以前开采，掌握的老巷位置和积水情况不是十分准确。本工作面临近露头区，埋藏较浅，补给条件较好，可能存在以往开采的废弃巷道积水区。因此，ZF1212 掘进工作面上方可能存在未查清的老空积水区。

从透水特征分析，本次 ZF1212 巷道透水来势迅猛，矿井水混合着煤渣、岩块冲下后迅速淤堵巷道，水量衰减速度比较快（1 h 20 min），排水清淤结束后，残存水量不到 5 m^3/h，且透水后有大量瓦斯涌出，瓦斯涌出量从 0.04% 骤然升高到 1%，超限报警，根据调查，瓦检员逃生过程中闻到了臭味。以上这些情况表明，透水事故具有典型的老空水透水特征。

3) 水质分析

2023 年 1 月 27 日、2 月 4 日矿方取透水点水样，使用矿方自有的水质快速分析仪，化验了透水点的水质特征。根据化验成果，透水点水质显示老空水占 80%，砂岩水占 20%，水质化验成果见表 2-3-4。

表 2-3-4 水质化验表

名称	单位	1 月 27 日水样	2 月 4 日水样	老空水水源水质	砂岩水水源水质
钙（Ca^{2+}）	mg/L	91.759	173.739	348.909	173.384
钠（Na^+）	mg/L	82.73	46.21	12.195	5.302
镁（Mg^{2+}）	mg/L	62.552	116.11	85.345	28.752
硫酸盐（SO_4^{2-}）	mg/L	543.1	1263.7	963.167	222.853
pH 值		7.867	7.824	7.359	7.874
碱度（$CaCO_3$）	mg/L	426.005	416.042	327.269	250.577
碳酸氢根（HCO_3^-）	mg/L	426.005	416.042	406.389	312.658
碳酸根（CO_3^{2-}）	mg/L	2.556	2.496	0.571	1.246
氯离子（Cl^-）	mg/L	60.491	29.851	167.173	66.742

2. 透水通道

根据采矿调查和 ZF1212 巷道掘进预测预报资料，以及透水水源分析情况，透水通道为 3 号煤上部采空区和炮采扰动破坏的有限厚度煤柱，被水压突破后形成的通道。

3. 透水水量

1）峰值透水强度

基于之前透水水源和通道的分析，基本判断本次透水为采空区积水。27 日 4 时 38 分位于掘进头后方 5 m 位置的 T1 瓦斯传感器受水冲击损坏，4 时 57 分位于巷道口的 T2 瓦斯传感器分站损坏。根据瓦斯监测 T1、T2 传感器记录瓦斯数据消失时间和淹没的巷道体积计算涌水量。平均巷宽 3.4 m，巷高 2.5 m，断面面积 8.5 m^2，T1、T2 瓦斯传感器之间巷道长 112 m，经过 19 min 巷道充满积水，计算得涌水量为 3006 m^3/h。

2）透水总量

根据抢险救援过程中实测排水资料，截至 30 日 2 点 50 分排水结束，共计排水约 7100 m^3，巷道内尚有约 5 m^3/h 动态补给水量。

3）溃出淤积物总量

救援结束后，共清出淤积物 130 m^3，在巷道 75 m 处为了避免发生次生灾害未继续清淤。巷道断面面积 8.5 m^2，淤积段最大长度 42 m，淤积物总量最多 487 m^3。

4. 事故发生的时间、地点

1）发生时间

根据掘进头钻探监控视频资料显示，2023 年 1 月 27 日 4 时 41 分钻探监控摄像头受冲击断线无信号，4 时 37 分 T1 瓦斯传感器受冲击断线无信号。调查笔录显示：ZF1212 巷瓦检员郜某 3 时 50 分放炮后离开，在透水发生前返回掘进头，据他叙述，在走的巷口的时候拿出瓦检仪看时间，显示 4 时 37 分，走到离掘进头近 20 m 位置的溜子机头时，安全员说串煤了，随后听到轰隆一声巨响，他转身就跑，身后继续传来轰隆轰隆的巨响，还感受到身后气体冲击。综合上述信息，经过综合分析研判，认定该矿透水发生时间为 2023 年 1 月 27 日 4 时 41 分。

2）发生地点

经查看视频、调查问询、井下勘察等，确定透水地点在煤矿 ZF1212 掘进工作面 117 m（平距）处迎头。

5. 事故波及范围

2023 年 1 月 27 日 4 时 41 分 ZF1212 巷道发生透水后，涌水迅速蔓延至附近巷道，27 日上午 6 点，水位淹没至标高 +753.0951 不再上涨，淹没范围主要是 ZF1212 巷道及回风巷、10 号联络巷以里 10 m 至 12 号联络巷之间的巷道，淹没巷道总长度 532 m，如图 2-3-43 所示。

6. 事故直接原因分析

该煤矿 3 号煤平均煤厚 6.1 m。2004 年之前，矿井采用的采煤方法为 3 号煤上部刀柱式、放顶煤高落式和分层开采 3 种。2004 年之后，矿井对 3 号煤上部刀柱式开采区域进行复采，采煤方法为综合机械化，采厚 2.3 m。因此，3 号煤上部老空水及周边 3 号煤老空水是复采工作面的主要水害威胁。

ZF1212 巷道是 ZF121 复采工作面的炮掘回风巷道，第六次掘进长探超前探放水钻孔

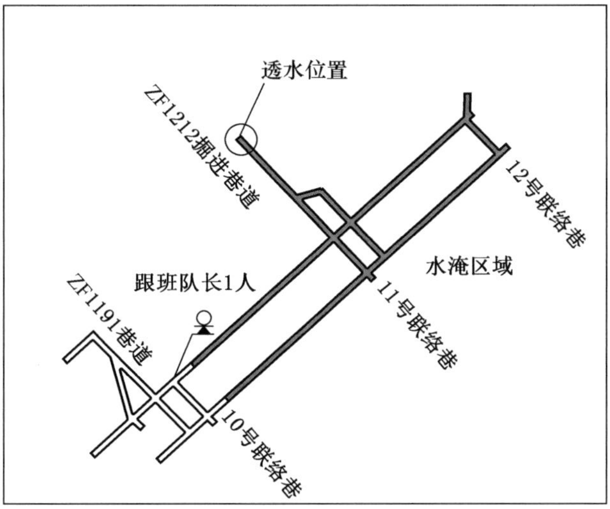

图 2-3-43　水淹巷道范围示意图

未能施工至目标层，在没有查明前方老空积水的情况下，组织开展了掘进作业，当班开拓队未开展短探作业。在巷道掘进至 117 m 遭遇 3 号煤上部老空积水，由于煤层受老空水的长期浸泡和放炮对围岩（煤）的破坏，叠加采场应力与水压力的耦合作用，老空水突破有限的煤厚溃入掘进工作面，导致“1·27”透水事故的发生，迎头作业的 4 名矿工全部遇难。

7. 事故间接原因分析

1）防治水相关报告存在重要结论错误

（1）2021 年 12 月编制的《煤矿隐蔽致灾地质因素普查报告》在没有经过充分调查和开展工程探查验证的情况下，结论中提到“未来三年采掘范围内不存在采空积水区”明显与事实不符。不符合《国家矿山安全监察局关于加强煤矿隐蔽致灾因素普查治理工作的通知》(矿安〔2022〕132 号）的要求第一条第一点。

（2）2022 年 10 月编制的《一采区北翼地面瞬变电磁法勘探报告》未探查到 ZF1212 巷道 117 m 掘进头上方采空积水区，存在技术性偏差。

（3）2022 年 10 月编制的《山西某集团某煤矿有限公司煤矿防治水“三区”管理报告》结果不正确。

一采区北翼存在大面积旧采采空区，采用较早 2015 年、2017 年地面物探结果划出积水区，未经验证和探放，防治措施未落实到位，直接划为可采区，包括本次透水的 ZF1212 巷道也被划为可采区，不符合《国家矿山安全监察局关于印发煤矿防治水“三区”管理办法的通知》(矿安〔2022〕85 号）文件要求。

（4）《矿井水文地质类型划分报告》对 3 号煤井田及周边老空水分布状况的划分结果说明中提出现有采空区积水对未来 3 年采掘基本无影响，亦与事实不符。以上结论易对矿井采掘设计、探放水设计与施工等造成误导。

2）对老空水危害性缺乏正确认识

采空区情况复杂，不仅有顶部采空区，还有相邻采空区，采矿方法多（刀柱、高落式、分层开采），风险辨识不清，评估管控不到位，在探水发现异常（112 m 处钻探过程中钻井液漏失、卡钻）、未按设计数量完成超前钻探任务的情况下，下达允许掘进通知单，说明未认识到老空水的严重危害性。

3）探放水设计不规范、执行不到位、管理有漏洞

（1）探放水设计未充分分析地质及水文地质条件，设计针对性、科学性欠佳。不符合《煤矿防治水细则》第四十条要求："矿井受水害威胁的区域，巷道掘进前，地测部门应当提出水文地质情况分析报告和水害防治措施，由煤矿总工程师组织生产、安检、地测等有关单位审批"。

ZF1212 巷道探放水未充分分析地质、水文地质条件，超前钻探和超前物探没有根据地质条件变化而做出相应调整，探放水目的性不强。

（2）探放水措施落实不到位。未按设计钻孔数量、深度施工，未分析评价探放效果直接下允许掘进通知单。验收资料作假，实际钻孔数量、进尺与设计和验收表不符，允许掘进超前距不足 30 m，验收资料显示超前距为 30 m，容许掘进距离为 15 m 左右，设计施工 8 个钻孔，验收表显示验收了 8 个孔，实际施工 4 个。应付检查提供虚假钻孔资料。探放水缺乏目的性，探查目标位置不明确。钻探设计参数不完整，实际执行中钻孔施工有一定随意性。违反了《煤矿防治水细则》第三十八条、第三十九条、第四十三条，《煤矿安全规程》第三百一十七条、第三百一十八条。《ZF1212 巷掘进工作面探放水设计及安全技术措施》全部为长探，ZF1212 掘进巷道第六回次长探造假，且当班短探缺失。

（3）防治水专业技术人员和专职探放水作业人员配备不足，专业性不够，充水因素分析能力欠缺。违反了《煤矿防治水细则》第五条；《煤矿安全规程》第二百八十三条；《煤矿重大生产安全事故隐患判定标准》第九条第（二）项、第十八条第（一）项；《国务院关于预防煤矿生产安全事故的特别规定》第八条第（六）项、第（十五）项。目前地测科有科长 1 名（采矿工程），副科长 2 名（采矿工程），技术员 5 人，其中 2 人为采煤专业，2 人测量专业，1 人计算机专业，缺乏地质专业或水文地质专业人员，探水队作业人员欠缺，每次井下探水派 1 名专业探水工，配 2 开拓队支护工进行探水。

（4）井下物探方法不合理，施工及解释不专业，结果不可信。该矿低阻异常区主要位于同煤层旧采，瞬变电磁勘探角度设计不合理，漏探严重；设计施工没考虑地层倾向变化，在地质条件发生较大变化后没有补充探查；物探施工和解释全部由矿上技术人员自行完成，操作人员无专业背景，结果可信度不高。

五、事故教训及防范措施

1. 事故教训

1）安全管理不到位

对全面辨识管控安全风险、排查治理事故隐患工作重视不够，未发现、解决根本性、系统性重大隐患，未查明 ZF1212 巷道周边老空区积水分布情况。该工作面为 3 号煤复采煤层，在明知有采空区存在的情况下，依然不严格落实"预测预报，有疑比探，先探后掘，先治后采"的防治水技术原则及相关要求。

2）主体责任落实不到位

主体责任单位没有安全管理机构，对煤矿执行安全生产法律法规、重大灾害隐患排查及治理、采掘部署等组织、监督、检查不到位。

3）煤矿防治水工作不到位

（1）防治水基础工作不扎实。尽管开展了大量工作，相关报告也齐全，但矿井水文地质条件并未查清，老空水的补给情况、采空区分布范围、积水范围动态变化情况未完全掌握。

（2）物探和钻探相结合的探放水措施落实不到位。物探、钻探和掘进脱节，物探设计不考虑地质条件变化，物探方法选择不考虑在矿井的适用性，施工和解释人员不专业；钻探设计不以物探为参考，不考虑采空区可能存在的位置，无目标、无靶位，钻探资料弄虚作假，超前距不按规定留设，明知没有探查到位依然下单允许掘进通知。

（3）未建立完善的探放水质量控制制度，钻孔终孔验收不严、探测效果评价缺失，无法保证探放效果，不符合《煤矿防治水细则》要求。

（4）防治水专业技术人员和专职探放水作业人员配备不足。

2. 防范措施及建议

（1）开展全矿井隐蔽致灾因素调查，重新编制隐蔽致灾地质因素普查报告，在此基础上，对其他报告如三区划分、水文地质类型划分报告进行修编。

（2）通过正规程序，聘请资质实力强的外部单位进行井下超前物探；井下巷道超前物探使用两种方法。

（3）鉴于煤层巷道成孔困难，物探盲区难以消除，应和科研院所合作，开展3煤复采防治水技术方法研究。借鉴底抽巷瓦斯抽采施工经验，在复采工作面底板岩石中施工探疏泄“三合一”专用巷道，利用井下长距离定向钻结合孔中物探，超前探查老空积水区，常规钻靶向疏放老空水，透水时作为应急泄水巷，形成复采条件下有效防治老空水害的技术体系。

（4）加强教育培训，从意识层面和技术层面，对矿井领导阶层和职工阶层分批教育培训，提高防治水安全意识和技术水平。通过合规途径引进专业技术人才，扩充地质、防治水人才队伍，提高人才层次。

（5）按照有关规定设立、完善矿井防治水组织机构，明确岗位责任，配备专业技术人员、专职队伍及探放水专用设备，备足专项资金及物资，保证防治水工作有序开展。

（6）掘进工作面水文地质情况分析报告、回采工作面水文地质情况评价及水害治理情况分析报告由上级单位审批或行业专家论证，保证分析评价的正确性和科学性。

（7）重视防治水基础工作，深入开展水情水害预测预报工作，加大水害隐患排查治理力度。定期开展水害隐患排查工作，预测预报要有针对性，并进行总结分析，提高预报准确率。对矿井充水因素进行全面分析和排查，对查出的水害隐患分类定级，制定防治预案及专项探查设计，探查工作实施前应编制专项安全措施，经矿总工程师组织审查并监督实施，探查结束后编写总结报告，确认消除水害威胁后方可进行采掘活动。总结经验，接受教训，举一反三，不断提高水害预测预报水平。

（8）切实加强老巷、老空（窑）水的探查防治工作，严格落实查全、探清、放净、验准的老空水防治“四步工作法”，采取水患区域积水线、警戒线、探水线、停采线等

“四线”管理措施。采掘工程施工前要查明施工区域老巷、老空老窑的空间位置、范围、积水量、水源和水压，并准确绘制在采掘工程平面图上，分区管理。当采掘工作面接近探水警戒线时，应停止掘进。探放水必须遵照《煤矿防治水细则》，实施探放水工程前，必须编写探放水设计，制定安全技术措施。探放水时，要撤出受水害威胁区域的所有人员，做好疏排水准备工作；实施探放水工程时，应监督放水全过程，直到确认老空水放完为止。

（9）加强职工培训，提高透水征兆判识能力。采掘过程中出现透水征兆，如滴水、淋水、H_2S 气味、片帮冒顶、底臌、煤炮声等异常，应立即撤人。

第四节 “底板型”老空水害事故案例

案例一 山西朔州某煤矿重大透水事故

2011 年 9 月 16 日 14 时 37 分，山西朔州山阴某煤业有限公司 6103 回风巷掘进工作面发生一起重大透水事故，造成 11 人死亡，直接经济损失 960 万元。

一、矿井及事故工作面概况

1. 矿井简介

山西朔州山阴某煤业有限公司位于山西省朔州市山阴县境内，距山阴县城 35 km，距大运公路 20 km，交通方便。井田面积为 5.1609 km²，批准开采 3 ~ 11 号煤层，批准设计生产能力 90 万 t/a，服务年限 33.62 年。

设计利用原山西山阴某煤业有限公司主斜井作为整合后的主斜井，并在主斜井东部新掘一副斜井；将原山阴县上漫沟煤矿主井、副井井筒并联改造后作为整合后的回风井。矿井采用单水平开拓，主水平设在 9 号煤层，标高为 +1417 m，另在 6 号煤层设一个辅助水平，标高为 +1436 m。首采煤层为 6 号煤层，首采工作面布置在一盘区。矿井建设井巷工程量为 11638 m，建设工期为 10.5 个月。

（1）原山西山阴某煤业有限公司有关情况。该矿为 2006 年批准的资源整合矿井，由原山阴县某煤矿一号坑口（1985 年 1 月投产）和二号坑口（1988 年 1 月投产）整合而成，整合后矿井生产能力为 30 万 t/a，2008 年 5 月由山西某能源集团正式接管。

（2）原山阴县上漫沟煤矿有关情况。上漫沟煤矿始建于 1980 年 7 月，1989 年 10 月投产，矿井核定能力 25 万 t/a，开拓方式为斜井开拓，有主、副斜井两个井口，属低瓦斯矿井。2005 年 11 月由山西某能源集团正式接管。

（3）排水系统。目前，矿井正常涌水量为 80 m³/d，井下涌水由 4 号、6 号、9 号煤层的辅助排水及临时排水系统排至 4 号、6 号煤层主水仓，6 号煤层主水仓再排至 4 号煤层主水仓，再由 4 号煤层主水仓排至地面。6 号煤层主水仓安装 D46 – 30 ×7 型水泵 1 台，电机功率 2 ×45 kW，另外还装备 MD – 100 – 50 – 100 型离心泵一台；4 号煤层主水仓装备 D46 – 30 ×7 型水泵 2 台，电机功率 2 ×45 kW。

2. 6103 回风巷掘进工作面概况

6103 回风巷于 2011 年 7 月 1 日开工，宽 5.5 m、高 3.5 m，采用综掘机沿 6 号煤层底板掘进，截至事故发生时掘进进尺 805 m。6103 工作面回风巷平面图如图 2-4-1 所示。

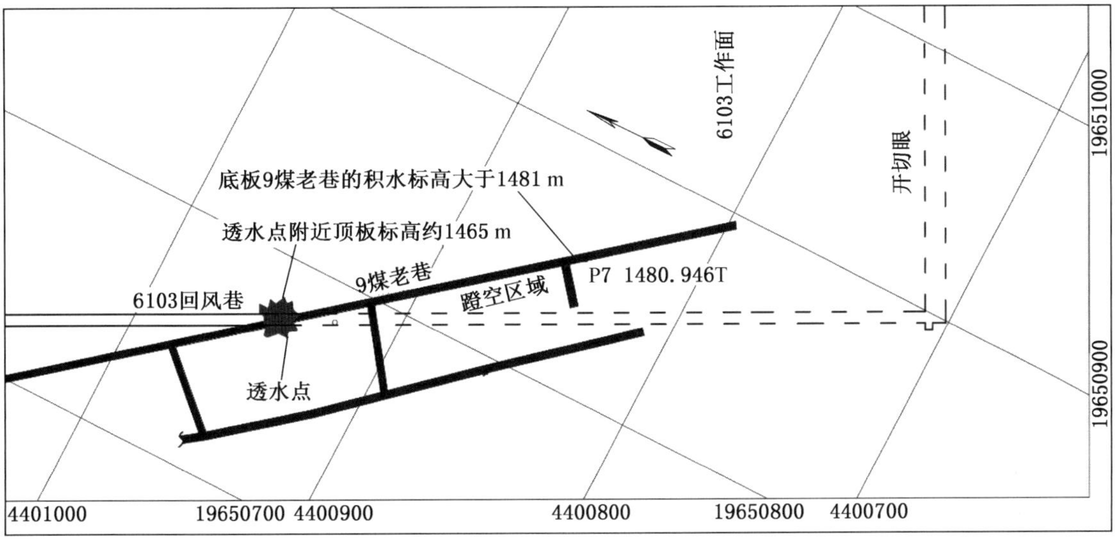

图 2-4-1　6103 工作面回风巷平面图

3. 地质勘查情况

2010 年 2 月，山西地宝能源有限公司（持有地质勘查甲级资质）编制完成了《山西朔州山阴某煤业有限公司兼并重组整合地质报告》，报告反映井田内 3^{-1} 号煤层采空区内分布有一处积水，积水量为 31846 m^3，4 号煤层内有 7 处采空区积水，积水量为 115428 m^3，下部的 9 号、11 号煤层完整，未开采。

4. 探放水情况

2011 年 4 月 8 日，徐州中矿勘探技术有限公司与某煤业有限公司签订了《某煤矿井下超前物探、钻探探放水工程合同》，承担某煤业有限公司井下的物探、钻探工作。6103 回风巷掘进工作面按照巷道掘进进度，实行“先物探后钻探”，即采用瞬变电磁水文探测技术（物探）和钻探（长探、短探）相结合的方式进行井下超前探水，巷道每进尺 100 m 做一次物探，钻探按设计和安全技术措施进行，短探由施工队负责。

5. 地方政府监管情况

2011 年以来，县政府共 43 次对全县安全生产作出安排部署。马营乡政府及乡安监站对某煤矿进行过两次检查（均未下井）。县政府及县煤管局（安监局）对该矿实行了领导包保责任制，县煤管局（安监局）派出“五人小组”对该矿实行盯守责任制，2011 年以来先后对某煤矿进行过 15 次安全检查和隐患排查：开工前检查 5 次，下达执法文书 5 份；开工后检查 10 次，针对该矿存在的“防治水措施不规范、水文地质情况不明、巷道积水严重”等问题下达执法文书 9 份。2011 年 9 月 13 日，针对该矿“施工单位与招标单位不符”的问题下达了责令停止井下一切建设活动并撤出井下作业人员的执法指令，并贴了封条。9 月 16 日“五人小组”在对该矿验收检查时发生透水事故。

二、事故经过、报告及救援情况

1. 事故经过

2011 年 9 月 16 日 7 时，某煤业有限公司综掘四队队长韦某某召集当班工人召开班前会，安排当班任务是在6103 回风巷距迎头 2 m 右帮处施工 10 号钻场等，7 时 20 分班前会结束，当班 21 名工人陆续入井。

8 时左右，工人到达6103 回风巷掘进面开始作业，14 时 30 分许，正在工作面进行支护作业的韩某某发现 10 号钻场底部有约 10 cm 粗、30 cm 高的浑浊水柱突然涌出，立即大声呼喊："透水了，赶快撤人"，当班人员随即撤退。班长贾某某立即电话报告了矿调度室，矿调度室立即通知井下所有作业人员紧急撤离。

全矿当班下井 84 人，有 73 人安全升井。6103 回风巷掘进面当班作业人员共 21 人，其中 10 人安全撤出，11 人被困。

2. 事故报告情况

某煤业有限公司调度室于 14 时 30 分接到透水电话报告后，立即通知井下其他工作面人员紧急撤离，并于 15 时 28 分向某能源有限公司总调度室进行了报告；某能源有限公司接到事故报告后，立即向某集团总调度室、朔州煤矿安全监察站及山阴县、朔州市相关部门进行了报告。

3. 事故救援情况

山阴县人民政府接到事故报告后，立即启动了应急救援预案，朔州市委市政府、山阴县委县政府及有关部门负责人迅速赶赴现场，成立了抢险救援指挥部，全力展开抢险救援工作。省委书记袁纯清、省长王君作出重要指示，要求全力抢救被困人员，副省长李小鹏、国家煤监局有关领导及山西煤监局、省安监局、煤炭厅等部门领导也相继赶到事故现场，指导、协调抢险救援工作。

事故发生后，矿方先行组织了自救。15 时 43 分至 21 时，山阴县矿山救护中队、朔州市矿山救护大队、某矿矿山救护大队陆续赶到事故矿井投入抢险救援工作。

至 9 月 24 日 12 时，经过全体救援人员的奋力搜救，最后 1 名遇难矿工找到，抢险救援工作全部结束。事故共造成 11 名矿工遇难。

三、事故原因及性质

1. 直接原因

经调查分析及钻探验证，认定这起事故的直接原因是：在未详细查明井田采（古）空区情况下，没有针对 9 号煤层的探放水措施，6103 回风巷掘进致 9 号煤层，老空高压水突破巷道与钻场交汇处底板，冲淹巷道，造成人员伤亡（图 2－4－2）。

2. 间接原因

（1）对整合矿井的水文地质条件调查不全面、不深入；水害防范意识淡薄，在水文地质条件不清的情况下盲目施工建设，作业区域出现顶板淋水加大等异常现象后，未及时采取有效措施；《煤矿防治水规定》落实不到位。

（2）建设单位、施工单位、探放水单位之间职责划分不清，相互推诿扯皮，安全责任制不落实；项目管理机构不健全，管理存在漏洞；安全培训不到位，职工安全防范意识

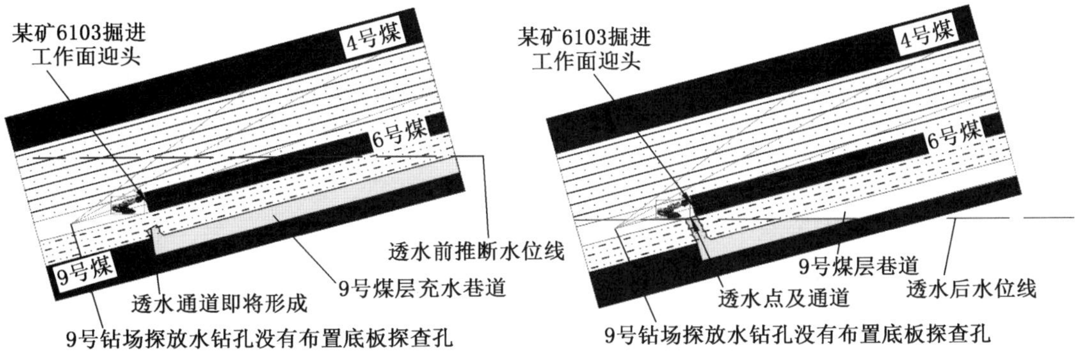

图2-4-2 事故发生原因示意图

差；监理人员配备不齐，监理工作不到位。

(3) 中煤某公司管理制度不健全，安全责任制不落实，对属下煤矿安全生产监督检查不够，管理不严不细，对煤矿防治水工作监管不到位。

(4) 山阴县政府贯彻党和国家的安全生产方针、政策不力，对煤矿安全工作重视不够；煤炭管理部门没有严格履行监管职责，对煤矿安全监管不到位，执法不严格。

3. 事故性质

经调查认定，该起事故是一起责任事故，相关单位责任初步认定如下。

1）施工单位存在的主要问题

(1) 水患防范意识淡薄，在事发前出现掘进巷道迎头淋水大、积水严重等透水征兆后未正确辨识和高度重视，未采取停止作业、撤出人员等果断措施，违规作业。

(2) 项目经理无建造师证，属无证上岗。

(3) 施工项目部管理机构不健全、不规范，未设立安全、工程技术、质量等专业管理部门，未配备专职安全技术人员。

(4) 未严格执行《煤矿防治水规定》，短探钻孔少，布置不合理；未执行矿方提出的在“掘至距老巷（老空）30 m（预报6103回风巷在751 m、786 m处将过6煤老巷）时必须停止掘进的要求，存在抢进度、少报进尺等违规行为。

(5) 劳动用工管理混乱，施工人员均由项目经理临时招聘，存在个别网上在逃人员进入施工队伍，部分工人未签订劳动合同。

2）建设单位存在的主要问题

(1) 对矿区范围采空区积水情况调查不深入，对9号煤存在采空区积水情况调查不细；存在9号煤为实体煤的误区。

(2) 防治水措施落实不严格、不到位，在矿井水文地质类型划分报告、三维高精度勘探报告结果尚未作出，物探漏探、钻探未针对6号煤底板钻探，水文地质条件不清的情况下，仍安排工程施工。

(3) 无视政府行政指令，不执行县煤管局于9月13日对其下达“停止井下一切建设活动”的执法文书，在未经验收同意的情况下，擅自进行井下作业。

（4）施工现场管理混乱、职责不清，对施工队伍审查把关不严，与施工、探放水单位安全职责划分不清，存在相互扯皮。

（5）跟班管理制度不落实，隐患排查不严不细。

（6）培训制度不落实，安全防范意识差，应急措施不力。

3）监理单位存在的主要问题

（1）监理人员配备不齐，没有认真履行安全监理职责，现场跟班监理制度不落实，日常监理不到位，无安全施工情况记录。

（2）对防治水措施执行情况审查把关不严，验收不到位，未对存在的安全隐患提出针对性的监理意见。

4）探放水单位存在的主要问题

（1）未认真落实《煤矿防治水规定》和与建设方签订的《工程施工合同》，对事发地段的物探存在漏探。

（2）未设计钻探6号煤底板的方案，钻探钻孔少，布置不合理，未对6号煤底板进行钻探。

5）地质勘查单位存在的主要问题

（1）对矿区范围过去小煤窑越层越界开采形成的9号煤层采空区积水情况调查不深入，在2010年2月编制的《山西朔州山阴某煤业有限公司兼并重组整合矿井地质报告》中，作出“下部的9号、11号煤完整、未开采”的结论，对矿井建设防治水工作产生误导。

（2）勘探数据存在误差，地质报告显示：9号煤层上距6号煤层6.35～12.63 m，但事发后，根据透水点附近YZK2003钻孔资料，6号煤层与9号煤层间距5.3 m，比地质报告最小间距6.35 m少了1.05 m。

6）当地政府及职能部门存在的主要问题

山阴县政府及县煤管局（安监局）虽对该矿实行了领导包保安全监管责任制和“五人小组”盯守责任制，并自2011年3月下旬至事发前先后14次对该矿下达执法检查文书，但对该矿存在的防治水措施落实不到位，对6103回风巷掘进巷道迎头出现淋水大等安全隐患未认真进行排查，没有及时排除隐患；在9月13日对该矿因“施工单位与招标单位不符，责令停止井下一切建设活动并撤出井下作业人员”，并对矿井贴封条后，矿方并未停止井下作业活动。

四、防范措施

（1）强化地质勘查工作，查清水文地质情况。地质勘查部门要以高度负责的态度认真履行职责，切实做好煤矿地质勘查工作，深入进行调查研究，真正查明矿井充水因素、井田内及周边老空区分布和积水等状况，查清矿井水文地质情况，准确出具地质报告，有效指导煤矿安全生产。煤矿企业要完善防治水工作基础资料，切实掌握矿井受水害影响程度和防治水的难易程度，要根据矿井水害类型和实际情况，认真研究和编制有针对性的并符合相关规定要求的探放水技术方案、措施，并在实际施工作业过程中切实落实。

（2）加大对煤矿建设项目的监管力度。中煤某公司要强化对属下煤矿的安全管理，要严格按规定高标准地甄选施工队伍，确保建设期间的安全；要切实发挥跟班领导、专职安监员和专业技术人员的作用，将安全隐患消灭在萌芽状态；认真落实建设单位对煤矿建设施工的安全管理主体责任，对施工过程的安全工作进行统一协调管理，有效监督施工、探放水等工作；严格执行煤矿防治水的各项规定、制度，特别是兼并重组整合矿井，要完善防治水基础资料，加强探放水基础工作，促进防治水工作科学化、制度化、规范化。

（3）加强队伍建设，强化职工安全培训工作。要进一步加大对职工的安全培训教育力度，提升员工素质和安全意识，未经培训合格不得上岗作业；针对矿区水文地质情况，开展有针对性的培训及应急演练，提高职工应急处理能力，提升煤矿企业的安全生产保障能力。

（4）强化监理工作，充分发挥监理作用。监理单位要按照有关规定配齐配足监理人员，监理人员要切实履行监理职责，严格执行现场跟班监理等有关制度，抓好日常监理工作，充分发挥煤矿建设施工过程的监理作用，有效促进煤矿安全。

（5）地方人民政府要认真汲取事故教训，切实贯彻落实党和国家的安全生产方针及政策法规，针对煤矿企业兼并重组后出现的一些新情况、新问题，有的放矢地采取相应的对策、措施，强化对煤矿企业的监督管理。煤炭管理部门要进一步增强责任感和使命感，认真履行安全监管职责，强化对防治水工作的监督检查，加大对煤矿建设项目的监管力度。

点评：

由于越层越界开采严重，采掘资料失真，地质报告对9号煤层开采情况未调查清楚就给出未开采的结论，导致本次事故发生。

近距离倾斜煤层，下层煤巷采，下层煤巷道积水压力致上层煤带压，上层煤掘进巷道邻近积水采空区，下伏老空水突破临界条件发生透水。

案例二 临汾某集团某煤矿透水事故

2012年8月1日凌晨3时许，位于山西省洪洞县境内的山西某集团某煤业有限公司1002综采工作面发生透水事故，造成8人遇难，直接经济损失700余万元。

一、矿井及事故工作面概况

1. 地理位置及整合兼并重组情况

山西某集团某煤业有限公司位于洪洞县西北30 km的山头乡沙洼里村一带，行政区划属山头乡管辖。山西某集团某煤业有限公司由九座矿井兼并重组而成：山西洪洞鼎盛达煤业有限公司，井田面积1.1290 km^2，批准开采2号、11号煤层，生产能力15万t/a；山西洪洞曹五号煤业有限公司，井田面积1.0462 km^2，批准开采2号、11号煤层，生产能力21万t/a；山西洪洞恒博煤业有限公司，井田面积0.833 km^2，批准开采2号、3号、11号煤层，生产能力21万t/a；山西洪洞盛洋煤业有限公司，井田面积1.500 km^2，批准开采2号、3号煤层，生产能力21万t/a；山西海安煤业有限公司，井田面积1.8854 km^2，批准开采2号、3号、11号煤层，生产能力30万t/a；山西天利赵城煤业有限公司井田面积1.7071 km^2，批准开采2号、9号、10号、11号煤层，生产能力30万t/a；山西固滦煤业有限公司，井田面积2.3409 km^2，批准开采2号、3号、11号煤层，生产能力30万t/a；山西洪洞森源煤业有限公司，井田面积0.7286 km^2，批准开采2号、11号煤层，生产能力 15 万 t/a；山西洪洞华辉煤业有限公司，井田面积 0.4659 km^2，批准开采 11 号煤层，生产能力 15 万 t/a。

批准开采 2～11 号煤层。山西某集团某煤业有限公司井田呈不规则多边形，东西宽约 6.0 km，南北长约 6.6 km，井田面积 15.6413 km^2（其中新增井田面积 6.3286 km^2），批准设计生产规模 120 万 t/a。

2. 地形地貌

井田位于吕梁山脉东麓，为侵蚀山地地貌。井田范围内沟谷纵横，梁岭绵延，植被覆盖，地形比较复杂。井田总的地势为中部高，东部、南部低。地形最高点位于井田西部边界附近的王山山脊，标高为 +1525.6 m；最低点位于井田东缘的水南沟沟底，标高为 +1069.0 m，相对高差为 456.6 m。

3. 地表水系及气象

井田地表水属黄河流域汾河水系。地表多为沟谷，雨季汇集雨水沿沟谷流入汾河后再汇入黄河。地表水为季节性水流，冲沟发育，山沟内多有季节性小溪流，夏、秋季流水量较大，受季节影响明显。每年 7 月、8 月、9 月三个月为雨季，年降水量为 600 mm 左右。本区 2012 年 7 月降水较多，据洪洞县气象局提供资料，历年平均降水量为 100.7 mm，2012 年 7 月降水量为 150.5 mm。山头乡区域自动站显示，2012 年 7 月降水量为 158.9 mm，较往年同期偏多。

4. 矿井地质及水文地质条件

根据《山西某集团某煤业有限公司兼并重组整合矿井地质报告》，井田总体为一走向北东倾向南东的单斜构造，倾角为 3°～13°。井田内发育有 S_1、S_2 向斜和 S_3 背斜，未见断层、陷落柱及岩浆岩侵入。透水区域位于 S_2 向斜南部，地层总体呈一盆状向斜构造。

井田内大部分为第四系地层所覆盖，基岩出露地层有二叠系上统上石盒子组、二叠系下统下石盒子组、二叠系下统山西组、石炭系上统太原组。井田内主要含水层有：

（1）奥陶系中统石灰岩岩溶裂隙含水层。岩溶水水位标高为 +660～+666 m，井田内最下部 11 号煤层底板最低标高约为 +940 m，因此所有批采煤层均不带压。

（2）太原组石灰岩岩溶裂隙含水层。该层主要由 K_4 砂岩、K_3 灰岩和 K_2 灰岩组成，其中 K_2 灰岩为 10 号、11 号煤层开采的主要充水含水层。据早期乔家湾详查区勘探资料，含水层水位标高约 +1202.84 m，单位涌水量(q)为 0.376 L/(s·m)，含水层富水性中等。

（3）山西组砂岩裂隙含水层。该组含水层为中粗粒长石石英砂岩，井田内出露的泉水不多，流量小于 1.5 L/s。其中 K_8、K_9 砂岩为影响 3 号煤层开采的主要含水层。据乔家湾详查区勘探报告资料，单位涌水量(q)为 0.0079 L/(s·m)，水位标高约为 +1135.20 m，含水层富水性弱。

5. 煤层情况

根据《山西某集团某煤业有限公司兼并重组整合矿井地质报告》，井田内含煤地层主要为二叠系下统山西组和石炭系上统太原组，共含有 11 层煤，其中主要可采煤层有 3 层，分述如下：

（1）山西组 3 号煤层厚度为 1.28～2.80 m，平均厚度为 2.39 m，为全区稳定可采煤层。

（2）太原组 10 号煤层厚度为 0～1.60 m，平均厚度为 1.29 m，为较稳定大部可采煤层，可采区域位于井田东南部。上距 3 号煤层 50.40～77.10 m，平均间距 60.76 m。

（3）太原组11号煤层厚度为2.60～3.65 m，平均厚度为3.17 m，为全区稳定可采煤层，上距10号煤层5.32～9.83 m，平均间距7.36 m。

6. 矿井开采现状

1）采掘情况

现井下分为东区和西区。东区10号煤层布置有靠近井田南部的1002综采工作面、10061掘进工作面、10062掘进工作面。西区为批准的矿井技改区，设计开采11号煤层。目前还未形成采煤工作面，正在按设计进行基建。

山西省煤炭工业厅晋煤规发〔2010〕430号《关于山西某集团某煤业有限公司兼并重组整合矿井地质报告的批复》文件明确要求：开发5号、7号、10号煤层前需投入一定的地质工程，查明煤层、煤质及其他开采技术条件，为矿井开发提供地质依据。

2）矿井涌水量

根据矿方提供的相关资料显示，矿井正常涌水量约为85 m^3/h，其中东区正常涌水量约为70 m^3/h，其中1002回风巷涌水量为20 m^3/h，1002运输巷涌水量为30 m^3/h，10061巷涌水量为10 m^3/h，10062巷涌水量为10 m^3/h；西区正常涌水量约为15 m^3/h。矿井水源主要为顶板K_2灰岩水。

3）周边矿井生产情况

矿井南部与恒泰南庄煤业有限公司、西沟联营矿和芦沟河煤矿相邻；西部与蒲县马兰、南岭和临汾顺贸煤矿相邻；北部与蒲县晋源煤矿和洪洞光道煤矿相邻；东北部与曹家沟联户矿、山头后头沟矿、霍州煤电集团汾河焦煤公司曹家沟煤矿相邻。

4）事故区周边老空区分布

根据山西地宝能源有限公司编制的《山西某集团某煤业有限公司兼并重组整合矿井地质报告》、山西省地质勘查局二一三地质队编制的《山西某集团某煤业有限公司兼并重组整合矿井水文地质调查报告》、山西省第二水文地质工程地质队编制的《山西某集团某煤业有限公司矿井水文地质类型划分报告》以及对报告编制人员的询问，从报告、报告附图及询问笔录中可知：以上三个报告虽然在编制过程中，对老空区积水进行过调查，但均未提及与1002综采工作面相邻的南部区10号、11号煤层存在采空区及采空区积水（根据事故现场推断，原芦沟河煤矿在11号煤层中有由南向北开采的巷道）。

7. 矿井排水系统

兼并重组整合矿井地质报告预测，矿井生产能力达到120万t/a时，开采11号煤层矿井正常涌水量为120 m^3/h，最大涌水量为200 m^3/h。

根据矿方提供的相关资料显示，矿井目前还未形成正式排水系统。井下涌水先由各出水点通过管路排至回风立井井底临时水仓和副斜井井底临时水仓，再由临时水仓排至地面。

回风立井井底临时水仓容积为500 m^3，安装有2台D155－30×10型离心泵，1趟6寸排水管路，排水能力为150 m^3/h；副斜井井底临时水仓容积500 m^3，安装有2台D155－30×10型离心泵，2趟6寸排水管路，排水能力为300 m^3/h。矿井总排水能力为450 m^3/h。

矿井东区1002运输巷临时水仓容积为15 m^3，安装有2台BQW100－50/25型潜水泵，2趟4英寸排水管路，额定排水能力为200 m^3/h；1002回风巷临时水仓容积为20 m^3，安装有2台BQW100－50/25型潜水泵，2趟4英寸排水管路，额定排水能力为200 m^3/h；

10061 巷临时水仓容积为 10 m^3，安装有 1 台 BQW100 –50/25 型潜水泵，1 台 BQW100 –50/5. 5 型潜水泵，1 趟 4 英寸排水管路，额定排水能力为 100 m^3/h；10062 巷临时水仓容积为 110 m^3，安装有 1 台 D85 –45 ×3 型离心泵，1 台 BQW50 –50/5. 5 型潜水泵，1 趟 4 英寸排水管路，额定排水能力为 85 m^3/h。1002 运输巷与 10062 掘进巷之间有一条联巷，1002 运输巷内的涌水通过联巷流入 10062 掘进巷。

8. 探放水情况

某煤业有限公司总工程师张某某的询问笔录和所提供的相关资料显示：某煤业有限公司有专门探放水队伍，探放水人员 11 人，但没有防治水专业技术人员；现任矿领导班子上任后，对前任班子在东区所做的防治水工作没有进行了解掌握，也未在 1002 综采工作面采取过任何防治水措施。专家组曾多次要求矿方提供矿井东区生产采掘过程中的探放水设计、记录及成果资料，但矿方未能提供。

9. 事故工作面概况

该工作面为 10 号煤层综采工作面，位于井田南部边界，S_2 向斜南部，地层总体向北倾斜。工作面 10 号煤层实测厚度约 2. 7 m，10 号煤层与下部 11 号煤层间距约 5 m，工作面长度 750 m，在透水事故发生前已回采 350 m（图 2 –4 –3）。工作面运输巷和回风巷巷高约 2. 7 m，巷宽约 3 m。

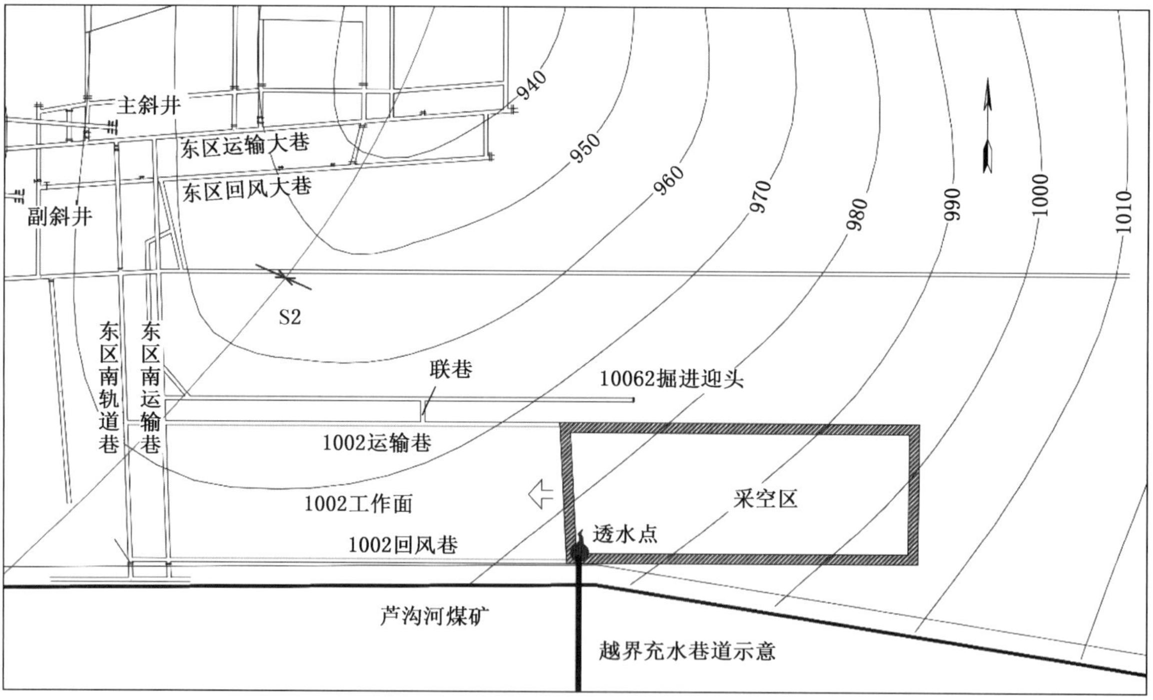

图 2 –4 –3　透水事故发生区域示意图

与 1002 综采工作面相邻的是 10062 掘进巷，已掘进约 465 m，10062 巷掘进迎头为“8 · 1”透水事故被困人员所在位置。10062 掘进巷巷口以里约 270 m 处，有一条联巷与 1002 综采工作面运输巷相连（图 2 –4 –4）。

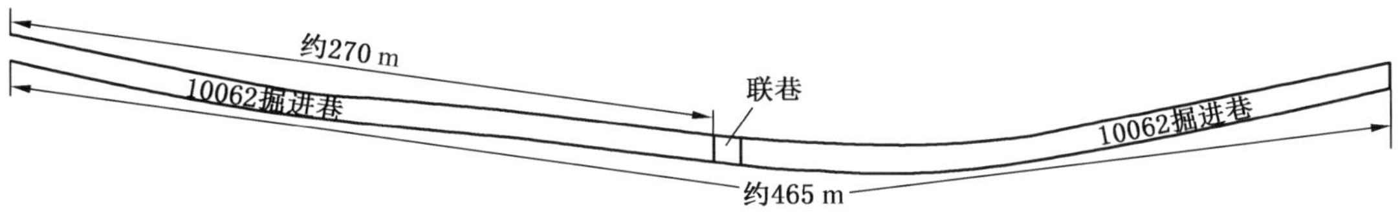

图 2-4-4 10062 掘进巷剖面示意图

二、事故发生时间及经过

通过对该矿 1002 综采工作面综采队队长马某某、当班班长杨某某、当班工人王某某、矿总工程师张某某等人的询问了解，本次透水事故发生的时间和经过如下：

据该班班长杨某某讲：7 月 31 日 18 时综采队队长马某某主持召开班前会安排当班任务，1002 综采工作面当班共有 22 名工人，其中当班班长 1 名，5 人安排在工作面机尾进行维护，10 人安排更换工作面立柱，工作面回风巷和运输巷各安排 2 人排水，另外还安排有 1 名安检员和 1 名瓦检员。开完班前会下井到工作面的时间约为 19 时 40 分。大约在 8 月 1 日凌晨 2 时至 3 时之间，他在工作面机尾查看维护情况，突然感觉有一股凉风吹过，就看见架子上下来一股黑水。当时他立刻从机尾向机头方向跑去，通知机头方向安装立柱的工人由运输巷向出口方向撤离，机尾处的其他工人由回风巷撤离。据杨某某回忆，水大概是从 84 号架子处涌出，他跑到三十几号架子回头看了一下，水在后面一直追过来了。在 1002 综采工作面联巷附近有个电话，他想打电话汇报但没打通，这时听到后面的水声很大，后面巷道内的灯也灭了。他又跑到东区配电室分别给矿调度室和队长马某某打电话汇报了透水情况，接着便出井了。

据当班工人王某某讲，当时他与其他 4 人在回风巷末端进行工作面维护，听见班长杨某某在机尾喊出水了，接着就看见水从机尾过来了，他们 5 人和回风巷内排水的 2 人从回风巷跑到了东区配电室，等班长过来后打电话汇报完一起出井。

据 1002 综采工作面综采队队长马某某讲，当天他不跟班，没有下井。在 8 月 1 日凌晨 3 时左右，当班班长杨某某打电话汇报 1002 综采工作面发生透水事故，后来 1002 综采工作面 22 名工人陆续全部撤离出井。

据某煤业有限公司总工程师张某某讲，他当天没有下井，据他了解矿调度室是 8 月 1 日凌晨 3 时 6 分接到井下汇报电话。

据此可以推断，事故发生时间应在 8 月 1 日凌晨 3 时许。

后据资料分析及现场勘察推断，1002 综采工作面机尾透水后，大部分涌水沿煤层倾向涌向工作面机头方向，并进入 1002 运输巷，通过 1002 运输巷与 10062 掘进巷之间的联巷涌入 10062 掘进巷；另一部分涌水涌入 1002 回风巷，冲垮了 1002 回风巷巷口的 11 号煤层采空区密闭墙，泄入 11 号煤层采空区。透水事故发生时，10062 掘进巷内共有 12 名工人，涌水水量大、速度快，致使 12 名工人未能及时撤离，被困在 10062 掘进巷中。经过紧急救援，其中 4 人获救，另外 8 人不幸遇难（图 2-4-5）。

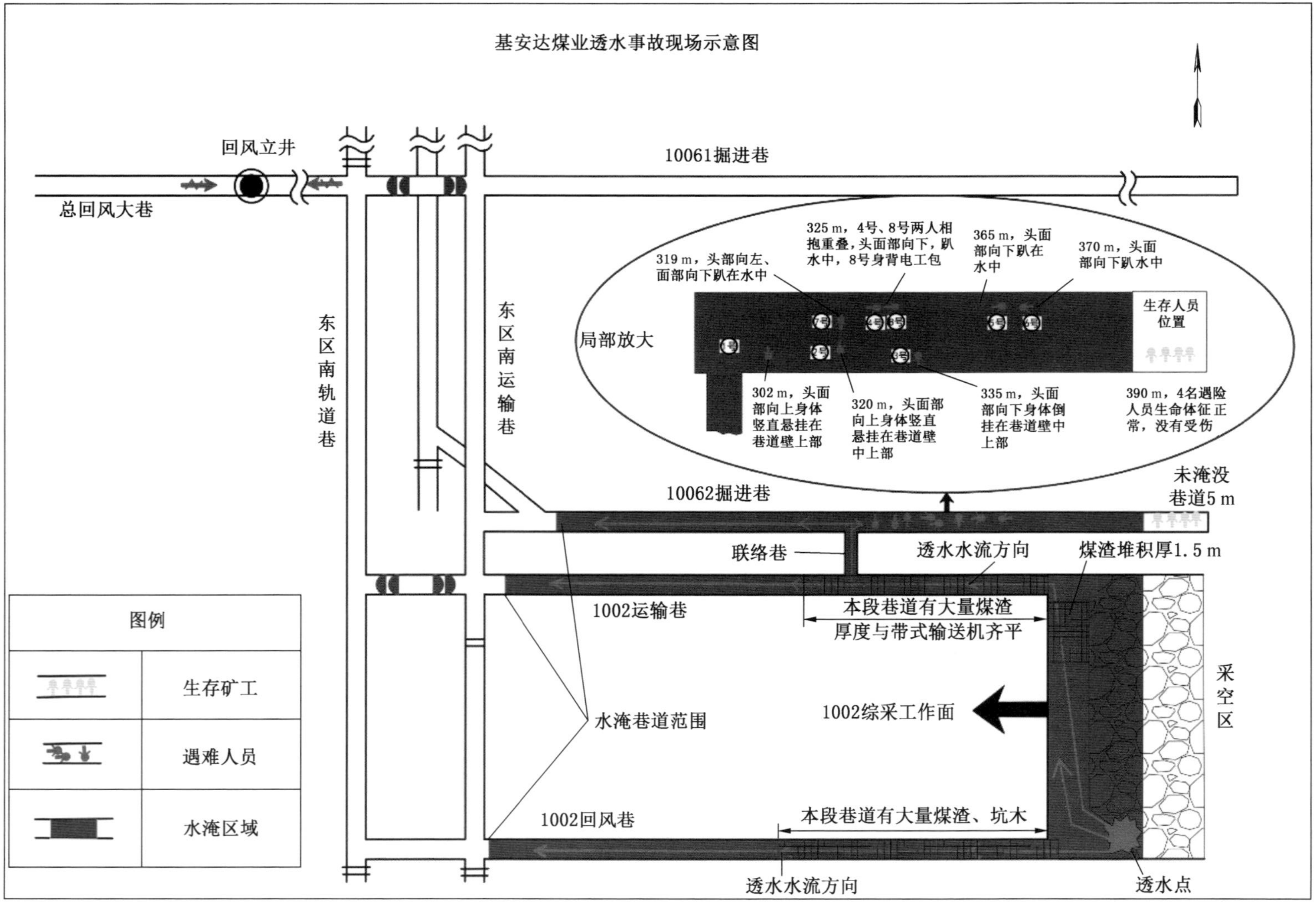

图2-4-5 事故调查示意图

三、现场勘查及调查

8 月 5 日上午技术组和专家组共同对井下透水事故现场进行了勘查。

（一）井下勘查情况

1. 井下勘查路线

地面→副斜井→井底车场→集中轨道与集中回风联巷→集中回风巷→东区南轨道巷→1002 回风巷→1002 采煤工作面→1002 运输巷→东区南运输巷→集中回风巷→集中轨道与集中回风联巷→井底车场→副斜井→地面。

2. 勘查地点

1002 回风巷、1002 综采工作面机尾端头区域、1002 综采工作面、1002 运输巷、1002 运输巷与 10062 掘进巷之间的联巷。

3. 勘查情况

（1）1002 回风巷。回风巷 270 m 以里，巷道覆盖约 1 m 厚的煤渣。巷道内堆积有大量长约 1.6 ~2.25 m、直径约 10 ~15 cm 的坑木（图 2 -4 -6）。靠近工作面机尾的超前支护处，单体支柱上挂有从老窑采空区冲出的彩条布，彩条布的两端指向回风巷开口方向，即为水流方向（图 2 -4 -7）。

图 2 -4 -6　回风巷内从采空区冲出的坑木

（2）1002 综采工作面机尾端头区域。机尾靠近回风巷处堆积有坑木、白塑料管及三轮车轮胎（图 2 -4 -8）。工作面机尾后方采空区底板有一漏斗形坑（图 2 -4 -9）。漏斗形坑上端口直径约 6 m，下端口看不见，根据坑内冲出的残物（坑木、轮胎等）体积大小推测下端口直径不小于 2.5 m，坑深据目测超过 3 m。

图2-4-7　巷道支柱上挂着的彩条布

图2-4-8　机尾处三轮车轮胎及白塑料管

（3）1002综采工作面。多架液压支架的控制手柄因被水冲击而弯曲变形，手柄弯曲方向即为水流方向，指向机头方向（图2-4-10）。

（4）老空区水通过1002运输巷与10062掘进巷之间的联巷（图2-4-11）进入10062掘进巷，致使8人被淹死亡，4人被困至掘进迎头。

图 2-4-9　工作面采空区底板处的漏斗形坑

图 2-4-10　液压支架的控制手柄弯曲变形情况

（5）在 1002 回风巷及运输巷侧壁均未发现探放水钻孔施工痕迹，在透水点附近也未发现有断层、陷落柱等地质构造。

图 2－4－11　1002 运输巷与 10062 掘进巷之间的联巷

（二）地面勘查情况

8 月 5 日下午，技术组与专家组对 1002 综采工作面南部的芦沟河沟进行了勘查，勘查发现沟内无流水，但在沟的两侧分布有多处已封闭的废弃井口（图 2－4－12、图 2－4－13）。

图 2－4－12　芦沟河沟两侧封闭的小煤窑井口

（三）调查询问情况

8 月 6 日，专家组与技术组共同对山西某集团副总经理胡某某（主管安全、技术及矿

图 2-4-13　芦沟河沟两侧封闭的小煤窑井口

井防治水工作)、山西某集团总工程师杨某某、某煤业有限公司矿长徐某某以及总工程师张某某等人进行了询问。询问表明：山西某集团管理职责分工不清，缺乏对下属矿井防治水工作的有效监管；该煤业有限公司防治水机构不健全，没有矿井防治水专业技术人员，防治水工作不到位，尤其是对矿井东区没有采取过任何防治水措施。

另外还对承担《山西某集团某煤业有限公司兼并重组整合矿井地质报告》报告编制的山西省地宝能源有限公司、承担《山西某集团某煤业有限公司兼并重组整合矿井水文地质调查报告》报告编制的山西省地质勘查局二一三地质队以及承担《山西某集团某煤业有限公司矿井水文地质类型划分报告》报告编制的山西省第二水文地质工程地质大队等 3 个单位的总工程师（或代理人）和报告编制人进行了询问，就他们所做的与本次透水事故区域有关的地质及水文地质工作进行了解，并查看了相关资料和图纸。3 个报告均未反映出透水区域存在 10 号、11 号煤层采空区及采空区积水。

四、事故分析及认定

（一）事故现场勘查分析

根据现场勘查情况，在 1002 综采工作面机尾后部、距工作面煤壁约 7.5 m 的采空区底板有一上端口直径约 6 m、下端口直径不小于 2.5 m、深超过 3 m 的漏斗形坑，坑内无水。分析认为，该坑位于 1002 综采工作面回采后支承应力集中区，由于该处 10 号煤层与 11 号煤层的层间距仅为 5 m 左右，当 10 号煤层开采后，下部 11 号煤层采空区积水压力大于 10 号煤层底板隔水层所能承受的最大压力时，隔水层就被突破发生透水。由于透水时水压力较大，形成水柱，冲向煤层顶板，在受到顶板阻挡后，反向流动，当班班长杨某某看见架子上下来一股黑水就是透水时喷出的第一股水。

从透水后水冲的痕迹来看：工作面液压支架的控制手柄被水冲击而弯曲变形，手柄弯曲方向指向运输巷一侧（机头方向），说明透水后大部分涌水从工作面机尾流向机头方向，通过1002综采工作面联巷涌入相邻的10062掘进工作面；回风巷内水冲物挂在单体支柱上，物体自由端朝向回风流方向，说明回风巷内水流向巷道开口方向，并冲垮了1002回风巷巷口的11号煤密闭墙，涌入11号煤采空区。

从水的流向说明透水地点就在1002综采工作面机尾后部、距工作面煤壁约7.5 m的老空区底板处（图2-4-14、图2-4-15），透水通道就是图2-4-9所示的漏斗形坑。

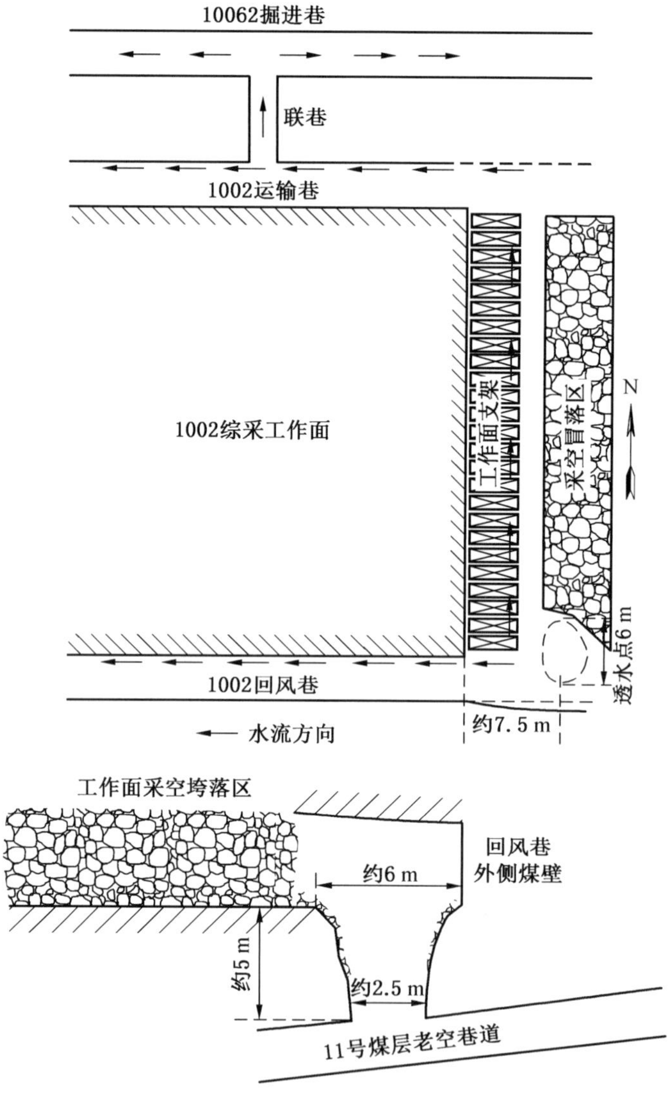

图2-4-14　透水点平面示意图

（二）透水水源、透水量及透水强度

1. 透水水源

从透水区域煤层产状及现场勘查情况分析，该透水水源是下伏11号煤层的采（古）

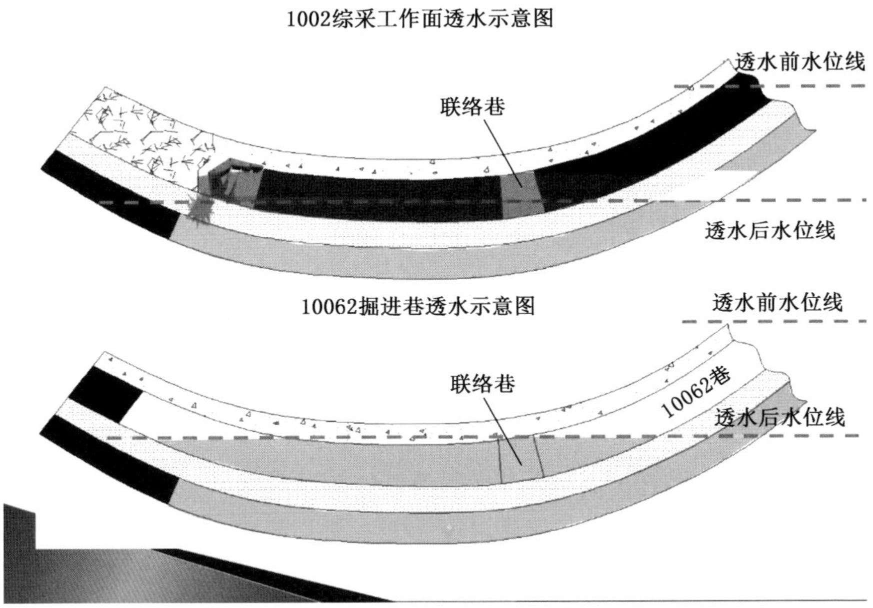

图 2-4-15 透水点剖面示意图

空区积水。理由如下：

（1）透水口位于 10 号煤层底板。

（2）1002 综采工作面南部有相邻矿井开采，由于透水口附近煤层由南向北倾斜，使南部 11 号煤层开采标高高于 1002 工作面，形成的采空区积水，使 10 号煤层底板带压，并且随着采空区积水高度的增加，10 号煤层底板所承受的压力越来越大。

（3）该区域 10 号煤层与 11 号煤层间距仅 5 m 左右，11 号煤层采（古）空区位于 10 号煤层采动底板破坏深度范围内，当底部 11 号煤层采（古）空区积水达到一定高度，两煤层之间的隔水层所能承受的最大压力小于积水压力时，在底板动压裂隙的辅助作用下，就造成了透水。

（4）在透水点周边、回风巷以及运输巷内发现了小煤窑使用的坑木、三轮车内外胎、白色塑料管等材料。说明透水水源为附近小煤窑采（古）空区积水。

2. 透水量

透水总量 Q 应由事故发生后的水泵排水量 Q_1 和自动泄入 11 号煤层采空区水量 Q_2 之和，减去该时段顶板 K_2 灰岩涌水量 Q_3。计算公式为

$$Q = Q_1 + Q_2 - Q_3$$

根据本次抢险救援指挥部提供的统计资料，事故发生后的 60 h 内水泵总排水量 Q_1 约为 22000 m^3。

据矿方总工程师张某某介绍，1002 工作面透水后，涌水在淹没 1002 回风巷后涌入东区南轨道巷和运输巷，随着水位增高至 +975.9 m 时，老空区涌水冲垮了东区南运输巷末端的 11 号煤层采空区密闭墙，涌入 11 号煤层采空区，巷道内水位也随之回落，最终稳定

在 +973.2 m 左右。由此判断 +975.9 ~ +973.2 m 标高之间的巷道积水即为11号煤采空区泄入水量。后经现场勘察显示，东区 +975.9 m 至 +973.2 m 标高之间的巷道长度约为290 m，巷道宽3.2 m，高度2.7 m。则 $Q_2 = 290 \times 3.2 \times 2.7 \approx 2500\ m^3$。

东区原有顶板 K_2 灰岩正常涌水量为70 m^3/h，救援排水总时间约为60 h，则 $Q_3 = 70 \times 60 = 4200\ m^3$。

透水量 $Q = Q_1 + Q_2 - Q_3 = 22000 + 2500 - 4200 = 20300\ m^3$，再加上巷道内残存的积水量，推测本次透水事故透水总量约为21000 m^3。

3. 透水强度

据调查了解，透水后2 h巷道内水位基本稳定，因此本次透水事故平均透水强度为10500 m^3/h。

（三）本次透水事故原因分析

1. 直接原因

透水点下部11号煤层有小煤矿采空区，推断局部有冒落；小煤矿采空区长期以来受降水的不断补给，尤其2012年7月以来降水偏多，积水量及水位增速加快；工作面开采后，端头后方为支承应力集中区，该区10号煤层与11号煤层间距仅为5 m左右，处于采动底板破坏深度范围内，再加上10号煤层底板岩性为遇水浸泡极易软化的泥岩、砂质泥岩，当11号煤层采空区积水对顶板的压力超过10号煤层底板隔水层所能承受的最大压力时，隔水层被突破，发生了透水。透水通过1002综采工作面运输巷与10062掘进巷道联巷涌入10062掘进巷道，造成人员伤亡，为本次事故发生的直接原因。

2. 主要原因

10号煤层未达到勘探程度，不具备开采条件，但目前已经开采。10号、11号煤层采空区及采空区积水情况不清。在东区10号煤层采掘过程中，未落实山西省人民政府防治水十二条中规定关于“预测预报、有掘必探、有采必探、先探后掘、先探后采”的防治水原则。某煤业有限公司防治水机构不健全，没有防治水专业技术人员，防治水工作不到位；山西某集团管理职责分工不清，缺乏对下属矿井防治水工作的有效监管。1002综采工作面巷道与10062掘进巷之间的联巷扩大了透水的危害程度，致使透水通过该联巷涌入10062掘进巷，造成8人死亡。

3. 间接原因

2012年7月以来，矿井所在地区降水量较往年偏多，导致老（古）空区积水量增加幅度较快。

（四）事故类别认定

经调查分析认定，这是一起由于11号煤层采（古）空区积水突破10号煤层底板而发生的透水事故。

五、防范措施及建议

根据本次透水事故的特点，结合临汾地区煤矿开采面临的主要水害问题，提出如下防范措施和建议：

（1）山西某集团及其下属各矿井要按照《煤矿防治水规定》和《山西省煤矿安全地测防治水质量标准化标准》要求，健全防治水机构和专门探放水队伍，配足防治水专业技术人员，配齐专用探放水设备。

（2）矿井要坚持“预测预报、有掘必探、先探后掘、先治后采”防治水工作的原则。在井上下，采用物探、钻探、化探等有效探测手段提前查清地表水文和小煤矿情况，以及各煤层的采空区范围及采空区积水情况，否则不得进行任何采掘活动。

（3）山西某集团及其下属各矿井应当建立健全水害防治岗位责任制、水害防治技术管理制度、水害预测预报制度和水害隐患排查治理制度，提高技术管理人员的整体素质，加强职工的安全意识。

（4）在进行采掘活动前，应制定相应的防治水安全措施，并进行有效监管，以确保各项安全措施在现场落实到位。

点评：

近距离倾斜煤层，下层煤巷采，下层煤巷道积水压力致上层煤带压，上层煤壁式开采，下伏老空水突破临界条件发生透水。

案例三　山西某煤业有限公司底板透老空水事故

2017 年 5 月 22 日 23 时 38 分，山西某集团某煤业有限公司井下三采区 03304 鉴定巷（开切眼）发生底板透老空水事故，导致作业点及部分巷道被淹，造成 11 人被困，经营救，5 人脱险，6 人遇难。

一、矿井及 03304 鉴定巷概况

1. 基本概况

山西某集团某煤业有限公司属资源重组整合矿井。根据晋煤重组办发〔2009〕77 号文《太原市清徐县煤矿企业兼并重组整合方案的补充批复》，在原某煤矿的基础上，整合山西省清徐同亿煤矿、泽渔河煤矿、东于太平煤矿三座矿井，组成山西某集团某煤业有限公司。批准开采 03－9 号煤层，井田面积 16. 8506 km^2，保有资源/储量 273. 42 Mt，可采储量 142. 88 Mt。

矿井东北部与山西阳煤集团碾沟煤矿相邻；东部与太原东山李家楼煤矿相接；东南部为采空区，无矿权设置；西南部与山西瑞泽煤矿相邻；西部与山西阳煤集团南岭煤矿相邻；北部与山西东辉集团赵家山煤矿相邻。

矿井共有 4 个井筒，采用斜井立井联合开拓方式。03 号、4 号煤层均采用综采一次采全高开采工艺，全部垮落法控制顶板。现生产采区为一水平一、三采区，其中一采区开采 4 号煤层，三采区开采 03 号煤层。开采深度由标高＋830 m 到＋400 m，生产能力 1. 5 Mt/a，可采年限 73. 2 年。矿井于 2011 年 6 月 23 日开工建设，2015 年 1 月底全部建成。

中央水泵房位于井底车场，主、副水仓有效容量为 3150 m^3。配置 3 台 MD450－60×3 型矿用耐磨离心式水泵，一台工作，一台备用，一台检修。敷设 ϕ325 mm×8 mm 排水管路 2 趟，经行人进风斜井排至地面污水处理站。三采区水仓布置在 4 号煤采区轨道巷东侧，排水管路沿采区轨道巷布置，水仓容量为 1288 m^3，配置 3 台 DF155－30×3 型多级水泵，1 台工作，一台备用，1 台检修。敷设 2 趟 ϕ194 mm×4 mm 的排水管路。在三采区水仓附近设置强排系统，安装有 2 台 BQ－725－371/14－1000W－S 型水泵，其流量为 725 m^3/h，敷设 ϕ426 mm×18 mm 的无缝钢管一趟，直排地面。矿井正常涌水量为

269.16 m^3/h，最大涌水量为328.68 m^3/h，主要水仓的有效容量积大于8 h的正常涌水量，20 h内排水能力大于矿井24 h的最大涌水量。

2. 矿井地质及水文地质

井田内含煤地层为二叠系下统山西组和石炭系上统太原组，可采或局部可采煤层共8层，分别为03、2、4、5、6、8上、8、9号煤层。目前开采03号、4号煤层，其中03号煤平均厚1.68 m，顶板为粉砂岩、砂质泥岩、中－细砂岩，底板为泥岩、砂质泥岩、细砂岩，与2号煤层相距3.71～17.65 m，平均8.65 m。2号煤层厚2.45 m，4号煤层厚2.48 m。井田处于西山向斜的东翼南缘，在总体构造控制下发育闫家庄背斜、黄大坪向斜、市儿口背斜等3个小的向、背斜，地层倾角4°～11°。井田内断层、陷落柱较为发育，目前生产揭露11条断层、156个陷落柱。

山西组各煤层之上砂岩裂隙含水层富水性弱，太原组6号煤层直接充水含水层L5富水性弱，8、9号煤层L1和K2灰岩充水含水层富水性弱，且其间隔有炭质泥岩和泥岩隔水层。奥灰水水位标高为773～820 m，除井田东南角局部外，均为带压开采。被整合的同亿煤矿、泽渔河煤矿、东于太平煤矿存在大量采空区和采空积水，矿井水文地质条件类型为复杂。03304鉴定巷位于黄大坪向斜轴部。

3. 事故发生地03304鉴定巷概况

03304鉴定巷包括1条巷道和开切眼，截至事故5月22日发生时，巷道已完成施工，共997.5 m，开切眼施工66.7 m。工作面井下位于一水平三采区，西临三采区系统巷道，东距03号煤层采空边界52～79 m，南北方向为未采区。巷道断面为5.0 m×2.8 m，开切眼断面6.5 m×2.8 m。

该工作面沿03号煤层破顶掘进，03号煤层平均厚度为1.8 m，直接顶板为泥岩、砂质泥岩、粉砂岩，厚1.2～8.0 m，基本顶为中粗至中细砂岩，厚2.6～6.4 m，采用锚网索支护。

工作面预计正常涌水量为3 m^3/h，最大涌水量为30 m^3/h，配备2台7.5 kW风泵，安设一趟ϕ108 mm排水管，单泵额定排水能力为12 m^3/h。

03304鉴定巷掘进工作面逐渐由警戒线外施工至探水线与积水线之间，其中开切眼大部分位于探水线与积水线之间，物探采用瞬变电磁法，探测顺层、顶板、底板三个方向。开切眼超前钻探两次，第一次位于开切眼开口处，第二次位于开切眼开口以内60 m处，各施工钻孔5个，其中3个为顺煤层方向，2个为底板方向，实际施工底板方向钻孔均探到2号煤层实体。根据矿方提供的资料和现场勘察，事故发生时迎头已掘进到距第二次钻探点6.7 m的位置。

二、事故及抢险救援经过

1. 事故经过

据综掘一区一队副队长盛某某事故调查取证笔录：5月22日中班（14:00—22:00）井下接班时（约14:00）发现迎头有积水。排完水后，继续向前掘进。

5月22日20时22分，井下盛某某汇报，03304鉴定巷（开切眼）靠迎头附近右帮钻场底板水变大，大于工作面风泵排水能力（12 m^3/h）。

5月22日21时45分，到工作面观测水情的地测科副科长罗某在井下汇报矿调度中心：采用浮标法测得出水量约 20 m^3/h，有臭鸡蛋味，怀疑是采空区水。随后，中班工人正常下班升井。

5 月 22 日 22：00 掘进一队夜班人员（11 人）搬运两台大功率水泵到达 03304 鉴定巷（开切眼），开始组织排水。

5 月 22 日 23 时 38 分，夜班人员在安设排水设施过程中，涌水量突然增大，致使现场作业人员受到冲击，03304 鉴定巷部分巷道被淹。经清点，当班入井人数 67 人，安排留守井下救援人员 14 人，安全升井 42 人，事故造成 11 人被困。

5 月 23 日 1 时 50 分，在 03304 鉴定巷躲避硐室（距离迎头 600 m）被困的 4 个人通过电话与调度中心取得联系，其余人员失联。

2. 事故抢险救援经过

事故发生后，该煤矿分别向某集团、平安公司、县、市领导和相关部门上报，山西省政府及时成立了“5·22”事故救援指挥部和相关专业组，调集救援物资，调遣太原市、某煤电、汾西矿务局三支矿山救护队到矿，实施救援。至 24 日 0 时 36 分，救出 5 名生还人员，其余 6 名职工遇难，24 日 6 时 27 分，6 名遇难职工全部升井，救援工作结束。

三、事故现场勘察

专家组于 5 月 25 日晚 21 时进入 03304 鉴定巷，进行了现场勘察。

从行人斜井到达 03304 鉴定巷，沿途发现，03304 鉴定巷自三采区回风联巷口处约 150 m 处为一下山巷道，150 m 以里整体为略有起伏变化的上山巷道，随巷道起伏变化在低洼处和平缓处有大量淤泥煤渣、少量积水，在上山坡度较大的地段有深 0.5 ~ 0.8 m 的冲沟，局部轨道悬空，带式输送机架摧倒，托辊、输送带架等或散乱，或聚集在巷道底板的淤泥中。T17 号测点处见避难硐室（图 2 – 4 – 16a），T18 号点附近的左右钻场处均见到超前钻探钻孔的孔口及标牌（图 2 – 4 – 16b）。T19 号测点往里，距后部钻场 40 m 处，底板冲沟中有超前探钻孔的痕迹（图 2 – 4 – 16c）。进入 03304 鉴定巷（开切眼）后，在 T22 测点处钻场，见超前钻探钻孔和超前钻探、物探牌板（图 2 – 4 – 16d），同时见水流印痕高 0.6 m 左右，在水印之上有煤尘，印痕清晰。

(a) 03304鉴定巷避难硐室

(b) 超前钻探孔口及标牌

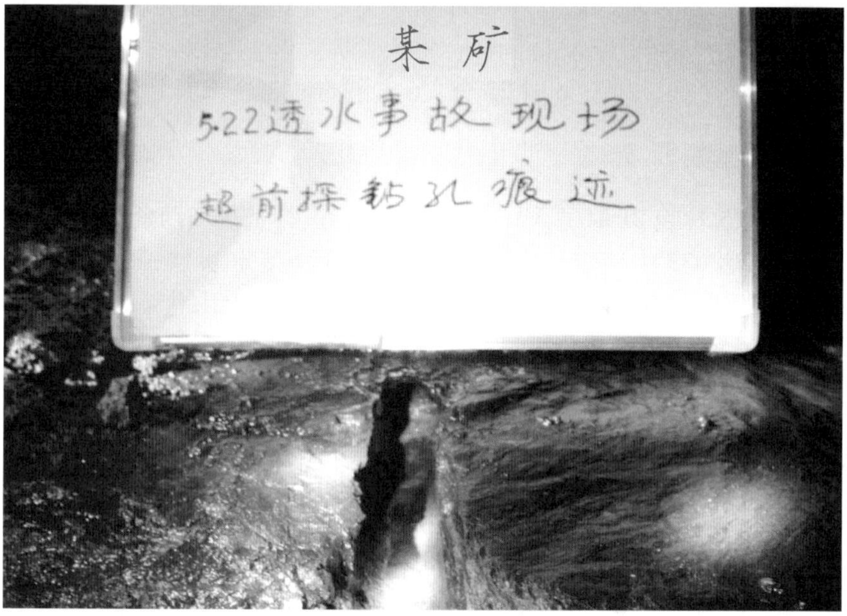

(c) 底板超前探钻孔痕迹

(d) 超前探测牌板

图 2-4-16　事故现场图

据实测，自开切眼 T22 号测点向里 15 m 开始，至透水口处，堆积有顶面平缓的条带状破碎岩块溃出物，长 32.5 m，宽 3.3 m，厚度约 0.4 m，总体积 42.9 m^3（图 2－4－17）。岩块大小一般为 0.1 ~0.05 m，少量 0.2 ~0.3 m，岩块由透水口向外逐渐变小，岩性以碎块状细砂岩、粉砂岩为主。

图 2－4－17　溃出的破碎岩块

距 T22 测点 47.5 m 处，见一长轴 7.5 m（沿开切眼巷道方向）、短轴 6.5 m、深 1.2 m 的椭圆形塌陷坑（图 2－4－18），掘进机随塌陷坑下陷，掘进机两履带间有少量水流出，水量约 5 m^3/h，并伴有少量气泡冒出。塌陷坑向外 3 m，开切眼外帮揭露一陷落柱，揭露长度 15 m。

(a) 塌陷坑　　(b) 塌陷坑（出水点）

图 2－4－18　塌陷坑现场照片

塌陷坑上方顶板完整。在塌陷坑右前方钻场口立一边长为1.5 m的木垛。在掘进正前迎头及钻场侧帮，距顶板1 m处，有明显被水浸泡的痕迹。

四、事故分析及认定

1. 事故发生时间

03304鉴定巷T1瓦斯探头记录显示，5月22日23:38开切眼附近瓦斯含量由0.02突然升至2.0以上（爆表），据此判断，事故发生时间为2017年5月22日23时38分。

2. 事故地点

依据井下现场勘察，03304鉴定巷（开切眼）底板迎头后方形成椭圆形透水通，现场实测，中心点距掘进迎头15.7 m。由此判断，事故发生地点为井下三采区03304鉴定巷（开切眼）底板迎头后方，透水中心点距掘进头15.7 m、距开切眼开口T22测点51 m底板处（图2-4-19）。

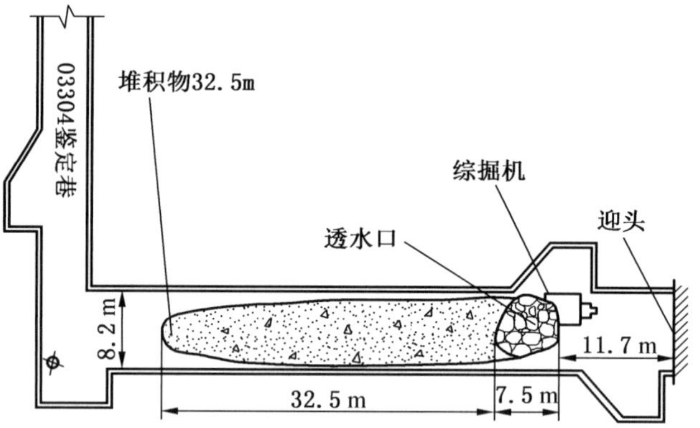

图2-4-19 “5·22”事故透水点平面位置图

3. 透水水量

2017年5月22日中班井下交接班时（约14:00）底板发现积水，20时22分，据井下盛某某（综掘一区一队副队长）汇报，03304鉴定巷（开切眼）靠迎头附近右帮钻场底板水变大，水量大于12 m^3/h（风泵排水能力）。

22日21时45分，地测科副科长罗某井下汇报矿调度中心，采用浮标法测得出水量约20 m^3/h。

23时38分，透水量瞬间剧增。据最初井下救援人员在回风联络巷口处估测，涌水量约500 m^3/h。

23日3:00左右水量减小为200 m^3/h，23日6:00减小到100 m^3/h。

24日22:30分水量为20 m^3/h。

25日23:00水量为5 m^3/h。

根据排水泵台数、开泵时间及水泵排水效率测算，总透水量5100 m^3。

4. 透水水源

根据水化学特征、水量动态特征、井下现场勘察、伴生气体成分特征、资料分析等综合分析认定，透水水源为下伏2号煤采空区积水。依据如下：

（1）透水点水质化验成果中，HCO_3^- 含量为1388.76 mg/L，占阴离子总数的81.26%，Na^+ 含量为683.36 mg/L，占阳离子总数的94.35%，伴有一定量的 Fe^{2+}、Fe^{3+} 离子，水质类型为 $HCO_3^- - Na^+$，pH值为7.91，由于该区煤层埋藏较浅，老空水受地表水补给充分，上述数据符合该矿老空水特征。

（2）5月22日23时38分，透水量瞬间剧增，涌水量约500 m^3/h。随后，涌水量迅速减小，25日23:00水量为5 m^3/h，符合老空透水变化特征。

（3）井下现场勘察发现03304鉴定巷（开切眼）迎头后方底板处出现椭圆形透水通道，且溃出物岩性以碎块状细砂岩、粉砂岩为主，与2号煤层顶板岩性基本类似（图2－4－20）。

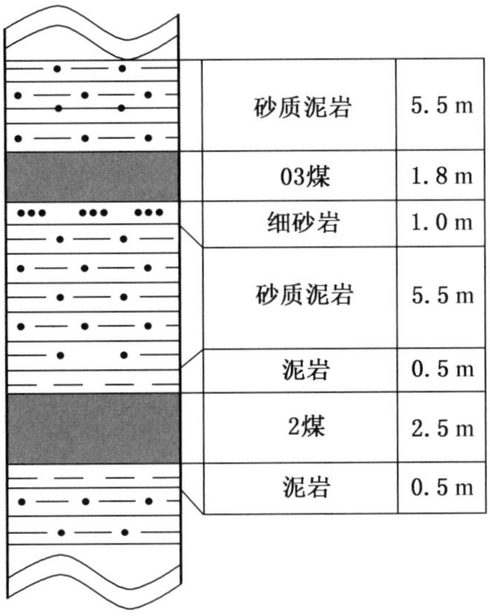

图2－4－20　地层柱状图

（4）太原矿山救护队23日1时30分，在03304鉴定巷口向里约150 m处（此段巷道最低处），测定水面气体情况为：氧气21%，瓦斯0.7%，无 H_2S 和CO气体。本区域奥灰水具有富含 H_2S 特点，据此可排除奥灰水源。

（5）03304鉴定巷（开切眼）位于原某煤矿与原泽渔河煤矿边界处，泽渔河煤矿1981年投产，2009年7月关闭，历史上形成采空区，较为复杂。

5. 透水通道

本次透水通道为采动裂隙。

22日中班底板已开始渗水，此时通道开始形成。20:22—22:30水量由12 m^3/h 增加到20 m^3/h，说明通道逐渐畅通，至23:38水量剧增，集中通道形成。据井下实测，底板塌陷坑长轴7.5 m，短轴6.5 m，深1.2 m。掘进机随塌陷坑下陷（沉），在掘进机两履带间有少量水流出，水量约5 m^3/h，并伴有少量气泡冒出（图2－4－21、图2－4－22）。

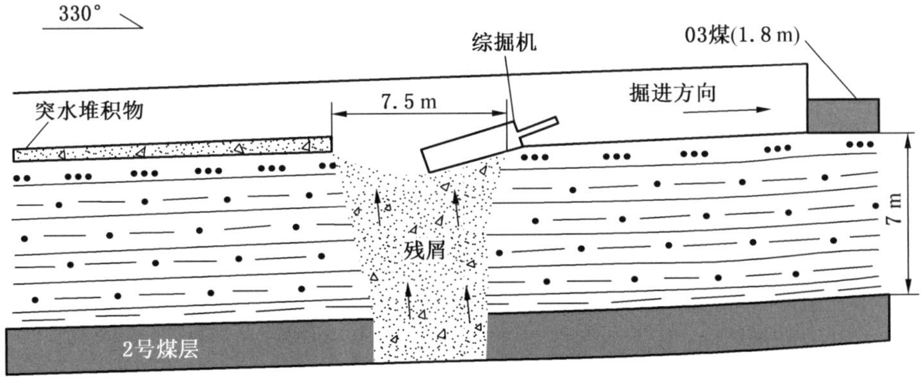

图2－4－21　透水点剖面示意图

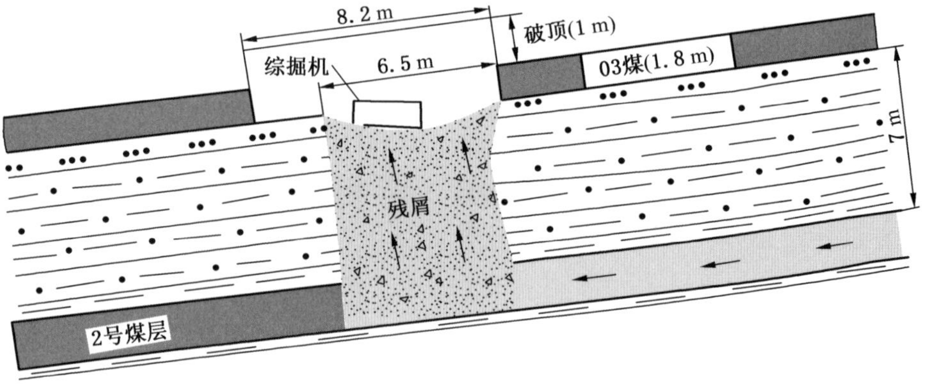

图 2-4-22　透水口断面示意图

6. 事故原因

1）直接原因

经调查分析认定，事故发生的直接原因是：已关闭的原泽渔河煤矿越界进入原某煤矿界内开采 2 号煤层，某煤业未查清其采掘情况，探放水工作落实不到位，03304 鉴定巷（开切眼）下伏 2 号煤层承压老空水在顶板采动破坏、03 号煤层底板扰动的共同作用下，突破 03 号煤层与 2 号煤层之间的隔水层，形成集中导水通道，涌入 03304 鉴定巷（开切眼），波及 03304 鉴定巷。具体分析如下：

03304 鉴定巷（开切眼）事发位置处于向斜轴部，跨越下伏原泽渔河煤矿 2 号煤层老空区，下伏 2 号煤层远端水位高于此处 03 号煤层底板，致使此处底板处于承压状态。03 号煤层巷道采动对底板扰动以及 2 号煤层巷道采动对顶板的破坏，致使 03 号煤层与 2 号煤层间仅有的 7 m 岩柱遭到破坏。在水压、采动应力及老空水浸泡的共同作用下，原有平衡状态被打破，2 号煤层采空区内积水沿顶板隔水岩层裂隙不断向上导升，由渗水逐渐演变为涌水，隔水岩层强度及阻水能力不断降低，当水压大于隔水岩层残余强度时，老空区内水、气瞬间突破底板携带岩块喷出，导致透水水害事故发生。

2）间接原因

（1）出现透水后未立即停止作业，撤出人员。2017 年 5 月 22 日中班接班时（约 14:00），工作面底板出现渗水。生产队组排水后继续掘进。20 时 22 分，据井下汇报 03304 鉴定巷（开切眼）靠迎头附近右帮钻场底板水变大，工作面水泵排水能力不足，矿方只是停止掘进作业，未下达撤人命令。22 日 21 时 45 分，地测科副科长罗某在井下查看后，汇报矿调度中心涌水量约为 20 m^3/h，并伴有臭鸡蛋味，怀疑为采空区水，但矿方仍未撤人，且安排夜班人员到工作面排水。

在工作面透水前期，矿方未引起足够重视，在出水原因未查清前安排人员集中作业，最终导致事故的发生。

（2）老空区资料调查不清。据 2015 年 5 月山西省地质勘查局二一二地质队提交的《山西某集团某煤业有限公司煤矿建矿地质报告》和 2015 年 10 月山西省煤炭地质水文勘查研究院编制的《山西某集团某煤业有限公司矿井水文地质类型划分报告》描述：该矿由某煤矿、泽渔河煤矿（关闭）、清徐同亿煤矿、东于太平煤矿（关闭）整合而成。03304 鉴定巷（开切眼）东侧为原泽渔河煤矿，该矿 03、2、4、5、6、8 号煤层均有开采，原井田范围内 03 号煤层已采空，整合前开采 2 号煤层，03 号煤层积水量 17.68 万 m^3，2 号煤层积水量为 7.6 万 m^3。但以上两个报告中 2 号煤层积水主要集中在原泽渔河煤矿井田中部，临近事发区域并无积水区。综上所述，原有相关地质资料未能如实反映 2 号煤层老空积水位置分布。

2016 年 12 月山东省第一地质矿产勘查院提交的《山西某集团某煤业有限公司煤矿水文地质普查中间报告》中，编制单位分析了本地区地质资料后，沿某煤矿外边界圈定了地面瞬变电磁探测范围，并提交了物探成果。共圈定 03 号煤层采空积水区 7 处，2 号煤采空积水区 7 处，4 号煤采空积水区 5 处，但未对未来五年采掘范围进行探测［包括发生事故的 03304 鉴定巷（开切眼）所在区域］，物探区域设计不合理。

矿方提供的《采掘工程平面图》《矿井充水性图》中，与事发区域较近的原泽渔河煤矿西部边界仅圈定了 03 号煤层采空区范围，但无相应 03 号煤层、2 号煤层、4 号煤层相关采掘巷道、工作面等信息。

综上所述，矿井对整合煤矿的开采历史状况及相关资料未能全面掌握，老空调查工作不细，资料不实。

（3）防治水意识薄弱、责任落实不到位。作为资源整合矿井，原有小煤矿开采历史长，采掘情况复杂，在没有准确资料的前提下，探放水按正常区域设计，接近小煤矿边界时仍未及时变更设计；矿井《2017 年度地测防治水“一矿一策”“一面一策”》中，明确提出 03304 鉴定巷（开切眼）附近可能有 03 号、2 号煤层或其他煤层不规则采空区，无法准确预计采空区范围，预计采空区内可能存在一定量的积水。矿方在对 03304 鉴定巷“有掘必探”设计会审时，对设计中存在的老空区考虑不足的明显问题，未提出相关意见，存在只签字不审核现象；实际施工的“有掘必探”设计矿总工程师未签发；工作面排水系统设置不满足预计最大涌水量要求。

（4）探放水工作落实不到位。某煤业《03304 鉴定巷、开切眼“有掘必探”设计及安全技术措施》中对工作面水文地质条件、工作面充水条件分析时均未涉及老空积水情况，安全措施中也无出现透水征兆后的处置要求，在明知工作面临近小煤矿边界时，未能按《煤矿防治水规定》要求进行探放水，钻孔设计未充分考虑小煤矿老空区探测要求，钻孔密度不足，设计不合理。

不能严格按照探放水设计施工探放水钻孔。在钻探施工中，矿方一般将本煤层瓦斯抽放钻孔兼做探放水钻孔，只有底板钻孔为专用探放水钻孔，实际钻孔施工在方位、倾角、深度方面与设计存在差异。调查 03304 鉴定巷（开切眼）附近的 3 次探放水设计和施工记录均发现上述问题。

《山西某集团某煤业有限公司矿井水文地质类型划分报告》指出，03 号煤层的间接充水水源为下伏 2 号、4 号煤层蹬空区积水。当 03304 鉴定巷（开切眼）掘进工作面靠近原泽渔河煤矿边界时，在不了解边界采空区分布的情况下，工作面“有掘必探”设计 1 个底板方向探测钻孔（开切眼处实际施工 2 个），不能有效控制下伏 2 号煤层采空区，对老空区探测的复杂性及探测难度考虑不足。

2017 年 4 月 23 日，某煤矿地测科人员在 03304 鉴定巷（开切眼）开口处利用便携式瞬变电磁仪对开切眼做了物理探查。《瞬变电磁仪物探报告》中显示掘进方向上顶板 30°、顺层、底板 30°三个方向均无明显低阻异常，富水的可能性小。本次探测距离为 140 m（矿方提供的物探成果图），探点距出水点直线距离约为 51 m，在有效探测距离内。由此可见，物探结果与实际情况不符，物探成果不可靠。

7. 事故类别

根据透水水源、透水通道以及透水量的变化特征，确定本次事故为底板老空水透水事故。

五、防范措施与建议

（1）切实加强小煤矿采掘资料调查收集，对井田内及周边矿井小煤窑井口分布、各煤层实际开采状况、老空区范围及积水情况详细调查，查明采掘区域及周边范围富水情况，真正做到水害不查清、积水不疏放，不得开采。

（2）严格落实探放水工作，根据不同地质条件和积水分布状况，按《煤矿防治水规定》《山西省煤矿老空水害防治工作规定》要求，合理编制探放水设计。要重视近间距煤层老空积水的超前探放，要充分考虑小煤矿采区的复杂性。今后确定探放水“三线”时，应加大老空水探放“三线”外推距离，强化防治水意识。

（3）强化“以人为本”安全意识，真正落实出现透水征兆必须停产撤人等相关规定，提升隐患处置能力，完善应急安全措施，落实安全责任，彻底根除重生产、轻安全的思想意识和行为。

（4）加强探放水现场管理工作，配足防治水专业技术人员和探放水作业人员，对未达到设计参数施工的探放水钻孔必须分析原因或调整方案，保证钻孔施工数量和钻探精度，对物探人员加强专业培训，确保物探质量，提高对物探基础数据和物探成果的解释能力，严格按要求配置工作面排水系统。

（5）进一步补充、完善矿井水化学数据库，为井下水源快速判别提供可靠依据。

点评：

由于采掘资料不清，对 2 号煤层已经有开采，但未调查清楚，给出未开采的结论，回采过程中未对下伏采空区积水进行探放，导致本次事故发生。

近距离倾斜煤层，下层煤巷采，下层煤巷道积水压力致上层煤带压，上层煤掘进巷道邻近积水采空区，下伏老空水突破临界条件发生透水。

第五节 “越界开采”老空水害事故案例

案例一 大同市左云县某煤矿特别重大透水事故

2006 年 5 月 18 日 19 时 36 分，山西省大同市左云县张家场乡某煤矿井下发生一起特别重大透水事故，透水量为 35 万 m^3，死亡 56 人，直接经济损失 5312 万元。

一、矿井概况

某煤矿位于大同市左云县张家场乡旧高山村南1 km处，东距大同市30 km，西距左云县城12 km。南部为同煤集团燕子山矿，西部为左云县张家场小孩沟矿，北为张家场小孩沟矿，东、北部为同煤集团燕子山矿（原燕西1号井，已关闭）。某煤矿始建于1995年，1996年建成投产。注册性质为乡办集体企业，独立核算单位。井田面积0.4485 km^2，批采4号煤层，矿井设计生产能力9万t/a，2005年实际产量69万t。2006年1—5月实际产量23.34万t。某煤矿位置示意图如图2-5-1所示。

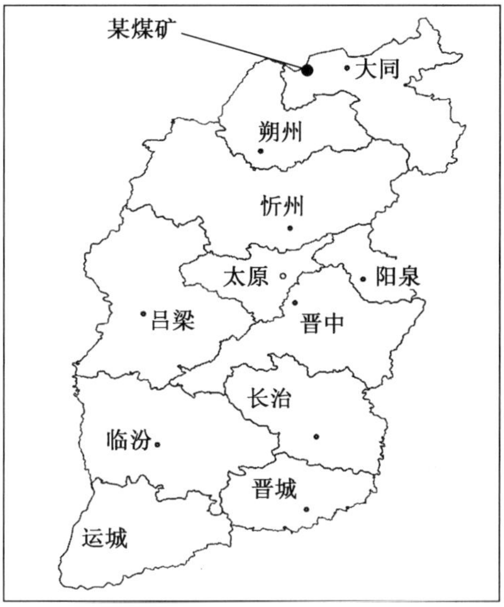

图2-5-1 某煤矿位置示意图

1. 煤层情况

井田内含煤地层为侏罗系大同组和石炭二叠系太原组、山西组，以侏罗系大同组煤层为主，地层平均总厚度124.64 m，共赋存8个煤层，煤层平均总厚12.28 m，煤层走向大致为SW—NE，倾角2°~5°。其中可采煤层共5层，现将各煤层情况分述如下：

（1）4号煤层为侏罗系大同组含煤系地层，距地表70 m，煤层厚度1.3~1.52 m，平均1.42 m，为稳定可采煤层，顶板为砂质泥岩，底板为粉砂岩。

（2）8号煤层位于4号煤层之下近45 m，煤层厚度1.9~2.8 m，平均2.35 m，顶板为细砂岩，底板为粉细砂岩互层，为较稳定可采煤层。

（3）12^{-1}号煤层位于8号煤层之下70.60 m，煤层厚度为0.3~1.15 m，一般为0.75 m，顶板为粉细砂岩互层，底板为细砂岩，为不稳定局部可采煤层。

（4）14^{-1}号煤层位于12^{-1}号煤层之下13.38 m，煤层厚度为2.2~4.45 m，平均3.29 m，顶板为粉细砂岩互层，底板为细砂岩，为稳定可采煤层。

（5）14^{-2}号煤层位于14^{-1}号煤层之下约14.6 m，煤层厚度为1.5~3.5 m，平均2.3 m，顶板为粉细砂岩互层，底板为细砂岩。

2. 排水系统

4号煤层安装一台排水泵，型号为DA-100×12，功率55 kW，安设一趟4英寸排水管路由副井直排地面。8号煤层主、副井井底各安装一台水泵，型号均为DA-100×12，功率55 kW，在主、副井各安设一趟4英寸排水管路直排地面。14^{-1}号煤层井底安装一台排水泵，型号为DA-100×12，功率55 kW，由副井直排地面。14^{-2}号煤层井底安装一台排水泵，型号为DA-100×12，功率55 kW，由14^{-2}号煤层直接排到14^{-1}号煤层井底水仓。各煤层均安设多台2寸水泵，将工作面的积水排至各煤层井底水仓。矿井排水量约1200 m^3/d。

3. 生产情况

采矿许可证批准开采4号煤层，但从2003年10月就开始非法违法越层越界开采8号、12^{-1}号、14^{-1}号和14^{-2}号煤层煤炭资源。仅从2004年7月到2006年5月就累计盗采煤炭资源96.58万t，由于采出率低，破坏的资源量是其产量的数倍。

二、事故经过及抢救过程

1. 事故经过

2006年5月18日14时，工人自行入井，到达各自工作岗位后，开始工作。在19时30分，郭某某队跟班小队长许某某到距工作面约70 m处的临时水仓排水，大约排了20 min，积水排完，许某某与前来找他的支护工孟某某两个人一起返回工作面，大约向工作面方向走了20 m，突然听到有嗡嗡的声响，有一股风迎面扑来，看到在前方4~5 m处大量的水迎面涌来，许某某与孟某某两人赶快向出井的方向奔跑，并将沿途遇到的工人拦住，一同向出井方向跑，20时5分左右许某某跑至14^{-1}号煤层溜煤眼，将东巷透水的消息告诉计煤工薛某某，薛某某马上给在地面的副矿长张某某打电话，报告井下14^{-1}号煤层东巷发生了透水事故。之后，许某某同另外五名工人一同由主井筒出井，在经过8号煤层时，许某某告诉在这里作业的工人14^{-1}号煤层东巷发生了透水事故，让他们赶快出井。20时10分左右，14号煤层跟班大队长王某在14^{-1}号煤层溜煤眼处给井上的张某某打电话，汇报事故情况，并在20时15分左右沿运输巷赶到东12巷与13巷贯眼，发现水从东13巷大量涌出，在20时20分左右王某返回溜煤眼，然后由副斜井升井。事故当班井下人数共266人，210人安全升井，56人死亡；其中14^{-1}号煤层死亡16人，14^{-2}号煤层死亡40人。

2. 抢险过程

5月19日凌晨，左云县人民政府接到有关部门报告后，县政府主要领导及有关部门的负责人赶到现场，成立了抢险指挥部，启动应急救援预案，组织救护队入井侦察营救。

5月19日凌晨2时50分，左云县救护中队两个小队分别从主、副井入井进行侦察营救，一队沿主井筒前行约550 m时，发现主井筒已被水淹，另一小队沿副井筒前进约500 m，发现副井筒也被水淹，两小队分别于主、副井4号煤层、8号煤层、11号煤层进行侦察、喊话，均未发现生存矿工。5月19日10时30分，副井第一台水泵开始向地面排水。

5月20日13时，国家安全生产监督管理总局接到群众举报，称某煤矿透水事故有重大隐瞒。19时20分，国家安全生产监督管理总局局长李毅中、国家煤矿安全监察局副局长彭建勋带领有关人员抵达事故现场，会同山西省省委书记张宝顺、副省长胡苏平等听取了市县两级政府领导和当地公安机关的情况汇报，指导抢险救灾工作，决定从同煤集团燕子山矿和事故矿井的主、副井三个排水点进行排水，统一由同煤集团组织实施。同煤集团接到紧急抢险任务后，立即成立指挥部，制定抢险方案，组织人员，调集设备，开始抢险工作。

从22日19时到24日7时20分，三个排水点的7台水泵陆续排水，排水总量985 m^3/h。

5月24日国家煤矿安全监察局局长赵铁锤中断正在外地召开的会议，带领有关人员到达事故现场，参加事故抢险救灾工作。

根据抢险指挥部的安排，在5月26日早8时，同煤集团将主井的排水工作移交给左云县政府，交接后左云县政府又配套主井第三趟排水系统。到5月30日，三个排水点共8台水泵同时进行排水，排水总量为1065 m^3/h。为加快抢险速度，指挥部决定在事故矿井地面打钻孔，直通积水区域进行排水，5月30日第一个钻孔开始施工，于6月3日开始排水，到6月28日18时，累计排水422421 m^3。

6月28日13时，56名遇难矿工遗体全部找到，事故抢险工作结束。

三、矿井水害形成条件及特征

1. 充水水源

经调查分析认定，这次透水事故水源为燕西1号井老空区积水。其依据为：经现场勘查，这次事故的透水点为14^{-1}号煤层东13巷，透水地点与废弃的燕西1号井采空积水区贯通。

事故后燕西1号井采空区积水水位明显下降。据2006年5月29日启封的已关闭多年的燕西1号井带式输送机斜井和副斜井的勘查报告，经实测发现透水前燕西1号井采空区积水痕迹标高为+1096 m，而透水事故发生后，与某煤矿14^{-1}号煤层采掘巷道相连通的燕子山矿采空区水位下降至+1083 m，水位下降达13 m。根据透水事故发生后的排水水质检测数据，排出的积水pH值为3左右，符合老窑积水特点。

2. 导水通道

经调查取证、现场勘查，这次透水事故导水通道为14^{-1}号煤层东13巷。其依据是：

（1）据从多名井下逃生的矿工证言，从事故发生前的5月12日，距离燕西1号井采空积水区很近的东13巷和东14巷，就已经出现了滴水和淋水等明显的透水征兆。

（2）2006年5月18日20时10分左右14号煤层跟班大队长王胜给地面的张胜胜打电话，汇报了井下透水消息后，他在20时15分左右赶到了14^{-1}号煤层东12巷贯眼处，亲眼看见透水水流是从东13巷涌出。

（3）经现场勘查，东13巷掘进头沿顶板有一宽2.3 m，高1.1 m透水口，与已关闭燕西1号井采空积水区相通，现场勘查时仍在向外涌水，涌水量约为40 m^3/h。

3. 透水总水量及强度

由于透水初期没有确定的时间和采掘空间数据记录，根据与某煤矿邻近的燕子山矿燕西1号井14^{-1}号煤层采掘范围和在发生透水后燕子山矿巷道目前积水及排水过程，间接地估算出透水总水量和透水强度。

透水总水量采用储量体积法、降深排水量法和采空区体积法三种方法进行了估算，综合分析三种计算结果，估算本次透水总水量约为35万m^3。根据透水事故发生后燕子山矿在井下的实测资料，采空区积水在15 h左右涌入该煤矿14^{-1}号和14^{-2}号采掘空间，使水位达到+1082 m标高。因此，本次透水事故的透水强度约为2.3万m^3/h。

四、事故原因及认定

1. 事故直接原因

某煤矿在14^{-1}号煤层多条巷道透水征兆十分明显的情况下，未采取有效的防治水措施，仍违法在燕西1号井靠近采空区处组织生产，冒险作业，由于受爆破震裂松动、水压浸泡以及采掘活动带来的矿山压力变化影响，破坏了具有约 21 m 水头压力的燕西 1 号井采空积水区有限的煤岩柱，最终导致了这起特别重大透水事故。

2. 事故间接原因

1）超层越界开采

采矿许可证批准开采 4 号煤层，实际开采 8 号、11^{-1}号、14^{-1}号、14^{-2}号煤层，14^{-1}号煤层采掘巷道已经进入已废弃数年的燕西 1 号井采空区范围。

2）矿井水文地质基础工作薄弱

某煤矿由于对矿井透水的危害性缺乏认识，未有效开展矿井水文地质基础工作，防治水措施的制定缺乏基本依据。

3）技术管理混乱，缺乏专业技术人员

某煤矿没有设置与煤矿安全生产相适应的各种管理机构和配备相应的人员，全矿仅由副矿长张某某一人负责安全、生产、技术等各项工作，井下是否探水、在什么时候、什么地方探水，仅由张某某一人决定，没有完善的探放水的管理机构和技术人员。探放水制度得不到落实，在透水征兆明显的情况下，仍在盲目组织生产。

4）没有落实隐患排查治理制度

对本矿存在的积水隐患未认真进行排查、整治。当多条巷道存在明显透水征兆的情况下，未按要求立即停止生产，将人员撤至安全地点。

5）井下通信设施不完善

该矿井下通信设施不完善，当事故发生后，未能及时通知受水灾威胁人员撤离，造成了伤亡人数扩大。

3. 事故性质认定

通过以上分析认定：山西省大同市左云县张家场乡某煤矿“5·18”特别重大透水事故是一起责任事故。

五、防范措施及建议

（1）煤矿要加强安全基础工作，特别是矿井及周边的水文地质资料的收集、管理，完善技术档案，严格执行《矿井水文地质规程》有关探放水的相关规定。以科学的方法指导煤矿安全生产，改变防治水工作中的盲目、被动局面。

（2）煤矿必须严格遵守国家的有关法律法规，依法办矿，依法开采。严禁超层越界，私挖滥采。

（3）地方各级政府及有关部门要加强对煤矿的监督管理，严格执行《国务院关于预防煤矿生产安全事故的特别规定》，对存在重大隐患的煤矿要立即停止生产进行整改，煤矿要认真执行重大安全隐患排查、报告、治理制度。

点评：

该矿采矿许可证批准井田面积 0.4485 km^2，批采 4 号煤层，但矿方越层越界实际开采 8 号、11^{-1}号、14^{-1}号、14^{-2}号煤层，14^{-1}号煤层采掘巷道已经进入已废弃数年的燕西 1 号井采空区范围，实际开采的是燕西矿的防隔水煤柱，在透水明显的情况下，不查明原因，采取措施，只顾超能力生产，导致本次事故发生。

案例二 运城市河津市某煤矿透水事故

2007年6月24日晚9时40分，河津市下化乡某煤矿发生透水事故，造成9人死亡。

一、矿井概况

河津市某煤矿位于河津市下化乡陈家岭村西，井田面积0.777 km^2，批准开采2号、10号煤层。1999年建设，2002年投产。2号煤层厚5.31 m，可采储量306万t，10号煤层厚2.38 m，可采储量209万t。现开采2号煤层，核定生产能力为21万t/a。某煤矿位置示意图如图2－5－2所示。

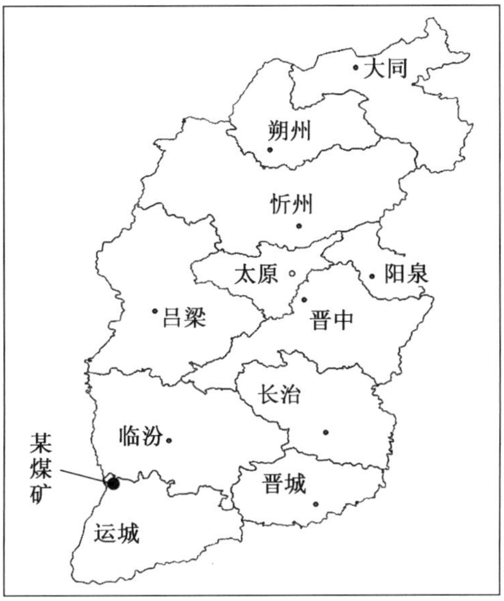

图2－5－2 某煤矿位置示意图

该矿东北邻寺塔煤矿、西北邻申华煤矿、东南邻船窝煤矿。

根据矿方提供资料，矿井正常涌水量为20 m^3/h，最大涌水量为40 m^3/h。安装有主水泵、备用水泵及检修水泵共三台，主水泵和备用水泵型号为D46－30×7，电机功率55 kW，检修水泵型号D85－45×4，电机功率75 kW，在回风立井敷设两趟排水管路。正常涌水时，采用一台水泵工作，一趟管路排水。事故发生前，该矿的排水系统采用两级排水，由采区水仓排至主水仓，再由主水仓排出井口。

二、矿井水文地质条件

1. 地表水

本区属黄河流域，井田内无长年性河流及地表水体，沟谷较发育，雨季流量增大，经下化河汇入黄河。

2. 煤系裂隙水

本井田主采山西组2号及太原组10号煤层，山西组、石盒子组砂岩裂隙含水层单位涌水量0.062 L/(s·m)，太原组K5、K2灰岩含水层单位涌水量为0.0849 L/(s·m)和0.00058 L/(s·m)，均属于富水性弱的含水层。

3. 煤系下伏岩溶水

该矿井岩溶水水位标高400 m左右，2号煤层底板标高320～360 m，2号煤层均位于奥陶系岩溶水水位以下，属于全部带压开采，但2号煤层隔水层厚度为76.18 m，经计算，2号煤层突水系数为0.0056～0.014 MPa/m，小于规范规定的构造裂隙带突水系数不大于0.06 MPa/m的标准，在无导水构造的情况下一般不会发生底板突水。

4. 古（采）空区水

根据提供的所有资料来看，都表明该矿受古空区积水影响严重：

（1）根据提供的《山西省河津市下化乡某煤矿2号煤层采掘工程平面图》，在井田东南部有古空积水区。

（2）根据《山西省河津市某煤矿生产矿井地质报告》提示，“相邻矿井采空区及古空区积水是影响安全生产的最大隐患，为此，需要加强这方面的工作”。

（3）根据《山西省河津市下化乡某煤矿采煤方法改革设计》提示，“地质报告对本井田2号煤层老空积水范围、积水量及周边生产小煤矿、老窑采空区积水范围及积水量未划定，建议收集这方面的资料，在条件许可时提前予以排除”。

（4）根据《山西省河津市下化乡某煤矿改扩建设计安全专篇》提示，“相邻矿井及本矿井采空区及古空区积水是影响矿井下山开采安全生产的最大隐患，其大面积的采空区积水在导水裂隙带等因素的作用下，可对其2号煤层开采产生充水或突水。”“地质报告对周边小窑、古窑及2号煤层老窑积水范围和积水量没有详细的勘探调查报告，建议矿方委托有关地质部门对其进行调查，并分析其对本矿开采的影响程度，以防止小窑水侵袭矿井或直接向矿井突水。”

根据对该矿总工程师马某某的询问，也证明该矿井采空区和古空区存在大量积水，且发生过废弃矿井井筒向该矿井透水的情况。

综上所述，该矿井主要的水患是古（采）空区积水。

三、突水经过

2204工作面于2006年8月开始掘巷，共掘三条巷道，即回风巷、运输巷和瓦斯尾巷。在掘进运输巷的全过程中未见出水；在掘进回风巷至270 m时有水珠渗出，停止掘进；在掘进瓦斯尾巷至260 m时，出水更大，在探水深度至30 m时，水从钻孔中流出。根据生产矿长郭某某的安排，向钻孔中打入20 m长的木塞，水就变小了，剩余的水用塑料管导出。2006年底开切眼，将回风巷与运输巷贯通，瓦斯尾巷未贯通。2007年4月1日开始回采工作，在工作面推进了130 m时，于2007年6月24日发生透水事故，开始透水部位在机尾，随后，水淹没了2205工作面的3条巷道，形成大面积积水。2007年6月25日下午4时开始用两台40 m^3/h水泵排水，至2007年7月8日，共排水17800 m^3。

四、突水水源的判定

根据山西省煤矿水害发生类型及矿井地质条件来分类，大体可分为地表水、煤系直接充水含水层、煤系下伏岩溶水及古（采）空区水。

从本矿水文地质条件及矿井透水事故情况来看，首先可以排除地表水的灌入及煤系裂隙水的涌出，因为该井田内并无长年性河流及地表水体，突水仅发生在2204采煤工作面，其他巷道内并未发现有水流；煤系裂隙水的涌出特点是水量变化不会很大，矿井的正常涌水量为20 m^3/h及最大涌水量为40 m^3/h就是该类型水。其次，煤系下伏岩溶水的水位高于2号煤层底板，但从透水特点和排水情况来看也不是岩溶水，因为：①岩溶水的涌入必须有通道；②岩溶水的突水特点是逐渐增大，并且不易排干；③排干后马上恢复，并保持一个稳定的水位。该矿在6月24日21时40分2204工作面发生透水后，到7月8日共排水17800 m^3，将井底积水全部排干，并进行了清理淤积物的工作。由此可见，该矿的突水水源是古（采）空区水，这与矿井水文地质条件是吻合的。

五、透水事故分析

（1）据调查，2204 工作面巷道推进长度为 270 m，已越界进入相邻船窝煤矿的矿界范围，即将与其采空区贯通，是本次透水事故的主要原因。

（2）根据各种资料以及在掘进回风巷和瓦斯尾巷的过程中，都表明该矿东南部有古空区积水。由于在开采之前未进行疏、排、放等防治水工作，长壁采煤工作面便开始开采，煤层基本顶随着采煤工作面的推进经历了初次来压、周期来压的过程，并逐次垮落。随着工作面的逐步推进，上覆岩层和工作面周围煤柱的力学状态都会发生变化，煤柱在水的浸泡下强度进一步降低，被压酥压碎；同时正值雨季，古空区的积水也随着大气降水的渗入水位也在逐渐升高。当工作面推进到 130 m 时，水压与煤柱抵抗力的平衡状态发生了变化，古空区与采煤工作面间的隔水煤柱发生变形破碎，使采空区内的积水瞬间涌出。

点评：2204 工作面巷道推进到 270 m 时，已越界进入相邻船窝煤矿的矿界范围，与相邻船窝煤矿的采空区贯通。越界开采导致本次透水事故的发生。

案例三　山西潞安某煤矿老空突水事故

2010 年 2 月 21 日，山西潞安某股份有限公司某煤矿 13 采区一三带式输送机运输巷南北延伸段 170 m 处发生老空突水事故（图 2－5－3），突水量约 6000 m^3，造成 1 人死亡。

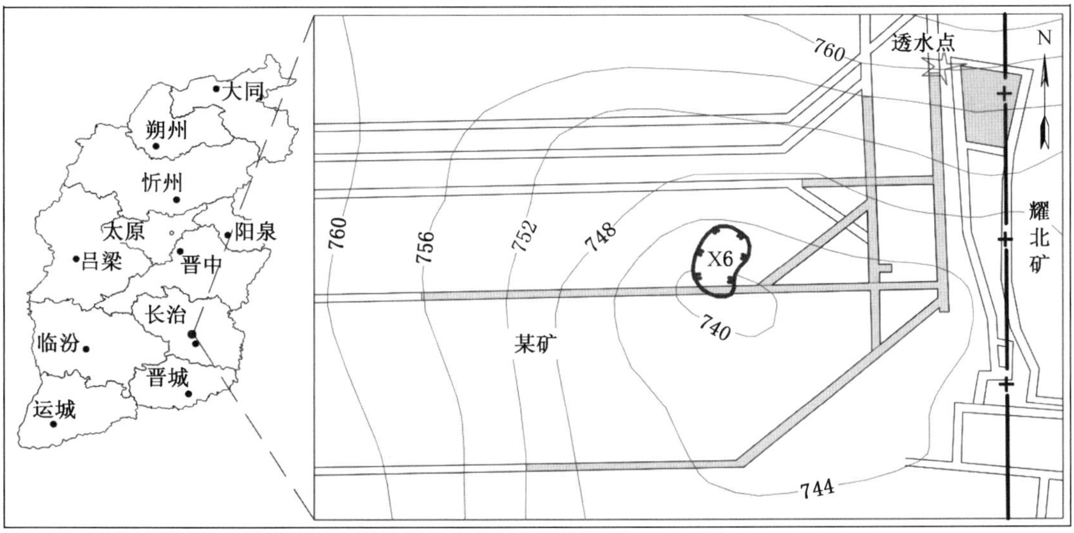

图 2－5－3　某矿老空透水发生位置示意图

一、矿井概况

某井田位于潞安矿区中东部，漳河西岸，地跨长治市、潞城市、襄垣县。井田面积 34.2775 km^2，批采 3 ~ 15 号煤层，矿井生产能力为 360 万 t/a。本矿井正常涌水量为 180 m^3/h，最大为 260 m^3/h。

近年来某煤矿周边曾存在过的小煤矿共有 13 个，合计生产能力为 49 万 t/a，开采煤层均为 3 号煤层。开采方式多采用房柱式，煤矿水文地质条件简单，矿井涌水主要来自 3 号煤层顶板，涌水量较小，防治水以疏排为主，经调查，小煤矿排水量为 4 ~ 30 m^3/h，据此分析，邻近已关闭小煤矿存在积水。

东部耀北煤矿煤层底板标高高于某煤矿。

二、事故经过

2010 年 2 月 21 日 7 时 10 分，机运队排水工尹某某准备到 13 采区一三带式输送机运输巷南北延伸段排水，行至一三带式输送机运输巷南北延伸段时，发现水量突然增大，已淹至距 13 采区 9 号横贯南 40 m 处，当即向矿生产调度汇报，生产调度接到汇报后，立即启动应急预案，迅速组织人员撤离，并通知相关领导，成立应急救援指挥部。矿安全调度接到通知后，对受威胁区域 13 采区（该区域为已采完的旧采区，无生产作业人员）人员进行了排查：该区域仅有排水工尹某某和瓦斯巡回检查员牛某某，排水工尹某某已升井，瓦斯巡回检查员牛某某下落不明。事故当班下井人数 278 人，升井人数 277 人。据该矿提供资料，透水事故造成巷道积水水位标高为 +756 m，透水量约 6000 m^3。2 月 28 日 8 时 30 分，13 材料巷修棚人员在 1312 出煤巷绕道风门内发现牛某某已遇难。

三、事故现场勘察

2010 年 3 月 20 日上午，专家组与事故调查组对井下透水现场进行了勘察。

勘察路线：行人斜井→一三材料巷→一三材料巷东西延伸段→一三带式输送机巷南北延伸段。进入一三带式输送机巷南北延伸段 170 m 处（图 2 -5 -4、图 2 -5 -5），巷道东帮煤壁已被冲破，有大量被水带出的煤岩碎块，巷道迎头被堵塞，堵塞物以煤为主，东帮上角有粉砂岩块出露；170 m 处以北 20 m 范围内巷道东帮煤体破碎、鼓出；西帮巷道煤壁完整，未发现异常。一三带式输送机运输巷南北延伸段南端被堵塞人员无法进入。据此可

图 2 -5 -4　事故点迎头及左帮照片

断定，一三带式输送机运输巷南北延伸段 170 m 处为透水口的北边界。

图 2－5－5 事故点迎头及右帮照片

四、透水原因分析

1. 透水处煤柱承压特征分析

3 号煤层及其顶底板岩层主要力学参数见表 2－5－1。

表 2－5－1 3 号煤层及顶底板主要力学参数

位置		抗压强度/MPa	弹性模量/GPa	泊松比	坚固性系数
3 号煤层	1306 瓦斯巷	12.32	4.071	0.300	1.267
	1407 工作面	9.16	2.244	0.241	0.944
	1306 运巷	14.83	2.941	0.362	1.394
	22 采区材料巷	9.60			
	1310 运巷	10.12			
	平均	11.20	3.085	0.301	1.201
直接顶	范围	21.30～50.20	28.56～44.00	0.27～0.426	
	平均	30.52	34.35GPa	0.35	
基本顶	范围	26.30～100.80	12.01～49.00	0.30～0.36	
	平均	61.44	30.47	0.33	

表2-5-1（续）

位置		抗压强度/MPa	弹性模量/GPa	泊松比	坚固性系数
直接底	范围	10.80～36.77	21.09～27.86	0.146～0.262	
	平均	25.93	24.47	0.20	
基本底	范围	30.60～66.74	28.57	0.30	
	平均	54.42			

伪顶：一般为黑色炭质泥岩、泥岩，厚度不稳定，0.25～0.44 m，节理发育，稳定性较差，易软化，随采随落。

直接顶：由灰黑色泥岩、砂质泥岩组成，厚度一般为1.0～7.0 m，局部地区达18.85 m，平均厚度5.35 m。

基本顶：中厚层中细粒灰白色石英长石砂岩，局部为粗砂岩，厚度变化较大，一般为1～10 m，平均厚度为5.91 m。初次来压步距为35 m，周期来压步距为12 m。

根据3号煤层试块单轴抗压强度计算，其内聚力约为2.8 MPa，考虑到尺度效应、浸水弱化（软化、润滑等）效应、时间效应等因素进行估算，实际赋存状态（饱水状态、长时加载条件）下煤体的抗切强度约为0.3 MPa。

2. 东南部长治耀北煤业有限公司矿井采空区概况

某煤矿东南与长治耀北煤业有限公司相邻。该煤矿一三带式输送机运输巷东西、南北延伸段施工于1996年，并留设了30 m井田边界煤柱。据该煤矿2004年实测，长治耀北煤业有限公司在该煤矿一三带式输送机运输巷南北延伸段东部越界进入该矿界约23 m，并形成采煤工作面，导致井田矿界煤柱实际宽度仅为7 m。越界开采处煤层倾向西。

山西长治耀北煤业有限公司于2008年9月被列入山西省政策性关闭矿井。该矿关闭后，矿井不再排水，矿井水向越界采空区聚积，随着时间的增加，采空区积水越来越多，水位越来越高。

3. 事故地点的确认

根据对各种技术资料、事故抢险报告、现场勘察、相关人员的询问等信息的综合分析，山西潞安某股份有限公司某煤矿“2·21”透水事故地点位于一三采区带式输送机运输巷南北延伸段170 m处。

4. 透水水源

根据对各种技术资料、事故抢险报告、现场勘察、相关人员的询问等信息的综合分析认为，此次透水事故的水源为该井田范围内已关闭的山西长治耀北煤业公司采空区积水。

5. 透水原因

直接原因是：相邻的山西长治耀北煤业公司越界开采，造成边界煤柱破坏；在关闭后长期停止排水的情况下，导致采空区形成大量积水，水位增高，水压增大。而矿界隔离煤柱宽度仅剩约7 m，在老空水浸泡及支承压力的作用下已处在松散结构状态，在较高水压作用下发生结构性失稳导致透水。

点评：该次事故是在没有采掘的情况下发生的。但在明知相邻煤矿有越界的情况下，未考虑到相邻煤矿闭坑后积水量增加、水位增高、水压增大，隔水煤柱留设不足，也不采取有针对性的探放水措施，导致本次事故发生。

第六节 “废弃井筒充填物溃泄”水害事故案例

案例一 山西阳城某煤业有限公司废弃井筒充填物溃泄水害事故

2014 年 10 月 19 日 5 时 30 分，山西阳城某集团某煤业有限公司井下 3201（上分层）综采工作面推进至原阳城县马寨煤炭有限公司已关闭充填的回风立井时，井筒内的黄泥、风化石块、杂物等突然溃泄入工作面支架空间和废巷内，导致 3201 采煤工作面的综采支架被埋 36 m，事故共造成 4 人遇难，直接经济损失 1340 万元。

一、矿井及事故点概况

1. 某煤业有限公司矿井概况

山西阳城某集团某煤业有限公司位于阳城县城北西约 15 km，阳城县寺头乡、芹池镇接合部（图 2－6－1）。该煤业有限公司矿区面积 2. 1079 km^2，3 号煤层保有资源/储量 10587 kt，设计可采储量为 5888 kt，矿井服务年限 9. 3 年。

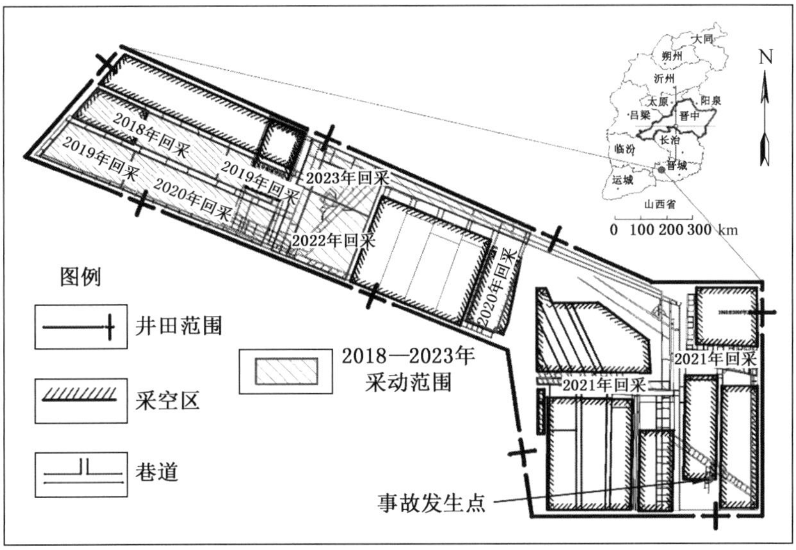

图 2－6－1 煤矿位置示意图

某煤业有限公司矿井采用斜－立井综合开拓方式，共设 4 个井筒，即主斜井、副斜井、副立井、回风立井。主斜井装备带式输送机和 600 mm 规矩轻型检修轨道，担负矿井的原煤提升任务，兼作矿井进风井和安全出口；副斜井装备单钩串车提升，担负矿井的材料、设备的辅助提升任务，兼作矿井进风井和安全出口；副立井装备双钩罐笼提升，担负矿井人员升降任务，兼作进风井及一个安全出口；回风立井作为矿井开采一采区和二采区时的回风立井，担负矿井的回风任务，装设梯子间兼作矿井的一个安全出口。

井田 3 号煤层共划分为三个采区，井下主要大巷和采区巷道均按三巷平行布置。

矿井目前共布置有一个分层综采工作面和两个综掘工作面。

其中 3201（上分层）综采工作面走向长 587 m，宽 128 m，采用走向长壁分层后退式综合机械化采煤方法，全部垮落法控制顶板。工作面采用两进两回的双“U”型通风系统。选用 83 架 ZY3800/16/32 型掩护式液压支架支护顶板，机头、机尾分别选用 3 架 ZY4000/16/32 型掩护式液压支架支护顶板。两巷道超前 20 m 支护采用 DW28/100 型单体液压支柱和 1 m 铰接顶梁正悬臂进行支护。采煤工作面采用 MG170/140 - WD 型双滚筒交流电牵引采煤机落煤，平均采高 2. 5 m。

3201（上分层）综采工作面选用的 ZY3800/16/32 型掩护式液压支架支撑高度为 1600 ~ 3200 mm，支架初撑力为 3092 kN，工作阻力 3800 kN，支护强度 0. 62 ~ 0. 71 MPa，支架宽度为 1410 ~ 1580 mm，最大控顶距为 3921 mm，支架中心距为 1500 mm，泵站压力为 31. 5 MPa。

2. 原阳城县马寨煤炭有限公司回风立井关闭情况

原阳城县马寨煤炭有限公司回风立井，井口坐标为：X = 3939565. 064，Y = 19624766. 709，Z = 740. 00 m。倾角 90°，圆形断面，料石砌碹支护，井筒净直径 3. 0 m，净断面 7. 1 m^2，垂深 261. 93 m，落底于 3 号煤层底板，井筒内安装折返式梯子间。根据相关文件及矿井整合初步设计，该井筒需进行关闭。2012 年 9 月 15 日起至 9 月 17 日经县级煤炭、国土、公安、供电等相关部门联合现场监督进行关闭。关闭时井筒底部和马头门连接处支设木垛与马头门顶接实，木垛上部铺设金属网，井筒采用黄土、废旧木料、护坝料石、金属网等材料混合进行了充填，充填至井口时用混凝土进行了浇灌。于 9 月 18 日竖立了关井标志碑（图 2 - 6 - 2）。

二、事故经过及救援

1. 事故经过

2014 年 10 月 18 日 22 时某煤业有限公司采煤一班在采煤队队部召开班前会，参加会议人员共 35 人，队长张某某主持召开会议，技术科郑某（不入井）首先对《3201 上分层综采工作面过空巷安全技术措施》进行了贯彻和签字，队长张某某在会上安排了安全生产注意事项，跟班矿长原某某对安全生产方面进行了强调，于 22 时 36 分 34 人开始入井，其中到 3201（上）综采工作面作业的工人 26 名（不包括瓦斯员、跟班矿长）。

工人到达 3201（上）综采工作面，跟班矿长原某某、队长张某某、安全员王某某、班组长茹某某从机头开始对工作面顶帮、旧井筒及工作面瓦斯等情况进行巡查至机尾，巡查无异常后，于 2014 年 10 月 19 日 1 时左右开始从机头向机尾割煤，3 时左右割完第一刀煤，然后从机尾向机头割第二刀煤，5 时左右割完第二刀煤，5 时 10 分左右第三刀进刀完成，采煤机从 28 号架向机头方向进行割煤（此时采煤工作面已推进至马寨旧回风立井井筒马头门位置，工作面煤壁已处于井筒断面之外），割至 8 号架时，因需疏通机道停机。约 5 时 30 分，马寨回风立井井筒内的黄泥、水，裹挟着木料、石块、铁条突然溃入工作面，当时，处于采煤机后滚筒处的司机发现情况后立即对当班队长张某某说：“流泥

图 2-6-2 原回风立井关闭现场图

了！”。队长张某某和跟班矿长原某某大喊：“快跑”。跟班矿长原某某和队长张某某及 13 名工人迅速撤至运输巷带式输送机机头外。与此同时在机尾和回风巷出口作业的刘某某等 9 名工人，发现工作面照明全部熄灭，并感觉工作面里面有股风扑出，觉察到可能出事了，便迅速撤离。5 时 35 分队长张某某向矿调度室汇报工作面冒顶了。然后清点人数，发现少了 4 人，又向调度室汇报有 4 人被困。经核对确认，缺少的 4 人为瓦斯员闫某某、挂网工董某某、清煤工马某某、移架工杨某某。返回现场查看后确认，4 人被溃出的黄泥掩埋，窒息死亡。溃入工作面的黄泥、石块、木料等混合物充满了约 39 m（25 架液压支架）长的范围。

2. 事故救援

10 月 19 日早 7 时晋城市救护大队值班小队电话员接到某煤业事故救援电话，接警后市救护大队立即出动值、备班两个小队 22 名救护队员和大、中队指挥员立即赶赴事故现场，随后工作班小队和高平中队三个小队赶到，当日共出动 6 个小队，77 名指战员到达事故矿井。值、备班小队到矿后，值班指挥员立即到指挥部听取事故发生情况，查看图纸，领取任务。

第一次侦察：10 月 19 日 9 时 35 分，晋城市救护大队值班小队和指挥员共 9 人入井侦察：入井后首先沿 3201 工作面回风巷进入对事故工作面回风侧进行了侦察，测得工作面 CH_4 为 0.5%（其中上隅角 CH_4 最高为 2.3%），CO_2 为 0.1%，O_2 为 20.1%，无 CO。继续沿工作面回风侧向前侦察至第28号支架处发现溃泥封堵至顶板无法前进，沿回风巷返出后，再沿进风巷进入工作面巷道，测得 CH_4 为0.1%，CO_2 为0.02%，O_2 为20.6%，无CO。发现巷道口1~2号支架处有机头一台，第3号支架处开始有溃泥堆积至第4号支架以里溃泥封至顶板不能前进，返出井底升井结束第一次侦察，出井时间12时。

第二次侦察：10月19日16时20分晋城市救护大队、高平中队、晋城市煤炭工业局领导共8人入井继续侦察：行进路线和工作面溃泥情况与第一次侦察相同。不同的是发现回风巷口有一支架煤壁护板下落，工作面回风上隅角 CH_4 下降为1.8%，在进风巷侦察时，救护队员在第一处支架后挡板下部狭小空间内用强光灯向里照射至约第9架棚处发现有两堆溃泥，用呼喊、敲击的方法向里发出救援信号，无任何生命迹象回应。

第一次人员定位：10月19日22时52分，由晋城市救护大队两人陪同潞安矿业救护大队两人进入井下工作面使用生命探测仪探测，于20日凌晨1时56分出井，探测结果：人员位置无法确定。

第二次人员定位：10月20日13时06分，由晋城市救护大队三人陪同霍州煤业救护大队两人入井继续用生命探测仪探测，于15时05分出井，探测结果：人员位置仍无法确定。

3. 救援过程

（1）马寨已关闭风井（废弃立井）揭盖，晋城市救护大队进行气体检测：10月20日13时48分，晋城兰焰煤层气公司按照指挥部确定的救援方案，在完成前期准备工作后开始打钻，于14时10分将风井混凝土井盖打透，经救护队气体检测，钻孔内 CH_4 为0.05%，CO_2 为0.02%，O_2 为21%。

（2）晋城市救护大队监护，井下打钻孔：10月21日8时井下开始打钻工作，探测溃泥井筒内部情况。

（3）第一名遇难人员搜救：10月24日8时58分，事故工作面进风侧清理溃泥至第8号支架处清理出第一名遇难人员（杨某某）。遇难人员呈坐姿，坐在操作台上，面向机尾。于9时33分由救护队员将遇难人员运至副井底。

（4）第二名遇难人员搜救：10月25日9时17分，从事故工作面回风侧23号支架处挖出第二名遇难人员（闫某某）。遇难人员呈坐姿，坐在操作台上，上部身体后倾，面向机尾，于9时43分由救护队员将遇难人员运至副井底。

（5）两名遇难人员搜救结束后，25日下午晋城市救护大队接指挥部指令，留一个小队继续完成后续救援工作，其余人员全部撤离现场返回单位。其后，从10月26日开始，救护大队3个小队进行四天一轮班，始终确保一个小队坚守事故救援现场，对原马寨回风立井的掏井工作及事故井井下进行气体检测、安全监护。

（6）第三、四名遇难人员搜救：11月25日13时左右，从事故工作面进风侧清理溃泥至12号支架处发现第三名遇难人员（董某某），遇难人员呈坐姿坐在操作台上，面向煤壁。继续向前清理至23点左右在13号支架处发现第四名遇难人员（马某某），遇难人员在13号支架立柱后面呈半蹲状态，面向煤壁。11月26日2时30分，某煤业有限公司矿工将被埋的第三名、第四名遇难人员处的大部分溃泥清理后，由救护队员将两名遇难人员四周溃泥全部清理完毕，并将两名遇难者于5时10分搬运至进风井井底交给矿方。

三、现场勘察及调查

12 月 13 日，事故调查专家组听取了某煤业有限公司“10·19”溃泥事故经过、抢险过程等情况的介绍，对相关人员进行了询问，并查阅了 3201(上)采煤工作面作业规程、措施及相关图纸和资料，对事故发生现场进行了勘察，所掌握的主要情况简述如下。

1. 勘察路线

（1）矿调度室→原马寨煤炭有限公司回风立井井口→矿调度室。

（2）矿调度室→副立井→三采区轨道运输大巷→3201(上)工作面运输巷→3201（上）工作面事故现场（进风侧 1 ~17 号支架）。

（3）3201(上)工作面事故现场(进风侧 1 ~17 号支架)→3201(上)工作面运输巷→3201(上)工作面联络横川→3201(上)工作面回风巷→3201(上)工作面事故现场(回风侧 18 号 ~89 号支架)。

（4）3201(上)工作面事故现场（回风侧 18 ~89 号支架）→3201(上)工作面回风巷→3201(上)工作面联络横川→3201(上)工作面进风巷中部 445 m 处的原马寨煤炭有限公司井下总回风巷。然后经工作面进风巷、三采区运输大巷、副立井返回矿调度室。

2. 事故现场勘察及调查情况描述

1）原马寨煤炭有限公司回风立井井口

晋煤集团宏圣公司矿建分公司接事故抢险指挥部命令，于 10 月 23 日进入原马寨煤炭有限公司回风立井井口场地，从旧风井井筒方向进行救援。24 日开封井口，测量井筒内水面距井口 160 m，用水泵排水后，从井下 178 m 深处开始使用绞车、吊桶清理井筒充填物。截至 14 日，已清理至 239 m 深处。经估算清理出井筒的杂物包括：渗水约 127 m^3，深度约 18 m；黄泥、石块、木料等充填物约 427 m^3，深度约 61 m。从井口安装的监控系统显示器上可看到：裸露出的井壁完整、无塌陷，在井壁 60 m 处有渗水，100 m 处略有增大，渗水量约 2 m^3/h。

据了解该井筒在井壁 60 m、100 m、160 m、223 m 处各施工有一个临时小水仓，因淤泥封闭，容量不详。

从地面看，倒入井口场地旁冲沟内的清理物为近黄色、稠状的泥水混合物，有少量的小石块和梯子间钢板条混杂其中，未见废弃木料充填物。稠状的泥水混合物中，土质的颜色、成分和场地周边被挖过的坡积物相似。

2）3201(上)工作面事故现场(进风侧 1 ~17 号支架)

勘察人员进入 3201(上)采煤工作面进风巷，看见在距离工作面约 25 m 处煤帮上施工有救援期间的探放水钻孔，其中 1 号探孔还在向外排水，水质呈黄色，流量约 1 ~2 m^3/h，随后进入工作面进行勘察，采煤机的前、后滚筒放置在煤壁前，机身已上井维修。淤泥已清理至 17 号架，17 号架顶梁侧护板露出，17 号架支架尾部顶梁下落 50 cm，通道中间下落 57 cm，17 号架顶梁下俯，架内空间充满黄泥、木头、金属网、石块等溃出物（图 2 -6 -3）；17 号支架底座比 16 号支架底座低 10 cm。在 17 号液压支架处现场取泥样一个（测得密度为 2045. 45kg/m^3）。

3）3201(上)工作面事故现场（回风侧 18 ~89 号支架）

勘察人员自 3201(上)工作面进风巷返回至回风巷侧机尾，询问了当班机尾工作人员

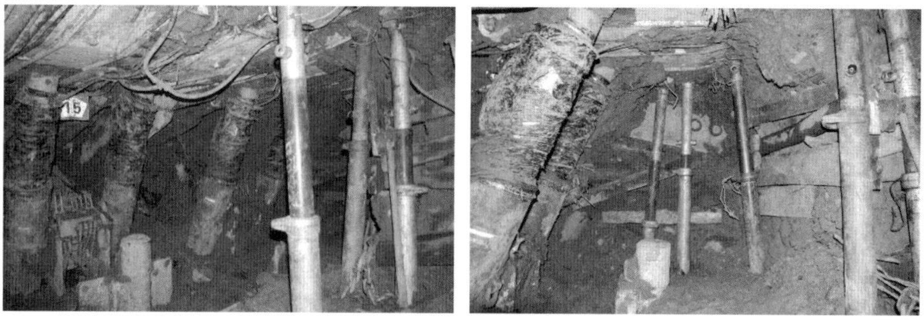

(a) (b)

图 2－6－3　工作面事故现场 15～17 号架

刘某某事故发生时和撤退时的相关情况。查看了闫某某的遇难位置；测量了 30 号架附近溃出的石块，最大石块长 80 cm，宽 60 cm，高 50 cm（图 2－6－4）。

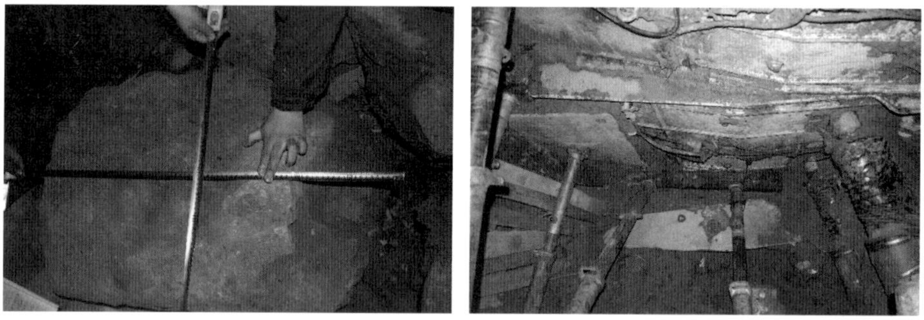

(a) 石块(80 cm×60 cm×50 cm)　(b) 顶梁变形

图 2－6－4　工作面事故现场冒落石块、顶梁变形图

30～89 号架均未拉架，20 号架立柱至煤帮距离 3.4 m，煤帮至电缆槽 2 m，19 号支架顶梁比 20 号支架顶梁下沉 35 cm，18 号架顶梁比 19 号架顶梁下沉 75 cm，19 号架立柱比 20 号架立柱前移 40 cm，19 号架侧护板未伸，18 号架立柱比 19 号架立柱前移 20 cm，18 号架顶梁前俯 8°，19 号架顶梁前俯 5°，20 号架顶梁为 0°，19～29 号架护帮板全部未伸。当班队长张某某说明当班割煤、移架情况，估计马寨回风立井井筒应在 17 号、18 号架偏东位置，支架顶梁前端已超出井壁，支架底座应在木垛一侧。

4）原马寨煤炭有限公司井下总回风巷（旧巷）

勘察人员从进风巷中部 445 m 处的右帮掏洞（抢险时临时掘通马寨煤炭有限公司的旧回风巷）下坡进入旧巷约 5 m 至十字交叉巷道，正前方约 5 m、向北约 2 m 见细腻、柔软、均匀、无杂物的似膏状黄泥沉淀于巷道底板上，黄泥深 60 cm，顶面平整，上部落有薄层微细煤粉，测算此处黄泥量约 8.82 m^3（图 2－6－5a）。向南 20.7 m 为木棚支护巷道（该巷道为矩形巷道，宽 2.1 m，高 2.3 m），底部黄泥深 20 cm，测算黄泥量约 8.694 m^3，木棚巷道向南为料石砌碹（料石砌碹为半圆拱断面，宽 3.1 m，高 2.6 m，直墙 1.1 m），砌碹巷道前 4 m，溃泥厚 20 cm，测算黄泥量约 2.48 m^3，砌碹巷道 4 m 外向南为黄泥混合溃入物，呈下大上小似锥状延伸填满至巷道顶部（图2-6-5b）。

(a) 巷道底部黄泥

(b) 巷道底部黄泥

图2-6-5　原马寨煤炭有限公司井下总回风巷（旧巷）

3201上分层工作面进风巷现长510 m，旧巷开口处位于进风巷445 m，旧巷向南向开切眼方向还有65 m，减去木棚支护的20.7 m，再减去料石砌碹的前4 m，得出黄泥混合溃入物填满砌碹巷道长度为40.3 m，测算黄泥混合溃入物量约290 m^3，加上溃入的膏状黄泥量，旧巷溃入物总量约310 m^3。膏状黄泥为混合溃入物在重力作用下，压实、脱水过程中大量水分析出时，携带微细的土质顺巷道底板流动减速后沉淀形成。

四、事故原因分析及认定

2014年10月19日5时30分，某煤业有限公司井下3201（上分层）综采工作面在生产过程中，突发了溃泥事故，根据现场勘察情况、事故经过调查、相关资料查证，其发生机理及原因分析如下。

（一）马寨回风立井井筒内水的来源分析

据《某煤业有限公司生产矿井地质报告》和某煤业各井筒出水点实测资料：井筒水的主要来源为基岩风化壳含水层（55～100 m）、二叠系 K_8 砂岩含水层（160 m左右）、3号煤层顶板砂岩含水层（约260 m）。上述含水层（组）均为弱富水含水层。基岩风化壳含水层主要接受大气降水补给，各含水层之间的垂向渗透补给较弱，上述含水层水主要通过岩层裂隙、井筒碹体裂缝、碹眼渗入井筒内，成为井筒水的主要水源。

（二）马寨回风立井井筒内充填物分析

某煤业有限公司于矿井整合时对原马寨回风立井进行了充填封闭。该风井直径3 m，井深261.93 m，井壁为料石砌碹，表面较平整。充填封闭方法为：井底向上约8 m采用木垛充填，上面铺菱形金属网，金属网以上直至井口段采用大量的黄土、风化坡积物、护坝料石及废旧坑木等充填，井口向下约3.6 m深采用混凝土浇筑封闭。

（三）马寨回风立井井筒内充填物的形态分析

马寨回风立井井筒充填后，井筒内充填物在井壁渗水的浸泡、缓慢侵入下，和井筒内充填物（主要为黄土）充分混合，在水的作用和上部充填物的压力下，黄土泥化、固结，形成具有一定黏度的流体状黄泥。初期，由于渗水在充填物内流速缓慢，下渗过程中只能带走很少一部分细腻的充填黄土，沿木垛空隙渗流入下部空巷内。绝大多数充填物在自身重量和水的作用下，向下逐渐埋实。随着时间的推移，在压力作用下，混合流体中的水分逐渐析出，充填物内部空间逐渐缩小，使混合流体泥化，变为稠状混合物，黏度增大，变得柔软致密。井筒内的充填物经长时间的充水—压实—脱水作用，形成一个高约 186 m（充填物的膨胀系数按 1.4 算）直径 3 m 的圆柱体状巨大“泥饼”，“泥饼”内裹挟着石块、坑木、杂物和充填过程中砸落的梯子间钢条，结构较致密，具有一定的强度，坐落在下部的木垛上，形成了“隔水层”，隔断了上部泥水的下渗。“泥饼”上部为流体状的黄泥，再其上又被井壁渗水充填。水面高度分析和本地风化裂隙含水层层位一致，即井口下 60 m 左右。

（四）过马寨回风立井井筒时 3201 工作面的顶板支护分析

1. 支架支撑能力分析

3201 综采工作面顶板支护中间架使用型号为 ZY3800/16/32 液压支架，额定工作阻力为 3800 kN（380 t），平均支护强度为 0.62 ~ 0.71 MPa。

马寨回风立井井筒内充填的水、黄泥等混合体估算高度约 200 m，体积约 1800 m^3，密度按 1.8 t/m^3 计算（参考 17 号液压支架处提取的泥样测出的密度为 2045.45 kg/m^3，再结合坑木、积水的密度综合估算），则充填物总重约 3240 t，理论计算井底静压力平均最大可能达到 3.6 MPa 左右。

显然，支架的支护强度远小于井筒内的水、黄泥等充填物的最大静压力（3.6 MPa）。

2. 井筒内的木垛承载能力分析

木垛承载能力与木材几何特征尺寸、木材力学性质、木垛结构形式等因素有关。煤矿通常采用的“井”字形木垛的承载能力约为 40 t，“田”字形木垛的承载能力约为 100 t。马寨回风立井井底木垛为“宫格”形的木垛，根据技术人员回忆，木料间距按 30 cm 计算，理想受压状态下井筒断面积范围内的木垛承载能力约为 $knp = 2 \times 75 \times 10 = 1500$ t，支撑强度约 2.14 MPa，小于井筒内充填的水、黄泥等充填物的最大静压力（3.6 MPa）。

3. 工作面过井筒时支架受力状态分析

采煤工作面与马寨回风井立井井筒贯通后，此位置的支架（17 号、18 号支架）底板为木垛，支架顶板也为木垛，木垛上面即为黄泥、水等充填物，支架前方为空巷（马头门位置）。

贯通过程中，支架各部位的受力状态也会产生复杂的变化，综合分析，黄泥（裹挟着石块、坑木、杂物）等充填物溃出时，支架处于井筒正下方略靠前的位置，考虑到泥状物的传力特性，支架顶梁近似呈均匀受压状态，掩护梁为倾斜受力状态，底座受力为底板木垛垂直支撑力及平衡尾梁前推力的向后摩擦力，支撑力分布不均匀，呈前高后低状态——支架处于明显非理想受力状态。

4. 3201 综采工作面过井筒时木垛受力状态分析

支架底板木垛除受支架底座不均匀分布的压力之外，还受到支架的前推作用力，既有纵向不均匀压力又有横向推力——底板木垛处于典型的不利于稳定的受力状态。

（五）黄泥（裹挟有石块、木料、钢板条等）突出机理分析

综上对支架、木垛受力分析，液压支架及其顶、底板木垛构成的平衡结构在典型非理想受力状态下发生失稳，导致支架低头并下沉，失去了对井筒内黄泥等充填物的充分支挡作用，造成井筒内黄泥裹挟着石块、木料、钢板条等瞬间溃泄，向工作面的上、下及回风立井底的空巷等三个方向溃泄，由于三个方向通道高低位置、坡度、突出口大小及方向以及障碍物等因素，溃泄物体向三个方向的溃泄速度及堆积量也有所不同。随着溃泄过程的发展,溃泄阻力不断增大,溃泄动力不断衰减,当井筒内剩余黄泥等混合体高度降低到一定程度时,溃泄压力和阻力达到平衡状态,溃泄过程停止。事故发生过程示意图如图 2 -6 -6 所示。

图 2 -6 -6　事故发生过程示意图

（六）3201(上)综采工作面过马寨回风立井措施分析

1. 3201(上)综采工作面过空巷安全技术措施分析

《山西某集团某煤业有限公司 3201 上分层综采工作面过空巷的安全技术措施》是 2014 年 10 月 10 日制定（封面无编制人、审核人签字）。10 月 11 日相关领导、部门、区队人员会审签字。10 月 17 日技术质量科副科长郑东在采煤三班进行贯彻，参加人 10 个；10 月 18 日郑东在采煤一班进行贯彻，参加人 10 个；10 月 18 日郑东在采煤二班进行贯彻，参加人 7 个。

该“安全技术措施”编制内容侧重于过空巷的安全措施。对过已充填的马寨回风立井特殊措施仅在“四、过空巷的方法”第 5 条进行了说明。一是：过马寨风井前，距风井 7 ~ 10 m 处由防突队负责提前进行钻探，确定风井及旧巷位置。二是：距风井及旧巷 2 m 时提前对旧巷进行穿针，穿针时采用一寸钢管，长 1 m，在风井以及两边 1.5 m 范围内进行穿针，穿针间距为 0.5 m，排距为 0.6 m。

该“安全技术措施”编制内容未按照《煤矿安全规程》第五十四条、第二百五十九条、第二百六十二条等规定进行编制，回收煤柱的方法也达不到《建筑物、水体、铁路及主要井巷煤柱留设与压煤开采规程》规定，尤其在开采井筒保护煤柱和过废弃井筒的安全技术措施上内容过于简化；探马寨回风立井位置和采用穿针方法通过废弃充填井筒的措施未经技术论证，穿针方法的可行性及作业方法叙述不具体，作业人员无法有效实施；该“安全技术措施”也未明确编制人、审核人。总之，该“安全技术措施”对于工作面回采过程中安全通过马寨回风立井是一个无针对性的措施。

2. 作业规程及安全技术措施贯彻落实情况分析

3201(上)综采工作面从2014年9月25日开始回采，2014年10月10日编制了《山西某集团某煤业有限公司3201上分层综采工作面过空巷的安全技术措施》。10月17—18日技术质量科副科长郑东在采煤队进行贯彻。因贯彻记录不详，无法判定措施贯彻的效果，10月19日5时30分就发生了溃泥事故。3201（上）综采工作面实际于10月17—18日已经在通过马寨回风立井井底废巷和井筒了，该“安全技术措施”是否为“马后炮”。经调查和分析该“安全技术措施”未能在现场达到贯彻落实。

（七）事故原因分析

由井底木垛及液压支架所组成的支护系统的支护强度及稳定性不足，过井筒时，木垛－支架支护系统在典型非理想受力状态下发生失稳，导致支架低头、下沉，形成了连接工作面与井筒的通道，失去了对井筒内黄泥等充填物的充分支挡作用，最终造成井筒内黄泥裹挟着石块、木料、钢板条等杂物突发式溃泄；对井筒下采煤作业的安全风险认识不足，3201(上)综采工作面在开采时未按相关规定对原马寨风井井筒内的充水、黄泥等充填物状况进行探测，致使对已充填封闭的原马寨回风立井周围的水文地质情况及井筒内的充水、黄泥等充填物赋存情况掌握不清，未制定可靠的专项安全技术措施。

（八）事故认定

事故地点：根据事故现场勘查认定，事故地点为某煤业有限公司井下3201(上)综采工作面与原马寨回风立井井筒交汇处。

事故时间：根据事故相关人员询问情况及事故报告时间认定，事故发生的时间为2014年10月19日5时30分。

事故直接原因：木垛－支架支护系统的支护强度及稳定性不足，过井筒时，支架－木垛支护系统在典型非理想受力状态下发生失稳，导致支架低头、下沉，形成了连接工作面与井筒的通道，失去了对井筒内黄泥等充填物的充分支挡作用，是此次事故发生的直接原因。

事故间接原因：对井筒下采煤作业的安全风险认识不足，3201(上)综采工作面在开采时未按相关规定对原马寨风井井筒内的充水、黄泥等充填物状况进行探测，致使对已充填封闭的原马寨回风立井周围的水文地质情况及井筒内的充水、黄泥等充填物赋存情况掌握不清，未制定可靠的专项安全技术措施，是此次事故发生的间接原因。

事故类别：此次事故为综采工作面过关闭充填立井时的溃泥事故，属于煤矿较大水害事故。

五、结论及建议

1. 结论

专家组一致认为：山西阳城某集团某煤业有限公司2014年10月19日5时30分发生

的煤矿事故是一起煤矿较大水害事故；事故发生地点为3201(上)综采工作面与原马寨回风立井井筒交汇处。井底木垛-支架支护系统的支撑能力及稳定性难以承受井筒内黄泥（夹有石块、坑木、钢板条）等充填物的作用，又因对综采工作面过立井井筒所存在风险的认知能力不足而未采取可靠的专项措施，最终导致了此次事故的发生。

2. 建议

采煤工作面过废旧井筒及空巷是一个特殊的矿山压力控制问题，由于废旧井巷围岩结构和充填物状态变化的复杂性及环境条件导致的动态变化特征，目前尚无成熟的经验和科研理论及技术措施。因此，如何应对不同客观地质条件及生产技术条件下的过废旧井巷的技术问题，应引起各级管理人员、技术人员的充分重视。为防止此类事故的再次发生，专家组提出以下建议：

（1）采煤工作面必须按作业规程规定及时支护，严格执行“敲帮问顶”制度，严禁空顶作业；所有支架必须架设牢固，严禁在浮煤或浮矸上架设支架；工作面遇顶底板松软或破碎、过老空、过构造、过煤柱或冒顶区开采时，必须制定严密的安全技术措施。

（2）认真做好煤矿安全生产技术管理工作，加强对图纸、作业规程、施工组织设计等技术文件的规范化、标准化、精细化管理，提高企业安全技术管理水平。

（3）严格落实《煤矿防治水规定》，在含水构造、积水采空区、充水、充泥的废弃井筒周边及下部进行采掘时，必须坚持“物探先行、化探跟进、钻探验证”的探放水原则，在井上、井下采用综合手段探查清楚含水体的含水、充填情况，提出专门的水文地质情况报告，制定完善的探放水措施，消除水患或留设足够的防隔水煤（岩）柱。

（4）在安全情况允许的条件下，采煤工作面在过充水、充泥的废弃井筒时，要进行科学论证，编制科学、合理的开采方案和措施，彻底疏放积水、积泥，严禁顶水作业。

（5）加强技术基础工作，加强水文地质条件、矿压等相关情况的调查、探查，及时发现安全隐患，制定相应的专门技术措施。

（6）倡导、支持技术人员、生产管理人员的继续学习与深造，积极参加国内外理论技术交流，及时掌握相关理论技术的发展动态，把提高技术业务水平当作一项常态工作。

（7）在设计和煤炭生产过程中遇到疑难问题时，要组织专家或专业技术人员进行论证，必要时开展技术攻关。

事故点评：

废弃井筒用黄泥土封闭，渗入水后黄土泥化形成流体，开采时未留保护煤柱，导致本次事故发生。

废弃井筒封闭不能直接用黄土充填，应先在井底做混凝土底座至煤层顶板10 m以上，上部再用黄土充填或者不填任何材料直接在井口加盖板，这样有积水易于探放。

案例二　吕梁离石某公司某矿地表水灌井事故

2022年8月11日18时42分左右，山西吕梁离石某煤业有限公司井下发生一起地表水灌入井下事故，造成1人死亡。

一、矿井及事故地点概况

（一）矿井概况

1. 某煤业及其主体企业概况

山西某焦化有限责任公司成立于2002年，是一个集采煤、选煤、炼焦、发电、甲醇及化工产品加工、建材、运输为一体，并拥有自营进出口权的综合性生产企业。

某煤业由原山西泰平煤业有限公司、原山西七里滩矿业有限公司、原山西吕梁离石田家会煤业有限公司、原山西离石厚德煤业有限公司整合而成。该煤业位于吕梁市离石区七里滩村南，行政区划属离石区滨河街道办事处管辖。矿井井田面积9.1461 km^2，批准开采3～10号煤层。矿井瓦斯等级为低瓦斯矿井，水文地质类型为中等，煤矿地质类型为中等；安全生产标准化等级为二级；生产能力为120万t/a。

2. 地质及水文地质概况

1）自然地理概况

地处吕梁山中段西翼，地形总体南高北低，为典型的黄土侵蚀地貌，地表梁峁连绵，冲沟发育。本区属黄河流域三川河水系，井田内无常年性地表水流，仅发育有多条较大冲沟，顺地势由南向北偏西径流汇入东川河，平时干涸无水，暴雨后有短暂洪流。

2）地质条件

井田位于河东煤田中段，离石矿区东部边缘，井田内地表大部为第四系黄土覆盖，下伏有二叠系下石盒子组、山西组，石炭系太原组、本溪组地层，地层为一走向北北西，倾向南西的单斜构造，局部有次级起伏。地层倾角约2°～24°，平均为11°，断裂构造不发育，地质构造类型属简单型。

3）水文地质条件

某煤业位于柳林泉域水文地质单元中部径流区，矿井煤层开采的直接充水含水层为二叠系碎屑岩裂隙含水层和石炭系碎屑岩夹碳酸岩盐含水层，单位涌水量分别为0.0008 L/(s·m)、0.0047～0.0396 L/(s·m)，富水性弱。底板下伏奥陶系岩溶裂隙含水层为间接充水含水层，水位标高约798～800 m，富水性弱，5号、6号、10号煤层底板标高为680～960 m，井田西部区域存在带压开采区，事故发生地点属非带压开采区。井田内存在多处整合前矿井形成的老空区积水，矿井正常涌水量为73 m^3/h，最大涌水量为90 m^3/h。开采的5号、6号、10号煤层矿井水文类型属中等类型。

4）井田内关闭小煤窑及废弃井筒

井田范围内兼并重组整合前有5座矿井生产，11个废弃井筒均已按相关规定封闭。

3. 矿井主要生产系统概况

矿井采用斜井开拓（主、副斜井、回风斜井），全井田划分两个水平，主水平（+768 m）开采10号煤层，辅助水平（+803 m）开采5号、6号煤层开采；采区布置3条上山：运输、轨道、回风上山，10号煤层设有中央变电所、中央水仓、煤仓、采区变电所、采区水仓、应急避难所、消防材料库；6号煤层设有煤仓、采区变电所、采区水仓、应急避难所、消防材料库。

矿井通风方式为中央并列式，主、副斜井进风，回风斜井回风。

井下主水泵房设于副斜井井底车场南侧，矿井涌水经由主水泵房、副斜井井筒敷设至地面的两趟 ϕ325 mm排水管路排出井口，一路工作，一路备用。水仓容量2852 m^3（主水仓容量1817 m^3，副水仓容量1035 m^3）。主水泵房安装3台MD280－43×8水泵，额定排水能力280 m^3/h，1台工作、1台备用、1台检修，配套450 kW矿用隔爆电动机。主井底还有一临时水仓，容量 30 m^3，配备 2 台 BQW50 - 15 - 7.5 潜水泵，将主井底涌水排往中央水仓。

6 号煤层一采区建有采区水仓，其水仓容量为 225 m^3，配备 IS100 - 65 - 315F 型离心泵 3 台，1 台工作，1 台备用，1 台检修。排水管路选用两趟 ϕ108 mm 型无缝钢管，一路工作，一路备用。

10 号煤层一采区建有采区水仓，其水仓容量 300 m^3，配备 IS100 - 65 - 315F 型离心泵 3 台，1 台工作，1 台备用，1 台检修。排水管路选用两趟 ϕ108 mm 型无缝钢管，一路工作，一路备用。

6 号煤层采、掘工作面采用风泵、潜水泵排水至采区水仓，由采区水仓排水至采区运输上山经水沟自流到 6 号煤层车场，经泄水巷排至副斜井水沟，后进入中央水仓，经中央水泵沿主排水管路排至地面。

4. 矿井采掘现状

井田范围内可采煤层为 3 号、4 号、5 号、6 号、10 号煤层。3 号煤层为不稳定局部可采煤层，未开采。4 号煤层已基本采空。5 号煤层为不稳定局部可采煤层，未开采。

6 号煤层正在开采 601 采区，60101、60102、60103、60104、60201、60202、60203、60204 工作面已开采完毕，60107、60108 工作面部分开采，60109 工作面已形成未开采。现采煤工作面 1 个，为 60105 工作面；掘进工作面 3 个：60106 运输巷、60106 回风巷工作面、60107 运输巷道维修工作面。

10 号煤层正在开采 1001 采区，100101、100102、100103、100106、100201、100202、100203、100204 工作面已开采完毕。现采煤工作面有 3 个：100108 末采工作面、100104 安装工作面、100107 回撤工作面。掘进工作面有 2 个：100105 运输巷掘进工作面、100105 回风巷掘进工作面。

二、事故发生地点及其井上下情况

（一）事故发生地点概况

1. 地形、地貌及地表水体

事故发生地点位于井田中部的炭窑沟中段，原为天然季节性冲沟，事故地点以上流域面积约 6.7 km^2。003 乡道（某某—七里滩公路）修建时沿沟谷修筑路基，两侧填沟造地，部分河段改为涵洞排水。

事故发生地点为原山西厚德煤业有限公司工业广场，为一近南北向洼地，西侧为黄土斜坡，东侧为 003 乡道，公路路面与洼地高差 10 ~ 15 m，原厚德煤业废弃的主斜井口位于场地西南角的平台上。上游来水从洼地南部涵洞注入洼地，在北端公路旁设置有排水泵站抽排积水。

2. 地质条件

事故发生地点位于井田中部一采区，地层走向北北西，倾向南西，倾角 5° ~ 7°，周边施工有 ZKQ4 钻孔，揭露基岩顶面埋深为 24.82 m，4 号煤层底板埋深 66.91 m，6 号煤层底板埋深 101.55 m，10 号煤层底板埋深 149.17 m。60101 和 100101 工作面已开采，在 100101 工作面带式输送机运输巷揭露一条走向北北东，倾向北西的正断层（f_5）落差 0.8 m，未发现陷落柱。经勘查和井巷揭露，该区域地质条件已基本查明。

3. 水文地质条件

事故发生地点位于井田中部属非带压开采区，兼并重组整合前4号煤层已开采，2014—2015年开采60101和100101工作面前，已对上覆4号煤层采空积水进行探放。经勘查和井巷揭露，该区域矿井水文地质条件已基本查明。

（二）原厚德煤业井筒关闭情况

原山西离石厚德煤业有限公司，1993年建井，1995年投产，井田面积2.3235 km^2，批准开采4号煤层，整合前开采4号煤层，采用斜、立井开拓，采煤方法采用长壁炮采，生产能力9万t/a。原井田范围除井筒附近和工业广场及不可采区外已基本采空。原厚德煤业主斜井坐标（西安80坐标系）X：4153024.351，Y：19515402.342，H：972.519；方位角227°，倾角25°（读图计算）。根据晋煤重组办发〔2011〕29号和吕政办发〔2009〕232号文精神，离石区政府组织区煤炭局、安监局、国土资源局等部门于2011年9月7日对原厚德煤业井口进行了关井验收。

（三）原厚德煤业主斜井下方煤层开采情况

原厚德煤业主斜井井口下方对应6号煤层60101工作面采空区，综采一次采全高，全部垮落法控制顶板，煤层厚度为1.2 m，采高1.6 m，于2014年5月初进行开采，于2015年3月开采完毕。对应10号煤层100101工作面采空区,综采放顶煤开采,全部垮落法控制顶板,煤层厚度为5.5 m,采高2.5 m,于2014年5月末进行开采,于2015年5月开采完毕。

60101、100101工作面巷道密闭墙采用两道红砖进行砌筑中间填充黄土封闭，墙体掏槽深度为0.3 m，砌筑厚度为0.5 m，黄土充填厚度为1 m，外墙抹面并留设观测孔、措施孔和返水孔。

（四）原厚德煤业工业场地积水洼地情况

原厚德煤业工业场地原为炭窑沟与西侧支沟岔口处的黄土台地，依地形在黄土坡脚下建设了主斜井和地面设施，料石平台下设有煤场。炭窑沟及其支沟雨季自然泄流。

沿炭窑沟修建的003乡道（某某—七里滩公路），路基占据河道，两侧填沟造地，阻断了沟谷的自然排洪通道，改为设置涵洞排水。上游来水和西侧支沟雨季洪流，由南部流经工业场地，通过北部路基下的排水涵洞流出。

兼并重组整合后原厚德煤业主斜井井口关闭，工业场地废弃。2014—2015年间，某煤业开采了工业场地下方60101、100101工作面，受下方6号、10号煤层采动变形影响，致地表下沉形成洼地，使北部排水涵洞失效，上游来水无法排出形成积水洼地。雨季积水量稍大，旱季积水逐步萎缩到仅北部小范围。事发当日最大积水面积为8433 m^2。

为避免积水淹没废弃井口，危及矿井安全。某煤业在洼地北端临水的路基处设置了排水泵站，抽排积水至公路对侧，后流向下游。每年雨季设泵站排水，安排专人值守。事故发生前安装2台排水泵，8月11日上午，因上游来水增大临时增加1台排水泵。

三、事故发生及抢险救援经过

（一）事故发生前的情况

2022年8月8日12时至8月11日12时，离石区持续降雨，8月11日0时至12时降雨量增至63.9 mm（离石区垣上雨量站），达到暴雨级别，2时测得小时降雨量达到22.6 mm，天亮后雨势减弱。

根据事故调查组对某煤业安全副矿长雷某某问询笔录：

8 月 11 日 7 时 30 分矿领导一起吃早饭时，某煤业矿长祁某某安排安全副矿长雷某某饭后去巡查地表，重点看原厚德煤业工业场地情况，让其根据巡查情况，如果雨大即安排撤人。

8 月 11 日 7 时 50 分安全副矿长雷某某到了原厚德煤业工业场地，在公路上目测积水位距料石平台（煤台）上平面还有 40 ~ 50 cm，泵站排水正常进行。

鉴于当时雨下大了，8 时 37 分安全副矿长雷某某给矿调度主任贺某打电话通知井下撤人，并上报某公司总调度，安排安监科长在井口盯守，清点出入井人数。

8 时 49 分安全副矿长雷某某给离石区应急管理局煤安股股长邓某某打电话通报某煤业因强降雨撤人。

当班入井人员 155 人，10 时 02 分入井人员全部安全升井。

10 时 30 分降雨停止，天气放晴。

11 时 30 分左右安全副矿长观察积水区水位仍位于料石平台以下，11 时 56 分请示矿长祁某某中班人员是否可以入井，矿长了解情况后同意安排人员入井，11 时 59 分安全副矿长雷某某通过微信工作群通知当日中班各区队人员正常下井。

12 时左右，地面机运副区长王某某给安全副矿长雷某某打电话，说积水坑附近公路看到有裂缝，雷进海立即赶到现场查看，公路上有一条裂缝，随即安排人设警戒线，垛沙袋。

8 月 11 日中班人员正常下井，当班入井人数 193 人，当班带班领导通风副总工程师张某某 14 时 56 分带班入井。

8 月 11 日下午（具体时间模糊），排水工给王某某打电话说路基的浆砌石护坡滑塌了，王某某过去查看时，3 台水泵暂停运转了一会儿，王某某看了一下浆砌石护坡滑塌的情况，随后安排把水泵送上电，继续排水。

（二）事故经过及报告情况

8 月 11 日 18 时 42 分，矿长祁某某和安全副矿长雷某某在原厚德煤业工业场地积水区巡查过程中，发现积水区水位快速下降，初步判断积水进入井下。

18 时 43 分安全副矿长雷某某通过手机拨打调度室电话（8252626），通知值班调度员侯某某下达撤人指令。

18 时 44 分值班调度向井下各作业地点电话通知井下人员撤离，值班矿领导总工程师温某某落实了撤人的指令，启用应急广播不间断进行呼叫人员撤离。

18 时 44 分安全副矿长雷某某通知生产副矿长李某某立即赶往调度室指挥井下撤人，通知安检科长李某赶往井口清点出井人数。

18 时 57 分矿长祁某某赶回调度室指挥井下撤人。

当班带班矿领导通风副总工程师张某某，接到撤人通知后现场组织人员撤离。

经清点，该矿当班井下人员 193 人，安全升井 192 人，通过人员定位检查，与领用头灯记录、出入井检身记录和各区队核对，井下运料队 1 名工人失联。

（三）事故上报及应急预案启动

事故发生后，某煤业有限公司于 18 时 43 分启动事故应急救援预案，命令井下所有人员有序撤离，并逐一清点出井人员。

18时44分，矿调度室向山西某矿业投资有限公司副总经理冯某某汇报事故发生情况。某公司接到事故发生的报告后，立即启动了事故抢险救援预案。19时07分，副总经理冯某某带领相关人员赶到现场。19时19分，某公司向山西某矿业矿投资有限公司救护中队发出事故救援命令：某煤业发生事故，命立即前往救援。19时30分，某公司矿山救护中队到达事故矿井。

某煤业于19时30分左右向离石区应急管理局进行了上报，离石区应急管理局将事故按程序逐级上报，并启动应急救援处置预案，第一时间调集3支救援队伍，总计100余名抢险人员开展救援。

8月12日凌晨由吕梁市副市长任总指挥的应急救援处置指挥部，制定了《8·11”事故应急救援处置现场方案》，开展事故抢险救援工作。

（四）抢险救援过程

1. 井下抢险救援情况

8月11日19时30分，某公司救护中队到达发生事故的某煤业有限公司，并领取任务。

通过了解人员清点情况，有运料队1名工人失联。经过与地面和出井人员初步了解，地面积存雨水溃入6号煤层，由6号煤层井底车场进入10号煤层井底车场，造成井下10号煤层井底车场被淹，10号煤层通风系统破坏。现场水淹没至主斜井煤仓下口、副斜井落平处，且水位仍在持续上涨。

指挥部推断失联人员遇险位置在主斜井井底至架空乘人装置尾轮处。根据现场实际情况，初步确定采取在主斜井安设临时绞车，从主斜井至井底铺设临时排水管路，安设2台潜水泵进行排水；副斜井井口安设局部通风机至10号煤层井底车场逐段恢复通风。从副斜井至井底车场接设3台潜水泵，改装原有压风、供水管路和注氮管路进行排水。

截至8月14日4时搜救结束，主斜井累计排水2381.6 m^3，副斜井累计排水3710.7 m^3，总计排水6092.3 m^3。清理淤泥约300 m^3。

2022年8月14日3时05分左右，遵照现场应急救援处置指挥部安排，搜救人员在主斜井井底架空乘人装置尾轮积水处发现失联人员，8月14日4时紧急升井后，经现场医护人员确认已无生命体征。

2. 地面溃水口的应急处置情况

8月11日溃水事故发生后，为截断水源减少溃入水量，某公司立即调集施工机械，就近取黄土和煤矸石对溃水口及周边洼地进行了回填封堵，并用垒沙袋和水泥涵管将上游来水引向远离溃水口的洼地东侧，流向洼地北端的抽水泵站。截至8月16日现场勘察时回填工作仍在进行中。

四、现场勘察及分析

2022年8月16日、17日事故调查专家对事故现场进行了2次地面勘察，8月16日、18日进行了2次井下勘察。16日专家组前往矿调度室了解情况，调取事故发生当日及事故发生前各类传感器监测数据情况，分析异常点及发生时间；调取了多个地点的工业视频资料。

（一）地面勘察情况

（1）2022 年 8 月 16 日 14 时，事故调查专家对原厚德煤业工业场地及周边进行了勘察。

地面勘察路线：某煤业工业场地→水峪里隧道→原厚德煤业工业广场积水地点→上游排水涵洞→积水点抽水泵站→下游涵洞出口→上游地表水来源。

现场描述：事故发生的地面现场为一大致南北走向的长条形洼地，长约 200 m，宽 30 ~ 50 m，西侧为黄土斜坡，东侧为 003 乡道，公路路面距洼地底部高差 10 ~ 15 m（图 2 - 6 - 7）。

回填作业北部剩余少量积水区

地面溃水口已被填埋

洼地南端的上游来水涵洞

水泥涵管引流

洼地北端公路护坡边的排水泵站

厚德煤业工业广场主斜井位置

图 2 - 6 - 7　事故发生地现场图片

专家组在地面溃水点勘察时，某公司正组织装载机和卡车从周边取黄土和煤矸石由西南向北对洼地进行填埋，现场观察剩余积水范围仅占洼地面积的 20% 。相关人员现场介绍了原厚德煤业废弃主斜井口位置、地面溃水口位置，现均已被填埋。洼地南端见有上游来水的双孔涵洞，涵洞口明显高于洼地，流入洼地的水流被用水泥涵管引到洼地东侧，流向洼地北端公路边的排水泵站。泵站设置在高 10 m 左右的浆砌石护坡顶部，设有 3 台潜水泵和排水管路，抽排水被引向路基对侧，向下游自流，护坡前堆填了大量煤矸石，排水涵洞口已被掩埋，钢制平台支架倾倒在半坡。据了解由于积水位置低于出口涵洞位置，所以矿上采取抽排方式，事故当天采用 3 台铭牌总排水能力为 730 m^3/h 的潜水泵向外排水。

（2）8 月 17 日 14 时，事故调查专家组根据调查问询情况，对原厚德煤业主斜井周边排水泵站护坡下沉和 003 乡道路基滑塌现场再次进行了勘察（图 2－6－8）。

砌石护坡下沉滑塌　　路面开裂向下滑塌

图 2－6－8　抽水泵站附近情况

（二）井下勘察情况

（1）2022 年 8 月 16 日事故调查专家对事故现场 6 号煤层井底车场等地点进行勘查（图 2－6－9、图 2－6－10）。

矿车和平板车上淤积的黄土　　回风联巷巷壁上的水淹痕迹

图 2－6－9　6 号煤层井底车场事故现场痕迹

井下勘察路线：8 月 16 日专家组从副斜井→6 号煤层井底车场→6 号煤层轨道大巷→6 号煤层集中轨道巷无极绳操作硐室→6 号煤仓上口→6 号煤层进风行人联巷→主斜井→地面。

现场情况描述：6 号煤层井底车场断面 5.1 m×3.3 m，巷道内部分矿车倾倒，平板车

井底车场泄水口

堆积石渣

砖砌闭墙块体和闭墙管理牌板

堆积大块矩形粗石料

图 2－6－10　6 号煤层井底车场现场

和矿车堆积，该巷道顶板完好，两侧管路和线路未见明显损伤，巷道底板堆积物主要为大小不一的石块、淤泥和密闭墙残块，石块最大尺寸为 0.7 m×0.4 m×0.35 m，巷道底板堆积物厚度为 0.2～1.0 m，巷道过水高度 2 m，底板有黄泥淤积。车场末端巷道顶部安装摄像头一个（附 1 号摄像头影像视频）。

6 号煤层井底车场与 6 号煤仓、10 号煤仓联络巷三岔口点断面为 4.2 m×2.8 m，巷道顶板完好，两侧管路和线路未见明显损伤，巷道底板堆积物主要为料石、碎石块和淤泥，淤泥堆积物厚度为 0.2 m，料石最大尺寸为 400 mm×700 mm×300 mm，其他为 300 mm×200 mm×100 mm 左右，有黄泥淤积。

6 号煤层集中轨道巷 60106 运输巷局部通风机安装处距离无极绳绞车硐室向西 20 m 处，该地点现场断面 5.2 m×3.2 m，巷道顶板完好，两帮电缆和管路损坏不明显，巷道底板存在大量堆积物（煤渣、石头、密闭墙块、木料），其中密闭红砖砌块 1.0 m×0.5 m×0.6 m，底板堆积物高度为 0.7 m，巷道左帮堆积一个 0.75 m^3U 形矿车一个，巷道过水高度为 0.7 m。

6 号煤层轨道大巷是连接 6 号煤层井底车场和 6 号煤层集中轨道巷的巷道，该巷道断面为 4.2 m×2.8 m，该巷道顶板完好，两侧管路和线路未见明显损坏，巷道底板存在堆积物（石头、煤矸石），堆积物高度为 0.3 m，水流方向由里向外至 6 号煤层井底车场。

（2）2022 年 8 月 18 日事故调查专家组对事故现场主斜井井水淹地点即被困人员遇难地点进行勘查（图 2－6－11）。

井下勘察路线：主斜井→6 号煤层井底车场联络巷→6 号煤层井底车场→6 号煤层井

移变被水流掀翻

10号煤仓上口(1)

10号煤仓上口(2)

10号煤仓下口

10号煤仓下口巷壁剥落

主斜井底积水区

图 2-6-11　井下勘查事故现场多处底板有黄泥

底车场到 10 号煤仓上口联络巷→10 号煤仓上口→6 号煤层井底车场联络巷→主斜井井底→主斜井→地面。

现场情况描述：

10 号煤仓上口联络巷及煤仓上口配电硐室，巷道断面为 4.2 m×2.8 m，巷道顶板完好，两侧设施未见损坏，巷道口栅栏损坏，移变向内倾倒，有料石、灭火器材及黄泥堆积，通往风门处黄泥淤泥厚 0.1 m。

10 号煤仓上口断面为 5.5 m×3.5 m，该巷道顶板完好，通往移变配电点及煤库口挡水墙，护栏完整，两侧管路和线路未受损坏，巷道底板及水沟存在淤泥，黄泥厚度约

0.15 m，巷道顶部安装摄像头未损坏。

10 号煤仓下口巷道断面 5.8 m×4.8 m，巷道顶板完好，给煤机、带式输送机和巷道内胶管线等设施完好，向内 10 m 处巷道左帮破损，墙砖脱落，堆渣体积为 600 mm×400 mm，左侧底板有大量的堆积物，主要为煤矸石及粉煤，电缆脱落至巷道底板。

主斜井井底距离 10 号煤仓下口 15 m，巷道顶部支护完好，巷道前方积水至巷道顶板处，现场采用局部通风机供风，人员无法前进，该地点前方 10 m 处为架空乘人装置机尾处，为死者遇难地点。

五、事故基本要素及依据

（一）事故发生时间分析认定

事故发生的时间：2022 年 8 月 11 日 18 时 42 分。

认定依据：依据现场安全副矿长的问询笔录（18 时 42 分发现“平台南侧 4~5 m 的地方有个小漩涡”），调取事故发生后调度通话记录（显示汇报时间为 18 时 43 分），综合分析认定。

（二）事故发生地点分析认定

地面溃水口地点：原厚德煤业工业场地积水区料石平台南侧 4 m。

认定依据：专家组现场勘察时，因事故发生后某公司已进行了填埋，现场勘察时未见地面溃水口位置和形态。地面溃水口位置和形态的认定根据现场目击证人煤矿采掘副总工程师姜某的描述确定（见调查问询笔录）。

（三）地表积水溃入井下原因分析

1. 导水裂缝带发育高度计算

60101 工作面，采用综采一次采全高，全部垮落法控制顶板，煤层厚度为 1.2 m，采高 1.6 m，6 号煤层顶板为泥岩，属中硬顶板，根据《建筑物、水体、铁路及主要井巷煤柱留设与压煤开采规范》推荐的公式计算得：60101 工作面开采垮落带高度（H_m）为（6.03±2.2）m，导水裂缝带高度（H_f）为 35.30 m。

100101 工作面，采用综采放顶煤工艺，全部垮落法控制顶板，煤层厚度为 5.5 m，采高 2.5 m，10 号煤层顶板为石灰岩，属坚硬顶板。根据《建筑物、水体、铁路及主要井巷煤柱留设与压煤开采指南》推荐的公式计算得 100101 工作面开采垮落带高度（H_m）为 43.5 m；根据《煤矿床专门水文地质勘查规范》（GB/T 40130—2021）附录 C 公式计算得导水裂缝带高度（H_f）为 175 m。

据邻近的 ZKQ4 号钻孔，6 号煤层上距 4 号煤层底板 27.12 m，10 号煤层上距 6 号煤层底板 33.66 m。60101 工作面开采后导水裂缝带可以导通上覆 4 号煤层采空区，100101 工作面开采后，垮落带导通 6 号煤层采空区，导水裂缝带可以直达地表。

2. 60101、100101 工作面开采地面下沉监测

据煤炭工业济南设计研究院 2015 年 9 月提交的《U 煤业 100101 及 60101 工作面地表移动与变形规律阶段性研究报告》2014 年 10 月 16 日观测到点位最大下沉值 5939 mm（33 号点），整个下沉盆地呈锅形。报告提交当时还未达到充分采动。

由此可见，60101、100101 工作面开采后地面大幅沉降形成洼地，使原有排水涵洞失效，上游来水无法自流排出，在低洼处形成积水区。

3. 60101、100101 工作面开采对废弃主斜井井筒的破坏

经调查了解原厚德煤业废弃主斜井封闭时按规定仅对巷道口段 20 m 和落底段采用闭墙进行了封堵，中间巷段未充填。废弃主斜井井筒部分斜穿下方 60101、100101 工作面，开采后，岩移变形破坏了井筒结构。

本次地表积水溃入井下的原因：原厚德煤业废弃主斜井下方为 U 煤业已开采完毕的 60101 工作面和 100101 工作面，采煤顶板冒落、变形沉降，致地表下沉形成洼地，同时也破坏了废弃主斜井井筒结构的完整性。事故发生前的强降雨致使上游来水增大，地面排水能力不足，在低洼处形成大量积水。雨季连续强降雨使低洼处积水长期保持高水位，加剧了下渗潜蚀作用并最终形成管涌，在高位积水持续加载作用下使得废弃主斜井井筒突然垮塌，形成集中溃水通道，经 6 号煤层 60101 工作面采空区，冲垮闭墙，溃入井下。溃水前原厚德煤业废弃井口位置如图 2-6-12 所示。

图 2-6-12 溃水前原厚德煤业废弃井口位置图

（四）溃水路径及溃水淹没范围

1. 溃水后井下水流路径分析

井下水流主路线 1：地面溃水口→原厚德煤业主斜井筒垮塌段→采空区→60101 运输巷闭墙溃口→6 号煤层集中轨道巷（60106 运输巷开停传感器显示 18 时 53 分通风机停止运转）→6 号煤层井底车场（视频监控过水时间 18 时 54 分）→10 号煤仓上口→主斜井（煤仓下口、架空乘人装置乘车点附近视频监控显示时间 18 时 58 分）。

水流主路线 1 第一分支路线：6 号煤层井底车场（视频监控过水时间 18 时 54 分）→10

号煤仓上口→10 号煤层集中运输巷→掏煤泥斜巷→10 号煤层井底车场。

水流主路线 1 第二分支路线：6 号煤层井底车场(视频监控过水时间 18 时 54 分)→泄水巷→副斜井→10 号煤层井底车场（视频监控过水时间 18 时 57 分)。

井下水流主路线 2：地面溃口→原厚德煤业主斜井未受采动影响段→厚德煤业 4 号煤层回风大巷未受采动影响段→100108 工作面采空区（图 2 –6 –13)。

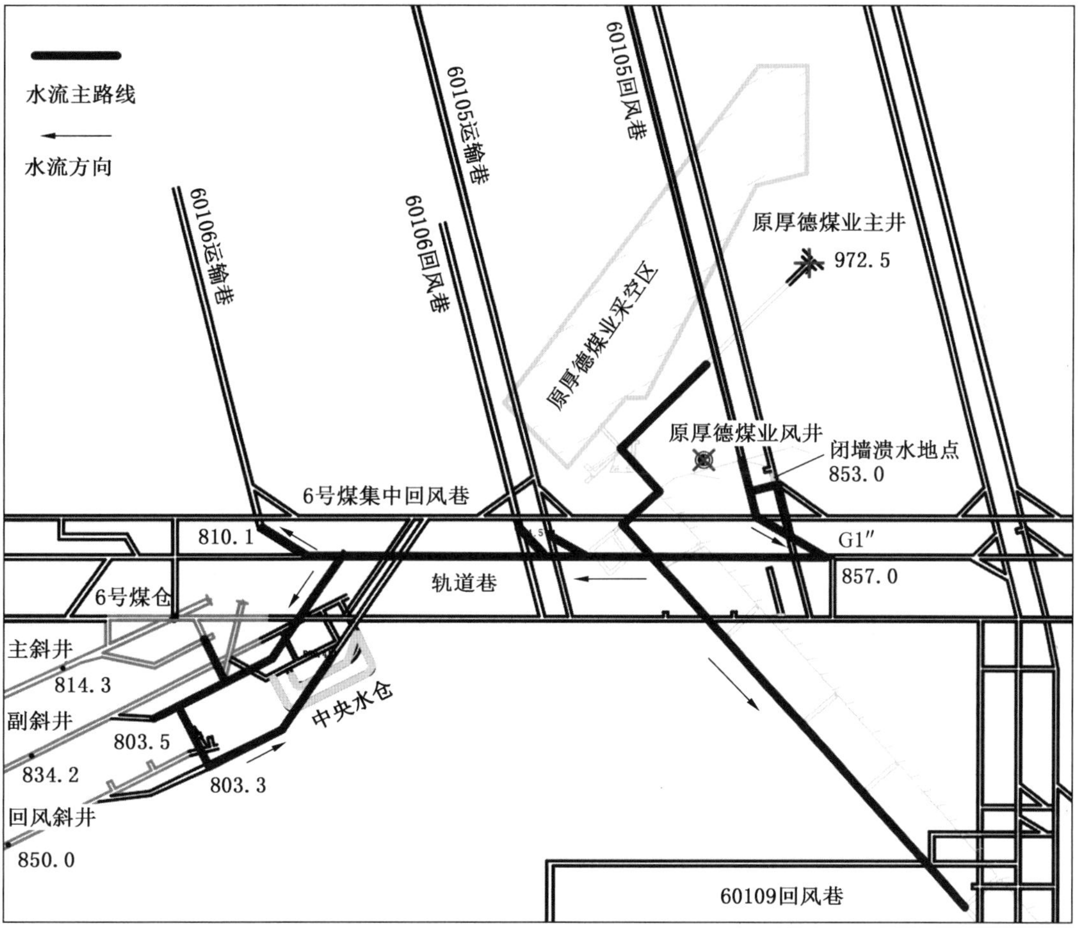

图 2 –6 –13　井下溃水路线简图

2. 溃水后井下淹没范围

2022 年 8 月 12 日 1 时许，抢险救援人员到达副斜井 773 m 位置，在该处见溃水后水面接顶，接顶处水位标高 769. 1 m。淹没范围如图 2 –6 –14、图 2 –6 –15 所示。

（五）地表溃入水量及溃水强度计算分析

（1）根据事故调查组对当日在原厚德煤业场地低洼积水区泵站排水工人高某某的询问笔录，2022 年 8 月 11 日 8 时左右，积水区水位远观距离料石平台上缘约 0. 4 m。大约 18 时多见料石平台南侧 2 ~ 3 m 处有漩涡，直径约 30 cm，漩涡越来越大，漩涡周围垃圾等杂物一同旋转，积水区水位随之下降。从看见漩涡到水排完，大概用时半小时。

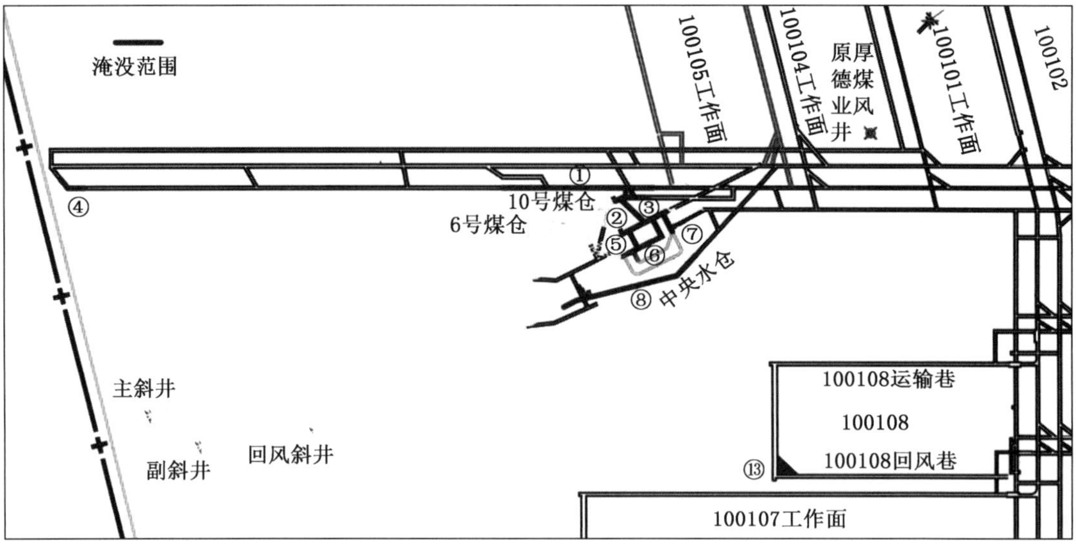

①—10 号煤层轨道巷积水；②—主斜井井底积水；③—井底车场和主斜井井底联络巷积水；
④—二采区轨道大巷尽头积水；⑤—中央变电所和中央水泵房积水；⑥—中央水仓；
⑦—掏煤泥斜巷积水；⑧—总回风巷积水；⑬—100108 采空区积水

图 2－6－14 10 号煤层井下淹没范围图

（2）根据事故调查组对地面机运副区长王某某（负责积水区排水工作）的询问笔录，8 月 10 日夜，雨下得特别大，8 月 11 日上午降雨减弱。由于强降水，上游来水量大，两台水泵排不完积水，又加装 1 台水泵，3 台泵同时工作，水位仍看不到下降。到下午 3 点左右，排水工给王某某打电话说路基的浆砌石护坡滑塌了，王某某过去查看时，3 台水泵暂停运转了一会儿，王某某看了一下浆砌石护坡滑塌的情况，随后安排把水泵送上电。后来听到工人说积水区有漩涡，王某某看到漩涡，之后积水大概用了 20 多分钟水排完。

（3）根据事故调查组对安全矿长雷某某的询问笔录，2022 年 8 月 11 日 8 时，在泵站公路方向目测积水位距料石平台上平面有 0.4～0.5 m 高差，当天因靠近积水坑侧的公路有塌陷，雷某某安排工人重新垛沙袋防止公路水进入积水坑。约 18 时 42 分雷某某看到料石平台南侧 4～5 m 的地方有个小漩涡，立刻给调度室打电话通知撤人，并随即赶往调度。原厚德煤业工业场地地形图及低洼积水范围如图 2－6－16 所示。

（4）根据某煤业提供的《关于原厚德煤业工业场地积水水位及排水泵站排水情况证明》。2022 年 8 月 11 日 8 时积水水位远观距料石平台下约 0.4 m，至下午发生漩涡时积水水位远观距料石平台约 0.3 m。

据调查问询笔录，排水泵站工作情况证明综合分析：

2022 年 8 月 11 日 8 时积水区水位采用距料石平台上缘 0.4 m，水位标高 983.7 m；溃水发生漩涡时积水水位采用距料石平台上缘 0.3 m，水位标高 983.8 m。溃水口位置地面标高 982.3 m；积水区溃口溃水时长采用 25 min；积水区域面积及积水水量依据 2022 年 6 月 21 日航拍 1：1000 地形图，采用南方 CASS9.1 计算软件，计算方法为方格网计算体积

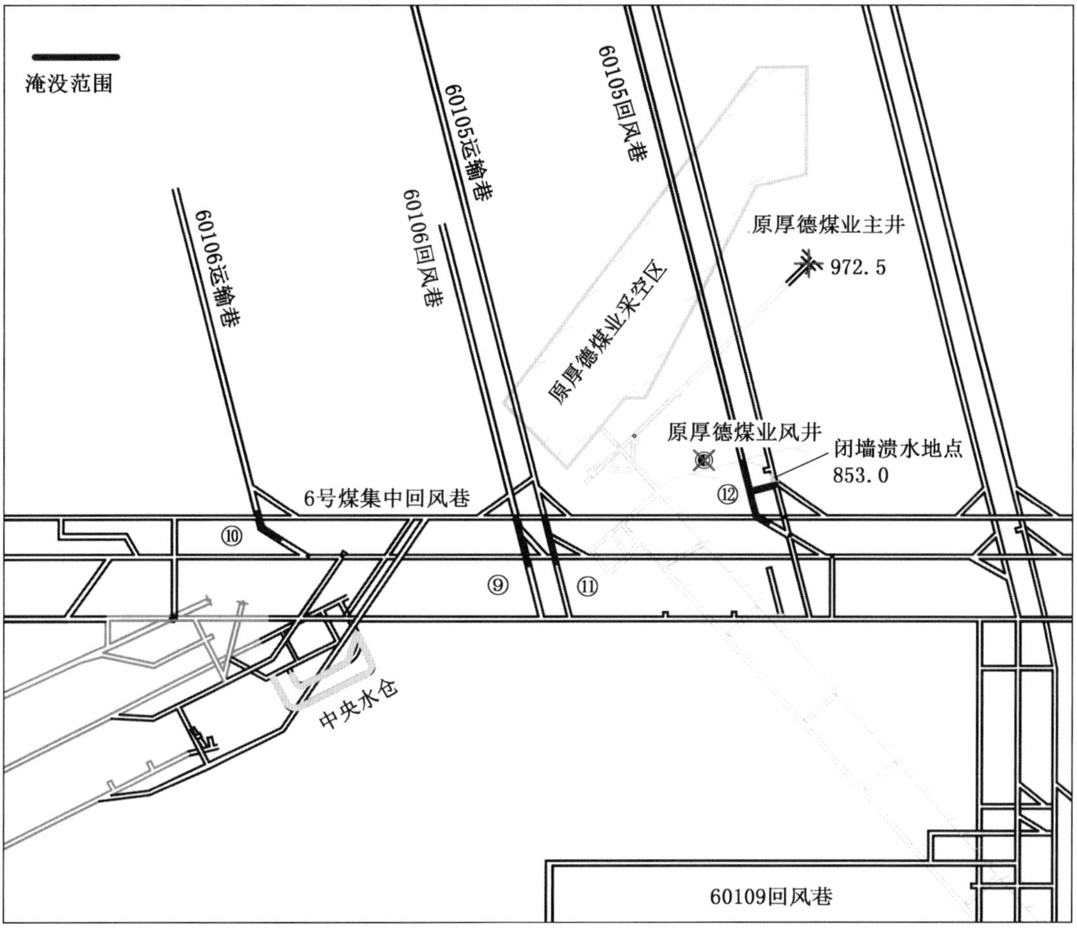

⑨—60106 回风巷积水；⑩—60106 运输巷积水；⑪—60105 运输巷积水；
⑫—60105 回风巷积水

图 2－6－15　10 号煤层井下淹没范围图

方量，方格网间距为 2 m 进行数据采集。

基于以上基础数据，经计算，事故发生当日 8 时至发生溃水期间主要计算成果如下：积水区上游流域汇水面积 6.7 km^2；低洼积水区最大积水面积 8433 m^2；积水区最高水位标高 983.8 m；溃水口地面标高 982.3 m；低洼积水区水量 17099 m^3；溃入井下水量 12200 m^3；泵站抽水水量 7685.1 m^3，排水泵站排水能力为 754.5 m^3/h；积水区外部水源补给水量 8528.4 m^3；补给强度 789.6 m^3/h；事发当日排水泵站排水能力小于当日积水区外部水源补给强度，排水泵站排水能力不足。

（六）井下实际溃入水量统计分析

2022 年 8 月 12 日 1 时许，抢险救援人员到达副斜井 773 m 位置，在该处见溃水后水面接顶，接顶处水位标高 769.1 m，在其上部有溃水后最高水位痕迹线，痕迹线标高 770.5 m。实见水位较最高水位痕迹线低 1.4 m，为主斜井井底和 10 号煤层集中轨道巷间

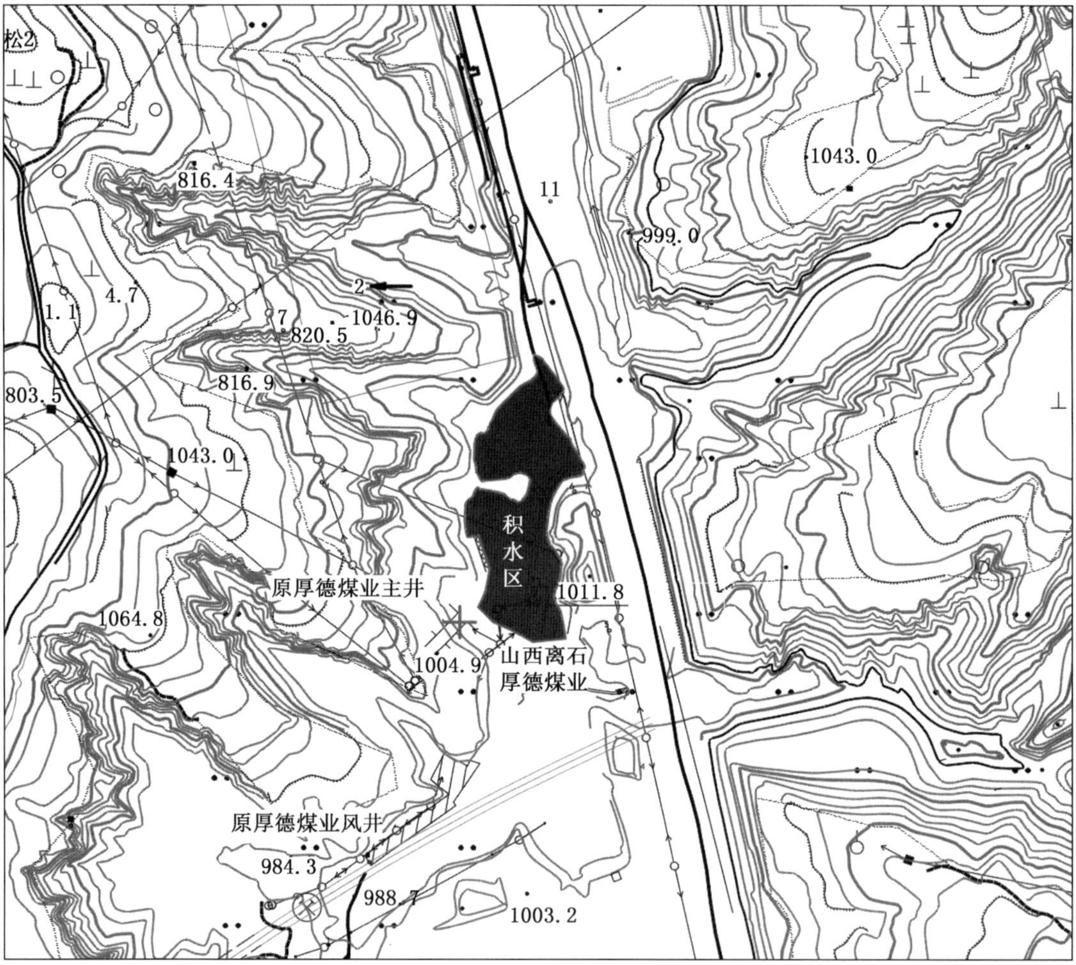

图 2-6-16 原厚德煤业工业场地地形图及低洼积水范围图

联络巷闭墙在溃水后受水流冲击和高水位水压造成闭墙破损，之后水流导入 10 号煤层集中轨道大巷引起的水位变化所致。

根据抢险救援期间实见井下淹没水位标高，通过计算得出地表溃入现生产区域水量 10374.6 m^3，与地面溃入水量 12200 m^3 相比少 1825.4 m^3，分析原因应为地表溃水过程中，大部分通过原厚德煤业主斜井井筒溃口溃入 60101 工作面采空区，少部分溃水经原厚德煤业井筒及厚德煤业回风大巷最终进入 100108 工作面采空区。

关于“少部分溃水经厚德煤业井筒及厚德煤业回风大巷最终进入 100108 工作面采空区”的结论认定：据事故当天 17 时左右 6 号煤层轨道上山 350 m 处探放原厚德煤业回风大巷积水的钻孔涌水量观测，观测涌水量为 9.2 m^3/h，较日常（1.8～4.0 m^3/h）涌水量观测值明显偏大，结合地表溃水通道分析，钻孔水量增加原因应为地表溃水过程中过路原厚德煤业回风大巷所致。

经计算：溃入现生产区域水量 10374.6 m^3；溃入 100108 采空区水量 1825.4 m^3；抢险

救援期间，通过地表溃口向井下补给强度为 13.6 m^3/h，补给强度小；8 月 16 日现场勘察期间，目测通过地表溃口向井下补给强度约为 4 m^3/h，补给强度微弱。

（七）死亡人员遇难位置及原因

人员遇难地点：主斜井井底架空乘人装置尾轮积水处，如图 2－6－17 所示。

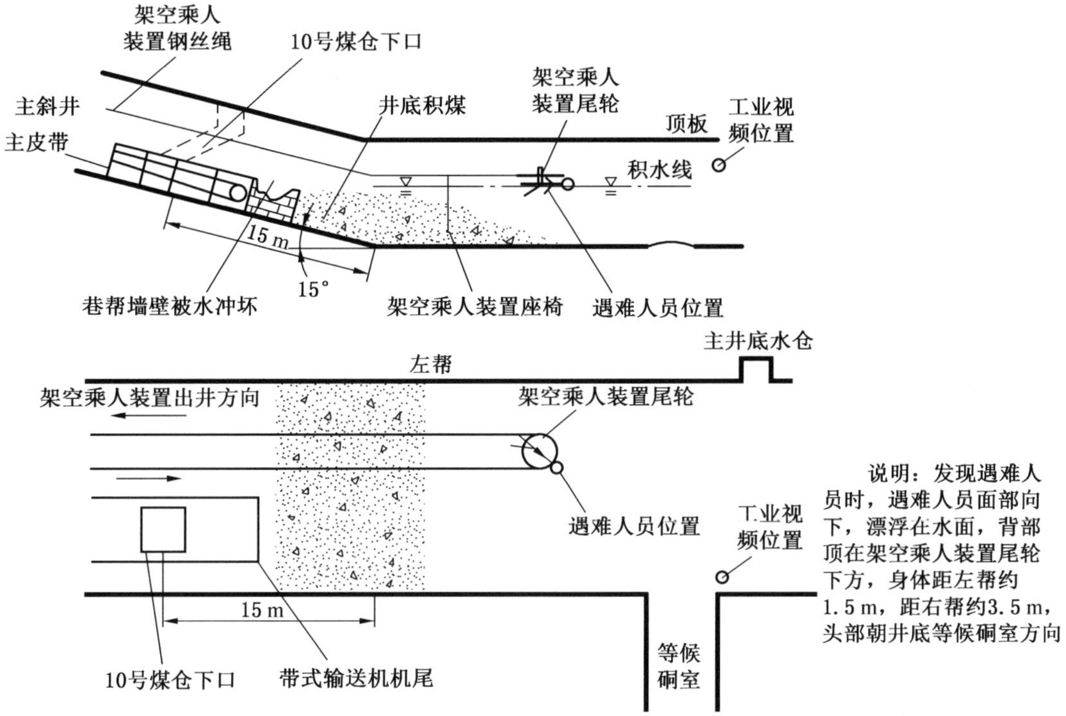

图 2－6－17 人员遇难位置示意图

认定依据：事故调查专家组调取主斜井井底架空乘人装置附近的工业视频分析研判，机器时间 19 时 00 分 40 秒显示遇难人员已乘坐上行的架空乘人器，19 时 01 分 07 秒大股水流顺主斜井由上向下溃泄，并瞬间冲垮了架空乘人装置尾轮处围挡；根据事故抢险救援报告“搜救人员在主斜井井底架空乘人装置尾轮积水处发现失联人员”。由此认定人员遇难位置。

原因分析：10 号煤层井底煤仓位于主斜井井底向上 15 m 处，煤仓深度 25 m，直径 8 m。水流经 6 号煤层井底车场进入 10 号煤仓上口，通过 10 号煤仓上口进入煤仓内，煤仓下部发生漏水现象，随着水流逐渐加大造成煤仓内水位升高，压力增大，最终造成煤仓下口漏斗闸门损坏发生溃泄。乘坐架空乘人器上行的钻探队薛某某和王某某均受到溃泄水流冲击，导致王某某落水遇难（图 2－6－18）。

（八）事故类别分析认定

经专家组勘察分析认定：本次是一起因暴雨后地表积水造成废弃井筒垮塌，导致地表积水经连通的多层采空区及其导水裂缝带溃入井下的事故，属一般溃水事故。

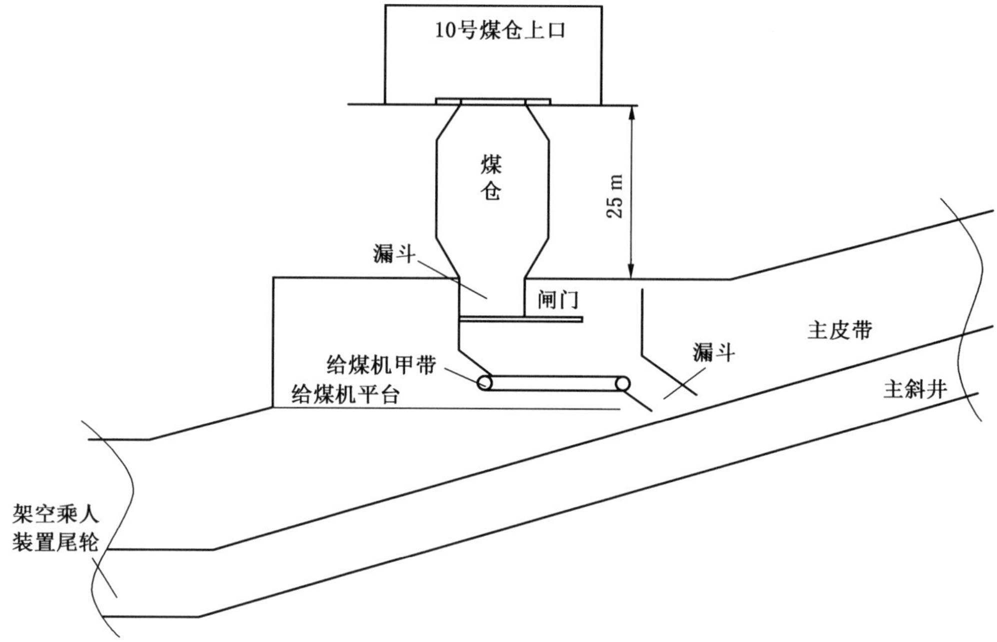

图 2-6-18 10 号煤层井底煤仓示意图

六、事故认定及建议

（一）直接原因

强降雨使低洼处积水长期保持高水位，加剧了下渗潜蚀作用并最终形成管涌，使得废弃主斜井井筒突然垮塌，形成集中溃水通道，经 6 号煤层 60101 工作面采空区，冲垮闭墙，溃入井下。

（二）间接原因

（1）受下方 6 号、10 号煤层采动变形影响，致地表下沉形成洼地，同时破坏了废弃主斜井井筒结构的完整性。

（2）填沟修路人为改变了季节性沟谷的自然排泄，形成了低洼汇水条件。

（3）强降雨致使上游来水增大，地面排水能力不足致低洼处形成大量积水，并长时间保持高水位。

（三）技术防范措施和建议

（1）认真落实极端天气停产撤人管理制度。

（2）对采空区上覆低洼积水区回填，疏干地表积水，疏通排洪沟道。

（3）进一步加强对废弃井筒、采空区等隐蔽致灾因素的排查和治理，消除隐患。

（4）全面排查矿井密闭质量，严格管理新构筑密闭的设计施工，加强密闭的日常巡查，关键地段构筑防水闸墙。

（5）加强地表回填区域和井下作业场所的安全风险辨识，及时采取有效措施，防止发生滞后溃水溃泥事故。

(6) 及时对100101工作面积水进行探放，消除隐患。

(7) 严格贯彻落实雨季防治水相关规定要求。

(8) 加强职工的安全培训，提高作业人员的危险辨识及避险能力。

点评：废弃井筒附近积水，暴雨后井筒垮塌，积水通过井筒、导水裂缝、采空区等通道溃入井下，导致本次事故发生。

第七节 “顶板溃水溃砂”水害事故案例

案例 山西寿阳某煤业有限公司较大水害事故

2016年10月13日8时44分，山西寿阳某集团某煤业有限公司一采区运输上山掘进工作面发生一起较大水害事故，造成3人死亡，直接经济损失329.1万元。

一、矿井及事故地点概况

1. 矿井概况

山西寿阳某集团某煤业有限公司系股份制企业。矿井位于晋中市寿阳县城西北部平舒乡平舒村和太安村（图2－7－1）。井田面积8.4245 km^2，截至2016年9月，剩余可采储量4724 kt。矿井开采石炭系太原组15号煤层，设计生产能力为900 kt/a，采用斜、立井开拓。2011年12月开始矿井建设，2016年5月转为生产矿井，采用走向长壁综采放顶煤采煤方法。

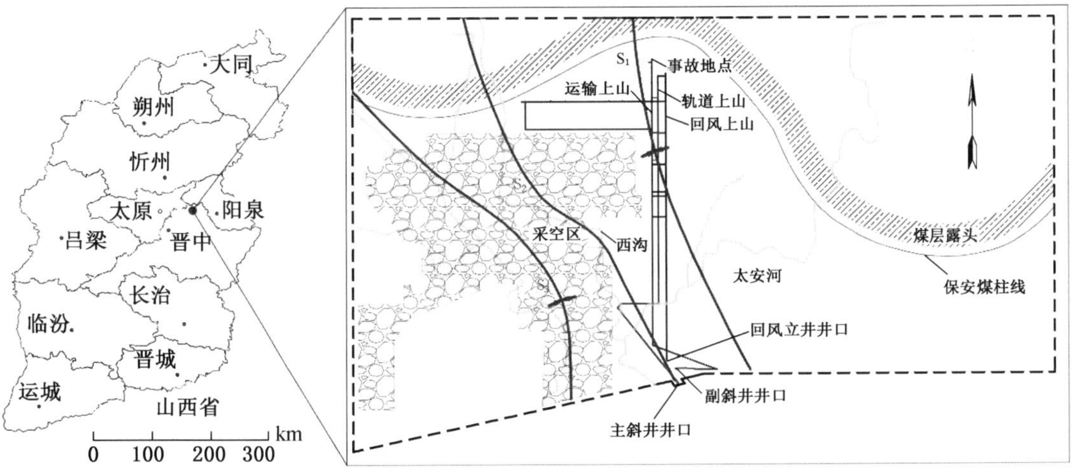

图2－7－1 矿井概况图（矿界标准图例）

主斜井、回风立井、副立井三个井筒均位于井田南部工业广场。主斜井主要担负矿井提煤兼作进风等任务，副立井担负矿井提矸、下料、上下人兼进风任务，回风立井担负全矿井回风任务，兼矿井安全出口。目前矿井有1个采区（151采区），布置有运输、轨道、回风3条上山，其中运输上山与轨道上山间隔30 m，轨道上山与回风上山间隔40 m

（图3－7－1）。

矿井排水系统：在井底车场设有矿井排水系统。主、副水仓有效容量为2000 m^3。主泵房安装3台MD200－50×6型耐腐离心泵，1台工作、1台备用、1台检修，单台水泵流量为200 m^3/h，扬程为300 m。设ϕ219 mm×8 mm排水管路3趟，排水管通过水泵房、管子道、副立井井筒至地面，将井下涌水排至地面污水处理站。井下各工作面排水点积水采用潜水泵经ϕ89 mm×3 mm无缝钢管排至轨道上山水沟内，自流至中央水仓。根据矿方对2016年10月7日以前资料的统计，矿井正常涌水量为124.7 m^3/h，最大涌水量为172 m^3/h。

2. 事故地点及相邻区域基本情况

15号煤层一采区运输上山位于井田中部，为＋835 m水平，巷道标高为＋855～＋964 m，对应地面标高＋1069～＋1094 m，地表均为第四系黄土。巷道沿15号煤层底板布置，该巷道西侧为煤层实体，东侧为轨道上山、回风上山，北部靠近风氧化带。15号煤层厚4.2～4.5 m，平均厚度为4.35 m。煤层稳定，含2～3层夹矸，煤层结构属复杂类型。煤层倾角为6°～16°，平均倾角为11°。

工作面在施工顶板2根锚索时出现预紧力达不到设计要求。经矿领导现场办公决定停止掘进，后退约19 m向西施工探巷，事故发生时探巷已掘进约30 m。事故地点位于15号煤层一采区运输上山巷道22号导线点北40 m处（图2－7－2）。

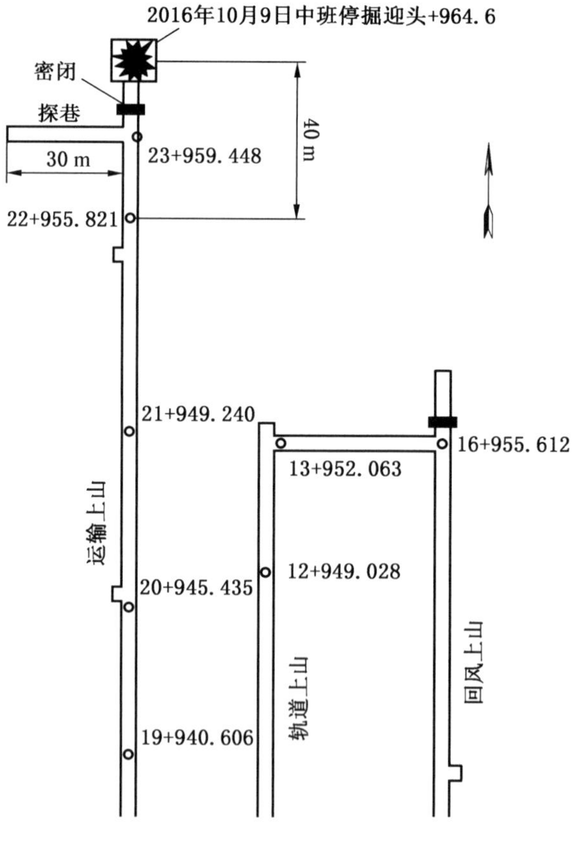

图2－7－2 运输上山位置示意图

二、矿井地质及水文地质概况

（一）地层

井田内地表均被第四系松散层覆盖，井田内主要赋存地层有：奥陶系中统峰峰组，石炭系中统本溪组、上统太原组，二叠系下统山西组、上第三系上新统及第四系。现根据钻孔资料，将地层由老至新叙述如下。

1. 奥陶系中统峰峰组（O_2f）

本地层为井田内煤系地层之基底，本区共有 2 个孔揭露本组顶部，揭露最大厚度为 12.44 m（补 1）。岩性为浅灰色厚层状石灰岩，坚硬致密，质纯性脆，厚约 120 m。

2. 石炭系（C）

1）中统本溪组（C_2b）

本组井田内没有出露，假整合于峰峰组石灰岩之上，海陆交互相沉积，底部为褐黄色山西式铁矿，呈鸡窝状分布，之上为 G 层铝土泥岩、泥岩、细砂岩及石灰岩层，其中夹煤线 2 ~3 层，本组厚度为 51.50 ~60.40 m，平均厚度为 55.47 m。

2）上统太原组（C_3t）

本组为海陆交互相沉积，是主要的含煤地层之一，与下伏地层呈连续沉积。由黑色泥岩、砂质泥岩、灰白色细砂岩、灰黑色石灰岩及煤层组成，本组厚度为 128.29 ~ 134.96 m，平均 129.75 m，含 8、$9_{上}$、9、11、14、15 号煤层。井田北部本组上部地层部分剥蚀。

3. 二叠系下统山西组（P_1s）

据井田南界外 P47、P54、P60 号钻孔揭露，本组厚度为 41.37 ~55.54 m，平均厚度为 47.87 m，岩性主要为灰白色砂岩、灰黑色砂质泥岩。底界 K_7 砂岩，主要为细砂岩，局部为中砂岩。本组含 2、3、4、5、6 号煤层。其中 3 号煤层为稳定可采煤层。据井田内钻孔揭露，山西组煤层均已剥蚀。本组井田南部残存。

4. 上第三系上新统（N_2）

本组地层厚 38.60 ~81.78 m，平均厚度为 54.70 m。主要为鲜红、暗红色黏土、紫红色细砂及浅色砾石组成。与下伏地层呈角度不整合接触。

5. 第四系中上更新统（Q_{2+3}）

本组地层主要为亚黏土、亚砂土，夹有钙质结核，浅黄色，石英颗粒成分较多，黏土质较少，也可称微粒砂质亚黏土，垂直节理发育，受雨水冲刷，垂直节理发育。厚度为 22.00 ~80.00 m，平均厚度为 50.00 m。

主采 15 号煤层位于太原组下部，下距 $15_{下}$ 号煤层 0 ~2.70 m，平均距离为 1.35 m，煤层厚度为 3.85 ~6.49 m，平均厚度为 5.12 m，属全区稳定可采煤层，煤层标高为 810 ~ 985 m，地面标高为 1065 ~1133 m。含 1 ~5 层夹矸，煤层结构为简单—复杂，夹矸岩性为泥岩、炭质泥岩，该煤层顶板为砂质泥岩，底板为泥岩、砂质泥岩。

煤层正常情况下，煤层直接顶为灰色粗砂岩，厚度为 3.62 m，颗粒不均匀，坚硬，有节理，以石英为主。基本顶为灰色细砂岩，厚度为 6.39 m，以石英为主，含白云母片、黄铁矿，岩石完整；直接底为黑色泥岩，厚度为 2.03 m，致密，含大量植物化石。

（二）构造

本井田位于沁水煤田北部边缘，为低中山地貌，地表均被第四系黄土覆盖。井田构造总体为向南倾伏的单斜，在单斜的基础上发育的次级褶曲，褶曲开阔平缓，倾角为5°～15°，变化幅度较大。井田内陷落柱较为发育，截至2016年10月全矿井累计揭露陷落柱51个，长轴为18.5～185.7 m，短轴为5.8～101.5 m；断层共揭露31条，走向多为近东西，倾向南，落差为0.6～13.2 m。

（三）矿井水文地质条件

1. 地表水体及河流

本井田地形地势北东高西南低，井田分布有太安河和西沟河，属季节性河流，冬春两季水量小，旱季干涸或细流，主要水源为沟谷之泉水，夏季水量稍大，雨后常形成洪流，水量剧增，地表水属黄河流域汾河水系。

2. 主要含水层

井田内主要含水层有奥陶系灰岩岩溶裂隙含水层，太原组砂岩、灰岩裂隙含水层，山西组砂岩裂隙含水层，第三、四系沙砾石层含水层，现由老到新分述如下。

1）奥陶系灰岩岩溶裂隙含水层

井田内奥陶系灰岩分上、下马家沟组及峰峰组，马家沟组富水性强，峰峰组富水性较弱。

下马家沟组：据坪头详查区内S_8孔资料，裂隙岩溶均不发育，地下水位埋深+481.85 m，标高+623.01 m。

上马家沟组：据钻孔揭露，岩性为深灰色白云质灰岩、深灰—灰色厚层状石灰岩夹薄层泥灰岩和石膏，岩溶发育不均一。

峰峰组：二段岩性为厚层状石灰岩、花斑状灰岩和白云质灰岩，裂隙岩溶均不发育，而且裂隙多被方解石充填。一段岩性为白云质灰岩、角砾状灰岩、角砾状白云质灰岩、泥质灰岩间夹石膏薄层，不同岩性多成互层结构，因而不容易形成连通性较好的裂隙，属弱含水层或相对隔水层。

据区域岩溶水资料推算，本井田内奥灰水位标高为+587～+590 m，而下部开采煤层（15号煤层）底板标高在+840 m左右，因此奥灰岩溶地下水对煤层开采无影响。

2）石炭系太原组灰岩岩溶裂隙含水层

太原组主要含水层为$K_{2下}$、K_2、K_3、K_4等灰岩，单层厚度一般1～3 m，岩溶裂隙不发育，单位涌水量为0.00350 L/(s·m)（坪头区H10孔），据区域资料，富水性普遍较弱。

3）山西组砂岩裂隙含水层

本组发育较稳定的砂岩4层，以K_7及3号煤顶板砂岩为主要含水层，砂岩厚度较大，一般厚6 m左右，岩性为细—粗粒砂岩，据区域资料，本组砂岩富水性极其微弱。

4）第三、四系沙砾石层含水层

本井田内广泛分布，厚度为6～25 m，以亚黏土、亚砂土、沙砾层为主，沙砾层富水性较好。

3. 主要隔水层

井田内隔水层较多，各基岩含水层之间都有厚度稳定的泥岩、砂质泥岩发育，可起到隔水作用。15 号煤层至奥灰间本溪组隔水层组，厚度为 80 m 左右，底部有一层沉积稳定、分布全区的铝土泥岩，可以起到隔水作用。另太原组及其之上的岩层段，主要由泥岩、砂质泥岩、石灰岩及各种粒级的砂岩组成，中间的具有可塑性的泥岩、砂质泥岩可起到良好的层间隔水作用。

4. 地下水补给、径流、排泄条件

第三、四系沙砾层水，在地表接受大气降水入渗补给后，沿基岩岩层层面裂隙顺层径流，加入区域裂隙水循环。地下水的主要补给来源为大气降水和地表河流。各含水层的补给主要靠相互间的裂隙渗透。浅部地层受到风化，裂隙较发育，渗透能力相对增强，又与第四系潜水联系密切，故含水层较下部地层略强。

三、事故经过及救援

2016 年 10 月 13 日 8 时 44 分许，山西寿阳某集团某煤业有限公司 15 号煤层一采区运输上山巷道 22 号导线点北 40 m 处顶板发生水、砂、泥溃泄，冲垮临时密闭墙，溃入巷道，造成 3 人死亡。抢险救援工作于 10 月 17 日 16 时 46 分结束。

四、现场勘察及调查

2016 年 10 月 19 日 9—12 时，专家组会同事故调查技术组成员对事故现场进行了井上及井下实地勘察。

（一）井下勘查

副立井→井底车场→轨道上山→150113 皮带巷联络巷→运输上山→轨道上山→150109 回风巷联络巷→运输上山→轨道上山→150107 回风巷联络巷→轨道上山→井底车场→副立井→地面。

1. 事故区域通风系统

运输上山通风系统：主斜井、副立井→轨道上山、运输上山→回风上山→回风立井。事故导致运输上山内与 150113 皮带巷联络巷交叉口以北巷道形成了盲巷；以南巷道局部堆积有溃泄物，巷道顶部有高约 0.3 m 的空间。

2. 事故巷道布置及支护

事故巷道沿煤层底板布置，设计矩形断面，采用锚网梁加锚索联合支护，锚杆间距 1000 mm，排距 900 mm；锚索间距 2000 mm，排距 1800 mm；网选用 2000 mm × 1000 mm 冷拔网，钢带采用直径 12 mm × 3000 mm。在 150113 皮带巷和运输上山交叉口，由于事故地点不时溃泄泥沙，因此未向北继续勘察。

3. 事故区域巷道内设备、材料及淤积物分布情况

事故发生后受淹区域内有电滚筒带式输送机 1 部、刮板输送机 1 部、开关 3 部及其他支护材料。在运输上山与 150113 皮带巷联络巷交叉口向北堆积有大量的泥沙块，人员无法通过。在与轨道上山联络巷口堆积大量淤积物、巷道东帮堆积清淤中清理出的带宽 800 mm 的输送带约 500 m。150109 回风巷联络巷与运输上山交叉口处向北由于建立挡水墙，人员无法进入。在 150109 回风巷联络巷内堆积有大量损毁、折弯输送带、输送带架、托辊、溜槽、锚杆、锚索等设备材料。此处向南的带式输送机被泥沙掩埋约 30 m。在运输上山（150107 回风巷联络巷）巷道内存在大量泥、沙水混合物（图 2－7－3）。

(a) 清理出的淤积物　(b) 清理出的皮带

(c) 损坏的皮带　(d) 损坏的皮带架

图 2-7-3　事故区域现场材料堆积图

自运输上山15号导线点向北巷道被淤泥和冲到此处的上部原有设备材料（大小不均）堆积淤堵共计约200 m，在淤积区域内发现有数十块直径约400 mm的椭圆形新近系黏土冲积物，巷道堆积物以中、细粒流沙为主。根据矿方提供的数据，事故巷道累计产生泥沙淤积量约2480 m^3。

（二）地面勘查

某煤业→盂峪公路→太安村西北方向→事故对应地表。

2016年10月19日，专家组和技术组部分成员对该事故对应地表现场进行了勘察。经现场勘察，地表塌陷东西长度15.2 m，南北长度19.5 m，深约4 m（图2-7-4）。

图 2-7-4　地表塌陷坑照片

（三）图纸资料、规程措施的查看情况

10 月 18—21 日，专家组对矿井水文地质类型划分报告、矿井防治水中长期规划、矿井地质报告及相关附图资料和指导生产用的采掘工程平面图、井上下对照图、矿井充水性图、工作面作业规程、安全技术措施、探放水设计、运输上山掘进工作面最后一次钻探资料等进行了查阅，此外对矿方有关人员进行了询问。

五、事故原因分析及认定

（一）顶板地质条件分析

1. 15 号煤层露头及风氧化带赋存特征

井田内煤层露头被第四系覆盖，矿井北部的煤层露头线和风氧化带位置是按照地质剖面法推断的。控制煤层露头线的钻孔较少，煤层风氧化带不能确定准确位置，从现有地质资料分析，风氧化带有南移迹象。从距事故位置较近的 A38 钻孔资料以及事故迎头顶板钻孔打钻资料情况分析，事故工作面顶板 5.7 m（其中有 1.2 m 的顶煤，有 4.5 m 的基岩顶板）以上已进入沙砾石层（含水层），该层在地层中分布不稳定（图 2－7－5）。另外根据在矿井建设过程中，山西省第三地质工程勘察院对立井井筒检查钻孔流沙情况进行调查，并出具了检查钻孔流沙情况报告，认为该井田内地层普遍存在有十多层流砂层。

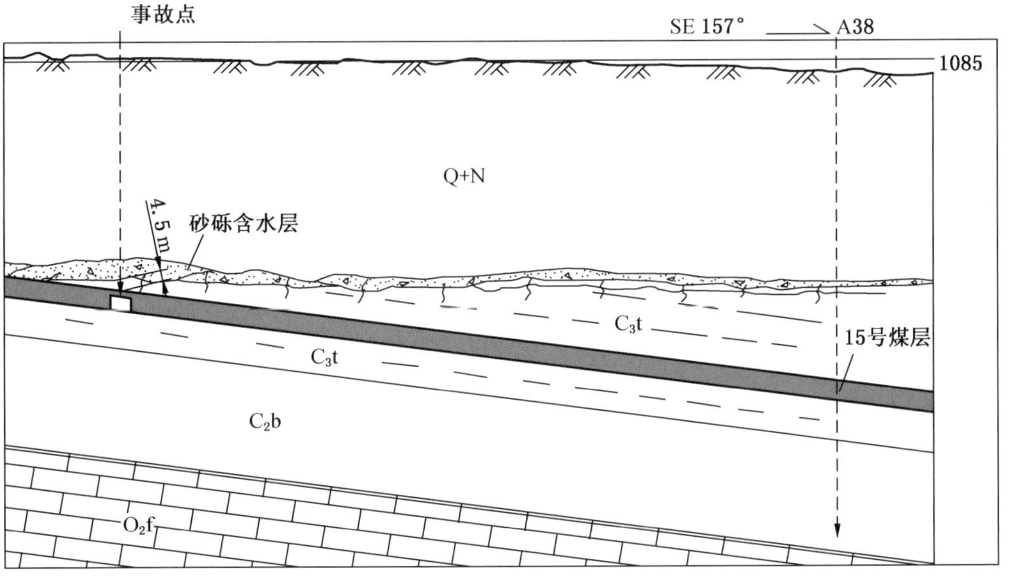

图 2－7－5　事故点与 A38 钻孔地质剖面图

2. 沙砾石层富水性分析

根据山西地宝能源有限公司 2015 年 5 月编制的《山西寿阳某集团平安煤矿有限公司兼并重组整合矿井地质报告》，井田内大面积为第四系覆盖，岩性为黄土、砂土、亚黏土、黏土及沙砾层组成，主要含水层为底部的沙砾层，含 2～4 层稳定的细—粗砂，总厚度为 6～25 m。据寿阳县水利局提供的抽水资料，单位涌水量为 0.187～1.490 L/(s·m)，

局部为强富水含水层。水质类型 $Ca-HCO_3$ 和 $Ca \cdot Na-HCO_3$ 型，矿化度小于 1 g/L。

根据现有地质、水文地质资料及生产揭露资料分析，事故发生区域的带式输送机运输上山位于井田中北部，S_1 向斜构造轴部，轴向近南北展布，向南倾伏，向斜两翼地表有河流（西沟河和太安河）经过，侧向补给较强，在事故工作面上部具有一定的汇水作用；事故工作面顶板基岩剥蚀风化严重且沙砾石层较厚，具有一定的储水空间。综合分析该井田北部靠近风化带附近沙砾石层富水性较强（图 2-7-1、图 2-7-6）。

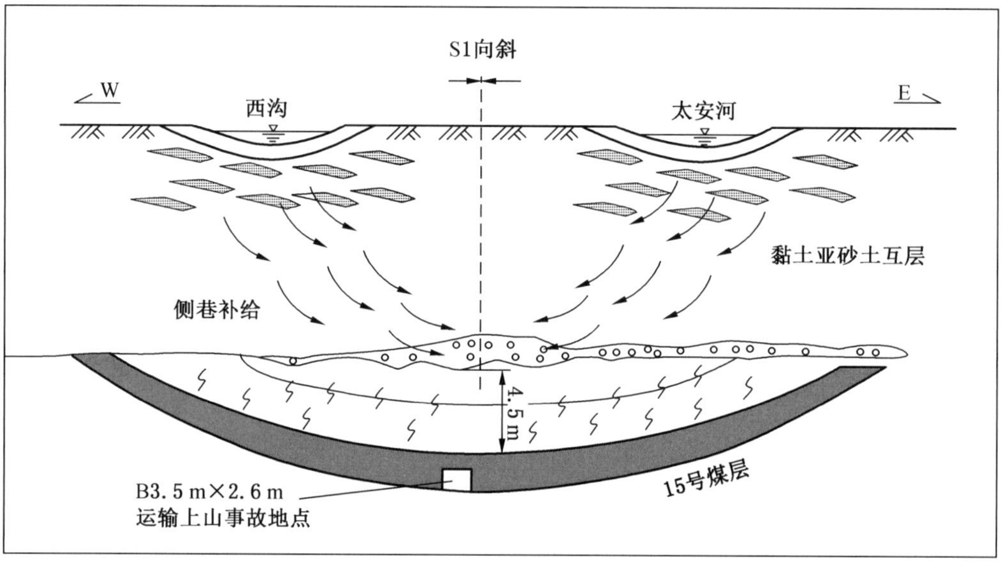

图 2-7-6　向斜汇水剖面示意图

（二）溃泄机理分析

1. 水源分析

根据本次涌水的水质检测报告，pH 值为 8.42，溶解性固体含量为 360.9 mg/L，水质类型为 $Ca-HCO_3$，表现出明显的第四系水水质特征。

2. 物源分析

井下溃泄物成分以砂为主，含泥，根据附近的 A 38 钻孔及锚索施工揭露情况，分析认为本次事故溃出物来源于运输上山掘进迎头煤层顶板风化基岩、松散沙砾层等。

3. 溃泄通道分析

巷道迎头顶板垮落，形成突水溃砂通道。

（三）事故直接原因和间接原因

1. 事故直接原因

15 号煤层一采区运输上山掘进巷道迎头接近井田北部风氧化带，该处煤层顶板基岩厚度只有 4.5 m 左右，且已风化，强度降低，其上部松散沙砾层富水性较强，锚索无法达到支护强度，导致顶板垮塌，沙砾层含水层水携带泥沙、风化破碎基岩涌入巷道。

2. 事故间接原因

（1）煤层露头线与风氧化带控制工程不足。尤其在运输上山两翼附近没有钻探工程控制，仅用地质剖面法进行了推测，没有准确判断井田北部风氧化带南移。

（2）探放水设计目的不明确、针对性不强。

（3）对风氧化带附近沙砾含水层富水性及危害性的认识不够，没有对隐蔽致灾因素进行探查、分析、评价。

（4）地质、水文专业人员缺乏，防治水工作落实不到位。

（5）全员防治水意识不强，对透水征兆掌握了解不够，导致现场出现了明显的灾害征兆却没有及时采取撤人措施。

（四）事故类别分析认定

综上所述，此次事故为掘进巷道顶板砂砾石含水层突发溃泄的水害事故。

六、建议

（1）制定科学有效措施，封堵事故发生巷道。

（2）在未查明风氧化带确切位置及附近砂砾石岩富水情况前，停止在煤层露头及风氧化带附近所有的采掘活动，查明致灾地质因素，进行开采安全性评价，消除灾害隐患。

（3）通过地表踏勘、钻探工程、物探等手段，对井田内煤层露头及风氧化带位置范围进行量化确定；补充一定的水文勘探工程进一步查明砂砾石含水层富水性并分析其补给径流排泄条件。

（4）加强封闭不良钻孔的调查工作，对封闭不良或不清的钻孔，留设保护煤岩柱。

（5）对顶板特殊地段加强支护。

（6）按照煤矿防治水规定的要求，完善防治水机构及补充专业技术人员，做好全员地质防治水技术培训工作，提高全员防治水意识，要制定完善防突水应急预案，并做好井下突水的识别和撤人措施的应急演练。

（7）按规定要求落实探放水工作。严格落实“预测预报、有掘必探，有采必探，先探后掘，先治后采”，在采用有效物探的基础上，使钻探设计具有目的性和针对性，并要在现场得到认真落实。

（8）加强对矿井隐蔽致灾因素的探查和评价，必要时聘请有资质的专业机构提供技术支撑。

点评：采掘活动接近煤层风氧化带，应当详细查明开采煤层上覆地层情况，留设足够的防隔水煤柱。

第八节 “顶板陷落柱突泥”水害事故案例

案例 山西昔阳某煤业冒顶、片帮导致陷落柱充填物溃入工作面水害事故

2015年6月21日10时38分，山西昔阳某煤业有限责任公司在处理井下15111综放工作面陷落柱处压架的过程中，突然发生冒顶、片帮，并导致陷落柱充填物以泥石溃泄形式涌入措施巷及工作面，将正在作业的4名人员当场掩埋。至6月25日10时救援工作结

束，事故共造成4人死亡。

一、矿井及事故工作面概况

1. *矿井简介*

山西昔阳某煤业有限责任公司，矿井设计生产能力为900 kt/a，采用斜井开拓，开采15号煤层，采用倾斜长壁综采放顶煤采煤法，核定生产能力为900 kt/a。井田面积为6.1132 km^2，矿井地质储量为3679万t，设计储量为2236.6万t，可采储量为1397.6万t，服务年限为11年。

主、副、运人斜井井筒位于井田北中部，主斜井担负煤炭的提升，副斜井担负矸石提升，下放材料、设备，运人斜井担负人员的上下等任务，三斜井同时兼作进风井和安全出口；回风立井位于井田中央，担负全矿井的回风任务。矿井概况如图2-8-1所示。

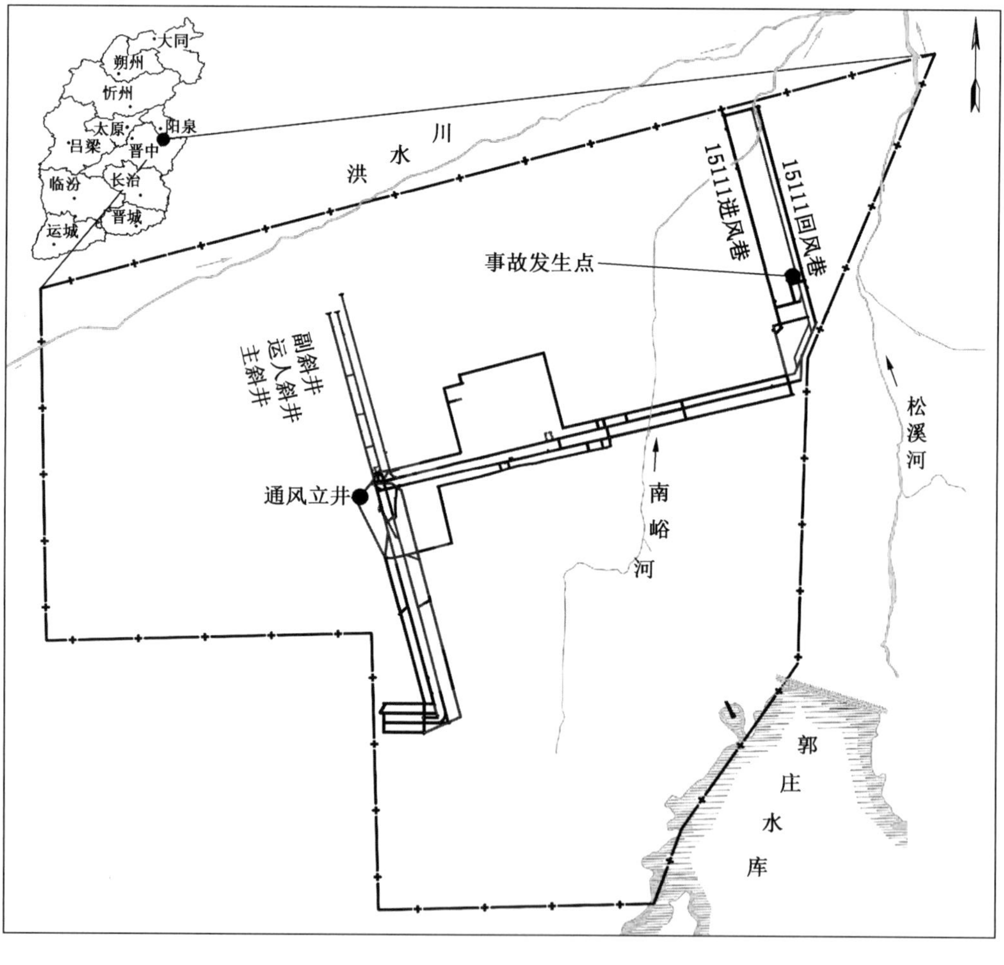

图2-8-1　矿井位置示意图

某煤业地处丘陵地带，首采区位于山间沟谷中，浅部发育有上更新统亚砂土、亚黏土及全新统砂土、砂、砾石、卵石等组成的松散层，该地层长期受到大气降水、南峪河、洪水川及郭庄水库补给，是威胁某煤业安全开采的主要含水层。

截至 2015 年 6 月前，某煤业已开采综放工作面 7 个，实际揭露陷落柱 11 个，所有陷落柱均未发生异常，也都实现了安全开采。

2. 事故工作面概况

15111 采煤工作面位于井田东部一采区 +711 m 水平，开采 15 号煤层，地面标高 +881 ~ +917 m，工作面标高 +770 ~ +808 m，煤层埋深 92 ~ 123 m，地表为南部高、北部低，大部分有农田分布。该面南部为东大巷保护煤柱；东部为昔阳职业技术中学保护煤柱；北部为矿界保护煤柱，隔矿界煤柱与黄岩汇煤矿相邻；西部为 15109 工作面。

该工作面走向长度为 690 m，倾向长 122 m；煤层厚 3.3 ~ 5.6 m，平均厚度为 5.10 m，大部分地段在煤层上分层含有 1 ~ 2 层夹矸，在工作面南部有局部夹矸增厚现象；工作面面积为 82398 m^2，储量为 588321 t，可采储量为 511839 t，煤层倾角为 5° ~ 8°，采用倾斜长壁综采放顶煤采煤方法，顶板控制采用全部垮落法。

该面基本顶为灰色石灰岩，厚度为 4.37 m，性硬，中部裂隙发育，下部夹薄层砂岩；直接顶为黑色泥岩、砂质泥岩，厚度为 18.48 m；直接底为灰黑色砂质泥岩，厚度为 6.26 m，性脆，上部含植物根茎化石及黄铁矿包体。

该面北部大体为一单斜构造，在距开切眼 200 m 范围内有一小背斜和小向斜构造，中部为一背斜，南部为一向斜构造，工作面总体为北部低、南部高的趋势。工作面构造发育情况如图 2 - 8 - 2 所示。

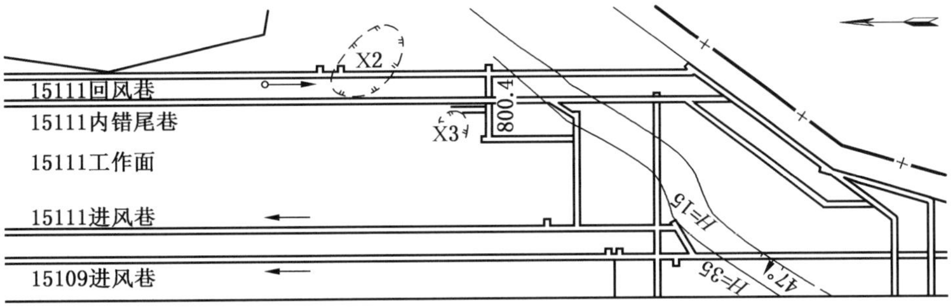

图 2 - 8 - 2　15111 工作面构造图

为了了解工作面内部构造情况，某煤业委托阳泉新宇岩土工程有限责任公司开展了工作面无线电波坑道透视，发现工作面内存在两个陷落柱。其中回风巷 535 ~ 586 m 处有一陷落柱（X_2），实际揭露陷落柱直径 48 m，已顺利通过；工作面 606 ~ 651 m 处存在隐伏陷落柱，预测直径 64 m × 30 m（即发生事故的陷落柱 X_3），在回风联巷施工的 5 个钻探验证孔中有 4 个钻孔穿透陷落柱体，证实陷落柱横截面尺寸为 22.5 m × 19.5 m，钻探时陷落柱未出水。

开采过程中，过构造（陷落柱）时按要求每 3 天或推进 5 m 提供一次地质构造专项预测预报，对所遇构造的岩性、含水性、胶结程度等进行描述，上报公司有关部门。

2014 年 6 月该工作面开始开采，考虑到南峪河及浅部冲积含水层的影响，根据中煤科工集团西安研究院评价意见，开切眼向南 200 m 采取限高开采，采高 3 m；200 ~ 710 m

限厚 2.5 m。工作面架位安排如图 2-8-3 所示。

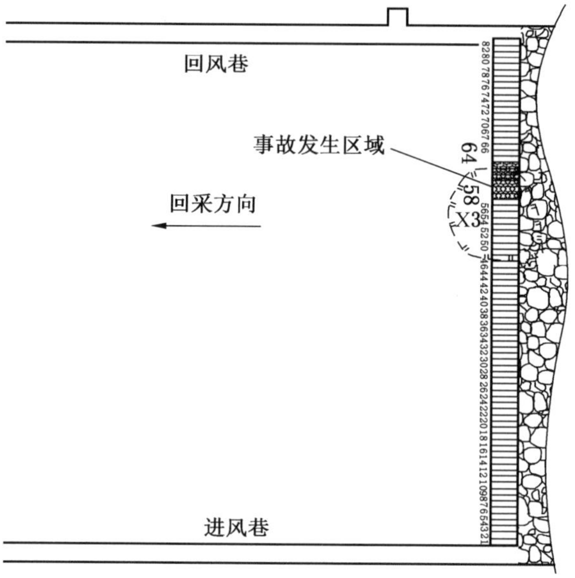

图 2-8-3　15111 采煤工作面架位图

事故发生前该工作面涌水量为 85 m^3/h 左右。2015 年 4 月 3 日揭露陷落柱，陷落柱边缘附近有少量淋头水，水量不足 1 m^3/h，柱体胶结不好，充填物比较松软，有泥化、风化现象，粒径悬殊，大者直径超过 1 m，灰岩、泥岩、砂岩混杂，确认陷落柱无疑。

为确保安全，矿井编制了专项安全措施（15111 工作面过构造安全技术措施）。2015 年 4 月 14 日该工作面因矿井《安全生产许可证》到期而停产，此时采煤工作面支架已进入陷落柱 1.4 m，5 月 20 日发现工作面压力增大，5 月底 46～82 号支架全被压死，6 月 3—15 日在被压支架前方施工了一条措施巷（宽 2.8 m×高 3 m），准备扶架、移架。

现井田范围内奥灰水位标高（推测水位）低于煤层底板标高，故根据现有奥灰水位资料判断，15111 工作面不受奥灰水威胁；井田范围内发育的砂岩类含水层，富水性均较弱，补给有限，对 15111 工作面基本不具备威胁。

对 15111 工作面可以构成威胁的含水层主要为上石炭统太原组碎屑岩类夹石灰岩岩溶裂隙含水层（以下简称"太灰含水层"）和第四系松散层冲积含水层水（以下简称"松散含水层"），根据 Y-3、Y-4 孔、冲积层直流电法勘探等资料，统计出 15111 工作面 15 号煤层与太灰含水层平均距离为 15 m、与松散含水层距离为 66～110 m，相对关系如图 2-8-4 所示。

二、事故经过及救援

6 月 21 日八点班，15111 工作面当班综采队出勤 18 人，开拓队出勤 12 人，综采队队长赵某某和开拓队队长王某某正常组织班前会后，以综采队人员为主进行 15111 工作面 45～70 号架区间顶板维护、起底、移刮板输送机、拉架等作业，开拓队配合。约 10 时 38

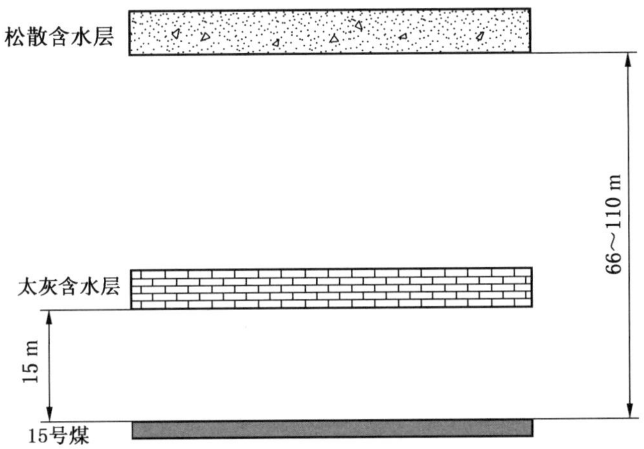

图 2-8-4　煤层与主要含水层相对关系图

分，听到"咔嚓"巨响之后，现场作业人员迅即向工作面进、回风巷方向撤离。工作面发生了泥石溃泄，充塞了 45～65 号架之间的区域，现场未能及时撤出的 4 人被困。

事故发生后，阳煤集团立即启动应急救援预案，相关领导带领医疗、救护和有关部门人员赶赴事故现场，全力开展事故救援，并立即向省有关部门作了汇报。省、市有关部门领导也赶赴事故现场，指导抢险救援工作。阳煤集团成立了抢险救援现场指挥部和领导组，某煤业成立了应急救援指挥部，下设 6 个专业组。经过下井现场勘察掌握了泥石溃泄情况后研究制定了抢险救援方案并开始实施。

（一）抢险救援方案

（1）在进风巷安装局部通风机，分别向工作面进风侧、回风侧、放水巷通风供氧。

（2）工作面进风侧安装一部 40 型刮板输送机至事故点，人工清挖泥矸疏通埋压区段，搜救被困人员。

（3）采取支棚、灌钎和注马丽散等措施加固放水巷围岩，打通第二搜救通道，加快搜救速度。

（4）保持回风侧正常监测气体、排水，防止积水倒灌搜救区域。

（5）修筑简易公路，通过地面打钻注浆充填、加固陷落柱松散岩土，防止再次发生溃泄。

（二）事故抢险救援进展情况

24 日早 5 时 45 分，救援人员在 50 号架处发现第 1 名遇难人员。

24 日下午 15 时 17 分，救援人员在 51 架处发现了 2 名遇难人员。

25 日早 5 时 10 分，救援人员在 53 架处，发现第 4 名遇难人员。

到 25 日 10 点，4 名遇难人员全部升井，救援工作结束。

三、现场勘察及调查

2015 年 6 月 27 日 9 时，事故调查技术组会同专家组成员、阳煤集团公司、晋东公司及某煤业有关人员对事故现场进行了实地勘探。

1. 勘察路线

（1）井下勘查路线：运人斜井→东轨道大巷→15111 进风巷→15111 工作面（事故点）→15111 联巷→15111 放水巷（事故点）→15111 回风巷→15111 工作面（事故点）→15111 回风巷→东轨道巷→运人斜井→返回地面。

（2）地面勘查路线：某煤业→207 国道→昔阳职高→陷落柱对应地面钻场。

2. 事故现场勘察及调查情况描述

1）事故区域通风系统

15111 综放工作面通风系统：新鲜风→运人斜井、主斜井、副斜井→东轨道巷→15111 进风巷→15111 综放工作面→15111 回风巷→北回风巷→回风立井。

工作面发生事故后，通风受阻，稍有微风，为了保证抢险救灾，在进风联巷外 25 m 处安设 2 台局部通风机分别供切巷和回风巷通风。

2）事故区域巷道布置及支护

发生事故的 15 号煤层 15111 综放工作面位于采区东北部，进、回风巷沿煤层底板布置，内错尾巷沿煤层顶板布置。工作面采用综采放顶煤工艺，使用 ZF5000/17/28 支撑掩护式液压支架，超前支护采用单体液压支柱。进风巷设计长度为 794.3 m，断面规格为 4.4 m×2.8 m，采用锚杆、锚索、网联合支护；回风巷设计长度为 825.5 m，断面规格为 4.4 m×2.8 m，采用锚杆、锚索、网联合支护；内错尾巷设计长度为 855.6 m，断面规格为 2.6 m×2.4 m，采用锚杆、锚索、网联合支护；放水巷设计长度为 23.5 m，断面规格为 3.0 m×2.8 m，采用锚杆、锚索、网联合支护；措施巷施工断面规格为 58.5 m×3 m×2.8 m，采用进度棚及 Π 型钢梁联合支护。

根据工作面作业规程，工作面预计涌水量为 130 ~ 200 m^3/h，进、回风巷各配备了 200 m^3/h 排水设备及配套管路。在开采时，工作面均为采空区出水，事故发生前、后涌水量没有明显变化，均为 85 m^3/h。

3）事故区域巷道内设施、设备、材料的分布情况

从进风巷进入工作面事故现场的勘查情况：从 44 号支架（距刮板输送机机头 66 m）处开始可见有淤泥和石块（大小不均）堆积。在 48 号支架处查看煤壁陷落柱缝合线内外情况，陷落柱充填物充填密实，比较松软，外部煤层松软、破碎。

从现场（图 2-8-5）看到，措施巷的单体柱腿、木顶梁、Π 梁被挤歪斜，顶木梁间距大小不一。在放水巷事故点查看：有少量积水和堆积物，且堆积物前有积水，人员无法靠近。

在回风巷事故点看到：冒顶溃入的泥石堆积，67 号支架以里被淹埋，71 号、72 号架措施巷支架的木顶梁被压断（图 2-8-6），67 号、68 号架支护的木顶梁被压断，67 ~ 73 号架间有少量淋头水。

3. 地面勘查情况

27 日下午，勘察人员到地面进行了现场查看。在事故陷落柱对应地面钻场看到施工钻机仍在现场，孔深约 30 m，岩芯均为基岩面以上的黄土和砂砾石。施工现场周围有地表塌陷裂缝，无明显错差和开裂。在进、回风巷外侧水平距离 20 ~ 30 m 范围内有较大的羽状裂缝，裂缝宽为 0.1 ~ 0.2 m，错差 0.1 ~ 0.35 m，长度不一（图 2-8-7）。

(a) (b) (c) (d)

图 2-8-5 事故现场措施巷支护失稳状况

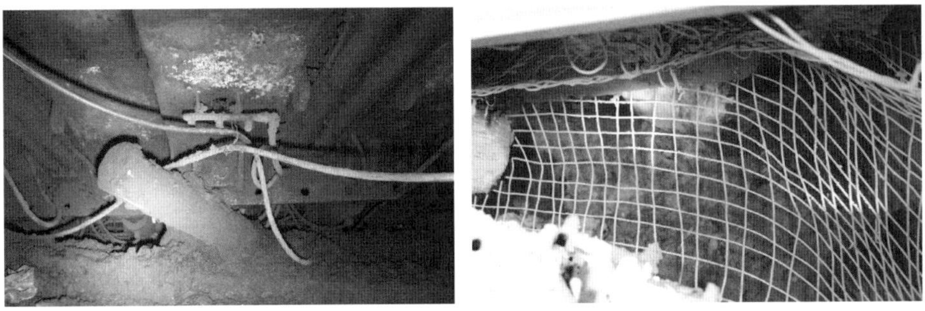

(a) (b)

图 2-8-6 工作面措施巷冒落后涌入液压支架下的木梁

4. 调查询问情况

6 月 27 日下午，专家组共同对某煤业总工程师、综采队队长、技术员进行了询问。

某煤业总工程师郭某某：从 4 月 15 日，工作面停产后，到 5 月底发现工作面陷落柱段支架下沉，最大下沉量约达到 0.5 m，并出现多处死架，故施工了该措施巷；工作面开采前进行了物探、钻探，查清了工作面内的地质构造发育情况，查清了事故陷落柱的范围及位置，并在作业规程中也进行了强调。

图2-8-7　事故现场对应的地面裂缝、沉陷状况照片

队长赵某某（当班的跟班队干）：事故当天6时30分组织召开了班前会，当班的主要任务是在措施巷段起底、顶刮板输送机、拉架。会上强调了开工前要进行隐患排查，处理隐患后再进行作业。综采队共安排了两个组（一组四人在68号、69号架，二组四人在58号、59号架）配合开拓队起底并负责顶刮板输送机、拉架。7时40分各自进入工作点进行作业。10时38分左右听见“咔嚓”一声巨响，随即听见有人喊“赶快跑”，大家分别向进、回风巷两侧跑至安全地点，清点人数后发现少了4人（综采队3人，开拓队1人）。

技术员王某某（当班）：到现场后，对工作面进行全面巡查，没有发现隐患问题，就在70号架处指导工作，忽然听到有人喊“快跑”后，就立即向回风巷方向跑到安全地点，队长安排清点人数发现少了4人（综采队3人，开拓队1人）。措施巷施工有设计、有专项施工安全措施，并现场进行了落实。

6月27日下午及晚上对矿井采掘工程平面图、井上下对照图、工作面附近的一个钻孔柱状图、工作面作业规程、措施巷、放水巷施工安全措施等资料进行了查阅。

四、事故原因分析及认定

1. 陷落柱充填物结构特征分析

15111综放工作面揭露的X_3陷落柱剖面尺寸为22.5 m×19.5 m，从工作面实际揭露的情况和事故涌出的泥石形态判断，X_3陷落柱呈破碎结构特征，且破碎岩石已经和砂砾土较充分地混合在一起。

2. 陷落柱含水情况分析

矿区分布有两个主要含水层：赋存在15号煤层上方约15 m处的太灰含水层（上石炭统太原组碎屑岩类夹石灰岩岩溶裂隙含水层）以及赋存在15号煤层上方60~110 m处的松散含水层（第四系松散层冲积含水层）。根据综放面揭露陷落柱后的淋水状况判断，陷落柱中太灰含水层位及以下的碎石砂砾土混合物含水丰富，远超饱水状态。

3. 陷落柱软化、泥化效应分析

陷落柱中的碎石砂砾土混合物具有极强的遇水软化和泥化特征，又因4月15日之后工作面长期滞留在陷落柱内，并发生明显下沉（支架底座下陷最多达0.5 m，活柱下缩已经到底，支架实际支撑高度仅剩1.7 m，根据采高2.5 m计算，支撑高度比采高小了0.8 m，陷落柱下沉最大达到了1.3 m），导致陷落柱进一步松散，有利于岩层水更多地渗入陷落柱。经历长时间的软化、溶解、泥化等水理作用，陷落柱具备了泥石溃泄的内在条件。

4. 工作面过陷落柱时的矿压特征分析

工作面接近和通过陷落柱时，开采扰动形成的应力波作用会增强陷落柱中泥石充填物的流动性，二次应力场的重新分布会增大陷落柱的横向挤压和纵向膨胀作用，并表现为工作面顶板压力增大、前帮鼓出变形甚至垮帮现象加剧。

5. 支护系统稳定性分析

工作面推进到陷落柱后，支架底座易插入松软底板，支撑作用力减弱且分布不均，造成措施巷棚架受力增大，又因棚架为典型框架结构，且梁柱连接松散，在不均匀分布的顶压以及前侧横向推力的作用下，极易发生失稳。

6. 顶、帮垮塌及泥石涌出机理分析

综上分析，液压支架及前方措施巷棚架构成的支护结构系统在典型非理想受力状态下发生棚架顶网破损、支架结构失稳（图2-8-5），失去了对陷落柱泥石充填物的充分支挡作用，造成突发性溃泄。

7. 事故时间、地点分析

根据事故相关人员询问情况及事故报告时间认定，事故发生的时间为2015年6月21日10时38分。

综采队当班安排一个组4人在58号、59号架帮助开拓队起底，事故发生时，综采队中3人死亡，有1人从进风侧跑出。由此推断陷落柱泥石始发溃入位置在58号架以里。从回风巷向工作面查看，63号架以里被埋，说明陷落柱泥石溃入位置在63号架以里。通过以上分析，首先发生泥石溃泄的位置处在15111工作面58~63号架之间的区域。

8. 事故原因分析

1）事故直接原因

陷落柱充填物经历长时间吸水软化、泥化作用所形成的载荷大小及作用方式超出了工作面支架及措施巷棚架支护系统的支护强度及适应范围，导致措施巷棚架失去了对陷落柱的充分支挡作用，是此次事故发生的直接原因。

2）事故间接原因

（1）对综放采煤工作面过陷落柱的安全风险认识不足。

（2）工作面进入陷落柱后长期滞留。

（3）含泥质松散岩体具有极强的遇水软化、泥化特性。

（4）支架下陷、压死之后的支护效果减弱。

（5）措施巷、泄水巷等工程的施工扰动削弱了陷落柱的稳定性。

9. 事故类别分析认定

根据煤炭工业部1995年2月14日印发的《煤炭工业企业职工伤亡事故报告和统计规定（试行）》第二章第八条，此次事故为综采工作面过陷落柱时充填物抽冒坍塌引发的泥石溃泄事故，属于较大煤矿水害事故。

五、结论及建议

1. 结论

山西昔阳某煤业有限责任公司2015年6月21日10时38分发生的煤矿事故是一起煤矿较大水害事故。

2. 建议

采煤工作面过陷落柱是特殊的矿山压力控制难题之一，由于陷落柱结构状态的复杂性及环境条件的动态特征，致使目前尚无成熟的基础理论及普遍适用的技术措施。因此，如何应对不同客观地质条件及生产技术条件下工作面过陷落柱的技术问题，应引起各级管理人员、技术人员的充分重视。为防止此类事故的再次发生，专家组提出以下建议：

（1）采煤工作面过陷落柱、过老空、过构造或冒顶区开采时，必须制定严密的探测、支护与加固等专项安全技术措施。

（2）加强技术基础工作，加强水文地质条件、矿压显现规律等相关情况的调查、探查，及时发现安全隐患。

（3）倡导、支持技术人员、生产管理人员的继续学习与深造，积极参加国内外理论技术交流，及时掌握相关理论技术的发展动态，把提高技术业务水平当作一项常态工作。

（4）在设计和煤炭生产过程中遇到疑难问题时，要组织专家或专业技术人员进行论证，必要时开展技术攻关。

（5）要充分重视水的作用对岩层力学行为效应的影响。

（6）严禁工作面在地质条件及矿压显现异常区域长期停滞。

点评：工作面过陷落柱，当陷落柱贯穿一层或多层含水层，并处于饱水状态时，应留设防隔水煤柱或对陷落柱进行注浆改造。

第九节 “露采转井工开采”水害事故案例

案例 青海某矿顶板抽冒导致溃砂溃泥事故

2021年8月14日12时10分，青海省海北州西海煤炭开发有限责任公司某矿301采区3690综放工作面13～18号支架之间发生顶板抽冒导致溃砂溃泥事故，造成20人死亡，直接经济损失5391.02万元。

一、事故单位基本情况

1. 矿井概况

某矿位于青海省海北藏族自治州刚察县北部与祁连县相邻地带，为青海省西海煤炭开发有限责任公司下属生产矿井（图2－9－1）。井田主要可采煤层为中侏罗系江仓组下中段M1、M2两层煤，煤种属贫瘦煤，主采煤层M1煤层，煤层倾角为60°～70°，平均厚度为 53.4 m，属于急倾斜特厚煤层。矿区附近采矿权和探矿权分布如图 2-9-2 所示。

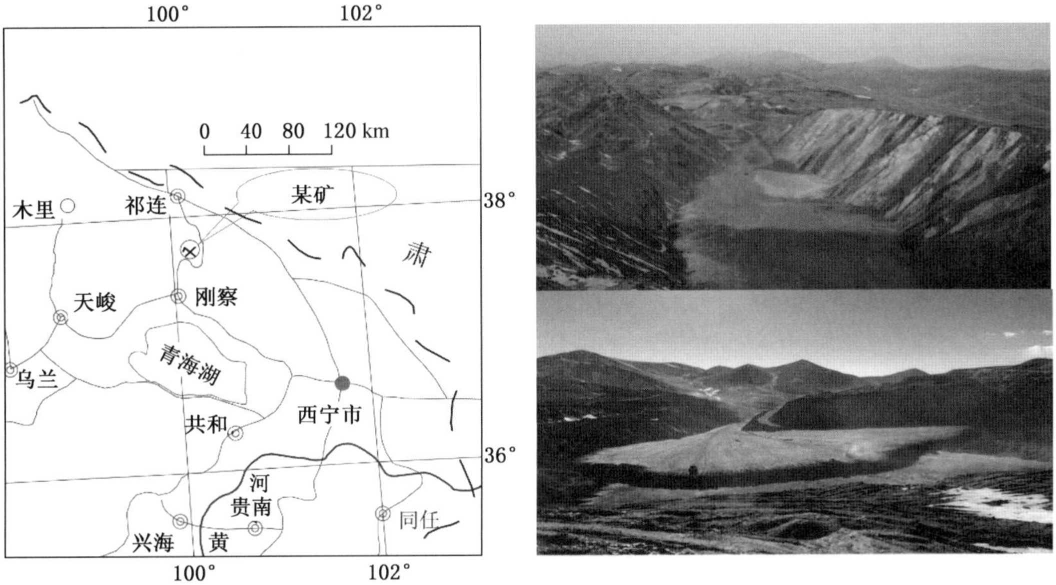

图 2-9-1　某矿交通位置及露天矿坑图

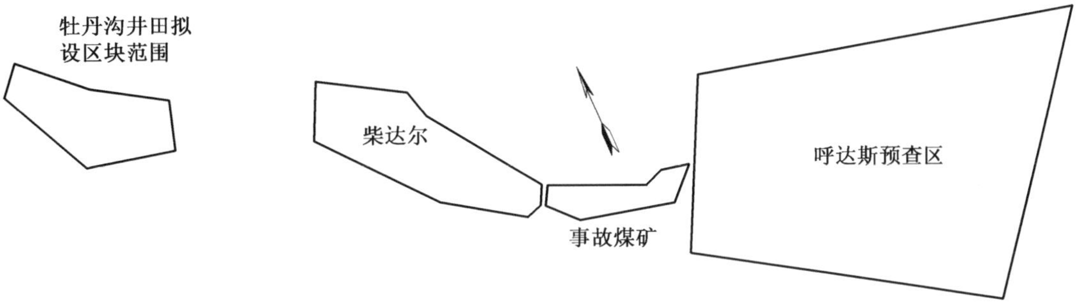

图 2-9-2　矿区附近采矿权和探矿权分布图

井田东以 F11 断层线为界，西以 18 勘探线东不可采边界为界，上部以各煤层露头为界，深部以各煤层 +3300 m 底板等高线为界，井田东西走向长 4.5 km，南北倾斜宽 0.25 ~ 0.65 km，井田面积为 4.911 km^2。

该矿采用分层采煤法，上平硐开采标高为 +3800 m 至地表煤层（30 万 t/a），2004 年上平硐开采完毕。下平硐开采标高为 +3715 ~ +3800 m（90 万 t/a），2010 年 5 月投产，可采储量为 4826.4 万 t，服务年限为 38.3 年。

井田区域地表水系不甚发育，多为顺山势流程很短且垂直分水岭走向的季节性冲沟，雨季多水，冬季结冰，无长年流水。

矿区位于祁连山地层区中祁连山地层分区木里－热水地层小区的东南部，主要出露地层有第四系、第三系、白垩系、侏罗系、三叠系、二叠系及元古界。区内含水层划分为冻土层上含水层和冻土层下含水层，其中冻土层下含水层自上而下又划分为5个含水层，各含水层单位涌水量小于0.01 L/(s·m)，富水性弱，矿井正常涌水量为57.15 m^3/h，最大涌水量为78.74 m^3/h，矿井水文地质类型属于中等类型。

2. 301采区＋3690 m综放工作面概况

工作面走向长度500 m，煤层平均厚度为53.4 m，煤层倾角为60°～70°，采用水平分层放顶煤采煤工艺，分层厚度为18 m，设计采高2.2 m，放煤高度为15.8 m，采放比为1∶7.2，每班19人，每天57人，循环进尺0.6 m，日循环进度1.8 m，日产量718.7 t，月产量5.4万t。工作面最大控顶距6.4 m，最小控顶距5.8 m，支架宽度1.5 m，工作面支架额定初撑力为2532 kN。共有36副液压支架支护。2021年2月20日开始采煤，发生事故时工作面已推进122 m，剩余走向长378 m。

二、事故发生及抢险救援经过

1. 事故发生经过

事故发生前，3690综放工作面一直处于停产状态。早在7月14日，工作面由于架前片帮、冒顶和周期来压导致工作面堵塞不能通风，分别在运输巷和回风巷架设风机进行压入式通风，工作面清理冒落的煤泥（该矿煤层呈粉末状，遇水即变软成为煤泥）。直到8月12日早班，工作面清理畅通正常通风。

8月12日夜班，工作面再次在14～18号支架间发生架前冒顶，即工作面下出口以里21～27 m处，通风再次中断，两巷至工作面恢复采用局部通风机进行压入式通风，继续清理冒落的煤泥。工作面前部刮板输送机被压不能运转。

8月14日早班，矿方安排维修队10人清理工作面冒落的煤泥，另从海塔尔矿临时抽调8人进入工作面，准备提升工作面支架，另外还有3名转载机司机。当班跟班科长、瓦检员和安全员共24人分布在工作面及运输巷，发生事故时工作面有21人，其中1人安全逃离，运输巷3人安全逃离。

事故发生当班（早班）6时40分左右，维修队人员进入工作面开始清淤。8时40分左右，准备调架的8名技术工进入工作面，开始用带尖头管状工具配合高压水枪处理被压死支架上方的煤和石块等冒落物，准备从第14号支架逐渐向里提架。

11时30分左右，跟班调度室主任蔡某某发现工作面液压枪无压，到运输巷100 m处的液压泵站去查看并指示启动备用泵后，11时50分又进入工作面。

12时10分，处在转载机机头（距工作面14 m）的安全员、瓦检员和1名刮板输送机司机感觉到风流异常，同时工作面发出一声巨响，有1人从工作面出口跑出，知道发生事故了，3个人紧急撤离向外跑。

跑在最后面的安全员甘某某跑了30 m左右回头看时，发现里面跑出的两人被涌出的煤泥冲倒，而煤泥涌出速度略显减缓，随即返回将前面1人救起，后经安全撤离的另外两人对其进行施救，发现已经没有呼吸，立即向地面调度室打电话汇报发生事故情况。事故发生时，煤泥来势凶猛，瞬间埋没了3690工作面1～18号支架及运输巷以外34 m，至14日中班救援时，运输巷78 m被掩埋。运输巷360 m以里及工作面被煤泥和石块充满，运输巷 360 m 以外逐渐降低至 300 m 处高度为 0.2 m。

2. 事故救援经过

事故发生后，矿方立即在运输巷进行清淤救人，至 16:00—18:00，运输巷又接连发生两次煤泥涌出现象，为防止贸然清淤导致更大规模的煤泥涌出和次生事故，指挥部紧急停止了运输巷清淤工作。

8 月 14 日下午及 8 月 15 日，先后抵达现场的救援人员及专家组经过对 +3690 m 综放工作面运输巷、回风巷及工作面现场踏勘，发现运输巷 300 m 处煤泥涌出，煤泥堆积向工作面方向逐渐升高至巷顶，后经回风巷一侧工作面观察并分析，冒顶造成工作面 1 ~ 18 号支架全部被掩埋。被困人员所在的工作面及运输巷 300 m 以里均已被煤泥充满，被困人员所在区域无法采用压风自救系统和供水施救系统开展自救，经救援人员敲击管道、呼喊等封堵区均无任何回应。

为确保科学、有序和安全、快速实现抢险救援，在现场指挥部的统一协调和领导下，根据专家支持组提出的技术方案和实施意见，指挥部果断下达了地面和井下协同作战的抢险救援实施方案，后优化为“三线”救援方案。其中第一线救援方案为地表水及大气降水地面拦截、防渗及疏排方案，第二线救援方案为松散层回填物地面钻探注浆加固方案，第三线方案为井下巷道向工作面冒顶区和运输巷上部打钻注浆（高分子化学剂）、巷道强支护及运输巷长探、短掘、短支清淤方案。

1）第一线方案救援

第一线救援中，首先将源自山坡流入回填坑的地表水通过水沟全部截流，避免沟谷水进入救援区域，为了防渗，部分水沟水通过外接管路直接从渗漏区输送至水沟下游。其次在回填坑大面积覆盖防水布，防止大气降水直接渗入，救援期时值当地雨季，降雨量较大，可通过地面防渗减少井下涌水量。因截流及防渗均在地面进行，本项工作开展迅速，在救援的第二天全部完成。

为了保障井下清淤安全，第一线救援方案还采取了地面疏排措施。起初利用回填坑原 1 号抽水孔进行抽水，疏降回填坑内水位。由于 1 号抽水孔只能将水位降至埋深约 73 m 处，为了加强地面抽水疏降效果，救援中进一步优化了地面疏排方案，在 1 号抽水孔附近施工了 4 号抽水孔，该孔潜水泵比 1 号抽水孔潜水泵位置低，可将松散层中水泵处的积水彻底抽干。4 号孔于 8 月 22 日 0 时 18 分开钻，当日 17 时 48 分完孔，孔深 96.1 m。8 月 24 日开始抽水，抽水中钻孔水量达 40 m^3/h。为了降低清淤过程中采空区方向发生水和煤泥涌出的风险，又在 3690 工作面采空区一侧施工了 5 号抽水孔，5 号抽水孔于 8 月 30 日 20 时开钻，9 月 1 日 16 时完孔，孔深 105 m。钻孔抽水水量不大，单日总水量不超过 1 m^3。为了保障井下安全，4 号抽水孔和 5 号抽水孔自完孔后一直进行抽水，疏排水工作始终在进行。

2）第二线方案救援

救援方案中，为了防止工作面顶板再次冒落，决定先通过地面钻探注浆对松散层回填物进行加固，再开展井下清淤救援工作。为加快救援进度，注浆治理范围集中在地面塌陷及井下冒顶区域，以冒落点为中心沿工作面支架布置钻孔，控制面积为 40 m × 25 m（长度沿工作面 1 ~ 23 号支架，约 40 m，宽度从支架顶部朝前方 25 m），共布置 3 排孔，孔间距为 5 m（布置成梅花状），共 22 个钻孔，后在冒落中心靠采空区方向增加了 1 个钻孔。

施工中钻孔深度原则上见煤层为止，无法判断煤层则要求孔深 80 m。

注浆加固工程后期，根据钻探注浆进度情况，共增加了 6 个探查加密孔，对前期注浆效果进行探查并补充注浆。地面注浆加固钻孔布置如图 2－9－3 所示。为了防止泥浆钻进影响架前煤壁安全，钻探中全部采用注浆所用的水泥浆作为冲洗液，孔口管固结后对下段进行压盖注浆，注浆材料为普通硅酸盐 42.5 号水泥，注浆中浆液比重不小于 1.5，注浆压力不超过 1 MPa。实施中为提高固结效果，部分钻孔采用全套管注浆方法，用难以起拔的钻杆的中空进行注浆。整个地面注浆固结工程于 8 月 16 日陆续进场施工，于 9 月 6 日完成，共施工 29 个钻孔（含 6 个加密探查孔），钻探进尺 2228.43 m，灌注水泥 3548.1 t。工程结束后，9 月 8 日完成了注浆工程评估报告。

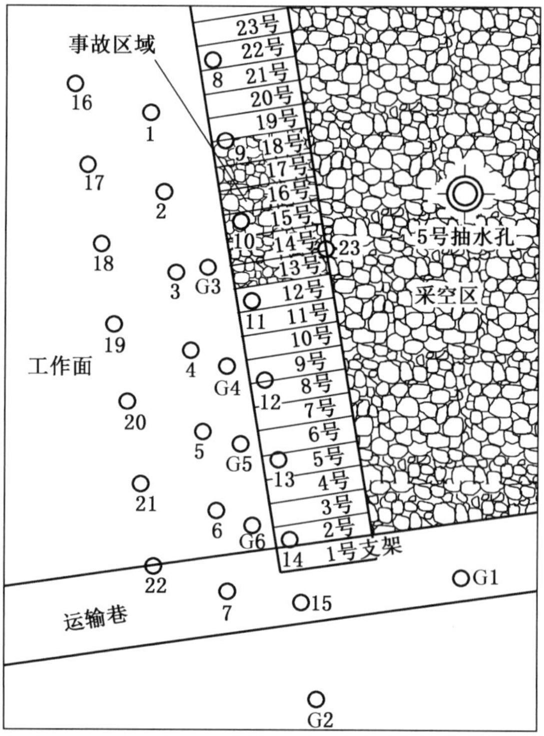

图 2－9－3　地面注浆加固钻孔布置图

3）第三线方案救援

在地面第一线和第二线救援方案实施的同时，井下的第三线救援方案同步开展。第三线救援方案包括井下巷道向工作面冒顶区和运输巷上部打钻注浆（高分子化学剂）、巷道强支护及运输巷长探、短掘、短支清淤方案。

巷道支护中，回风巷内架设的单体液压支柱（DW28－250/100）配合 Π 型钢梁走向抬棚（双排一梁三柱）140 m，回风巷工作面向外 3 m、6 m、11 m 处做安全挡墙 3 道。运输巷在原巷道支护基础上利用单体液压支柱（DW28－250/100）配合 Π 型钢梁（一梁三柱）进行强支护，2 号联络巷至 360 m 采用单排走向抬棚进行了 200 m 强支护，360 m 至清淤点采用双排走向抬棚进行了强支护。运输巷转载刮板输送机机尾处架设木垛1道，工作面前部刮板输送机机头架设了木垛1道。

井下打钻注浆加固中，先在回风巷布设钻场3个，以1号支架到18号支架工作面底板以上5 m和10 m高度为靶点布置2排钻孔，钻孔穿透架前煤壁，截至8月22日，共施工18个钻孔，钻孔总进尺365.5 m，共注入加马丽散18.95 t。8月28日在运输巷353 m处开凿钻窝1个，布置钻场2个，以1号支架到21号支架工作面底板以上5 m和10 m高度为靶点，钻孔穿透架前煤壁，截至30日，共施工2排11个钻孔，钻孔总进尺316 m，注入马丽散12.8 t，注入罗克休4.1 t。之后在运输巷清淤过程中，8月31日至9月1日，向加固层共施工4个探查钻孔，钻孔进尺149.8 m，补充注入罗克休2.5 t。9月5日至6日清淤中，在运输巷370～378 m段施工钻孔5个，孔深32 m，注入马丽散3.04 t。

运输巷和工作面清淤过程中，专家组专家和抢险救援组领导牢固树立科学救援、稳妥救援的原则，共同安排值班表，深入井下救援第一线，随时根据现场实际情况调整和优化方案，为确保救援人员安全，采取了长探、短掘、短支以及迈步式安全挡墙的技术措施。至8月21日于355 m处发现1名遇难者，8月25日运输巷清淤至360 m因地面注浆暂停。9月2日，运输巷自360 m处开始清淤，9月3日清至363 m处发现1名遇难者；9月4日清至369 m发现1名遇难者；9月7日清至380 m处发现2名遇难者；9月10日，工作面第6架煤壁侧发现4名遇难者；9月11日，第1副架间及以里发现3名遇难者；9月12日，清至工作面第6、7架间，发现7名遇难者。清淤至此，事故救援的井下搜救人员工作结束。

4）救援其他技术工作

在以上三线救援工作进行的同时，抢险中还开展了地质灾害监测，对边坡变形、地面沉降和地表水流量进行了全程跟踪监测；开展了水化学测试，对地表水、钻孔疏降水、矿井水及3690工作面的水样进行了持续水质全分析，并对地表水进行了生态监测；采用钻孔成像仪在井下进行了成像测试。

三、现场勘察与分析

1. 勘察人员与勘察时间

2021年9月25日和27日，“8·14”事故调查组技术专家等10人赴西海煤炭公司某矿地面和井下进行事故勘察。

2. 勘察区域与勘察路线

（1）地面勘察路线：某矿办公楼—回填坑—办公楼（图2-9-4）。

（2）井下勘察路线：某矿办公楼—职工浴室—人行通道—+3715 m副平硐—301采区上部车场—+3690 m石门—+3690 m运输巷—+3690 m综放工作面（图2-9-5）。

3. 勘察的主要区域及目标点情况

301采区+3690综放工作面长度为53 m，采用液压支架36副进行支护，其中，ZF3200-18/28型基本支架33副，工作阻力为3200 kN，利用ZF3800-19/30型过渡支架3副，工作阻力为3800 kN，其中1副过渡架作为运输巷端头支架。回风巷利用4道3.0 mП型钢梁配合单体液压支架作为端头支护，事故发生后回风巷一侧19～36号架基本完好，液压支架最大高度为1.8～2.0 m；运输巷一侧，1～18号架全部被煤泥淹没，经清淤

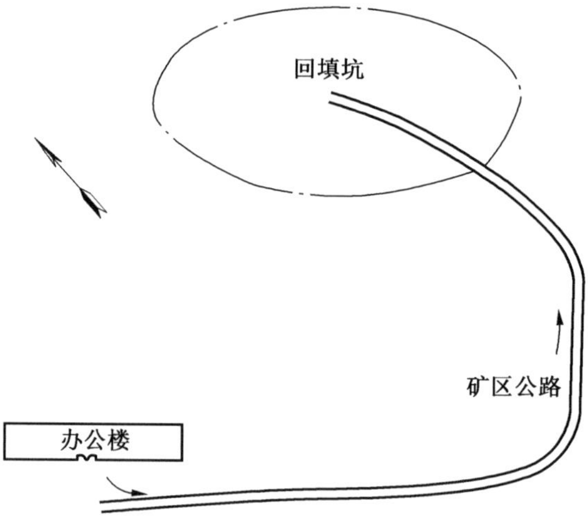

图2-9-4 地面勘察路线示意图

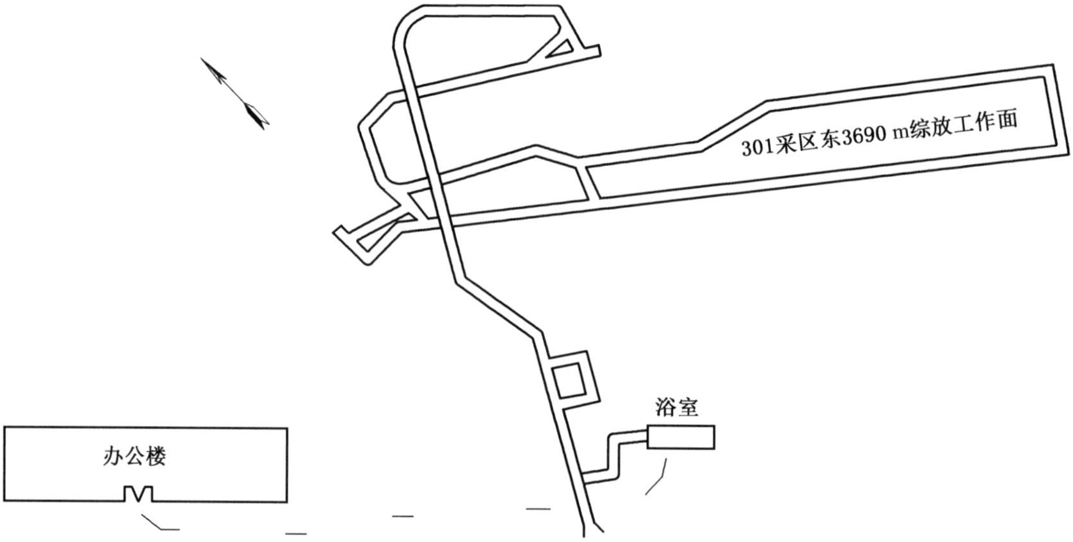

图2-9-5 井下勘察路线示意图

后1~8号架基本完好，液压支架最大高度为1.8~2.0 m；而9~18号架在冒顶区域被煤泥掩埋。

4. 勘察结论

事故发生在301采区+3690 m综放工作面13~18号支架处，工作面1~19号支架和工作面外运输巷78 m全部被煤泥和碎石充严，总溃入量约为660 m^3，导致20人遇难(图2-9-6)。

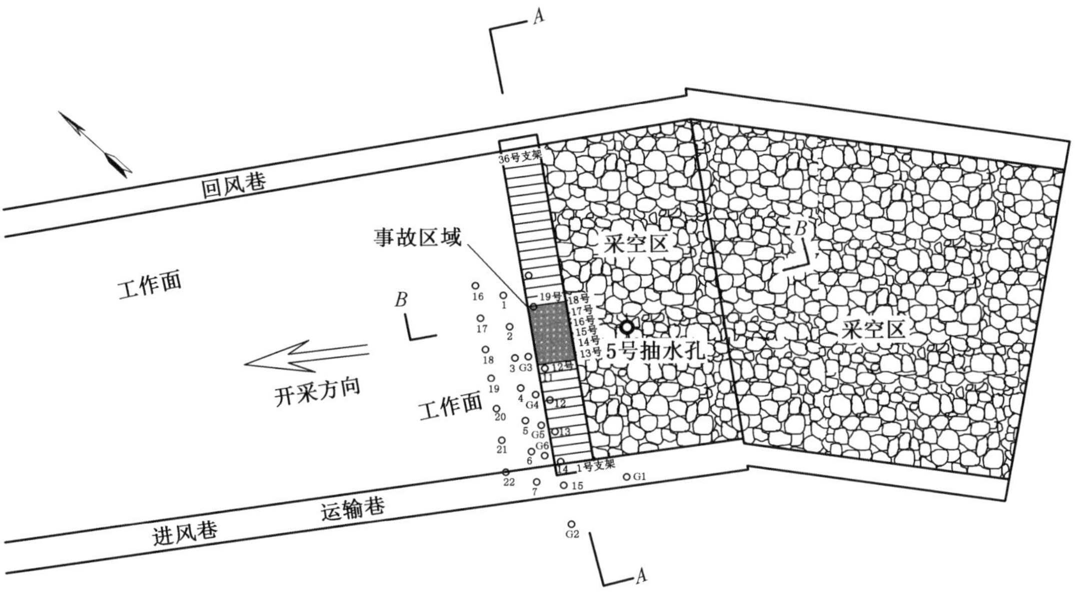

图 2－9－6　+3690 m 工作面平面图

四、事故原因分析

1. 直接原因

事故前某煤矿 +3690 m 综放工作面顶部疏放水不彻底，工作面出现异常淋水，工作面支架前多次发生局部片帮冒顶，甚至出现液压支架被“压死”以及工作面被冒顶形成的淤泥所封堵，尤其工作面出现淋水、煤泥涌入的征兆后，未采取有效应对措施，而是继续进行清淤、强行挑顶提架等作业，在顶煤、矸石及水等上覆自重和矿压共同作用下，顶煤突然溃破，形成通道，大量顶煤、矸石及水混合物呈泥石流状迅速溃入工作面，将作业人员掩埋，导致事故发生。

事故原因分析示意图如图 2－9－6～图 2－9－8 所示。

2. 间接原因

1）工作面顶板控制不善

工作面顶板控制制度不完善，冒顶处理专项安全技术措施针对性不强。技术及管理人员的工作面顶板控制意识薄弱，未严格执行正规循环作业，矿压监测系统不完善，支架工作额定工作阻力偏小。

2）对片帮冒顶压架安全隐患认识不足，处置工作不力

事故发生前 45 天内，工作面多次发生片帮冒顶和压架导致淤泥封堵无法通风的情况，对突然垮冒造成的安全风险认识不足，未采取及时主动加固煤壁、绞顶和带压擦顶移架等有效措施，而是采取被动清理淤泥、高压水枪冲刷顶煤和强行挑顶移架等违章作业，导致垮冒事故发生。

3）探放水工作不到位，疏放水不彻底

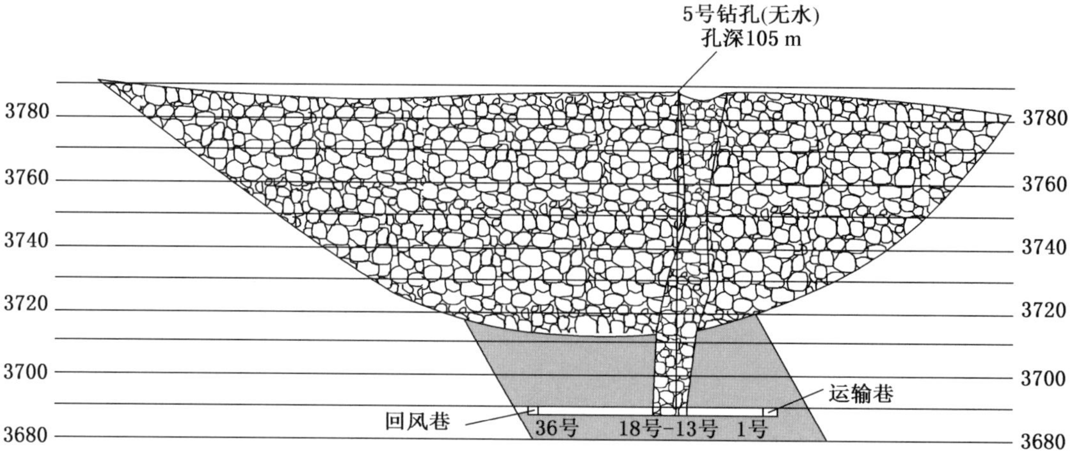

图 2-9-7　+3690 m 工作面倾向剖面图（*A—A*）

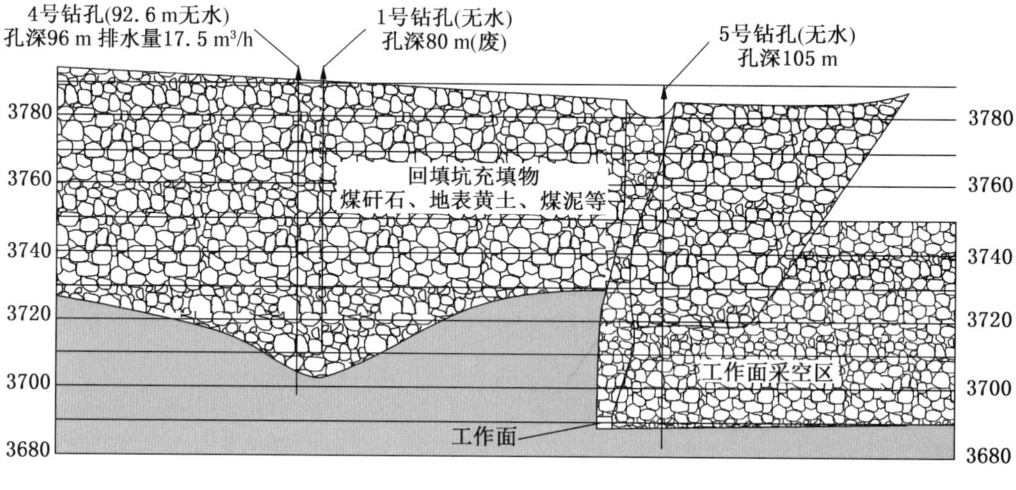

图 2-9-8　+3690 m 工作面走向剖面图（*B—B*）

虽然按照《煤矿防治水细则》对事故发生区域做了物探及钻探的探放水工作，但探放水工作量不足，未达到消除隐患的效果，疏放水不彻底。

4）主体责任不落实、机制不健全

作为混合所有制企业，公司虽有董事会、党委会和经营管理层，但制度不健全、机制不完善。管理人员责权利不统一，安全生产责任无法落实。工作面现场管理、劳动组织及用工混乱，违章指挥。

五、教训与建议

1. 教训

（1）在未采取有效措施消除隐患的情况下，采用综采放顶煤工艺开采含水回填体下急倾斜煤层，导致事故发生。

（2）在冒顶区未采取加固顶煤的情况下，高压水枪冲刷顶煤、强行挑顶提架，打破了支架上部顶煤应力平衡，违章作业导致垮冒事故。

（3）工作面顶板控制重视不够，未严格执行正规循环作业，工作面支架额定工作阻力偏小，未安装完善的矿压监测系统，未对支架实际初撑力以及支架工况进行考核。

（4）事故发生前工作面出现多次局部片帮和冒顶、煤泥涌出、工作面被淤泥封堵、淋水等征兆，但风险研判和防控意识不强，未引起重视，不能正确识别事故征兆，事故发生前未及时采取停产撤人措施，违章指挥导致重大人员伤亡。

（5）雨季前水害隐患排查不落实，雨季防治水措施及探放水工作不到位，疏放水不彻底。

（6）企业主体安全责任不落实。安全意识淡薄，重生产、轻安全；企业安全生产规章制度和岗位责任制流于形式，以包代管；管理人员思想麻痹，缺乏安全生产的底线思维，职责不清，违章指挥。

2. 建议

（1）完善工作面顶板灾害防治管理和技术体系。

（2）严格落实急倾斜煤层开采相关规定，严禁开采地表水体、强含水层、采空区水淹区域下且水患未消除的急倾斜煤层，采取有效措施消除水患，严禁顶水作业。

（3）加强矿井水情水害闭环管理，高度重视探放水效果检验和评估，雨季加强矿井水文动态监测。

（4）强化工作面现场顶板控制，对急倾斜松软煤层制定针对性的防止片帮、抽冒等专项安全技术措施。

（5）加强员工的安全教育培训，提高员工安全生产的理念和意识，提升辨识事故隐患和征兆的能力。

点评：

该矿最初是露天开采，煤层倾角大，开采坑用松散层回填。在开采深部煤层时采用壁式开采，由于顶板松软，煤柱留设不到位，垮落后上部回填的松散层在水的作用下溃入井下，造成本次事故。

第十节 “采空区积水灌入火区”事故案例

案例 山西省宁武县西马坊乡某煤矿采空区积水灌入火区事故

2006 年 8 月 4 日 15 时 30 分，宁武县西马坊乡某煤矿发生大面积古（采）空区塌陷，大量的地表水导入古（采）空区上部自燃火区而产生高温高压水煤气，摧毁了井下密闭，高温及有毒有害气体涌至井下，事故造成 18 人死亡。

一、矿井概况

宁武县西马坊乡某煤矿位于宁武县西马坊乡某村附近（图 2－10－1），距宁武县城 70 km，该矿井田面积为 0. 743 km^2，批准开采石炭纪 5 号煤层。该煤层保有储量 2645

图2－10－1　某煤矿位置示意图

万 t，可采储量 1272 万 t。原设计生产能力 6 万 t/a，现核定能力 21 万 t/a，2006 年经省整合办“晋煤整合办核〔2006〕第 41 号文件”批准为单独保留矿井。

5 号煤层出露地表，在 1700 m 标高至露头（第一阶段）间有小煤矿或老窑分布，开采年代不详。1968—2004 年初，在 1650～1700 m（第二阶段）内开采；目前开采 1535～1620 m（第三阶段），该煤层为急倾斜煤层，倾角为 58°～62°，平均厚度为 12 m。

该矿现有 3 个井筒，主斜井倾角 23°，斜长 428 m；副斜井倾角 24°，斜长 380 m；回风斜井倾角 25°，斜长 247 m。其中主井、风井均沿 5 号煤层布置，副井布置在 4 号煤层中，落平后经石门与 5 号煤层沟通。矿井设计采煤方法为短壁炮采悬移支架放顶煤采煤法，通风方式为中央分列抽出式通风，主要通风机型号为 FBCZ－4－No12B 风机 2 台，矿井设计总风量 22 m^3/s。事故发生时该矿为改扩建矿井。

二、现场勘查及调查情况

1. 勘察地点及入井人员调查

（1）本次主要勘察了采空区地表塌陷情况及主井、副井、风井周边情况。由于矿井内有火区，指挥部指令将 3 个井口封闭，故未能下井做勘察。

（2）本次主要是调查了忻州市矿山救护大队事故抢救情况及当日部分入井人员。

2. 采空区地表塌陷情况

塌陷区位于宁武县某煤矿井田范围的西北部，大部分在矿区范围内，少部分在矿区范围外，形态近似为椭圆形。长 37.48 m，宽 28.34 m，面积 911.28 m^2，平均深度 25.6 m，体积约为 23342.4 m^3。塌陷区内岩石较为破碎，风化较严重。煤层有自燃现象，可见到煤层自燃后的灰渣。下部仍有煤层燃烧及冒烟现象。塌陷区内可见有老空巷道。部分岩石表面有发红的水锈痕迹，近期遭受过雨水冲刷（图 2－10－2）。

3. 主、副井及风井勘查情况

主、副井及风井均已用黄土封闭（图 2－10－3）。风井行人通道用砖及水泥密闭，主井口对面见有煤尘散落的迹象。瓦检员记录当班发生事故前，带式输送机运输巷 CH_4 浓度为 0.06%～0.18%，均不超限。

4. 救护队抢救事故报告

1）温度及有害气体情况

事故发生后，根据忻州市救护队 8 月 4 日 21 时 20 分对 3 个井口有害气体记录：主井温度 30 ℃，一氧化碳浓度 0.02%，瓦斯浓度 0.2%，二氧化碳浓度 0.8%，材料井为进风井，无有害气体。

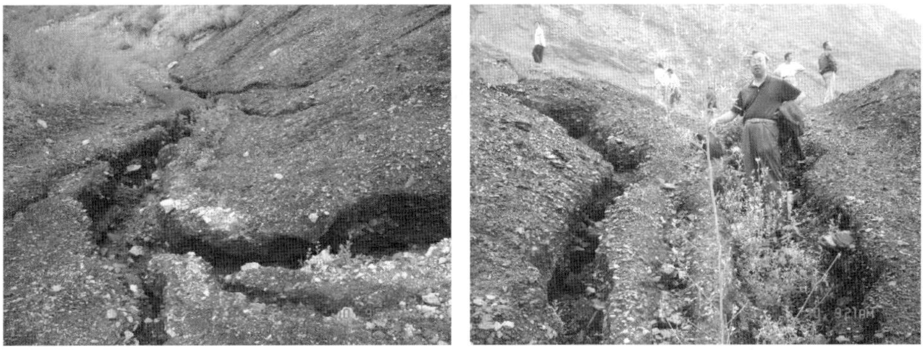

图 2－10－2 近期地表雨水冲刷照片

(a) 主井　　(b) 副井

图 2－10－3 主、副井井口封堵情况

2）井下遇难人员情况

救护队入井侦查救护共计 4 次，从 8 月 4 日 22 时 24 分至 8 月 5 日 10 时 10 分，遇难人员 17 名，其倒向不一，身体裸露部分有烫伤，头发、衣服比较完整。

3）巷道垮落及支架、设备位移

（1）井下支架均未见倒棚现象。

（2）巷道内均无垮落、冒顶。

（3）井下设备均未见位移、倾倒。

（4）回风巷风门被破坏，风门倒向。

（5）主井与回风巷交叉口处巷道底部发现 2 cm 厚煤灰，且上部底板煤灰较多，下部底板煤灰较少。

5. 尸检报告结论

忻州市公安局尸检报告结论所检 18 具遇难者均系高温、高压气体大面积烧、烫伤合并一氧化碳中毒死亡。

三、事故原因分析

（一）采空区自燃火源分析认定

该矿井开采的5号煤层为低硫中灰高发热量的肥煤，据山西省煤炭工业局综合测试中心检验结果，最大吸氧量为0.7388 cm^3/g，为易自燃煤层，自然发火期4～6个月。煤层产生自燃的条件为有碎状的煤存在、连续不断的供氧、一定的蓄热条件。煤层自燃一般发生在采空区、酥松的煤柱、巷道高冒处及煤层露头处。煤层露头处自燃现象非常普遍，由于从地表受地表水的冲刷下渗产生许多裂缝，从而引起的地表变形下陷，可产生漏风供氧通道，保持连续不断的供氧条件。如我国新疆、宁夏、内蒙古等地的煤田露头火灾，已燃烧了数百年，烧损煤量达42亿t，形成了严重的地质灾害。该矿井田范围内5号煤层在地表有煤层露头带，其中1700 m标高至露头有小煤矿或老窑分布，开采年代不详，现场勘查可见，老窑周边有烧变岩的痕迹（图2－10－4）。

图2－10－4　北部临近矿5号煤层露头

该矿初始建矿时间为1968年，主要开采第二阶段，标高1650～1700 m；该阶段采煤方法为仓房式开采的方法，易形成自燃火区。事故发生时开采的第三阶段1535～1620 m水平，开采急倾斜煤层，煤层倾角为58°～62°，平均厚度为12 m。

现场勘察可见，其井田范围内煤层露头带沿NE方向延伸约2 km，并有开采活动的痕迹，井田内采空区及周边煤层露头处存在相互沟通的自燃火区（图2－10－5），燃烧范围随供氧量及供氧时间和余煤量的变化发生而变化。

事故发生前（2006年7月26日）曾组织在地面进行了充填，充填土方量约10000余立方米。但由于井田内采空区及周边5号煤层露头处存在相互沟通，经测算，需充填的露头塌陷区达40余万立方米，已形成局部地质灾害。

（二）水文地质分析认定

该矿区内无地表水体及大的河流，仅有小的冲沟，平时干枯无水，雨季时可形成流水。主要含水层有奥陶系碳酸盐岩岩溶裂隙含水层、石炭二叠系砂岩裂隙含水层、第四系松散层空隙含水层。目前矿井涌水量每天10～15 m^3，矿井水文地质条件简单。

图2-10-5 采空区地表塌陷照片

根据211地质队测绘的地形及井上下对照图，塌陷区所在小流域内，地形标高由1750~1825 m，坡度为12°~20°，面积为2.06 km^2，植被发育，其中填堵裂缝开挖区面积（无植被）0.47 km^2。

根据宁武县气象站观测资料，多年平均降水量468.1 mm，且集中在7—9月，特别是2006年7月以来，该区内连续降水，从7月25—31日，在7天时间内，累计降水40.1 mm，占全年降水的8.6%。由于地表植被及采空裂隙的发育，为地表水的入渗创造了条件。随着雨水的渗入，使岩土的稳定性进一步遭到了破坏，加剧了塌陷的发生。

根据塌陷暴露情况，在煤层露头部位有老空区存在，且有水锈痕迹，说明老空区内有积水，由于开采历史悠久，老空区体积及积水量无法确定。但根据抢险情况推断，由于井下无积水，说明老空区内积水量不大。

（三）采空区塌陷分析认定

1. 岩层及采空区特征

煤层开采引起岩层应力场的改变，同时导致采空区上覆岩层结构特征、受力方式变化。采空区分布状况（形状及大小以及间隔煤柱大小等）决定着其上覆岩层变形、破坏形式和程度。

该矿采空区于1968—2004年初由仓房式开采形成，处在1650~1700 m水平之间，距现开拓阶段约150 m。岩层及采空区分布状况如图2-10-6所示。

煤层为急倾斜煤层，倾角为58°~62°，浅部顶底板岩层松软破碎（露头部分近似为散体结构）。

2. 采空区破坏方式分析

采空区形成后，其围岩载荷由上覆岩层重量构成，承载系统由煤柱支撑及上覆岩层抗剪切能力构成。

当承载系统的承载能力大于载荷时，围岩将处于稳定状态；反之，围岩将失稳发生垮落。

采空区上覆岩层垮落主要有以下几种形式：

（1）局部拱形垮落。承载体系具有足够的支撑能力，但若采空区直接顶部煤体破碎，

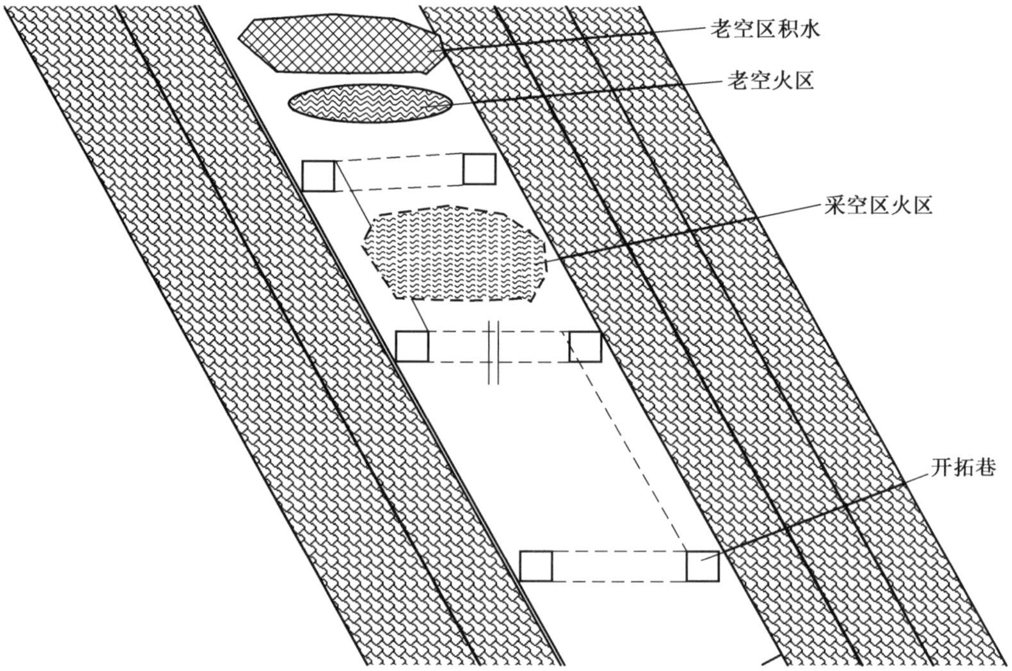

图2-10-6 岩层及采空区分布状况

此时将会于煤柱间发生局部拱形冒顶现象。

（2）整体拱形垮落。煤柱不具备足够的承载能力，采空区直接顶部煤、岩体破碎，而且水平挤压应力较高，此时煤柱将会被压垮，进而发生整体拱形冒顶现象。

（3）整体切落。煤柱不具备足够的承载能力，采空区上覆岩层破碎，而且水平挤压应力较低（产生的摩擦力不足以抵抗岩体重量），此时煤柱将会被压垮，进而发生整体切落现象。

3. 宁武县西马坊乡某煤矿采空区围岩稳定性特征分析

该矿采空区上覆岩层具有强风化、弱黏结、低强度等结构特征，又因埋深不大，因此，其所处的应力场中水平应力较小；7 月 25 日—8 月 4 日之间某煤矿所在地区连续降雨，使大量雨水渗透到岩层中，使岩层及其结构面发生弱化；采空区煤柱风化、水蚀，特别是火区的存在（煤层热解破坏了煤柱的整体结构），使煤层变为散体，周边围岩由于高温烘烤成为烧变岩，强度降低，因而，使煤岩有效承载面积及能力减小。

这些因素的综合作用使采空区上覆岩层达到了上述发生整体切落的条件。结合事故地面现场勘查信息综合判断，此次宁武县西马坊乡某煤矿采空区上覆岩层塌落为突发性整体切落。

4. 采空区上覆岩层整体切落的破坏性

采空区上覆岩层整体切落时会瞬间占据采空区，同时压迫采空区气体向其他空间转移，这个过程通常伴随着强烈的冲击波及井下风暴的形成，会产生严重的毁坏作用，如：摧垮风墙、风门等井下设施，使井下工作人员失去平衡摔伤甚至死亡等，若采空区存在高温、有毒有害气体，则还会造成人员灼伤、窒息乃至死亡。

（四）井下防火永久密闭摧毁分析认定

依据事故抢险报告，发生事故后，井下支护无倾倒、设备无位移、遇难者倒向不一、5 号运输大巷与回风巷之间的 4 条联络巷中的密闭均未破坏，以上现象可排除井下发生瓦斯或煤尘爆炸的可能。

据救护队反映，主井与总回风巷之间的两道风门门框变形，风门无法关闭，部分墙体受损，其冲击波指向主井井口；现场勘察发现主井井口前方有煤灰喷出，同时主井风流方向发生改变；主井与回风巷交叉口处巷道底部发现 2 cm 厚煤灰，且上部底板煤灰较多，下部底板煤灰较少。以上情况说明，冲击波来自采空区。

煤炭自燃在供氧充分时可形成明火，火源中心温度可达 800～1000 ℃，当高温煤体与地表或老空水发生热解时，瞬时产生大量的高温水蒸气和 H_2、CH_4、CO 烯烃类气体，这些热解的气体产物可发生局部水煤气爆炸，其爆炸冲击波压力大于 0.06 MPa，并伴随产生高温、高压水蒸气，可摧毁普通密闭。据调查取证笔录及抢险报告，主井冒黑烟，副井进风，距火区最近的密闭遇高温高压冲击波时被摧毁，导致大量的有毒有害气体涌入作业场所。

四、结论

该矿采空区存在自燃火区，采空区北上方存在老空区并与地表露头煤沟通。由于采空区残留煤柱燃烧，致使上覆煤、岩体的支撑强度逐渐降低、空顶面积加大，加之急倾斜露头煤和岩石风化及多日降雨等因素，导致采空区突然大面积塌陷，使地表积水和老空水瞬间涌入火区，产生高温高压水煤气，摧毁火区密闭，伴随着有毒有害气体冲入工人作业巷道，造成这起灼烫和中毒窒息事故发生。

点评：

本次事故是由于下部煤层自燃，采空区残留煤柱着火，煤柱燃烧完毕，产生塌陷，使上部老空积水和地表水瞬间涌入火区，产生高温高压水煤气，摧毁火区密闭，伴随着有毒有害气体冲入工人作业巷道，造成这起灼烫和中毒窒息事故发生。

山西省煤矿水害事故统计表（1980—2022 年）见表 2－10－1，底板奥陶系含水层突水统计表见表 2－10－2。

表 2－10－1　山西省煤矿水害事故统计表（1980—2022 年）

序号	年	月	日	事故单位	企业性质	类别	死亡人数
1	1980	1	13	大同市雁北区浑源县耙秋煤矿	—	透水	4
2		3	2	临汾市襄汾县陶寺公社新盘道矿	—	透水	4
3		3	19	晋东南区长子县色头公社某矿	—	透水	5
4		4	26	晋东南区长治县王庄煤矿	—	透水	3
5		5	14	太原市北郊区马头水公社青窑湾矿	—	透水	5
6		11	30	忻州市原平县龙宫公社老底沟矿	—	透水	5
7		9	3	大同市北郊区郭家窑公社联办矿	—	透水	4
8		6	30	大同 88612 军办矿	—	透水	3

表 2-10-1（续）

序号	年	月	日	事故单位	企业性质	类别	死亡人数
9	1982	2	4	阳泉劳改荫营煤矿四尺坑	—	透水	11
10	1982	2	11	长治市郊区故漳乡东旺大队煤矿	—	透水	4
11	1982	2	24	晋东南区晋城县北义城乡荣和煤矿	—	透水	4
12	1982	3	25	吕梁区汾阳县杨家寨煤矿	—	透水	7
13	1982	5	13	长治市郊区故漳乡西旺大队煤矿	—	透水	3
14	1982	7	27	大同市南郊区马军营公社煤矿	—	洪水灌入	4
15	1982	9	6	晋东南区襄垣县下良公社西林矿	—	透水	3
16	1982	10	15	吕梁区孝义县下堡公社贤者大队矿	—	透水	11
17	1983	4	8	阳泉市郊区河底乡邓家峪村矿	—	透水	6
18	1983	7	30	晋中市昔阳县杜庄村西山煤矿	—	洪水灌入	6
19	1983	8	14	大同市矿区大北沟煤矿	—	透水	18
20	1984	1	19	晋东南区沁水县土沃西牙农煤矿	—	透水	3
21	1984	6	21	阳泉市盂县牛村乡河边煤矿	—	透水	3
22	1984	9	27	临汾市乡宁县枣岭乡某煤矿	—	透水	4
23	1984	11	18	晋城市阳城县石节沟矿	—	透水	3
24	1984	11	23	吕梁区孝义县阳泉曲申家庄矿	—	透水	5
25	1985	5	11	太原市古交区嘉乐家乡盘道矿	—	洪水灌井	22
26	1985	9	2	长治市长子县东田良乡办矿	—	透水	5
27	1985	10	25	晋城市郊区北义城乡朝阳煤矿	—	透水	7
28	1985	12	29	雁北区怀仁县吴家窑镇东兴矿	—	透水	5
29	1986	4	16	吕梁区柳林县聚财塔煤矿	—	透水	3
30	1986	7	24	大同市南郊区鸦儿崖乡常流水煤矿	—	透水	7
31	1986	11	1	临汾市翼城县侯家坡煤矿	—	透水	3
32	1986	12	20	晋城市郊区泊南煤矿	—	透水	7
33	1987	9	22	长治市武乡县东庄煤矿	—	透水	3
34	1987	11	22	长治市长治县王坊乡南王庄煤矿	—	透水	4
35	1988	8	18	长治市襄垣县王桥镇红旗煤矿	—	透水	4
36	1989	3	26	晋城市高平县团池乡西沟矿	—	透水	3
37	1989	4	6	太原市清徐县平口煤矿	—	透水	5
38	1989	3	6	太原市东山煤矿艮山坑	—	透水	4
39	1989	5	4	吕梁区孝义县兑镇乡麻地沟矿	—	透水	3
40	1990	3	3	临汾市翼城县西阎镇侯家坡矿	—	透水	4
41	1990	5	20	吕梁区柳林县矾水沟矿	—	透水	4
42	1990	6	19	吕梁区孝义县下堡镇南头村矿	—	透水	9
43	1990	8	8	太原市南郊姚村乡槐树底煤矿	—	透水	12
44	1990	11	16	临汾乡宁县安吧乡郭家沟煤矿	—	透水	8

表2-10-1（续）

序号	年	月	日	事 故 单 位	企业性质	类别	死亡人数
45	1990	11	19	晋城市郊区大东沟峪南矿	—	透水	10
46		11	24	晋中区和顺县喂马乡马家沟矿	—	透水	3
47		11	27	晋城市郊区南村镇东村矿	—	透水	9
48		12	11	雁北区浑源县大仁乡武家圪坨矿	—	透水	7
49	1991	4	12	长治市长治县八义乡龙山煤矿	村办	透水	8
50		11	25	沁源县韩红乡韩红村煤矿	村办	透水	4
51	1992	3	21	晋中地区和顺县城关镇东脑村矿	村办	透水	3
52		5	19	晋城市泽州县巴公镇兴王庄煤矿	村办	透水	3
53		6	14	中国人民解放军二炮后勤部清徐矿	军办	透水	7
54		6	17	吕梁地区文水县靛头煤矿	县营	透水	4
55		8	17	长治市襄垣县下良乡故县联营矿	联办	透水	5
56		8	25	大同市某煤矿	市营	透水	21
57		10	22	吕梁地区汾阳县石庄乡前阳寨矿	村办	透水	3
58		11	5	阳泉市盂县土塔乡神益沟矿	联办	透水	51
59	1993	7	20	运城市地区河津县下化乡羊头矿	联办	透水	5
60		8	7	吕梁地区孝义县兑镇镇韩家滩矿	村办	透水	6
61		8	21	临汾地区临汾市一平垣乡辅沟矿	乡办	透水	4
62		10	10	长治市潞城县石窟乡东风移口矿	村办	透水	7
63		10	10	临汾乡宁县枣岭乡西掌坡村三眼洞矿	村办	透水	8
64		11	29	大同市左云县店湾镇瓦龙矿	私办	透水	7
65	1994	6	14	晋城市郊区川底乡上小河村小南沟煤矿	村办	透水	7
66		8	2	阳泉市郊区李家庄乡甄家庄矿	村办	透水	4
67		9	18	晋中地区左权县石港乡韩王村矿	村办	透水	4
68		11	18	长治市长子县色头镇西南沟矿	村办	透水	3
69	1995	3	2	晋城市高平县申家庄煤矿	市营	透水	7
70		4	7	大同市南郊区张家湾矿牛头沟坑	区营	透水	7
71		5	26	太原市古交邢家社乡南沟矿	乡办	透水	7
72		6	5	阳泉市郊区李家庄乡汉河沟矿	乡办	透水	3
73		7	29	晋城市郊区大阳矿	区营	透水	3
74		10	23	吕梁地区汾阳县石庄乡张家庄村矿	村办	透水	5
75		11	4	晋城市郊区大阳镇陡坡矿	村办	透水	7
76		11	26	忻州地区五台县寨里矿	县营	透水	4
77	1996	4	14	交城县三角村医筹联办矿	联办	透水	3
78		8	19	长治市王坊西山矿	—	透水	9
79		10	31	晋中市介休洪山矿	—	透水	4
80		10	31	太原市郊区姚村矿	—	透水	8

表 2-10-1（续）

序号	年	月	日	事 故 单 位	企业性质	类别	死亡人数
81	1996	10	31	吕梁市柳林煤矿	—	透水	2
82	1997	8	27	晋城市高平市陈讴镇南头矿	—	透水	4
83		9	26	吕梁孝义市下堡镇安家岭煤矿	—	透水	14
84		12	4	左云县鹊儿山镇斗子湾煤矿	—	透水	9
85		12	22	山西阳泉郊区平坦镇桃林沟煤矿	—	透水	7
86		—	—	不详	—	透水	2
87	2001	5	26	太原市晋源市晋词镇新窑煤矿	乡办	透水	8
88		6	11	长治市长治县八义镇师庄红旗煤矿张家沟坑口井	—	掘进工作面透水	0
89		6	24	阳泉市盂县东坪煤矿采煤工作面	国有地方	透水	8
90		12	10	大同左云县水窑乡冯家窑村黄土寺煤矿	村办	透水	1
91	2002	5	4	运城河津富源煤矿	非法	透水＋瓦斯	21
92		5	30	大同市浑源县大仁庄乡吴家圪坨煤矿	乡镇	透水	5
93		6	18	山西晋中市寿阳县北河坡煤矿二坑	乡镇	透水	7
94		7	18	山西大同市南郊区南平路股份井	乡镇	透水	5
95		7	24	山西吕梁地区兴县魏家滩镇黄辉头煤矿	乡镇	透水	5
96		8	6	山西阳泉市平定县锁簧镇北庄村西沟井	非法	透水	4
97		9	20	山西古交市屯兰煤矿	国有地方	透水	13
98		11	8	山西长治市武乡县马堡村小炉沟煤矿	乡镇	透水	6
99		12	10	山西晋中市寿阳县某煤矿	股份制	透水	6
100	2003	2	20	山西大同市左云县鹊儿山精煤公司南三盘工作面	国有地方	透水	6
101		5	19	山西晋中市寿阳县富东煤业有限公司井下掘进时	县营	透水	0
102		6	9	大同市左云县店湾镇木代村村办煤矿	乡镇	透水	4
103		7	14	山西大同市左云县庙梁煤矿	国有地方	透水	2
104	2004	3	1	山西晋城市泽州县下村镇煤矿	乡镇	透水	4
105		6	12	山西忻州地区原平市段家堡乡矾土坡煤矿	乡镇	透水	7
106		7	9	山西阳泉市盂县南娄镇下曹村下曹煤矿	乡镇	透水	5
107		8	8	山西长治市长子县反坡煤矿	国有地方	透水	5
108		8	24	山西晋中市介休市绵山镇城寺煤矿	乡镇	透水	5
109		9	6	山西晋中市左权县寨王乡前寨村煤矿	乡镇	透水	5
110		9	28	山西吕梁地区中阳县雷家沟煤矿	国有地方	透水	5
111		11	30	山西吕梁地区柳林县柳林镇庙湾煤矿井下回采工作面新开切眼	乡镇	透水	3
112		12	13	山西临汾地区霍州市管海平煤矿	私开煤	透水	4
113	2005	6	18	山西晋城市高平县陈区镇东窑村办煤矿	乡镇	透水	5
114		8	23	山西长治市郊区黄碾镇故北煤矿	五证齐全	透水	4
115		12	28	山西大同市左云县店湾镇范家寺煤矿	乡镇	透水	17

表2－10－1（续）

序号	年	月	日	事　故　单　位	企业性质	类别	死亡人数
116	2006	3	18	吕梁市临县某煤矿	国有地方	透水	28
117	2006	4	11	山西长治市武乡县显王煤矿		透水	4
118	2006	4	27	山西晋中市灵石县南关镇栾卜崖底村一非法煤矿	非法	透水	5
119	2006	5	18	山西大同市左云县张家场乡某煤矿	—	透水	56
120	2006	7	5	山西吕梁地区中阳县雷家沟煤矿	国有地方	透水	6
121	2006	7	8	山西吕梁地区柳林县曹家山煤矿		透水	6
122	2006	7	10	山西吕梁地区中阳县枝柯镇东川煤矿	乡镇	透水	8
123	2006	7	14	泽州红星煤矿			2
124	2006	8	4	朔州市宁武县某煤矿	—	老空水灌入火区	18
125	2006	11	7	山西太原市万柏林区土圈头煤窑	非法	透水	10
126	2006	10	8	山西阳泉市盂县东方振兴煤业有限公司三坑	国有地方	透水	7
127	2006	11	7	山西太原市万柏林区王封乡冀家沟村土圈头煤窑	非法	透水	10
128	2006	12	14	山西大同煤矿集团云岗矿	—	透水	4
129	2007	3	17	山西临汾地区洪洞县圣王沟一非法采矿点井下	非法	透水	3
130	2007	4	23	山西临汾地区乡宁县昌宁镇木凹沟煤矿	—	透水	2
131	2007	6	24	山西运城地区河津市某煤矿	乡镇	透水	9
132	2007	7	5	山西临汾地区乡宁县某煤矿井下发生透水事故	私营	透水	9
133	2007	7	14	山西运城地区河津市某煤矿	乡镇	二次透水	5
134	2007	7	22	某矿	—	透水	11
135	2007	7	22	乡宁县某煤业有限公司	—	透水	9
136	2007	7	26	山西吕梁地区孝义市庆平煤矿有限公司	乡镇	透水	8
137	2008	2	24	山西临汾地区蒲县太原某集团公司某煤矿	国有	掘进巷道透水	6
138	2008	6	13	山西忻州地区忻州市宁武县雨田煤业有限公司	—	透水	8
139	2008	7	12	山西长治市长治县王庄煤矿	国有地方	透水	13
140	2008	10	29	山西临汾地区乡宁县吉宁勤海煤业有限公司	—	底板透水	7
141	2008	12	5	山西朔州市山阴县辛庄煤矿有限公司	—	透水	8
142	2009	3	25	平朔三号井工矿	央企	透水	0
143	2009	7	12	山西长治市长治县王庄煤矿	国有地方	透水	13
144	2010	1	15	山西省灵石煤矿有限公司	—	透水	4
145	2010	1	19	山西省吕梁市临县西山晟聚煤业有限公司	—	透水	3
146	2010	2	21	某煤矿	—	透水	1
147	2010	3	28	中煤华晋王家岭煤矿	股份	透水	38
148	2010	6	3	山西省晋城煤业集团天安公司东沟煤业郊南煤矿	股份	透水	5
149	2010	6	30	山西煤炭运销集团吉县某煤业有限公司	股份	洪水灌井	1
150	2011	9	16	中煤某煤某煤矿	央企	底板巷道透水	11
151	2012	4	12	山西襄垣某煤业有限公司	股份	透水	11

表 2-10-1（续）

序号	年	月	日	事 故 单 位	企业性质	类别	死亡人数
152	2012	8	1	山西某集团某煤业有限公司	股份	采空区底板透水	8
153	2013	7	31	山西平定古州某煤业有限公司	股份	透水	5
154		9	28	山西汾西某煤业有限责任公司	股份	掘进透水	10
155		11	29	大同市南郊区兴旺煤矿	地方政府	透水	4
156	2014	10	19	山西阳城某集团某煤业有限公司	股份	废弃井筒溃泄	4
157	2015	2	13	晋煤集团东沟煤矿	国企	透水	3
158		4	19	大同市某煤矿	股份	顶板老空透水	21
159		6	21	山西昔阳某煤业有限责任公司	股份	顶板突泥	4
160	2016	5	5	山西某煤电股份有限公司某矿	国企	顶板老空水	0
161		10	13	山西寿阳某集团某煤业有限公司	股份	溃水溃砂	3
162		11	2	山西朔州平鲁区某煤业有限公司	村集体	掘进透水	2
163	2017	5	22	山西某集团东于煤业有限公司	民营	底板透水	6
164	2020	11	11	山西朔州平鲁区茂华万通源煤业有限公司	股份	老空透水	5
165	2021	12	15	山西省孝义市西辛庄镇杜西沟村	非法	透水	2
166	2022	8	11	山西吕梁离石某煤业有限公司	民营	洪水灌入	1
合计						1145	

表 2-10-2　山西省煤矿底板奥陶系含水层突水统计表

序号	年	月	日	事 故 单 位	类别	突水量/($m^3 \cdot h^{-1}$)	死亡人数
1	1982	10	19	太原东山煤矿六斜坡	突水	500	0
2	1986	5	29	刘家梁矿	突水	350	0
3	1986 年以后			刘家梁矿	突水	650	0
4	2017	6	22	介休鑫峪沟煤矿 90101 工作面	突水	600	0
5	2018	10	14	介休左则沟	突水	1000	0
6	2020	9	19	同煤麻家梁 14104-12 工作面	突水	600	0

第三章　抒　己　之　见

第一节　带压矿井奥陶系峰峰组顶部作为隔水层的条件

一、含水层的确定

含水层是指岩石具有空隙（孔隙、裂隙、溶孔或溶洞）、相互连通、含有流动的水的岩层为含水层。今天我们讨论的是奥陶系峰峰组是否可以作为隔水层，所以仅研究石灰岩的问题，其他岩类的含水层在此不述。

国际上对奥陶系地层划分为上、中、下三个系。华北地区奥陶系地层缺失上奥陶系，仅存在中奥陶系（O_2）及下奥陶系（O_1），对于带压开采矿井来说，我们关心的是中奥陶系。中奥陶系又划分为三组八段，自下而上为下马家沟组（O_{2x}）划分为上、中、下三段，字母代号为（O_{2X1}、O_{2x2}、O_{2x3}）；上马家沟组（O_{2s}）划分为上、中、下三段，字母代号为（O_{2s1}、O_{2s2}、O_{2s3}）、峰峰组（O_{2f}）划分为上、下三段，字母代号为（O_{2f1}、O_{2f2}）。

现在评价带压开采时，一般都将奥陶系地层作为含水层对待，对于奥陶系顶界面与煤层底板间距大的矿井来讲，似乎显得并不重要，但对于奥陶系顶界面与煤层底板间距小的矿井来讲，峰峰组顶部是否可作为隔水层是非常重要的，特别是现在有些管理部门，一看到煤层突水系数大于0.1 MPa/m的区域，就特别害怕，禁止开采。下面我们就讨论含水层的确定问题。

1. 勘探施工中简易水文变化与含水层顶板的关系

在水文钻孔施工过程中，对提钻后和下钻前都要进行水位观测，在钻进过程中要对冲洗液消耗量进行观测，这就是我们常说的简易水文观测，其目的就是判断含水层的位置及含水层的富水性。

冲洗循环液有泥浆与清水两种。泥浆循环液具有冷却钻头、从井下带出岩屑和保护孔壁的作用，对于钻进过程中遇到弱含水层反应不明显或无反应，泥浆会将一些小裂隙堵塞，误导判断结果。所以在水文钻孔设计时，预计有含水层（砂岩、石灰岩）分布的层段不允许使用泥浆钻进，必须用清水钻进，以便对含水层作出正确判断。

在钻井过程中，如果遇到弱含水层，冲洗液消耗量及水位会有变化，但变化不大，随后又会恢复，该变化部分从简易水文角度可解释为含水层。图3－1－1上部214.26～225.38 m为弱含水层，从层位来判断，大体是在太原组底部的晋祠砂岩（K_1）或奥陶系顶部古风化壳部位。

在进入奥陶系地层钻井过程中，如果遇到强含水层，冲洗液消耗量会全漏失，不再循环，水位会发生突变，达到区域水位。图3－1－1中325.60 m以下为强含水层，我们就

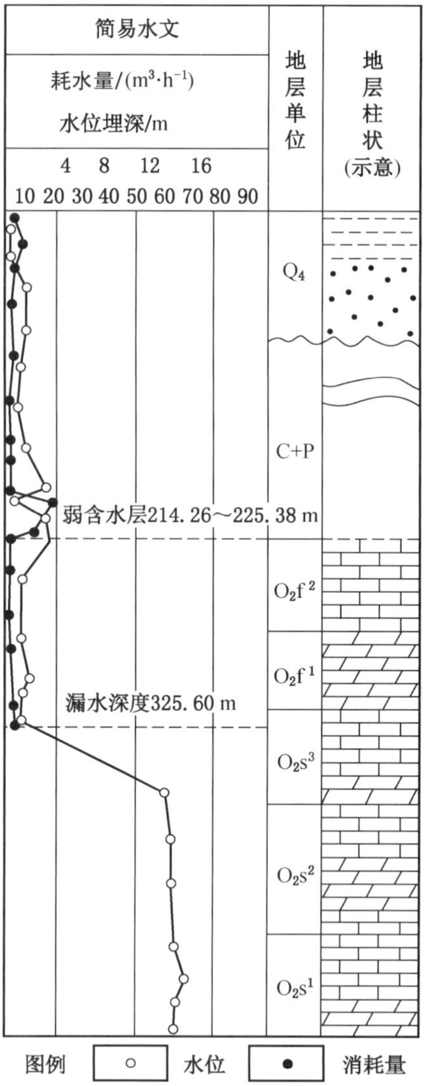

图 3-1-1 钻探揭露含水层示意图

将大漏水的深度部位作为强含水层的顶板，该深度以上至煤层底板的地层厚度可以作为带压开采的隔水层对待，所以在水文孔施工过程中简易水文的观测非常重要。

如果漏水后水位不再恢复，孔内一直保持冲洗液全消耗，在这种情况下，下部再有含水层就不好判断了，除非两层含水层水位相差较大，水位会发生变化，在揭露下一含水层后水位会显示两层含水层的混合水位。

如果下部含水层是溶洞，钻进过程中会发生掉钻，这一种情况含水层厚度易于判断，我在晋城水源地勘探中有两个孔就是这种情况。

YS-18 号孔，奥陶系基本出露地表，在钻进到孔深 104 m 时见溶洞，掉钻至 116 m，随后在 127.4～135.2 m、243～248.5 m、325.2～348.3 m、371.4～374.8 m、378.8～410.5 m、437～444.8 m。共见到七层溶洞累计高度 72.3 m。

另一个是孔 YS-20 号孔，共见溶洞 7 层，累计高度 55.6 m，并经过了流量测井验证。如果是这种情况，在计算水文地质参数时直接采用该厚度即可。

在北方地区溶洞不发育，这种情况较少，大多是岩溶裂隙，掉钻的概率很低，一般都是用简易水文来判断。所以简易水文发生变化的部位即为含水层的顶板，对于带压开采矿井来讲，冲洗液消耗量全漏失时的钻孔深度是至关重要的，钻进过程中必须记录清楚，在计算隔水层厚度时含水层顶板从此位置起算。

有些矿井在施工水文孔时，将钻孔布置在滞留区，奥陶系地层钻进 300 余米，简易水文均无变化，这样的水文孔是不能使用的。

如果一个井田内所有的水文孔在施工中，简易水文都不发生变化，说明该矿井奥陶系地层是没有含水层的，研究带压开采毫无意义。如图 3-1-2 所示（无含水层）。

在水文地质计算中，无论是计算水文地质参数还是计算矿井涌水量，都需要含水层厚度。很多报告在计算时将钻探揭露的奥陶系灰岩全部都作为含水层对待，导致计算结果误差非常大。

由于钻探在揭露第一个强含水层后，对下部含水层的位置及厚度很难确定，这种情况下，必须采用测井手段。

2. 水文物探测井确定含水层

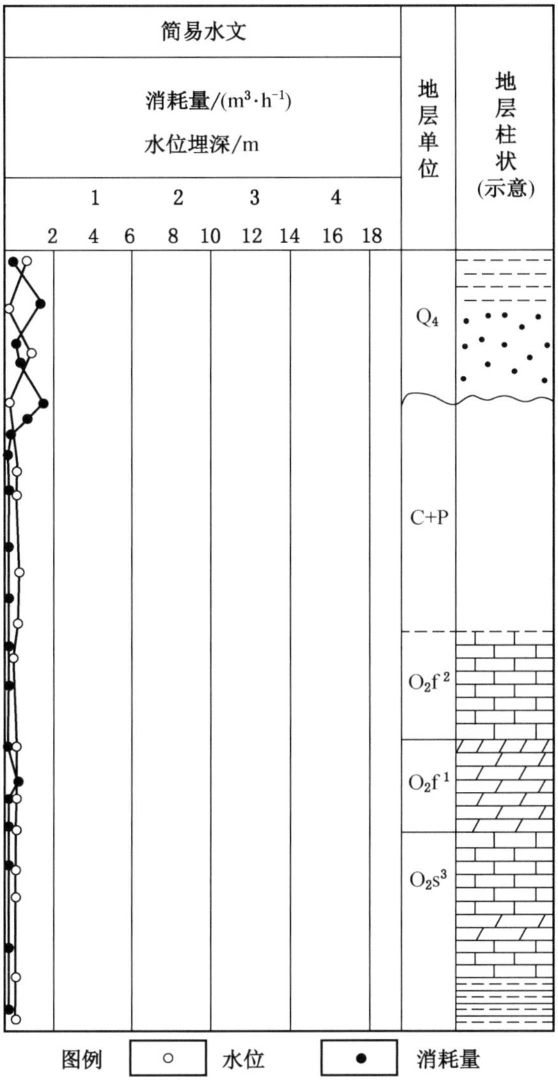

图 3－1－2　钻探无含水层示意图

水文物探测井主要有井液电阻率测井及流量测井两种方法。

第一种方法：井液电阻率解释含水层。

井液电阻率测井是反应钻孔中井液导电性能的曲线，与水的矿化度有关，矿化度越高，导电性越强，电阻率越小；反之，矿化度越低，导电性越弱，电阻率越大。有时，为了增加钻孔中井液的矿化度，将食盐投入井内，食盐水遇到含水层后就会被冲淡，矿化度降低，电阻率增大，曲线就会发生变化。

图 3－1－3 所示为井液电阻率解释含水层的实例，含水层在孔深 343～351.6 m、411～416.9 m 就是两层含水层；351.6～411.2 m 可视为隔水层。

第二种方法：流量测井确定含水层。

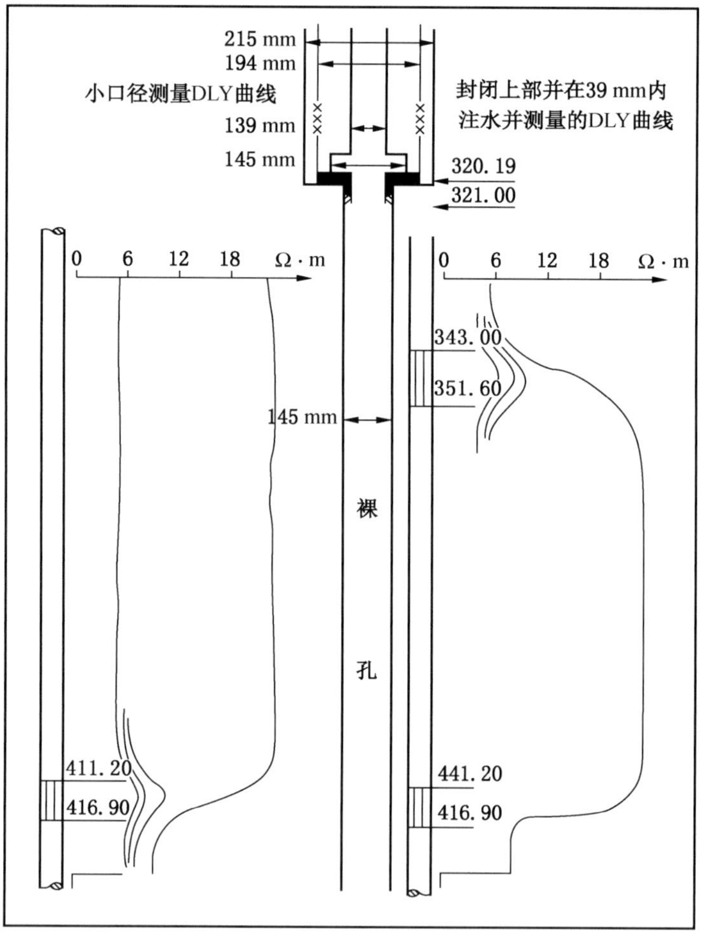

图 3－1－3 井液电阻率解释含水层

流量测井的实质是利用仪器叶轮来测量钻孔中水带动叶轮的转数，然后换算成流速或流量，测量的前提条件是钻孔中有纵向流动的水（上、下两层含水层水位不同，有补给关系）。

这种测井费时又烦琐，但资料可靠，要测量多次，在钻探结束后，准备抽水前及抽水过程中进行。在洗井合格后，井液稳定 24 h 以上，进行近稳态测井，在抽水下水泵以前要提前下入测量仪器（孔径小必须提前将仪器下入孔内），在抽水过程中要上、下重复测量多次，直到取得合格的曲线。对于富水性差的含水层，采用流量测井是难以解释含水层的，原因是水量小，流量测速仪的叶轮不能转动。该方法适用于含水层富水性强，钻孔孔径大的水文孔。图 3－1－4 所示为流量测井解释含水层的实例。

第三种方法：温度测井解释含水层。

其原理是地下含水层中水温与井液的温度有温差。井温测井要求在钻探停止后 24 h 以上进行，目的是让钻孔中含水层水的温度不再受钻进过程中井液的影响。一般不采用点测，这样容易漏掉薄层含水层，最好采用连续测量并且提升速度要恒速缓慢，效果会较

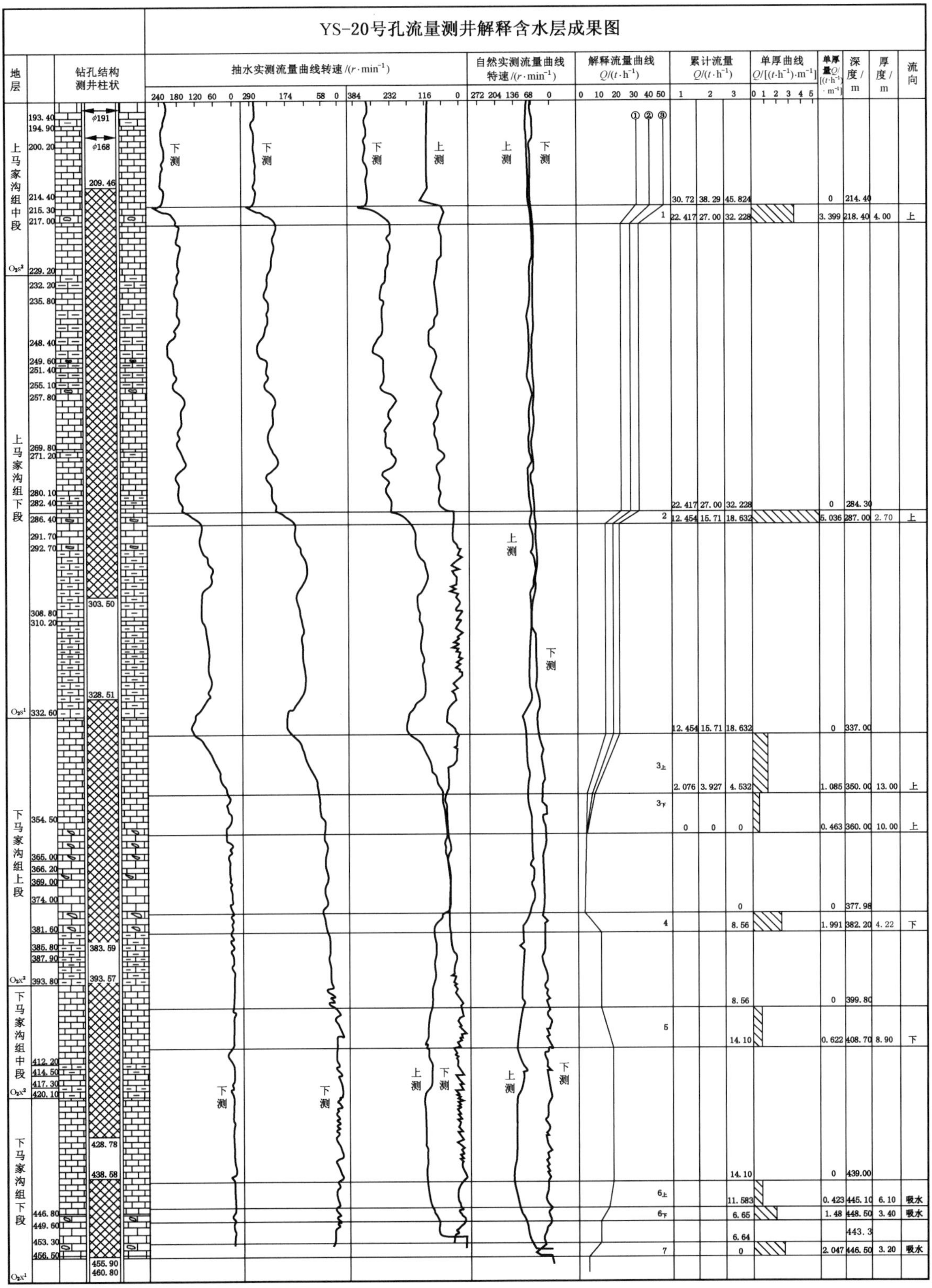

图3-1-4 流量测井解释含水层

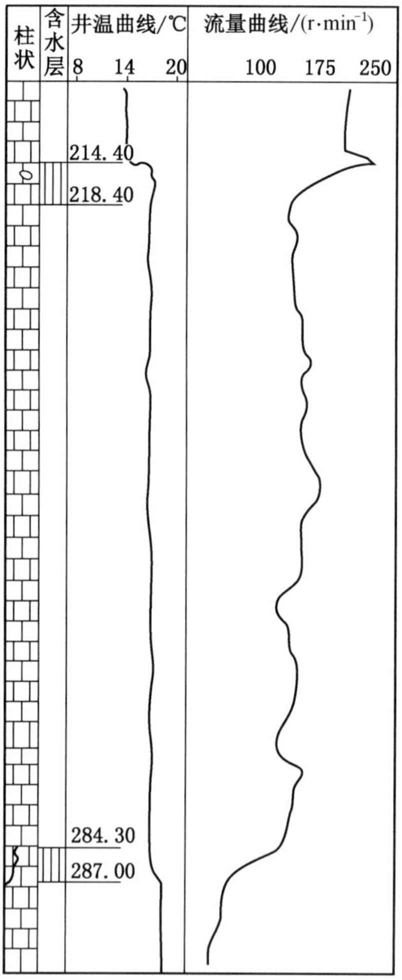

图3-1-5 井温测井解释成果图

好。图3-1-5所示为井温测井解释成果图的实例，图中214.40～218.40 m及284.30～287.00 m就是井温测井解释的含水层。

多层含水层百分比定量解释：

在勘探过程中，在一次抽水中有多层含水层，每个含水层富水性如何？占总出水量的比例多大，靠抽水试验是无法解决的。流量测井在井壁完整、孔径无变化的前提条件下，可进行定量解释。我们在晋城水源勘探中对YS-2号进行了解释。图3-1-6所示为用百分比定量解释含水层富水性的实例。

二、峰峰组顶部作为隔水层的实例

1. 阳城上孔煤矿

该矿位于山西延河泉域接近排泄区，为山西省阳城县地方国营煤矿，1971年建成投产，生产能力21万t/a，井田内有可采煤层3号及15号两层煤。

经过30多年的开采，3号煤层资源已基本枯竭，需向15号煤层延深。但由于该区奥陶系岩溶地下水水位标高为643～470 m，15号煤层底板最低标高为370 m，存在着带压开采的问题，且15号煤层与奥陶系灰岩顶面之距的隔水层厚度仅12 m左右，按照当时《煤矿防治水规定》，15号煤层不仅存在突水系数大于0.15 MPa/m的问题，而是矿压对底板的破坏深度大于隔水层厚度，奥陶系含水层水会直接突破煤层底板而造成淹井。如果奥陶系峰峰组顶部就是强含水层，在这种地质条件下，该矿不进行区域治理是绝对不能延深开采的。

根据作者在延河泉域五年勘探工作掌握的资料及研究成果，该泉域峰峰组地层基本不含水，主要含水地层在奥陶系下马家沟组，上马家沟组地层含水也不均一。

于是作者利用矿井内已有的水文孔资料又收集了周边阳城打井队施工的水井资料，给矿井的隔水层厚度进行了重新评价。

资料一：井田内有2004年施工的Sj1井筒检查孔，揭露奥陶系地层85.28 m，岩性为灰、深灰色中厚层石灰岩，隐晶质块状结构，致密、坚硬，夹白灰质灰岩、角砾状灰岩、泥灰岩，裂隙均被方解石脉充填。钻孔在钻进中采用清水钻进，全孔返水，基本无冲洗液消耗量，在停钻后、下钻前均进行了孔内水位观测，水位变幅为1.90～2.95 m，钻孔未揭穿含水层。将揭露的85.28 m作为隔水层对待。

资料二：在井田南部边界外约1000 m处有阳城火车站于1995年施工的供水井，井深473.30 m，见奥陶系界面深度201.9 m，揭露奥陶系地层408.20 m，进入奥陶系下马家沟

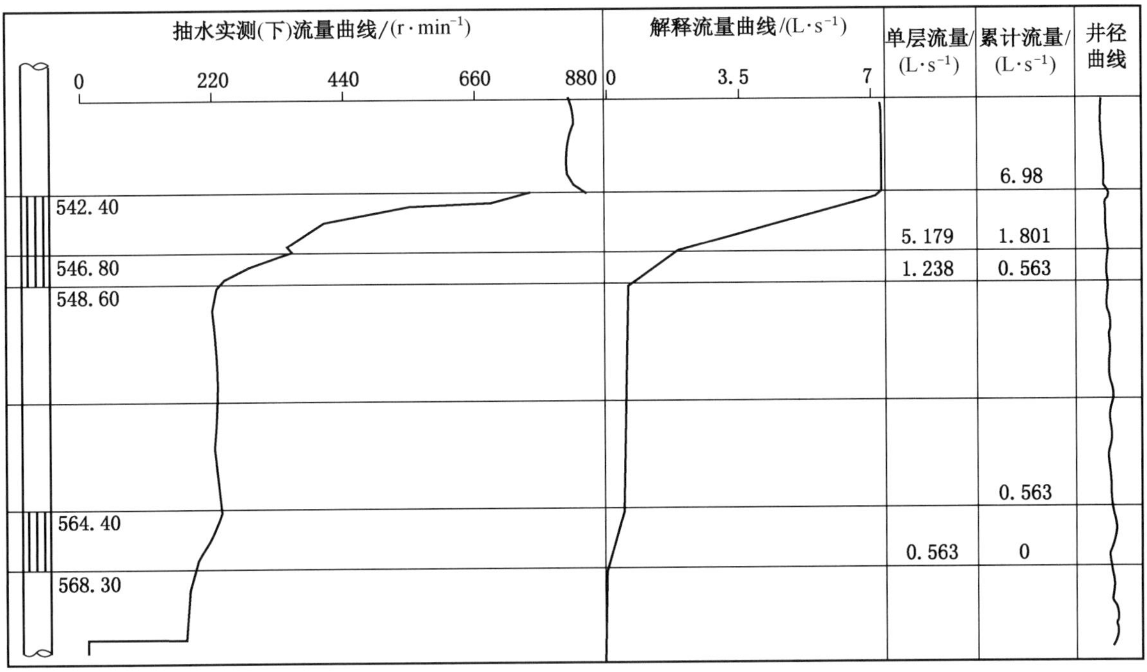

图3-1-6 多层含水层百分比定量解释

组。整个钻井过程中冲洗液消耗甚少，水位无变化，岩芯分析该井主要有两段岩层较破碎，第一段337.6～347.0 m，第二段392.0～397.0 m。

经过为期一个月的洗井及抽水试验，水位降深156.2 m，涌水量6.561 L/s，单位涌水量为0.042 L/(s·m)，含水层富水性极弱。将奥陶系顶面以下至337.6 m的135.7 m可作为隔水层对待。

资料三：在井田边界外东南部约800 m处，阳城县选煤厂于1999年施工一口水井，井深531.79 m，见奥陶系界面深度120 m，揭露奥陶系地层411.79 m，进入奥陶系下马家沟组，地层岩性主要为灰白色、浅灰色完整灰岩、角砾灰岩及泥质灰岩、泥灰岩，钻孔施工中，峰峰组及上马家沟组上段，冲洗液消耗很少，在249 m处（位于上马家沟组中段）漏水前一直未返，奥陶系顶面以下有129 m可作为隔水层对待。

该孔下马家沟组岩溶发育，抽水试验降深0.30 m，涌水量为8.06 L/s，单位涌水量为26.87 L/(s·m)。

资料四：在井田边界外西北部约2000 m处，町店镇柴凹村于2002年4月施工的水源井，井深461.0 m，见奥陶系界面深度92.7 m，揭露奥陶系地层368.3 m，已进入奥陶系下马家沟组。钻进中峰峰组及上马家沟组上段冲洗液消耗很少，冲洗液于208 m处（上马家沟组中段）全部漏失，奥陶系顶面以下有115.3 m可作为隔水层对待。

该孔深部下马家沟组岩溶发育，抽水试验水位降深4.09 m，涌水量为7.77 L/s，单位涌水量为1.90 L/(s·m)。

资料五：井田边界外西部约4000 m处町店镇伊家村于2002年施工的深水井，井深

473.0 m，见奥陶系界面深度 190 m，揭露奥陶系地层 283.0 m，已揭穿上马家沟组进入下马家沟组约 46.2 m。钻孔在施工中，峰峰组地层裂隙不发育，上马家沟组下段岩溶裂隙较发育，在上马家沟组下段 393 m 后钻孔冲洗液消耗量漏失，奥陶系顶面以下有 203 m 可作为隔水层对待。

抽水试验水位降深 19.90 m，涌水量为 8.05 L/s，单位涌水量为 0.405 L/(s·m)。

资料六：在井田边界外东南部约 3000 m 处煤运公司集煤站于 1995 年 11 月施工的深水井，孔深 302.30 m，见奥陶系界面深度 20 m，揭露奥陶系地层 282.30 m，在 238 m 处冲洗液漏失，奥陶系顶面以下有 218 m 可作为隔水层对待。

该水井下部地层含水丰富，抽水试验水位降深 0.2 m，涌水量为 8.53 L/s，单位涌水量为 42.65 L/(s·m)。

资料七：在井田边界外东部约 1800 m 处，有 YS－17 号孔，该孔深 545.77 m，揭露奥陶系深度 446.77 m，钻孔在施工 73 m 厚的峰峰组地层中冲洗液消耗量很小，在上马家沟组中段和下段耗水量为 5～9 m^3/h，进入下马家沟组后耗水量又变得很小，最大为 2 m^3/h。岩芯描述峰峰组及上马家沟组上段岩溶裂隙发育较差，小的溶孔、溶隙被方解石脉充填，上马家沟组中段、下段及下马家沟组溶孔、溶隙较峰峰组及上马家沟组上段发育，局部溶孔呈蜂窝状。

该孔分别对上马家沟组和下马家沟组进行了抽水试验，上马家沟组抽水试验：水位降深 31.60 m，涌水量为 2.970 L/s，单位涌水量为 0.094 L/(s·m)；下马家沟组抽水试验，水位降深 58.49 m，涌水量为 0.999 L/s，单位涌水量为 0.017 L/(s·m)。全孔含水层富水性很弱。

资料八：在井田西北边界约 2100 m 的五龙沟一带施工有 YS－19、YS－20 两个水文孔，两孔在峰峰组钻进过程中均没有出现漏水情况，钻孔冲洗液消耗量均很小，在进入上马家沟组后消耗量增加。

YS－19 号孔终孔深度 454.99 m，见奥陶深度 17.5 m，在 356.61 m 处大漏水，奥陶系顶面以下有 349.11 m 可作为隔水层对待。

YS－20 号孔终孔深度 460.80 m，见奥陶深度 18 m，在 214.48 m 处大漏水，奥陶系顶面以下有 196.48 m 可作为隔水层对待。

两个孔的含水层主要分布在下马家沟组，经抽水试验，单位涌水量分别为 1.963～4.695 L/(s·m) 和 6.215～18.10 L/(s·m)。

从以上 8 个钻孔资料可以看出，本区奥陶系峰峰组及上马家沟组上段溶孔、溶隙发育较差，并被方解石脉所充填，在该层位钻孔冲洗液消耗量很小，钻进中没有漏水情况发生，说明峰峰组含水层不发育，富水性差，含水极微弱。

将峰峰组 70 m 厚的地层作为隔水层得到某煤矿 15 号煤层突水系数估算统计表（表 3－1－1），隔水层等厚线图、奥陶系等水位线图及突水系数等值线图如图 3－1－7～图 3－1－9 所示。

2. 西山晋兴公司斜沟煤矿

斜沟煤矿为 1500 万 t/a 的特大型煤炭企业，2005 年投产，主采 8、13 号煤层，配采 6 号煤层。井田位于山西天桥泉域径流区，井田范围内有 5 个水文孔对峰峰组、上马家沟组进行了混合抽水，水位标高为 846～863 m，单位涌水量为 0.166～20.766 L/(s·m)。

表 3-1-1 某煤矿 15 号煤层突水系数估算统计表

孔号	O_2s+x 水位标高/m	15 号煤层底板标高/m	O_2s 顶面标高/m	隔水层厚度/m	有效隔水层厚度/m	水压值/MPa	突水系数/(MPa·m^{-1})
107	467.20	444.99	365.69	79.30	69.30	1.00	0.014
111	465.50	402.76	330.15	72.61	62.61	1.33	0.021
112	468.50	371.26	289.76	81.50	71.50	1.75	0.025
Sj_1	464.80	426.46	332.31	94.15	84.15	1.30	0.016

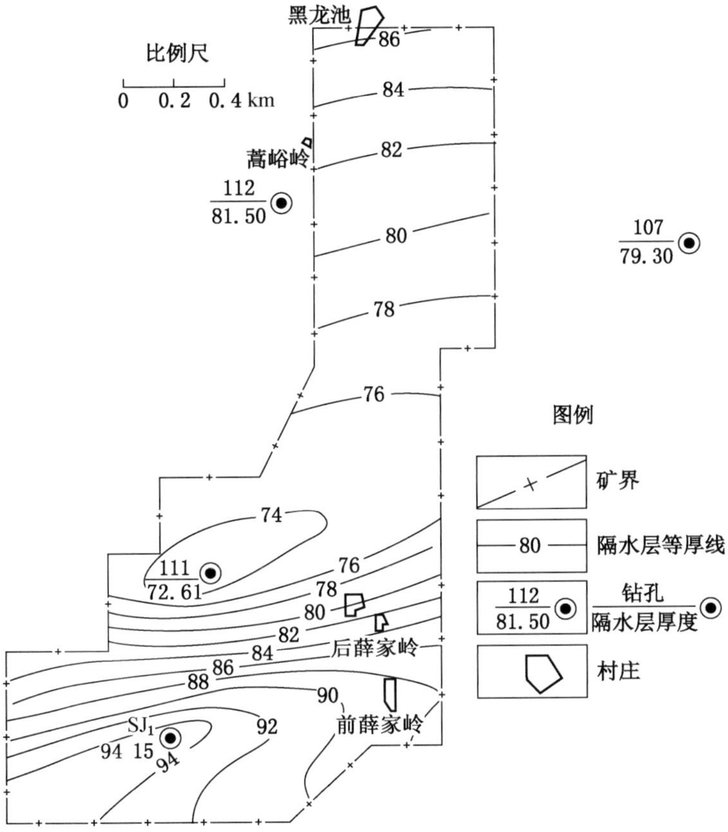

图 3-1-7 隔水层等厚线图

如果将峰峰组顶界面作为含水层顶板，井田内 13 号煤层最大突水系数为 0.146 MPa/m，根据《煤矿防治水细则》计算的各水文孔突水系数见表 3-1-2。

井田内奥陶系峰峰组地层厚度为 61.80～93.50 m，平均 88.30 m，岩性主要为石灰岩、泥质灰岩、泥灰岩等。根据井田内及周边的水文孔及水源井在施工过程中简易水文变化情况，漏水部位（含水层的顶板）不在奥陶系顶部，而是在顶部以下 48.83～

116.70 m，见表3－1－3。

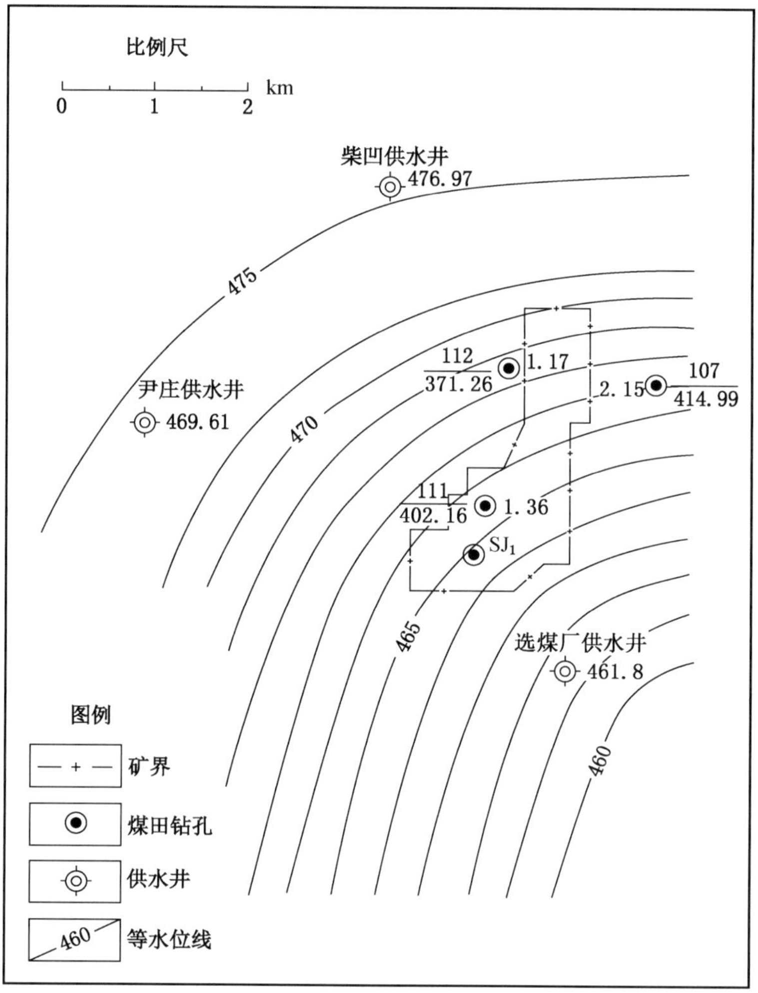

图3－1－8　下孔煤矿奥陶系等水位线图

表3－1－2　3号煤层突水系数计算表（峰峰组不作为隔水层）

孔号	奥陶系含水层		13号煤层		隔水层底板承受水压值 p/MPa	突水系数 T_s/(MPa·m^{-1})
	水位标高/m	顶面标高/m	底面标高/m	隔水层厚度/m		
0702	852	561	615.54	54.32	2.908	0.054
0204	852	684	733.58	49.6	1.68	0.034
0403	850	191	236.32	45.08	6.588	0.146
2403	854	683	761.34	77.92	1.706	0.022
2601	853	294	356.97	63.4	5.594	0.088

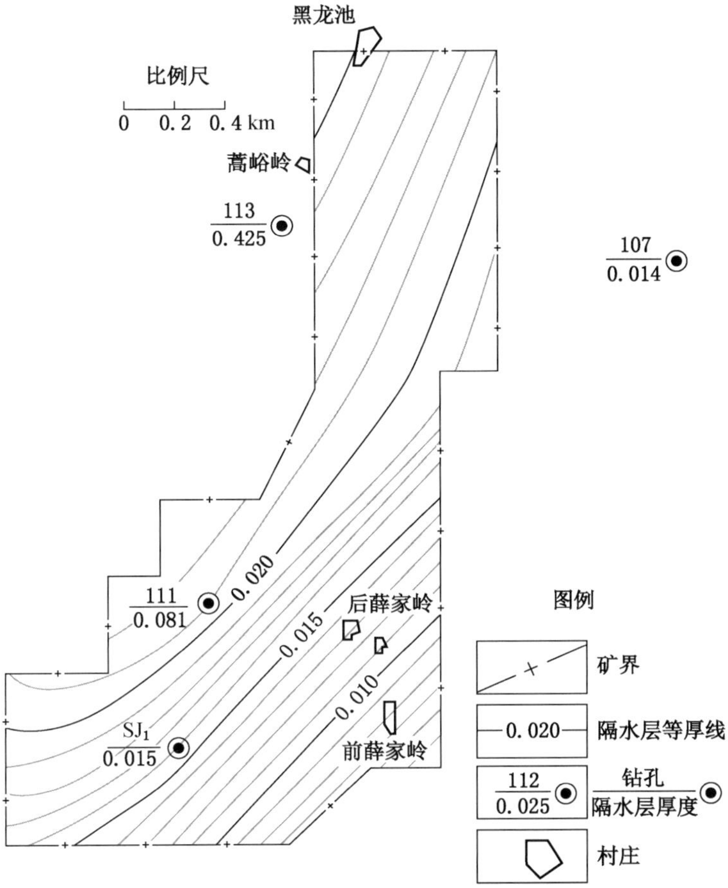

图 3-1-9 15 号煤层突水系数等值线图

表 3-1-3 水文钻孔漏水深度统计表

位置	资源勘探水文孔					兴县水源地水井			
孔号	0204	0403	0702	2403	2601	XS-3	XS-5	XS-6	XS-7
见 O_2 深度	275.12	732.40	497.57	361.39	767.80	302.70	319.40	283.20	267.10
大漏水深度	334.06	797.04	546.40	445.22	836.87	419.40	432.30	351.3	363.60
峰峰阻水层	58.94	64.64	48.83	83.83	69.07	116.70	112.90	68.10	96.50

根据现有资料，保守地将 0702 孔峰峰组最小的 48.83 m 隔水层作为计算突水系数的依据，重新计算的 13 号煤层突水系数见表 3-1-4，从两表对照可以看出，0403 钻孔的突水系数由原来的 0.146 MPa/m 减小到 0.074 MPa/m。

我们做评价的目的不是为了降低突水系数，为煤矿办理手续无阻，而是要实事求是地利用已查明的水文地质条件，为矿井安全开采提供依据。

表3-1-4　13号煤层突水系数计算表（峰峰组作为隔水层）

孔号	奥陶系含水层		13号煤层		隔水层底板承受水压值 p/MPa	突水系数 T_s/(MPa·m^{-1})
	水位标高/m	顶面标高/m	底面标高/m	隔水层厚度/m		
0702	852	561	615.54	103.15	3.33	0.032
0204	852	684	733.58	98.43	2.13	0.022
0403	850	191	236.32	93.91	6.93	0.074
2403	854	683	761.34	126.75	2.15	0.017
2601	853	294	356.97	112.23	5.96	0.053

3. 阳城阳泰集团竹林山煤业

竹林山煤业，井田面积为9.2582 km^2，批准开采3~15号煤层，3号煤层可利用资源逐渐减少，亟待开采15号煤层，由于井田内奥灰岩溶含水层水位标高671~639 m，15号煤层底板标高为360~690 m，15号煤层底板至奥陶系灰岩顶面厚度平均14.94 m，井田北部突水系数大于0.1 MPa/m，按照《煤矿防治水细则》突水系数大于0.1 MPa区域有突水危险，不得开采。

井田内有ZL1、ZK3-2两个奥灰水文钻孔及见奥陶钻孔11个。ZL1号水文地质孔，终孔深度701.92 m，揭露奥灰峰峰组厚度106.89 m。根据抽水试验（400~507.14 m），奥灰峰峰组水位埋深40.23 m，稳定涌水量为0.022 L/s，单位涌水量为0.0001 L/(s·m)，含水极微弱。从含水层解释来看，位于峰峰顶部以下70.78~85.05 m，厚14.27 m。由此，可将峰峰组顶部以下70.78 m作为隔水层对待。ZK3-2号水文地质孔，孔深360.28 m，揭露奥陶系峰峰组地层61.80 m（未完全揭穿）。注水试验资料，水位抬高15.37 m，注水量为0.0446 L/s，单位注水量为0.0029 L/(s·m)，含水极微弱。由此，可将峰峰组上部61.80 m作为隔水层对待。其他11个见奥陶系钻孔深度见表3-1-5。

表3-1-5　钻孔见奥陶系深度表

孔号	孔深/m	终孔层位	峰峰组相对隔水层利用情况
BZK1	270.59	O_2f（18.63 m）	利用18 m
BZK2	346.97	O_2f（19.98 m）	利用18 m
BZK3	380.43	O_2f（17.94 m）	参考
BZK4	354.56	O_2f（16.46 m）	参考
BZK6	543.03	O_2f（15.41 m）	参考
BZK7	439.38	O_2f（18.89 m）	利用18 m
BZK8	286.08	O_2f（18.59 m）	利用18 m
BZK9	517.66	O_2f（18.41 m）	利用18 m
ZK1-1	332.73	O_2f（20.16 m）	利用18 m
ZK2-1	260.66	O_2f	参考
ZK3-1	213.52	O_2f（7.22 m）	参考

施工过程中，各个钻孔均进行了提钻后下钻前各测水位1次，冲洗液消耗量、涌水、坍塌、掉块等现象简易水文观测。钻孔水位观测率及冲洗液消耗量观测率均为100%，均达规范要求。观测结果表明，11个钻孔在终孔前简易水文均无变化（未见含水层）。由此，保守地将奥陶系顶界面以下18 m作为隔水层。得到参数见表3－1－6。

表3－1－6 各钻孔数据计算表

孔号	奥灰顶面标高/m	奥灰水水位标高/m	不利用峰峰顶界18 m承受水头压力/MPa	利用峰峰顶界18 m承受水头压力/MPa	3号煤层				15号煤层			
					不利用峰峰顶界18 m底板保护层厚度/m	利用峰峰顶界18 m底板保护层厚度/m	不利用峰峰顶界18 m突水系数/(MPa·m⁻¹)	利用峰峰顶界18 m突水系数/(MPa·m⁻¹)	不利用峰峰顶界18 m底板保护层厚度/m	利用峰峰顶界18 m底板保护层厚度/m	不利用峰峰顶界18 m突水系数/(MPa·m⁻¹)	利用峰峰顶界18 m突水系数/(MPa·m⁻¹)
ZK1－1	525.11	657.93	1.30	1.48	97.33	115.33	0.0134	0.0128	12.46	30.46	0.104	0.049
ZK3－1	561.4	644.07	0.81	0.99	90.96	108.96	0.0089	0.0091	16.12	34.12	0.050	0.029
ZK3－2	481.96	649.92	1.65	1.82	109.54	127.54	0.0151	0.0143	16.31	34.31	0.101	0.053
ZK3－4	339.15	660.67	3.15	3.33	129.74	147.74	0.0243	0.0225	33.14	51.14	0.095	0.065
ZL1	436.54	655.04	2.14	2.32	96.09	114.09	0.0223	0.0203	11.39	29.39	0.188	0.079
BZK1	621.02	658.74	0.37	0.55	115.58	133.58	0.0032	0.0041	13.45	31.45	0.028	0.017
BZK2	564.22	661.87	0.96	1.13	107.57	125.57	0.0089	0.0090	14.79	32.79	0.065	0.034
BZK3	492.298	663.42	1.68	1.85	103.83	121.83	0.0162	0.0152	12.65	30.65	0.133	0.060
BZK4	501.542	652.26	1.48	1.65	97.13	115.13	0.0152	0.0143	15.23	33.23	0.097	0.050
BZK5	391.182	659.39	2.63	2.8	139.42	157.42	0.0189	0.0178	52.471	70.47	0.050	0.040
BZK6	404.294	664.84	2.55	2.73	95.38	113.38	0.0267	0.0241	8.73	26.73	0.292	0.102
BZK7	397.085	658.37	2.56	2.74	102.76	120.76	0.0249	0.0227	10.14	28.14	0.252	0.097
BZK8	524.219	643.15	1.17	1.34	105.1	123.1	0.0111	0.0109	13.13	31.13	0.089	0.043
BZK9	392.401	655.32	2.58	2.75	111.06	129.06	0.0232	0.0213	11.23	29.23	0.230	0.094

根据表3－1－6绘制奥陶系顶界面18 m地层作为相对隔水层及不作为相对隔水层的各种图件如图3－1－10～图3－1－15所示。

从图3－1－10～图3－1－15及表3－1－6可以看出：奥陶系顶界面以下18 m地层不作为和作为隔水层，对带压开采评价影响很大。以BZK7为例加以说明，该矿奥灰顶面标高397.085 m，奥灰水水位标高658.37 m，不利用峰峰顶界18 m地层承受水头压力为2.56 MPa，利用峰峰顶界18 m地层承受水头压力为2.74 MPa；3号煤层不利用峰峰顶界18 m地层底板保护层厚度为102.76 m，利用峰峰顶界18 m地层底板保护层厚度为120.76 m，不利用峰峰顶界18 m地层突水系数为0.0249 MPa/m，利用峰峰顶界18 m地层突水系数为0.0227 MPa/m；15号煤层不利用峰峰顶界18 m地层底板保护层厚度为10.14 m，利用峰峰顶界18 m地层底板保护层厚度为28.14 m，不利用峰峰顶界18 m地层突水系数为0.252 MPa/m，利用峰峰顶界18 m地层突水系数为0.097 MPa/m。

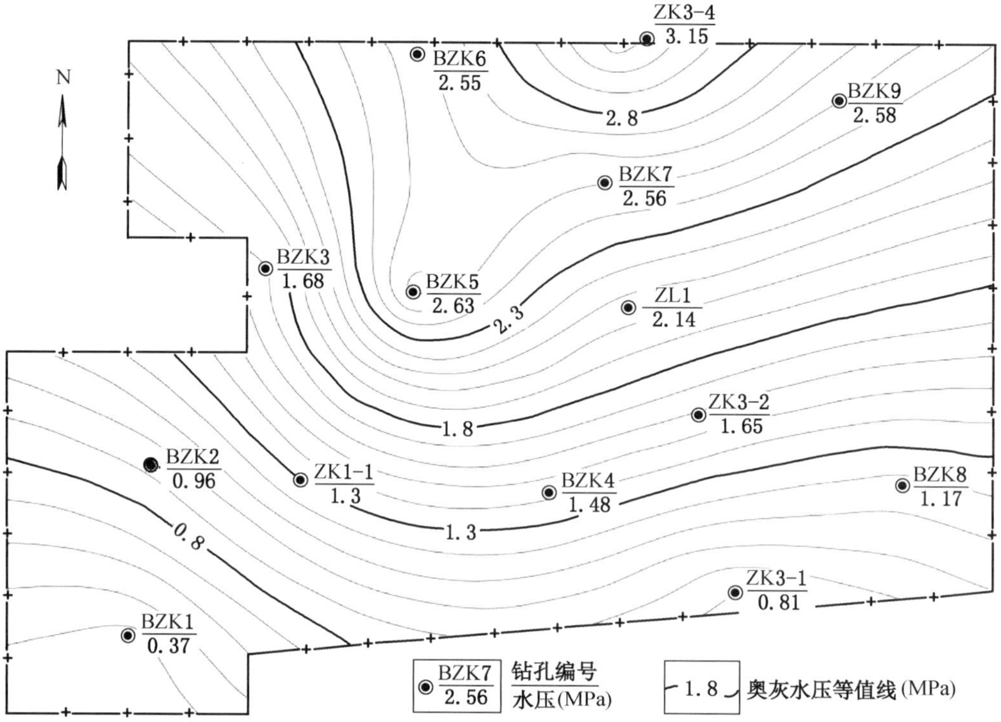

图 3-1-10　奥灰顶界 18 m 不作为相对隔水层底板带压等值线图

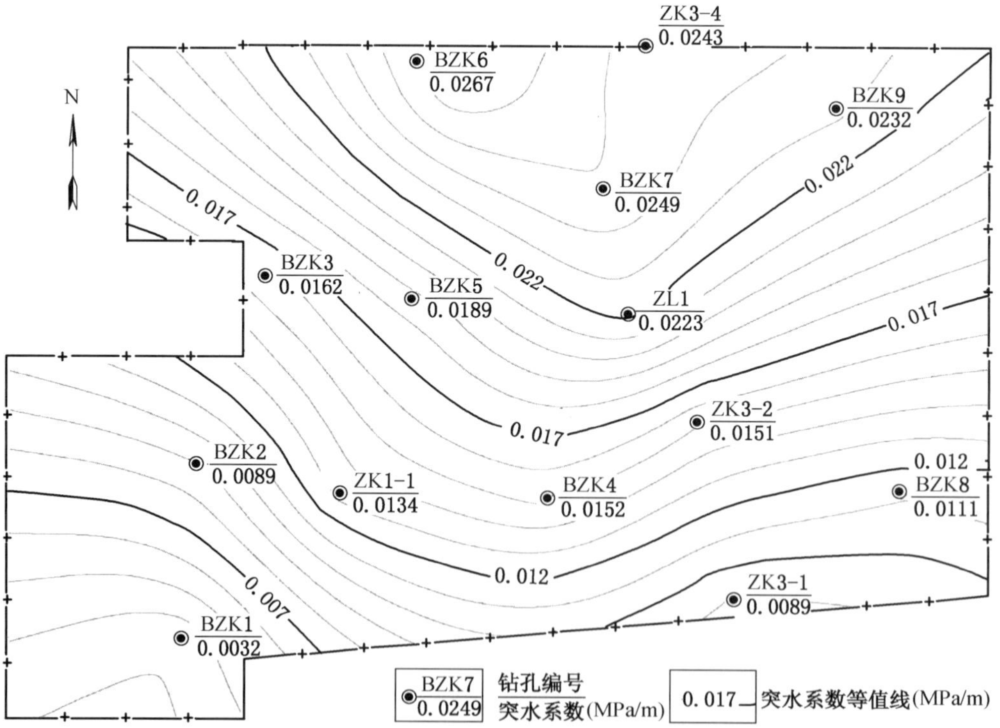

图 3-1-11　奥灰顶界 18 m 不作为相对隔水层 3 号煤层突水系数等值线图

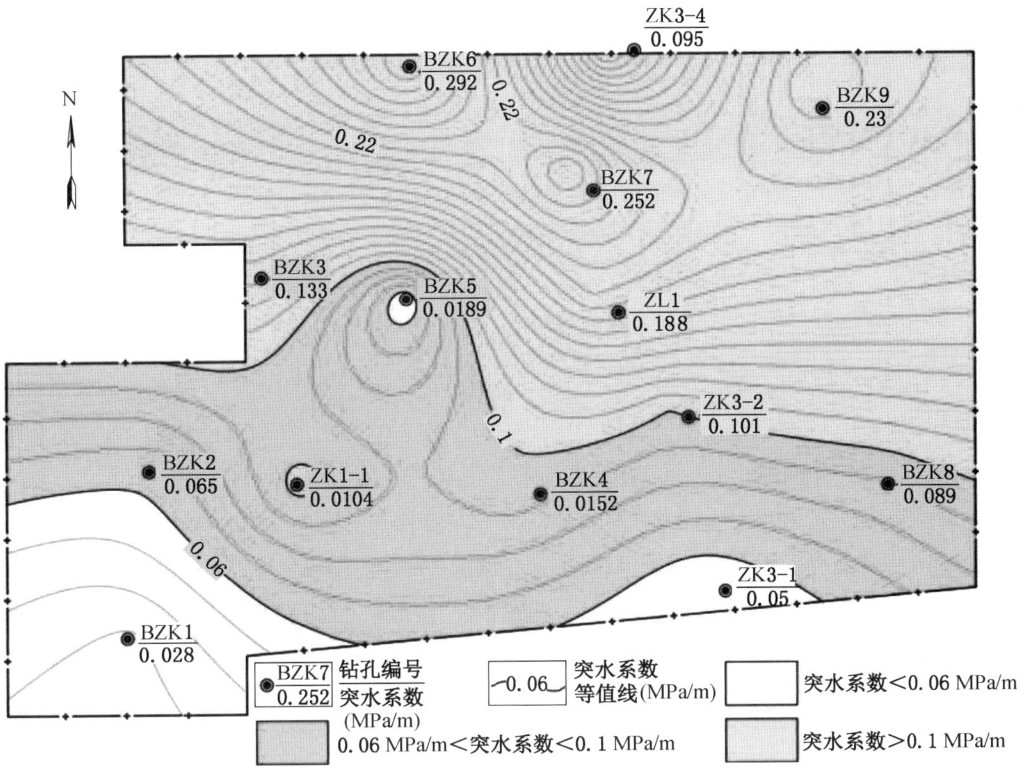

图3-1-12 奥灰顶界18 m不作为相对隔水层15号煤层突水系数等值线图

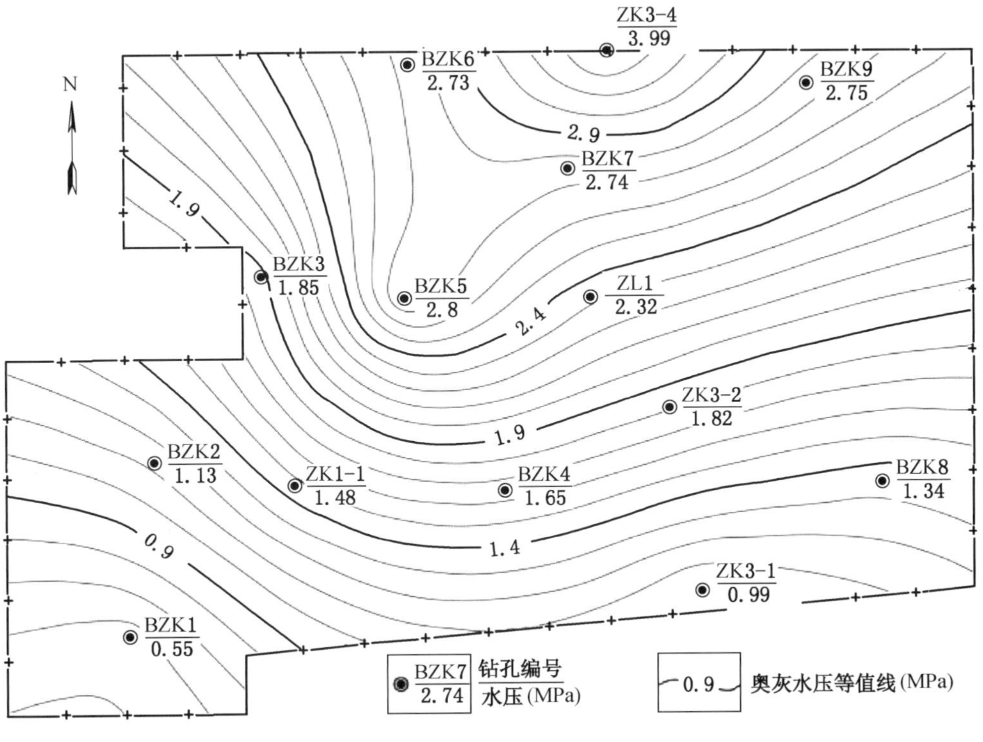

图3-1-13 奥灰顶界18 m作为相对隔水层底板带压等值线图

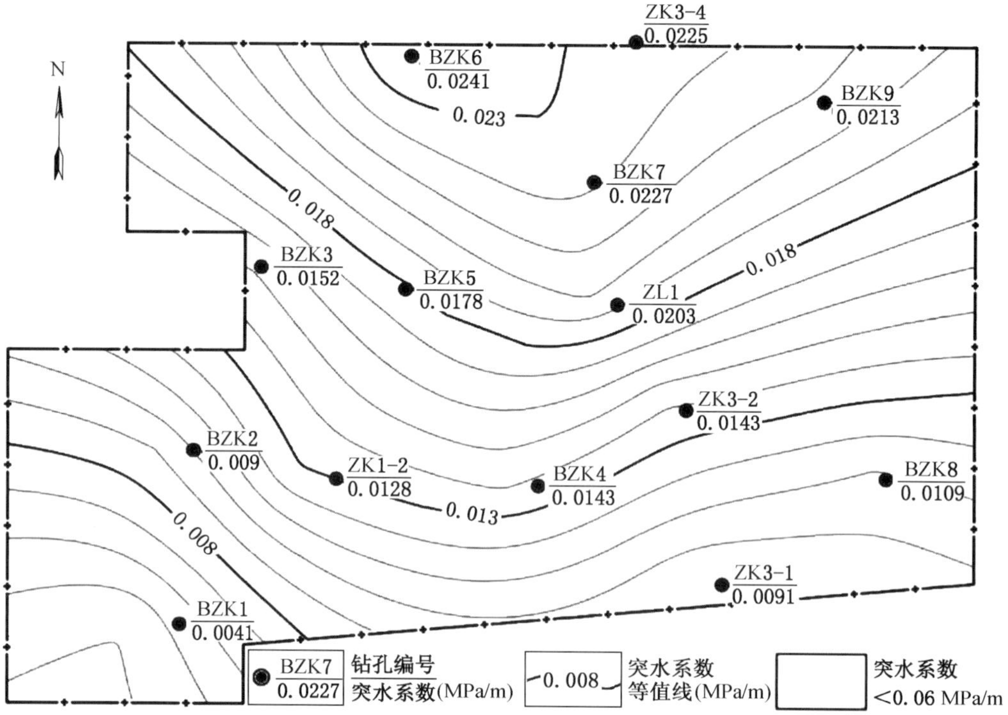

图 3-1-14 奥灰顶界 18 m 作为相对隔水层 3 号煤层突水系数等值线图

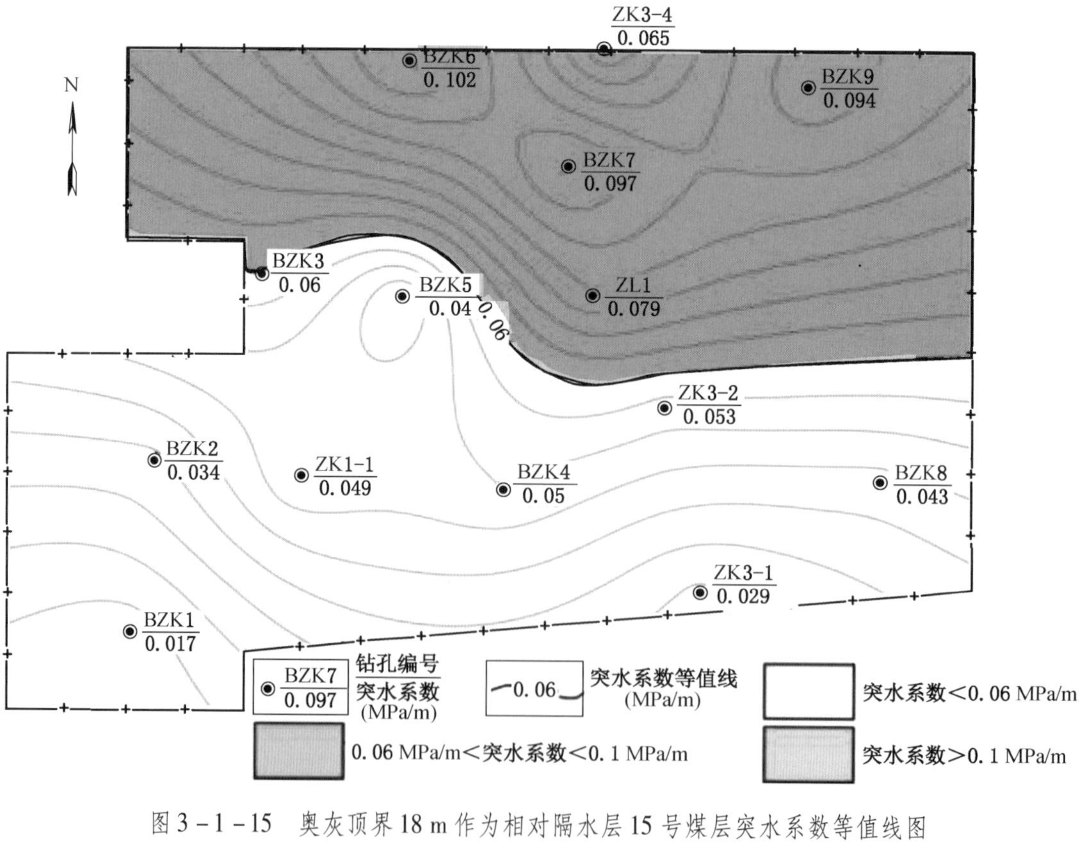

图 3-1-15 奥灰顶界 18 m 作为相对隔水层 15 号煤层突水系数等值线图

尽管煤层底板隔水层承受的水压力由2.56 MPa增大到2.74 MPa。但突水系数变小了，3号由原来的0.0249 MPa/m减小到0.0227 MPa/m；15号由原来的0.252 MPa/m减小到0.097 MPa/m。

该矿将奥陶系顶界面以下18 m地层作为隔水层是很保守的，根据作者在延河泉域掌握的资料，将奥陶系顶界面以下80 m地层作为隔水层都没有问题。但由于矿方现有大部分钻孔揭露深度仅有18 m，周边钻孔没有介绍大漏水深度，所以取保守的18 m。如果对周边钻孔有详细资料（大漏水深度资料或在井田内再有揭露奥陶系地层更深的钻孔资料），隔水层厚度应该还可以增加。

4. 霍州沁源中峪煤矿

中峪井田位于山西省中南部的长治市沁源县和临汾市安泽县、古县三县交界处，井田面积为139.10 km^2，主采1号、2号、9+10号、11号煤层。

井田内大面积出露三叠系下统刘家沟组、和尚沟组地层，中统二马营组有少量出露，西侧和南北两端有部分二叠系石千峰组和上石盒子组顶部地层，含煤的山西组和太原组地层埋藏较深。

井田位于霍泉泉域，辛安泉域与延河泉域的交界处，勘查区奥陶系岩溶水水位标高878~892 m。2号、9+10号、11号煤层底板标高分别为700~−228 m、600~−334 m和580~−351 m，2号、9+10号和11号煤层底板标高全部低于奥灰水水位标高，为全井田带压开采。

水文补勘施工了BKS1、BKS2、BKS3三个水文孔，孔深分别为916.66 m、1250 m、1206.15 m，终孔层位上马家沟组。

峰峰组揭露厚度分别为107.57 m、121.57 m、105.48 m，上部岩性以灰色石灰岩为主，岩溶裂隙不发育，仅见少量垂直裂隙及不规则状裂隙；下部岩性以灰色角砾状泥灰岩为主，次为石灰岩，夹石膏层，局部不规则裂隙发育，均被石膏及方解石充填。钻进过程中钻井液消耗量和水位变化不明显。

本溪组厚度平均为29.24 m。

设计分别对每个孔 $P_{1x}+P_{1s}$、C_{3t}、O_{2f}三层段进行抽水试验，BKS2号孔增加 $O_{2f}+O_{2s}$段抽水，共计10层次。由于BKS2号孔 $O_{2f}+O_{2s}$层段抽水时为干孔，为了获取马家沟组水文资料，变更BKS1号孔延伸至奥灰界面下250 m，并增加 $O_{2f}+O_{2s}$层段抽水试验一次。

3个水文孔对峰峰组层段抽水试验情况如下：

BKS1号孔峰峰组局部裂隙发育，方解石、石膏充填，偶见溶洞，水文测井在722.30~729.60 m处发现弱含水层；抽水试验单位涌水量为0.0010 L/(s·m)，水位标高771.464 m（表3−1−7）。

表3−1−7 奥陶系峰峰组钻孔抽水试验成果统计表

孔号	抽水层位	渗透系数/(m·d⁻¹)	单位涌水量/[L/(s·m)⁻¹]	水位标高/m	水质类型	施工时间
BKS1	O_{2f}	0.0140	0.001	771.464	SO_4·HCO_3−Ca	2019年
BKS2		抽干				2019年
BKS3		抽干				2019年

BKS2 号孔抽水时未稳定，停泵后水位持续下降，稳定水位 631.60 m（埋深 425.10 m），与区域水位相差悬殊，水文测井未发现含水层，钻进过程中泥浆消耗量最大为 0.24 m^3/h。

BKS3 号孔钻进过程中冲洗液消耗量很小，经充分洗井后采用提桶抽水试验，提至 449.48 m（埋深），水位基本静止不动，无恢复，判断为干孔。

表 3－1－8、表 3－1－9 表明：峰峰组地层的富水性对带压开采至关重要，不作为隔水层和作为隔水层突水系数发生很大变化。BKS1 号孔 9＋10 号煤层突水系数由不作为隔水层的 0.070 MPa/m 降为 0.033 MPa/m；BKS2 号孔由 0.138 MPa/m 降为 0.052 MPa/m；BKS3 号孔由 0.199 MPa/m 降为 0.065 MPa/m。

此类矿井底板岩溶水称为“有压而无量”，带压开采不存在突水的问题。

表 3－1－8　9＋10 号煤层（O_{2f}不作为隔水层）奥灰突水系数计算表

9＋10 号煤	奥灰水位标高/m	隔水层底界标高/m	隔水层厚度/m	隔水层底板水头压力/MPa	突水系数/($MPa \cdot m^{-1}$)
BKS1	879.17	396.33	67.98	4.732	0.070
BKS2	886.00	56.07	58.95	8.133	0.138
BKS3	889.70	－2.31	43.87	8.742	0.199

表 3－1－9　9＋10 号煤层（O_{2f}作为隔水层）奥灰突水系数计算表

9＋10 号煤	奥灰水位标高/m	隔水层底界标高/m	隔水层厚度/m	隔水层底板水头压力/MPa	突水系数/($MPa \cdot m^{-1}$)
BKS1	879.17	288.76	175.55	5.79	0.033
BKS2	886.00	－65.50	180.52	9.32	0.052
BKS3	889.70	－107.79	149.35	9.78	0.065

山西岩溶大泉初始流量大于 1 m^3/s 的有 18 个，除灵丘的红石塄和广灵的水神堂外，其他泉域内都有煤矿分布，带压矿井是否受底板奥陶系岩溶水的威胁，既是煤炭管理部门防止突水事故关注的重点，也是水利部门保护地下水关注的重点。对于不同的泉域及泉域内不同区域，富水性是不同的，所以查明条件是非常重要的。但是，已经查明的条件一定要采用，如果不采用，勘探成果就没有用了。

山西很多煤矿的水文地质条件类似于上述列举的煤矿，如晋祠泉域清徐县境内的小回沟煤矿、麦地掌煤矿，煤锦集团的锦富煤矿及东于煤矿井田的北部，太原东山集团的李家楼煤矿，古交的原相煤矿，西山煤电的马兰、屯兰煤矿等。天桥泉域的西山煤电晋兴公司的斜沟煤矿、中国华电肖家洼煤矿，晋控集团忻州公司的王家岭等。柳林泉域的大部分矿井，大型的有煤锦集团的锦源煤矿、大土河集团的光明煤矿、霍州煤电的庞庞塔、柳林东辉集团的西坡煤矿等。延河泉域的晋城集团的寺河煤矿，阳城阳泰集团的竹林山煤矿，沁水县境内的胡底、必里煤矿等。在此不一一列述。

对于峰峰组不富水的带压矿井，底板水的防治易于进行；如果富水含水层在下部的上马家沟组或下马家沟组地层中，防治水的关键是构造导水，所以查明构造及其导水性是防治水的重点；对于“有压而无量”的矿井（类似于霍州沁水中峪矿井），我认为只要勘探查明条件就可以了，在开采过程中对底板水没有必要再进行过多的防治水工作了。

在山西十八大岩溶泉域中，除前述两种情况外，也有多个煤矿奥陶系含水层顶板就在奥陶系顶界面，这样的矿井是不能将峰峰组地层作为隔水层的，下面以霍州煤电集团的团柏煤矿为例进行论述。

5. 霍州煤电团柏煤矿

团柏煤矿隶属于霍州煤电集团有限责任公司，井田面积为 33.8372 km^2，批准开采 1~11 号煤层，生产能力为 210 万 t/a，由于矿井带压严重，已于 2019 年 8 月 28 日关闭。

团柏井田位于霍西煤田中部、霍州矿区南部，井田北以上团柏断层为界，南以下团柏断层为界，属郭庄泉域排泄区。

井田共内共揭露断层 42 条，陷落柱 114 个，大部分均含水。

矿井总计涌水量约 2395 m^3/h：其中上组煤 443 水平 370 m^3/h；下组煤 400 水平首采区 890 m^3/h，二采区 350 m^3/h，三采区 785 m^3/h。

奥陶系中统峰峰组（O_{2f}）厚 70~110 m，井田内钻孔揭露不完整，其揭露最大厚度为 89.87 m。岩性以灰色、深灰色坚硬致密的厚层状石灰岩及角砾状泥质灰岩为主，下部为泥灰岩石膏带。

2 号煤层至 10 号煤层的平均间距约 90 m，10 号煤层至 K_4 灰岩的平均间距约 40 m，10 号煤层至奥灰的平均间距约 35.6 m，11 号煤层至奥灰的平均间距仅为 27 m（图 3-1-16）。

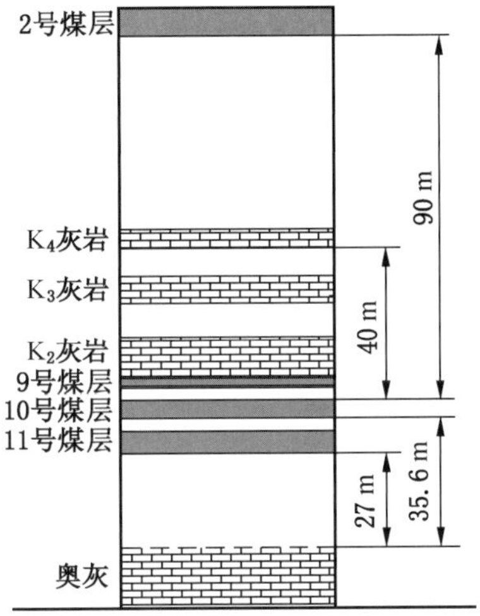

图 3-1-16 团柏煤矿主要煤层与上、下含水层位置关系示意图

K_2 灰岩是 9 号煤层顶板，为直接充水含水层，厚 2.75~11.4 m。从 1996 年开始施工下组煤斜井和巷道共发生 K_2 底板突水事故 6 次，都是在接近 K_2 时，突水量达 150~380 m^3/h。

2001 年 12 月开采下组煤第一个工作面，矿井涌水量最大达 1100 m^3/h。

2006 年 6 月在首采暗斜井两侧共施工了 12 个钻孔，其中 11 个奥灰孔，1 个 K2 灰岩孔，呈两排分布。东部 5 个奥灰孔，1 个 K_2 孔；西部 6 个奥灰孔。

11 个奥灰钻孔在钻进到奥陶系顶界面时即发生涌水，涌水量最大达 150 m^3/h，11 个奥灰钻孔涌水量之和为 957 m^3/h，K_2 灰岩孔单孔涌水量达 28.2 m^3/h。

井田内奥灰含水层水位标高 521 ~ 470 m；10 号煤层底板的隔水层厚度最大为 48.15 m，最小为 27.61 m。11 号煤层最大厚度为 26.89 m，最小厚度为 18.34 m。

井田中北部上团柏断层附近煤层底板隔水层带压最大为 4.39 MPa，下团柏断层附近带压最小为 0.568 MPa。

10 号煤层属全区带压开采煤层，突水系数最大为 0.119 MPa/m，位于井田北部边界上团柏断层附近，突水系数最小为 0.015 MPa/m，位于南部边界下团柏断层附近。

11 号煤层属全区带压开采煤层，突水系数最大为 0.163 MPa/m，位于井田北部边界上团柏断层附近，突水系数最小为 0.021 MPa/m，位于南部边界下团柏断层附近。

该矿由于奥陶系峰峰组含水层富水性强，断层、陷落柱等导水构造发育，使太原组灰岩含水层水与奥陶系含水层水连通，导致矿井涌水量大；下组 11 号煤层底板至奥陶系顶界面的平均间距仅 27 m，在矿压对底板的破坏和奥陶系含水层水压的双重作用下，煤层底板在没有构造的情况下也会发生突水，该矿关闭是明智之举。

山西带压严重且已发生突水或易发生突水的矿井一般都位于泉域的排泄区及强径流带。如太原东山煤矿、轩岗刘家梁煤矿、介休鑫峪沟煤矿、德隆煤矿、紫盛煤矿、力拓煤矿、辛置煤矿、李雅庄煤矿、干河煤矿、义棠煤矿等，不一一列举。

矿井防治水工作应从研究区域水文地质条件入手，对矿井所在的岩溶水系统进行补、径、排条件及强、中、弱滞留带的划分，在此基础上采取下面三种不同的防治措施。

对于矿井位于泉域地下水滞留区奥陶系含水层富水性弱（有压而无量）的矿井，只要勘探已经查明条件，生产过程中对底板水不必采取防治水措施。

对于矿井位于泉域地下水径流区,奥陶系含水层富水性中等以上,但煤层底板隔水层厚度大,可满足带压开采的矿井,防治水的重点是导水构造,发现导水构造注浆封堵即可。

对于矿井位于泉域地下水强径流区，奥陶系含水层富水性强到极强的矿井，且煤层底板隔水层厚度小，不能满足带压开采的矿井，在水资源丰富地区，且峰峰组与上马家沟组均富水的情况下，可以采用区域治理的方法，将峰峰组部分含水层改造成隔水层，以达到带压开采的目的，但绝对不能对上马家沟组含水层进行改造；在水资源贫乏地区，从以人为本的观点出发，不建议采取区域治理的方法，避免对含水层造成破坏和污染，建议关闭该类矿井。

第二节　四不、两误判——水害事故的根源

作者在山西从事水文地质及煤矿防治水工作 40 余年，特别是参与煤矿地质报告、初步设计、安全专篇审查；技术咨询、事故调查、专家会诊等共计 8000 余件次，有些时候也参与一些防治水政策的制定。尽管煤矿各种《报告》编得很多，管理部门制定的政策也很严格，但是仍有一些不应该发生的（人为的）水害事故在发生。究其原因，其实绝大多数事故真正的原因都是人为的，现归纳为五个字：即“四不两误判”。

四不：就是不清、不懂、不探、不撤人；两误判就是物探成果及人为推断对积水位置的误判。

一、不清

主要表现在以往采（古）空区的积水位置、积水量不清楚。

山西煤炭管理部门在 20 年前就要求查明采（古）空区积水，地质报告必须附有《采（古）空区积水积气调查报告》。2016 年山西煤炭工业厅晋煤行发〔2016〕42 号关于下发《全省资源整合矿井水患补充调查工作方案》的通知，要求在全省开展该项工作，由于时间要求太急，没有达到预想的效果。

说句实话，由于山西煤炭开采历史悠久，要想查清采（古）空区积水是很困难的，特别是 1982 年“有水快流”以来，煤矿遍地开花，除原国有八大矿务局以外，市、县、乡、村及私人都可以申请开煤矿，当时批一个煤矿非常容易，有一位办手续的人讲，只要在一张复印的地形图上点几个矿界坐标及井口位置，煤炭资源管理部门就可以批一个煤

矿，根本不需要什么地质勘探报告、初步设计、安全专篇及环评等材料。所以基础图件没有，专业技术人员更没有，采到哪算哪，都是老鼠打洞的采煤方法。

唯有国有八大矿务局开采是正规的，资料较完善。但市、县、乡、村及私人矿基本都没有采掘资料，井口坐标都是从图上读的。采掘工程平面图根本谈不上，好一点的矿有一张米格纸图，用罗盘打个方向，皮尺拉个距离，标在图上，这在当时就算是好的资料了。

经过几次整顿，在政府的要求下，资料逐步开始完善，但很不真实。当政府提升生产能力改造需要一定的资源储量做保证时，矿方为了保留矿井不被关闭，会将原有的部分采空区变成实体煤，来增加储量；如果国家征收资源价款时，为了少交价款，部分实体煤就会变成采空区，这样变来变去图纸很乱，不知哪个是真，哪个是假。

有些《地质报告》编制人员不认真调查或水平有限，有的将已采煤层误定为实体煤，有的将实体煤误定为采空区；采掘平面图修正不及时，图纸与实际误差较大，造成充水性图失真；积水区不认真仔细地推判，导致推断的积水区与实际不符，积水不符合水往低处流的原理（后面专门论述）等。

有的煤矿工程技术人员对勘探时勾绘的煤层底板等高线不敢修改，自己明白井下的情况，但在充水性图中显示不了积水的真实情况。

特别是2009年山西煤矿兼并重组大整合，被整合的矿井不提供资料，给防治水工作带来了极大的困难。

凡此种种，导致采空区积水难以查明，要想真正查清采空区积水是非常困难的。

二、不懂

防治水专业技术人员不懂防治水专业。《煤矿防治水细则》要求所有煤矿都要配备防治水专业技术人员，但由于煤矿多，技术人员缺乏，再加煤矿环境不好待遇不优，学校毕业的学生不愿意到煤矿工作。为了满足国家的要求，有些煤矿只好滥竽充数，安排一些非专业人员到防治水岗位，看起来要求的岗位和人员都有设置，但在岗人员专业技术知识太缺乏，我在某矿会诊时，有一个防治水专业技术人员是电焊工专业。

我在煤矿会诊时，特意对一些专业人员进行过询问，有的煤矿防治水技术人员对矿井情况一问三不知，就连简单的井田面积、开采煤层、水仓容积、水泵型号、矿井涌水量、透水征兆等都不知道；再深一点的知识就更不用说了。这样的人在防治水工作岗位上，对水害隐患不能正确判断，盲目指挥，导致事故的发生。

三、不探

煤矿为了追求更大的经济利益，不按照要求进行探水（如有隐患的地方没有探）。

山西发生的多起透水事故原因是明知道前方有积水区，且有明显的透水征兆，也不探、不放，应该探而没有探，或者探水设计编制不合理，盲目采掘，导致事故发生。

对于山西防治水原则作者有如下看法：

自从2010年3月28日山西华晋焦煤王家岭发生特大透水事故后，为了进一步加强煤矿防治水管理工作，2011年8月17日山西省人民政府办公厅《关于进一步加强煤矿防治水工作的若干规定》，提出了煤矿应坚持“预测预报、有掘必探、有采必探、先探后掘、先探后采”的防治水原则，同时，提出采取“物探先行、化探跟进、钻探验证”综合探测手段。针对当时山西进行的兼并重组矿井，该原则起到了积极作用。

该《规定》对于当时是有效的，因为2009年矿井兼并重组后，经过一年多的筹备，矿井基建工作正在进行，有的开始生产，正处于水患严重阶段，在防治水人员缺少的情况下，坚持“有掘必探”是可以理解的。但随着采掘及防治水工作的不断进行，许多情况已经很清楚了，该《规定》也应该根据实际情况进行修改。可是，由于诸多原因，自今《规定》一成不变。

作者认为山西的探放水应该按照国家《煤矿防治水细则》的“有疑必探”就非常科学，如果为了管理方便，再细分为四种类型也可以。

第一种类型，仍然坚持“有掘必探”的矿井，包括：

（1）兼并重组以来一直未建设开工的矿井，一旦开工建设必须坚持。

（2）以往无资料，经过多次的工作仍然未查清的。

（3）带压开采构造发育的。

（4）在以往巷采的采空区内复采的。

第二种类型，坚持“有疑必探”的矿井，包括：

（1）以往是否采掘不能确定的区域。

（2）对有效物探解释的疑似积水区。

第三种类型，坚持“有水必放”的矿井：

采掘情况清楚、准确、无误区域，如果现采的位置在其下方，只需定向打钻到积水区域的最低处，直接放水即可，不需要上、下、左、右再布置许多钻孔。

第四种类型，坚持“有掘不探”的矿井，包括：

（1）煤层完整未开采且不带压区域。

（2）煤层虽然带压，但突水系数小、无构造区域。

（3）前面第一节中讲的“有压而无量”的矿井。

四、不撤人

透水事故发生前都有征兆，但在发现征兆的情况下也不及时撤人，导致事故发生。

事故发生前一般有以下几种征兆：

（1）煤层发潮、发暗。由于水的入渗、浸泡，使得煤层潮湿、光泽暗淡。采掘时煤尘变小，甚至出现煤糊的现象（煤层长期受水浸泡），如剥离表面一层，里面仍如此，说明附近有积水。

（2）工作面围岩出现“挂汗”。具有一定压力的水透过煤岩体的裂隙而在煤岩壁上凝结成水珠的现象。

（3）工作面温度降低，煤壁发凉。工作面接近水体时，温度会骤然下降，空气变冷，人进入后有凉爽、阴冷的感觉。

（4）煤壁“挂红”。当积水中有含铁的氧化物时，煤壁上所挂的水呈暗红色，“挂红”一般是接近老窑水的征兆。

（5）出现雾气。工作面进风气温较高时，从煤岩壁中渗出的积水会被蒸发而形成雾气。

（6）工作面有害气体增加。这是因为积水区常有瓦斯、二氧化碳、硫化氢等气体逸出。

(7) 遇顶板来压。表现为掉渣、开裂、支护变形、片帮、底鼓、煤岩体中出现岩爆声，围岩淋水由小变大，甚至出现压力水流（或称水线）。

(8) 打钻时有异常。孔底变软、出现流水、喷水、喷气（采空区局部封存有瓦斯造成）、煤层中出现煤爆声等现象（出现此类现象时严禁拔出钻杆），说明接近透水区。

(9) 气味异常。涌水的气味、味道和颜色发生变化（一般含水层水无色无味或乳白色；小煤矿水或采空积水发黄、发涩。

如果在采掘过程中发现上述现象，应该马上停止采掘活动，查明原因；根据山西近年来发生的透水事故，如果积水在上层或同层这种征兆是很明显的。

山西发生过3起底板透老空水事故，由于在采掘过程中有生产用水的混入，上述征兆不是很明现，只有在积水中硫化氢气体含量高时，才会出现有害气体增加的现象。

【例】孟县某煤矿“11·5”特别重大透水事故

某煤矿为中国人民解放军空军学院与孟县土塔乡联营，井田面积为1.188 km^2，生产能力15万t/a，1992年11月5日9时20分煤矿发生重大透水事故，死亡51人，直接经济损失145.7万元。

该煤矿东南角与刘家村矿二号井（简称刘二井）相邻。有三对井口生产，旧丈二井和新丈二井两对井口开采9号煤层；丈八井一对井口开采15号煤层。

煤层由东南向西北倾斜，刘二井高，该矿低，刘二井越界开采该矿的9号煤层，由于是下山开采，排水量大，费用太高，越界37 m后不再继续，由于停止越界，不再排水，事故前刘二井9号煤层积水标高达953 m。

1992年11月5日9时20分，该矿旧丈二井9号煤层一南向掘进至距刘二井越界巷煤壁厚度最大3 m，最小1.5 m处时，在35.5 m水压下，煤壁承压过载，突然发生崩塌，刘二井9号煤层积水进入该矿9号煤层巷道冲垮井下多道闭墙，进入15号煤层，透水点标高917.5 m，透水量9.686万 m^3，淹没标高932 m，淹没井下巷道10700 m（图3-2-1）。

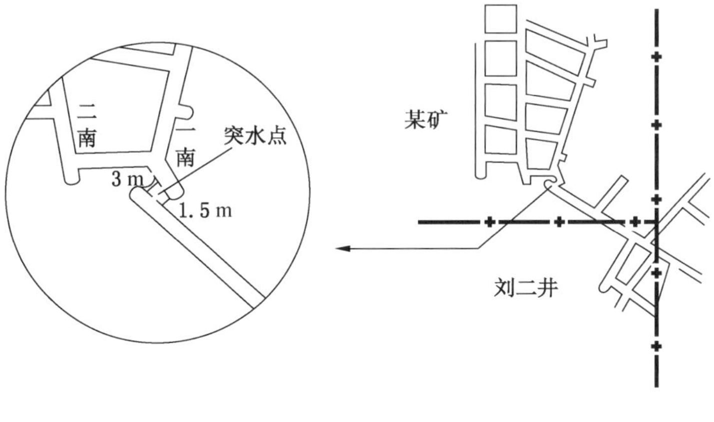

图3-2-1 某矿透水示意图

事故原因：

(1) 越界开采，相互不交流图纸。

(2) 1992年9月以来，井下开始出现透水征兆，进入10月征兆越来越明显，未采取任何探放水措施，继续冒险生产，导致事故发生。

五、物探误判

由于物探的多解性及施工队伍的不专业性，导致物探成果验证率太低。现山西省要求采前必须进行物探工作，但施工队伍太乱，技术水平太低，解释精度误差太大，有的物探成果验证率为零，这方面的例子太多了。

【例1】 山西焦煤正利煤业三维地震查出4个陷落柱，验证率为零

由某研究院提交的《山西焦煤集团岚县正利煤业有限公司三维地震及瞬变电磁法勘探报告》，勘探面积为4.75 km^2，共解释出4个陷落柱，编号分别为DX1、DX2、DX3和DX4。DX2、DX3经103、107工作面回采超前井下打钻证实不存在；DX4经14^{-1}101工作面下顺槽打钻验证不存在；DX1由山西省煤炭地质148勘查院在疑似陷落柱对应地面中心位置垂直钻探验证，设计孔深570.00 m，钻探接近地震勘探确定的DX1疑似陷落柱时，钻孔岩芯采取率较低，出现3次较大的漏水情况，后经确认为煤层顶板局部裂隙发育造成，DX1号陷落柱内地层层位、层序、岩性及厚度均正常，取芯4^{-1}、4、5、7、9号煤层厚度、底板标高与原地质报告一致，未陷落，由此得出本钻孔未遇陷落柱。三维地震是目前地面查构造的主要手段，查明的四个陷落柱经验证一个也没有，这样的勘探水平如何能使地质透明化。

【例2】 平朔井工3号矿透水事故中物探的误导

该物探工作也由例1的某研究院承担，巷道掘进中物探一直超前探测，前136次物探解释前方无水，实际掘进过程中也未发现有水，说明物探成果验证率“很高”；第137次物探解释成果与前136次成果差不多，成果显示在巷道36~42 m处有裂隙水（物探解释推断可能为小的裂隙破碎带，并且相对富水），但掘到该位置时并未见到裂隙，也未见到水；可是掘进到70 m（物探解释无水）时，发生了透水，透水量35万m^3（表3-2-1）。

在很多充水性图中，物探圈定的采空积水区很多，但验证率非常低，根本起不到超前预测掘进前方有无积水的作用，不仅造成资金上的巨大浪费，反而误导了防治水工作，导致水害事故的发生。

六、人为误判

由于报告编制人员水平有限及生产过程中对采掘资料整理不及时，充水性图编制质量精度不高，积水区推断不可靠，导致探放水方向不明，影响了防治水工作。

七、采空区积水的推判

根据井下采掘情况、开采时间、开采面积、涌水量、煤层分布、密闭及水流原理，对如何推判采空区积水，总结了以下8点，供大家在推断积水时参考。

1. 采掘数据清，底板控制准

对以往没有资料的采掘范围，该条不适用。但有地测人员的矿井，必须将井下实测数据资料，准确地放在采掘平面图和充水性图中，及时修改煤层底板等高线图，不能一直沿用勘探时的煤层底板等高线。如果图纸比例尺太小，等高线间距大，显示不出低凹处，要将图纸比例尺放大，并在最低凹处标上数据。图3-2-2、图3-2-3所示为某矿一个工

表 3-2-1 平朔井工 3 号矿物探成果表

<table>
<tr><td>时间</td><td>2009 年 3 月 18 日</td><td>施工地点</td><td>南翼主运大巷</td><td>迎头位置</td><td>主 6 点前 24 m</td></tr>
<tr><td>成果图</td><td colspan="5">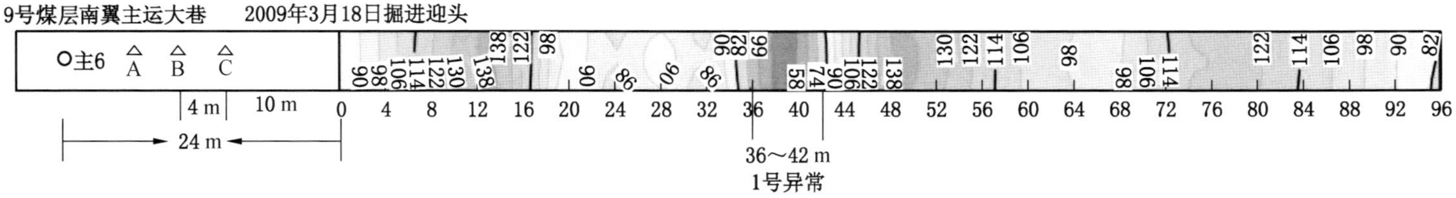
</td></tr>
<tr><td>结论与建议</td><td colspan="5">从上图可以看出，迎头前方主要存在 1 处视电阻率低阻异常，异常区段位于迎头前 36 ~ 42 m（主 6 点前 60 ~ 66 m），命名为 1 号异常。
上述视电阻率低阻异常范围较小，但幅值相对较大，推断可能为小的裂隙破碎带，并且相对富含水。
建议掘进过程中通过上述异常区段是应加强水文观测工作，发现异常情况应及时汇报以便采取相应措施</td></tr>
</table>

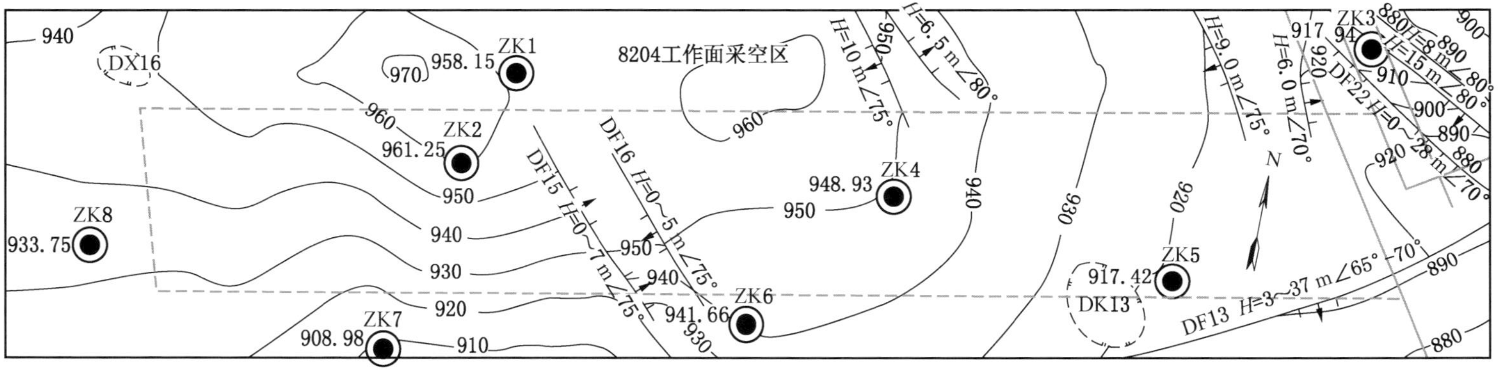

图 3-2-2 某矿开采前设计工作面

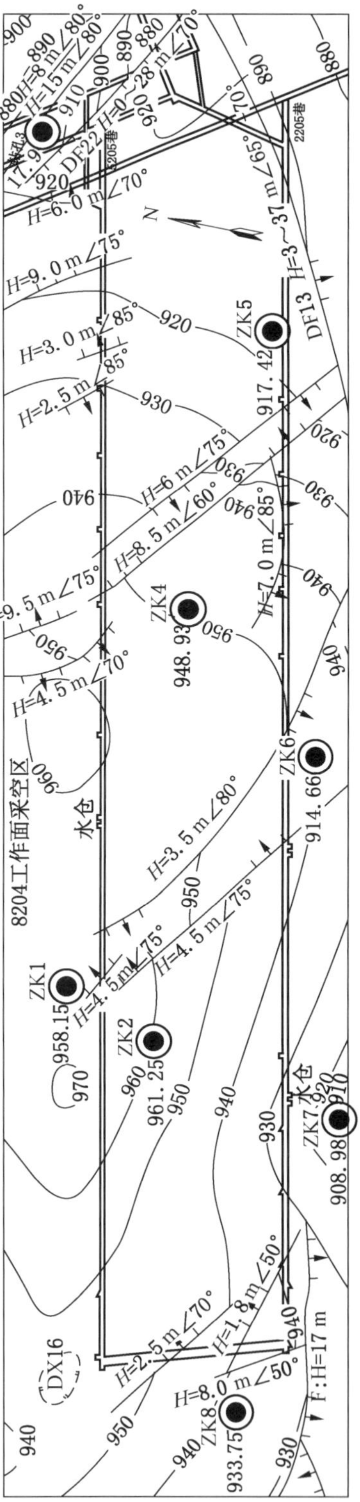

图3-2-3 某矿开采揭露后的工作面

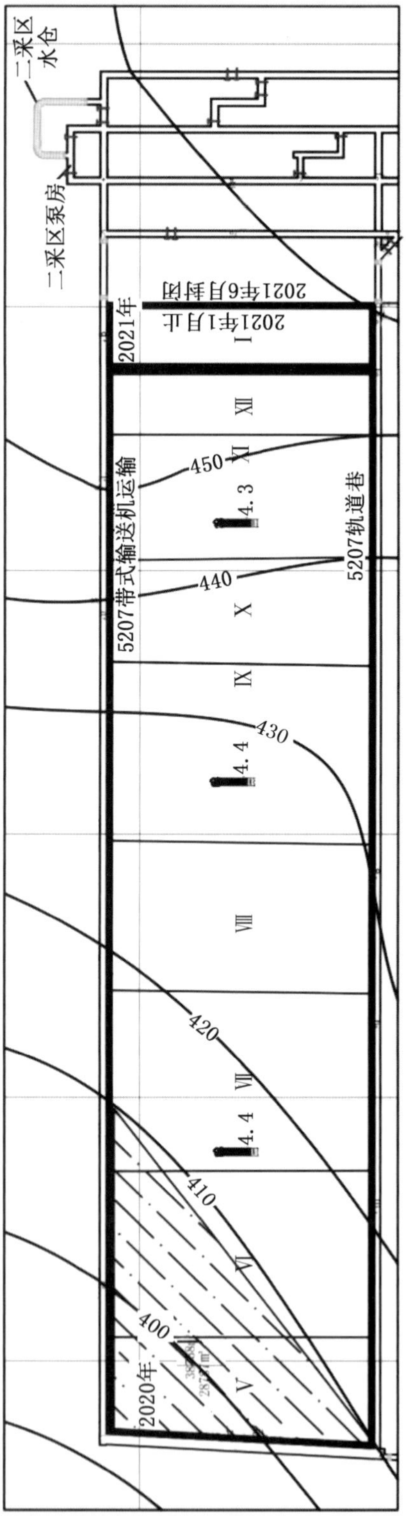

图3-2-4 合格的采掘工程平面图

作面开采前与开采后的底板等高线及构造形态。

从图 3－2－2、图 3－2－3 中可以看出，东、西部在开采前为两个向斜，采后揭露为单斜；采前的 DX13 陷落柱经揭露为两条断层；采后西北角底板标高比原来高了 10 m，东北高了 6 m；增加了 20 多条小断层，特别是中东部增加两条断层，形成一个地堑；煤层底板形态发生了较大变化，相应的积水位置也将发生变化。采后的采掘平面图必须清楚，准确。图 3－2－4 绘制的采掘图就比较规范，必须显示出煤层的产状，底板起伏形态，便于推判积水位置，该工作面积水就集中于西北最低处。

2. 水往低处流，终结要水平

水往低处流的原理大家都知道，在一个采空区内，积水应该从最低处开始积起，随着时间的增加，积水水位逐渐升高，在多个采空区连通的情况下，积水水位标高应该是相同的，水面始终要保持水平，与煤层底板等高线平行；物探解释的积水区也应根据采掘资料进行修改，将积水画在采掘的低处。其实积水多少并不是主要的，关键是积水位置是否对，如果位置判断对了，经过探放，无论有多少都要放净。如图 3－2－5 所示，将积水吊在了空中。

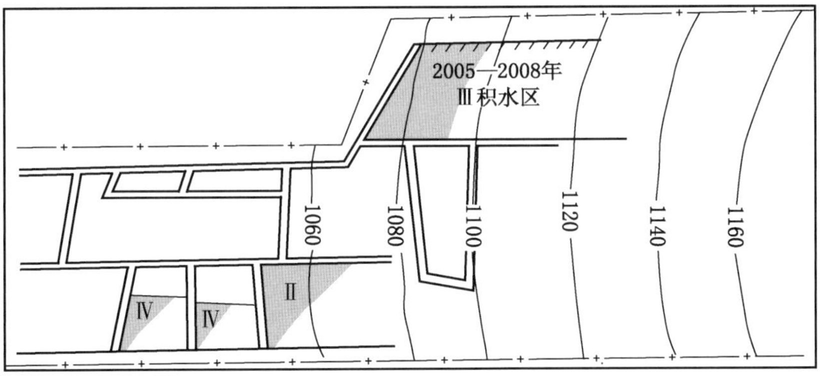

图 3－2－5 Ⅱ、Ⅲ、Ⅳ积水吊空中

图 3－2－5 所示为一个积水调查报告充水性图中的一部分，煤层倾向西，圈定的积水Ⅱ、Ⅲ、Ⅳ积水区全部吊在空中，如果图中巷道在利用，该矿不应该有大片积水，如果有下山独头巷采的区域有一点积水是可能的。如果巷道不用了，积水应该从西部最低处开始积水，首先应该在西部巷道内积水，不应该西部巷道内无水而东部高处有积水。图中巷道全连通了，积水标高应该只有一个数据，图中四处积水，有四个标高是不对的。

图 3－2－6 所示为采掘示意图，是积水正确的画法，水由最低处开始积，最终积水水位一定要与煤层底板等高线平行。在该图中，三条采区巷道如果一直在使用，并且顺槽密闭有泄水孔，积水最高至 203 工作面右顺槽与采区巷道的交点处后，水自流入采区巷道；如果采区巷道不再使用，积水水位将随着时间的增加而不断上升。

3. 积水多与少，时积模数定

采空区积水一般来源于大气降水的入渗补给，在煤层没有开采的情况下，大气降水入

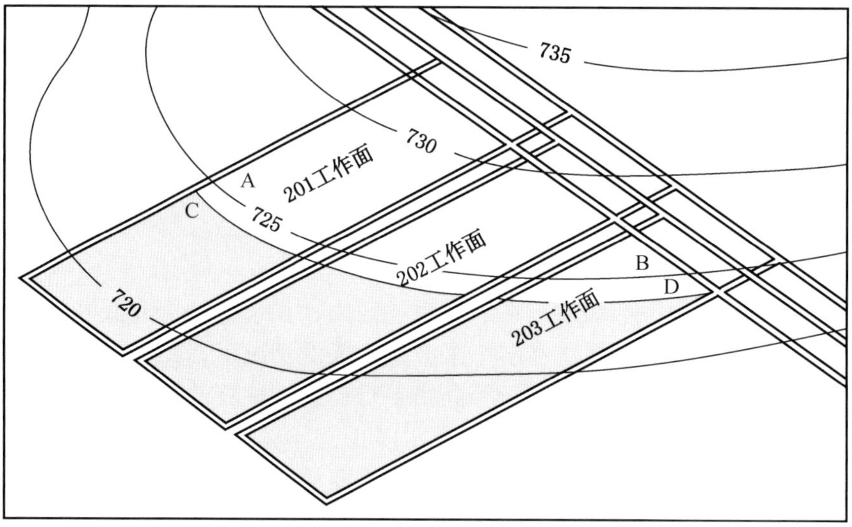

图 3－2－6 积水示意图

渗后沿着地下含水层径流及排泄；当煤层开采后，入渗的水到达采空区后就聚集于采空区内不再流动，形成采空区积水。图 3－2－7 所示为采空区积水模型示意图。

一个采空区内的积水多少与采空时间、采空面积及降水入渗补给的强度有关，要想准确计算很难，如果有观测孔和采掘范围很清楚时可以计算，如果没有观测孔，观测不到积水水位标高，无法计算，只有估算。

估算首先要按照采空区地下流场划分不同的汇水区；再统计各区的面积及回采时间。最主要的是计算各区的地下水破坏模数，由于煤层的埋深不同、地表条件不同（如有无地表水体、有无植被），破坏模数就不同。

破坏模数＝涌水量/采空面积

作者在 1999 年承担的《山西煤炭开采对水资源的破坏及影响》课题，通过统计全省 33 个县 762 座全排型矿井，计算了六大煤田地下水破坏模数，估算得出全省采煤破坏的地下水静储量 71388 万 m^3，动储量 71370 m^3/h（相当于 6.25 亿 m^3/a，19.83 m^3/s）。按照 2000 年煤炭产量 24611 万吨，吨煤破坏水资源 2.5 m^3。

我们要计算的是积存量，所以必须与时间结合，因为时间越长，积水量越多。

采空区积水量＝破坏模数×采空面积×采空时间

4. 孤岛有出口，水量永不增

孤岛是指采空区是单独的一块，与四边没有连通。在这样的条件下，如果在某一高程处有出水口，积水达到该高处时就会自动流走，此高程以下的积水就是该采空区的永久积水量，不会随着时间的增加而增加；如果矿井关闭了，出水口流不走水，积水量会随着时间的增加而增加，直到流出地表。图 3－2－8 所示为关闭矿井井口出水情况。

5. 上下皆采空，间距来判定

煤层开采后，顶板以上会垮落，形成垮落带（H_m）、导水裂隙带（H_L）及弯曲下沉

(a) 开采前

(b) 开采后

图3－2－7　采空区积水模型示意图

带三个带（图3－2－9）。

对于多煤层矿井来讲，上、下两层煤都采空了，积水要根据下层煤的导水裂隙带发育高度来判定上层煤采空区是否有积水。下层煤采完后导水裂隙带达不到上层煤的矿压破坏带范围，这种情况下，上、下两层煤就各画各的积水区；如果达到了，上层的水通过裂隙带渗漏到下层煤采空区了，上层煤采空区可能就不会有积水；如果两层煤层间距很小，下层煤的积水标高高于上层煤的底板标高，这种情况下，两层都可以有积水，但积水标高必须是一致的。

我们在圈定积水时，首先要看两层煤的间距及下层煤的导水裂隙带发育高度，并考虑上层煤的矿压破坏深度。

图 3－2－8　关闭矿井井口出水

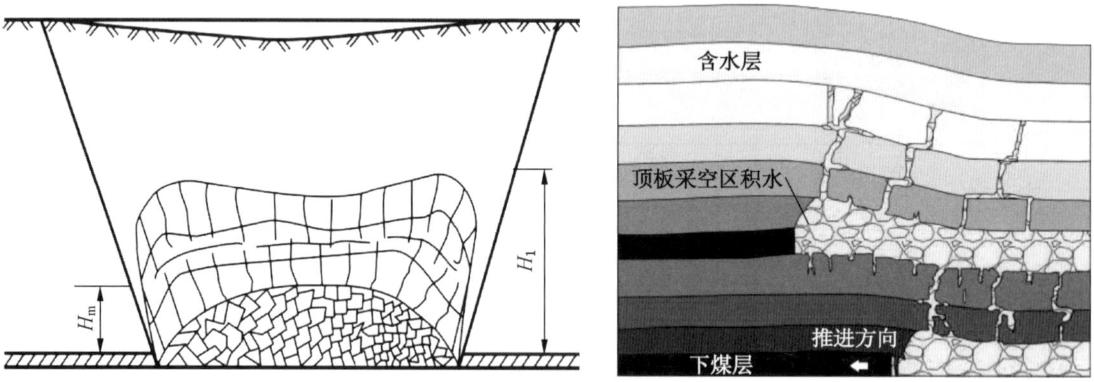

图 3－2－9　煤层开采后上三带示意图

图 3－2－10 所示为一个编制单位圈定的两层煤的积水，两层煤间距 10 m，下层煤厚 3.14 m，形成的导水裂隙带约 40 m，下层产生的导水裂隙带已经超过了上层煤的底板，但在圈定积水时，下层无水，而上层有水。

6. 密闭无压流，水位到此终

煤矿井下在一个工作面采完后，要做密闭，在密闭上一般要留三个孔（泄水孔、观

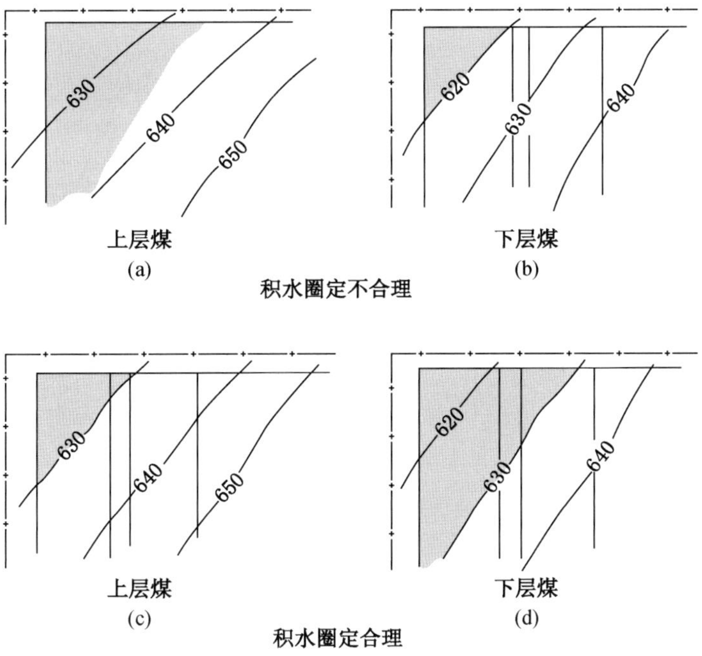

图 3－2－10 近距离煤层积水圈定的合理性

测孔、措施孔），最下部的一个孔是泄水孔，采空区积水水位达到该孔高度时，泄水孔就会出水，如果该孔出水没有压力，此时泄水孔的标高就是采空区积水的标高，积水线按此标高平行于煤层底板等高线画即可；如果出水口有压力，积水线标高为泄水孔标高和压力之和。如图 3－2－6 中，积水中积水线标高为 724 m 左右。

7. 不连各画各，连通线不停

如果一个矿井下有不同的开采区域，各个区域之间无连通，这种情况下采空区积水就分区画；如果几个开采区域最低处有连通，就要连起来画。

图 3－2－11 所示为“不连各画各”，西部为老窑开采，积水线 *AB//CD*，标高 858 m 左右；东部为现在开采的，积水线标高 855 m，在煤矿一直使用三条巷道期间，井下一直在排水，三个工作面内的积水永远不会增加。

图 3－2－12 所示为“连通一条线”，8103、8105、8107 三个工作面间回采期间在最低处打过探水钻孔，使相邻工作面间的积水相互连通，再加回采后煤柱在矿山压力的作用下被压碎，更加导通了各工作面间的积水，所以三个工作面积水标高按平行于煤层底板等高线连成一条线来画。

8. 条件若不明，其他方法定

一个矿井如果只知道有过开采，但什么资料也没有。对于这样的矿井以上七点就无用武之地了，只能采用边探边掘及有效物探等手段逐步查明。

针对上述情况，建议以下几点：

（1）提高防治水专业人员的技术水平，专科院校应开设防治水专业课程，培养后续

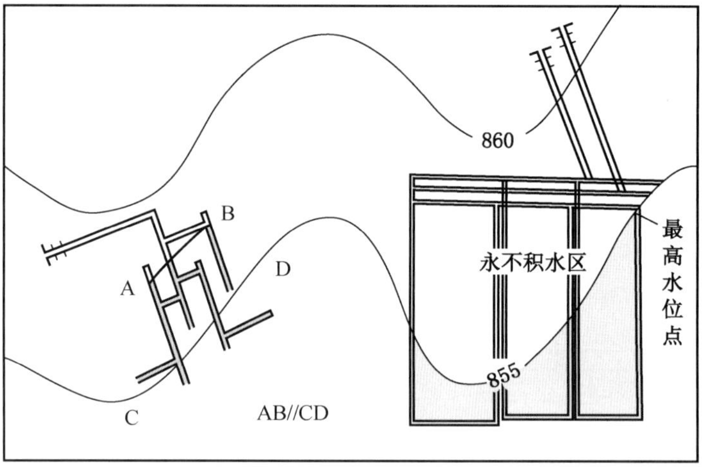

图3-2-11 不连各画各

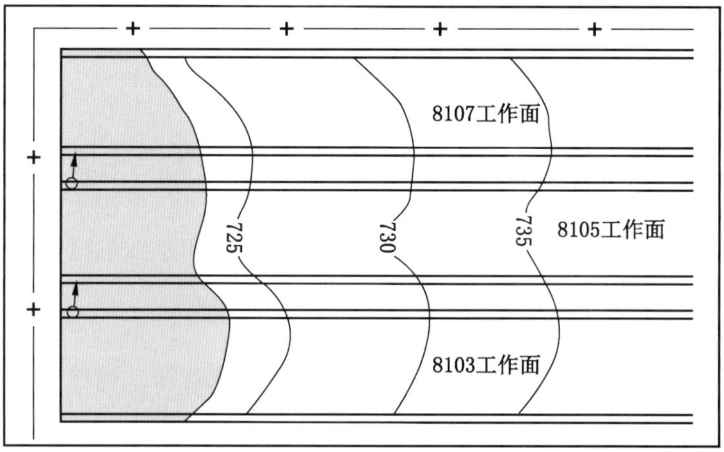

图3-2-12 连通一条线

人才，对现有人员进行在岗培训及举办有针对性的防治水专题讲座。井下工作人员能够掌握透水征兆。

（2）尽可能地收集井田范围内以往的采掘资料，访问以往在该矿从事井下采掘的工程技术人员，召开咨询会，向他们了解原来采掘范围及收集以往采掘的真实图纸，为探放水提供方向。相邻矿要定期交流采掘工程平面图。

（3）提高队伍的技术水平及物探成果的解释精度，为探放水提供靶区，对物探成果进行验证评价。

（4）加强防治水会诊工作，确定防治水工作重点。定期组织防治水专家进行会诊，在明确会诊范围和责任的条件下，确定会诊范围内防治水的重点工作。

第三节 岩溶地层中找水的最佳地段

岩溶地区的水源地不仅流量稳定，而且水质好，由于岩溶地下水径流时间较长，基本不受短期降水的影响，水位动态较稳定。山西太原的兰村水源地、枣沟水源地及各煤矿企业基本都有岩溶水自备井。下面就将我多年积累的如何在一个岩溶地层中选择最佳打井地段的经验介绍如下。

一、岩溶发育的垂直及水平分带

华北地区寒武、奥陶系地层厚度近千米，岩性主要由石灰岩、白云岩、泥灰岩、石膏组成，按其含量不同又划分成很多类型。通常我们认为石灰岩就是含水层，无论埋藏多深都有含水层，其实岩溶地层受补给、排泄及地质构造的控制，岩溶发育段在垂直方向及水平方向具有分带性，作者在山西晋城水源勘探负责期间，与长春地质学院胡宽瑢、曹玉清教授对延河泉在采用传统理论基础上，特别是应用化学热力学及化学动力学的理论，对泉域进行了研究，取得了很好的效果，按奥陶系顶界面不同标高划分了泉域不同标高的富水区，为晋城新矿区查明了三个水源地。

（一）垂直分带

垂直分带主要考虑以下几个因素。

1\. 钻孔单位涌水量(q)与 O_2 顶面标高(H)的关系

钻孔单位涌水量是反映隐伏岩溶区岩溶发育特征和含水层（组）富（透）水性的重要指标。为使不同钻孔涌水量具有可比性，需作如下处理；

（1）分层统计抽水资料，区内隐伏区抽水资料上马家沟组含水层（组）39 个，下马家沟组 21 个，峰峰组 4 个。

（2）当钻孔孔径相差较大时，需按地下水动力学公式对孔径进行统一换算。

（3）在外推允许范围内，应对钻孔降深作统一换算，求得同一降深下的涌水量，求出降深为 1 m 和 10 m 的单位涌水量（q_1 和 q_{10}）。泉域内上马家沟组含水层（组）中，q_1 为 35 个，q_{10}为 27 个；下马家沟组含水层（组）中，q_1 为 14 个，q_{10}为 9 个。

（4）作 $q-H$ 关系曲线时，依据抽水孔的钻进过程记录、孔位与构造关系等资料，分正常条件、构造条件及封闭条件等情况作散点图如图 3－3－1 所示。

两种曲线均显示出水量最大在奥陶系顶界面标高约 500 m 附近。将标高为 350～600 m 变化大的曲线段划分为强径流带；曲线中标高 600～750 m；350～200 m 标高段呈近直线变化，划分为中径流带；200～50 m 划为弱径流带，50 m 标高以下为极弱径流带。

2\. 钻孔耗水量(Q)与 O_2 顶面标高(H)的关系

在含水层（组）中用清水钻进时，相当于向该孔含水层中注水，在岩溶发育区段常表现出耗水量增大，反之则小。

这种情况在一孔中不同深度上出现，在沿含水层倾向分布、同层不同深度钻孔中亦存在，当工艺技术要求基本相同时，不同钻孔在同一含水层（组）的钻进耗水量是可比的，为此在区内上马家沟组含水层（组）中选取钻进工艺技术大致相同的钻孔，作平均耗水量（Q）与中奥陶统灰岩顶面标高的关系曲线图（图 3－3－2a），获得类似于 $q-H$ 关系的图形，同样表明，在奥陶统标高 500 m 左右耗水量最大。

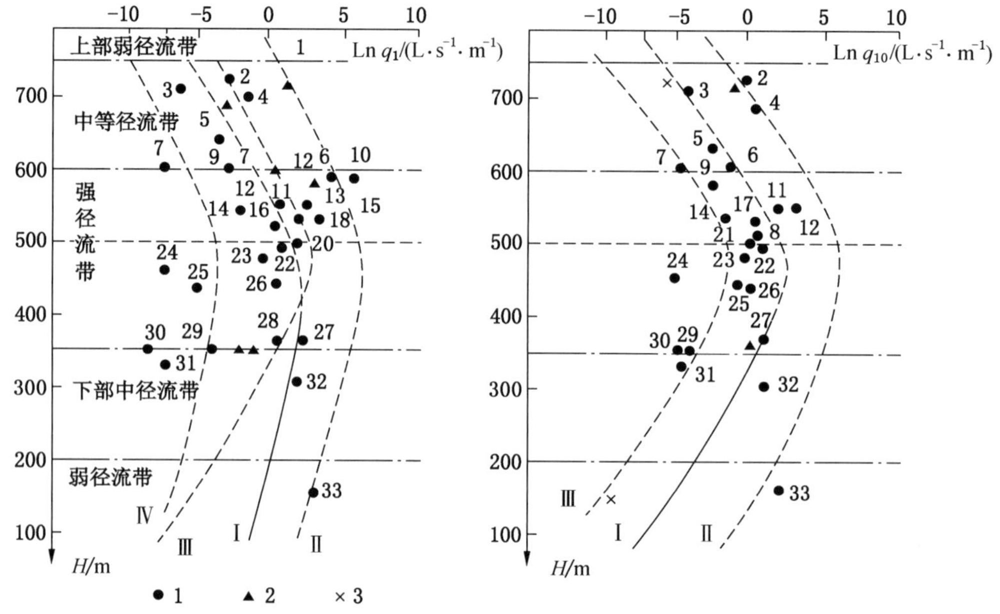

1—正常条件；2—构造条件；3—封闭条件

图 3-3-1 q_1-H、$q_{10}-H$ 关系曲线图

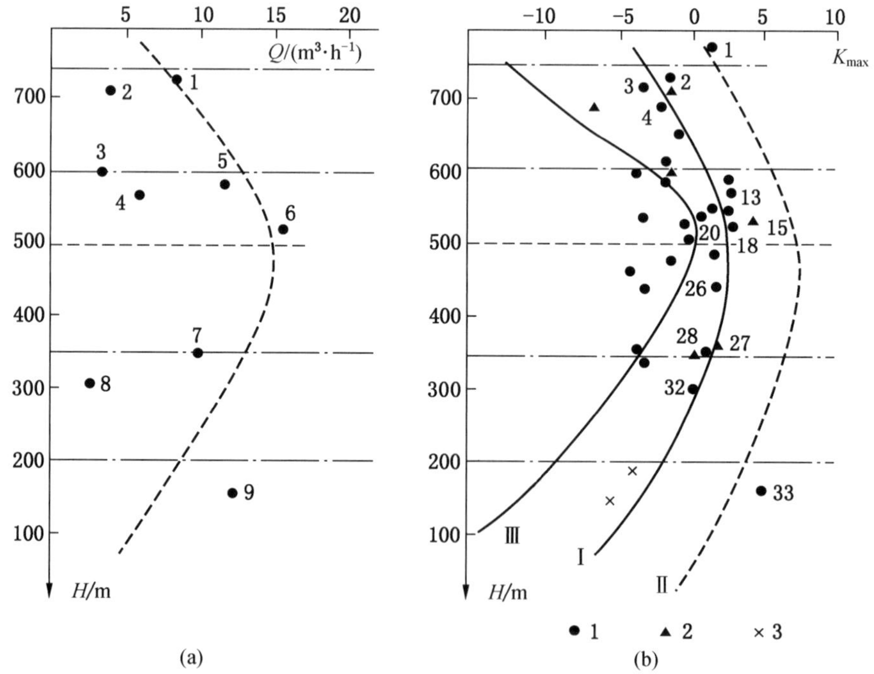

1—正常条件；2—构造条件；3—封闭条件

图 3-3-2 $K_{max}-H$、$Q-H$ 关系曲线图

3. 最大降深的渗透系数(K)与 O_2 顶面标高(H)的关系

含水层（组）的渗透系数是与钻孔涌水量大小密切相关的参数，它在一定程度上反映含水层（组）岩溶裂隙的发育性状和特征，尤以大降深抽水所获结果，更能反映出含水层（组）岩溶发育程度、大小和连通情况。图 3－3－2b 反映出在奥陶系顶界面标高 500 m 左右含水层渗透系数最大。

4. 侵蚀性 CO_2 含量与 O_2 顶面标高的关系

在正常地质条件下，水对碳酸盐岩侵蚀性越强，表明所处循环交替条件越好，相应该处岩溶越发育；而水的侵蚀性强弱决定于水中侵蚀性 CO_2 含量的多少，因此，水中侵蚀性 CO_2 含量既是评价水对碳酸盐岩侵蚀性强弱的直接指标，也是评价岩溶发育和循环交替条件的间接指标。

水中侵蚀性 CO_2 含量与水温、pH 值、压力等因素有关，可以通过物理化学方法计算求得（在此不述）。

依据含水层（组）水温、水质分析结果计算获得的侵蚀性 CO_2 含量作侵蚀性 CO_2 含量与 O_2 顶面标高（H）或泉水出露标高（H）的关系曲线图如图 3－3－3 所示。图中反映出，侵蚀性 CO_2 含量随着含水层埋深的增大呈直线降低。

5. 矿物饱和指数(β)与 O_2 顶面标高(H)的关系

岩溶矿物饱和指数（方解石 β_c、白云石 β_d、石膏 β_g）是描述一定条件下水能容纳多少岩溶矿物，反映矿物溶解、沉淀方向的指标。当超过水能容纳某种矿物质限度含量之后，该矿物便从水中析出。由于碳酸盐岩、硫酸盐岩组成的矿物，主要是以方解石、白云石、石膏为主，因此选择它们溶解于水中的离子成分 Ca^{2+}、Mg^{2+}、SO_4^{2-} 等，计算上述矿物的饱和指数，作与 O_2 顶面标高关系曲线图如图 3－3－4 所示。

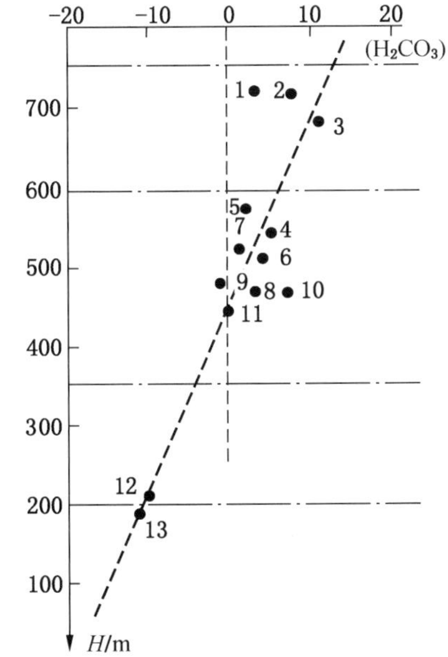

图 3－3－3　H_2CO_3(侵)－H 关系曲线图

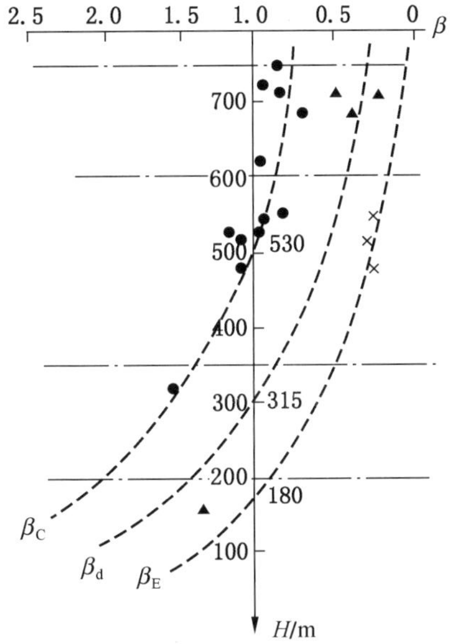

图 3－3－4　β－H 关系曲线图

图中表明，方解石溶解区段平均标高大于530 m，标高在530 m以下为方解石沉淀区段，白云石平衡点平均标高为315 m左右，石膏平衡点平均标高为180 m，由此反映出，矿物溶解度越大，其平衡点的标高越低。

二、水平分带

垂直分带获得的各项指标见表3－3－1，将各带标高投影在奥陶系顶面等值线图中即获得岩溶发育水平分带图（图3－3－5）。

表3－3－1　延河泉域径流区分带综合指标表

径流区分带				弱径流带	中等径流带	强径流带	中强径流带	弱径流带
分带标高/m				>750	750～600	600～350	350～200	<200
地质和水文地质简况				补给区方向中～弱区带内，潜水面以上，裂隙岩溶虽然很发育，但为厚度大、透水不含水的包气带，向下随深度增大裂隙岩溶发育程度降低，故有效含水段厚度小，且富（透）水性降低，因越偏移补给山区方向，潜水埋深越大，相应富水性越小		背斜，地垒浅部不深的背斜倾伏和向斜翘起端，单斜的浅部，含水层埋深浅，有效含水厚度增大或全层充水，循环交替快，富（透）水强	向斜抬起部位，单斜和背斜不太深的部位，断层落差变小段，承压含水层埋深增大，富（透）水性相对变小	向斜两翼和单斜较深部位，埋深较大的地堑区，承压含水层埋深较大，循环交替慢，富（透）水性变得很差
含水层富透水性指标	单位涌水量	q_1/（$L \cdot s^{-1} \cdot m^{-1}$）	构造	<2.01	2.01～90.02	90.02～403.43	148.4～24.53	<24.53
			正常	<0.025	0.025～0.61	0.61～6.05	3.32～0.61	<0.61
			封闭	<0.000075	0.000075～0.00335	0.025～0.00335	0.0012～0.0067	<0.00012
		q_{10}/（$L \cdot s^{-1} \cdot m^{-1}$）	构造	<7.39	7.39～24.53	24.53～244.69	54.6～2.72	<2.27
			正常	<0.223	0.223～0.368	0.368～12.18	1.35～0.015	<0.015
			封闭	<0.00005	0.00005～0.00055	0.00055～0.135	0.11～0.00012	<0.00012
	最大降深渗透系数 K_{max}/（$m \cdot d^{-1}$）		构造	<7.39	7.39<270.43	270.43～2038.56	2038.56～735.1	<735.1
			正常	<0.302	0.302<2.226	2.226～12.81	12.81～4.48	<4.48
			封闭	<0.000006	0.000006<0.0302	0.0302～1.65	1.65～0.27	<0.27
	钻孔耗水量 Q/（$m^3 \cdot h^{-1}$）			<7	7～13.2	13.2～15.5	13.5～9.3	<9.3
水化学指标	含水层的饱和指数 β 值		β_c	<0.75	0.75～0.80	0.80～1.4	1.4～2.5	>2.5
			β_d	<0.3	0.3～0.42	0.42～0.9	0.9～1.5	>1.5
			β_g	<0.002	0.002～0.1	0.1～0.5	0.5～0.95	>0.95
	侵蚀性 CO_2 含量/（$mg \cdot L^{-1}$）			>13.5	13.5～6.99	6.99～3.89	－3.89～－10.4	<－10.4
	水化学类型			HCO_3－Ca	HCO_3－Ca·Mg 次 HCO_3－Ca	HCO_3－Ca·MgHCO_3·SO_4－Ca·Mg	主HCO_3·SO－Ca·Mg 次 SO_4－Ca·Mg	主SO_4－Ca·Mg 次 HCO_3－Na
	矿物溶解和沉淀情况			方解石、白云石、石膏溶解区段		方解石由溶解到沉淀，白云石、石膏溶解	方解石沉淀，白云石由溶解到沉淀，石膏溶解	方解石、白云石沉淀，石膏溶解，在180 m以下全沉淀

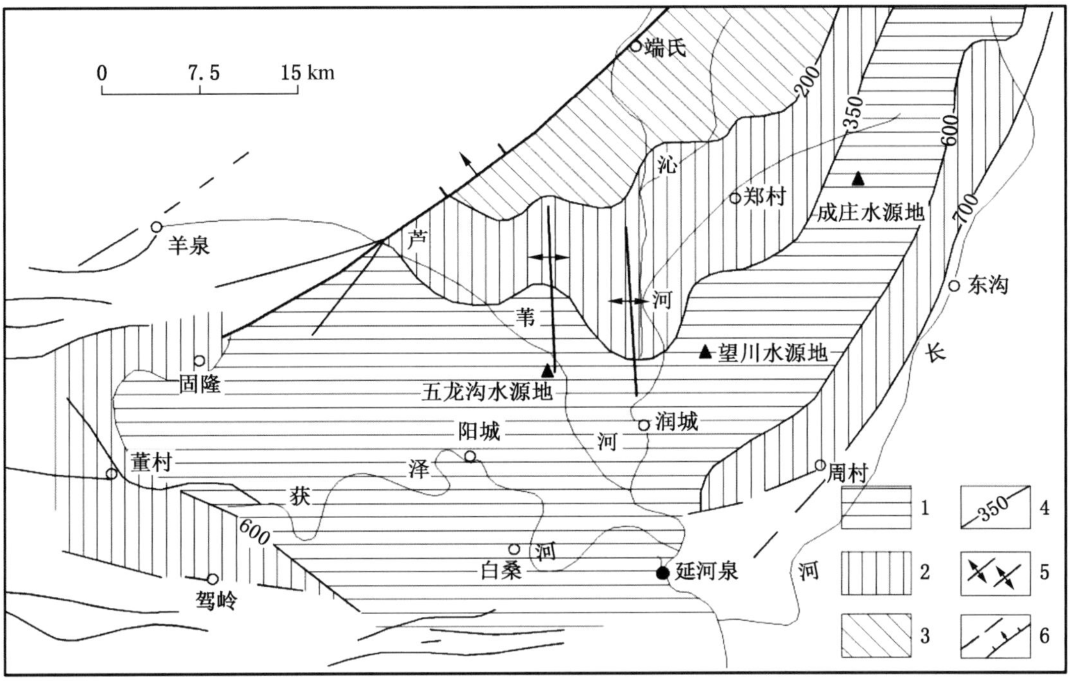

1—强径流带；2—中等径流带；3—弱径流带；4—“奥灰”顶板标高；5—向斜背斜轴；6—断层

图3-3-5 延河泉城富水性平面分带图

三、水化学分带模型

根据作者和长春地质学院胡宽瑢、曹玉清教授几年来对岩溶水化学热力学及化学动力学的研究，归纳总结了岩溶地下水随着埋深的增加径流条件、水质类型、化学反应、可溶岩矿物（方解石、白云石、石膏）溶解沉淀变化的地质、水文地质、水文地球化学概化模型（图3-3-6）。

该概化模型的水文地球化学作用是在多矿物组成的固相⇌液相⇌气相体系中进行。由于沿地层倾向方向，水文地质和水文地球化学环境不同，相应各种环境内的水文地球化学的具体作用，亦发生相应的变化，这就为径流区划分奠定了实际和理论基础，将它们综合在一起，就可获得划分不同径流带的综合指标及用该指标确定的界线。

综合地质、水文地质条件和水文地球化学作用，对图3-3-6地质、水文地质、水文地球化学模型作如下的简要说明。

1. 碳酸盐硫酸盐岩裸露于地表的补给和补给径流区

该区内潜水面（图3-3-6中Ⅰ-1）以上包气带岩石空隙中，充有各种成因（大气中的、生物和生物化学、有机质分解或其他）的 CO_2，当降水通过岩石空隙垂直渗入到达含水层的水面时，空隙中的 CO_2 气体以物理和化学形式溶于水中，于是岩溶水化学作用便开始在矿物（$CaCO_3$、$MgCO_3$）—水溶液（H_2O 等）—气体（$CO_{2(g)}$）三相平衡体系中进行；在 CO_2 气体—水溶液接触面处的化学反应模型为

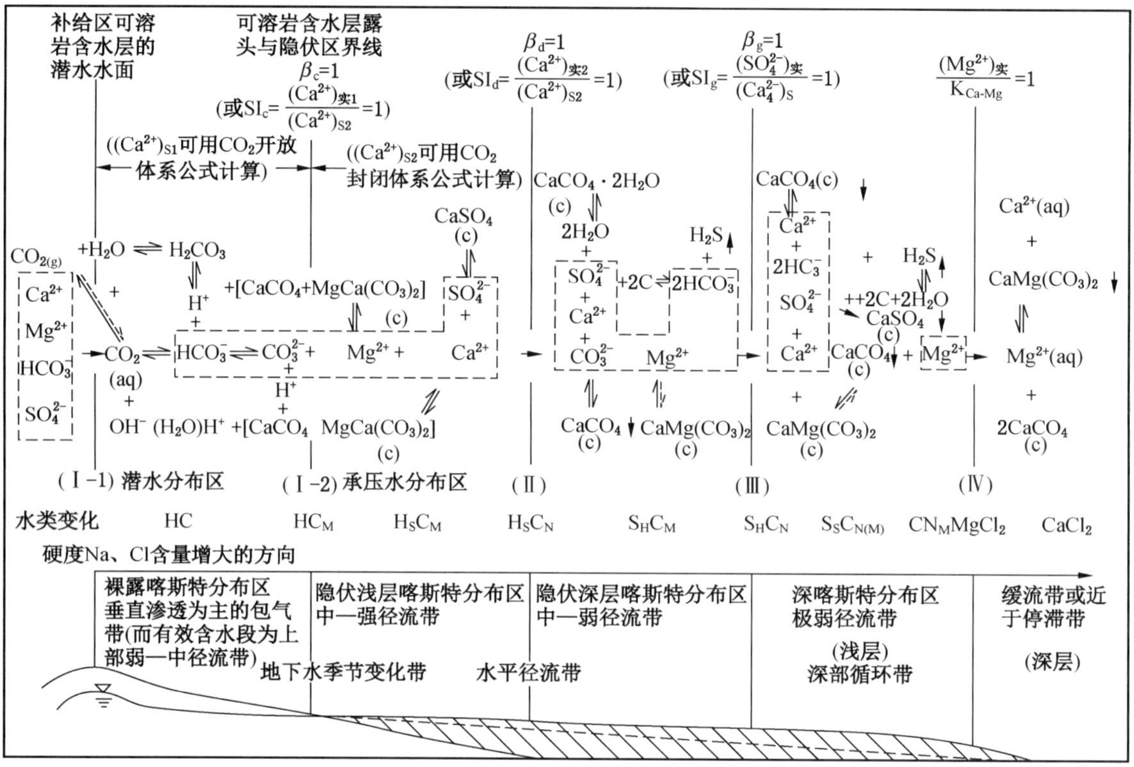

图3-3-6 地质、水文地质、水文地球化学概化模型

$$CO_{2(g)} + H_2O \rightleftharpoons CO_{2(aq)} + H_2O \tag{3-3-1}$$

$$CO_{2(aq)} + H_2O \rightleftharpoons H_2CO_3 \tag{3-3-2}$$

$$H_2CO_3 \rightleftharpoons H^+ + HCO_3^- \tag{3-3-3}$$

$$HCO_3^- \rightleftharpoons H^+ + CO_3^{2-} \tag{3-3-4}$$

$$H_2O \rightleftharpoons H^+ + OH^- \tag{3-3-5}$$

$$OH^- + CO_{2(aq)} \rightleftharpoons HCO_3^- \tag{3-3-6}$$

式(3-1-3)~式(3-1-5)中生成的质子（H^+），在液—固界面处，与碳酸盐岩中的方解石、白云石作用，其化学模型为

$$CaCO_3 + H^+ \rightleftharpoons CaHCO_3^+ \tag{3-3-7}$$

$$CaMg(CO_3)_2 + 2H^+ \rightleftharpoons CaHCO_3^+ + MgHCO_3^+ \tag{3-3-8}$$

$$CaHCO_3^+ \rightleftharpoons Ca^{2+} + HCO_3^- \tag{3-3-9}$$

$$MgHCO_3^+ \rightleftharpoons Mg^{2+} + HCO_3^- \tag{3-3-10}$$

$$CaCO_3 \rightleftharpoons Ca^{2+} + CO_3^{2-} \tag{3-3-11}$$

$$CaMg(CO_3)_2 \rightleftharpoons Ca^{2+} + Mg^{2+} + 2CO_3^{2-} \tag{3-3-12}$$

由式(3-3-7)~式(3-3-9)可见，碳酸盐岩矿物岩溶水化学作用的实质是中和反应，另外，碳酸盐岩中含的石膏和蒸发岩中的石膏层，它们与水作用为溶解作用，其溶解过程几乎不受 CO_2 和其他酸的影响，所以反应式为

$$CaSO_4 \cdot 2H_2O = Ca^{2+}SO_4^{2-} + 2H_2O \quad (3-3-13)$$

或

$$CaSO_4 = Ca^{2+}SO_4^{2-} \quad (3-3-14)$$

因岩石空隙中的 CO_2 气体，通过气—液界面直接进入水中，所以该区水文地球化学环境为 CO_2 开放体系。区段上限为潜水水面（图3-3-6中Ⅰ-1），下界为方解石饱和指数等于1的界线（单矿物“开型”为 $SI_{C1}=1$，名矿物系 $\beta_c=1$，即图3-3-6中Ⅰ-1、Ⅰ-2界线）。由于区段内含水层包气带是很厚的垂直渗入带；潜水分布段为季节变化带，年变幅多在数十米；因此有效含水段埋深大、厚度小，虽然表面和表层裂隙等较为发育，但在有效含水段处则发育相对差，故为富（透）水性小的弱~中径流带。

2. 隐伏岩溶浅层区

主要岩溶含水层被第四系或煤系等隔水层覆盖隐伏于地下，但因埋藏较浅，故含水层内的水循环交替快，且地下水动态季节性变化明显，年变幅数米至十几米。因 $CO_{2(g)}$ 不能直接通过承压含水层水面进入含水层中，故水文地球化学环境为 CO_2 “封闭体系”。因而在矿物—水溶液—气体三相平衡体系中进行岩溶水化学作用时，主要消耗溶于水中的 $CO_{2(aq)}$，系统内岩溶水化学作用实质仍是中和作用，相应本区段岩溶水化学作用模型是式（3-3-3）~式（3-3-4），同时还有：

$$Ca^{2+} + CO_3^{2-} = CaCO_3 \downarrow \quad (3-3-15)$$

区段上限为方解石饱和指数为1的界线，下界为白云石或“闭型”饱和指数为1的界线（单矿物“闭型” $SI_{C2}=1$，多矿物系层 $\beta_d=1$，即图3-3-6中Ⅱ），因含水有效厚度为“全”层，相应充满水的空隙增多，加之水循环交替强烈，所以含水层富（透）水性增大，通常为强~中径流带分布区。

3. 隐伏岩溶深层区

隐伏岩溶深层区内，含水层水中物质成分属于碳酸盐岩矿物过饱和的离子成分，全部从水中析出，仅硫酸盐岩矿物继续处于欠饱和状态，因此该区段的岩溶水化学模型除式（3-3-13）~式（3-3-15）之外，因水文地球化学环境的变化，还有：

$$Ca^{2+} + Mg^{2+} + 2CO_3^{2-} \rightleftharpoons CaMg(CO_3)_2 \downarrow \quad (3-3-16)$$

隐伏岩溶浅层区的 CO_2 “封闭”性，从实质上处于半封闭状态，而深层区处于封闭相对较好的状态，其标志是，若存在有机物或脱硫细菌时，还会有脱硫酸和去白云岩化作用：

$$CaMg(CO_3)_{2(s)} + Ca^{2+}_{(aq)} \rightleftharpoons Mg^{2+}_{(aq)} + 2CaCO_{3(s)} \downarrow \quad (3-3-17)$$

$$SO_4^{2-} + 2C + 2H_2O \rightleftharpoons 2HCO^-_{3(aq)} + H_2S_{(g)} \uparrow \quad (3-3-18)$$

$$2HCO_3^- + Ca^{2+} \rightleftharpoons CaCO_3 \downarrow + H_2O + CO_{2(g)} \quad (3-3-19)$$

$$H_2S \rightleftharpoons H^+ + HS^- \quad (3-3-20)$$

隐伏岩溶深层区内含水层埋深较大，地层及水压力亦大，由式（3-3-19）、式（3-3-20）生成的 H_2S、CO_2 气体，在高压下部分溶于水，生成 $CO_2 + H_2O = CO_3^{2-} + 2H^+$，而 CO_3^{2-} 与水中过饱和的 Ca^{2+} 结合生成 $CaCO_3$ 沉淀。如果是这样，那么会出现如下的现象：

（1）虽然水的矿化度和碱性物质含量均较高，但因式（3-3-19）、式（3-3-20）作用产生的 H^+ 影响，水的 pH 值一般不高。

（2）由于Ca^{2+}受沉淀作用的消耗和式（3－3－17）作用，水中Mg^{2+}含量相对增大，在计算矿物饱和指数时，会出现白云石的饱和指数明显高于方解石的异常现象。

（3）因存在脱硫酸作用，在计算石膏的饱和指数时，其值也显著低于周围正常地段。

（4）当钻孔揭露含水层时，常有大量的H_2S气体溢出，有的随着时间增长溢出量有减少的趋势。

（5）有的地方，在抽水过程中，随水有硫的化合物或单体硫出现。

（6）在无石膏层或石膏很少的地方，地下水类型变为HCO_3^-－Na 型水。

区段上限为白云石饱和指数为1的界线（单矿物“闭型”$SI_{C2}=1$，多矿物$\beta_d=1$），下界为石膏饱和指数为1的（$\beta_g=1$，即图3－3－6中的Ⅲ）界线。区段内地下水循环交替和流速更为缓慢，水位变幅不大（通常为几米），含水层富（透）水性变差，多为中～弱径流带。

4. 深岩溶分布区

在深岩溶分布区，水中与碳酸硫酸盐岩矿物有关的离子成分，因过饱和皆发生沉淀。深岩溶区岩溶水化学作用实质是表面化学作用，这与上面各区段的岩溶水化学作用显著不同。区段内岩溶发育程度差，多以闭合裂隙及缝合线、微孔隙为主。按水动力特点和岩溶水化学作用的方式不同，分为浅层和深层。

（1）深岩溶浅层区。该区水文地球化学环境多为封闭相对好的还原带，因此岩溶水化学模型，除式(3－3－15)～式(3－3－18)外，还有：

$$Ca^{2+}SO_4^{2-} \rightleftharpoons CaSO_4\downarrow \qquad (3-3-21)$$

因水中Ca^{2+}大量消耗于化学沉淀作用之中，故Mg^{2+}在水中的含量相对提高。其上限为$\beta_g=1$的界线，下限为$w(Mg)_{实}/K_{Ca-Mg}=1$（图3－3－6中的Ⅳ）的界线，K_{Ca-Mg}可按式（3－3－17），用化学热力学公式计算获得。因该区含水层埋深大，水循环交替很慢，岩石富（透）水性差，所以为极弱径流带或深部循环带。

（2）深岩溶深层区。深岩溶深层区处于水动力缓流或近于停滞带，所以水循环交替极其缓慢，且是封闭很好的水文地球化学环境。因前述各反应均使水中Mg^{2+}增多，当达到一定限度后，其岩溶水化学模型主要是：

$$2CaCO_3+Mg^{2+} \rightleftharpoons CaMg(CO_3)_{2(s)}\downarrow + Ca_{aq}^{2+} \qquad (3-3-22)$$

区段上限为$w(Mg)_{实}/K_{Ca-Mg}=1$，下界为$w(Ca)/K_{SP}=1(K_{SP}=1.072\times10^6 mmol/L)$。

由于该区段含水层富（透）水性和水循环交替更差，所以为缓流或近于停滞带。

关于地下水化学类型、Na^+、Cl^-随含水层埋深增大而变化，以及沿单斜构造倾向方向不同水动力和径流带、裸露、隐伏和深岩溶等，随含水层埋深增大而变化的上、下限指标，综合在一起表示在图3－3－6中，这里就不详细介绍了。

四、大型水源地选择的最佳地段

根据上述分析得出：在延河泉域岩溶水系统中圈定的强径流带内，查明了三个水源地。

1. 望川水源地

望川村南施工的YS－1号孔，单位涌水量为5.55～6.975 L/(s·m)，水质类型为$HCO_3\cdot SO_4$－Ca·Mg型水，在其旁边施工的YS－3及YS－11号开采井，出水量均达

2500 m^3/d 以上。将此区确定为望川水源地。

2. 五龙沟水源地

在西部芦苇河内施工的 YS－16 号孔，单位涌水量为 7.217 L/(s·m)，水质类型为 HCO_3－Ca·Mg 型水；

YS－18 号孔，单位涌水量为 4.695 L/(s·m)，水质类型为 HCO_3－Ca 型水；

YS－19 号孔，单位涌水量为 15.568 L/(s·m)，水质类型为 HCO_3·SO_4－Ca·Mg 型水；

YS－20 号孔，单位涌水量为 6.215 L/(s·m)，水质类型为 HCO_3·SO_4－Ca·Mg 型水；

YS－21 号孔，单位涌水量为 5.85 L/(s·m)，水质类型为 HCO_3·SO_4－Ca·Mg 型水。将此区确定为五龙沟水源地。

3. 成庄水源地

在东部成庄矿工业场地内施工的两口水源井，单井出水量均达到 3000 m^3/d 以上，水质类型为 HCO_3·SO_4－Ca·Mg 型水。将此区确定为成庄水源地。

在中等径流带内施工的 YS－2 号孔，单位涌水量为 0.221 L/(s·m)，水质类型为 HCO_3·SO_4－Ca·Mg 型水。

弱径流带内施工的 YS－5、YS－6 号 2 个孔，其单位涌水量分别为 0.117 L/(s·m)、0.052 L/(s·m)。水质类型为 SO_4－Ca 型水。

勘探验证与研究划分的径流带完全吻合。

该项目由于采用了地质、水文地质、水文地球化学等相结合的先进手段，全国储委在审查时将勘查阶段由详查提高到勘探，报告名称由《山西省晋城新矿区水源详查报告》改为《山西省晋城市五龙沟、望川、成庄水源地勘探报告》

全国矿产储量委员会以全储决字（1992）334 号“审查批准《山西省晋城市五龙沟望川成庄水源地勘探报告》决议书”批准延河泉域范围内 B＋C 允许开采量 6.1 m^3/s。晋城新矿区地下水允许开采量五龙沟水源地 B 级 2.0 万 m^3/d，望川水源地 B 级 2.0 万 m^3/d、C 级 2.2 万 m^3/d，成庄水源地 B 级 1.0 万 m^3/d。

五、定井位应掌握的几点技巧

在一个岩溶水系统中，从补给区到排泄区，水位流场一般变化是不大的，即使在近年来水位不断下降的情况下，也不会下降得太多。从山西省十八大泉域来看，下降最大的晋祠泉、古堆泉也就是 20 m 左右。如果手中没有最新的资料，可以用老资料进行推断。

在有区域水位的前期下，首先要计算奥陶系水位标高与计划布井点地层的关系，奥陶系水位必须高于定井位取水含水层顶板标高以上，这样才能保证取到含水层的水，如果水位在含水层以下，含水层就成了透水层，水井在施工过程中有大漏水，但实际不会有水。

下面通过几个实例来说明水位与含水层关系的重要性。

【例 1】 西山矿务局杜儿坪矿 DS－3 号水源井无水原因的讨论

1. 施工情况

2006 年，杜儿坪矿打了一口水源井，终孔深度为 601 m，孔口标高 1124 m，见 O_2 深度为 100 m，O_{2f}厚度为 158 m，O_{2s}厚度为 250 m，O_{2x}揭露厚度为 93 m，终孔层位于下马家沟组中上部。施工过程中，在孔深 230 m 时冲洗液消耗量增大，开始漏水，280 m 时消耗量全漏至孔底，终孔水位深度 337 m（图 3－3－7）。

从漏水这一现象来看，水井肯定有水，并且很大。

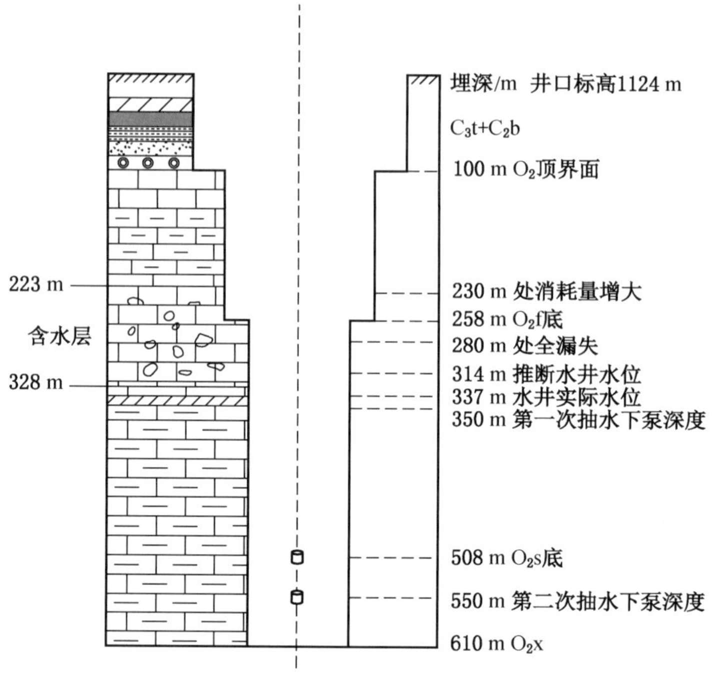

图 3－3－7　水井柱状示意图

2. 抽水试验情况

该孔抽过两次水，在孔深 450 m 时进行了第一次抽水试验，下泵深度 350 m，水泵出水能力 80 m^3/h。抽水试验表明，在出水量 11 m^3/h 的情况下，10 min 左右水位下降至 350 m，掉泵抽干。后来又往孔里注水，注多少水量，水位也不上升，一直保持抽水前水位不变，反复多次都如此。

孔深 610 m 时进行了第二次抽水试验，抽水前井内注入 16 t 盐酸，以达到洗井效果。下泵深度 450 m，水泵出水能力 50 m^3/h，在出水量 30 m^3/h 的情况下，水位降深 50 m，单位涌水量 0.0167 L/(s·m)，含水层富水性极弱，达不到供水要求。

3. 分析论证结论

西山矿务局地质处组织专家对此进行了论证，得出的结论是：由于近年来晋祠泉域水位下降，20 世纪 80 年代杜儿坪矿区岩溶地下水水位标高 810 m 左右，当时 DS－3 号孔位置水位埋深应在 314 m 左右，上马家沟三段（258～328 m）在水位以下。

本次施工证实，DS－3 号孔岩溶水水位埋深 337 m，20 世纪 80 年代至今水位下降了 23 m，图 3－3－7 的水位位置，低于强含水层 9 m，导致该孔在施工中漏失量很大，而抽水时水量很小的结果。

原因是上马家沟组含水层位于该区奥陶系含水层水位以上，实际已经成了透水层，不再是含水层了。

当钻进到透水层顶板（图3－3－7的漏水部位）时，由于透水层岩溶发育，消耗液全部漏失，水位到孔底，当钻进过透水层底板后，下部灰岩并不含水，而是隔水层，地面注入的冲洗液全部从透水层中跑掉，井中水位一直保持在透水层底板处，不再上升也不下降。

当第一次抽水时，抽出的水仅仅是水位以下井中的积存水，当水位下降到水泵进水口时，没有补给水，发生掉泵。

停止抽水后，由于井中其他水的补给，水位会慢慢地上升到透水层底板。

第二次抽水，由于下马家沟组含水层富水性弱，在降深很大的情况下，出水量很小，导致该井达不到供水的要求。

从这个例子我们可以得出以下两点：

（1）该井中水位不是泉域地下水位，而是透水层的底板标高。

（2）井中岩溶发育段不是含水层，而是透水层。

所以，在钻进中发生大漏水的水文孔，不一定在抽水时就有水。

4. 经验及教训

岩溶水供水井一般较深，施工难度较大，费用较高，一旦井位确定不合适，不仅造成时间上的浪费，耽误供水，而且造成了经济上的损失。因此，在确定岩溶供水井井位时应按以下步骤进行。

（1）首先应进行区域水文地质调查与研究，了解水文地质条件。研究该地区岩溶地下水水位变化情况，富水区的分布及富水性与岩性组合、当地侵蚀基准面等因素的关系，确定强含水层的层位。

（2）在此基础上，确定井位时，保证该位置奥陶系水位一定要在强含水层顶界面以上，且埋藏深度不能太小，否则风险太大。

（3）在施工过程中，应先采用小口径取芯，判断地层组合情况、含水层的富水性、水位埋藏深度等。如果具备水源井条件，在此基础上再进行扩孔成井；如果不具备水源井条件，不再扩孔，这样造成的损失会小点。

【例2】西山林地供水井的确定过程

有一年，受山西省煤炭地质局地质处侯怀儆处长的委托，委派作者（李振拴）去西山一个林地看是否可以定一个水井位置，要求定井的是一个退休义务植树的老人，老人想自己出资在他义务植树的范围内打一口水井，用来浇树，以提高成活率。

老人和老伴常年住在一个自己打的小土窑洞里，用一己之力来打井，李振拴当时非常感动，暗下决心要认真地分析，绝对不能有差错，否则，怎么能对得起这位老者。

在他儿子的陪同下，李振拴跑遍了他父亲植树的整个林地，对林地范围内的地层出露情况，地面标高认真地进行了查看，因为水井只能定在林地内，以便近距离取水浇树，如果定的水井位置与林场距离远了，远距离送水仅电费一项老者都难以承受，更不用说还有管路铺设，维修等等费用。

李振拴对这次定井位是慎之又慎的，在跑遍了林场，取得资料后，他没有给选定井位。理由是：

（1）当地出露地层是上马家沟组一段，局部有下马家沟组出露，所以上马家沟组含水层是绝对没有了。

（2）下马家沟组是否有可取水的含水层，据作者当时掌握的资料，在西山地区抽取下马家沟组含水层的水井还没有，一般都是取峰峰组或上马家沟组含水层的水。

（3）由于不掌握下马家沟组含水层水位资料，即使有岩溶发育段，由于当地地形高，但水位资料不清楚，是否会出现例1的情况，作者不敢冒失地下结论。

据此，出于对老者的负责，作者没有确定井位。

【例3】壶关县鹅屋乡找水

壶关县鹅屋乡是山西煤田地质局的扶贫点，当地水资源非常匮乏，老乡吃水很困难。扶贫队邀请作者去看能不能找个地方打一眼深井，解决当地吃水困难的问题。

壶关县鹅屋乡位于太行山麓，大面积出露奥陶、寒武系石灰岩，地形切割很强烈。

作者和扶贫队的同志在鹅屋乡跑了两天，得到的结果是无水。理由有以下两点：

（1）该地区出露的都是奥陶寒武系地层，最老地层有震旦系变质岩，无含水层分布。

（2）该区不但地形高，而且切割很强烈，形成了太行山峡谷，将地层切割得很碎，侵蚀基准面很低，导致排泄基准面也很低，低于奥陶寒武系地层，切过了震旦系老变质岩。这样的地区打深井是不会有丰富的地下水的。

当时作者建议扶贫队，要打深井找大的供水水源是不可能的，但要找一些地形相对平坦，底部有泥岩（隔水层）分布的地段，施工大口径的浅井或集水廊道，截取入渗补给水，每天出10 m^3 的水还是有可能的。

上面介绍的是水位与含水层的关系，如果判断含水层在水位上方，绝对不敢在此部位定井位。下面介绍几个成功有水的例子。

【例4】朔州市右玉县高家堡乡

右玉县行政区划属朔州市，水文地质单元不属于山西18个岩溶大泉的泉域范围，位于神头泉域边界以北的区域。

右玉是一个非常贫穷又缺水的县，特别是高家堡乡，位于黄河与海河的分水岭部位，地势高，地表出露的是奥陶系峰峰组及上马家沟组石灰岩，全乡十几个村吃水都是靠旱井（雨季的水积存在挖好的井里，供一年吃），既不卫生又不稳定。

原水利厅赵厅长是右玉县人，为了解决家乡的吃水，连续几年下达专款欲解决高家堡乡吃水困难问题，但均无果。

2000年初，省水资办总工程师李录秀邀作者去看是不是可以找个井位，既要有稳定的水源，同时兼顾供水的方便。

由于右玉县不在山西岩溶大泉范围内，关注和研究者较少，幸亏作者出发时带了山西省1/50万水文地质图，经查，该图中有一个19号水文地质勘探孔正好在高家堡乡附近，并对寒武系含水层抽过水，资料显示，水位埋深186.9 m，在降深1 m的情况下，单位涌水量达1.3 $m^3/(h \cdot m)$（富水性中等含水层），这个孔的资料给作者定井位提供了有力的依据。作者经过现场踏勘，跑遍了整个乡，根据该资料结合当地的地形地质条件、村庄分布及考虑未来供水方便，毫不犹豫地定了井位。

当时定井的判断：

（1）奥陶系含水层取水是不可能的，只有取寒武系张夏组含水层的水。

（2）按照地层厚度推断，张夏组地层全部在水位以下，有含水层应该没问题。

（3）19 号水文勘探孔显示，在降深 1 m 的情况下，单位涌水量达 1.3 m^3/（h · m），大致计算在降深 20 m 的情况下，每天出水 500 m^3 应该是有保障的。

井位确定后，山西省地质一队牛志清队长带队于 2000 年 9 月开工，12 月竣工，井深 403 m，出水量达 800 m^3/d，解决了以高家堡为中心的南部 10 个村 5000 人口、2000 头大畜的饮水困难。

在 2001 年 8 月大旱之季，右玉县政府给作者当时在的单位寄来了感谢信，全文如下：

感　谢　信

山西省煤田地质 229 队：

右玉县南部地区历史上一直是缺水最为严重的地区，解放以来，上级曾多次投入资金帮助当地解决人畜吃水困难，但因没有找到稳定可靠的水源，未能得到根本解决。2000 年省政府将右玉县列为首批人畜饮水解困重点县之一，我南部地区的缺水问题被县委、县政府和市县水利部门列为重中之重，研究决定在南部地区打一眼深井。

你队李振拴总工牺牲休息时间应邀赶赴右玉，为解决这一历史难题献计出力。李振拴同志从地质勘探、井位选择到打井配套全过程，在每一个关键环节都进行了认真的技术把关，提出了许多权威性、实效性较强的指导性意见。

经过省煤田地质一队钻井，井深 403 米，日出量在 800 立方米以上。这口井的建成，以高家堡为中心的南部地区近 10 个村 5000 口人，2000 头大畜的饮水困难得到解决，整个工程的建成，李振拴同志在技术上起到了关键性的作用。

李振拴同志他这种不要任何报酬，实事求是、尊重科学的态度，不计名利、无私奉献的精神，艰苦朴素、同甘共苦的优良作风，在当地干部群众中留下了深刻的影响，对李振拴同志为贫困缺水地区无私奉献表示深切的感谢！

感谢李振拴同志！

感谢省煤田地质 229 队！

右玉县人民政府

二〇〇一年八月

2. 出水量与补径排的关系

一个岩溶水系统，可划分为补径排几个区（前已述），一般来说，在补给区地下水埋深较大且富水性较弱，径流区的富水性与径流带的强弱有关，排泄区富水性较好。

定井位要结合岩溶水系统的位置，如果将井位定在弱径流区，不但出水量小，且水质差；定在滞留区出水量会越来越小，而且水质特差；定在补给区，水质较好，但水位埋深大，富水性较弱。

作为一个水文地质工作者，一定要掌握一个岩溶水系统的补径排及强径流带分布情况，在此基础上可比较有把握地确定井位。

下面举例说明：

【例 5】 晋城市阳城县北留镇横岭大队

这是作者在晋城水源勘探期间给当地老百姓解决的一个吃水难题。阳城县北留镇横岭大队由几个自然村组成，每到干旱季节，家家户户都要赶着毛驴到几十里外去驮水。

1989 年，村干部听说作者所在单位是找水的，找到了单位的驻地，邀请作者去给看他们哪里能打出水来。

其实横岭大队的地理位置就在延河泉排泄区范围内，在该地区主要富水含水层在下马家沟组，村庄附近出露地层为上马家沟组，且被沟谷切割得很深，上马家沟组含水层已经出露地表，无含水层分布，根据作者在该地区勘探掌握的资料，延河泉域强含水层赋存在下马家沟组，所以必须考虑取下马家沟组含水层的水。

考虑打井成本，将井位定在几个自然村最低处的西坡村（该处仅需打 200 m，高处需打 400 余米，村里为了节省打井费要求在低处）。

下马家沟组地层厚 120 m 左右，井位选定的标高比泉水排泄标高高 30 m 左右，在 120 m 的地层内肯定有含水层分布。

单位派了一台钻机，进行施工，在施工到井深 80 m 处时，冲洗液消耗量全部漏失，井中水位标高与泉域水位一致，水井施工 200 m 顺利竣工，经抽水试验，日出水量达 1200 m^3，水质优良。

从此结束了当地老百姓到几十里外驮水的历史。该井一直使用至 2001 年，12 年来水量无变化。在 2001 年 7 月，横岭大队给作者当时在的单位寄来了感谢信，全文如下：

大旱之年思恩人

山西煤田水文地质 229 队：

我们大队（阳城县北留镇）是阳城县历史上最缺水的大队，祖祖辈辈以来，每到旱季，老百姓要赶着毛驴到几十里外的地方驮水，雨季吃的是积存的雨水，真是滴水贵如油，我们曾经找过很多看水井的人，但都未能解决吃水问题。

1989 年，我们抱着试一试的态度，请来了你队工程师李振拴，他来后翻山越岭查看地形，跑了两天，跑遍了大队的每个沟沟岔岔，最后将井位定在了西坡村，经过钻探施工，打了 200 m，单井日出水量达 1000 余立方米，而且十几年来水量从未减少过，特别是今年的大旱年，全大队人仍能吃上甘甜的自来水，我们感到真是太幸福了。

我们全体老百姓非常感谢他全心全意为人民服务的思想及佩服他在山沟里找到取之不尽的地下水的高超技术。

阳城县北留镇横岭大队

二〇〇一年七月

3. 构造附近布井出水量会更大

大家都知道，含水层富水性与裂隙及空隙的发育程度成正比，而构造是造成裂隙发育的主要因素，一般泉水出露，井下突水，都与构造有关，构造一般包括断层、褶曲、挠曲等。对地下水富水性有影响的构造主要是断层及褶曲。

断层有正断层及逆断层，正断层是在拉力作用下形成的，产生的断层破碎带较疏松，易含水；逆断层是在压力作用下形成的，产生的断层破碎带较紧密，由于压力的作用，将破碎带挤压成糜棱岩，不易含水；一般认为，正断层是导水的，逆断层是阻水的。

褶曲是地层在水平挤压力作用下而形成背斜及向斜，背斜轴部受拉伸，裂隙较发育；向斜轴部受挤压，一般情况下中心部位裂隙不太发育。

我们在定井位时要考虑正断层的破碎带及背斜轴部裂隙发育带。下面是一个与断层有关的实例。

【例 6】临汾市襄汾县伯玉村

1995 年，山西煤田地质局地质处王满荣处长邀作者去他岳父所在的村——临汾市襄汾县伯玉大队伯玉村去找水源。伯玉村位于汾河东岸，大片农田及果园在村东的丘陵缓坡上，由于地形较高，无地表水体，从汾河提水距离较远，且费用高，村民难以承受，欲就地打井。他们多次找县打井队，都说当地无地下水。

该区位于汾河的三、四级阶地上，浅层第四系水确实是没有，县打井队打了几口都水量很小甚至无水，于是作者放弃了对浅层水的寻找。

该区位于古堆泉域的北边界，是否可找到岩溶水，从与岩溶水系统的关系来看，西部由于出了系统范围，而东部距系统较近。经过讨论，第二天直奔东部（果园与农田分布区），在东部从南到北步行跑了一天，跑遍了整个区域，没有发现可打井的位置。

第二天，又继续向东查看，当作者走到果园外东部时发现有一条沟，沟中有一个报废矿的井口，该矿原来是开采本溪组铁矿，据老乡讲，铁矿关闭的原因是由于水大，矿井被淹，排水排不干，关了矿。

作者在沟中反复查看，发现就在铁矿北部有一条正断层，断层的下盘导致地层抬高，导致本溪组地层出露。在确定断层三要素后，在断层下盘果园内确定了井位。水井打成后，出水量达近 100 m^3/h（2000 m^3/d 以上）。

在 2001 年 8 月，伯玉大队给作者当时所在的单位寄来了感谢信，全文如下：

感　谢　信

我村是襄汾县城关镇伯玉大队，由于地处塔儿山山前丘陵，常年干旱少雨，农田得不到灌溉，副业不能发展，虽改革开放带来了机遇，但缺水仍制约了农村经济发展，村民生活基本停留在温饱线上。

为解决缺水，我村决定打井。于是派干部于 1995 年 1 月到太原山西煤田地质局进行咨询，该局向我们推荐了山西煤田水文地质 229 队的李振拴高级工程师，经他赴我村实地勘查，认为可以打深井提取奥灰岩溶水，并确定了井位，做了打井设计。于是我村二、三两队村民率先集资，经襄汾县打井队施工，水井打成后出水量达到 2000 m^3/d。相继，我村一队村民在该井附近又凿井一眼，同样出水不小。

水井带来的经济效益如下：

（1）使我村千余亩土地得到有效灌溉，每亩农田灌溉后可增产粮食 200 斤左右，这样年增产粮食可达十余万斤。

（2）使近百亩果园得到灌溉，增产果品可达 16 万斤。

（3）解决人畜吃水问题，临村冯道沟、灌儿坡两村地处山前，常年人缺水吃、畜无水喝。成井后，保证两村 350 多口人 300 多头畜的用水。

（4）开拓农业多种经营。井打成后，村民即在水井附近建设蔬菜大棚7个，单个大棚年产值可达1.3万元，总计达10余万元。

（5）解决了本区内基建用水如修路等。

合计水井为村民取得经济效益每年可达40余万元，由于水井的开凿使我村区干旱无水局面得以大大改善，使我村部分农田果园的灌溉有了保障，从而村民生活有了相应提高。同时为今后规划农业发展奠定了基础。李振拴高级工程师为我村奔向小康做出了一大贡献，我们深表感谢。

襄汾县城关镇伯玉村委会
二〇〇一年八月六日

第四节 山西煤炭开采与水资源保护建议

一、山西煤炭资源分布及开采情况

山西煤炭资源储量大、分布广，含煤面积6.2万km^2，占山西国土面积的40.4%；119个县（市、区）中94个有煤炭资源。全省2000 m以浅煤炭预测资源储量6400亿t；探明保有资源储量2674.3亿t，约占全国的1/4。

煤种齐全，形成以大同、宁煤田为主的动力煤，河东、西山、霍西煤田为主的焦煤，沁水煤田为主的无烟煤三大基地。

煤层埋藏浅，水文地质条件、开采技术条件相对简单，露天、井工开采方式均有。

山西地处全国中部，交通便利，便于供往全国，为全国能源重化工基地。

山西煤炭开采历史悠久，光绪三十三年，山西商办全省保晋矿务局在太原创办，专营煤炭；1913年成立平定建昌公司；1915年晋煤参加巴拿马国际博览会，被称为“煤中皇后”，誉满全球。

1937年日本侵入山西，大量开采煤炭资源，管控山西煤矿431处，劫运煤炭2000多万吨。据不完全统计，自开采有记录以来至1949年，共开采煤炭1亿t；中华人民共和国成立后煤矿发展迅速，至2022年底，全省共计开采原煤237亿t左右。

1982年以前，山西仅有八大矿务局，44座煤矿。1982年“有水快流”以来，煤矿数量猛增，2000年关闭整顿小煤矿前全省有证煤矿9800多座，关闭整顿后留有6183座；2005年第一轮整合重组后，留有2598座；2009年第二轮整合重组后，共有煤矿1078座，能力14.6亿t/a。

二、山西水资源分布及特点

山西是一个水资源非常紧缺的省份，第一次（1956—1979年）水资源评价，全省水资源总量为142亿m^3，人均（1980年人口2496.46万）574 m^3，相当于世界水资源总量的3.8%、亚洲的7.3%、全国的19%。第二次（1980—2000年）水资源评价，全省水资源总量为109.3亿m^3，比第一次少23%，人均（2000年人口3247.8万）381 m^3，20年来，人均占有水量减少了33.63%。第三次（2001—2016年）水资源评价，全省水资源总量为 104.4 亿 m^3，比第一次少 23%，比第二次少 4%，人均（2016 年人口 3510 万）297 m^3。

山西地势东、西、南三面低，地表、地下水出境流量大，年入境水量仅有 1.08 亿 m^3，而出境水量达 73.92 亿 m^3；降水量为 483.2 mm，降水集中于每年的 7—9 月，且分布不均，综合利用较难；人均水资源量仅有 297 m^3，按照国际划分标准，山西属于极度缺水地区（小于 500 m^3）。

山西裸露及隐伏岩溶面积为 11.3 万 km^2，占全省面积的 75.2%，20 世纪 70 年代全省大于 0.01 m^3/s 的泉共有 256 个，总流量为 118.33 m^3/s（37.31 亿 m^3/a）。其中大于 0.1 m^3/s 的泉有 86 个，大于 1 m^3/s 的泉有 19 个，总流量为 88.2 ~ 107.8 m^3/s（27.8 ~ 34 亿 m^3/a），占全省地表径流总量 114 亿 m^3 的 24.3% ~ 29.8%。由于大量开采，现在有多处泉水断流，如兰村、晋祠、古堆、洪山等。岩溶水是山西生活、生产的主要供水水源。

三、煤炭开采对上覆裂隙水资源的破坏

由于含水层与煤层共生于同一地质体中，煤炭开采后产生的上、下三带作用，破坏了原始含水层的结构，导致含水层中的水在流动过程中遇到采掘破坏区不能连续流动，流入采掘空间，形成矿井涌水。

为了较为准确地表达采煤对地下水的破坏，采用静储量及动储量两个概念。

静储量：煤层开采后由于顶板的冒落，使采空区上覆含水层遭到破坏，原来储存于含水层中的水在短时间内排空，这部分水被称为静储量。该量为一个与含水层本身特征有关的固定量，对其破坏是一次性的。

动储量：在含水层遭破坏后，开始时矿井涌水量迅速增大（此时涌水量以静储量为主），而随着时间的延长，涌水量将逐渐趋于相对稳定，这个相对稳定量称为动储量，可理解为上覆岩层的补给量。该量随着分布地区、季节、煤层埋深、采空范围不同而不同，其破坏是永久性的。

静储量：

$$Q_{静} = \sum_{i=1}^{n} H_i \cdot S_i \cdot \mu_i \qquad (3-4-1)$$

动储量：

$$Q_{动} = \sum_{i=1}^{n} S_i \cdot M_i \qquad (3-4-2)$$

式中 $Q_{静}$、$Q_{动}$——采煤破坏的静储量（万 m^3）、动储量（m^3/h）；

H_i——各煤田采煤破坏的含水层的厚度，m；

S_i——各煤田采空区面积，万 m^2；

μ——各含水层的给水度；

M_i——各煤田采煤破坏的地下水模数，$m^3/(h \cdot m^2)$。

在动、静储量计算中，破坏模数取值较难确定，2000 年作者在负责《山西煤炭开采对水资源破坏调查研究》课题时，调查了全省 6000 余座矿井，对全省全排型的 762 个（井内无采空积水）矿井计算了地下水破坏模数，见表 3-4-1。

表3-4-1 采煤破坏地下水动储量模数统计表

煤田	各县区采用煤矿个数	采空区总面积/10^7 m^2	总排水量/($m^3 \cdot h^{-1}$)	破坏模数/10^{-5}($m^3 \cdot h^{-1} \cdot m^{-2}$)
沁水	榆次区15个，昔阳县49个，寿阳县27个，和顺县59个，左权县48个，介休县9个	6.95	1227.85	1.7659
霍西	交口县21个，汾阳县9个，灵石县37个，汾西县42个，霍州市28个	11.1	565.65	0.5096
河东	乡宁县74个，兴县17个，临县25个，中阳县39个，离石县26个，柳林县66个，保德县18个，偏关县1个，河曲县1个	16.4	2708.74	1.6528
西山	古交市85个，晋源区32个，清徐县12个	5.77	1057.35	1.8336
大同	左云县2个，大同市5个，山阴县3个，右玉县1个，怀仁县1个	6.02	752	1.249
宁武	平鲁县4个，原平市3个，宁武县1个，静乐县1个，朔州市1个	2.439	270	1.107

计算的全省六大煤田的动储量、静储量见表3-4-2、表3-4-3。

表3-4-2 山西省各煤田采煤破坏地下水静储量计算结果表

煤田	砂岩			石灰岩			合计/万 m^3
	厚度/m	面积/万 m^2	破坏水量/万 m^3	厚度/m	面积/万 m^2	破坏水量/万 m^3	
大同	95.15	55190	6144				6144
宁武	50.67	36950	2190	5.78	12316.6	114	2304
西山	51.80	51250	3106	9.88	35576.07	562	3668
霍西	46.25	151900	8219	16.25	110041.33	2861	11080
河东	59.76	141600	9900	13.69	102247.29	2240	12140
沁水	63.75	385000	28716	17.84	24875.36	7100	35816
其他煤产地	30.73	5048	181	7.18	4800.09	55	236
全省合计			58456			12932	71388

表3-4-3 六大煤田地下水动储量破坏量统计表

煤田	大同	宁武	河东	西山	霍西	沁水	其他	合计
面积/10^8 m^2	2.759	1.846	10.874	2.563	13.728	20.249	0.335	
破坏模数/10^{-5}($m^3 \cdot h^{-1} \cdot m^{-2}$)	1.249	1.107	1.6528	1.8336	0.5096	1.7659	1.353	
破坏量/($m^3 \cdot h^{-1}$)	3446	2044	17973	4700	6996	35758	453	71370

特别说明：该结果是2000年调查计算的，当时开采深度一般在300 m，共破坏砂岩含

水层体积约 5000 万 m^3，灰岩含水层体积约 800 万 m^3。

破坏的地下水静储量为 71388 万 m^3，对含水层的破坏是永久性的，不可恢复的。

该含水层埋藏浅，大多以泉的形式排泄，该含水层恰恰是山西农村人畜供水的主要含水层位，但由于采煤形成的地裂缝，造成水位下降，小泉小水断流，人畜无水可饮，只好打深井开采岩溶水。

破坏的动储量为 71370 m^3/h，从破坏动储量机理来看，由于开采对上覆含水层破坏后使含水层变为透水层，降水入渗的水量不能储存于含水层中，而渗漏入矿坑，形成矿井涌水，使水受到污染，人畜不能饮用。按 2000 年山西煤炭产量 24611 万 t 计算，开采一吨煤破坏上覆含水层水 2.54 t。按照农村实际用水情况 30 L/(人·d) 计算，可满足 5700 万人的用水，按太原市目前 120 L/(人·d) 计算，可满足 1452 万人的用水。

矿井闭坑后，不再排水，矿井水积聚于地下不流动，在还原环境中水质严重变坏，后面专门论述。

四、煤炭开采对地表水的破坏

在煤层埋藏较浅，开采后导水裂缝带到达地表的区域，大气降水会直接入渗入井下，严重影响了地表产流，导致河流流量较少或干涸。采煤形成的地表沉陷区，在平原地区极易形成地面积水区，改变了原土地性质；在河流段改变了河床的位置；在黄土地貌区崩塌、滑坡、泥石流极易发生。

【例 1】 兴县马圐圙煤矿破坏地表水

河东煤田兴县马圐圙煤矿在开采厚度为 13.94 m 的 13 号煤层时，由于采煤产生的导水裂缝带发育到地表，2007 年 7 月 22 日在暴雨的作用下，引起麻焉塔沟发生地面塌陷，导致 500 余万立方米洪水灌入井下，将地表水转换形成矿坑积水。

【例 2】 左权县城关第二煤矿破坏地表水

该矿在后峪沟挡水坝下开采 4 号煤层时，产生的导水裂缝带达到水体底部，2017 年 5 月 18 日，井下发现出水 5 ~6 m^3/h，2017 年 5 月 19 日涌水量增大到 30 m^3/h，5 月 25 日达到峰值 271 m^3/h，经地面调查发现，后峪沟挡水坝内原有的 2.8 万 m^3 水体干涸及后峪沟溪流断流，地表水全部灌入井下。

五、煤炭开采对奥陶系岩溶水的破坏

在山西六大煤田内，煤层下伏都有岩溶地层分布，这些岩溶地层中的含水层是全省人民重要的供水水源。由于煤层底板位于奥陶系含水层水位以下，形成了带压开采。如果开采煤层隔水层厚度小或在有导水构造的存在下，极易发生底板突水，造成对岩溶地下水的破坏。

【例 3】 太原东山煤矿六斜坡底板突奥陶系岩溶水

东山煤矿 1982 年 10 月 19 日在一采区六斜坡开采 15 号煤层探水时，遇 F_{11} 断层使煤层与奥陶系灰岩对接，在奥灰水 1.76 MPa 的水压作用下发生了突水，从 19 日 16 时到 25 日，不到六天时间，就淹没了整个一采区，水位从 699 m 上升到 760 m，突水量达 7 万余立方米。经测算，当初突水量达 540 m^3/h，之后稳定在近 500 m^3/h，后来由于枣沟水源地的建立及观孟前水源地的开采，使突水量逐渐下降，自 1995 年至 2023 年，突水量基本稳定在250 m^3/h 左右，在堵水无效的情况下，为了不浪费水资源，修建了坑口发电厂。

【例4】介休鑫峪沟煤矿底板突奥陶系岩溶水

介休鑫峪沟现开采5号、9号煤层，矿井设计生产能力为90万t/a。井田岩溶地下水水位标高912 m，9号煤层采煤工作面标高600 m，为带压开采矿井。

2017年6月22日下午6时，90101综采工作面在安装调试过程中，底板发生突水，突水量达600余 m^3/h。2017年9月矿方与冀中能源防治水中心、河北煤炭科学研究院签订了合同，自2017年10月至2018年4月，开始向奥陶系含水层注浆，欲将奥陶系含水层改造成隔水层，达到封堵的目的，半年时间向奥陶系含水层内注黏土、煤粉灰、水泥、干料等107294 m^3。

2018年6月14日下午，水利厅调研组在排水现场实测，排水量仍达720 m^3/h。

由于突水点距洪山泉排泄点较近，对洪山泉影响较大。

煤炭开采产生的地表裂缝，导致浅层含水层水被疏干，原有的可供当地居民生活用水的小泉小水断流，不得不打深井开采奥陶系岩溶水，这样更加剧了岩溶泉水出流量的减少及断流。

六、煤炭开采对地下水的污染

煤中含有有机硫、无机硫及元素硫，为了防火安全，井下不允许使用可燃的木材，改用金属材料，顶板维护、运输、采掘均使用金属设备。采矿用的各种金属设备，它们在遇到矿井水时，硫、铁会溶解于水中，使水中硫酸根、铁离子增加，在开采期间由于不断地排水，硫、铁不会大量地溶解于水中，水中含量不会太高，水质经处理后还可以回用。当矿井闭坑后，不再排水，水可以长时间对它们进行溶解，导致水中硫酸盐、铁含量大幅度增加，对地下水造成极大污染。

【例5】阳泉山底河小流域被污染

山底河流域面积58 km^2，位于山西省阳泉市，属娘子关岩溶泉域岩溶水系统，流域内原有28座煤矿，2005年通过煤矿整合为目前7座煤矿，北部所有小煤矿关闭。到2009年，关闭后煤矿的采空区被积水充满，积水开始从山底村通过闭坑矿井和石炭系底部K1砂岩出流地表，并很快进入下游碳酸盐岩渗漏区（图3-4-1）。

经2014年7月21日自2015年2月25日取样分析，水中TDS（溶解总固体）=4974.54 mg/L，最大8946 mg/L；平均 SO_4^{2-} 浓度为3570.29 mg/L，最大6227 mg/L；HB（硬度）为2590.13 mg/L，最大为3798 mg/L；pH值为3.56，最低2.67。其流量平均值为7842.79 m^3/d；最大量为119806.3 m^3/d。

山底河位于娘子关泉域，娘子关泉域是我国北方最大的岩溶泉域之一，泉域总面积达7436 km^2。20世纪80年代前娘子关泉水的多年平均流量为12.6 m^3/s，是山西省阳泉市最主要的供水水源，担负着全市约80万人口的供水任务。矿坑排水在下游流过奥陶系灰岩裸露区，必将对岩溶水造成污染。

【例6】太原西山牛家口污染地表水

矿井关闭多年，老窑水从夏石村附近出流，2016年5月2日取样分析，TDS＝4475 mg/L，HB＝1885 mg/L，SO_4^{2-} 浓度为3256 mg/L，pH值为4.522。该矿下游就是著名的晋祠名胜风景区，皆为奥陶系灰岩出露（图3-4-2）。

图3-4-1 阳泉山底河关闭矿井水外流照片

图3-4-2 太原西山牛家口附近关闭矿井水外流照片

【例7】 太原西山胡家咀煤矿老空水水质

2017 年 10 月 26 日，西曲矿在西 1072 运输大巷架空线 475 号处探放的原胡家咀 4 号煤小煤矿老空水，化验结果：pH 值 2.64；Fe^{3+} 浓度为 1258 mg/L；Fe^{2+} 浓度为 1036 mg/L；SO_4^{2-} 浓度为 10819.69 mg/L；TDS 值为 13886 mg/L；HB 值为 2056.53 mg/L；HCO_3^- 浓度为 0；电导率 8550 μs/cm。

【例8】 山西柳林楼俊集团赵家庄煤矿老空水水质

赵家庄煤矿在 2018 年 8 月 17 日对 1989—1997 年期间形成的采空区积水委托山西省地质矿产研究院进行了分析，分析结果：pH 值为 2.42，Fe^{3+} 浓度为 5778.5 mg/L；SO_4^{2-} 浓度为 18029 mg/L；Al^{3+} 浓度为 360 mg/L；NH_4^+ 浓度为 400 mg/L；TDS 值为 22507 mg/L；Mn 浓度为 189.45 mg/L；HCO_3^- 浓度为 0。

对照（GB 5749—2006）生活饮用水标准，铁超标 19261 倍，锰超标 1893.5 倍，硫酸根超标 71 倍，矿化度超标 21.5 倍，铝超标 1799 倍。

山西于2009年进行煤矿兼并重组，大量煤矿真正关闭也是在该时期，距今将近10年，在这期间，原有采空区空间小的矿井，积水已充满采掘空间，流出地面；采空区空间大的矿井，积水还未充满，随着时间的延续，关闭的矿井积水都将会充满地下采掘空间而流出地表。

如果山西的煤炭资源被采空后，40%的国土面积上都流出这种高度污染的水，山西将会呈现一种什么样的局面。到那时，地表水干涸了，煤系砂岩水被变成了高度污染的矿坑水，流出的矿坑水又污染了岩溶地下水，山西人民在这片国土上将如何生存。

七、建议

（1）规划好山西经济发展与煤炭开采的关系，对煤炭开采破坏水资源严重的区域严禁开采。

（2）充分利用矿坑排水，严禁矿坑水不处理外排，而打深井开采岩溶地下水。矿井闭坑后在地面适当位置打井及时抽取积水，减少矿坑水与井下遗留物的共存时间，充分利用矿坑水。

（3）开采过程中使用的金属设施、设备，随着回采全部回收，不得遗留井下。

（4）不得开采高硫煤。

（5）大力开展种树种草及水土保持工作，在灰岩地区打渗水井，提高入渗率及回灌水量，增加地下水储存量。

（6）加强地下水净化技术的研究工作，提高矿坑水的处理率及降低处理成本。

第五节　山西省煤矿水文地质条件、水害类型及防治措施

一、煤田水文地质条件及其特征

（一）煤层与含水层组合特征

从山西煤田地质构造、沉积环境和区域水文地质条件特征分析，煤层与含水层、隔水层组合具有以下特征：

（1）煤层、含水层与隔水层三者共同赋存于一个地质体中，一般为同期沉积。

（2）三者具有独立的成层特征，但又有互层关系。

（3）三者受沉积环境影响，在层厚上有厚薄和尖灭的变化规律。

（4）三者都受后期构造的影响，被断层切割成块状和被褶皱挤压成厚薄不一的特征。

煤层、含水层除上述特征之外，它们还各具有独立特征。

煤层主要赋存在山西组和太原组地层中，遍布于六大煤田，主要可采煤层有4~6层，其次为侏罗系大同组，主要分布于大同煤田，可采煤层达14层以上，属于固体资源，随着煤炭开采量的增加，煤炭资源在逐渐减少，属于不可再生的资源。

含水层含水性和厚度大小，决定了地下水储量的大小。其富水性受地质构造，水文地质和自然条件的控制影响，其中赋存的地下水有相对独立的补给、径流、排泄途径，属于可以再生的资源。

（二）煤系含水层与隔水层组合关系

1. 大同组

大同组地层厚 80 ~ 240 m，为陆相含煤地层，岩性为砂岩、泥岩和煤互层，煤系地层 180 m 左右，含煤 20 多层，可采 14 层以上，煤层总厚 16 ~ 20 m，含煤系数 10% 左右。含水层为砂岩裂隙水，主要为底部 K_1 沙砾岩(厚 8 ~ 20 m)，3 号煤顶部砂岩，厚 12 ~ 20 m，节理裂隙发育，隔水层为砂质泥岩、泥岩与煤互层。隔水层多，含水层少，含水性较弱。

2. 山西组

山西组地层一般厚度为 40 ~ 60 m，以浅水三角洲相沉积为主，岩性以深灰色泥岩、砂质泥岩及灰色中粗粒砂岩为主，中下部含煤 8 ~ 9 层，可采 1 ~ 3 层，总厚北部 10 ~ 15 m，南部 3 ~ 6 m。含水层为砂岩裂隙水，主要为底板 K_3 砂岩，厚 3 ~ 6 m，上覆 K_4 砂岩节理裂隙发育，胶结疏松，隔水层为砂质泥岩、泥岩和煤互层。隔水层多于含水层，含水性弱。

3. 太原组

太原组含煤地层，自北而南沉积环境不同，由陆相滨海相过渡到海陆交互相，北部大同煤田为陆相沉积，全厚为 90 ~ 110 m，含煤 12 层，主要可采 2 ~ 3 层。煤层总厚北部 15 ~ 20 m，南部 5 ~ 10 m。岩性主要由砂岩、泥岩和煤组成，含水层为上下两组煤间砂岩，含水性弱，宁武煤田北部与大同煤田相同。自轩岗向南逐步过渡为海陆交互相沉积，南部沁水、西山和河东煤田大部分均为海陆交互相沉积。岩性主要由砂岩、砂质泥岩、泥岩、石灰岩和煤组成，含水层主要为石灰岩和顶部砂岩，为层间裂隙岩溶水，K_2 灰岩含水层为下组煤直接顶板，是下组煤主要充水来源。由于隔水层多而厚，又位于含水层上下，含水层少而薄，含水性差，所以一般不发生水力联系。

综合上述特征，可以认为，煤层、含水层、隔水层均为交互相沉积，煤层夹于含（隔）水层中，其顶底板均有含水层和隔水层，所以煤层开采时，在采区范围内，含水层要受到影响，地下水天然条件下的补、径、排关系也要发生变化。

（三）煤田水文地质条件及其特征

1. 煤田水文地质条件

根据煤层与含水层的组合关系和几十年来煤田勘探、生产、研究成果，将与煤田开采有关的含水层组划分为煤系上覆含水组、煤系含水组和煤系底部下伏含水组。

煤田水文地质条件的复杂程度，矿井涌水量大小，主要由含水层的岩性结构、含水层层数、稳定性、厚度、补给来源、降水量大小、地质构造，与区域主要含水层水位关系及其与地面水的联系等综合因素来决定。

纵观全省，自北而南，水文地质条件具有由简单向中等的变化规律，大同、宁武煤田、河东煤田北部，水文地质条件简单，局部较复杂。沁水煤田、霍西、西山煤田含水层多，含水性较强，降水量较大，所以水文地质条件中等，局部复杂，如霍县、东山矿区等比较复杂。从垂直剖面分析，自上而下即由浅到深，含水层含水具有由弱到强的变化趋势，即煤系顶板砂岩和煤系砂岩、石灰岩含水性弱，局部中等，煤层底部下伏奥陶系石灰岩岩溶含水性强。此外水文地质条件还与区域地下水位和河床侵蚀基准面密切有关，如位于侵蚀面以上，煤系顶部有些含水层成为透水层，含水性极弱，所以很多煤矿开采时没有水，这为山西煤矿开采创造了十分有利的条件，如大同煤田、宁武、河东煤田北部地段不少煤矿即属于此类型。

2. 煤田各含水岩组特征

根据煤田水文地质条件，可以将煤田划分为南北两部分。

1）北部煤田含水层特征

北部煤田主要为大同、宁武煤田、河东煤田北部，即阳曲、盂县、东西构造带以北，按行政区分为雁北、朔州、大同市和忻州广大地区，煤系含水层有大同组、山西组和太原组砂岩裂隙含水层，其上覆为云冈组、石盒子组砂岩裂隙含水层、下伏为奥陶系岩溶含水层。

（1）云岗组裂隙含水层。位于大同组煤系顶部，由灰白、黄色厚层状中粗粒砂岩组成，局部含砾石、泥质胶结，易风化，表面常见风蚀溶洞，节理裂隙较发育，交错层理明显。底部为含石英鹅卵石粗砂岩，厚度一般为 15 ~ 20 m，为大同组三号煤直接顶板，由于位于侵蚀面以上，含水性极弱。

（2）大同组裂隙含水层。全厚 80 ~ 250 m，以砂质泥岩、细砂岩、粉砂岩互层为其特征，交错层理，裂隙发育，根据煤系岩性特征和煤层关系，含水层可分为上、下两段。

上段岩性以粉砂岩为主，其次为中细砂岩，含水层有 2 层，上层厚度 8 ~ 25 m，位于 3 号煤层以上，下层位于 3 ~ 7 号煤层之间，厚 8 ~ 35 m，钻孔单位耗水量为 0.01 ~ 0.5 m^3/h，乡镇小煤矿大多开采 3 号煤层，矿井排水量为 15 ~ 30 m^3/h。

下段含水层有 2 层：岩性以粉砂岩为主，局部为中细砂岩，上层厚度 7 ~ 25 m，单位耗水量为 0.005 ~ 0.62 m^3/h，下层厚度为 5 ~ 49 m，单位耗水量为 0.005 ~ 0.02 m^3/h。

（3）永定庄组砂岩裂隙含水层。位于大同组煤系底部，岩性为中粗砂岩，含砾粗砂岩为主夹细砂岩、粉砂岩、砂质泥岩，全厚 140 ~ 211 m，胶结疏松，节理裂隙发育，含水层可分上、下两层，上层厚度为 16 m 左右，单位涌水量为 0.00076 L/(s · m)，含水性极弱，下层厚度为 5 ~ 73 m，岩性以厚层含砾粗砂岩为主，中砂岩为次，据大同矿区 J_{34}孔抽水资料，含水层厚度为 44.5 m，涌水量为 8.3 ~ 10 L/s。

（4）石盒子组砂岩裂隙含水层。位于山西组煤层顶部，为煤系上覆主要含水层，含水层厚度为 28 ~ 69 m，主要为中、粗砂岩，含粗砾砂岩，胶结疏松，节理裂隙较发育，在构造或地形条件有利地段，有小泉出露。据钻孔抽水试验，单位涌水量为 0.0014 ~ 0.009 L/(s · m)。在平朔平凡城一带，钻孔曾有自流现象，但涌水量小，其他地区，大部位于侵蚀面以上，基本不含水。

（5）山西组砂岩裂隙含水层。主要为底部砂岩，岩性为砂质泥岩、砂岩和含砾砂岩，为 4 号煤层顶板，其间有 3 ~ 18 m 砂岩，据大同矿区钻孔抽水含水层厚 5 ~ 14 m，单位涌水量为 0.00087 L/(s · m)，含水性弱，平朔矿区钻孔单位涌水量 0.005 ~ 0.1041 L/(s · m)，局部水位高出地面，单位涌水量为 0.84 L/(s · m)。

（6）太原组砂岩裂隙含水层。岩性以中砂岩、粗砂岩和沙砾岩为主，厚度为 13 ~ 43 m，据大同矿区钻孔抽水，单位涌水量为 0.00019 L/(s · m)，平朔矿区钻孔，单位涌水量为 0.0034 ~ 0.0053 L/(s · m)。

（7）岩溶裂隙含水层。主要为煤系基底奥陶系灰岩，大同煤田北部位于沉积边缘，缺失峰峰组，上、下马家沟组也不全，南部沉积较全。由于位于煤系底部，埋藏深，出露少，水位深，补给条件差，含水性小，中间又有本溪组隔水层，除边山构造断裂带外，对煤层开采基本没有水力联系。

北部含水性极小，钻孔及泉水流量仅 0.29 ~ 2.55 m^3/h，王坪煤矿井筒距井口 2000 m，掘进 O_2 地层过程中，遇 5 处裂隙涌水量最大达 576 m^3/h，平均为 383 m^3/h。出水点标高为 1170 ~ 1172 m。

2）南部煤田含水层特征

以 38°断裂带为界即盂县—娄烦—临县一线以南，主要为西山、霍西、沁水煤田、河东煤田南部等，含煤地层主要为山西组、太原组，上覆含水层为石盒子组砂岩裂隙水，下伏为奥陶系岩溶裂隙水。

（1）石盒子组砂岩裂隙含水层。为山西组煤层上覆含水层，主要为底部（K_8）中粗粒砂岩，层位稳定，厚度为 4 ~ 14 m，节理裂隙发育，含水性较弱，在沟谷和构造有利地段有小泉出露，流量小于 0.5 L/s，局部可达 1 ~ 4 L/s，但季节性变化大。据西山煤田钻孔抽水试验，单位涌水量为 0.0019 ~ 0.087 L/(s·m)，潞安、晋城矿区单位涌水量为 0.0005 ~ 0.002 L/(s·m)，武乡矿区单位涌水量为 0.009 ~ 0.017 ~ 0.5 L/(s·m)，霍县矿区单位涌水量达 1 ~ 6.96 L/(s·m)。在构造有利地段，钻孔有自流现象，如太原东山一带，水量小，属弱含水层。

（2）山西组砂岩裂隙含水层。主要为 3 号煤顶板砂岩，含水层厚 10 ~ 20 m，顶板砂岩层位稳定，厚度 1.2 ~ 13 m，一般 6 m 左右，为上组煤开采主要充水水源之一。在基岩裸露区有泉出露，流量为 0.1 ~ 1 L/s。据潞安矿区钻孔抽水，单位涌水量为 0.0022 ~ 0.017 L/(s·m)。太原西山一带，单位涌水量为 0.0013 L/(s·m)，晋城矿区单位涌水量为 0.0004 L/(s·m)，矿井排水量为 83 万 ~ 117 万 m^3/a。霍县矿区，单位涌水量为 0.02 ~ 0.63L/(s·m)，矿井排水量为 51 万 ~ 250 万 m^3/a。

（3）太原组灰岩裂隙岩溶含水层。岩性主要有四层石灰岩，层位稳定，分布广泛，由于埋深和所处构造位置不同，含水性差别大，一般是埋深浅，含水性强，越深越差。K_2 灰岩为 15 号煤直接顶板，厚度一般为 4 ~ 9 m，K_4 灰岩厚 1 ~ 5.5 m，K_5 灰岩厚一般 1 ~ 3.5 m。K_2 灰岩为下组煤主要充水来源。此外砂岩也含水，有泉水出露，流量小于 1 L/(s·m)。据武乡矿区抽水试验，单位涌水量为 0.02 L/(s·m)，潞安区为 0.0026 ~ 0.35 L/(s·m)，阳泉矿区单位涌水量为 0.006 ~ 0.41 L/(s·m)，西山矿区单位涌水量为 0.043 ~ 0.0216 L/(s·m)，东山矿区，单位涌水量为 0.003 ~ 0.044 L/(s·m)，晋城矿区单位涌水量为 0.056 ~ 3.73 L/(s·m)，霍县矿区钻孔单位涌水量为 0.079 ~ 3.16 L/(s·m)。

（4）中奥陶统岩溶裂隙含水组。岩溶裂隙含水组为煤系基底，含水层主要为奥陶系灰岩，但与煤层可能发生水力联系者，主要为奥陶系中统峰峰组灰岩，其次为上马家沟组灰岩，下马家沟组，在大断裂带也可能局部有水力联系。

① 峰峰组岩溶裂隙含水组：岩性为灰黑色中厚层状灰岩，全厚 90 ~ 170 m，一般 120 m 左右。一般含水层在第二段灰岩，厚为 30 ~ 50 m、岩溶裂隙比较发育，主要为溶孔溶隙和蜂窝状溶洞，在河谷及裸露地段可见大溶洞。但在有的地区，裂隙不发育，含水层富水性极差，可作为隔水层对待。

含水层段主要位于二段中下部，特别是一、二段接触带。据钻孔统计，西山矿区岩溶裂隙率可达 2.1% ~ 18.54%，抽水试验西山矿区单位涌水量为 0.084 ~ 1.11 L/(s·m)，东山矿区为 0.024 ~ 46 L/(s·m)，潞安为 0.27 ~ 37.06 L/(s·m)。

阳泉矿区钻孔岩溶发育有呈蜂窝状小溶洞，孔隙率达25% ~30%，溶洞率为10% ~20%。在径流区和排泄区溶孔溶隙发育，局部地面可见溶洞，洞高为0.5 ~2 m，最大达2.7 m。在补给山区可见2 ~10 m的溶洞。钻孔单位涌水量为1 ~5 L/(s·m)，在构造有利地段，含水性强，单位涌水量达到22.69 L/(s·m)。霍县矿区钻孔单位涌水量为1.69 ~19.24 L/(s·m)。

但在晋城、河东等矿区，峰峰组富水性很差。

② 上马家沟组岩溶裂隙含水组：岩性以灰黑色厚层石灰岩为主，夹有灰色条纹，故名花斑状灰岩，夹有5 ~6层白云质薄板状灰岩，层理明显，岩溶节理裂隙发育，多为溶孔，溶隙和蜂窝状溶洞，局部可见大溶洞，全层厚度为170 ~300 m，平均厚230 m左右，含水层为2、3段灰岩，厚度为20 ~40 m，据长治地区水源井资料，单井出水量为1000 ~2000 m^3/d，水位埋深250 ~300 m；霍县矿区钻孔抽水单位涌水量为3.28 ~77.63 L/(s·m)；晋城矿区单位涌水量为6.41 L/(s·m)；阳泉矿区单位涌水量为1.62 ~21.03 L/(s·m)；西山矿区单位涌水量为0.67 ~2.94 L/(s·m)；东山矿区单位涌水量为1.29 ~77.23 L/(s·m)；一般为2 ~25 L/(s·m)。

③ 下马家沟组岩溶裂隙含水组：岩性为灰黑色巨厚层状质纯石灰岩，局部夹薄层泥质灰岩，下部夹有角砾状灰岩，顶部层理明显，中下部岩溶裂隙发育，并有小溶洞，裂隙宽2 ~5 mm，一般呈半充填状态，充填物为肉红色黏土和灰岩碎屑、方解石脉。经薄片鉴定为泥质结构，方解石含量90%以上，CaO含量为51.35% ~54.13%，SiO_2含量为2.10% ~4.92%，MgO含量为0.75% ~1.25%，具微层理结构，微裂隙较发育，宽0.02 ~0.08 mm，虫迹构造亦较发育，直径0.3 ~0.5 mm，上述微裂隙、微层理和虫穴相互切穿，形成了微观的网络状通道，在地下水的循环溶蚀作用下，裂隙溶洞加宽为地下水的储存与运动创造了有利条件，成为主要含水层之一。据潞安钻孔抽水试验，辛安泉排泄区单位涌水量为0.46 ~29.5 L/(s·m)；霍县郭庄泉排泄区为56 L/(s·m)；西山矿区兰村单位涌水量为13.74 L/(s·m)；东山矿区枣沟区单位涌水量为52 ~277 L/(s·m)；阳泉娘子关泉单位涌水量为5.03 ~32.8 L/(s·m)。

（四）煤田地下水补给、径流、排泄关系

煤系含水层中地下水的补给、径流、排泄关系，在煤矿开采前后各有不同，在采区范围内要发生变化。下面主要分析天然条件下，煤田地下水补给、径流、排泄关系。

地下水补给，主要为大气降水入渗，其次在局部地段有河水渗漏补给，第三在不同地层、不同地段局部有侧向补给。在垂直方向上一般是浅部含水层补给深部含水层，因为，煤系地层为含水层与隔水层互层，在一定深度内含水层埋藏越深，水位越深，但在构造破坏地带，局部也有深部含水层补给浅部含水层，如向斜和单斜构造，煤系含水层有这种现象，如遇断裂构造带，则补给关系可能局部发生不同变化。

地下水的排泄有三种情况：一是在河流沟谷切割地段形成小泉，排向河谷；二是侧向排泄平原区，如大同、西山煤田；三是向深层排泄，通过断裂带排泄下伏岩溶含水层成为岩溶泉水的组成部分。如宁武煤田排向下马圈和神头泉，西山煤田排向汾河兰村、晋祠泉等，霍西煤田排向郭庄泉、龙子祠、广胜寺等，沁水煤田排向娘子关泉、辛安泉、三姑泉和延河泉等，河东煤田排向黄河天桥泉、柳林泉等。

径流区位于补给、排泄区之间，其径流方式为裂隙网络式，主要为层流运动。在煤田范围内为典型的层间裂隙水，但在构造带，特别是大断裂带，则可切穿各含水层，形成较强径流带，导致各含水层发生水力联系。

二、山西省煤矿水害类型及防治措施

矿井水害事故是危及煤矿安全生产的五大灾害之一，随着山西省矿井生产向深部和底层发展，以及大面积的开发，水害威胁将越来越严重，在五大灾害中仅次于瓦斯事故，位居第二。1982 年 10 月 19 日太原东山煤矿六斜坡发生了山西省第一例深层岩溶水大型突水；霍州白龙矿由于陷落柱导通奥陶系岩溶水发生突水，水量达 1200 m^3/h，以及无数次的古空区透水，特别是 2010 年 3 月 28 日王家岭特别重大透水事故引起了社会各界的关注以及对煤矿水害工作的重视。下面就山西省煤矿水害类型及防治措施作一简述。

根据山西煤炭分布特征及水文地质条件，煤矿开采有四种类型的水容易形成矿井水害。

1. 地表水水害及防治措施

在山西省地表水主要有河流、水库、积水洼地等，当煤层埋藏浅，采煤活动进行到水体底下且采煤引起的塌陷到达水体底部时，地表水将会进入矿井内形成水害，或煤矿的井口位于河流的最高洪水位线以下，一旦有暴雨，当洪水位超过井口时，就会形成洪水灌井事故。如 2001 年忻州市宁武县新堡乡旧堡村周张保私开矿“8·26”洪水淹井事故；2003 年临汾市古县古阳镇江水坪煤矿“4·17”特大洪水淹井；2010 年 6 月 30 日，山西煤销集团吉县盛平煤业有限公司发生洪水灌井事故等。该类型水害的防治方法比较简单。

防治措施：在水体下方留足防水煤柱和将井口位于最高洪水位以上即可避免。

2. 煤层上覆含水层水害及防治措施

该充水水源主要来自于煤层顶板以上的直接充水含水层。其水量大小与含水层的埋藏深度、裂隙发育程度、补给条件等因素有关。这种水来自煤层的顶板，一般是随着煤层埋藏深度的增加而减少。根据山西省统计资料来看，当开采深度在 200 m 以下时，水量逐渐较弱。由于开采对含水层的破坏是长期的，不可恢复的，也是不可避免的，所以该类型水在开采过程中是必然要排放的。

防治措施：在勘探过程中布置水文地质试验孔，通过抽水试验，查明条件，预算矿井涌水量，在开采过程中按照《煤矿防治水细则》及《煤矿安全规程》配置足排水设备，将开采过程中破坏的含水层中的水及时抽放即可。

3. 煤层底板含水层水水害及防治措施

充水水源主要是煤层下伏奥陶系岩溶间接充水含水层。山西六大煤田含煤地层底部均分布有巨厚的碳酸盐岩，在其内储藏有丰富的地下水（岩溶水）。山西著名的晋祠泉、娘子关泉、广胜寺泉等 19 个岩溶大泉的水都是来自该含水层。当该含水层的水位高于煤层时，即形成带压开采，如果煤层与含水层之间的隔水层厚度不能抵抗水压与矿山压力或有导水通道时，底部含水层中的水就会进入矿井形成底板出水。这种水害事故一旦发生，很难治理。如 2017 年 6 月 22 日，介休鑫峪沟煤矿 9 号煤层断层突水，突水量达 600 m^3/h；同煤朔州麻家梁 2020 年 9 月 19 日 14104－1 工作面底板断层突水，突水量达 650 m^3/h，后经地面打孔注浆封堵。山西目前煤矿的开采深度在逐渐加深，带压开采的面积越来越大，煤层底板承受的压力也越来越大，所以底部岩溶水突水的可能性越来越大。

防治措施：必须查明煤层下伏岩溶含水层的含水层位、富水性、水位标高；煤层与含水层之间隔水层的厚度、岩性特征、岩性组合、力学性质；煤层的底板标高、空间变化；断层、陷落柱的分布及导水性。一旦发生底板突水，要查明突水通道，采用注浆办法进行封堵，对隔水层厚度小的区域，如果水利部门同意，可以采用区域治理改造含水层为隔水层的方法。

4. 老（采）空区水

老(采)空区积水是在煤层开采以后，由于上覆岩层中水的入渗，进入采空区后不再流动，积存于采掘空间。其积水量大小取决于积水空间与积水时间，采掘空间越大，形成时间越长，积水量就越多。在采掘过程中，如果不提前探放，一旦揭露，就会以“有压管道流”的形式突然溃出，迅猛异常，具有很大的冲击力和破坏力，对人身安全的危害极大。山西省发生的大多数透水事故多属于该类型，如2006年5月18日左云新井发生的重大透水事故、2010年山西华晋王家岭特别重大透水事故等(参见第二章)均属于该类型。

山西省煤炭开采历史悠久，古代开采的区域无记录，留下了情况不明的积有大量水的老空区，这些老空区分布无规律，地表无痕迹，积水范围、积水量不清楚，无据可查。现在一些个体煤矿开采也很不规范，越层越界现象严重，给防治水工作带来了极大的困难。

防治措施：“探”，先探后掘，坚持“不探明、不放净、不回采”的三不放过原则，由于其积水区的空间位置一般都很隐蔽，形状很不规则，深度和层位不一，大小各异，既有连成一片，较易于探明的较大积水区，也有深入腹地孤立存在，很难用钻探查找的较小积水区。因而，应通过地面物探手段先总体上圈定出老窑积水区的大体边界，然后据此划定“缓冲安全带”，确定起探标高，边探边掘。对于有资料的矿井，需要经常核实图纸资料，监测各探放水钻孔的水量、水压变化，及时分析判断积水是否放净。同时，明确放水路线和行人路线，保障井下人员的安全。

该类水害较难防治，特别是现在煤矿多，工程技术人员少，物探成果的不可靠，报告编制单位对积水的误判，井下一线矿工对透水征兆不懂，领导追求最大利益，探水不到位等都加大了水害防治工作的困难程度。

三、结论

综合来看，山西省煤矿的水害由于受煤炭开采历史悠久、煤系地层与各含水层的组合关系以及地理水文等因素的制约。地表水及煤层上覆含水层水易于防治，对山西来说不是防治的重点，重点是防治煤层下伏含水层（岩溶水含水层）水及老空、老窑水。一定要坚持“查明条件、查治结合、预防为主”“探、防、疏、堵、截、排、监”及“预测预报、有疑必探、先探后掘、先治后采”的防治水原则；实行规范化、科学化管理，严格报批制度和各项规章制度；要全面规划，把防治水与矿井的长远发展、采掘安排等作为一个整体来考虑，进行统筹安排；依靠科技进步，把水害事故消灭在萌芽状态。

第六节　煤矿底板突水灾害预警系统研究简介

随着开采深度和强度的增加以及下组煤的大规模开发，开采条件日趋复杂多变，水压、地应力和水温不断增大，华北地区大多数矿井奥灰水压高达6～9 MPa，面临薄隔水层高承压水上开采的困难局面，矿井水灾害问题将更加突出，突水频率和突水强度将不断加大。

水害事故破坏性大，突发性强，往往导致大量的人员伤亡，给人民生命和国家财产造成无法挽回的损失。即使没有造成人员伤亡，矿井水害事故也具有抢救难度大、经济损失大、矿井恢复周期长、恢复期间安全隐患多等特点。矿井水害已成为影响矿山安全生产的重大问题之一。因此，研制、开发一套有效实用的水灾监测预警硬件和软件系统，包括井上下布置方法、监测仪器、人工智能诊断软件系统，具有重要的理论意义和实用价值。

一、项目来源及组织形式

该项目是2007年山西省科技厅向科技部立项批准的“煤矿全矿井安全生产数字化监测监控及重大灾害预警系统的研究”的七个子课题之一，七个子课题分别为矿井瓦斯煤尘灾害预测预警监控系统关键技术的研究；矿井顶板安全状态连续监测与灾害预警系统的研究；矿井安全生产多源信息融合火灾预警系统的研究；矿井底板突水灾害预警系统的研究；矿井通风及供电系统安全状态监测及故障诊断预警系统的研究；矿井重大灾害预警系统集成关键技术的研究等。

“矿井底板突水灾害预警系统的研究”2007BAK29B04项目由山西省煤炭地质局牵头，作者为项目负责人；华北科技学院负责软件研发，由尹尚先教授负责；工业性试验基地在太原东山煤矿，由马积福总工程师负责，三个单位联合研究。目标是在对煤矿水灾发生的地质构造、采矿、水文地质等条件综合研究的基础上，总结煤矿突水的内在机理，提出导致煤矿突水的主控要素指标体系，应用突水预兆信息（应力、应变、水温、水压）原位拾取传感技术、突水因素适时检测技术、突水因素远程监控技术和人工智能判别技术，建立矿井水灾预警的传感系统、数据采集、发射系统、接收系统、数据处理系统、结果显示系统等，建造突水预测人工智能专家系统，通过工业性试验完成系统现场总线技术及系统的集成与示范，且系统既能独立运行又能以总线或协议形式与矿井监测监控系统联网运行。

二、采煤工作面底板岩层破坏规律

在煤层开采以前，岩体处于自然应力的平衡状态下，这种自然应力称作岩体的原始应力，也称地应力。地应力的成分很复杂，以自重力和构造应力为主。煤层开采之后形成采空区，采空区的形成引起煤层及其周围岩体的原始应力发生变化，形成附加应力。采动影响是指采矿引起矿层及其顶底板岩体的活动现象及造成的各种损害的总称。采动影响可分为非破坏性影响及破坏性影响。底板非破坏性影响是指底板岩体受采动影响后只产生微小的应力变化或整体移动，不产生连通性裂隙；底板破坏性影响是指底板岩体受到采动影响后产生移动、变形及裂隙并且形成连通性导水通道。

从图3-6-1可以看出，随采煤工作面的推进，工作面前方一定距离的煤体和底板由于受前方支撑压力的作用而处于增压区内，使该处的煤层底板受到压缩（图3-6-1中工作面超前A段）。当工作面继续推进，工作面到后方采空区处在减压区内，这部分底板岩层从压缩状态转为膨胀状态，致使工作面底板产生底鼓，还可能出现顺岩层层理的裂缝，该区称为膨胀区（工作面后方C段）。在随工作面的再次推进，采空区中垮落的岩块

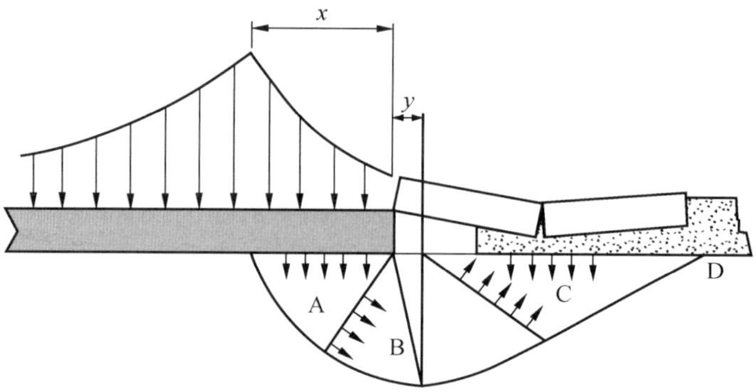

A—压缩区；B—过渡区；C—膨胀区；D—重新压实区

图3－6－1　支承压力形成的底板破坏深度

被上覆岩层压实，这部分底板受上覆岩层压力作用重新处于新增压区内，又从膨胀状态转为压缩状态。底板任一断面总是经历超前支撑压力压缩破坏区、采后悬顶卸压膨胀破坏区、采空区周边剪切破坏区、顶板冒落重新压实区。

在膨胀区形成煤层底板破坏带，岩层的连续性遭到破坏，岩层内出现一系列裂缝，使其导水能力增强。在破坏带之下为完整覆岩厚度，又称保护带，该层在采动矿压的作用下，产生弹性或塑性变形，但仍保持完整性，其阻水能力未发生显著变化。

底板受破坏性影响的主要是底板采动破坏带或底板采动导水裂隙带，简称底板破坏带或底板裂隙带。当采动破坏影响带波及含水层时，工作面就会发生突水、造成矿井涌水量增加，甚至会有淹井的危险。因此，研究底板岩体采动破坏特征是避免煤层底板突水的前提条件。

从力学上分析，在支承压力作用下，从工作面煤壁到采空区一定距离和一定深度范围内的底板中出现水平拉应力，在压缩区和膨胀区的分界处底板中出现剪应力，拉应力和剪应力使底板出现一系列垂直于层面的断裂，垂直断裂和顺层断裂交叉，形成底板破坏带，煤层底板最大破坏深度 h_{max} 为

$$h_{max}=\frac{x\cos b}{2\cos\left(\frac{\pi}{4}+\frac{\varphi}{2}\right)}e^{\left(\frac{\pi}{4}+\frac{\varphi}{2}\right)\tan\varphi}$$

式中　x——支承压力峰值点到煤壁距离；

　　φ——底板岩石的内摩擦角。

最大破坏深度点至煤壁的距离 y 为

$$y=\frac{x\sin b}{2\cos\left(\frac{\pi}{4}+\frac{\varphi}{2}\right)}e^{\left(\frac{\pi}{4}+\frac{\varphi}{2}\right)\tan\varphi}$$

以上对最大破坏深度的计算是在理想条件下得出的，考虑到实际岩层的非均匀性、地质构造及原始应力变化等因素影响，破坏深度与理论值差别很大，需要采用各种方法进行实际测量。

根据上面的分析，可以推断近水平工作面煤层底板裂隙分布形态如图 3－6－2 所示。其中图 3－6－2a 所示为近水平煤层工作面沿倾斜方向裂隙带的分布形态，图 3－6－2b 所示为沿工作面推进方向（走向）裂隙带分布形态。

(a) (b)

图 3－6－2 底板裂隙带分布示意图

对于缓倾斜及倾斜煤层，由于底板在下出口附近承受压力大于上出口，所以，底板在下出口附近的采动裂隙深度较大。因此，对于缓倾斜及倾斜煤层，底板沿倾斜方向裂隙带分布如图 3－6－3 所示。

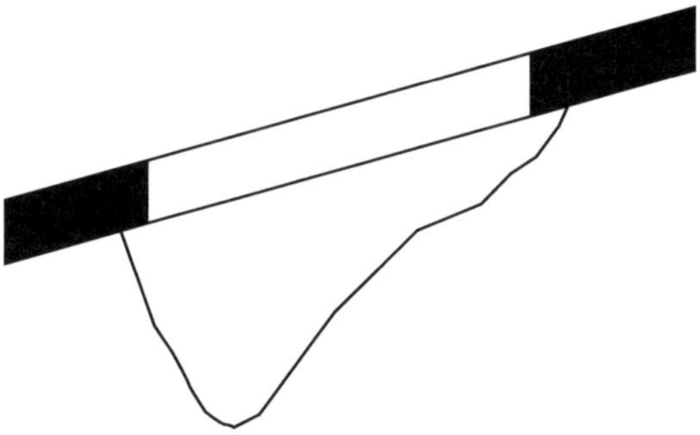

图 3－6－3 倾斜煤层沿倾斜方向裂隙带的分布形态

三、突水预测预报技术

矿井突水预测预报方法实质上可以分为三类，一类是统计规律法，以定性为主；另一类是多因素拟合模型法，在一定程度上具有半定量的特点；还有一类是力学模型方法，具有定量特点。目前应用广泛的有突水系数理论、“下三带”理论、薄板结构理论、关键层理论等，具体的预测方法有“五图—双系数”法、模糊综合评判法、人工神经网络方法、突水模式及判别、数值模拟等。

《煤矿防治水细则》规定采用突水系数作为评价底板突水可能性的一种指标，即具有物理概念明确、公式简单、实用等特点，在煤矿生产中广泛应用。突水系数计算公式为

$$T_s = \frac{P}{M}$$

式中 P——底板承压水压力值，MPa；

M——底板完整隔水层厚度，m。

依据《煤矿防治水规定》，正常区域 $Ts<0.1$ MPa/m 为安全区，构造区域 $Ts<0.06$ MPa/m 为安全区。

如图 3-6-4 所示，煤层底板承压水压力 P 是指从煤层底板到承压含水层（如奥灰）水头之间的高程差。一般情况下，计算突水系数时煤层 1 与煤层 2 底板隔水层所承受的水压力是相同的，均为 P，但是在论述煤层 1 与煤层 2 底板的带压状况时，所带水压是不同的，分别为 H_1 与 H_2。这是因为计算突水系数是突水前水压力作用在隔水层底板，而煤层带压状况是指一旦突水，煤层底板实际的水头压力。

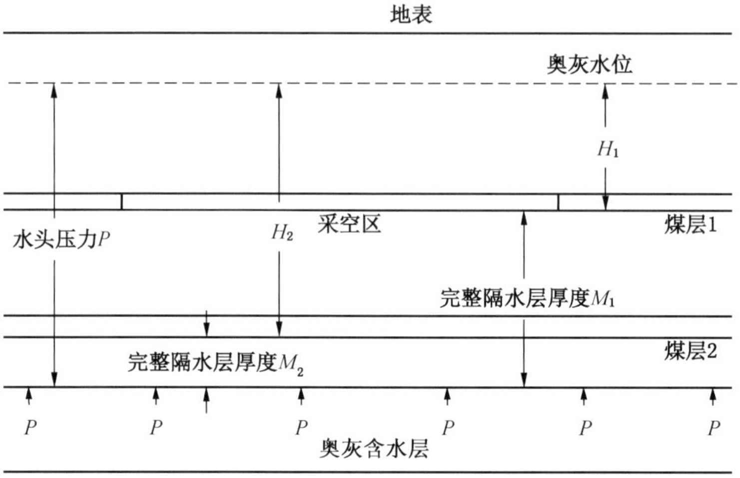

图 3-6-4　煤层底板承压水压力情况

底板完整隔水层厚度 M 是指煤层底板至隔水层底板之间的厚度。由于《煤矿防治水规定》在阐述时使用的是“完整隔水层厚度”，因此，在实际操作过程中，“完整”仍然可以理解为：M 是减去采动底板破坏带以及奥灰顶面导升带的有效隔水层厚度，这样就又回到以前突水系数计算公式上了。鉴于此，笔者认为，完全不考虑采动底板破坏带以及奥灰顶面导升带是有欠缺的，比如，如果隔水层总厚度为 15 m，底板破坏带厚 8~12 m，奥灰顶面导升带厚 3~5 m，这时如果不考虑它们的影响来计算突水系数，假设奥灰水压力为 0.75 MPa，那么突水系数为 0.05 MPa/m<0.06 MPa/m，显然依据计算评价带压开采是安全的，但事实上，由于矿压对煤层地板的破坏，有效隔水层可能就不存在了，奥灰水在水压力作用下毫无阻隔地涌入采掘空间，已经形成突水，实际情况与评价结果完全相反。因此，这种条件下评价方法是有问题的，显然考虑采动底板破坏带以及奥灰顶面导升带才能得到正确的评价结果。

那么到底如何确定‘完整隔水层厚度呢？应设定一些条件，比如，隔水层厚度小于 30 m 时，突水系数计算值在临界值 0.06 或者 0.1 MPa/m 附近比较敏感时，等等。

四、煤矿水情监测预警系统

水灾形成的机理非常复杂，具有非线性特征，其多方面、多种影响因素除具有层次性外，各因素对突水的影响程度及相互综合影响程度还具有某些方面确定而另一些方面模糊的双面特性。除了获得十分明显的单一监测参数就可以判断发生突水外，绝大多数情况要综合分析预警监测指标体系的所有参数信息，有时还要参考地质勘探和实际开采过程中获得的大量宝贵数据信息，才能预测预报灾害的发生，即使这样也不可能做到预测完全准确。上述事实一方面说明水灾预报的难度，另一方面也说明如何分析所获得的信息及多信息叠加合成效应更为关键。

煤矿水情监测预警保障系统包括硬件及软件两个大系统及若干个子系统（图3-6-5）。

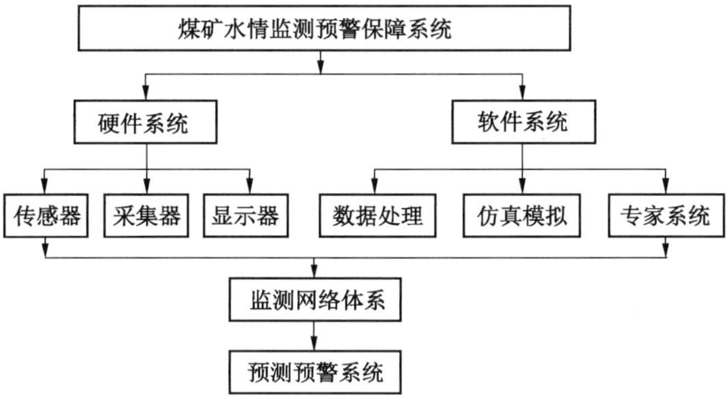

图3-6-5 煤矿水情监测预警保障系统

硬件系统主要有以下几个子系统。

1. 实时动态监测系统

应用遥感、通信、计算机及水文等技术，自动完成对矿井排水系统及观测孔等水文要素的采集、传输，并对地下水位进行实时监控。系统由遥测终端站及遥测中心站组成，终端站设在排水系统或观测孔内，可以随时掌握矿区范围内排水系统排水量以及含水层地下水位的动态变化情况。该系统依据所提供的直观、准确、及时信息，由煤矿水情监测预警保障软件系统处理，分析影响水文参数变化的因素，预测各水文要素的变化趋势，为预警决策奠定基础。

2. 采掘环境综合监测系统

将瓦斯监测监控系统、矿压（顶底板）监测系统、生产系统视频系统等各种监测信息采集、传输纳入水情预警监测系统中，经过专家系统分析处理，为预警决策提供尽可能详尽的信息；还有一些信息无法实时监测传输，如突水征兆、矿震、井下环境突变、地面环境变化等，这些突发信息无法用传感装置采集，可以由人工及时汇报纳入水情预警监测系统中，供专家系统预警决策。而这些信息有时至关重要。

监测指标有：工作面底板应力、应变、水压、水温、特征离子、声发射；排水系统水位、水量；钻孔水位；应用高密度电法原理，在工作面回采过程中对底板80 m深度范围内电阻率的变化情况进行长期监测并自动对比分析变化趋势；工作面温度、湿度、空气质量信息；瓦斯突出、动力现象信息；顶底板来压、矿震信息；突水征兆信息等。

监测方式主要有以下两种：

(1) 关键隔水层电性参数动态监测方式。隔水层一旦遭到破坏承压水侵入，其岩层电性特征（比如视电阻率）必然变化，设想设计一套分布式交流高密度电法系统，在实验室模拟对底板隔水岩层电阻率的变化进行动态监测，并自动对比分析底板一定深度范围内低阻值的变化趋势，分析预测底板破坏承压水突（涌）入采掘空间的可能性。

(2) 关键部位单点多参数监测方式。据统计，80% 以上的底板突水发生在构造部位。在上述底板关键隔水层监测的基础上，在构造裂隙等易突水重点部位监测物理力学参数指标。通过前期研究，主要监测参数包括微地震或声发射、水压、位移、渗透压、特征离子、应力、水温等，各项参数监测自成体系经过不同通道传输汇集供处理决策使用。在项目的实验过程中，将不断丰富完善预警监测指标体系中不同级别的监测参数（图 3－6－6）。

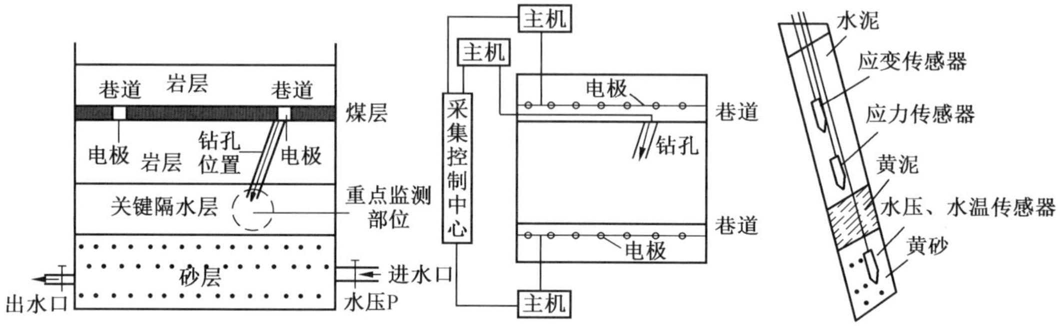

图 3－6－6　渗流模拟实验平台示意图

五、预警软件系统

矿井突水灾害预警软件系统主要实现准确采集监测数据；监测数据存储；监测数据的实时可视化；多参数的实时分析与预警；远程监测等功能。根据功能需求矿井突水灾害预警软件系统可以分两个子系统：数据采集管理系统（也称为数据传输控制子系统）和远程监测系统（也称为数据及警情发布子系统），其中数据采集管理系统主要实现用户管理、设备检测控制、数据采集与存储等功能，远程监测系统主要实现数据处理与分析、警情发布等功能，如图 3－6－7 所示。

六、煤矿底板充水监测预警工程实例

矿井突水灾害预警系统设计完成以后，进行了工业性实验，经测试系统运行稳定，能够适时监测矿井水压、水温、岩层应力、应变等预警指标参数，并能依据专家设定的预警准则进行报警，可以应用到现场进行预警指标监测并实现矿井突水灾害的预报。系统在太原东山煤矿 51523 工作面进行了应用测试。

1. *矿井概况*

东山煤矿（以下简称井田）位于太原市区东部，南北走向长约 10 km，东西倾向宽约 2.9 km，面积 28.8908 km^2。

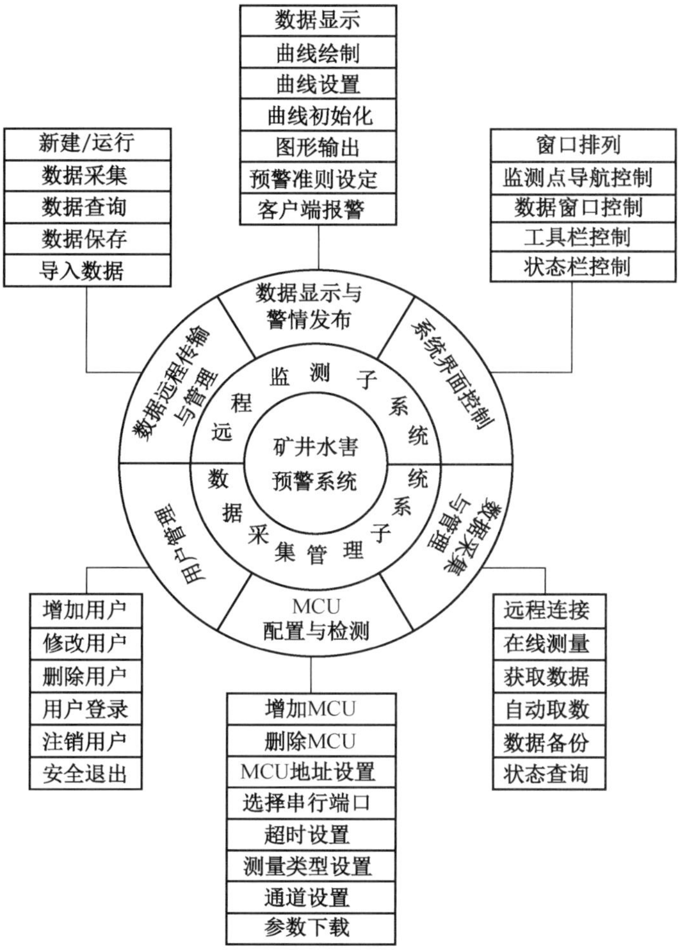

图3-6-7 矿井突水灾害预警系统的体系功能框架

井田位于太原东山背斜西翼，地层总的走向为北北西，向南西西倾伏于太原盆地。井田构造以近东西向的断裂为主，将井田横切成八大条块和若干中小条块，陷落柱不发育。

东山煤矿属于太原岩溶水系统，奥陶系含水层富水性强。钻孔单位涌水量为1.29～77.73 L/(s·m)，水位标高815 m左右。

15号煤层底板距奥灰面间距80 m左右，由黏土岩、泥岩、砂质泥岩等互层，是良好的隔水层。在没有遇到切穿奥陶系的导水断层的情况下，可以承受一定的奥灰岩溶水的水头压力。

2. 51523工作面工程地质概况

51523工作面北为515回风下山，南为F16断层，西为未采区，东为51521采空区，上覆为51217工作面采空区和51218工作面采空区之间，层间距为40 m左右。工作面走向长度566～584 m，平均575 m，倾斜长度140 m，15号煤层平均厚度7.45 m，倾角8°～20°。15号煤层小柱状附图如图3-6-8所示。

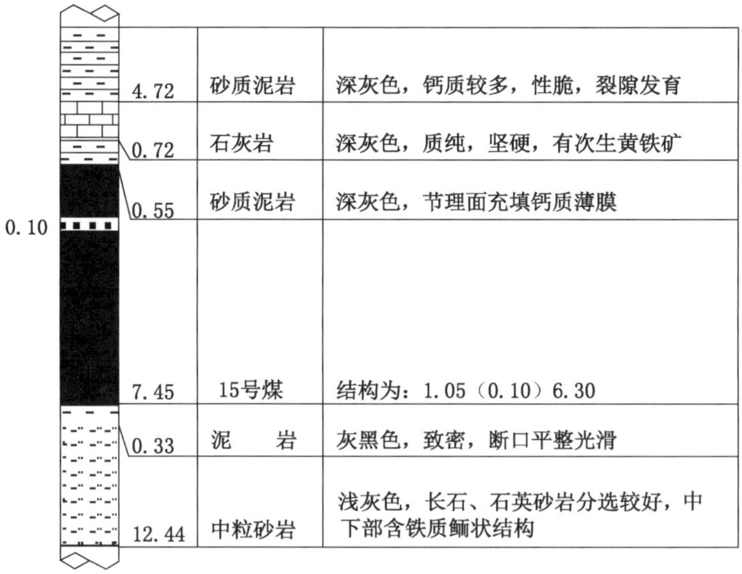

图3－6－8　矿井15号煤层小柱状图

51523工作面构造比较简单，据现有资料分析，该工作面影响掘进的断层有两条，分别为 $H=1.5$ m∠45°和 $H=0.8$ m∠48°的逆断层。奥灰承压水压力最大为1.6 MPa左右。

3. 预警监测情况

为有效防治奥灰水突水，矿井灾害预警系统布置在了煤层的底板，适时监测奥灰水的导升情况及对底板隔水层的影响，并用FLAC3D对51523工作面煤层开采底板破坏深度数值模拟分析以确定传感器的埋藏深度。根据51523工作面工程地质概况，设计了FLAC3D三维概化模型，如图3－6－9所示。

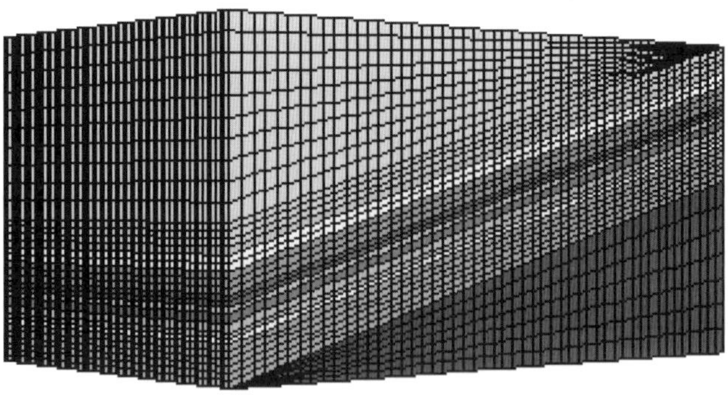

图3－6－9　计算立体模型

随着煤层的开采，采场周围应力平衡遭到破坏，引起应力的重新分布（图3－6－10），从图3－6－10可以看出，由于煤层开采的影响，煤层顶底板出现张应力，并且在煤壁前方 5 m 作用引起压应力的集中。

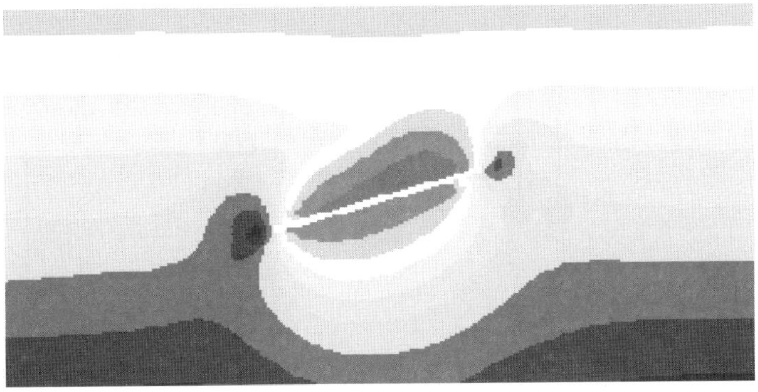

图 3－6－10 采后 SZZ 分布图

煤层底板由于应力释放，在底板上部出现张应力，并且在底板水压的影响下，底板将出现破坏。图 3－6－11 所示为煤层开采影响底板塑性区域分布图。根据模拟分析，在煤层开采过程中，煤层底板破坏深度约 16 m。

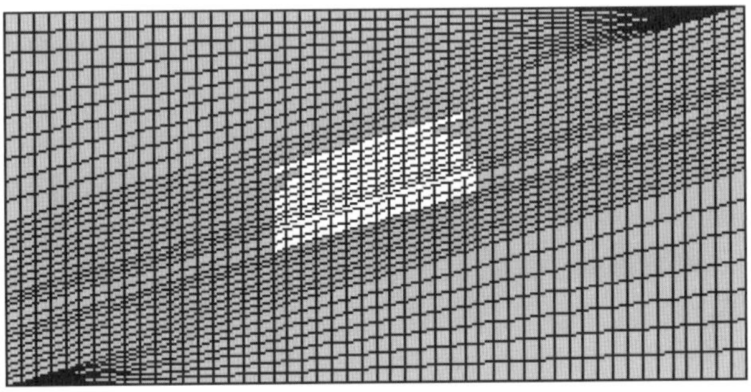

图 3－6－11 煤层开采影响底板塑性区域分布图

根据模拟结果，底板破坏深度为 16 m 左右，同时考虑到岩体效应的影响，破坏深度可能达到 20 m，再加上 15 m 的安全保护隔水层，因此传感器应安置在煤层底板垂深 35 m 处。

为了不影响生产，将预警监测钻孔布设在钻窝内。根据和现场地质工作人员交流，钻窝设置于 51523 工作面距离开切眼 180 m 处，如图 3－6－12 所示。

钻窝的尺寸为：长 × 宽 × 高 = 5 m × 4 m × 3 m。孔口低于底板 20 cm。在钻窝内施工 2 个钻孔，终孔间距不小于 1～1.5 m。孔深都为 50 m。钻孔天顶角为 30°，向煤壁内倾斜。钻孔布置如图 3－6－12 所示，钻孔剖面如图 3－6－13 所示。

钻探要求：ϕ89 孔径至终孔，成孔后要洗孔清除孔内岩粉，如钻孔出现涌水，为保证传感器安装质量应进行注浆封堵，然后再重新扫孔至预定深度，钻孔完成后要木塞或加盖，防止异物充填。

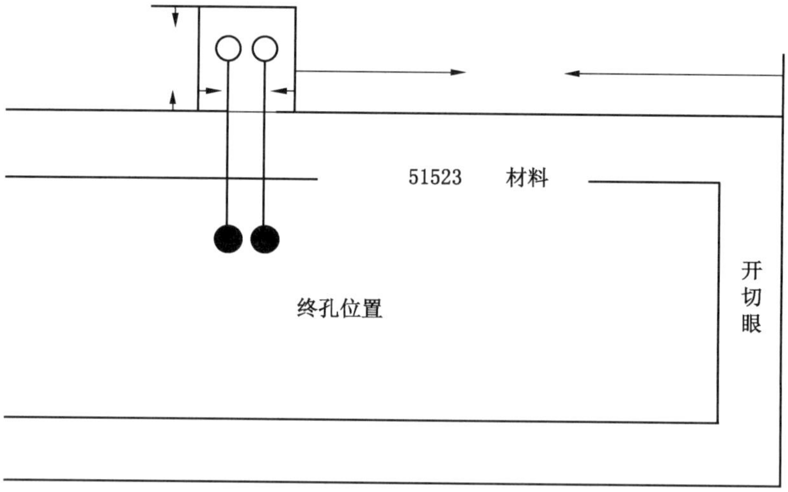

图 3-6-12 钻窝与钻孔布置平面图

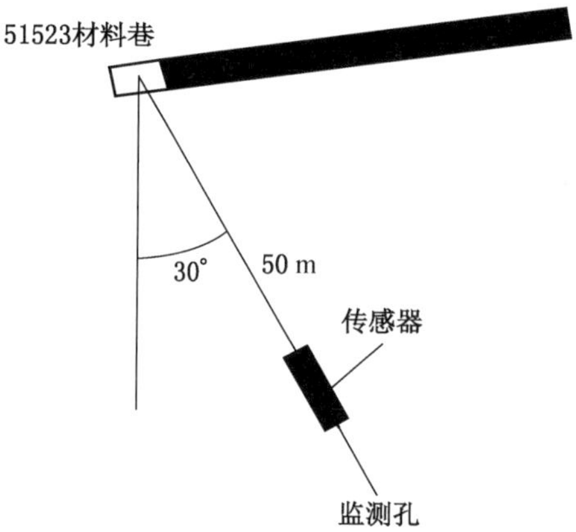

图 3-6-13 钻窝与钻孔布置平面图

每个观测孔安装应力、应变传感器及水压—温度传感器各一个。安装顺序为从下到上为水压—温度传感器，应力、应变传感器。安装步骤如下：

(1) 在钻孔底放置约 20 cm 砂子，然后用传送杆将水压—温度传感器放至孔底，再在上面覆盖 40 cm 砂子，再放置约 40 cm 胶泥用探杆捣实，以防止上部水泥浆渗入。

(2) 注入 40 cm 水泥浆，然后将应力传感器插入水泥浆内，并用传送杆控制传感器导向板与煤层巷道平行。

(3) 将应变传感器安置在应力传感器上部，调整好方向，用注浆管注入水泥浆，注浆管应尽量接近传感器，使水泥浆液置换出钻孔水，以保证应力、应变传感器周围水泥浆凝结致密（图 3-6-14）。

(4) 将各传感器接线器同多芯信号电缆接线器相连接并连接到井下分站接线盒与井下分站相通。

(5) 传感器安装连接完毕后，须注意回采冒顶可能损坏电缆的位置，应采取保护措施，如在钻孔处打木垛，使冒顶塌落不会损坏电缆，用编织袋装砂土浮煤堆放在钻孔口，使监测期间电缆完好。

系统由地面中心站、井下分站、信号传输电缆和用于底板监测的不同类型传感器等硬件以及相应应用软件组成。其结构如图 3-6-15 所示。地面中心站具有底板突水信息处理软件，可通过通信系统对井下分站下达校对内部时钟、巡回监测、传输数据、清理数

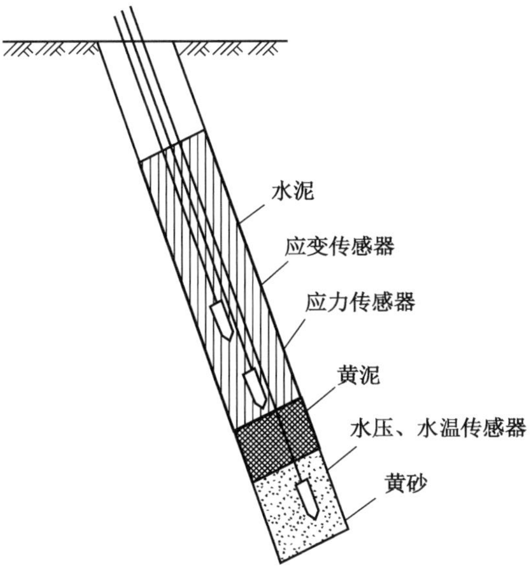

图 3-6-14　监测钻孔传感器安装示意图

据、自动定时检测等指令，并可对接收到的监测数据根据参数数据进行计算处理，将电信号值转换为各传感器物理数据，并可自动生成历时曲线。

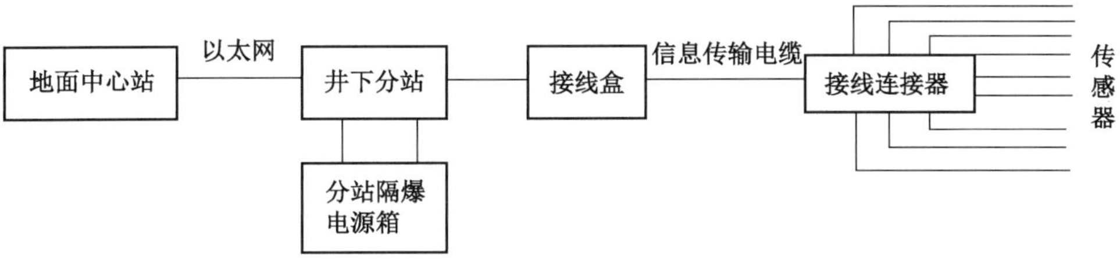

图 3-6-15　矿井水灾预警系统连接示意图

井下分站采用矿用直流多路不间断电源供电电源，监测期间仪器在井下不间断连续工作，要求井下电网能够连续供电，尽量不停电或少停电，停电时间不超过 8 h。

井下分站每 10 min 对各传感器自动巡检一次，并对检测数据以及检测日期、时间进行存贮。

井下分站安置在风门处，与传感器之间通过多芯电缆连接。由于回采过传感器埋设钻窝仍需监测，保护多芯信号电缆不被放顶等损坏十分必要，传感器埋设钻孔和分站之间的信号电缆应穿入废旧铁管，并深埋于底板下 30 cm 以保护电缆完好。

4. 运行结果

该系统已于 2010 年 1 月 25 日开始试运行，并于 2010 年 6 月 29 日结束监测，整个过程系统运行比较稳定。矿井灾害预警系统保存振弦式传感器监测原始数据和经过转换形成突水预警指标数据包括水温、水压、应力增量等相关数据。图 3－6－16 所示为振弦式传感器监测原始数据，图 3－6－17 所示为计算结果数据；图 3－6－18 所示为系统显示预警指标数据和其对应的曲线。从整个监测过程来看，监测点水压在 0.5 MPa 左右，水温为 14.2～14.5 ℃，水平应力增量和竖直应力增量没有出现异常，整个监测过程没有出现矿井突水警情。

BGKMicro40A_01 : 表

Date	Time	CH1_1	CH1_2	CH2_1	CH2_2	CH3_1
2010-2-1	16:50:00	2855.5	4800.85	2881.17	4881.16	2057.0
2010-2-1	17:00:00	2855.58	4801.87	2881.22	4881.41	2057.0
2010-2-1	17:10:00	2855.66	4801.86	2881.18	4882.31	2057.0
2010-2-1	17:20:00	2835.09	4802.61	2876.1	4883.54	2057.0
2010-2-1	15:10:00	2855.6	4789.43	2881.05	4869.82	2056.8
2010-2-1	17:40:00	2855.48	4802.65	2881.08	4882.71	2057.0
2010-2-1	13:30:00	2855.54	4804.5	2881.15	4884.52	2057.
2010-2-1	17:50:00	2855.45	4803.42	2881.18	4883.46	2057.0
2010-2-1	17:30:00	2855.44	4802.46	2881.14	4882.32	2057.0
2010-2-1	13:20:00	2855.44	4804.11	2881.28	4885.48	2056.9
2010-2-1	21:50:00	2855.54	4803.98	2881.2	4885.06	2057.0
2010-2-1	18:00:00	2855.34	4803.48	2881.06	4883.12	2057.0
2010-2-1	12:20:00	2855.57	4803.99	2881.05	4885.29	205
2010-2-1	12:30:00	2855.83	4803.97	2881.24	4884.37	2057.0
2010-2-1	12:40:00	2855.63	4804.45	2881.21	4885.25	2056.9
2010-2-1	12:50:00	2855.54	4804.09	2881.22	4884.04	2057.1
2010-2-1	13:50:00	2855.67	4797.38	2881.08	4877.11	2056.8
2010-2-1	13:10:00	2855.29	4803.49	2881.21	4884.14	2057.0
2010-2-1	15:00:00	2855.53	4792.47	2881.2	4871.88	2056.8
2010-2-1	13:40:00	2855.72	4828.43	2881.24	4884.49	2057.0
2010-2-1	14:00:00	2855.56	4794.86	2881.18	4876.51	2056.7

记录：15 共有记录数：32890

图 3－6－16　振弦式传感器监测原始数据

BGKMicro40A_01 : 表

Date	Time	CH1_1	CH1_2	CH2_1	CH2_2	CH3_1	CH3_2	CH4_1	CH4_2
2010-2-1	23:10:00	.5	14.5	.5	14.2	4231.6	0	4239.2	0
2010-2-1	23:20:00	.5	14.5	.5	14.2	4231.4	0	4239.4	0
2010-2-1	23:30:00	.5	14.5	.5	14.2	4231.6	0	4239.6	0
2010-2-1	23:40:00	.5	14.5	.5	14.2	4231.8	0	4239.1	0
2010-2-1	23:50:00	.5	14.5	.5	14.2	4231.4	0	4239.2	0
2010-2-1	5:20:00	.5	14.5	.5	14.2	4231.6	0	4239.5	0
2010-2-1	5:30:00	.5	14.5	.5	14.2	4231.5	0	4239.2	0
2010-2-1	15:00:00	.5	14.6	.5	14.2	4230.6	0	4238.9	0
2010-2-1	22:30:00	.5	14.5	.5	14.2	4231.4	0	4239.5	0
2010-2-1	21:30:00	.5	14.5	.5	14.2	4231.2	0	4239.2	0
2010-2-1	1:20:00	.5	14.5	.5	14.2	4231.4	0	4239.3	0
2010-2-1	1:30:00	.5	14.5	.5	14.2	4231.4	0	4239.3	0
2010-2-1	1:40:00	.5	14.5	.5	14.2	4231.3	0	4239.2	0
2010-2-1	1:50:00	.5	14.5	.5	14.2	4231.5	0	4239.4	0
2010-2-1	2:00:00	.5	14.5	.5	14.2	4231.6	0	4239.4	0
2010-2-1	2:10:00	.5	14.5	.5	14.2	4231.4	0	4239.4	0
2010-2-1	2:20:00	.5	14.5	.5	14.2	4231.2	0	4239.3	0
2010-2-1	2:30:00	.5	14.5	.5	14.2	4231.5	0	4239	0
2010-2-1	2:40:00	.5	14.5	.5	14.2	4231.5	0	4239.3	0
2010-2-1	4:10:00	.5	14.5	.5	14.2	4231.5	0	4239.5	0
2010-2-1	21:20:00	.5	14.5	.5	14.2	4231.6	0	4239.4	0
2010-2-1	4:00:00	.5	14.5	.5	14.2	4231.5	0	4239.4	0
2010-2-1	21:40:00	.5	14.5	.5	14.2	4231.5	0	4239.2	0

记录：1 共有记录数：47071

图 3－6－17　计算结果数据

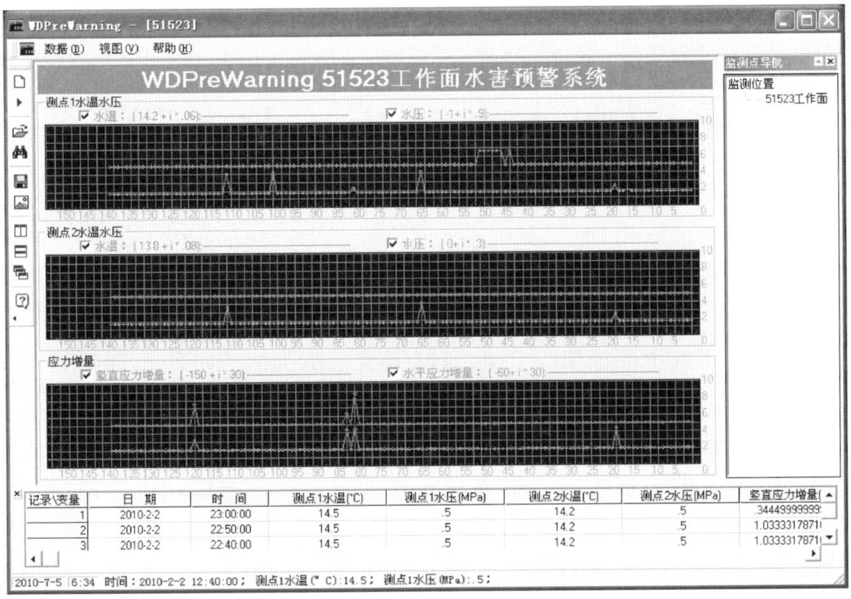

图 3-6-18 系统显示预警指标数据和对应曲线

第四章　人　生　足　迹

蓬　门　得　子

静乐，地处晋西北黄土高原上，土地沟壑交错、水土流失严重，属于忻州地区有名的“西八县”，有名的原因不为别的，就是因为穷。生活在这里的人们祖祖辈辈靠天吃饭，生活极为困苦。静乐县神峪沟乡（原择善公社）晒庄村更是一个四面黄土丘陵，古今交通不便，人畜吃水困难的小村庄。土地吝啬地供养着全村三百余口人，河沟里山岭上到处是分散的农田。农民每年送肥播种、秋收全靠驴驮人挑。低矮的土窑洞、石窑洞、羊场小道，不大宽展的扬场，石磨子、石碾子，陡直的土坡共同构成了这个黄土高原上贫瘠的小村庄（图4－1）。

图4－1　李振拴出生地（静乐县择善乡晒庄村）

1956年10月25日，村里一眼窑洞中(图4－2)传来了一阵婴孩的响亮的啼哭声——忠厚老实的农民李怀俊家中又喜添一个男丁。虽说是添丁之喜，可正赶上农村艰难贫苦的大环境，乡里乡亲的难免还是会替他发愁——家中又多了一口人，可咋养活呀。所幸李怀俊和妻子段秀云由衷的高兴，逢人就报喜，打心眼里喜欢这个孩子。只见这孩子生的宽头圆脸、浓眉大眼，模样端正讨喜，这个孩子就是李振拴。

由于家庭条件不好，营养跟不上，再加上日常辛苦的劳作，在小振拴还不到一岁的时候，母亲就没有了奶水。虽说后来托人寻到一个奶妈，但基于那个年代的物质水平，奶妈的奶水也少得可怜，时不常地还得再加上些汤汤水水，一家人尽力地养护着这个小小的娃娃。总算是上天有好生之德，在掺糠拌菜勉强果腹、褴褛衣衫将将蔽体的情况下，小振拴

图 4-2 一家八口居住过的一眼土窑洞

健康地长大了。

苍茫的大山给了小振拴一个健壮的体魄。孩提时候他总是光着小屁股，露着小脚丫，踏着坚硬的黄土，迎着干凛的山风，在村头奔跑、在河边嬉闹。山梁上、田野里到处都有他稚嫩的足迹。在渐长的过程中，小振拴的性格也越发凸显出来，他虽不好言语，但却有着一股子不服输、不低头的韧性。才刚刚四五岁的他，在村里可是出了名的顽童，打架对他来说也是常有的事。而且他敢跟比自己大的孩子打架，还经常是一副不见高低决不罢休的态势。难能可贵的是，年纪不大的他却是一副侠义心肠，即便经常打架，饶有诨名，却从不恃强凌弱，欺负比自己更小的孩子。

振拴从小爱幻想也爱思考，他那小脑子里的想法经常是天马行空，让人惊诧不已。有一年冬天的一个晚上，李振拴边吃饭边对爸爸、妈妈和哥哥讲："咱们总吃这些掺糠拌菜的东西，如果冬天下的雪都变成白面，如果夏天下的雨都变成素油，那就好了。"他的话音刚落，逗得全家人都笑出了眼泪。还有一次父亲教小振拴识字，父亲用石笔在石板上写了个水桶的"桶"字，并对他讲道："由于水桶是用木头做成的，所以'桶'字的偏旁是木字。"听罢，小小的李振拴就眨巴着大眼睛问父亲："那如果用铁皮做的'桶'，偏旁是不是就是铁字？"又逗得大家前仰后合笑了好一阵子。

村里 20 世纪五六十年代办有一所高小学校，小小的李振拴总是好奇学堂里的世界，每每见别人上课就心生向往。可是尚且年幼的他，不懂得怎样去表达自己的兴趣，于是经常一个人闯入教室，或是喊叫一下，或是东张西望，抑或是到处摸一摸、转一转，总是扰乱学生们正常上课。当时，学校的老师和学生们都不得不驱赶他，可是谁又能真心呵斥一个顽皮又机灵的小孩子呢，于是大家都叫他“调皮鬼”。也默许他把小小的身体蜷缩在门框边上，静静地偷听、偷看。因为小振拴记忆力好，学东西快，善于模仿，学什么像什么，村上的人又都称赞他是“小神童”。慢慢地，父母亲也发现他天资聪慧又勤奋好学，于是在他的教育上也就格外用心。父亲农闲的时候会经常教他读书识字，一向闹腾的小家伙也难得地安静下来，而且听得入迷。于是日复一日，在上学之前，他就能认识二百多个汉字、背诵百家姓和三字经等。

“苦菜半年粮，树叶度饥荒，补丁摞补丁，冬天睡冷炕。”这是原汁原味的当地民谣。静乐县的艰苦，是刻在那一代人基因里永远不能磨灭的痛。李振拴家里人口多，劳力少，是全村的缺粮大户。村东头半坡上的那一块贫瘠的三角地，在父亲的精心照料下，承担着添补一家八口人生计的重任（图4－3）。

图4－3　父亲种的一块三角地

李振拴年纪虽小，可他心智却成熟得很早，还是懵懂少儿的年纪，他就知道家境艰难，理解父母不易。于是，他开始喂猪、放羊、挑水、拾柴，还精心喂养了一大群兔子。估计下来，每年收入都在100多元。在那个年代，这样一笔收入是个不小的数目呀。母亲见他小小年纪，忙里忙外，又是高兴，又是心疼。

穷人的孩子早当家，那时候的孩子们都得出门挖苦菜，用来补充口粮的不足。但大多孩子是跟着哥哥姐姐到处疯跑，临回家才就近在村头挖些干瘪的苦菜回去交差。其实也不难理解，毕竟玩儿才是孩子们的天性。但小振拴不这样，他深知篮子里的苦菜就是家人锅里的口粮。他每次到地里挖苦菜，就没有空手回家的时候。小小年纪的他也许并不能掌握野菜生长的规律，但他善于观察和思考，最终他选择跟着一个老太太去某一道山梁的背后去挖野菜，那里的野菜丰茂密集，小小的筐子总是满载而归。有一次，小振拴跑到离村很远的一个地方去挖苦菜。正挖得起劲的时候，突然老天爷变了脸，阴云密布，电闪雷鸣，一场暴风雨来临了。狂风如魔，暴雨如注，刹那间，平地起水，山洪暴发。李振拴吓呆了，赶紧躲藏进一个山洞里，小小年纪的他孤立无援，又怕又冷，止不住浑身发抖。足足过了两个多小时，风停了，雨住了，洪水退了，太阳也从云里钻了出来，小振拴才敢钻出山洞。但刚才挖好的野菜都被冲走了，他不死心，也不愿空手而归，更害怕让亲人失望，于是他又拿着筐子，跑到地形更高的地方挖起了苦菜。正巧这里的野菜又密又大，他越挖越有劲，除把筐子塞满外，还另外用草绳捆了一大捆。那天，他是背一阵子，扛一阵子，歇一阵子，赶回家里已经是下午四点多钟了。当母亲看到自己的小儿子经历了那么大的山洪还不忘满载而归，又心疼又恼火，心疼的是孩子懂事贴心，恼火的是他置身危险，不知道该如何表达的母亲只能一把把振拴搂在怀里，紧紧地箍着，生怕一松手孩子就不在了，母亲的眼泪一滴一滴地落在了李振拴那圆圆的小脸蛋上。“你可把娘吓死了……”振拴的母亲边哭边心疼地说。孩子的懂事总是最能戳中母亲心底最柔软的地方，那天晚上小振拴梦中依稀感觉到母亲一直在抚摸着熟睡中的他，轻轻地啜泣。小振拴心底里暗暗下了决心，今后一定要更加努力，让母亲过上好日子。

除了挖野菜，小振拴还特别热衷于“沙沙”洞里抢余粮。李振拴上小学期间，就脱离了孩子气，没有贪玩的习惯，每天除了看书学习，总是主动找活儿干，为父母分担生计负担。他的家乡是山区，交通很不方便。秋天庄稼收割后先放在地里，随后人们再慢慢地往村里背、驮。那地方有一种小动物，土名叫“沙沙”，跟老鼠相似。每年秋天当庄稼都堆放在地里的时候，它就开始忙起来，把各种粮食穗偷运到它的窝里，准备过冬食用。人的口粮尚且不足，哪里能在乎什么卫生。于是许多人都在收完秋后去寻找这种沙沙洞，把沙沙洞里的粮食挖出来添补口粮。李振拴爱动脑筋，他注意到沙沙鼠的习性，在挖“沙沙”洞这方面找到了窍门。经常一挖就是一大窝，一天下来，能挖满满一口袋谷穗子。这对当时每个农民一年只能分到 30 多斤谷子来说，确实是个可观的进项。除了放猪、放羊、喂兔子、挖苦菜、挖“沙沙”洞外，小振拴每年秋天还起早贪黑，跑到山沟里挖中草药，如冬花、柴胡、黄芩、知母、远志等。这些草药在他们的家乡比较多。李振拴既能吃苦，又有耐心。在同样的时间、同样的地方挖冬花，他总要比其他孩子挖得多。每年秋天，他卖草药的收入足够一家人全年的油盐酱醋钱和他的书籍、衣服等费用。村里的老人们都说“别看振拴年纪小，可说话办事都像个大人，搞啥都能搞出个名堂来，以后肯定有出息。”至此，振拴也就成了大人们口中“别人家的孩子”，父母也总是因为振拴而感到脸上有光。

小振拴童年的生活是贫苦的，但也是富足的。父母无私的关爱、不妥协不服输的性格、善于观察和思考的能力、改变生活境遇的决心以及面对苦难无惧无畏的韧性。

寒　窗　苦　读

1963 年 9 月，一个背着拼布书包，穿着破旧衣服，忽闪着两个大眼睛的小男孩，蹦蹦跳跳地踏进了本村小学的校门，开始了他漫长的学习生涯。

那年他刚满 6 周岁，是班里年龄最小的一个。别看他年龄小，骨子里却透着一股机灵劲，一学就会，一点就透，比起其他同龄的孩子不知道强出多少，几任老师都非常喜欢他。从二年级起，老师就让他当组长、当班长，还帮助老师批改低年级学生的作业。那时他可是班里是核心人物，同学们有不会的问题总找他。常常有一些差等生为了抄他的作业，偷偷地把家里好吃的东西拿来给他吃。小振拴渐渐地尝到了学习的甜头，于是就更加努力地学习……课堂上的他，总是目光炯炯、坚定有神。但是求学路总不是一帆风顺的，那一段特殊的日子里，李振拴中断了学业。

李振拴的父亲是一个对子女学习教育十分重视的老人。由于日本的侵略，他只读过三个月的小学，他在太原运输队做工时，担任装卸小组长，组里有一个高中毕业生，那人生活自理能力差，李振拴父亲就帮他多干活，解决他生活中的困难，并虚心向他学习文化知识，在两年的交往学习中，不仅认识了很多字，还学会了打算盘，回乡后还担任过邻村任家贺村的会计。

如果没有他父亲的坚持李振拴的学业也就半途而废了，是他父亲的坚持，彻底改变了他的命运。

“文化大革命”结束后，学校恢复了上课，晒庄村村里的几个孩子就去择善上学，由于岁数较大，必须从五年级下半年开始，由于李振拴中间的一段课程没有学习，对老师课堂上讲的分数等内容一窍不通，在班里几乎是倒数第一，村里的其他几个孩子也跟不上，都没有信心念了，他们就偷偷地背上铺盖卷回家了。

李振拴父亲见儿子回家不念了，狠狠地骂了他一顿，第二天去学校给校长说好话，恳求让李振拴返校学习，校长说学校又不是店，想来就来，想走就走，李振拴父亲再三恳求，最后校长看到李振拴父亲的诚心，同意了返校。

老人从学校回来村里已经是太阳快落山了，李振拴正和村里社员们砍粪、滤粪，老人将李振拴拽回家，让母亲赶快给收拾东西，李振拴钻在墙角哭着喊着不去上学，老人将他拽出来他又爬回去，看到父亲快要发疯了，李振拴含着泪水跟着父亲连夜又回到了很不愿意看到的学校。

由于基础太差，上课时老师讲的听不懂，布置的作业完不成，同学们对李振拴冷眼相看，他也没有半点自信心，当时他看到什么都是灰色的，感觉整个世界都是黑暗的。

尽管如此，但李振拴根本不在乎这些。正所谓“将军赶路，不追野兔”，他自己很清楚自己要的是什么。这些生活上的羁绊无法网住一颗求知少年澎湃的心。李振拴课堂上认真听讲，课余时间刻苦钻研。不懂就问，有疑惑就钻，保证每一课都做到学懂弄通吃透。初中的两年时间，他不仅补学了小学耽误的课程，而且初中的知识学得也很扎实，尤其是数理化，门门功课考第一。

1973 年，他顺利地考入了静乐高中，在高中的两年期间，他当过副班长、三好学生，更是班里同学的榜样。他的班主任张载道老师说：“李振拴同学有理想，有抱负，日后肯定有出息。”

如果不是因为没人撑伞，谁又愿意冒雨前行。李振拴心里最清楚，自己的家乡十年九旱，土地贫瘠低产，自己的家庭更是底子薄，兄妹多，全家的希望都寄托在自己身上。摆在自己面前的路只有一条，那就是学习、学习、再学习，掌握真才实学，报答父母，报效家乡。

说起父母，李振拴总是念念不忘那些苦涩的记忆。在他上高中的那两年里，父亲无论再忙再累都坚持开学时把他送到学校，放假时接他回家。在家里没有任何交通工具的情况下，60 多里山路全靠步行。李振拴记忆最深的是有一年的夏天，李振拴自己回了一趟家。那天，父亲从地里干活回来已是晚上 8 点多了，进门一见到上高中的儿子，可高兴坏了。一会儿摸摸头，一会揣揣脚，又问长、又问短。当得知儿子第二天一早还要返回学校时，老人家顾不得身上疲倦，立马开始忙活起来——先把土豆煮熟，扒掉皮，再用擀面杖把熟土豆捣成糊状，然后加入莜面，擀成圆形饼，最后放在锅里一张一张地烧出来。就这样父母亲连夜做了二十多块“烧馍馍”，等忙活完已是凌晨2点多钟了。第二天一大早，天刚蒙蒙亮，老父亲又背起了振拴所要带的衣服和干粮送儿子上路了。那天天气特别热，太阳像一个火球似的烤灼着干燥的大地。父亲在前面背着大包袱，他在后边背着小口袋，一父一子，一前一后，默默地走在午后的山梁上，路上并没有过多的语言交流，但浓厚的父爱却像那滚烫的日头烘烤着少年的心。父亲那汗湿着的佝偻的背影像底片一样深深地烙进李振拴的记忆深处。父子从凌晨一直步行到下午一点左右。把儿子送到学校后，父亲连饭也舍不得吃，又顶着火辣辣的太阳，赶回家里。当时，从来不爱流泪的李振拴，望着父亲的背影暗自抽泣，他心里感到十分难受，那是一种无法言语名状的闷痛，像是一个榔头钝钝地砸在心头。有心疼，心疼父亲过早地被生活压弯了腰；有愧疚，愧疚自己仍没有能力去改变什么；更有发奋，发奋一定要更加努力地读书报答父亲这一世的付出……午后的骄阳下，校园的树荫旁，没有人知道，有过这样一个少年，眼中含着泪，心里咬着牙，在这里立下誓言。

1976年9月，他开始复习高中课程，半年时间他将高中课程全部复习完。

由于身居偏僻山村，有问题无处求教，遇到难题只能自己冥思苦想，知识更新就更谈不到了。有一次他见到一个数学题，让求某一线段垂直平分线的方程式，这对于当时那种教学条件下的学生确实是不容易，但他走着坐着在思考，一天，在蹲厕所时突然有了思路（垂直平分线上任一点到线段两端的距离相等），问题解决了。

他对各门学过的课程都进行了认真的复习，特别是对感兴趣的数学，各种公式他能倒背如流。李振拴在1977年上半年已经做好了高考的准备，但高考的信息迟迟不到，他复习的进度和接受新知识受条件限制，再无进展了，如果1977年高考时间在夏季，他上的学校可能要更好。

1978年1月的一天，李振拴考上大学的消息终于传回了村子里。全村的男女老少也都为晒庄村有史以来出了第一个大学生而感到骄傲，觉得是村子里的风水好，才能出这样的好苗子。村里德高望重的老支书逢人就讲：“振拴是个好娃娃，我早就看出他有出息。”父母还沉浸在孩子考上大学的喜悦中，他本人也开始憧憬着大学的生活。但一个悄然的变化已经在择善乡晒庄村的土地上发生了。大家活儿都看到了读书的希望和盼头，再也不会妄自菲薄，为孩子规划一辈子面朝黄土背朝天的生活。更多的孩子心底里树立起对标的楷模，更多的家长也选择把早早辍学务农的小孩从农田里揪回来送进学校。从此一个村乃至一个乡都转变了对教育的偏见，不再认为那是没用的事情，耕读传家成了择善人的家风。李振拴之后，又有很多村里的孩子通过自己的努力，沿着教育的台阶改变了自己和家人的命运。高考制度恢复之前的两年时间里，李振拴在村里担任民办教师。和他一起工作的人还有很多，有人因为看不到希望就选择这样平平淡淡地生活下去，也有人洞悉了历史的轨迹选择于无声处听惊雷。李振拴就是后者，他经常在想，中国的教育总有一天会改变现状的，高考制度的恢复为期不会太远，抱着这一希望，他坚持有计划地复习高中课本。苍天不负，1977年恢复高考制度，让李振拴的愿望得以实现。

带着山西矿业学院的录取通知书，李振拴离开家乡，踏上了求学之路。启程的那天清晨，村子里热闹极了，前来欢送的人群挤满了小院。有同学，有朋友，有远亲，有近邻，村里的父老乡亲们全都出来了。听着那一句句滚烫的话语，看着那一双双热情的眼睛，李振拴高兴极了。这是他有生以来第一次见到这样的场面。他暗暗地下定决心，一定要刻苦学习，掌握真才实学，为家乡父老做些贡献。

远行的汽车缓缓开动了。李振拴带着父母、带着乡亲们的期望，第一次走出大山，奔赴省城太原求学。与现在孩子一考上大学就举家欢送不同，限于家里的经济条件，父亲买不起来回8元的公共汽车票，李振拴只能一个人只身来到这个陌生的城市。穿着母亲一针一线精心缝制的粗布衣服，肩扛一卷粗布行李包，父亲给买的一个帆布手提包由于无东西可装，装了一个枕头和几本书，怀揣全家攒凑的32元钱，在父亲恋恋不舍的目光下，离开了偏僻穷苦的静乐县，来到了太原。

大山的孩子第一次进了城，第一次坐上了汽车，第一次看到了柏油马路、高楼大厦……面对车水马龙的街道，他内心无疑是震惊的、忐忑的，他一面感慨着世界真大，一面抑制着内心的局促不安。其实这一路走来是曲折的，甚至说是坎坷的——他不会乘坐公交车，分不清道路和街区，他去长途汽车站买3路电车票受到汽车站人员的嘲笑；求助电话员给矿院打电话受到电话员的拒绝；在3路电车上别人是一角钱的车票，李振拴是两角（他带一个行李卷）；向青年交警问路受到了责怪；在5路公交车上看到山西矿院的大门，大喊“司机停车，我要下车”引来一车人的哄堂大笑。一个从未离开过大山的孩子，就这样跌跌撞撞地来到城市的大学。

“学校真大！真美!”李振拴跨进大学校门的那一刻，就深深地爱上了这座校园。当时的山西矿业学院坐落在龙城太原的西端。对比静乐的高中而言，窗明几净的教学楼，宽阔平展的大操场，种类齐全的图书馆，神秘庄严的实验室，无一不在扣动着那个青年的心。

青春都是短暂的，而对于一个急于反哺家庭的穷人家的孩子而言，四年的大学生活无疑又是漫长的。每当李振拴回忆起四年的大学生活来，总有说不完的苦辣酸甜……

刚到学校报到时，他身上只带了32元钱和十几斤全国粮票。在他临上汽车的时候，老父亲又将口袋里仅剩下的3角钱也掏给了他。老人总是说“穷家富路”，可是他心里清楚，就是这32块3毛钱，已经是掏空了家底的全部积蓄。当时的他生怕丢了，紧紧地把钱捂在胸口。这32块3毛钱和十几斤粮票就这样扎进了李振拴的心里，一直就那么暖暖的，带着父母的关爱和全家的嘱托。那个时候，他真是一分钱一分钱地计划着花，生怕这个月初多吃了一口咸菜，下个月底就断了顿。

李振拴刚到太原上大学时，家里只给置办了一身最便宜的布料做成的衣服，上衣花了3块钱，裤子花了2块7毛钱。

但每次洗衣服时，李振拴就发了愁，因为他没有别的可以替换的衣服，倔强的自尊心又让他不好意思向同学们借衣服穿。唯一的办法，就只好在晚上洗衣服了。早下一会儿晚自习，把衣服洗干净后，及时用干毛巾将水吸掉，不误第二天早晨穿。有一次，李振拴刚把衣服洗完后，天气变了，下起了大雨。他半夜起夜时，发现衣服还湿着，估摸着到天亮也干不了。他就把衣服悄悄地摘下来，放入自己的被窝里，用身体的温度将衣服暖干。

学校每个周六都有电影。多数学生都会花一角钱去看电影。李振拴仅进过一次电影院。后来，他觉得这1角钱对他太有用了，可以买一些铅笔、橡皮等文具。他非常清楚，父亲在农村背着日头累上一天，也只能挣到8分钱。为此，每次当别的同学们去看电影的时候，李振拴就悄悄地坐在教室里自学起来。

大学期间，国家每月补助学生22.5元钱，他为了使用好这笔钱，省吃俭用：就去相距学校不远的太原重机食堂，早饭就是咸菜、窝头、小米稀饭；午饭“丰盛”一点，吃一个土豆丝，两个馒头；晚饭就是白菜、窝头就点水。一个二十郎当岁的小伙子，正是永远也吃不饱的年纪，但迫于无奈，李振拴只能这样从牙缝里挤出来买书本文具的钱，因为他知道他活着不是为了吃饭，他吃饭是为了活着，为了做更有意义的事情。

四年里，他还坚持勤工俭学：别的同学放假回家了，他要求留下来在学校打扫卫生、搬砖送料、刻字碑、挖土方，他不拈轻怕重，怕脏怕累，总之什么能挣到钱，他就干什么。第一个学年的暑假，他挣了32元钱，第二个学年的暑假，他又挣了56元钱。离家在外上了四年的大学，李振拴只花了家里210多元钱。饶是这样，在毕业时他还攒下120多元钱。

越是穷人家的孩子越是急着想为家里做点什么。山西矿业学院每天给学生发二两细粮票作为机动用。李振拴每年都要把这点细粮票积攒起来，到年底从学校食堂领一袋50斤的白面，扛着带回老家过春节。虽然父母亲总是为此严厉批评他，但他那一颗急于反哺的拳拳孝子之心还是忍不住要这样做。

有一次，父亲知道儿子带的钱太少了，怕儿子在校受了委屈，等家里收了秋粮，便赶紧搭了个顺路车赶到太原送钱。当时，父亲给儿子带了15元钱，另外还背了两口袋烟叶。本想着卖掉烟叶就够自己返程的路费了，可太原那个时候没有自由市场，两口袋烟叶连一两也没能卖出去，无奈只好再背回去。在回去的时候，父亲因衣服太破，又背了两个不像样的大口袋，被当时在候车室的工作人员误认为是要蹭车的流浪汉而大声训斥了一顿，直到看见父亲哆哆嗦嗦地掏出车票，还不肯道歉，只是嘟囔着又嘲讽了一番。当时的场景李振拴看在眼里，烙在心头。既心疼父亲被人看轻呵斥，又痛恨自己仍然无力改变家庭贫苦的面貌……于是回到学校后更是发了狠地读书，他把心中的愤怒、懊恼和不甘全都转化为刻苦学习的动力。没用多久，他又成了班上成绩名列前茅、出类拔萃的学生。

李振拴就像是黄土高原上一棵傲然挺立的白杨树，虽然阳光雨露并不会对他厚施恩泽，甚至命运对他都有些苛刻，但这并不妨碍他对于阳光的热爱，永远努力向上生长，永远那么挺拔，参天耸立、倔强挺立。

岗 位 乍 练

1982年，李振拴从山西矿业学院地质系以优异成绩毕业后被分配到山西省煤田水文地质229队一工区地质组，担任地质岩芯鉴定员。

上班的第一天，李振拴还不知道即将迎接他的将是多么艰苦的打磨，他也无法预料水文地质这个行业到底是怎样一番景象……

当时的一工区驻扎在远离队部的古交铁磨沟。一工区地质组原有两名技术人员，一名叫申振乾，一名叫翟建义，都是经验丰富的工程师。李振拴到地质组上班的第二天，就跟随申振乾上钻机搞岩芯鉴定。这么多年过去了，他依然清晰地记得那天风很大，天气特别冷，蜷缩在大卡车后边车厢里的李振拴，被冻得上下牙直打架。刺骨的寒风像针一样透过衣服的缝隙，一根一根地穿皮透肉，狠狠地扎在骨头上，让人是坐也坐不住，蹲也蹲不成。二十来公里的山路，整整行驶了一个小时。等赶到钻机后，人的手脚全给冻僵了，站都站不起来。连滚带爬地钻进钻机前场房取了一会暖，就得抓紧时间投入工作。一直忙活到中午12点多钟，他们才收了工。迎着风匆匆吃了一碗面条，又乘坐大卡车赶回工区所在地——古交铁磨沟。

第一天的工作就让李振拴深深体会到了野外地质工作的艰苦。好在有前二十多年的穷苦生活打磨，李振拴有着常人所不具备的韧性和毅力，在老队员都以为这个大学生会退缩的时候，他不但没有表现出一丝怯懦，反而选择迎难而上，逆风而行。经过这一段时间的跟班学习，让不少老队员对这个年轻小伙子刮目相看——他不仅保质保量完成了工作任务，还私下进行了梳理总结，把枯燥的岩芯鉴定工作总结出了细致的管理办法。命运把他搁浅在最贫瘠的戈壁上，他却能开出灿烂的花。

李振拴第一次处理疑难问题，是在1982年初夏的一天。当时，工区地质组两位老同志都回队部开会去了，只剩下李振拴一人在忙着整理地质资料。突然，一名大班记录员闯进办公室，上气不接下气地说道："李……李技术员，ZS－9号孔见……见到了铝土，你说能不能停……停钻测井、下套管。"这对刚刚参加工作、连一个钻孔也没有管下来的李振拴来说，真给难住了。他想，如果把层位判断错了，造成的后果是不堪设想的。他对那位大班记录员说："你先回钻机，我随后就到。"那次，李振拴确实有点紧张。等那位大班记录员走后，他忙收拾了一下桌子上的资料，带上柱状图，骑上自行车就往钻机跑。时值中午，天气炎热，四十多华里的崎岖山路，把李振拴整得汗流浃背，筋疲力尽。他到了钻机一看，踌躇起来，从孔内取的岩芯与他实习时看到的同一层位的岩芯不一样。怎么办？关键时刻，李振拴突然想起古人说过的一句话："三个臭皮匠，赛过诸葛亮。"于是他把一位工作多年、实践经验丰富的老机长从工区请到现场。又把现任机长、副机长和大班记录员都找来，一块分析岩芯特征，分析地层情况。经过反复认真地分析、对比、研究，最后确定不能在这个层位上停钻，还得继续往下打。为了保险起见，李振拴干脆吃住在钻机上。他对每次取上来的岩芯都要进行认真细致的鉴定。钻机驻扎在一个山沟里，交通条件差，生活卫生条件更差，尤其是到了晚上，蚊子多得可怕，感觉人就像被包围了一样，一夜下来，身上脸上全是疙瘩。抓着又疼，不抓又痒，难受极了。即便这样李振拴也坚持在钻机上住了十多天，眼见着人就瘦了一圈。农村出身的李振拴没有大学生的骄矜和架子，与钻机工人们处得像亲兄弟一样。钻工们看着这位责任心强、事业心强、耿直厚道的刚刚迈出大学校门的年轻技术员，都打心眼里喜欢他，尊重他。炊事员还时不常地特意为他开个小灶。时间过了二十来天，ZS－9号钻孔终于顺顺利利地结束了。经验收，各项指标均达到了国家要求，被定为甲级孔。这是229队建队以来第一个甲级孔，也许没有人会把功劳记在一个小小的岩芯鉴定员身上，甚至人们很快就会忘记曾经有这样的一年轻人为了这个钻孔吃了那么多苦，受了那么多罪，但是这个孔的成功对于李振拴而言，意义非同一般。这是对他第一次独立开展工作的认可，他打心眼里比任何人都高兴。这次首战告捷，为他后来独立开展工作奠定了基础，坚定了信心。

夫 妻 相 携

上天终是不忍，李振拴吃过了童年的苦、求学的苦、野外工作的苦，终于在婚姻爱情的道路上他是幸运而顺遂的。

1981 年暑假期间，经初中老师介绍，李振拴与他高中的一届同学宋清莲恋爱了。宋清莲 1980 年毕业于忻州卫生学校护士班，毕业后分配在山西省荣军医院工作。一个刚刚毕业的懵懂少女，寄居在一个无亲无故的他乡，她的内心难免是敏感而孤独的。此时此刻，能够他乡遇故知，更何况还是自己高中时期那个考试上大学的男同学，宋清莲没有过多考虑就欣然同意了。在宋清莲的眼里，李振拴形象总是像加了滤镜一般美好。即便学生时期李振拴依然节衣缩食、依然穷困潦倒，但通过亲身的接触了解，从言谈举止、从待人接物，宋清莲认定这个男人是一个能吃苦、有理想、有追求、有抱负、有担当、有胸襟的良人。

由于同样的地域出身，同样的历史环境，所以她理解他的拮据，也接受他的贫苦。他俩由初恋到热恋，关系步步升级，情感日日加深。很快她就决定将自己的一生托付给他。只是她也许不曾想到，此后的一生中，其实是他将自己的一生托付给了她。

1983 年国庆前夕，也就是李振拴上班后的第二个年头。他和宋清莲就高高兴兴领上了结婚证，并开始商量操办婚礼一事。与其说是商量操办婚礼，不如说是商量怎么“逃避”婚礼。虽说那个年代的大环境不像现在如此奢靡，但总归还是要有彩礼告慰亲人、要有宴席酬谢亲友，要新做些家具、被褥、衣服……多多少少置办一些居家过日子的东西。但刚刚毕业又急于反哺家庭的李振拴哪里有这样的条件，倔强的他从毕业那一刻起就不愿意再要家里一分钱。所幸，宋清莲也能体谅他苦衷，不愿给他增加心理负担，于是什么要求也没提，就同意了这窘迫得都有些寒酸的婚事。也许在她心里也有纠结和挣扎，也有不甘和委屈，但在她看来既然已经选择了一穷二白的李振拴又何必计较那一两件不值一提的物件呢，至于那些旁人的闲言碎语，怕是永远也抵不过二人憧憬着的那些未来吧。

于是二人合计好，把一场婚礼瞒了三个地方，他们跟太原的同事说是在老家办的婚礼，跟老家的乡亲说是在太原办了婚礼，到了古交工区找了两块床板拼在一起，再从招待所借了一床被褥，就算是正式礼成了。没有拍结婚照，没有宴请亲友，没有父母见证，连最简单的对联喜字都没有贴。他俩像往常一样，一同从太原坐火车到了古交，就算作“旅行结婚”。桌面当面板，凳面做菜板，小两口架火造饭，在野外工地上度起了蜜月……

年轻时的宋清莲留着一头飘逸的长发，俊俏的脸庞镶嵌着一双美丽的眼睛，出落得算不上漂亮，但也绝对是标致可人。唯独就是那身朴素的旧衣，与新婚的境况总是透露着不和谐。每每思及于此，李振拴总感到对不住她，内心愧疚得很，时至今日，回忆起来还不胜唏嘘。所以等后来经济条件好转之后，李振拴总是鼓励妻子多购置些穿戴，对于妻子的各种花销他也从不过问。看着老妻家中的衣服盈箱盈柜，他的内心才能稍稍平息。

李振拴常说自己是一个有福之人。而这辈子最大的福气便是娶了一位有大智慧的妻子。婚后生活也有争吵磕绊，但妻子从不斤斤计较暂时的穷苦，她不短视纠结一时的异地别离，她用自己的方式安静的守护着他们的小家——李振拴忙于工作，一走就是几个月不着家，她就一个人忙里忙外操持家务，让他没有后顾之忧；李振拴回来又一头扎进资料堆，没日没夜地核算作图，她就为他按时做好一日三餐；李振拴又要出差下一线，她就默默地为他收拾好衣服日用，牵着孩子远远望着他离去的背影。对于李振拴的工作，她从来只有默默地支持，因为她坚信，她爱的这个男人是要做大功业的。她对他的爱就像是种下了一个种子，静待花开就好。

但一场突如其来的变故，使得宋清莲开始怀疑起自己的选择。那是一场车祸之后，她接到通知就像疯了一样跑到医院，一路上她的脚就像是踩在棉花上，感觉周遭的一切都是那么的不真实，她一度怀疑这只是一场噩梦，抑或是人们的口误，李振拴只是普通的擦伤，她多么希望他还能像平常那样瞪着大眼睛看着她、埋怨她大惊小怪、催促她赶紧回去接孩子做饭，但她看到的却是一个瘫卧躺在病床上的虚弱的病人。饶她在医院工作多年，也算是看尽了生离死别，但当自己最爱的男人躺在病床上的时候，她还是感到天旋地转，她从未如此恐惧，她害怕失去他，也害怕孩子失去父亲。她后悔自己当初为什么不阻止他去野外，为什么没有跟他吵闹纠缠让他在机关谋个闲职，为什么每次明明不舍得别离却又装作大度地嘱咐他路上小心……当得知伤情虽然严重，但已经脱离了危险之后。宋清莲才松了一口气，她细致周到地照顾着李振拴，每一次擦拭都小心翼翼，像是在呵护一件易碎的艺术品。当她听到伤愈一个月不到的李振拴又要去工地的时候，她真的要急哭了，她下定决心这次一定要阻止他，但看到爱人笃定的眼神后，她还是选择了放手，依依不舍化为浓浓的牵挂，她搀扶着把他送走，一如以往一样，只是在注视着车辆远行的视野中多了一些氤氲的水汽。

此番赤城的爱情，像生命荆棘中盛开的花，给人以鼓舞和希望。此后的李振拴的人生像开了挂一般，一路坦途，这也得益于妻子的贤惠和支持。正所谓：得妻如此，夫复何求。

遍 踏 青 山

1984 年，李振拴撰写并发表了他的第一篇论文《黄土地区如何找水》。队领导从他的论文中感受到他身上那股坚韧不拔的毅力和精神——而这不正是科技工作者应有的素质吗？于是，将钻探 TS－3 号孔的重担交给了李振拴。为了不负领导的期望，他精心设计，严格把关，始终战斗在第一线，就连婚假都放弃了。该孔终孔后，初验为甲级孔，时任项目负责人的王发锟感到很惊讶地说："水文孔还有甲级孔？"他要查看资料，看后，每一项都达到了国家规范要求的甲级孔的标准。他负责管理完成的 TS－3 号钻孔被评为太原项目第一个甲级孔。

但对于李振拴而言，真正让他这三个字走进专业领域的还要说起《晋城新矿区供水水源详查设计》那个项目。

1986 年 12 月，煤炭工业部地质局就"山西省晋城新矿区水源地勘探"这个重点项目，面向全国煤炭地质系统公开招标。当时，山西 229 水文地质队的党政领导果断决策，全力以赴参加投标。并成立了以原总工程师黄中本为组长的投标方案设计组，从全队抽调精兵强将。在这次投标设计中，李振拴主要负责图件的编制工作。经过三个月的精心钻研，这项设计以工程量布置合理、图件准确美观、手段先进等优点，在全国强手如林的竞争中一举中标。喜讯一经传开，李振拴和投标方案设计组的全体成员以及全队干部职工都兴奋地手舞足蹈，热血沸腾。项目中标后，李振拴被指定担任该项目的负责人。巍峨钻塔迎风矗立，轰鸣的钻机声震动山野，此时此刻李振拴已经暗暗下定决心，发誓要在这个项目上下苦功夫，做出全国一流的地质报告，他提出了"以设计为依据，以规范规程为准绳，严把质量关，全争甲级孔"的施工口号。要让山西 229 水文地质队打响招牌，跻身全国地质队伍第一方阵。

1987 年项目一开始，他根据工作 5 年来的经验，重新设计了一套 16 种原始记录表格，在此列出，便于野外工作者借鉴：

（1）钻探原始记录表。

（2）简易水文观测记录表。

（3）简易水文观测率统计表。

（4）下套、滤管通知书。

（5）下套、滤管报告书。

（6）下套、滤管统计表。

（7）抽水试验通知书。

（8）抽水试验报告书。

（9）抽水试验记录表。

（10）抽水试验综合成果表。

（11）抽水试验验收表。

（12）丈量钻具记录表。

（13）竣工管材统计表。

（14）原始记录复查表。

（15）钻孔质量验收报告书。

（16）钻孔质量统检情况表。

为了圆满地完成组织上交给的重任，李振拴把全部精力、满腔热血都倾注在国家重点项目上，倾注在自己热爱的事业上。

每台钻机开钻前，他都要到钻机对机长、指导员、大小班记录员讲解该孔的设计目的、记录的标准要求、抽水层位、止水方法等。在野外施工三年的时间里，他以工区为家，每隔两天就要把所有的钻机走一遍，在做抽水试验时半夜还要去检查跟进。对于每台钻机的进度、数据他都做到了然于胸。基本每 3 个月才能回一次家，每次回家也就是简单地准备一些换季的衣服便匆匆赶回工地。

1989 年在往返的路上他不幸遭遇了一次车祸，同车的另一位同事不幸殉职，而他自己则被撞断两根肋骨，头部、面部、脚部多处受伤，一度处于瘫痪状态。幸亏抢救及时才勉强捡回一条命来。刚刚出院，医生反复要求休息够 100 天，但因为心里惦记着工地的工作，刚刚出院不满一个月他就返回了工区。项目历时四年，他跑遍了阳城县、沁水、高平、陵川、晋城各个地方，对于那里的山川地形甚至比自己的家乡还要熟悉。在高峻的山崖，在崎岖的山路，处处留下他那闪光的足迹。

项目引进了长春地质学院胡宽瑢教师多年研究的地下水动力学与水文地球化学相结合的理论，大大地提高了《报告》的质量，在研究中胡教授和李振拴跑遍了晋城延河泉域，取水样 200 余件，同位素样 80 余件，计算了泉域内岩溶发育、单位涌水量、渗透系数、方解石、白云石、石膏反应比率与奥陶系顶板标高的关系；计算了泉域内碳酸盐岩溶解速度和溶解量，据此给出了五龙沟、望川、成庄水源地勘探重点。

另外与山西省水文总站合作了《斯坦福流域模型》的研究，对地表水与地下水转化取得了新成果。

整个项目历时近 5 年，共竣工钻孔 22 个；钻探总进尺 13437.24 m；甲乙级孔率达 90% 以上；一次成孔率达到 100% 。各项施工空前成功。

在《报告》编制的一年里，他中午从不休息。由于爱人上班远，中午不能回家照顾上小学的儿子李鹏吃饭，他就带着儿子吃食堂，吃完饭，儿子在他办公室做作业或午睡，他又一头扎进报告编制中。报告里的每一个数据、每一张图件，他都亲自认真审核。整个报告 100 余万字，由一件主报告、三件分报告及两本图集共 143 张图组成，这些都是他的心血和汗水凝结而成的（图 4－4）。

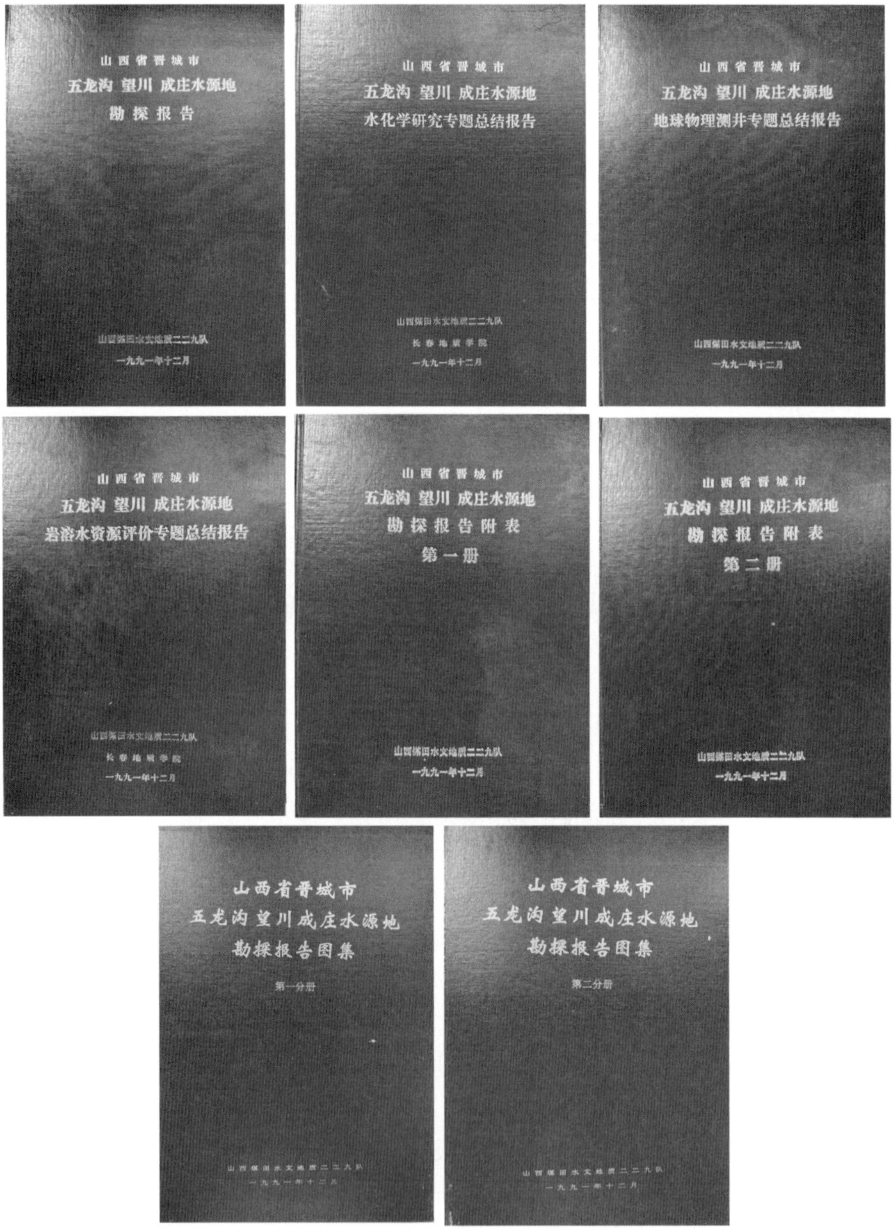

图 4－4　李振拴负责编制的《报告》

该《报告》由全国储量管理委员会进行评审，由于《报告》量大，专家多而层次高，评审时间长，经过一个星期的评审，该项目由于钻孔分布合理，钻探质量高，采用方法多而研究手段先进，专家给出94分的高分，勘探程度由“详查”提升为“勘探”。项目成果《山西省晋城市五龙沟、望川、成庄水源地勘探报告》获山西省煤炭系统、中国煤炭地质总局及1993年的全国储委优秀奖；《山西省晋城市五龙沟、望川、成庄水源地水文测井报告》获山西省煤炭系统、中国煤炭地质总局优质报告奖；《山西省晋城市五龙沟、望川、成庄水源地水化学研究报告》获山西省煤炭系统优质报告奖。这套报告让山西煤田勘探走在了这个行业的最前沿。

晋城项目结束后，李振拴历任了地质科副科长、科长、副总工程师、总工程师。期间承担了《太原东山煤矿750下山带压开采勘探及研究报告》项目负责人，这是山西第一件带压开采勘探研究报告，并获中国煤炭工业协会优秀成果二等奖（图4－5）。此外他还承担了中国煤炭地质总局二类科研项目《第四系松散含水层资源评价的化学动力学法及理论方法研究》，荣获山西省科技进步二等奖。2002年晋升为教授级高级工程师。

科技進步奬
証書
为表彰在促进科学技术进步工作中做出重大贡献者，特颁发山西省科技进步奖证书，以资鼓励。
获奖项目：第四系松散含水层资源评价的化学动力学法的理论及方法研究——以大同麻峪口地区为例
获奖者：李振拴 胡宽容 曹玉清
奖励等级：软科学类 二等奖
奖励日期：二○○一年四月
证书号：2000-D-2-156
山西省科学技术进步奖评审委员会

图4－5 研究报告荣获中国煤炭工业协会优秀成果二等奖

但李振拴凭着对水文地质事业的热爱和顽强拼搏的精神，一次次完成了新的项目突破，他负责的“太原市东山煤矿750下山矿床水文地质勘查”项目就是其中之一。在这一工程中，他根据多年与长春地质学院合作的实践经验，运用水文地球化学与水文地质学理论相结合的方法，在钻探资料缺少的情况下，成功地解决了不少难题，他主编的《太原市东山煤矿750下山矿床水文地质勘探报告》经专家评审，被认定为山西煤炭系统第一个优秀的矿床水文地质报告。该报告获中国煤炭工业协会“优秀成果奖”。山西省煤管局总工程师苏隧欣然说道：“山西省大水矿床水文地质问题，以前都是请省外著名专家解决的。而这个报告的出现，说明我们山西现在已经有能力解决这个问题了。”

后来，他还为山西晋城市北留、襄汾县郊区、右玉县高家堡乡等特别缺水地区找到了优质地下水源，结束了这些地区祖祖辈辈以来从十几里外靠人拉、驴驮水的历史。

他的业务范围还不止于国内，有一年他受也门政府的邀请及山西省煤炭地质局的委派，在也门进行了水源普查，为也门首都萨那，易卜、塔兹、亚丁等省初步确定了水源地，作为今后水源地勘探及开发重点区域。

1999年，山西省发展改革委员会计划向国家申请采煤破坏水的返还基金，但必须要有一个支撑性强的成果，时任省发改委主任的牛仁亮要求在全省找一个能承担该项目的人，最后找到了当时担任发改委项目评审专家的李振拴。

李振拴不负所托，查阅了全省各大煤田地质及水文地质勘探报告107件，收集《山西省水资源公报》《中国煤炭志（山西卷）》等文献50余件，调查矿井5403座，收集、采取水样 171 件后，形成主报告《山西省煤炭开采对水资源破坏量的调查研究报告》一份、调查附表一册、《遥感调查报告》一份、《东山矿区煤炭开采对岩溶水的影响及地下水综合利用研究报告》一份及《经济分析评价报告》。在操作这个课题时他创新采用的地下水破坏模数、动储量、静储量的概念，得到了中国水科院原院长、中国科学院院士王浩的充分肯定。最终，他得出结论——当时山西开采深度可达 300 m 左右，共破坏砂岩含水层体积约 49964601 万 m^3，灰岩含水层体积约 8082344 万 m^3，破坏地下水静储量 71388 万 m^3；破坏含水层的动储量 71370 m^3/h，（相当于 6.25 亿 m^3/a，19.83 m^3/s）。按照 2000 年原煤产量 24611 万吨，吨煤破坏水资源约 2.5 t。该项目得到全国 6 位院士、国务院参事等 16 位专家的高度评价。获山西省矿井进步二等奖（图 4－6）。

山西省以此结论为依据，向全国人大提交议案，国家返还山西吨煤 20 元的环境恢复可持续发展金，连续 10 年不断，总计约 1500 亿元。山西省水利厅也以此为依据向煤炭企业征收吨煤 3 元的水资源费。因煤而困的山西终于能专门拿出一笔经费，用来改善采空区的生态地质环境。李振拴用他的毕生所学，再一次为穷困的家乡父老创造了福祉。

2007—2010 年，即将退休的李振拴与华北科技学院、太原东山煤矿合作承担了国家科技支撑计划“矿井突水灾害预警系统的研究”项目，获山西省科技进步二等奖（图 4－7）。

图 4－6 项目获山西省矿井进步二等奖证书

图 4－7 “矿井突水灾害预警系统的研究”项目获奖证书

正如《山西日报》记者采访李振拴后，写下的那段话一样：“李振拴常常感到一种紧迫感，而这恰恰是他性格深层品质的流露：永远不满足于现状，每一阶段都有追求，一旦确定，又会用一种勇往直前的精神去实现。我们深信，他会一直向前的，因为，在他心中，永不停息地流淌着一支对地下水的恋歌。”

有关报道如下：

1994－08－16《山西日报》题为“地层深处的冲刺”；

1995－04－03《煤田地质报》题为“李振拴撰写的论文在国外发表”；

1995－11－27《煤田地质报》题为“李振拴被列入名人大辞典”；

1997－02－22《山西地质矿产报》题为“李振拴被选入名人大辞典”；

1997－06－03《山西科技报》题为“脚踏山河写春秋”；

1997－07－08《山西工人报》“梅花香自苦寒来”；

1997－07－25《山西经济报》题为“踏遍矿山探龙脉”；

1997－07－25《太原日报》题为“地下水流淌于他心中的歌”；

1997－08－17《山西日报》题为“志在煤海探水源”；

1997－11－15《中国地质矿产报》题为“黄土高原上的水文专家”；

1997－11－29《山西地质矿产报》题为“黄土高原一青枝”；

2001－05－21《煤田地质报》题为李振拴水文专著出版；

2002－08－26《中煤地质报》题为“二二九队的中关村”；

2005－11－06《山西日报》题为“地下水的情结——229 队总工程师李振拴速写”；

2008－11《中国煤炭地质》第 20 卷 11 期　地质人生栏目“谱写对地下水的恋歌——记山西省煤炭地质局副总工程师、省委联系的高级专家李振拴”；

2010－04－13《山西日报》题为“王家岭记忆：他设计了生命信息通道——2 号垂直钻孔——省煤炭地质局副总工程师、现场抢险专家李振拴记”；

2010－04－14《太原晚报》题为“李振拴——生命通道的设计师”；

2010－04－16《中煤地质报》题为“他设计了‘生命信息通道’——记山西局副总工程师、‘3·28’抢险专家李振拴”。

八 天 八 夜

2010 年 3 月 28 日 13 时 12 分，华晋焦煤有限责任公司（以下简称华晋焦煤公司）王家岭矿在基建施工中发生透水事故，共有 153 名井下作业人员被困，情况十分危急，时任国务院副总理张德江、省委书记张宝顺、省长王君、国家安全监管总局骆琳等领导亲赴一线，要求采取有力措施，调动一切力量和设备，千方百计抢救井下人员。于是一场八天八夜的生死较量正式开启。

当时，李振拴作为山西省委直接联系的高级专家，在第一时间接到了通知，他连夜奔赴事故现场，生死时速容不得他休息片刻，立马就开始与到场的所有地质专家一起分析研判，讨论商榷，开启了一场又一场的头脑风暴。因为当时排水量小，导致巷道水位下降慢，救援进度十分迟缓，在场专家都是一筹莫展。

经过一番深思熟虑，反复论证，最终李振拴把制定方案的重点放在了快速降低水位上，他提议在积水巷道最低处对应的地面向下打两个钻孔。通过钻孔，将巷道内的积水自动流入距巷道 80 m 以下的奥陶系含水层内。该方案向救援组领导汇报后，立刻得到批准，此时已是凌晨零时30分。

虽然自己提出的方案被批准了，施工队伍也马上就要进场了，但李振拴却一点也不敢放松，深夜他踱步在帐篷外面，反复思索推敲方案的每一个细节。地下的岩土构造远没有我们想象得那么简单，受重力、压力、构造影响，每一层地层之间都互相牵连，经常会有“牵一发而动全身”的情况出现，所以具体操作方案必须周详稳妥，钻井作业必须是百分之百成功，因为任何一个疏漏都可能导致废孔，轻则延误救援时间，重则将给井下的被困矿工带来灭顶之灾，责任重大，必须慎之又慎，不能有半点失误。李振拴不敢有半分懈怠，构造、岩土、技术等难题像读书一般一页一页、一遍一遍地在他脑海里“翻过”。天快亮时，他终于落笔，锚定了一号钻孔的位置。在第一个井位确定后，省煤炭地质局114勘察院迅速入场开钻。

李振拴和其他人员又在开拓平面图上详细查找第二个孔的位置。他发现在辅助运输巷北部巷道处打孔有以下有利条件：①孔位附近预计积水深度2 m左右；②共有4个作业点77名被困工人；③距出水点较远；④人员有时间逃生和向此方向聚集的可能。李振拴当即建议将第二个孔由原来设计的漏水孔改变为通风及食物通道孔。经实地测量，2号孔被确定在辅助运输巷内距巷道北头1400 m处，并通过GPS在地面确定了位置。李振拴受专家组的委托，起草了建议稿，经指挥部认定后，确定为垂直救援方案。

经过省煤炭地质局148勘察院16个小时的连续奋战，2号钻孔进尺251.8 m，终于打通了。由于矿方前期采用的通风救人的方法，导致井下气压升高。二号孔打通之后，形成气流井喷，井口瞬时气压达到3 MPa，经勘测共排气20多个小时，总排气量约6万m^3。经过5天的井下密闭环境，空气不流通，瓦斯也在大量积聚。加之，经勘测，当时气体中氧气含量仅为13%～14%，我们都知道当空气中氧气含量不足16%时，人体会产生脉搏加快，头晕恶心的症状；氧气含量不足12%时，人会浑身无力，体温上升；氧气含量为10%时，人们会意识混乱，脸色发紫，出现幻觉、濒死感。在氧气稀薄、气压大、瓦斯浓度高的情况下，许多被困人员都感觉呼吸困难。随着2号孔的打通，瓦斯浓度得以稀释、空气压力回归平衡、水位持续下降、氧气浓度持续上升，井下被困人员的呼吸条件大大改善。

经过多日的救援，地面的同志们始终不知道井下被困人员的情况，有些人已经对救援行动持悲观的态度。井下的被困人员在漆黑幽闭的暗井里苦苦支撑，没有补给、没有消息，恐惧、绝望的情绪在人群中占据了主导地位，集体的求生意识也越来越低。随着2号孔的打通，在4月2日下午2时12分地面工作人员发现井下有敲击钻杆的声音传来，在提升的钻杆上还发现有铁丝缠绕，这是被困矿工发出的求救信号，证明井下还有生命迹象。那是生命的回响，是胜利的凯歌，瞬时全场欢腾。井下的153名被困兄弟没有放弃，地面的3000救援大军也没有放弃，在这场与死神近身搏斗中，我们赢了。2号孔作为井上井下的信息通道，不仅树立了井下被困工人活下来的信念，而且更加坚定了地面抢险救援人员的决心，也使被困工人家属看到了希望，得到了安慰。

2号钻孔打通后，从4月2日16时50分到4月5日11时，通过采用各种方式分7次向井下输送营养液、牛奶共计560余袋。为之后的救援升井赢得了充分时间。随后，还从2号钻孔所在辅助运输巷内解救出的106名被困工人，升井后他们体征良好。整体经过八天八夜的紧张救援，最终115名矿工成功获救。

正如王君省长所讲，李振拴设计的2号钻孔是一个通风通道、信息通道、生命通道，收到了“一孔三用”的效果。后来该救援方法被广泛运用——2010年8月5日，智利北部圣何塞的铜金矿发生塌方事故，32名矿工陷于700 m深的地下，采用王家岭打孔救援方法，69天后被困的矿工全部获救。2015年12月25日，山东平邑石膏矿发生坍塌事故，采用同样救援方法，36天后4名被困矿工获救……

美国《时代》周刊盘点的世界十大救援奇迹中，王家岭救援排位列第一。事后，上海电影制片厂著名编剧贺子状以此次救援为题材、李振拴为第一原型人物创作了救援题材的现实主义电影《八天八夜》，在国内引发广泛关注。

一场救援，让李振拴感觉自己像脱胎换骨一般虚脱、疲惫。那是115名矿工的重生，也是李振拴职业生涯的涅槃。后来，他在自己的致仕回忆中，这样记录了这件铭心刻骨的经历——

曾忆否？王家岭上夜无眠，月落鸡唱五更残。春寒化芒刺透骨，挥汗如雨沁薄衫。挑灯苦思竭心力，双股战战执笔难。三声回音震天际，始觉眼角泪光寒……

笔　耕　不　辍

1994年5月30日，李振拴突然收到了一份从美国洛杉矶柯尔比科学文化信息中心寄来的获奖证书，令人意想不到的是他所著的《岩溶水动态、矿物饱和指数与水源地选择》一文被评为优秀科学技术论文，并获选进入国际电脑网络（INTERNET）的全球信息网（WORILDWIDEWEB）（图4－8）。

图4－8　论文获奖证书（一）

1994年，李振拴的论文《山西延河泉域水源地环境保护分带及防护对策》在《水文地质工程地质》第一期上一经发表，马上在学术界引起了强烈反响。该论文在全国第四届岩溶学术会议上作为大会重点交流论文，后又被苏联全俄科技情报研究所主办的《文摘杂志》《中国实用科技成果大辞典》收录，并荣获山西省首届青年科学大会上优秀论文二等奖（图 4－9）。

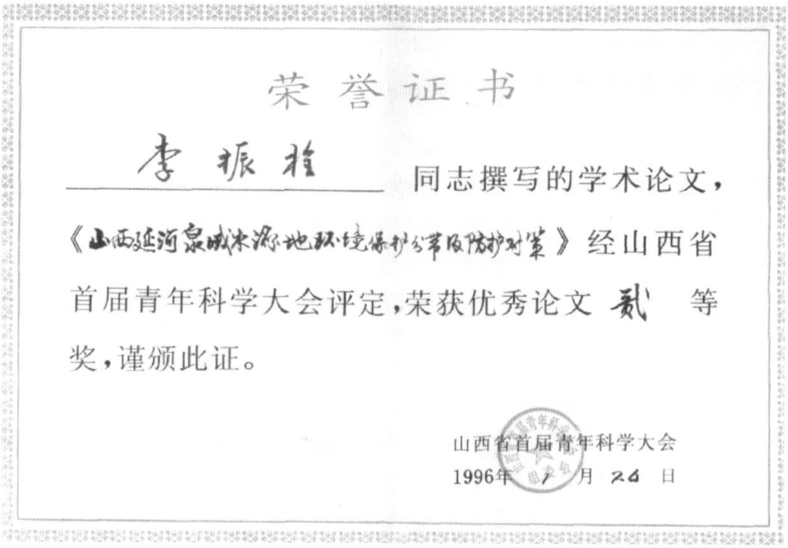

荣誉证书

李振拴 同志撰写的学术论文，《山西延河泉域水源地环境保护分带及防护对策》经山西省首届青年科学大会评定，荣获优秀论文 贰 等奖，谨颁此证。

山西省首届青年科学大会
1996年 1 月 24 日

图 4－9　论文获奖证书（二）

1996 年 8 月 4—14 日，第 30 届国际地质大会在人民大会堂召开。来自世界 116 个国家和地区的 6176 位地质专家欢聚一堂，共同探讨 21 世纪全世界地质科学发展的方向。李振拴是参加这次盛会最年轻的水文地质专家。他的论文《岩溶水系统化学力学环境分带及防护对策》在大会上交流后，受到了国内外著名专家的高度评价（图 4－10）。

图 4－10　李振拴在第三十届国际地质大会上发言

1997 年金秋时节，李振拴的又一篇论文《山西省太原市东山矿区岩溶地下水排供结合的研究》在《中国煤田地质》第三期上发表后，国外不少专家纷纷发表评论，一致认为，该论文是一篇很有建树、很有价值、十分难得的优秀论文。后来，被确定为第二届国际水危机大会的重点交流论文。

2001 年 5 月 21 日，《中国煤田地质报》在二版显著位置刊发了一则消息：李振拴水文专著《中国北方喀斯特水源地勘探方法研究》一书出版。这是我国第一部研究中国北方喀斯特水源地勘探方法的专著。

本书介绍的喀斯特水源地勘探方法，手段先进，方法齐全，对我国北方广大奥陶系喀斯特地下水资源的勘探、评价理论研究与实践具有借鉴意义，可作为喀斯特水源地勘探研究及水资源管理人员的参考书。

后来又有《工程渗流力学及其应用》在建材工业出版社出版；《山西省煤炭开采对水资源破坏影响及评价》在科学技术出版社出版；《水文地球物理测井方法与应用》在煤炭工业出版社出版；《地下水化学动力学与生态环境划分》在科学出版社出版；《煤矿水情监测预警保障系统的研究》在山西人民出版社出版。

至于论文更是数不胜数——2020 年第五期《中国煤炭地质》刊登了论文《采煤对山西地下水资源的破坏及污染》；2007 年第五期《中国煤炭地质》刊登了论文《山西煤炭开采对上覆裂隙水破坏及其利用的研究》；2009 年第四期《华北科技学院学报》刊登论文《山西省煤矿水害事故形成原因及防治措施》；1999 年第 2 期《煤田地质与勘探》刊登论文《东山矿区 750 下山 15 号煤层带压开采研究》；1999 年第 4 期《中国煤田地质》刊登论文《晋城西区 3 号煤层带压开采研究》；1997 年 8 月论文《岩溶水系统水化学热力学环境分带及防护对策》被收入第三十届国际地质大会交流论文集；1996 年第 2 期《煤田地质与勘探》刊登论文《岩溶水动态、矿物饱和指数与水源地选择》；1997 年第 3 期《中国煤田地质》刊登论文《太原市东山矿区岩溶地下水排供结合研究》；1995 年第 2 期《煤田地质与勘探》刊登论文《用水化学方法计算渗透系数》；1995 年第 3 期《中国煤田地质》刊登论文《用水化学法计算岩溶地下水储留时间》；1994 年第 1 期《水文地质、工程地质》刊登论文《山西延河泉域水源地环境保护分带》；1994 年第 2 期《中国煤田地质》刊登论文《水文地球化学计算在确定泉域边界中的应用》；1994 年第 6 期《山西地质》刊登论文《山西延河泉域方解石溶解及沉淀速度分带》……

随着著作的增多，各种奖项也是纷至沓来——《山西省晋城市五龙沟、望川、成庄水源地勘探》获全国储委优秀奖；《山西省煤炭开采对水资源的破坏影响及评价》获省科技进步二等奖；《第四系松散含水层资源评价的化学动力学法的理论及方法研究》获省科技进步二等奖；《华北型煤矿区水资源合理开发利用综合研究》获教育部科技进步奖；《太原市东山煤矿 750 下山矿床水文地质勘查》获全国煤炭协会优秀奖；《阳曲找煤普查》获全国新发现资源奖；《晋城西区 3 号煤层带压开采及岩溶水赋存状态研究》获山西省工程协会优秀奖；《山西省地方煤矿有水患矿井信息管理系统》获省煤炭工业科技进步奖；《矿井突水灾害预警系统的研究》获省科技进步二等奖；等等，不胜枚举。

他个人也先后荣获全国煤田地质系统优秀科技工作者、全国司法鉴定先进个人、全国煤炭学会科技专家、山西省第三届优秀科技工作者、山西省学术技术带头人、山西省科技专家协会专家、山西省煤矿安全评审专家、山西省水资源论证评审专家、山西省煤炭技术委员会专家、山西省工程咨询协会理事、太原市生产力促进专家委员会专家、王家岭矿

"3·28"抢险救援中荣立个人特等功……在这众多的荣誉中，他最深以为傲的还是能够成为山西省委直接联系的高级专家，也许在许多人看来这并不是一份荣誉，但李振拴却格外珍惜这个身份，这个身份对他而言不仅是肯定，更是一份沉甸甸的责任，这是他学以报国的机会，是他造福山西、回馈家乡父老的不竭动力，是当初那个刻苦求学的少年面对故乡绵延巍峨的大山立下的誓言——1996 年开始以来，他为水利厅、煤炭厅、煤监局、科技厅、环保厅及各地市、各煤炭集团、煤矿等单位和部门，提供技术政策制定前的咨询，制定后的释义，人员培训，报告设计方案审查、检查、验收，现场咨询等各项服务 8000 余次，成功地把自己的满腹学识转化为造福三晋父老的产能和福祉。

李振拴坚持以十分严谨的治学态度，潜心钻研水文地质科学。他一边负责生产技术，一边从事科学研究。先后主持和参加过十多项重点勘探及科研项目，在国家级和省部级学术刊物上发表有关水文地质、环境地质等方面的论文 20 余篇，其中 4 篇论文在国际上进行过交流，12 篇论文在国内学术会议上进行过交流。李振拴的累累硕果，显示了他在中国乃至世界地质科技界的存在。李振拴的名字和传略被载入《中国当代名人大辞典》《中国当代科学家与发明家大辞典》和《世界名人录》等。

桑 榆 未 晚

退休后，他心中那个少年时的梦还没有实现，那就是用自己学到的知识反哺家乡故土，为山西这块热土上的乡亲父老发声。他给副省长贺天才写了的一封信，直指山西煤矿问题。内容如下：

尊敬的贺副省长：

您好！

我是山西省煤炭地质局原副总工程师李振拴，已于 2016 年 9 月退休，按常理来讲，我不应该操这份心。但由于对山西水资源的情结，对煤矿防治水的眷恋，今天向您反映几个问题，不妥请指正。

一、关于煤矿防治水分区管理"三区"划分的问题

（一）基本情况

山西省煤炭工业厅 2017 晋煤行发〔2017〕128 号文《山西省煤炭工业厅关于全面推行煤矿防治水分区管理进一步加强防治水工作的通知》，要求兼并重组矿井按照水文地质条件和水害防治措施到位情况将井田划分为"可采区""缓采区"与"禁采区"。

可采区：即达到水文地质条件清楚、水害防治措施到位的区域。

缓采区：存在老空积水、承压水等水害隐患的区域，因资金、技术等原因还未达到水文地质条件清楚或水患有效治理的区域。

禁采区：经安全论证，通过现有技术、装备等难以达到安全开采的区域。

经过这样的工作，确实对我省防治水工作起到了积极作用，也得到了国家煤监总局的认可，在本次制定《煤矿防治水细则》时，将我省的"三区"划分也写入了《细则》。

该项工作于 2017 年底基本结束，由各主体进行了批复。

（二）存在问题

（1）2017 年 128 号文件未制定划分细则。导致各主体批复时标准不统一。如：村庄

压煤、井田边界煤柱、风氧化带煤柱，有的批为可采区，有的批为缓采区，有的批为禁采区。

（2）批复的范围不同，有的“可采区”只考虑五年范围，有的是全井田所有煤层。

（3）2018年又下发了晋煤行发〔2018〕164号《关于深化煤矿防治水分区管理的通知》，仍未制定划分细则。很重要的一条是要求“全井田均要进行合理分区，不得出现空白区”。由于对空白区的理解不同，导致有的行管部门要求将2017年划为“空白区”的无煤区、厚度低于规定最低开采厚度的区域、长壁式开采后形成的采空区、合理摊销的煤柱和处于下层煤开采形成的垮落带破坏的上层煤的区域本次全部划为“可采区”。

我认为：“三区”划分的对象是煤层厚度达到国家规定的可采厚度范围内的区域，考虑的因素是水，目的是为今后开采服务。划分标准全省必须统一，并且符合实际，对今后开采有指导意义。本次要求将无煤区、厚度小于规定最低开采厚度的区域、长壁式开采后形成的采空区等区域划分为可采区，将来在这些“可采区”是采煤还是采石头？划分的意义何在？

二、关于“有掘必探”

（一）“有掘必探”的提出

2010年3月28日山西华晋焦煤王家岭发生特大透水事故后，为了进一步加强煤矿防治水管理工作，2011年8月17日山西省人民政府办公厅《关于进一步加强煤矿防治水工作的若干规定》，提出了煤矿应坚持“预测预报、有掘必探、有采必探、先探后掘、先探后采”的原则，同时，提出采取“物探先行、化探跟进、钻探验证”综合探测手段。针对当时山西进行的兼并重组矿井，该原则起到了积极作用。

（二）执行中存在的问题

（1）该原则是适用于采掘资料记录不清、积水不明的矿井，但在执行中有了偏差，由于管理部门缺乏防治水专业技术人员，不明白煤矿企业防治水重点，采用了“一刀切”的办法，统一要求全省所有煤矿全部执行该原则。在未开采煤层中、岩层中、两条大巷中间掘第三条巷道或联络巷等掘进中都必须进行探水，有些地市不分情况，统一规定了探水钻孔的布设方案及钻孔数量。

（2）该原则的执行给一些资料清楚、防治水专业人员完备的煤矿企业带来了很大困惑，有效的工作满足不了规定的要求，每天忙碌于编造虚假材料，应付连续不断的检查，进行大量的无效工作，使煤矿企业对防治水工作苦不堪言。

（3）由于该原则的执行，导致防治水人员手足无措，不能发挥其才能，削弱了他们的主观能动性，使防治水工程量及资金不能真正用在“疑”处。监管人员不懂业务，只知道“有掘必探”，到井下数钻孔，量深度，不懂钻孔应该打到什么地方，导致无效工程量大大增加，造成资金的极大浪费。

（4）由于执行该原则要做大量的无效工作，给企业带来防治水的疲劳感，最后形成“有疑不探”，导致事故发生。

（三）建议

《煤矿防治水规定》中的防治水原则是：“预测预报、有疑必探、先探后掘、先治后采”，该原则是科学合理的。

近年来，我省在防治水方面做了大量工作：地面物探全覆盖、采空区积水调查、水文地质补勘，带压开采评价、隐蔽致灾因素普查、防治水中长期规划、水文地质类型划分、水患补充调查、“三区”划分。完全具备了在“可采区”采取“有疑必探”的条件。

建议将“有掘必探”转变为“有疑必探”。把有效的防治水工程量放在“疑点”上，不清楚的区域一定要坚持“有掘必探”，不受水害威胁的区域可以不探，真正做到实事求是。煤矿企业要做好防治水“靶区”的研究，一般问题自己解决，疑难问题可以聘请专家会诊解决。

三、底板岩溶水突水治理的方法

山西重点保护的岩溶大泉19处，如娘子关、晋祠、兰村、三姑、延河、洪山、古堆等，六大煤田下伏均有岩溶含水层分布，岩溶水资源是山西人民的生命之水，全省60%的生活用水来于该含水层。所以，对其的保护是刻不容缓的。

2017年6月22日，介休鑫峪沟矿发生了9号煤层底板突水，据矿方讲，总突水量600 m^3/h。2017年9月与冀中能源防治水中心、河北煤炭科学研究院签订了合同，自2017年10月至2018年4月，开始向奥陶系含水层注浆，欲将奥陶系含水层改造成隔水层，半年时间向奥陶系含水层内注黏土、煤粉灰、水泥、干料等107294 m^3，目前仍然在注。

2018年6月14—15日，水利厅组织专家去现场调研，对排水量采用浮标法进行了简易测量，测量结果是排水量仍达600 m^3/h，说明注浆堵水无效。

我认为，带压开采矿井底板突水是不可避免的，但治理必须是封堵导水通道（导水断层或陷落柱），不能将奥陶系含水层改造成隔水层来达到治理目的。

山西是一个非常缺水的省份，特别是奥陶系岩溶水是全省人民的生命之水，决不能有半点的破坏或污染。冀中能源防治水中心在鑫峪沟矿目前采用的治理方案必将对洪山泉域岩溶水径流条件产生改变，对水质造成污染，影响居民生活用水。

2018年5月9日，山西煤矿安全监察局组织全省带压矿井在鑫峪沟召开了现场会，推广全面封堵奥陶系含水层的经验。这种治理方法在山西省是绝对不能推广的。

四、关于防治水专业技术人员

《煤矿防治水规定》及山西省要求每个煤矿都要配备防治水专业技术人员，但现状是防治水专业技术人员严重不足，表面上看每个矿都配全了防治水人员，但有些一问三不知，有的煤矿配备的防治水专业技术人员是电焊专业，井田内为什么带压、煤层开采后形成的“上三带”、含水层与隔水层等于防治水有关的最基本知识不懂。这样的专业技术人员如何指导工作。

我建议：从长期培养人才来讲，太原理工大及与煤炭有关的大中专院校，应当开设水文地质及煤矿防治水专业课程，不能培训几天给发个防治水专业技术人员合格证就完事。从现状缺少人员来讲，为了解决短期人员缺乏问题，保证防治水工作的有效性，组织一批身体健康、有防治水经验、水平较高的防治水专业技术人才，采取分地区负责的管理办法，对全省煤矿每两年进行一次会诊，给煤矿企业的防治水提供“靶区”，明确两年开采范围内防治水及探放水重点，这样既可以集中发挥专业技术人员的积极作用又可大大降低煤矿企业的防治水成本，真正把我省防治水工作落到实处。

如有不妥，请贺省长指正。

山西省煤炭地质局原副总工程师李振拴

贺天才副省长，高度重视，收信后的第三天就将亲笔回的信转有关部门，并责成煤炭厅认真研究，并给出切实可行的应对措施。

2022 年 4 月，李振拴向山西省地质博物馆及他的母校太原理工大学捐赠了一批珍贵资料，这里面包括技术笔记 20 册、个人专（合）著 6 部、王家岭煤矿透水救援资料 1 套。这些资料李振拴一直奉若珍宝，只是如今的他，更希望以自己的方式把这些珍贵资料传承下去、弘扬开来（图 4－11、图 4－12）。

图 4－11　2003—2020 年 20 本技术笔记（捐赠山西省地质博物馆笔记原件）

图 4－12　2003—2020 年技术笔记复制件（捐赠太原理工大学笔记复制件）

有馆藏专家这样评论这批资料具有重要的学术价值：20 册技术笔记详细记录了

2003—2020年间李振拴先生在山西各地开展水文地质勘查工作的经历、所采用的技术手段、报告审查记录等；6部专（合）著分别为《中国北方喀斯特水源地勘探方法研究》《山西省煤炭开采对水资源的破坏影响及评价》《煤矿水情监测预警保障系统》《地下水化学动力学与生态环境区划分》《水文地球物理测井方法与应用》《工程渗流力学及应用》及《激战王家岭——“3·28”抢险救援新闻报道图文选编》上、下两册。这些资料在水源地勘探、煤矿水害治理、地下水综合开发利用、水文地质灾害的防治及井下事故救援等方面均具有重要参考价值。不可忽视的是，那些研究成果也充分展现了那一代地质人艰苦奋斗、不畏艰难的精神。

这些资料凝结着李振拴一生的心血，同时也记载着这位传奇的水文地质工作者严谨认真的工作态度及他对地质事业的挚爱与眷恋。

寄 语 后 人

犹记昔时少年郎，回首已是百年身。在致仕之年，他写下了自己这一生的回忆——

朝思●暮想

半世清贫苦学研　半世奔劳探心泉
莫道人间桑榆晚　为霞亦能华满天

——题记

年逾花甲，须鬓霜染。白日里案牍劳形，尚能自持，午夜梦回却每每老泪沾枕。追忆半生过往，不免历历在目——

贫乡苦地，蓬户荆门，柴扉挂红，弄璋添喜。适逢家境不济，褴褛尚能蔽体，唯食每难果腹。兄姊数人，终日嗷嗷。人道是雪上加霜，更难为继，然幸得父母怜爱，常抱于怀，稚子无知，为笑为盼。

及至垂髫，敏而好思，顽劣不羁，却常怀善心，助人乐己。人见则喜，皆言可教。初，入学从师，性大善，举一反三。“文革”伊始，辍学而返。吾虽年幼，亦知家道不易，拾柴积粪，采药放牧，无所不事。邻里咸以为乖巧，唯母亲怜某年幼，每至夜半，扶被泪涟。尝进山采苣，以补口粮之不足，适逢暴雨，山洪突至，可怜稚子懵懂，存身洞穴，无援自持。待风停雨霁，仍不忘满载方归。及家门，母亲见状，喜怒交集，俯身号啕。稚子感怀，遂立志。

庚戌年春，重返校园，如蒙大赦，喜不自禁，然读书只三载，虽奋力以学，仍感不及。闻鸡而起，晨读不辍；寒夜挑灯，愈加勤勉。人道是天赋异禀成佳绩，谁人知苦学熬心个人尝。

家乡静乐，历来苦寒。天公不怜，故十年九旱；土地非善，总贫瘠低产。为谋生计，我父一人日夜劳作；家道为艰，母亲长兄勉励维持。适逢我年方二八，正是血气方刚，青春少年。邻里规劝，弃学务农，分忧家务。凡遇此，我父皆不言。然学费书酬从不间断，伙食之资不使劳心。

寒窗十载，一朝及第。乡里同庆，皆言不负众望；双亲欣喜，难掩含泪之目。倾全家之资，合朋邻之力，始聚束脩之备。千里求学，唯一铺一盖已矣。面对众人白眼，尚能傲首以待；然目睹老父因褴褛之姿被人呵斥，终不免痛心。彼时，尚无心念及家国天下，只愿有朝一日，业立功成，以孝双亲。

大学清苦，生活拮据，纵勤工俭学，亦常常捉襟见肘。春夏之季，花团锦簇，恰同学少年，正是衣着鲜丽。而吾唯有一衣一裤，每每夜洗昼服。适逢雨季，天气潮冷，衣裤总不能干，无奈夜半藏之于怀，以体暖之。

终日潜心苦学，幸蒙苍天不负。毕业之后，学以致用，风餐露宿，跋山涉水。始得江河为脉，一振平生夙愿；心泉化乳，浸润故园父老。方可谓：目尽千川谷，遍履万壑山，为酬平生志，丹心务探勘。

待家成业就，本该承欢膝下，亲尝汤药，然不免庶务缠身，分身乏术。每每忆及双亲迟暮，总于心难安。唯能以丰厚财帛供养，方能聊表寸心。兄妹数人，各自成家，为使父母心下宽慰，平素亦多资助。二老乃乡间布衣，久居深山，未识天地之广，不知造物之奇。故尝携父母遍览琼山蜀水，纵情山水林泉。乌鸟反哺，羔羊跪乳，我虽竭力以侍，仍觉不能报之万一。

半世辛劳，一生为水，上可揽流云激雨，下能掘黄泉暗龙。行军布阵，引的是河川再造，沙场点兵，解的是万民饥渴。圣人训：学而优则仕。虽我并非追名逐利之辈，但一腔热血难就锦绣宏图，孤影之躯怎承凌云之志。尝侍州府幕僚数载，谈笑之间，多是有识之士；会商研讨，皆为术业专家。然，终不敢忘贫苦出身、布衣血脉，每所进言，必为民生疾苦。虽位卑言轻，亦多勉力。

夫煤者，晋之福兮祸兮？晋煤外运，广供全国，晋电东输，直达京冀。无煤，晋业无所凭，富煤，晋民有所伤。众所知，三晋之地，泉贫水乏，水之于晋，犹喉之于人。百姓用度尚且为之掣肘，然凡煤矿采掘选洗，无不耗费。晋民苦旱久矣，为尽拳拳之心，我广寻典籍，迹遍三晋，尽心竭力，终成一论——盖出煤一吨，耗水二倍又半。书文千言，上达天听，庙堂始知三晋之苦，每岁拨款百五十亿，周济旱民，十载不断。

岁在庚寅，仲春之初。王家岭上突传噩耗，百余矿工命悬一线。悬空大道劈山而就，千军万马星夜驰援。中南海急电责切切，省政府情焦义拳拳。某临危受命，昼奔夜达；尽毕生所学，慎思竭虑。心中有责千钧重，生命通道一夜通，《时代周刊》彰佳绩，涅槃重生感国恩。寰宇之间，历时百年，唯此一役，荣列救援奇迹之首，然每每回顾，仍不免唏嘘感叹——

曾忆否？王家岭上夜无眠，月落鸡唱五更残。春寒化芒刺透骨，挥汗如雨沁薄衫。挑灯苦思竭心力，双股战战执笔难。三声回音震天际，始觉眼角泪光寒……

半生奔劳半生笔耕，然无一字抒怀，无一字悦人，工作之余略有所想，也总是勘探之言。新文始成，其心惴惴，每欲觅高人指点切磋，以图增益。于是，发表于报端。一经付梓总不禁欣喜，每若孩童，老妻见状哂之，旋复具鸡黍，以供小酌。然我性疏散，转首即忘，复醉心于案牍。劳烦吾妻，凡此类报纸杂志总是悉心收好，典藏如宝。时光倏忽，回首再读，时文三十余篇，书成六卷，荣勋数次，审核报告八千有余。

想我半世春秋，奔波在外，聚少离多。上愧对白发双亲，未能膝前尽孝；下愧对娇妻稚子，不能灯下陪伴。可怜吾妻事事忧心，件件操持，岁月催老，娇颜无驻。忆及彼时，初识吾妻，一见倾心，不为容颜，但守本心——同是蓬门苦子，相知相携。待华发早生，满面沧桑，致仕之期已近。人生一世，草木一秋，想我半世浮沉劳碌，为己、为家、为国，终无悔矣。此后，唯愿含饴弄孙，陪伴老妻，共话桑麻。

念念不忘，必有回响。书此文，兹寄后人，不忘旧日之艰，常怀感恩之心，不堕苦勤之志。

老人们常说因果循环，积善成德——李振拴这一生寒窗苦读、勤俭持家、孝敬父母、造福乡里、救人无数……现在的他感觉自己的晚年很幸福，能老有所乐，更能老有所为，他有一群志同道合的朋友，能在一起做一番事业，还能把自己的人生经历慢慢讲给后人听。也许这就是老天回馈给他的福报吧。

岁月不居难掩明明之德，长烟落照尽归丽丽河山。

附件一

第三十届国际地质大会交流论文

岩溶水系统化学热力学环境保护分带及防护对策
——以山西延河泉域为例

李振拴（山西煤田水文地质229队，太原030006）

摘　要　本文通过对延河泉域内污染现状的评价，详细分析其地质、水文地质和水文地球化学分带特征，运用热力学方法计算，确定了碳酸盐岩、硫酸盐岩矿物溶沉方向的饱和指数。以此划分了岩溶地下水的环境保护区，并提出了保护措施。

关键词　环境保护区　化学反应比率

Abstract　By assessing the current pollution condition of Yanhe spring region, this paper analyses its geology, hydrogeology and hydrogeochemical character in detail. By using the thermodynamics method, the chemical reaction ratio of carbonate rock and sulfate rock minerals' dissolution and sedimentation direction is determined. As thus, the environmental area of karst groundwater is delineated and protection measures are put forward.

Key words　environmental protection area　chemical reaction ratio

晋城新矿区位于山西延河泉域的中上部，共建四矿六井。目前，为矿区已探明三个水源地，预计取水量为 7.2×10^4 m/d。在四个矿区内拟建洗煤厂5座，需水量 1.84×10^4 m^3/d，洗煤后的水全部排入附近的河床中。同时，泉域内乡、镇建的硫磺厂、造纸厂、螺丝厂处处可见。最近，山西省政府又决定在延河泉出口处兴建一座大型电厂，需水量3 m^3/s，更增大了泉域内岩溶地下水的开采强度。目前，延河泉域内的一个子系统（延河泉子系统）已被轻度污染（汞、酚、硫酸根离子超标），其上游的下河泉组子系统现在虽未发现污染，但由于三个水源地位于下河泉组上游5 km处，如果不及早采取保护措施，待上述厂矿全部建成投产后，其废气、废水的排放量将会大大增加，相应污染下河泉组也必然加剧发展。故笔者以水文地球化学及水文地质分带为基础，讨论水源地防护问题。

1. 延河泉域简况

延河泉域是一个从补给到排泄完整的地下水流域，主要含水层为中奥陶系厚层状石灰岩。沁水向斜使泉域地层形成南部向北、东西两侧向中间倾斜的储水构造。经勘探查证，东界为晋获断裂，西界为汾河与沁河的地表分水岭，南界止于王屋山脉寒武系紫色页岩，北界为寺头断层，总面积2990 km^2，形成四周高、中间低的地形，山区标高1000 ~

2300 m。沁河纵贯泉域中部，当河谷通过可溶岩段时，出露许多岩溶泉，泉域内共有岩溶泉 50 余处，其中最大的为延河泉，多年平均流量 3.39 m^3/s；其次为下河泉组，排泄不集中，多年平均流量 3.37 m^3/s。沁河的主要支流有芦苇河、获泽河、长河及涧河等季节性河流。

区内地层北部、南部、东部及西部为灰岩区，主要出露寒武、奥陶系；中北部为石炭、二叠系，地层由南向北逐渐变新；在泉域最北部为二叠系上石盒子组及石千峰组，局部可见三叠系刘家沟组；第四系黄土较发育，在泉域中部形成黄土丘陵区；第四系冲积层分布于现代河床中，在水源地下游，第四系冲积层直接覆盖于奥陶系灰岩上。

泉域内主要构造，东部为晋获新华夏系构造带，北为沁水拗陷，中南部为驾岭－石盘纬向构造带，南部为晋东南山字形构造。

2. 泉域水文地质和水文地球化学分带特征

泉域内从南向北，随着奥陶系含水层顶面标高的降低，其地质、水文地质、水化学特征及碳酸盐岩、硫酸盐岩的溶解、沉淀性在不断地发生变化。按其含水层顶面埋深标高划分为如下五个区。

2.1 在含水层顶面埋深标高大于 750 m 区

为水垂直循环交替的灰岩裸露区，故形成复杂的岩溶形态：如悬谷、洼地、漏斗、竖井、落水洞、千谷或残丘等，各种成因的 CO_2 气体及水中的各种物质随着降雨的入渗进入潜水。因此该区地下水为以垂直运动为主的补给区，属于 CO_2 开放体系。其化学反应方程为

$$CO_{2(g)} \rightleftharpoons CO_{2(ag)} \tag{1}$$

2.2 含水层顶面埋深标高在 600 ~ 750 m 间

灰岩由裸露逐渐转向隐伏，但上覆地层较薄，基本上仍属于 CO_2 开放体系。在此系统内，方解石、白云石两种矿物被含有 CO_2 气体的水溶解。由热力学计算及矿物溶度积规则获得，属三种矿物皆溶区（$\beta_c < 1$，$\beta_d < 1$，$\beta_g < 1$）；在此区段内主要进行的化学反应有：

$$CO_{2(ag)} + H_2O \rightleftharpoons H_2CO_3 \tag{2}$$

$$H_2CO_3 \rightleftharpoons H^+ + HCO_3^- \tag{3}$$

$$HCO_3^- \rightleftharpoons H^+ + CO_3^{2-} \tag{4}$$

$$H_2O \rightleftharpoons H^+ + OH^- \tag{5}$$

$$OH^- + CO_{2(ag)} \rightleftharpoons HCO_3^- \tag{6}$$

上述反应中产生的 H^+ 与方解石、白云石作用，反应式为

$$CaCO_3 + H^+ \rightleftharpoons CaHCO_3^+ \tag{7}$$

$$CaMg(CO_3)_2 + 2H^+ \rightleftharpoons CaHCO_3^+ + MgHCO_3^+ \tag{8}$$

$$CaHCO_3^+ \rightleftharpoons Ca^{2+} + HCO_3^- \tag{9}$$

$$MgHCO_3^+ \rightleftharpoons Mg^{2+} + HCO_3^- \tag{10}$$

$$CaSO_4 \cdot 2H_2O \rightleftharpoons Ca^{2+} SO_4^{2-} + 2H_2O \tag{11}$$

2.3 含水层顶面埋深标高在 350 ~ 600 m 间

为灰岩隐伏于地下的径流区，地下水以水平运动为主，水循环交替强烈，属强—中等径流带，含水层的透水性较好且埋藏不太深。地下岩溶形态多为溶隙、渗孔、孔洞及溶洞。地下水承受压力，为 CO_2 的封闭体系，在此系统内方解石开始沉淀，白云石及石膏仍在溶解（$\beta_c>1$，$\beta_d<1$，$\beta_g<1$），主要进行的化学反应，除式(3)～式(11)外，由于水中 Ca^{2+}、CO_3^{2-} 含量由近饱和到过饱和，方解石开始从水中析出，所以还有如下反应：

$$Ca^{2+}+CO_3^{2-} \rightleftharpoons CaCO_3 \tag{12}$$

2.4 含水层顶面埋深标高在 200～350 m 间

为中深层灰岩隐伏区．地下水循环交替相对变慢，渐变为中—弱或弱—极弱径流带，主要含水层的富（透）水性相对变差，水质变坏，水量变小．地下岩溶形态虽然以溶隙、溶孔为主，但明显少于上段。此段内碳酸盐岩矿物全沉淀，仅硫酸盐矿物溶解（$\beta_c>1$，$\beta_d>1$，$\beta_g<1$），主要进行的化学反应除式（11）、式（12）外还有：

$$Ca^{2+}+Mg^{2+}+2CO_3^{2-} \rightleftharpoons CaMg(CO_3)_2\downarrow \tag{13}$$

在 CO_2 封闭的地球化学环境中，若有机质或脱硫菌存在时，脱硫作用可使 SO_4^{2-} 减少，HCO_3^- 含量和 pH 值增大，可出现去白云岩化和脱硫酸作用，水中 H_2S 气体较浓，反应方程式有：

$$CaMg(CO_3)_2+Ca^{2+}_{(ag)} \rightleftharpoons Mg^{2+}_{(ag)}+2CaCO_3\downarrow \tag{14}$$

$$SO_4^{2-}+2C+2H_2O \rightleftharpoons 2HCO_3^-+H_2S_{(g)}\uparrow \tag{15}$$

$$2HCO_3^-+Ca^{2+} \rightleftharpoons CaCO_{3g}+H_2O+CO_{2(g)}\uparrow \tag{16}$$

2.5 含水层顶面埋深标高在 200 m 以下

为灰岩极深埋区。水文地球化学环境更为封闭，地下岩溶极不发育，局部可见封存古岩溶，地下水基本处于缓流或滞流状态，在水中起作用的是溶解度更大的 $CaCl_2$ 等。方解石、白云石、石膏全部沉淀（$\beta_c>1$，$\beta_d>1$，$\beta_g>1$）。其反应方程式除式(14)～式(16)外还有：

$$Ca^{2+}SO_4^{2-} \longrightarrow CaSO_4\downarrow \tag{17}$$

3. 泉域污染现状及评价

3.1 污染现状

泉域内主要的污染源为乡镇企业的炼铁、炼磺、烧砖等厂矿排放的废气及造纸厂、螺丝厂、电厂、煤矿等排放的废水。据统计，每年排放的废气达 27737×10^4 m^3；废水排放量达 496740 m^3/a，水中所含污染物 COD 204.27 t/a、酚 240 kg/a、硫化物 698.17 kg/a、BOD58871.54 kg/a。这些污染物通过灰岩裸露或灰岩浅埋区，直接或间接地入渗到岩溶水中，对延河泉组的地下水造成污染。

3.2 污染现状的评价

通过对延河泉组及下河泉组泉水采样分析。采用单项分指标及多项综合质量指标评价可知，下河泉组各项指标未超限，地下水未受污染，但延河泉组内有几项超标，说明其已受污染。这就预示着，在地下水大量开采，新矿区各厂矿企业开始投产后所排的废水，必将污染下河泉组及晋城新矿区的三个水深地。为此，应尽早拟定新水源地的防护措施。

4. 水源地环境保护分带

4.1 分带的依据

在上述水文地质和水化学分带的基础上，按前述的水化学模型[2]，通过化学热力学计算，确定矿物溶沉方向的饱和指数（反应比率），从而获得不同水文地球化学环境下碳酸和硫酸盐岩矿物的深沉分带。

4.2 反应比率（β_i）的计算方法

我国北方∈—O岩相古地理特征决定，可溶岩主要由方解石、白云石、石膏（或硬石膏）三种主要等溶型矿物组成，它们的反应比率（β_i）是描述一定条件下水能容纳多少等溶型矿物溶解产物，反映等溶型矿物溶解，沉淀方向的指标。当超过水能容纳某种矿物质限度含重之后该矿物便从水中析出。由于碳酸盐岩、硫酸盐岩组成的矿物主要是以方解石、白云石、石膏为主，因此、选择它们溶解于水中的离子成分 Ca^{2+}、Mg^{2+}、SO_4^{2-} 等来计算其三种矿物的反应比率，算式如下：

$$\beta_{ji} = \frac{\prod a_i}{K_j}$$

式中 $\prod a_i$——i 离子的活度积，mol/L；

K_j——某一温度压力下，j 物质达到饱和时的溶度积常数，mol/L；

β_{ji}——矿物的反应比率或饱和指数。

β_{ji}具有如下性质：①当$\beta_{ji}<1$ 时，j 矿物溶于水中的 i 离子欠饱和，则 j 矿物可继续溶解；②当$\beta_{ji}=1$ 时，水中组成 j 矿物的 i 离子与矿物处于平衡状态；③当$\beta_{ji}>1$ 时，水中组成 j 矿物的 i 离子过饱和，j 矿物从水中析出。所以，可以把反应比率（β_{ji}）视为饱和指数 SI_{ji}。当 j 以 c 表示为方解石，以 d 表示为白云石，以 g 表示为石膏；i 表示离子，如 Ca^{2+}、Mg^{2+}、SO_4^{2-} 等。

4.3 泉域水源地环境保护分带

按上述计算方法，分别求得每个水样的 β_j 值，将其绘制成平面图，找出 $\beta_c=1$，$\beta_d=1$，$\beta_g=1$ 的三条线，以其为准进行环境保护分带：

（1）$\beta_c<1$ 区，为一级保护区；

（2）$\beta_c>1$，$\beta_d<1$ 区，为二级保护区；

（3）$\beta_c>1$，$\beta_g<1$ 区，为三级保护区；

（4）$\beta_g>1$ 区，为四级保护区。

5. 泉域水源地污染的防治措施

由于岩溶水补给，径流途径长，埋深大，一旦被污染则很难恢复和治理，甚至污染源被控制后，水质恢复时间仍需很长。因此，为了防治岩溶水污染和保护岩溶水资源，建议在本泉域建立岩溶水环境保护区。根据本区的水文地球化学及地质环境特征，分成四级保护区（附图 1）。

5.1 一级保护区

主要指水垂直循环交替的裸露及半裸露岩深区及岩溶水系统的补给区，亦即水化学研

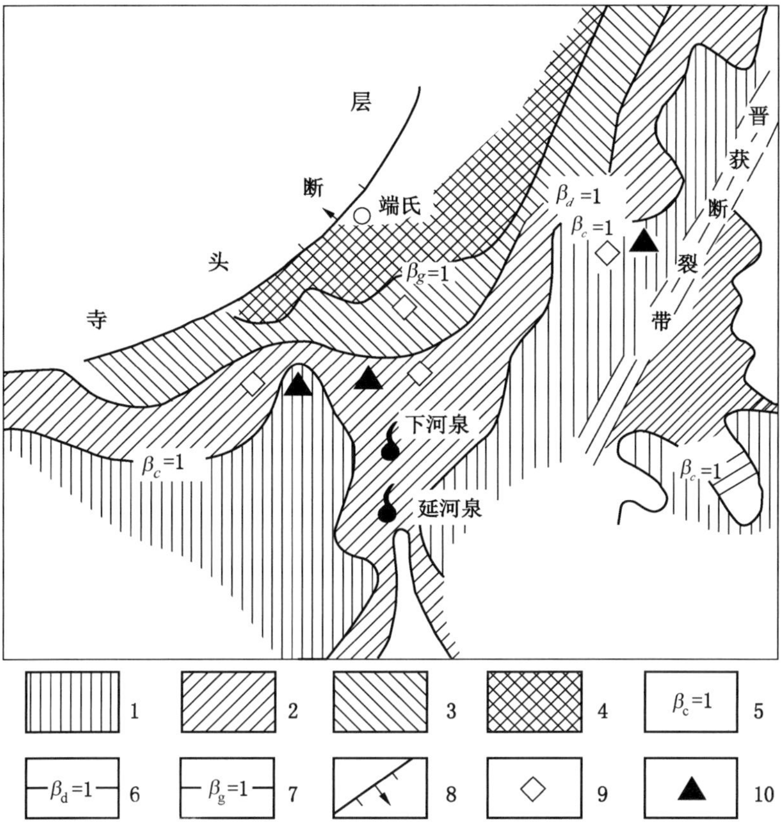

1—Ⅰ级保护区；2—Ⅱ级保护区；3—Ⅲ级保护区；4—Ⅴ级保护区；5—方解石反应比率等于1；6—白云石反应比率等于1；7—石豪反应比率等于1；8—断层；9—工业广场；10—水源地

附图1 延河泉域水源地环境保护分级图

究中 $\beta_c<1$ 的区段，此类地区污染物易下渗，故不能设置工业区，新城区及排污量大的工厂，对现有排污量大的工厂应分别予以搬迁，特别是在水源地附近的灰岩局部出露地段（特指五龙沟水深地附近），绝对限制建厂，对已建的厂矿必须予以搬迁。将排放的“三废”通过专用管道或专用工具送出本保护区外处理或排放。

5.2 二级保护区

主要指覆盖型岩溶区及岩溶水系统的径流区，$\beta_c>1$，$\beta_d<1$ 区段，此类地区污染物易下渗，透水性较好，自净能力弱，若污染源规模较大的，环境会失去自净能力，造成大范围或严重污染。故区内不宜兴建排污量大的工厂，对大型厂矿必须健全“三废”处理设施，新建、扩建城镇和厂矿企业时要采取严密的防渗设施，禁止“三废”超标排放和在灰岩浅埋区堆放废渣，对矿山尽量增加绿化面积。

5.3 三级保护区

主要指埋藏型岩溶区，水化学模型中 $\beta_c>1$，$\beta_d>1$，$\beta_g<1$ 区段，此类地区岩溶含水层埋藏较深，污染物一般不易下渗，是区内较适合城市建设和经济建设的地区，但要控制

“三废”排放和污灌，尤其是在断层发育附近，禁止“三废”超标排放。

5.4 四级保护区

主要指岩溶极深埋区，一般埋深大于400 m，水化学模型中$\beta_c>1$，$\beta_d>1$，$\beta_g>1$区段，此类地区含水层中水流动不畅，污染物不易下渗，适合于共建各类排污量大的厂矿。

在建立上述保护区的基础上，还应注意以下三方面的工作：

（1）控制污染源，强化环境管理。以环境法规为依据，排污单位要严格遵守《工业“三废”排放标准》规定，不仅要求达标排放，还要开展定时限量排放，控制环境质量恶化。增加工业“三废”处理配套工程及废污水处理设施。开发废渣综合利用，化害为利，控制大气污染，防止酸雨。

（2）建立“三水”水质动态监测网。岩溶水与“三水”转化关系密切。为了更好地保护岩溶水资源和及时掌握岩溶水质量动态，应对重点开发的岩溶水系统建立“三水”动态长期监测网点，以便随时掌握“三水”相互补给关系和质量变化动态，及时对岩溶水质量作出预测，防患未然。

（3）保护利用矿坑水资源。将来矿井投产后，矿坑排水量要综合利用、矿坑水如不加强管理，排入河道就地入渗，既污染环境又浪费水资源，从长远来看，倘若能将矿坑中排出的优质水与劣质水分管排放，将优质水纳入生活用水，质量较差的水排出地面后经处理为二次水源，供作其他用途，这也是解决水资源短缺的途径之一。

本文在撰写过程中得到了长春地质学院胡宽容教授的支持与帮助，在此表示感谢。

参 考 文 献

[1] 申振乾，胡宽瑢，等. 隐伏岩溶区的水文地质分带和定量评价 [J]. 水文地质工程地质，2，3，1991.

[2] 李振拴，胡宽瑢，等. 泉域水化学分带模型定性定量评价的探讨 [J]. 水文地质工程地质，6，1990.

该文发表于《水文地质工程地质》1994 年第 1 期

附件二

第二届国际水危机会议大会交流论文

太原市东山矿区岩溶地下水排供结合研究

李振拴（山西煤田水文地质229队　太原　030006）
段展青（山西煤炭管理局　太原　030012）
韩建伟（太原市东山煤矿　地测科　030043）

摘　要　太原市为华北地区严重缺水城市之一，而与此紧紧相连的太原市东山煤矿，由于一采区六斜坡发生岩溶水突水，造成750 m下山煤层无法开采。为了解决东山煤矿12873万t煤炭资源带压开采问题及缓解太原市供水紧张的局面。笔者从分析东山岩溶水系统水文地质条件入手，对井田内水文地质条件进行了定量研究。认为将东山煤矿的疏干降压与太原市的供水结合起来其利大于弊。
关键词　带压开采　排供结合　东山煤矿

Abstract　Taiyuan is one of seriously short water city in Huabei area. There are rich Karst underwater causing the unmining coal seam under 750 m, in Dongshan coal mine near Taiyuan. In order to solve the problem of developing with pressure 128. 73 million tons coal and the situation of suppling short water in Taiyuan. Writer firstly analyses hydrogeological conditions of Karst water system, and studies quantitatively hydrogeological conditions in coal mine. It is belived that advantages of combining drawing away water and depressing pressure with supplying water to Taiyuan are lager than disadvantages.
Key words　common pressure mining　drawing away and supplying combination　study　Dongshan mine

1. 引言

太原市东山煤矿隶属于太原市管辖的地方国有重点煤矿，该矿始建于20世纪20年代，新中国成立后经发展、改造，现矿井设计能力为150万t/a（1995年实际生产原煤105万t）。主采煤层为石炭系上统太原组的15号煤层。经过40多年的开采，750 m水平上山大部分已采完，750 m水平下山已于1981年开始回采。但15号煤层底板标高一般在300～700 m间，而相对应的奥陶系岩溶水位标高达786～800 m，随着煤层埋藏深度的增加，底板承受的水压力越来越大，特别是在六采区西北角，15号煤层底板标高220 m，而岩溶水水位标高798 m。煤层底板承受的水压力达5. 78 MPa，如此大的压力，对东山煤矿750 m下山的开采构成了严重的威胁，特别是1982年一采区六斜坡突水以来，岩溶水对东山煤矿的影响已成为开采技术条件中首要解决的问题①。

在东山煤矿进一步开采受到岩溶水威胁的同时，与此紧紧相连的太原市供水却十分紧张。随着工农业的发展，用水水井由 20 世纪 50 年代的数十眼增加到 1995 年的近 5000 眼；开采量由近百万立方米增加到 6000 余万立方米。地下水的严重超采导致了区域地下水位的持续大幅度下降，大批中浅层水井报废。1965 年时，城区水位降落漏斗面积 11.2 km^2 中心水位下降 16.5 m；到 20 世纪 90 年代，漏斗面积已达 300 多平方千米，中心降深 90 余米（个别地段近 100 m）。第一承压含水层已大部分被疏干，第二承压含水层也处在半疏干状态；地下水位以 2.89 m/a 的速度下降（个别地段达 10 m/a）；按此速率计算到 2000 年城区地下水位将下降到 130 m 以下。第二承压含水层亦将被疏干。城南及北营地区近百家厂矿企业将面临缺水停产的威胁。

为了缓解本市供水紧张的局面。山西省政府不惜投资一百多亿元于 1991 年上马了工程浩大的引黄入晋工程。这项工程是百年大计，但在引黄入晋供水之前，太原市供水紧张的局面将如何解决。笔者认为，对太原市东山煤矿岩溶水进行疏干降压，将矿区的排水与太原市的供水结合起来，是解决太原市供水紧张的有效途径之一。

2. 东山岩溶水系统

从大地构造单元来看，太原地区为一个完整的岩溶水系统。但由于燕山期及新构造运动，使原来一个完整的岩溶水系统变成如今的兰村泉、晋祠泉及东山三个岩溶水系统。

东山岩溶系统北部为大片灰岩裸露区，大气降水及第四系孔隙水补给总量达 2.33 m^3/s。岩溶地下水在由北向南运移过程中，在东部—三给地垒附近，以 0.34 m^3/s 流速补给兰村泉系统；在西部—东山背斜倾伏端附近，以 1.03 m^3/s 的速度流向娘子关泉域；以 0.13 m^3/s 的速度流入东南部后排向太原、清徐、交城盆地的冲积层内；东山岩溶水系统内目前开采水量约 0.83 m^3/s。东山煤矿处在岩溶地下水的强径流带内（附图 1）。

2.1 东山矿区水文地质特征

东山煤矿位于东山背斜的西翼，南北长约 10 km，东西宽约 2.9 km，面积 29.6 km^2，煤层走向近南北，倾向西，为一单斜构造。矿井分两个水平，上、下山开采，现生产水平为 750 m，全井田沿走向分为七个采区，采区的划分以断层为界。全井田内地表可见断层有 14 组 51 条，皆为正断层。走向近东西，最大为 F_5 断距 150 m，延伸长度 6700 m，井下小断层相当发育，至 1995 年底，在 15 号煤层井巷中就遇到 332 条，平均 25 条/ km^2。井田内共有可采煤层七层，主采煤层为 15 号煤层，其余薄煤层为局部可采。15 号煤层在一、二、三采区的上山部分已采完，最低开采标高为 680 m。目前正在开采四、五、六三个采区。1982 年 10 月 19 日在一采区六斜坡发生突水，突水量达 12500 m^2/d。目前，未开采的煤层均处于奥陶系岩溶水位之下，由于断层发育，奥陶系岩溶水成为东山煤矿安全开采的主要威胁。

2.2 东山矿区水文地质分区

在碳酸盐岩构成的含水层内，物质成分的变化率（$\Delta C_i/\Delta_s$），是在一定地质和水文地球化学环境($\beta=1$)中，具有一定流速(V)的地下水，经过一定的径流空间(X、Y、Z)和时间(t)，在确定的化学模型和化学作用 $\left(\sum F_{ij}\right)$ 下，在多相（固—液—气）体系中，多矿物

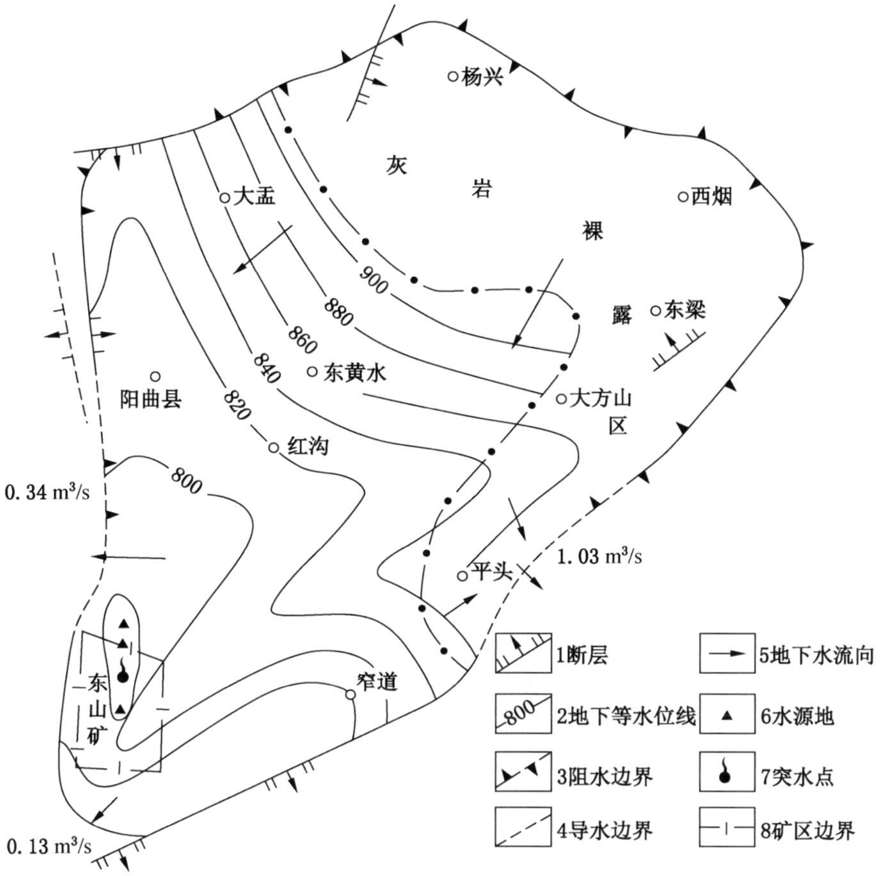

附图1　东山岩溶水系统水文地质图

$CaCO_3$、$MgCa(CO_3)_2$、$CaSO_4$ 同时溶解的情况下，通常在相间（固—液、液—气等）不连续处的界面上完成化学反应，不受传输作用的影响，若将上述物理概念用数学形式表达出来，则为

$$V_n \frac{\Delta a_i}{\Delta S} = \sum_{j=1}^{m} F_{ij} \tag{1}$$

式中　V_n——地下水法向流速；

α_i——水中 i 组分的活度；

Δ_s——i 组分沿地下水流线方向移动的距离；

F_{ij}——在确定化学模型和化学反应下，j 矿物溶解时，贡献组分的化学热力学和化学动力学方程式；

j——能形成 i 组分的矿物数，$j=1$，2，…，m。

通过对上式变换，积分，并采用达西定律改写后，可得到

$$K_{AB} = \frac{\Delta_{AB}^2 \sum_{j=1}^{m} Y_{ij} K_{jAB} (2 - \beta_{jA} - \beta_{jB})}{2(h_B - h_A)(\alpha_{iB} - \alpha_{iA})} \tag{2}$$

式中　h_A——流线上任意点 A 处的水位；

h_B——流线上任意点 B 处的水位；

α_{iA}——流线上任意点 A 处的 i 离子活度；

α_{iB}——流线上任意点 B 处的 i 离子活度；

β_{jA}——j 矿物在 A 点处的化学反应比率；

β_{jB}——j 矿物在 B 点处的化学反应比率；

K_{jAB}——j 矿物在 AB 点处的化学动力学常数。

由于东山煤矿处于东山岩溶系统的强径流带内，根据矿区水文地质条件及水质分析资料，用化学热力学计算获得 α_i、β_j 值后，编制相应的等值线图；再结合地下水流场图，依照式（2）计算 K 值，则编制出含水层渗透系数分区图（附图 2），即：

$K<1$（m/d）含水层渗透性差的区；$1<K<10$（m/d）含水层渗透性中等区；

$10<K<100$（m/d）含水层渗透性较强区；$100<K<1000$（m/d）含水层渗透性强的区；

$K>1000$（m/d）含水层渗透性极强区。

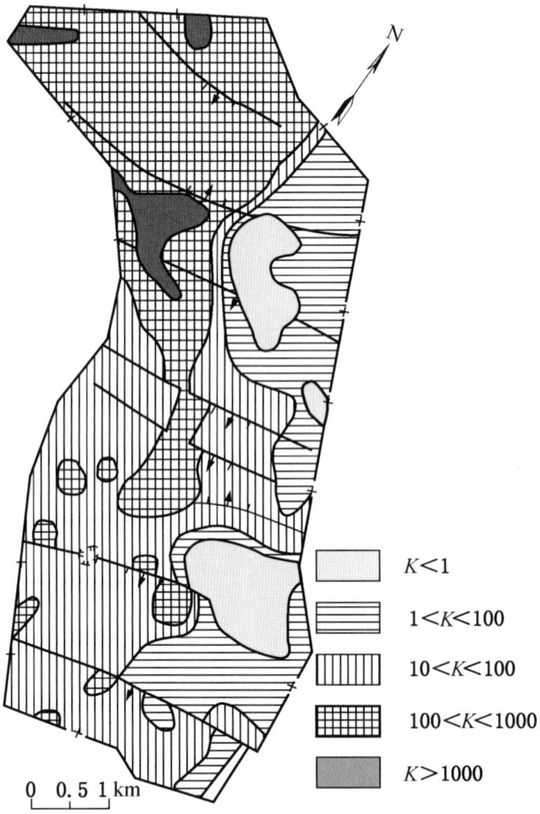

附图 2 东山煤矿渗透系数分区图

从附图 2 可以看出，矿区内大部分都为强 ~ 较强渗透带，特别是矿区的西北部为强 ~ 极强渗透带，仅在矿区的东部局部地区存在渗透性差 ~ 中等区，这与区域水文地质条件是吻合的。

2.3 带压开采分区

20 世纪 30 年代，苏联学者斯列萨列夫提出了临界水压值公式，随着科学技术的发展，公式在不断改进，本分区依据是西安煤科分院提出的：

$$T_S = \frac{P}{M - h_1 - h_2}$$

式中　T_S——突水系数，MPa/m；

P——隔水层底板承受的水压力，MPa；

M——底板隔水层的厚度，m；

h_1——矿山压力破坏隔水层厚度，m；

h_2——隔水层中导升高度，m。

由于东山矿区 750 m 下山全被黄土覆盖，对构造发育情况了解不清，故按 1984 年煤炭工业部《矿井水文地质规程》的有关规定，以突水系数 0.6 线为界，划分安全区和危险区。同时又考虑东山煤矿六斜坡突水处突水系数为 0.4，故将 0.4 ~0.6 间定为临界区。则 T_S <0.4 为安全区；4 < T_S <0.6 为较安全区；T_S >0.6 为危险区。

在井田内采用 37 个见 O_2 的钻孔，分别计算其突水系数，在断层处采用剖面法计算断层处的突水系数（附图 3）。

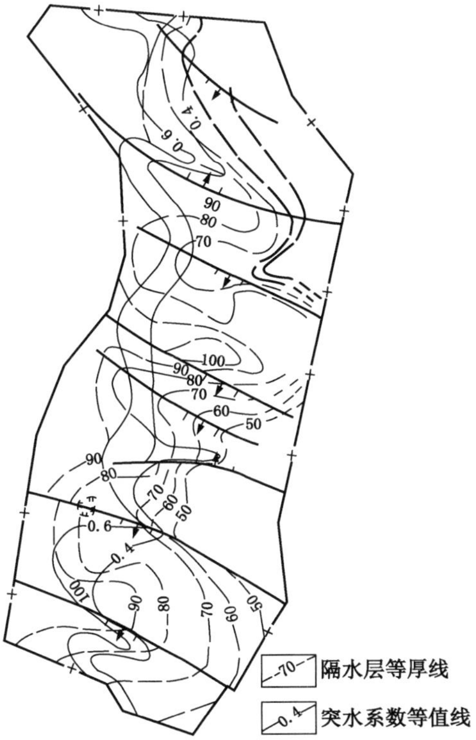

附图3　东山矿区带压开采分区图

T_S <0.4 分布在矿区东部及 750 m 上山部分。

0.4 < T_S <0.6 分布在 450 m 上山的下部及 750 m 下山部分，六斜坡突水点就位千此

区段内。

$T_S>0.6$ 位于 750 m 下山部分，从附图 3 可以看出，在采区断层附近，分区线的尖端指向东，因此在采掘过程中要注意。

3. 排供结合的研究

在太原市供水紧张而丰富的东山岩溶地下水给东山煤矿开采带来了困难的情况下。太原市水公司于 1990 年在东山枣沟建立了一个水源地，目前开采量可达近 10 万 m^3/d。1996 年太原铁路局又在东山矿区内观孟前建立一个水源地，产水量 1 万 m^3/d。在这些综合因素的影响下，东斜坡突水点的水量由 1982 年的 12500 m^3/d，减少了近一半。但从位于斜坡最近的 Ts－13 号孔地下水位变化情况看（1985 年 3 月的 813.48 m 到 1996 年 5 月的 795.51 m），在近 11 年的时间内，地下水位共下降 19.97 m，平均每年下降 1.63 m，按如此慢的速度下降，东山煤矿如果要使井田西部达到自然降压的目的还需 355 年。

为此，建议加大枣沟水源地的开采量，以达到截流的目的，观孟前水源地应尽快投入使用，亦加大其开采降深，达到疏水降压的目的。这样做各有利弊。

（1）由于开采量的加大将引起地下水位下降，东山六斜坡突水点要出现断流，东山电厂将面临无水可用，建议在电厂附近打井抽水，一为满足电厂供水，二为矿区疏干降压。

（2）加大枣沟水源地的开采量可能要引起兰村水源地的水量减少，水位下降，但这是微弱的，主要的影响在娘子关泉，从其比例来看，二者比例为 0.34：1.03 即 1：3。

（3）加大开采量，使东山 750 m 下山的水位大幅度下降，解决 750 m 下山部分 12873 万 t 煤炭资源的带压开采问题，达到安全开采，矿井排水可缓解太原市供水紧张的局面。

（4）加大开采量，使南部边界补给太原、清徐、交城盆地的 0.13 个流量形成反向流，一来增加城市供水量，二来会对清徐、交城的盐碱地起到治理作用。

该文发表于《中国煤田地质》1997 年第 9 卷第 3 期

附件三

1997 年全球互联网交流论文

岩溶水动态、矿物饱和指数与水源地选择

李振拴（山西煤田水文地质 229 队　太原　030006）
左建平（山西省东山煤矿地测科　太原　030043）

摘　要　本文在分析区域地下水动态特征的基础上，用化学热力学方法计算出每个钻孔岩溶水的碳酸盐岩矿物饱和指数，结合二者之间的关系，找到了富水分布规律。通过勘探证实，在碳酸盐岩分布区，供水水源地应选择在地下水动态变化不大、滞后期不长、碳酸盐岩矿物饱和指数 $\beta_c > 1 \sim \beta_d < 1$ 的灰岩浅埋区。
关键词　水源调查　地下水位　饱和指数　岩溶水

Abstract　On the basis of analyzing the groundwater regime characteristics in the researched region. The saturation index of carbonator mineral in each bore – hole's karst water was calculated by using chemical thermodynamics method. After researches on the relation between the saturation indexes of minerals in water and the groundwater regime types, the distribution laws of rich water were discovered. The exploration showed that in karst region, the water resource site should be selected in shallowly buried limestone zones where the groundwater regime varies less, the retardation time of water is short and the saturation index of carbonate mineral in water β_c, is more than one and β_d less than one.
Key words　water source prospecting　round water level　degree of saturation　karst water

1. 概述

晋城新矿区位于延河泉域的中北部，地处山西省东南部，总面积 2990 km^2，是一个四周高、中间低，山坡均向沁河倾斜，补给、径流、排泄完整的地下水流域。主要含水层为中奥陶统厚层状石灰岩。沁水向斜使泉域地层构成南部向北，东西两侧向中间倾斜的储水构造。南部及东西两侧出露灰岩，中部为石炭二叠系砂页岩分布区。自南向北，奥陶系灰岩埋藏逐渐加深，在泉域最北部端氏一带埋深达 400 余米，地表出露三叠系刘家沟组砂岩。

2. 地下水动态类型

综合泉域内长期观测孔资料，本区地下水动态可归纳为动荡型、滞后型和消耗型 3 类。

2.1 动荡型（同步型）

此型分布于泉域南部灰岩裸露区，由于灰岩岩溶裂隙发育，入渗条件好，地下水位的变幅值直接受降雨量大小的控制，二者同步变化，且幅度较大。据位于南部补给区的55号长期观测孔资料，当地降雨量与该孔地下水位峰值是同步的，而且水位峰值变幅1988年为41.05 m（附图1）。

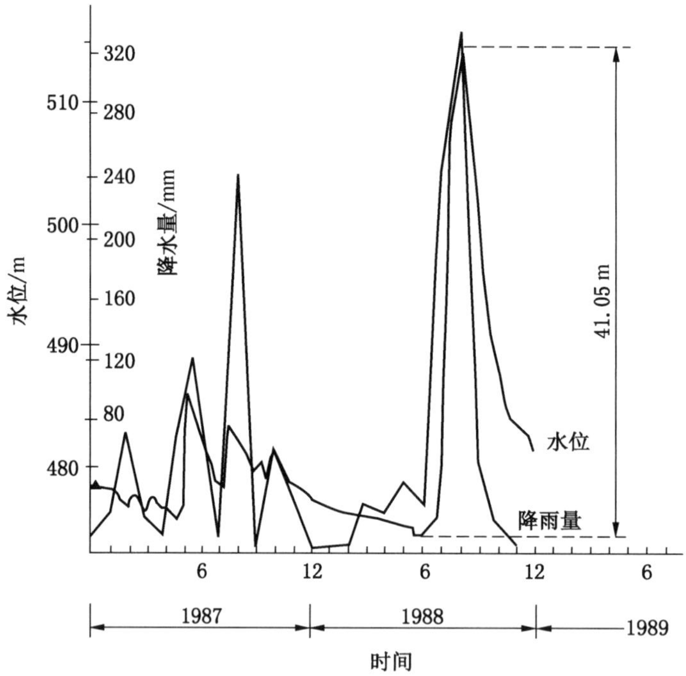

附图1 55号观测孔水位与降雨量关系曲线图

2.2 滞后型

此型分布于泉域中部灰岩浅埋区，主要受地质因素的控制。在此区地下水由无压转为承压，整个含水层空间被水充满。降雨量与地下水位具有一定的关系，随着奥陶系灰岩顶面埋藏深度的增大，水位滞后期逐渐延长，且变化幅度逐渐减小。如35号孔滞后期40 d，水位年变幅9.49 m；52号孔滞后期60 d，水位年变幅7.64 m（附图2、附图3）。

2.3 消耗型

此型分布于泉域北部，该地段奥陶系灰岩埋藏较深（大于350 m），地下水动态不受降雨量的影响（附图4）。

3. 水中矿物饱和指数与地下水动态类型的关系

水中矿物饱和指数是描述一定条件下，水能容纳多少矿物，它是反映矿物溶解、沉淀方向的指标。当超过水能容纳某种矿物质限度含量时，该矿物便从水中析出。由于岩溶水中矿物主要是由碳酸盐岩、硫酸盐岩组成，其矿物要以方解石、白云石、石膏为主。因此，选择了它们溶解于水中的离子成分 Ca^{2+}、Mg^{2+}、SO_4^{2-} 等计算上述矿物的饱和指数。

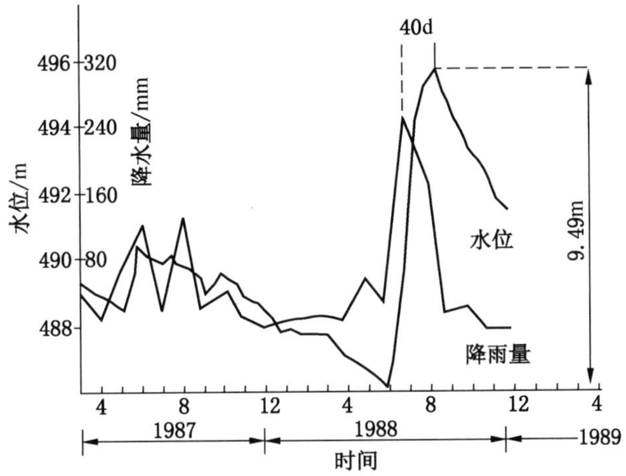

图附2　35号观测孔水位与降雨量关系曲线图

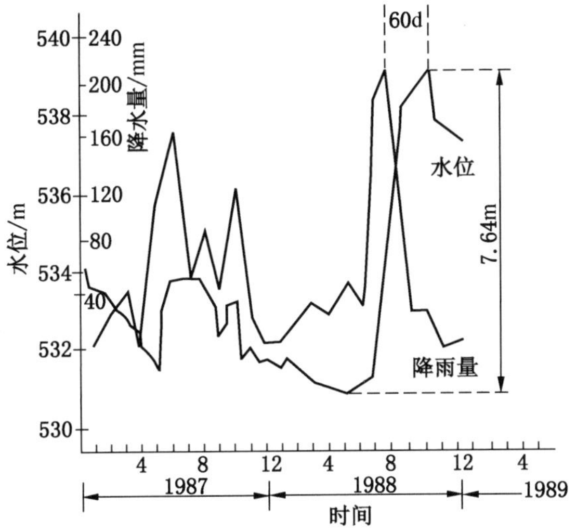

附图3　52号观测孔水位与降雨量关系曲线图

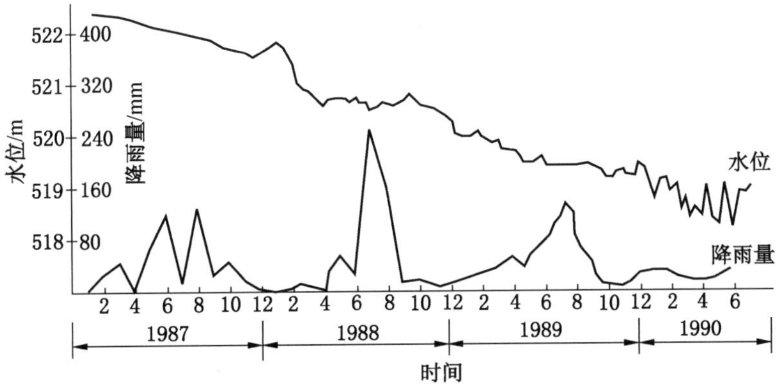

附图4　34号测孔水位与降雨量关系曲线图

方解石：
$$\beta_c=\frac{(Ca^{2+})(CO_3^{2-})}{k_c} \tag{1}$$

白云石：
$$\beta_d=\frac{(Ca^{2+})(Mg^{2+})(CO_3^{2-})^2}{k_d} \tag{2}$$

石膏：
$$\beta_g=\frac{(Ca^{2+})(SO_4^{2-})}{k_g} \tag{3}$$

式中 k_c、k_d、k_g——方解石、白云石、石膏的溶度积平衡常数；

β_c、β_d、β_g——方解石、白云石、石膏的饱和指数（反应比率）。

β_i 具有如下性质：

当 $\beta_i<1$ 时，水中对应矿物具溶解性；

当 $\beta_i>1$ 时，水中对应矿物具沉淀性；

当 $\beta_i=1$ 时，水中对应矿物处于平衡状态。

$\beta_c<1$ 区为等溶型矿物全溶区，水文地球化学环境为 CO_2 气体的“开放体系”，属于补给径流区；潜水面以上饱气带的水以垂直运动为主；岩溶形态有漏斗、竖井、落水洞、洼地、悬谷、干谷、陡峰或残丘等地表岩溶形态；地下水动态变幅很大，与降雨量同步。

$\beta_c=1\sim\beta_d<1$ 区为方解石开始沉淀，白云石、石膏溶解区，水文地球化学环境为 CO_2 的“封闭体系”，岩溶水化学作用以中和作用为主；地下水以水平运动为主，水循环交替强烈，通常是强—中等径流带；主要含水层的富水性很好，且埋藏深度不大；岩溶形态多为溶隙、溶孔、溶洞及孔洞等；地下水动态变幅不很大，滞后期一般为1.5~3个月。

$\beta_d=1\sim\beta_g<1$ 区为方解石、白云石沉淀，石膏溶解区，该区灰岩埋深大，水循环交替相对变慢，多是中—弱径流带；主要含水层的富（透）水性相对变差，水质变坏和水量变小较为显著；地下岩溶形态主要为溶隙、溶孔，且明显少于上区段；地下水动态变幅不大，滞后期相对较长。

$\beta_g>1$ 区是等溶型矿物全沉淀区，岩溶水化学作用实质是表面物理化学作用；灰岩埋深很大，封闭条件好；地下水处于缓慢的交替循环或极弱径流带；主要含水层的富水性极差；岩溶形态主要为微孔隙、裂隙，且闭合形态者多；地下水动态呈下降型，与降雨量无关。

综合上述分析，饱和指数和地下水动态特征关系见附表1。

附表1 饱和指数与地下水动态关系一览表

孔号	饱和指数			年变幅/m	滞后期/d	地下水动态类型
	β_c	β_d	β_g			
55	0.900	0.175	0.012	41.05	同步	动荡型
35	1.246	0.578	0.024	9.49	40	滞后型
52	2.465	0.984	0.158	7.64	60	滞后型
34	7.090	19.659	2.275	下降型	无	消耗型

由附表 1 可以看出，随着灰岩埋深的增加，一方面 β_c、β_d、β_g 值都在不同程度地增加；另一方面地下水年变幅由大到小，滞后期在逐渐延长，直到滞流区，水位变幅不受降雨量的影响。

4. 据岩溶水动态和矿物饱和指数选定水源地

对延河泉域以往资料进行化学热力学、化学动力学计算后，编制了富水性分区图（附图 5）。

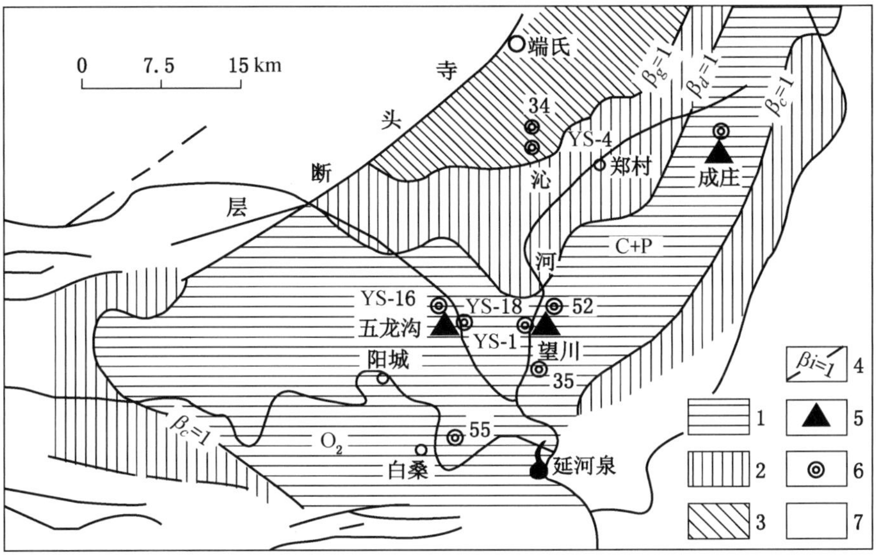

1—强富水带；2—中富水带；3—弱富水带；4—矿物反应比率为 1 线；5—水源地；6—钻孔；7—地层分界线

附图 5　延河泉域富水性分带图

在此基础上，结合岩溶水动态类型分布情况，首先在大宁一、二号矿区的工业广场附近五龙沟一带施工了 YS－16、YS－18 号两个探水孔，经抽水试验，其出水量大（分别为 543 m^3/d 和 1173 m^3/d），水质好（矿化度分别为 0.29 和 0.33 g/L）。然后施工了 YS－19、YS－20、YS－21 三个大口径孔，在降深分别为 2.95 m、8.38 m 及 6.74 m 条件下，共抽出水从 11718.8 m^3/d，水化学类型为 HCO_3 － Ca · Mg 型。为了验证富水带分布图编制的可靠程度，在潘庄一、二号矿区的工业广场附近施工了 YS－4 号孔（此孔分布于 $\beta_g \geq 1$ 区内，地下水动态属于消耗型），经抽水、分析发现 O_{2S} 含水层在降深为 4.29 m 时（抽水期间水位持续下降），虽然出水量达 1889 m^3/d，但水化学类型为 SO_4 － Mg 型，矿化度为 2.55 g/L，水质很差；O_{2X} 层无水。在此情况下，水源地只好向南移至望川一带（属于 $\beta_c = 1 \sim \beta_d < 1$，地下水动态属于滞后型）。先施工了 YS－1 号孔，经抽水试验，在降深为 2.2 m 情况下，出水量达 1064 m^3/d，水化学类型为 HCO_3 · SO_4 － Ca · Mg 型。然后又施工了 YS－3、YS－11 两个大口径孔，其 O_2 埋深分别为 214.20 m 和 220.80 m，抽水试验在降深 10.26 m 的情况下，出水量达到 6336.4 m^3/d，水化学类型为 HCO_3 · SO_4 － Ca · Mg

型。成庄水源地同样也分布于$\beta_c=1\sim\beta_d<1$的区内，据已有资料，本地段水质好，水量大，如36号和40号孔，其O_2埋深分别为105.30 m与102.75 m，出水量分别为2095 m^3/d和4770 m^3/d，水化学类型为$HCO_3-Ca\cdot Mg$水。经采用先研究后勘探的方法，查明了3个距工业广场最近，水量和水质均最佳的水源地，即五龙沟、望川、成庄水源地。

5. 体会

本项目经过5年的勘察，查明了五龙沟、望川、成庄3个日供水量达7.2万m^3的水源地，满足了晋城新矿区将来矿区供水的需要。其体会如下：

（1）在灰岩区勘探供水水源地，首先应从泉域入手，查明其补给、径流和排泄条件。

（2）在项目上马前应充分收集区内地质、水文地质、水化学资料及长期动态观测资料，对这些资料进行详细分析研究，按本文所述方法，划分区内富水性分布规律。

（3）探水孔应布置于地下水矿物饱和指数$\beta_c\geq1\sim\beta_d<1$及地下水动态变化不大、滞后期不长的强富水地段，然后向外扩展，直到满足最近最佳的条件。

（4）在灰岩深埋区，一般地下水不丰富，即使水量较大，其水质也不会太好，抽水曲线也是属于消耗型的，因此不宜建立水源地。

参 考 文 献

［1］李振拴．山西延河泉域水谭地环境保护分带［J］．水文地质工程地质，1994（1）．

［2］李振拴，等．泉域水化学分带筷型定性定量评价的探讨［J］．水文地质工程地质，1990（6）．

该文发表于《煤田地质与勘探》1996年第2期